U0253858

# 生物信息学在草食家畜中的应用

主编 苏 蕊 王志英 吕 琦

中国原子能出版社

图书在版编目 (CIP) 数据

生物信息学在草食家畜中的应用 / 苏蕊，王志英，
吕琦主编 . -- 北京：中国原子能出版社，2022.12
　　ISBN 978-7-5221-2632-6

　　Ⅰ . ①生… Ⅱ . ①苏… ②王… ③吕… Ⅲ . ①生物信
息论—应用—家畜—饲养管理—研究 Ⅳ . ① S815.4

　　中国版本图书馆 CIP 数据核字（2022）第 250450 号

## 内 容 简 介

生物信息学是目前常用的研究手段，被广泛应用在模式动植物以及农业动植物领域中。草食家畜是农业动物的重要组成部分，包括牛、绵羊、山羊、马、骆驼、兔子等。《生物信息学在草食家畜中的应用》一书围绕各类生物信息学手段，从进化、繁殖、疾病、生产性状、经济性状等不同角度，详细阐述其在常见草食动物中的最新研究进展，总结各类生物信息方法的特点和优势，为从事相关研究和生产实践的人员提供一个快速了解生物信息方法的渠道。

**生物信息学在草食家畜中的应用**

| | |
|---|---|
| **出版发行** | 中国原子能出版社（北京市海淀区阜成路 43 号 100048） |
| **责任编辑** | 张　琳 |
| **责任校对** | 冯莲凤 |
| **印　　刷** | 北京亚吉飞数码科技有限公司 |
| **经　　销** | 全国新华书店 |
| **开　　本** | 710 mm × 1000 mm　1/16 |
| **印　　张** | 28.75 |
| **字　　数** | 736 千字 |
| **版　　次** | 2024 年 3 月第 1 版　2024 年 3 月第 1 次印刷 |
| **书　　号** | ISBN 978-7-5221-2632-6　　**定　　价**　168.00 元 |

| | |
|---|---|
| **网　　址**：http://www.aep.com.cn | **E-mail:**atomep123@126.com |
| **发行电话**：010-68452845 | 版权所有　侵权必究 |

# 编写组成员

**主　　编:**

苏　蕊（内蒙古农业大学）

王志英（内蒙古农业大学）

吕　琦（内蒙古农业大学）

**副 主 编:**

陈玉洁（内蒙古农业大学职业技术学院）

徐冰冰（内蒙古农业大学）

张　涛（内蒙古农业大学；中国农业科学院草原研究所）

龚　高（内蒙古农业大学）

杜　琛（内蒙古医科大学附属医院）

韩　伟（内蒙古医科大学附属医院）

白智刚（内蒙古医科大学附属医院）

孙燕勇（天津农学院）

范一星（沈阳农业大学）

韩文静（赤峰学院）

乔　贤（河北科技师范学院）

**参　　编:**

刘沛昊（内蒙古农业大学）

彭　渝（内蒙古农业大学）

王　鑫（内蒙古农业大学）

景献金（内蒙古农业大学）

武小璐（内蒙古农业大学）

唐　露（内蒙古农业大学）

杨　光（内蒙古农业大学）

韩雅倩（内蒙古农业大学）

周铂涵（内蒙古农业大学）

高林豫（内蒙古农业大学）

许　琦（内蒙古农业大学）

袁子翱（内蒙古农业大学）

肖雅蔓（内蒙古农业大学）

# 前　言

　　生物信息学（Bioinformatics）是一门交叉学科，包含了生物信息的获取、加工、存储、分配、分析、解释等方面，主要运用数学、统计学、影像学和计算机等方法，分析生物学、生物、化学和生物物理学数据，用以阐明和理解大量生物数据所包含的生物学意义。生物信息学的研究对象范围非常广泛，主要包括核酸、蛋白质、代谢物等。随着各类高通量测序技术的快速发展，生物信息学可以解决基因序列注释、基因预测、核酸序列比对、蛋白质序列比对、蛋白质三级结构预测、蛋白质相互作用分析、代谢网络分析等方面的问题，被广泛应用在临床医学、比较基因组学、计算进化生物学、生物多样性研究等领域。近些年，生物信息学作为一种高效的研究手段，目前也被越来越广泛用于农业动、植物领域的基础研究和生产实践中。

　　草食家畜是农业动物的重要组成部分，包括牛、绵羊、山羊、马、骆驼、兔子等。《生物信息学在草食家畜中的应用》一书围绕基因组、转录组、蛋白质组、代谢组、宏基因组、甲基化等各类生物信息学分析手段，从进化、繁殖、疾病、生产性状、经济性状等不同角度，详细阐述生物信息学在常见草食动物中的最新研究进展，总结各类生物信息方法的特点和优势，本书为从事草食家畜研究和生产实践的人员，提供了一个快速了解生物信息方法的渠道，为草食家畜基因组选择、大数据育种提供新参考和思路。

　　具体工作安排如下：

　　第一章主要介绍生物信息学方法在山羊中的应用，共145600字，内蒙古农业大学徐冰冰负责撰写第一节至第二节，共45000字。内蒙古农业大学苏蕊负责撰写第三节至第六节，共100600字。

　　第二章主要介绍生物信息学方法在牛中的应用，共174400字，内蒙古农业大学吕琦负责撰写第一节至第四节，共102074字。赤峰学院韩文静负责撰写第五节，共27863字。天津农学院孙燕勇负责撰写第六节，共44463字。

第三章主要介绍生物信息学方法在绵羊中的应用，共164800字，内蒙古农业大学大学王志英负责撰写第一节至第四节，共101072字。内蒙古农业大学龚高负责撰写第五节至第六节，共43643字。河北科技师范学院乔贤负责撰写第七节，共20085字。

第四章主要介绍生物信息学方法在骆驼中的应用，共40400字，内蒙古农业大学及中国农业科学院草原研究所张涛负责撰写。

第五章主要介绍生物信息学方法在马中的应用，共43200字，沈阳农业大学范一星负责撰写。

第六章主要介绍生物信息学方法在兔中的应用，共161600字。内蒙古医科大学附属医院杜琛负责撰写第一节和第二节，共40056字。内蒙古农业大学职业技术学院陈玉洁负责撰写第三节，共40758字。内蒙古医科大学附属医院白智刚负责撰写第四节和第五节，共40612字。内蒙古医科大学附属医院韩伟负责撰写第六节和第七节，共40174字。

内蒙古农业大学刘沛昊等人参与本书的编写和资料整理工作，其中刘沛昊、彭渝、王鑫、景献金、武小璐、唐露负责所有文献资料的收集，刘沛昊、彭渝、王鑫参与了牛生物信息学研究的整理工作，景献金、武小璐、唐露参与了山羊生物信息学研究相关资料的整理工作，杨光、韩雅倩、周铂涵、高林豫、许琦、袁子翱、肖雅蔓等参与了绵羊、马、骆驼和兔子生物信息学研究相关资料的整理工作，对每位同学的辛勤付出表示由衷的感谢！

此外，本书的撰写也得到了许多专家学者的指导和帮助，在此表示诚挚的谢意！

由于笔者水平有限，加之时间仓促，书中有不尽人意之处在所难免，欢迎各位读者以及专家学者积极批评指正！

作者

2022年8月

# 目　录

# 第一章

## 山羊生物信息学研究

山羊是世界上最重要的一种家畜，通常用作生产奶、肉、纤维和皮革。根据联合国粮农组织2011年统计数据显示，全球有1000多个山羊品种，现存约9.24亿只山羊。山羊是驯化最早的反刍动物之一，适应性强，可以在环境条件较差的情况下生存，并为人类提供乳、肉、毛（包括山羊绒）和皮。虽然山羊的存栏量没有牛多，但由于经济、社会和环境等因素，山羊养殖是畜牧业的主要组成部分，在农业系统中扮演重要角色，有助于发展可持续农业、减轻贫困、提高社会凝聚力和有效利用边际草甸等。

# 第一节　基因组在山羊研究中的应用

## 一、山羊的起源进化研究

应用一：世界山羊的起源和进化

全球约有90%的山羊都分布在亚洲和非洲地区，其适应性强，养殖效益高，在农业经济发展中发挥了重要作用。山羊是联合国粮农组织认定的"五大"牲畜之一，是最早驯化的家畜之一，与人类的迁徙和扩散密切相关。大约在一万年前，有四个不同的野山羊群体在西南地区被驯化，之后山羊随着人类迁徙分散在世界各地。因此，山羊占领了世界各地不同的农业生态区。在遗传漂变、生殖隔离、自然以及人工选择作用下，逐渐形成了600个山羊品种，这些品种在体型和体重、毛被类型和颜色、耳朵的形状、角的形状大小和数目、乳、肉和纤维生产等方面各具特色。目前虽然已经有了几个山羊品种的遗传特征，但大数研究只涉及本国范围内的少数几个品种，缺乏对当今世界山羊多样性分布的全面描述。山羊驯化是农业文明的关键，已有研究确定了山羊驯化过程中的候选选择目标，包括与色素沉着、异生素代谢和产奶等相关的位点。然而，驯化早期参与适应的关键基因的进化机制、潜在的遗传变化和选择机制仍不清楚。

西南亚的新月沃土和邻近地区是绵羊、山羊、牛和猪等动物驯化的起源地。考古学证据表明，11世纪中后期，不同地区的野生山羊在当地逐渐被驯化。一个关键问题是，这些早期的驯化模式是符合以地理为中心的单一驯化过程，还是家养山羊是从不同的群体中整合而来的，具有类似的遗传后果？研究人员基于新月沃土的古代山羊的基因组揭示了嵌合体的驯化[1]。样本主要来源于岩石骨骼，51个样本的核基因组覆盖范围从0.01倍到14.89倍。对保存较差的样本进行了线粒体DNA富集，获得了83只古代山羊的基因组数据，这些山羊主要分布于西部的安纳托利亚和巴尔干半岛、东部的伊朗、土库曼斯坦、南部的约旦以及以色列的新石器时代遗址到中世纪的整个近东地区。结果表明，早期家养山羊的单倍群高度结构化，在近东的西部、东部和南部地区间断分布。多个不同的古代野山羊是在分散的过程中被驯化的，这导致了新石器时代山羊种群在遗传和地理上的不同，这也对应了该地区不同时代的人类差异。这些早期的山羊种群对亚洲、非洲和欧洲的现代山羊有不同的贡献。此外，还检测到色素沉淀、体型、繁殖、产奶和对日粮变化的反应的早期选择，为人类在驯养物种中塑造基因组变异提供了8000年前的证据。

　　研究人员对分布在世界各地的山羊群体、六种野生山羊和先前发表的古山羊基因组进行了全面的群体基因组分析，以调查山羊驯化过程中关键遗传变异在选择条件下的时间变化，研究山羊驯化基因的起源[2]。研究收集了大量家养和野山羊的基因组数据，通过分析世界范围内家养山羊、野生山羊物种的基因组，以描述山羊驯化过程中的适应性渐入和遗传变化，提供了从西高加索山羊类到家养山羊祖先的古老基因渐渗事件的证据。无论是选择性清除分析，还是在家养山羊MUC6和STIM1-RRM1中发现的两个突出的选择信号，可能是山羊驯化过程中病原体抗性和行为相关基因一些研究表明，适应性基因渗入可以提供有益的等位基因，使群体适应新的环境。许多基因组片段，都是免疫功能的基因，表明了来自野生物种的历史基因流在形成家养山羊免疫系统表型多样性方面发挥着重要作用，并可能增加其适应潜力。将每个片段中假定的基因渗入等位基因与本书取样的野山羊基因组进行比较时，发现大多数匹配率在0.5到0.8之间，这表明基因渗入与本书测序的野山羊个体之间的相似程度较高。这项研究为山羊驯化过程中选择性状的遗传基础和适应性基因渗入提供了证据，突出了家畜驯化是一个动态的进化过程，是基因渗入和选择驱动的适应性飞跃。研究结果表明，驯化可能会对动物的神经特性和病原体抗性产生深远的影响，从而帮助家畜适应人类环境。

　　近几年，随着山羊52K单核苷酸多态性芯片的商品化，使得深入研究国内外山羊的多样性成为了可能。基于单核苷酸多态性芯片，Adapt Map项目分析了全球144个种群的全基因组50k单核苷酸多态性数据，以描述分子变异的全球模式，并将其与其他家畜中观察到的模式进行比较，确定引起目前山羊分布的驱动因素。研究人员通过分析全基因组的单核苷酸多态性，揭示了全球山羊群体的划分以及驯化后的迁徙路线[3]。结果表明，所研究的山羊群体中存在高度的遗传变异，揭示了各个大陆之间以及各个大陆内部的不同山羊品种间的遗传多样性。三个主要的基因库对应于来自欧洲、非洲和西亚的山羊，反映了山羊驯化后的主要迁移路线。此外，还确定了一些主要在非洲山羊品种中进行涉及多个世界性品种的基因交流。在南欧、摩洛哥、马里、布基纳法索和尼日利亚等特定地区发生了广泛的基因流动，而在其他地区，由于海洋和山脉等地理障碍或人类管理造成的隔离阻碍了当地的基因流动。这些结果揭示了全球范围内山羊品种的多样性，阐明了长期保存山羊多样性的重要性，并为研究适应性渗透、指导遗传改良和选择育种目标奠定了坚实的基础。

## 应用二：国内山羊起源进化及环境适应性

　　山羊作为分布最广泛和适应性最强的农场动物之一，栖息在横跨所有大陆的农业生态区中。中国有1.38亿只山羊，共有58个地方品种，分布在各种农业气候条件中。由于气候差异显著，中国被划分为以秦岭-淮河为界的南北地区。中国北方相对寒冷和干燥，而南方相对炎热和潮湿。北方和南方的山羊相应地进化出了一系列不同的形态特征。北方是绒山羊的主要繁殖地，绒山羊的毛比南方山羊更浓密，体型更壮硕。北方山羊和南方山羊的本地适应性为研究驯化过程中对环境适应性提供了参考。最近的一项古代基因组研究表明，新月沃土附近有三个不同的新石器时代山羊群体，它们对现代山羊群体的形成做出了不同的贡献。这一时期还包括中国和欧亚农业文明之间的接触不断增加。然而，由于缺乏古代基因组证据，中国山羊的地理起源及其适应性分化过程尚不清楚。虽然中国山羊的起源已经基于线粒体全基因组序列进行了研究，但由于单基因座选择分析的信息含量减少，这些研究存在严重的局限性。带有时间标记的古代DNA数据可以帮助阐明历史选择过程，并为种群的演变提供的基因组动力学证据。

研究人员对从新石器时代晚期到铁器时代的27个中国古代山羊基因组进行了测序，通过比较古代和现代山羊的数据追溯古代基因组，揭示中国绒山羊的起源和进化历史[4]。通过对世界古代和现代山羊基因组的分析，证明了山羊从首次来到中国到目前的遗传转化率都很低。特别是中国南方的现代山羊保留了相对古老的基因图谱，而中国北方山羊的核DNA和线粒体DNA随着时间的推移都发生了变化。北方山羊和南方山羊之间差异最大的两个基因都与毛囊发育有关，通过古老的DNA揭示了这些基因的进化轨迹。这些结果有助于人们对中国山羊的遗传组成和局部进化过程的进一步理解，揭示了中国山羊的遗传起源和遗传分化，并有助于增加对驯化山羊向东传播的新认识。

表型趋同通常用于描述不同物种间独立获得相同或相似的性状。趋同进化严格定义是，分子趋同涉及取代不同谱系中的相同等位基因，这意味着趋同进化是指特定位点从不同的祖先氨基酸到同一衍生氨基酸的独立变化。高海拔环境对动物的生存有一定的挑战性。迄今为止，大量的研究已经揭示了高原上许多脊椎动物对缺氧的特殊趋同生理和形态适应机制。例如，与来自低海拔环境中的近缘物种相比，生活在高原环境中的动物心肺功能增强，心脏和肺的体积增加，肺部疾病发病率降低。西藏人也表现出更适应低氧和高碳酸血通气反应的特征，包括肺体积更大、功能更好、扩散能力更强。高原脊椎动物在休息和运动时也保持较高水平的动脉氧饱和度，随着海拔的增加，有氧性能的损失减少。在一些脊椎动物中，低氧适应的遗传基础的几个方面已经被阐明。一些研究表明，在一些哺乳动物、鸟类和两栖动物中，血红蛋白功能的改变是介导其对高海拔缺氧适应性反应的关键。尽管如此，关于高海拔适应的分子遗传基础仍有待进一步了解。而分析不同物种之间的分子趋同进化机制可能会为其提供重要的参考。青藏高原平均海拔4500m以上，是世界上最大、最高的高原，环境恶劣，空气含氧量低、气压低、环境温度低以及紫外线辐射强烈。事实上，独特的地理环境特征造就了青藏高原的生物多样性，为人类研究野狼、藏狼等野生动物，牦牛、藏鸡、藏獒、藏猪等家畜的遗传位点提供了依据。

为了揭示家养哺乳动物高海拔适应的遗传机制，研究人员对来自于青藏高原和低海拔的马、绵羊、山羊、牛、猪和狗种群的73个基因组进行了研究，通过这些西藏家养哺乳动物的阳性选择以检测高海拔适应的趋同进化的发生，研究了家养哺乳动物高海拔适应性的趋同基因组特征[5]。结果发现，虽然在DNA序列水平上的分子趋同性相对较少，但在基因水平上发现了阳性选择的趋同性特征，特别是西藏哺乳动物的*EPAS1*基因。此外，发现*C10orf67*基因在三种家养哺乳动物中经历了阳性选择，表明可能是对缺氧的适应。这些结果为了解高海拔家畜的适应性进化奠定了坚实的基础，并将有助于寻找参与缺氧反应途径的其他新基因。

## 二、山羊的拷贝数变异研究

应用一：山羊中枢神经系统的遗传变异

拷贝数变异是指一个物种内个体之间大于50bp的DNA序列的重复、缺失或插入，是一类常见的结构变异。拷贝数变异会导致基因破坏和基因融合，从而影响家畜质量性状和数量性状表型。与单核苷酸多态性类似，拷贝数变异是一种群体遗传特性，可以反映由进化因素驱动的基因组变化，例如，自然或人工选择、品种的进化历史和遗传漂变。通过全基因组关联分析和全基因组测序发现，波尔山羊的白点程度和 *EDNRA* 的1Mb拷贝数变异显著相关。在北欧红牛中，四个基因的660kb缺失抑制了繁殖能力和产奶性状，表明出现平衡选择。关于山羊中枢神经系统全基因组特征的研究较少。通过对八个品种牛的全基因组拷贝数变异的检测，发现许多谱系分化的拷贝数变异，可能由于对不同性状的选择造成，如寄生虫抗性、体型和繁殖力等。比较家养山羊与野山羊的基因组发现，许多拷贝数可变基因与毛色、免疫反应和生产性状有关，为研究山羊的驯化提供了线索。研究人员报道山羊在全球不同地理区域的种群分化，阐明了山羊的适应性机理以及不同家养山羊品种的种群进化历史。但基于家养山羊群体的大规模拷贝数变异研究仍不完善。与单核苷酸多态性芯片和比较基因组杂交阵列相比，随着下一代测序和短读测序技术的快速发展，研究人员能够在全基因组水平上更全面、更精确地识别和分析拷贝数变异。

研究人员通过使用Illumina短读测序方法研究家养山羊的中枢神经系统变异，选择成都麻羊、金堂黑山羊和西藏绒山羊三种来自中国品种的38只山羊自测数据，结合两个摩洛哥和一个中国品种的26只个体、21个野山羊样本的公开数据进行了比较，鉴定了六个品种的山羊和野山羊的拷贝数变异，研究家养山羊的遗传多样性、种群结构和种群分化[6]。结果发现208649个高置信度拷贝数变异，共获得2394个拷贝数变异区，与2322个基因区域重叠，全长约267Mb，占山羊常染色体基因组的10.80%。功能富集分析表明，与拷贝数变异区域重叠的基因显著富集在57个功能性GO注释和KEGG通路中，其中大部分与神经系统、代谢过程和生殖系统有关。通过重复和缺失变异对所有85个样本进行聚类，结果与基于单核苷酸多态性的结果一致，也与这些山羊的地理起源一致。根据每个拷贝数变异位点的全基因组遗传分化指数，发现家养山羊和野生山羊之间高度分化的拷贝数变异重叠的基因，主要富集于免疫相关通路；而高海拔和低海拔的山羊之间高度分化的拷贝数变异，涉及的基因主要与维生素和脂质代谢有关。值得注意的是，在6号染色体上 *FGF5* 下游约14kb处的507bp存在缺失，表明分布在高海拔和低海拔地区的山羊之间存在差异（遗传分化指数=0.973）。与该序列的增强子活性一致，其在调节纤维生长中的功能值得进一步详细研究。结果还表明，不同山羊群体间的许多遗传分化拷贝数变异可能与国内山羊品种的群体特征有关。

应用二：山羊拷贝数变异图谱

拷贝数变异是一种重要且广泛的结构变异，可以解释人类、动物和植物的一些表型差异。研究人类和动物拷贝数变异区域的多样性，能够促进对哺乳动物的进化、适应、疾病和其他重要性状的了解。随着全基因组高通量测序技术和生物信息学工具的不断进步，可利用大规模动物数据，对群体遗传学和进化的研究进行更深入的分析。然而，与对单核苷酸变异的深入研究相比，对动物拷贝数变异区域形成机制的研究较为浅显。据报道，拷贝数变异区域在灵长类动物中高度类似，这一发现不仅说明在某些物种中，拷贝数变异区域的保持率可能较高，还能反映近缘物种之间某些共享的基因组区域有可能通过特定的机制形成拷贝数变异区域。此前，在物种共享的基因组变异上有许多研究，并发现自然选择可能对共享的单核苷酸多态性有重要影响。平衡选择作为自然选择的形式，能通过杂合子优势参与适应不同环境。密切的亲缘关系和高质量的基因组组装使反刍动物成为探索物种共享拷贝数变异区域形成的一个极好的模型。

研究人员分析了854个地方和商业品种个体的基因组，这些品种主要用于生产乳制品和其他肉类、羊毛和皮毛等重要的经济性状，此外，还分析了32种野生山羊和绵羊，这些基因组资源可以极大地促进物种特异性拷贝数变异区域，绘制牛、山羊和绵羊的拷贝数变异的图谱，以及识别复杂性状潜在的候选基因[7]。通过这些来自171个不同种群的886个个体的牛、山羊和绵羊之间分化或共享的拷贝数变异区域研究，确定了一系列候选拷贝数变异区域，包括与免疫、耐蜱药性、耐药性和肌肉发育相关的基因，并利用9个环境因素进行全基因组关联研究。发现了拷贝数变异相比于随机分布有富集在外显子区域的趋势（$p- < 0.00001$），位于外显子的 CNVR 比例近 50%。通过群体分化分析，发现了共 830 个在群体间高度分化的拷贝数变异位点，与物种的代谢等多种重要的生命过程相关。通过与气候因子的全基因组关联分析，分别在牛、山羊、绵羊中找到了11、26、16个显著性的拷贝数变异位点，说明在选择作用下反刍动物对环境的适应性变化。还确定了长期平衡选择下的基因组区域，并发现了靠近重要功能基因的拷贝数变异区域的潜在多样性。

## 三、山羊重要性状的驯化研究

应用一：不同生产用途山羊的驯化研究

随着作物的驯化以及欧洲、非洲和亚洲文明的传播，新月沃土动物驯化作为新石器时代革命的重要组成部分迅速传播开来。山羊大约在一万年前被驯化，适应性极强，是目前广受欢迎的家畜之一。全球山羊养殖数量约为8亿只，约为560个品种，在各个大洲均有分布，可以为人类提供充足的肉、乳和毛皮等畜产品。尽管山羊在畜牧业发展过程中有着不可或缺的重要地位，但与牛、猪、狗等其他家畜相比，山羊基因组仍有待进一步研究。随着转录组学的不断发展，深入研究山羊基因组学成为了可能。针对来自3个品种的15只家养山羊和来自2个不同品种的4只野山羊进行重测序，通过全基因组的选择性扫描，确定山羊驯养史上的与人工选择相关的基因，揭示了在生产乳制品、羊绒和肉的优质山羊品种中，性状驱动驯化的分子证据，为标记辅助育种提供了候选位点[8]。结果发现2400万个高质量单核苷酸多态性、190万个插入/缺失和2317个拷贝数变异，基于单核苷酸多态性定义了衰老、家系和性状相关基因，并将其与数量性状基因座、驯化以及经济性状联系起来。与国内品种家系相关基因主要参与代谢、细胞周期、行为、免疫密切相关。例如骨和毛发生长的生长分化因子5和成纤维细胞生长因子5等直接参与了生长调节。这些群体分化的结果鉴定了序列变异和候选功能相关基因，为性状驱动育种提供了有益的分子标记。

内蒙古绒山羊和辽宁绒山羊是具有绒直径细和绒毛量高等特点的两个地方品种。培育优良、高产的绒山羊新品种是研究的热点。在过去的十年中，下一代测序技术的发展显著促进了家畜复杂性状的遗传研究，已经被用于揭示许多物种的自然选择和人工选择的印迹。例如，对不同品种绵羊进行全基因组测序，有助于了解绵羊在不同环境中适应性变异的遗传基础，基因OAR22_18929579-A、IFNGR2、MAPK4、NOX4、SLC2A4和PDK1表现出明显的地理分布格局，并与气候变化显著相关。也有研究通过对8个山羊品种进行测序，确定具有强选择性的基因组区域，这些区域与体型、羊绒纤维和被毛颜色有关。但目前的研究样本量小，无法详细阐明羊绒纤维性状的遗传基础。此外，这些研究没有将内蒙古绒山羊和辽宁绒山羊纳入样本，可能会丢失有关绒山羊性状的重要遗传信息。

研究人员利用大规模全基因组测序技术，对内蒙古和辽宁地区70只绒山羊进行全基因组测序，通过遗传变异分析，鉴定与羊绒性状相关的群体特异性分子标记和候选基因组区域[9]。结果发现552万余个单核苷酸多态性，710600个短插入/缺失。遗传变异分析表明，两个绒山羊品种的一些群体特异性分子标记在其他方面具有相似的表型。通过分析遗传分化和多态性水平，研究人员确定了135个与羊绒山羊种群中的羊绒纤维性状相关的基因组区域。这些选定的基因组区域包含可能参与羊绒纤维生产的基因，如FGF5、SGK3、IGFBP7、OXTR和ROCK1。对识别出的短插入和缺失的基因进行GO富集分析，发现其主要富集于和角质形成细胞分化和表皮细胞分化相关的生物学过程。这项研究发现了大量遗传变异，能够为进一步探索山羊不同表型的遗传多样性和遗传基础奠定基础，群体特异性分子标记可用于区分表型相似的动物，准确率较高，为了解内蒙古绒山羊和辽宁绒山羊间的系统发育关系提供了全面的认识。

作为世界上重要的家畜品种之一，山羊可以为人类提供丰富的肉、奶和皮毛等畜产品，满足人类的基本需求。然而，引起家养山羊表型变异的基因位点很多是未知的，特别是一些重要的经济性状。本书对成都麻羊、金堂黑山羊和西藏绒山羊3个中国山羊品种的38只山羊进行了全基因组测序，并下载了4个国外山羊和1个中国山羊的30只山羊、以及21只野山羊的基因组序列数据，通过比较基因组分析，揭示中国山羊品种驯化后的遗传组成和选择特征[10]。结果表明，平均遗传分化指数=0.22，群体结构分析和遗传分化指数说明，由于地理隔离，成都麻羊的遗传组成与野山羊有很大差异。此外，研究人员在西藏绒山羊中鉴定的选择基因在绒毛生长、骨骼和神经系统发育等生物学过程中显著富集，这可能与适应高海拔地区的环境有关。研究人员还发现绒山羊和短毛山羊品种之间在FGF5的5′-UTR中的一个新的单核苷酸多态性位点的等位基因频率有很大差异。该位点的突变引入了起始密码子，导致FGF5蛋白过早出现，其可能是一种天然的因果变异体，与绒山羊的长毛表型有关。在西藏绒山羊中DSG3外显子12中标记有AGG等位基因的单倍型，编码主要在皮肤中表达的细胞粘附分子，而在其他品种的山羊中该位点仍然是分离的。西藏绒山羊的色素基因KITLG表现出很强的选择特征。在金堂黑山羊中，ASIP和LCORL基因被鉴定为正选择。驯化后，一些山羊品种的地理隔离导致了明显的遗传结构。此外，在国内家养山羊品种中，还发现正向选择的基因与繁殖性状有关。

应用二：山羊产羔数研究

在所有的山羊品种中，从生产的角度来看，奶山羊一直广受人们的喜爱，我国有几个重要的奶山羊品种，如关中奶山羊、西农萨能奶山羊以及崂山奶山羊等。曾有数据显示，在发展中国家，奶山羊数量约占山羊总数的19.1%。2008年，我国山羊存栏量为580万只，主要分布在陕西、山东以及河南等地。但目前我国的奶山羊产业仍不能满足消费者对奶量的需求，因此迫切需要进一步改良奶山羊的繁殖和生产性能。产仔数是山羊的一个重要且复杂的经济性状，由多个基因调控，受多种激素，以及卵泡发育、卵母细胞成熟、排卵、受精、胚胎发育和胚胎着床等生物学过程的影响。目前，已有许多与山羊产仔数相关的遗传标记，曾有研究表明，在印度黑孟加拉山羊和Jakhrana山羊中，*BMP4*外显子2的非同义单核苷酸多态性突变与繁殖能力有关。同样，位于*PRLR*基因外显子2和3′非翻译区的两个纯合子单核苷酸多态性与关中奶山羊和波尔山羊的繁殖力显著相关。此外，研究人员还发现，在*IGF1*基因的5′侧翼区域的杂合子单核苷酸多态性与山羊产仔数密切相关。2013年，国内首次完成山羊基因组的测序和组装，为后续筛选山羊的功能基因奠定了坚实的基础。

研究人员以崂山奶山羊为研究对象，根据崂山奶山羊群体的不同繁殖力，选择了两个极端群体，通过下一代深度测序技术，通过全基因扫描，筛选高繁殖力连锁的单核苷酸多态性，鉴定奶山羊产仔性状相关的基因以及选择下的单核苷酸多态性[11]。结果共产生68.7和57.8千兆碱基的测序数据，并分别在低繁殖力组和高繁殖力组中鉴定出了12458711和12423128个单核苷酸多态性。在选择性扫描分析后，研究人员又对群体中的一些位点和候选基因进行了独立扫描，发现基因*CCNB2*、*AR*、*ADCY1*、*DNMT3B*、*SMAD2*、*AMHR2*、*ERBB2*、*FGFR1*、*MAP3K12*和*THEM4*在高繁殖力组中特异性表达，基因*KDM6A*、*TENM1*、*SWI5*和*CYM*在低繁殖力组中特异性表达，而基因*SYCP2*、*SOX5*和*POU3F4*等在两个组中均有表达。从基因组数据来看，罕见的无义突变可能对繁殖力没有任何影响，而非同义单核苷酸多态性决定了繁殖力的高低，如基因*SETDB2*和*CDH26*的非同义外显子单核苷酸多态性参与调控繁殖性状。这些结果在全基因组范围内筛选了奶山羊不同繁殖性能的单核苷酸多态性，鉴定了可能参与调控繁殖性能的候选基因，如*CCNB2*、*SYCP2*和*KDM6A*等。此外，*SETDB2*、*CYM*、*CDH26*、*EML1*和*CD3D*中的非同义同源单核苷酸多态性可能在崂山奶山羊的繁殖力性状中发挥了重要作用。

家养山羊和绵羊的产羔数是一个重要的经济性状，但物种间存在差异，大量研究致力于理解山羊和绵羊多产性的遗传机制。然而，关于山羊和绵羊之间多产性遗传趋同的研究却很少。因此，研究人员进行了比较基因组学和转录组学分析，通过结合基因组学和转录组学数据，以确定山羊和绵羊多产性的遗传趋同[12]。结果发现阳性选择基因*CHST11*和*SDCCAG8*，卵泡期的差异表达基因*SERPINA14*、*RSAD2*和*PPIG*，以及黄体期的差异表达基因*IGF1*、*GPRIN3*、*LIPG*、*SLC7A11*和*CHST15*。在基因组水平，破骨细胞分化、ErbB信号通路和松弛素信号通路存在遗传趋同。在转录组水平，滤泡期病毒基因组复制的调节、黄体期蛋白激酶B信号和抗原处理和呈递的调节存在遗传趋同。这些结果表明了潜在的生理趋同，促进了对山羊和绵羊产羔数的重叠遗传构成的理解。

应用三：山羊泌乳和色素沉着性状研究

人工选择是改变家畜种群遗传组成的主要贡献之一，识别被选择的基因有助于阐明它们对表型变异的影响。为了确定基因组选择区域，研究人员对穆尔恰诺-格拉纳迪纳山羊的泌乳和色素沉着性状进行全基因关联分析，发现穆尔恰诺-格拉纳迪纳山羊基因组选择印迹[13]。通过1183只穆尔恰诺-格拉纳迪纳山羊群体的全基因组扫描结果，识别出77个候选基因组区域。最显著的选择性扫描定位于1号染色体169.86Mb、4号染色体41.80～49.95Mb、11号染色体65.74Mb、12号染色体31.24Mb和52.51Mb、17号染色体34.76～37.67Mb、22号染色体31.75Mb和26号染色体26.69～31.05Mb的区域。通过与先前生成的RNA-Seq数据进行比较，该数据包含6414个来自不同山羊泌乳期差异表达基因的集合，发现存在183个基因与本书基因组扫描基因重叠，它们主要参与脂质、蛋白质和碳水化合物代谢、胰岛素信号、细胞增殖以及乳腺发育和退化相关的功能，此外，包含两种主要乳蛋白的*CSN3*和*CSN1S2*基因。研究还发现三个色素沉着基因包括*GLI3*、*MC1R*和*MITF*与全基因组选择性扫描共定位。这些结果表明，*MC1R*基因的c.801C>G多态性是穆尔恰诺-格拉纳迪纳山羊黑色和棕色基因型的主要决定因素。通过整合选择扫描和转录组等其他信息来源，能够识别在代谢和泌乳中发挥重要作用的基因，这些基因可能是泌乳性状的重要候选基因，证明穆尔恰诺-格拉纳迪纳山羊的皮毛颜色基本上取决于*MC1R*基因的基因型。

# 第二节　转录组在山羊研究中的应用

## 一、山羊转录组注释的研究

应用一：山羊转录组的组装和注释

辽宁绒山羊是中国著名的绒山羊品种，为加速该品种的遗传改良，丰富其转录组的信息，研究人员采用第二代测序技术，对辽宁绒山羊进行从头转录组测序、从头组装、功能注释和比较分析[14]。结果共获得804601个高质量的测序片段，通过聚类和组装产生117854个冗余的基因簇，通过与现有的蛋白质数据库（KEGG、NCBI-NR、Swiss-Prot和TrEMBL）进行比对，对基因簇进行评估和功能注释。基于序列相似性比对发现，基因簇显著富集在6700个GO注释中，包含59个亚类。NCBI-NR数据库的分析结果表明，42254个基因簇与17532个已知序列具有显著相似性。在山羊的30条染色体上，共定位出97236个基因簇，其中54153个基因簇已注释，35551个基因簇与11438个已报道的山羊蛋白质编码基因具有显著相似性。此外，对未比对上的基因簇与牛和人的参考基因进行比对，在山羊身上发现67个可能的新基因。在注释的24614个基因簇中，大部分比对序列与牛的同源性较高。辽宁绒山羊的基因簇原则上应该更接近山羊与绵羊，因为它们同属羊亚科，但是其与二者序列的比对率较低。此外，从基因簇中初步鉴定出2781个潜在的简单重复序列，这些简单重复序列为今后的标记开发、遗传连锁和数量性状位点分析提供了基础。通过转录组的深度测序、从头组装和注释，也为进一步了解辽宁绒山羊的转录组提供了有效的资源。

### 应用二：家养山羊基因表达图谱

山羊是热带农业系统中的一种重要经济牲畜品种，可以同时提供肉、奶等畜产品，有助于发展可持续农业、减轻贫困、提高社会凝聚力、有效利用边际草甸等。山羊具有优良的遗传和基因组资源，例如，2017年发表的新版本参考基因组ARS1，具有高质量、连续性好且测序片段较长的特性。然而，与其他反刍动物相比，基因表达信息有限。为了推进山羊基因组的功能注释和比较转录组学的进展，研究人员绘制了一个小型的家养山羊基因表达图谱[15]。从代表所有主要器官系统的17个组织和3种细胞类型中检测到90%的转录组，注释出ARS1中15%的未注释基因。根据基因的表达网络进行聚类获得了共表达基因集，分析每个集合富集的细胞类群或通路，整理了胃肠道表达的基因集，及其与功能特征相关的基因子集在不同组织中的表达谱。此外，将该图谱与大型绵羊基因表达图谱进行比较，发现绵羊和山羊中巨噬细胞相关信号的转录具有相似性。由于雌性奶山羊的组织很难获得，该图谱只包括一个来自雌性山羊的生物学重复，且样本均从新生动物体采集，缺少血液中的免疫细胞样本，具有一定的局限性。未来的研究将在该微型图谱的基础上，涵盖更多的雌性样本、发育阶段和多种类型的免疫细胞等，以了解更多的转录复杂性。山羊基因表达图谱的构建，不仅补充绵羊的基因表达数据集，也有助于开发用于解释小型反刍动物基因型和表型之间关系的基因组资源。

# 二、山羊产奶性状的转录组研究

### 应用一：不同泌乳时期的乳腺转录组

研究泌乳性状表型多样性的遗传异变，可以从全基因组关联研究来确定这些遗传决定因子。例如，Martin等人用山羊单核苷酸多态性 50K芯片对2209只高山山羊和萨能奶山羊进行了基因分型，并对五个乳制品性状进行了关联分析，共鉴定出109个显著的关联，进一步发现了DGAT1基因中的两个多态性。在另一项研究中，Mucha等人在山羊19号染色体上检测到一个单核苷酸多态性，该多态性与产奶量显著相关，4、8、14号染色体上也存在泌乳性状的多态位点，尽管这两项研究在阐明山羊产奶量和乳成分的基因组结构方面迈出了有价值的一步。但是，很少有全基因组关联研究发现影响山羊产奶量和乳成分的基因组多态性位置和分布，且需要使用更大的山羊群体进行分析，才能为山羊泌乳表型的遗传因素提供更全面的信息。除了全基因组关联分析，也可以通过分析在泌乳过程中起关键作用的基因表达特征入手。极少有研究从转录组学的角度分析山羊泌乳启动、维持和终止的影响机制，仅仅关注山羊乳腺转录组在整个泌乳期与干奶期所经历的变化、比较初乳和常乳中体细胞的基因表达谱的差异、利用微阵列技术分析山羊体细胞、乳脂细胞和血细胞的转录组等。但是没有阐明乳腺的基因表达谱是如何随着不同的实验条件而变化。奶牛和绵羊的RNA-Seq研究表明，当比较泌乳期和非泌乳期个体时，乳腺中有数百个基因存在差异表达。多种证据表明，这些基因与乳腺发育、蛋白质和脂质代谢过程、信号转导、分化和免疫功能有关，对蛋白质和脂质生物合成下调机制具有重要意义。

因此，为探讨山羊泌乳的分子基础以及影响产奶量和乳成分的遗传因素，研究人员分析了7只穆尔恰诺-格拉纳迪纳山羊在分娩后早期泌乳、晚期泌乳和干奶期的乳腺活检mRNA表达谱的变化，并且对822只穆尔恰诺-格拉纳迪纳山羊第一次泌乳期的7个泌乳性状进行了全基因组关联研究[16]。结果发现，泌乳早期和晚期乳腺的表达谱非常相似，仅有42个差异表达基因，而泌乳期，包括泌乳早期与晚期和非泌乳期乳腺的转录组差异很大，超过1000个差异表达基因。大量差异表达基因参与了氨基酸、胆固醇、甘油三酯和类固醇的生物合成，以及甘油磷脂代谢、脂肪细胞因子信号传导、脂质结合、离子跨膜转运调节、钙离子结合等通路，金属内肽酶活性与补体和凝血级联反应。乳蛋白合成相关基因的mRNA表达在干奶期降低。泌乳期的终止导致基因表达的剧烈变化，这些基因参与了一系列广泛的生理过程，如蛋白质、脂质和碳水化合物代谢、钙稳态、细胞死亡和组织重塑以及免疫。全基因组关联研究检测到24个数量性状基因座，包括三个全基因组的显著关联：乳糖百分比的数量性状基因座2，该区域与NGFI-A结合蛋白1基因重叠，也称为EGR1结合蛋白1基因。乳蛋白百分比的数量性状基因座6和数量性状基因座17。有趣的是，数量性状基因座6与编码80%乳蛋白的酪蛋白基因位置一致，说明酪蛋白基因的遗传变异对穆尔恰诺-格拉纳迪纳山羊乳蛋白含量有重要影响。只有少数位于数量性状基因座内或靠近数量性状基因座的基因在泌乳与非泌乳之间表现出差异表达。这些研究表明，泌乳期与非泌乳期的差异表达基因组与影响泌乳性状变异的基因组的关联较弱。

乳腺分泌的乳脂肪酸是决定羊乳营养价值的最重要因素之一。目前关于奶山羊泌乳期转录组范围变化的数据有限。研究人员使用全转录组方法，分析了在泌乳高峰、干奶期和非妊娠期的山羊乳腺组织的转录组特征，对泌乳和乳脂肪酸代谢的关键基因和网络进行了分析[17]。结果共鉴定出51299个基因簇，注释到12763个基因，其中9131个在泌乳的不同阶段差异表达。大部分基因在胚胎发育、干奶期乳腺细胞中发挥重要作用，为即将到来的分娩做好准备。此外，发现2个仅在干奶期表达的基因，6个仅在非妊娠期表达的基因。发现16种可能的表达模式，筛选出13个调节山羊泌乳的新候选基因：POLG、SPTA1、KLC、GIT2、COPS3、PDP、CD31、USP16/29/37、TLL1、NCAPH、ABI2、DNAJC4和MAPK8IP3，它们在共表达网络中与大多数基因相关，说明这些基因可能在目前研究中检测的泌乳期调节乳腺细胞功能中发挥核心作用。此外，PLA2、CPT1、PLD、GGA、SRPRB和AP4S1确定为调节乳腺脂肪酸代谢的新候选基因。功能富集分析表明，丁酰苷菌素和新霉素生物合成以及乙醛酸和二羧酸盐代谢是受到显著影响的信号通路，并且随着泌乳期的变化，脂质代谢随之变化。乙醛酸和二羧酸盐代谢是泌乳期最活跃的代谢通路之一，与从头合成脂肪酸的底物乙酰辅酶A的生物合成密切相关。这些研究结果强调了，山羊乳腺在泌乳期间合成了乳脂，这是乳腺最重要的功能之一，为乳腺中脂肪酸和脂质种类的合成与代谢提供了新的见解，将有助于进一步提高奶山羊的乳品质。

乳腺是家畜泌乳过程中独特的器官，其发育和泌乳能力受遗传和环境因素的影响，为了探索这些因素的分子调控机制，研究人员采用高通量测序技术和生物信息学方法，系统分析了崂山奶山羊泌乳早期、高峰期与泌乳晚期乳腺组织的转录组[18]。通过质控，分别得到25292、23665和27220个表达基因，两两比较后共得到14892个非冗余差异表达基因，注释到细胞、细胞器和细胞部分等细胞组分，细胞过程、信号转导、代谢过程和生物调节等分子功能，结合和催化激活等生物过程。主要富集的代谢通路包括内吞作用、癌症通路、PI3K-Akt信号通路和肌动蛋白细胞骨架调节。最终筛选出20个与乳腺发育和泌乳相关的基因并构建调控网络，其中网络核心基因有*CCND1*、*TGFB1*和*ESR1*。这些发现为进一步研究和筛选调控奶山羊乳腺发育和泌乳能力的主要基因或分子遗传标记奠定了基础，同时也加深了对奶山羊泌乳生理的了解。

MicroRNA（miRNAs）是一种小的非编码RNA分子，作为重要的转录后基因表达调节因子，通过靶向mRNA进行转录后内切核裂解或翻译抑制。在模式动物中已经进行了大量的miRNA高通量测序研究，证明了miRNAs在许多生物过程中起着重要作用，然而，对于山羊的miRNAs多样性知之甚少。研究人员利用干奶期和泌乳高峰期的奶山羊乳腺组织构建了两个miRNA文库，并通过高通量测序技术进行测序[19]。共鉴定出346个保守的和95个新的miRNAs，通过qRT-PCR验证了miRNAs在9个组织和不同泌乳阶段的乳腺中的表达。通过比较乳腺不同组织和发育阶段的miRNA表达谱，发现了几种可能参与乳腺发育和泌乳的候选miRNAs，揭示了奶山羊乳腺生物学相关的miRNA图谱，有助于深入理解奶山羊泌乳生理和乳腺发育的分子机制。

## 应用二：山羊乳的转录组特征

山羊乳具有为婴儿与成人提供营养、促进人体健康的功能，含有丰富的营养成分。在乳用家畜中，山羊乳的游离乳低聚糖含量远远高于牛或绵羊，而且在初乳中的浓度高于常乳。大量体外和体内研究证明游离乳低聚糖在人类健康和营养方面具有重要的生物学功能。由于山羊乳中的游离乳低聚糖的含量与人乳相似，因此，山羊乳作为一种天然来源的乳糖衍生游离乳低聚糖，具有极大的产品开发潜力，可广泛应用于婴儿配方奶粉的补充和功能食品。山羊乳含有中性和酸性有机物。半乳糖、葡萄糖、岩藻糖、乙酰基葡萄糖胺和N-乙酰半乳糖胺在乳糖核上构成中性游离乳低聚糖；这些相同的单体，加上N-乙酰神经氨酸和N-甘氨酰神经氨酸，组成酸性游离乳低聚糖。与糖蛋白和糖脂共价连接的低聚糖链通常具有特殊的生物学功能，如信号传导、粘附和细胞在体内的迁移等。蛋白质和脂质的糖基化在许多生物过程中发挥至关重要的作用，包括免疫和炎症反应的调节等。为了理解游离乳低聚糖的功能，研究编码糖基化相关基因的表达调控非常重要，例如糖基转移酶和糖苷酶的大家族。

初乳营养丰富，生物活性成分含量高，与常乳成分有很大区别，为鉴定初乳和120天常乳之间的差异，研究人员采用RNA-seq方法，对山羊初乳和常乳的乳体细胞转录组进行测序和从头组装，分析差异表达基因及不同泌乳期游离乳低聚糖代谢相关基因的表达[20]。结果共获得44635个转录本与33757个候选基因，40353个转录本可以匹配到NCBI-NT数据库，35701个转录本可以匹配到NR数据库。329个基因在不同泌乳期差异表达，其中初乳中表达显著上调207个，显著下调122个。*CSN2*、*PAEP*、*CSN1S2*、*CSN3*、*LALBA*、

*TPT1*、*FTH1*、*M-SAA3*、*SPP1*、*GLYCAM1*、*EEF1A1*、*CTSD*、*FASN*、*RPS29*、*CSN1S1*、*KRT19*和*CHEK1*均属于初乳中高表达基因，参与糖酵解、碳水化合物代谢、防御应答、细胞因子活性、细胞增殖和死亡调控、血管发育等生物学过程，而常乳高表达基因则富集到与淋巴细胞激活和解剖结构形态发生相关的生物学过程。对144个不同游离乳低聚糖代谢相关基因的分析表明，其中大多数在初乳中表达量高于常乳，如*SLCA3*、*GMSD*、*NME2*、*SLC2A1*、*B4GALT1*、*B3GNT2*、*NANS*、*HEXB*等。*HEXB*的高表达可能与羊乳中中性游离乳低聚糖的高比例有关；在核苷酸糖转运体中，*SLC35A2*、*SLC35A5*、*SLC35B1*和*SLC35C1*表达水平较高；在岩藻糖基转移酶中，*POFUT2*基因在初乳与常乳中表达均最高。由于溶酶体己糖胺酶从许多游离乳低聚糖中释放末端β-糖苷键连接的N-乙酰氨基葡萄糖和N-乙酰氨基半乳糖，可以推测初乳中较高的游离乳低聚糖浓度可能与聚糖降解活性和糖基转移酶活性有关。这些结果表明山羊初乳中免疫防御反应、碳水化合物代谢和寡糖代谢功能的基因表达较高，具有作为乳糖衍生游离乳低聚糖的天然来源和婴儿补充奶粉的开发潜力。

应用三：添加剂对山羊乳品质的影响

农业与工业副产品是具有较高生物技术潜力的化合物的重要来源。在过去的十年中，这些产品被用于畜牧学领域的膳食补充剂，显著提高了畜产品的品质。然而，这些产品对基因表达和动物代谢的影响还不清楚。因此，研究人员通过全血转录组方法，分析在日粮中添加10%橄榄叶对泌乳山羊胆固醇的影响[21]。通过分析载脂蛋白B调控基因的差异，为鉴定载脂蛋白B的mRNA编辑酶催化亚基2的基因编码差异调控提供了可能，其在试验山羊中表现出下调。考虑到血浆载脂蛋白B和低密度脂蛋白之间的密切联系，对血液和乳胆固醇进行了评估，发现载脂蛋白B浓度可用于直接测量循环中致动脉粥样硬化脂蛋白的数量。这些结果表明，循环的胆固醇和通过乳腺释放到乳中的胆固醇的浓度显著降低，表明日粮添加10%橄榄叶对动物福利与人类消费者潜在的健康益处存在积极作用。

# 三、山羊绒毛和皮肤的转录组研究

应用一：山羊绒毛发生和分化

绒山羊次级毛囊中提取的羊绒具有一定的商业价值，然而，很少有研究关注山羊胚胎初级和次级毛囊起始和发育的分子机制。因此，研究人员收集了胚胎第45天、55天和65天的皮肤样本，进行RNA测序，通过转录组分析在绒山羊毛囊的早期胚胎发育中转录和选择性剪接的机制[22]。胚胎55天与45天比较，发现有321个上调基因和1083个下调基因。胚胎65天与55天比较，有670个上调基因和1783个下调基因。差异表达基因涉及重要信号通路中的大多数关键基因，包括*WNT*、*TGF-β*、*FGF*、*Hedgehog*和*NOTCH*等因子在胚胎55～65天期间表达变化明显，说明毛囊可能始于胚胎55～65天。这项研究探索毛囊发育过程中的可变剪接变化，在这三个阶段中显示出不同的模式，且可变剪接调控基因的功能通路与毛囊的发育有关，参与到毛囊发育启动过程，说明毛囊的起始和发育可能同时受到转录和转录后机制的调控。通过比较胚胎60天、120天和新生儿阶段已发表的RNA-seq样本，可以研究绒山羊毛囊发育早期到后期的转录组动态。发现大多数*WNT/β-catenin*和*NOTCH*信号通路基因在毛囊发育的启动中很重要。TGF-β/BMP、FGF、Hedgehog等信号通路在发育过程中表达不同。该研究发现了胚胎毛囊发育起始的时间点，并鉴定出具有胚胎毛囊起始和发育潜在功能基因，揭示了可变剪接对毛囊发育中的潜在调控作用，拓展了对毛囊发育分子机制的认识。

人类和小鼠的研究表明，毛囊的形态发生依赖于外胚层与中胚层的相互作用，涉及多种信号和调节因子。DNA甲基化和长链非编码RNA（lncRNA）调控基因表达，在早期胚胎皮肤发育中起着关键作用。lncRNA作为间接调控因子，可以将DNA甲基转移酶召集到特定的基因组位点，引起DNA甲基化。研究人员通过RNA-seq和亚硫酸氢盐全基因组测序，对绒山羊胚胎第65天和120天皮肤组织进行了研究，通过两种组学的量和分析揭示绒山羊毛囊形态发生的复杂调控机制[23]。结果表明，Wnt信号在毛囊诱导和分化阶段均起重要作用。*HOXC13*、*SOX9*、*SOX21*、*JUNB*、*LHX2*、*VDR*、*GATA3*等转录因子基因在胚胎120天特异性表达，可能参与毛囊分化。角蛋白编码基因与一些转录因子基因的表达模式相似，说明这些转录因子在毛囊分化和角蛋白表达中发挥重要作用。与毛囊诱导期相比，毛囊分化期DNA甲基化水平较低，部分毛囊分化基因和转录因子基因的表达与DNA甲基化水平总体呈负相关，说明毛囊分化基因在毛囊诱导期被甲基化和抑制，而在毛囊分化期被去甲基化并表达，表明DNA甲基化通过调控相关基因的表达在毛形态发生中发挥重要作用。通过lncRNA定位，发现与胚胎65天相比，120天胚胎样本中有45个lncRNA表达上调，147个lncRNA表达下调，这些lncRNA可能通过靶向毛囊相关信号和基因发挥作用。分析与靶基因DNA甲基化相关的潜在差异表达lncRNA发现，大多数差异表达基因与DNA甲基化的相关性很小，这表明存在其他的调控机制，如组蛋白修饰和转录控制，可能在毛囊的诱导和分化中发挥着重要的作用。这些结果揭示了绒山羊毛囊形态发生的关键信号和基因，发现了可能参与DNA甲基化的lncRNA，为lncRNA介导的毛形态发生调控机制提供了可能的依据。

应用二：山羊绒毛周期性生长

哺乳动物皮肤中的毛囊生长在出生后持续动态变化，具有周期性。绒山羊在畜牧业与纺织业中有着突出的贡献，其羊绒以纤细柔软而闻名，被广泛研究。内蒙古绒山羊有两种明显不同的毛纤维结构，外层为粗的保护毛，下层为细软的毛。羊绒来自皮肤中的次级毛囊结构，粗毛来自初级毛囊。毛囊在脱落旧发干后产生新发干，从而开始新的毛生长周期。角蛋白和角蛋白酶相关蛋白是毛的主要成分，影响毛的生理特性。毛囊和毛干生长涉及编码角蛋白中间丝蛋白和角蛋白酶相关蛋白的基因表达的变化。人类毛囊没有同步生长模式，每个毛囊独立于其他毛囊。相比之下，绒山羊毛的生长表现出周期性变化，且在日光下每年都会发生变化。这种周期性生长模式取决于内在分子机制和外部环境。

关于绒山羊次级毛囊生长周期的分子调控机制的报道较少。因此，研究人员通过皮肤转录组测序技术，对内蒙古绒山羊不同月份的皮肤进行了序列分析，揭示绒山羊毛囊转变背后基因的周期性变化,发现差异表达基因与绒毛生长不同阶段的毛周期转换调节之间的相关性[24]。绒毛的生长周期可分为3月—9月生长期、9月—12月的消退期和12月—次年3月的休止期,每个阶段都受特定遗传模式的调节。结果显示,3月是差异基因最显著的月份;3月份与2月份相比,基因表达显著增加,差异表达基因数量显著增加,这两个结果相互验证,表明三月是第二个毛囊生长周期的开始。9月羊绒生长达到高峰后开始减少,次级毛囊也开始减少。在8月至10月的3个月内,基因表达先下调后上调;9月基因变化明显,表明羊绒生长周期结束,开始退化。退化期的毛囊数一直持续到12月,从12月到次年3月初,即羊绒生长周期结束的时期,次级毛囊数保持不变。通过对整个生长周期的基因表达进行聚类分析,进一步发现了羊绒生长三个时期的关键节点,而与羊绒生长周期相对应的角蛋白差异基因表达进一步支持了组织切片的结果。荧光定量分析结果显示KAP3-1、KRTAP 8-1和KRTAP 24-1基因与羊绒生长周期密切正相关,其调控与羊绒生长周期一致。但毛囊发育相关基因的表达早于羊绒生长,说明周期调控可以改变羊绒的生长时间。基因改变的时间早于身体表面绒毛改变的时间。*KRTAP*基因的表达直接影响毛囊的生长及相关性状。在休止期和生长期,基因的表达有急剧的波动。然而,羊绒生长中的遗传变异使生长相对缓慢,使这一过程逐渐停止。研究与羊绒生长起始相关的基因,对于发现影响羊绒生长的基因,如调节羊绒周期的基因,具有潜在的价值。

毛囊干细胞在毛囊的发育和再生中起着至关重要的作用。内蒙古绒山羊有两种类型的毛囊:初级毛囊与次级毛囊,后者将形成绒。为了鉴定与羊绒生长相关的基因,研究人员通过RNA-Seq技术,对生长期和休止期次级毛囊干细胞进行转录组分析,探讨绒山羊生长期和休止期次级毛囊干细胞的差异表达基因[25]。在生长期和休止期之间检测到2717个差异表达基因,包括1500个上调和1217个下调的差异表达基因,主要与细胞部位、细胞过程、结合、生物调节和细胞器功能有关。此外,毛囊发育和内环境稳定由PI3K-Akt、MAPK、Ras和Rap1信号通路维持,这些通路调节干细胞和细胞因子-细胞因子受体相互作用以及细胞粘附分子的多能性,可能参与体外培养的毛囊干细胞生长过程。生长期和休止期毛囊干细胞之间的毛囊干细胞特征基因和细胞周期相关基因没有显著差异,表明体外培养的毛囊干细胞处于相对静止的细胞状态。

哺乳动物产生毛是为了保护机体免受环境因素的影响。毛囊角化细胞重塑新毛囊主要由真皮乳头细胞引导,后者调节局部和全身激素和分子的信号,以促进毛生长。这些信息可以诱导大量毛囊干细胞在皮肤环境中增殖,其中一些分子信号发挥关键作用,特别是在单被毛哺乳动物中,如老鼠和人类。例如,WNTs和β-catenin参与毛囊周期中推行期BMP通路,从而调节毛囊周期。对绒山羊毛囊周期的典型通路进行分析,发现了参与羊绒生产性状的强烈选择特征,确认了一些参与毛生成和再生分子的作用,如参与毛囊发育的*Lhx2*和*Fgf5*基因,其表达受干扰后次级毛囊增多和纤维增长;转录因子Hoxc8的外显子1的高甲基化状态与绒山羊短绒长度相关。然而,在双被毛动物中,有一些特殊的信号通路参与绒毛的生长。对毛囊周期相关基因和通路的解析,以及对纤维活跃生长和退化阶段相关分子的鉴定,可用于规划最有利的收获时间,并可提高羊绒产量。

RNA-seq测序可以提供关于测序转录物的准确表达谱,检测新的和已知的mRNA,对低丰度的mRNA转录物进行相对定量,这对于基因组资源有限的哺乳动物是非常重要。尽管绒山羊主要在亚洲饲养,尤其是在中国,但意大利最为著名的时尚行业品牌进口的绒数量是世界上最多的。但当地的生产仅限于保持季节性模式的小群羊,因此准确解析山羊毛囊生长周期的分子机制,了解基因在各个阶段中的表达变化,了解毛囊周期的界限,将有助于改善绒山羊的管理和生产。因此，研究人员对5只意大利绒山羊的毛囊进行了RNA-seq测序，结合形态学分析加深对绒山羊毛囊生物学机制的理解[26]。共鉴定出214个差异表达基因，在毛囊生长阶段，97个差异表达基因表达上调，117个差异表达基因表达下调。检测到144个在毛囊期高表达的重要通路，包括雌激素、干细胞多能性、产热和脂肪酸代谢等。参与产热及其相关脂肪酸代谢和脂肪酸延伸通路的基因在生长期显著富集，表明雌激素在控制毛囊循环中起直接作用，调节该通路中注释的105个基因。这些结果有助于对新毛囊的形态发生和维持的理解，准确描述绒山羊毛生长周期的分子特征。

在印度拉达克地区寒冷干旱的沙漠中，栖息着一种重要的经济牲畜物种——绒山羊。绒山羊以特产绒纤维著称。羊毛具有双层被毛，以适应非常寒冷的冬天，外部由初级毛囊发育而来，内部由次级毛囊产生的细羊毛组成。羊绒纤维的生长周期为一年一次，同步进行。研究人员使用RNASeq和综合生物信息学，分析了10只绒山羊在毛囊生长和休止期的转录组谱，鉴定与羊毛纤维起始相关的潜在关键基因和通路[27]。在生长期，有150个基因显著高表达，筛选9个基因进行qRT-PCR，结果一致。*HAS1*、*TRIB2*、*P2RX1*的表达量最高，*PRG4*、*CNR2*和*MMP25*在生长期显著表达，而*MC4R*、*GIPC2*和*CDO1*在休止期显著表达，*ZFP2*是唯一一个在生长期下调的基因。差异表达基因功能分析显示，绒纤维起始主要受Wnt、NF-Kappa、JAK-STAT、Hippo、MAPK、钙和PI3K-Akt等信号通路控制。NF-κB可能在生长素诱导中发挥作用。*IL36RN*在休止期的上调抑制NF-κB的表达，表明其可能在维持绒山羊的休止期中发挥作用。整合素家族、细胞粘附分子和细胞外基质受体的基因在生长过程中被观察到高水平的表达。研究人员鉴定出关键基因（*IL36RN*、*IGF2*、*ITGAV*、*ITGA5*、*ITCCR7*、*CXCL5*、*C3*、*CCL19*和*CXCR3*）和一个可能与绒再生诱导紧密相关的胶原簇。*ITGAV*在休止期中显著上调，可能在维持毛囊处于休止期中发挥作用。调控网络表明RUNX3、NR2F1/2和GATA家族转录因子在羊绒纤维起始和维持纤维质量中发挥潜在作用。蛋白-蛋白相互作用网络表明整合素分子如ITGB7、ITGA5、ITGA9和ITGA11在绒再生诱导中的潜在作用。该研究还表明转录因子，如NR2F1、NR2F2、HIC1、SPI1、MIXL1、ZFP2和KLF1，在促进绒生长中具有潜在作用。

应用三：山羊皮肤的转录组特征

随着分子遗传学的不断发展，鉴定与山羊经济性状相关基因的单核苷酸多态性广泛受到研究人员的关注。而全局转录组测序中单核苷酸多态性的发掘对于理解分子遗传学信息至关重要。研究人员采用RNA测序法，测定了绒山羊不同发育阶段的皮肤转录组，发现大量绒山羊单核苷酸多态性位点[28]。共鉴定出56231个单核苷酸多态性位点，分布在10057个基因中。其中，生物学验证了64%的单核苷酸多态性。但是，由于基因组注释的准确性较差，在基因间区域发现的单核苷酸多态性的潜在来源难以确定。这些结果表明，RNA测序可以快速有效地鉴定单核苷酸多态性，为深入了解调节绒山羊皮肤基因的功能特性提供了重要的信息，特别是为绒山羊高密度连锁图谱的构建和全基因组关联研究提供了重要的参考。

帕什米纳是世界上最好的天然纤维，源于克什米尔绒山羊的次级毛囊。克什米尔绒山羊由查谟和克什米尔的拉达克地区的牧民驯养。复杂的上皮-间充质相互作用涉及众多的信号分子和信号通路，调控不同物种的毛囊形态发生和有丝分裂。研究人员通过高通量测序，比较了绒用型克什米尔绒山羊和肉用型巴勃里山羊皮肤的转录组，以揭示可能有助于羊绒发育的基因网络和代谢通路[29]。结果发现，在克什米尔绒山羊中，525个基因显著表达上调，54个基因显著表达下调。GPRC5D在两品种显著差异表达，克什米尔绒山羊样品的转录丰度较巴勃里山羊高出8.25倍。差异基因显著富集在角质形成、角质化和发育生物学等通路。角蛋白和角蛋白相关蛋白基因在克什米尔绒山羊中的表达明显较高。许多毛囊角蛋白合成的转录调控基因如GPRC5D、PADI3、HOXC13、FOXN1、LEF1和ELF5在克什米尔绒山羊的转录丰度较高。MAP28是山羊先天免疫系统的重要组成部分，对病毒、细菌和真菌具有广泛的抗菌活性。这些结果表明，与寒冷沙漠地区相比，炎热干旱地区山羊的皮肤暴露于病原菌较多，免疫性较好。Wnt信号通路的正调控和抑瘤素M信号通路的负调控可能是克什米尔绒山羊毛囊发育和毛干分化的重要因素。

N6甲基腺苷是所有高等真核生物mRNA中最常见的内部修饰。研究人员采用N6甲基腺苷修饰的RNA免疫沉淀测序和RNA测序（RNA-seq）两种高通量测序方法，对粗/细型辽宁绒山羊皮肤组织差异表达基因的N6甲基腺苷甲基化进行了分析，以鉴定绒纤维生长中N6甲基腺苷修饰的关键基因[30]。RNA免疫沉淀测序分析结果显示，在羊绒的生长过程中，皮肤组织中存在大量的N6甲基腺苷甲基化修饰基因，包括9085个N6甲基腺苷位点的RNA甲基化存在差异，其中7170个上调和1915个下调。通过比较两组皮肤样本中的N6甲基腺苷修饰基因，共得到1170个差异表达基因。差异甲基化基因的N6甲基腺苷调控水平与绒山羊皮肤中转录水平呈负相关，这表明N6甲基腺苷可以调控mRNA的降解。使用qRT-PCR对19个与羊绒纤维生长相关的差异甲基化基因进行了验证。功能分析表明，差异甲基化的基因主要参与角蛋白丝和中间丝功能，说明N6甲基腺苷可能在一定程度上调控了这些信号通路，并可能调控毛囊的发育分化。KRT26、KRT32、KRT82、EGR3和FZD6在调节羊绒生长和细度中可能发挥关键作用。这些发现为进一步研究N6甲基腺苷修饰在羊绒纤维生长过程中的作用提供了理论基础。

环状RNA是具有共价闭合环状结构的内源性非编码RNA（ncRNA），它主要通过RNA可变剪接或反向剪接产生。环状RNA在大多数真核生物中是已知的，并且非常稳定。然而，有关调控羊绒柔软性的环状RNA的认知较为浅显。因此，研究人员通过下一代RNA测序方法，对辽宁绒山羊和内蒙古绒山羊的绒毛生长期的皮肤样本进行了比较分析[31]。在山羊皮肤中共鉴定了13320个环状RNA。与内蒙古绒山羊皮肤样本相比，辽宁绒山羊中有17个表达上调的环状RNA和15个下调的环状RNA。随机选取6个环状RNA，通过qRT-PCR验证表达水平，结果基本一致，说明RNA-seq的准确性较高。比较辽宁绒山羊中粗型皮肤和细型皮肤的差异表达的环状RNA，发现这些环状RNA在辽宁绒山羊细型中也有高表达，表明其可能在调节纤维细度形成方面发挥了潜在的积极作用。CIRNA54和CIRNA58表达差异显著。此外，通过生物信息学推导出了环状RNA-miRNAs的调控网络，有助于理解环状RNA参与调控羊绒纤维的分子机制。建立一个完整的环状RNA和miRNA调控网络，有助于更好地了解山羊皮肤中的环状RNA。

应用四：山羊被毛颜色的转录组特征

为了了解不同被毛颜色相关的不同皮肤区域的基因表达谱，并识别调控山羊被毛颜色的关键基因，研究人员使用RNA-Seq方法，比较了黑头白体波尔山羊和麻城山羊杂交后代的黑色和白色被毛的皮肤转录组[32]。从3只全同胞山羊的白毛山羊和黑毛山羊皮肤样本中构建cDNA文库进行测序分析，在白色和黑色皮肤样本中110个表达上调，55个表达下调，这些差异基因可能在控制山羊卵泡发育和色素沉着方面发挥关键作用，大多数与生物过程和细胞成分类别有关。与色素生物合成过程、色素代谢过程、黑色素小体、色素颗粒相关的基因在黑色和白色涂层区域的皮肤中均有表达。与白色被毛相比，黑色素基因如TYR、TYRP1、DCT和PMEL在杂交山羊的黑色被毛区表达上调，GPR143、SLC45A2、PMEL和SLC24A5的表达显著上调，而KRT1显著下调，说明GPR143、SLC45A2、PMEL和SLC24A5的表达可能是杂交山羊黑色区维持所必需的，而KRT1则起负作用。在杂交山羊不同皮肤区域的黑色素发生相关通路中鉴定了3个关键的差异表达基因，即Agouti、DCT和TYRP1。在白色皮肤中DCT和TYRP1下调，Agouti上调，提示该区域缺少成熟的黑色素细胞，Agouti可能在颜色模式的形成中发挥关键的发育作用。此外，对200只黑头颈杂交山羊进行了MC1R基因分型，发现群体中普遍存在MC1R的功能缺失突变以及突变等位基因的纯合性。而在杂交山羊中，MC1R基因似乎并没有在决定黑头和黑脖子方面发挥主要作用。该研究为两种不同的被毛颜色的转录调控提供了深刻的见解，为理解山羊的被毛颜色着色提供了关键信息。TYR、DCT、TYRP1、GPR143、SLC45A2、PMEL和SLC24A5可能与杂交山羊黑色被毛区域的着色有关，Agouti的区域特异性表达可能与波尔和麻城黑山羊体内色素的分布有关。

毛色变异的遗传学仍然是一个挑战，羊绒的毛色在很大程度上受保守的色素沉着通路控制，早期的研究集中在与颜色决定有关的少数基因上，然而，完整的决定因素仍然不为人知。克什米尔绒山羊特产柔软且昂贵的商业动物纤维。因此，研究人员使用高通量测序技术，分析导致克什米尔绒山羊复杂毛色变化的基因之间复杂的相互作用，揭示了绒山羊被毛颜色变异的遗传基础[33]。结果鉴定到2479个黑色、棕色和白色绒山羊皮肤样品中差异表达的mRNA和lncRNAs。差异表达基因显著富集在黑色素生物合成、黑素细胞分化、发育色素沉着、黑素小体运输活性等方面。黑色和棕色山羊的皮肤转录组与参与黑蛋白生产运输的酶的上调有关。显著上调基因是编码黑素发生酶的基因即TYR、TRP1和TRP2。TYR是黑色素形成的关键和速率决定酶，酪氨酸酶相关蛋白1和多巴色素互变异构酶是影响黑色素产生质量和数量的重要酶。与黑色皮肤相比，白色皮肤和棕色皮肤样本中WNT3A和FZD4受体是Wnt信号通路的成员。此外，WNT信号通路中的FZD4和WNT3A在反式调控中受到LOC102186545 lncRNA的调控，说明lncRNA在功能上相对于其靶标是保守的。这些结果表明，lncRNA的顺式和反式调控对毛色编码mRNA具有潜在作用。

幽州黑山羊是一种天然突变型山羊，全身皮肤包括可见的粘膜均呈黑色。研究人员采用RNA测序、qPCR和组织学方法，以黑皮肤的幽州黑山羊和白皮肤的玉东白山羊为研究对象，对100天的胚胎皮肤进行了组织形态学和比较转录组学的分析，为山羊产前皮肤色素沉着提供参考[34]。组织学分析表明，两个山羊品种的高色素皮肤和正常皮肤的黑色素分布以及表皮超微结构存在显著差异。ASIP基因中的结构变异可能是其在幽州黑山羊色素沉着的皮肤中表达较低的原因，因为在早期发育阶段确定了黑色素细胞在全身的分布。两组之间差异基因的分析表明，ASIP-MC1R、细胞外基质受体相互作用和MAPK信号通路组成的网络可能在决定胎山羊皮肤色素沉着的过程中发挥关键作用。此外，在山羊皮肤中鉴定了1616个新的转录本。由于使用的实验材料是由多种细胞系组成的胚胎皮肤，不足以完全解释表型之间的基因表达差异，需要采用免疫细胞化学分析、免疫组化分析、FISH等实验进行补充，有助于理解早期皮肤色素沉着和发育中的整体基因表达特征，描述与色素沉着相关的人类疾病的动物模型。

## 四、山羊肉类生产性状的转录组研究

应用一：山羊育肥机制的研究

在实际生产中，几乎所有的公羊和大约50%的母羊被用来育肥。切除母羊卵巢可显著提高产肉率，但具体的分子机制尚不清楚。研究人员构建了5个独立的cDNA文库，分别来自3个自去卵巢母羊和2个正常母羊背最长肌样本，利用RNA-seq测序技术揭示去卵巢母羊对肌肉发育的影响[35]。结果共生成205358个转录本和118264个基因簇，发现15490个短重复序列，其中短重复序列为结构域型。单核苷酸多态性的频率高于颠换类型。短重复序列和单核苷酸多态性在山羊基因组中的分布与其他研究一致，表明RNA-seq是发现转录区域遗传变异的有效方法。903个基因在两组普遍表达，288个基因和421个基因分别在正常母羊和去卵巢母羊组中唯一表达，1612个差异表达基因，包含去卵巢母羊背最长肌中有718个基因表达上调，894个基因表达下调。基因簇显著富集到43个基因本体论注释、86个生物通路。随机选取22个候选差异表达基因进行qRT-PCR，其表达变化趋势与RNA-seq结果一致。这些结果有助于阐明去卵巢动物肌肉发育的分子机制，以及切除卵巢在育肥中的应用。

环状RNA（circRNA）在mRNA剪接过程中产生，是基因调控网络的一部分，其功能与不同发育阶段的时间表达模式密切相关。研究人员对circRNA在安徽白山羊骨骼肌发育中的作用趋势进行了分析，采集第45天、65天、90天、120天和135天的胚胎，出生1天、90天的骨骼肌样本，构建RNA测序文库，鉴定了9090个环状RNA，并分析了它们的分子特性、时间表达模式和在不同阶段的潜在功能[36]。结果表明，由于同一宿主基因产生具有不同表达谱的多种异构体，circRNA显示出复杂性和多样性。2881个circRNA差异表达。筛选出4种功能模块，即模块0、19、16和18，包含1118个差异表达circRNA，其功能可能与山羊骨骼肌的产前和产后生长有关。模块0随着山羊骨骼肌的发育进程，在所有阶段的表达逐渐增加，并通过代谢、酶活性调节和生物合成对肌肉产生影响。模块16在胚胎早期和晚期均有高表达，参与Wnt信号通路、AMPK信号通路等。模块18主要表达于第120天的胚胎，参与细胞骨架蛋白结合、Notch信号通路等。模块19在所有阶段均下调，并与肌肉结构和发育相关。骨骼肌发育分为三个过渡阶段：第一阶段为45天至90天，与肌卫星细胞增殖和肌纤维结构有关；第2阶段为90天至出生1天，细胞质表面与肌动蛋白细胞骨架的附着开始；第3阶段，涉及cGMP-PKG信号通路。石蜡切片也证实了骨骼肌发育有三个过渡阶段。无论山羊circRNA是否差异表达，其主要由1号染色体产生，表明1号染色体在山羊骨骼肌发育中起着不可或缺的作用。这项研究首次系统地鉴定在山羊骨骼肌不同发育阶段特异性发挥作用的不同环状RNA，可以将45天胚胎到90天新生儿骨骼肌发育分为三个发育阶段，表明特定阶段的特定生理和生长过程的功能转变。

骨骼肌是一种复杂而重要的组织，约占哺乳动物体重的40%。胚胎骨骼肌组织的发育主要表现为肌纤维数量的增加。中胚层的成肌细胞首先迁移到四肢和躯干，并迅速增殖。

成肌细胞达到一定数量后，分化为肌细胞并融合成多核肌管。胚胎时期是肌肉形成的主要时期，出生后肌纤维数量保持不变。出生前后骨骼肌的发育有显著差异，而骨骼肌生长发育的转化实质上是基因调控的结果，miRNAs是调节骨骼肌不可缺少的。研究人员通过RNA-Seq，选择第45天、65天、90天、120天和135天的胚胎、新生羔羊、产后90天羔羊的七个发育阶段的骨骼肌，进行了miRNA测序和分析[37]。共鉴定出421个已知的miRNA和228个新的山羊miRNA，19个miRNA在七个阶段的平均表达量非常高。此外，发现420个差异表达的miRNA，其中80个仅仅在出生后1天和第90天的胚胎两组之间差异表达，调控的靶基因显著富集到HIF-1信号通路与ErbB信号通路，表明出生后阶段主要与肌肉增大和成肌细胞增殖的调节有关。miRNA-1和miRNA-133a-3p在早期表达水平较低，在胚胎120天后表达水平极高，说明它们是胚胎120天后调控肌肉分化成熟的必要因素。从胚胎45天到出生后90天之间高表达的miRNA可能对骨骼肌发育具有重要作用，并且骨骼肌发育中的miRNA在不同阶段对核糖体有不同的影响。这些结果提供了山羊肌肉相关miRNA的概述，能更好地理解哺乳动物肌肉发育过程中miRNA的功能。

### 应用二：山羊肉品质的转录组特征

MSTN基因是哺乳动物骨骼肌质量的一种负调控因子，其编码基因的突变可导致双肌臀的出现。研究人员利用CRISPR/Cas9技术编辑陕北绒山羊的MSTN基因，使用RNA测序技术比较3只野生型山羊、3只FGF5基因敲除山羊和3只FGF5和MSTN基因均敲除山羊的肌肉转录组[38]。从野生型山羊、FGF5和MSTN基因均敲除的山羊和FGF5基因敲除山羊中，分别获得了68.93、62.04和66.26百万条质控的测序片段。在野生型山羊和FGF5基因敲除山羊中有201个差异表达基因，其中86个基因表达下调，115个基因表达上调。在野生型山羊和FGF5和MSTN基因均敲除的山羊中，共鉴定到121个差异表达基因，其中FGF5和MSTN基因均敲除的山羊组中有81个下调基因和40个上调基因。功能分析发现，MSTN敲除后，差异表达基因显著富集在骨骼肌生长、脂肪酸代谢、糖代谢和氧化磷酸化等通路。参与Notch信号通路的差异表达基因HES1可能通过抑制MyoD1和ASH1的功能作为肌生成的调节因子。FGF5基因敲除山羊和FGF5与MSTN基因均敲除的山羊共检测到198个差异表达基因，其中FGF5和MSTN基因均敲除的山羊中有128个下调基因和70个上调基因。在转录组水平上，发现涉及脂肪酸代谢和不饱和脂肪酸生物合成的基因发生了显著变化，如硬脂酰辅酶A脱氢酶、3-羟基酰基辅酶A脱水酶2、ELOVL脂肪酸延长酶6和脂肪酸合成酶，表明这些基因的表达水平受MSTN的直接调控，可能是MSTN的下游靶点，在山羊的脂质代谢中具有潜在的作用。

胴体质量、肉品质和肌肉成分是重要的经济性状。研究人员选取了5只辽宁绒山羊和5只子午岭黑山羊，比较背最长肌组织的转录组差异，以解析在胴体质量、部分肉品质性状和肌肉成分上存在表型差异的机制[39]。结果发现，子午岭黑山羊背最长肌组织中总胶原纤维的百分比低于辽宁绒山羊，这与观察到的子午岭黑山羊肌肉较低的剪切力值、胴体质量和肌内脂肪含量有关，也是导致肉质更嫩的现象之一。肌内脂肪含量较低的子午岭黑山羊肉的保水能力高于辽宁绒山羊肉。辽宁绒山羊和子午岭黑山羊背最长肌组织中平均分别有15919个和15582个基因表达。与辽宁绒山羊相比，子午岭黑山羊有78个基因表达水平上调，133个基因表达水平下调。这些差异表达基因显著富集到肌肉生长发育、肌肉内脂肪和脂质代谢沉积、Hippo信号通路和Jak-STAT信号通路等。较低胴体重量的子午岭黑山羊骨骼肌中，*TEAD4*和*FGF1*的表达水平降低，可能导致子午岭黑山羊的胴体重量降低。这些结果解释了山羊产肉性能的部分遗传机制，有助于提高标记辅助选择对山羊肉质性状选择的准确性。

## 五、山羊繁殖性状的转录组研究

应用一：山羊卵巢的转录组特征

山羊是一种重要的经济家畜，因此有必要揭示其繁殖性能的转录组信息。研究人员使用高通量测序技术，对山羊卵巢进行从头转录组测序，生成山羊卵巢转录组[40]。结果产生了超过3.88百万个质控后的双端测序片段，这些测序片段被组装成80069个基因簇，基于序列相似性搜索，共鉴定出64824个基因，注释到258个生物通路，25个GO大类。与生殖和生殖过程相关的类别占很大比例，这些结果与卵巢的生物学特性和功能一致。一部分转录本与膜成分相关，其对维持山羊卵巢的生理活性发挥了重要作用。细胞外基质-受体相互作用通路相关的转录本表达较高，可能是粘着连接的补充，表明细胞连接在山羊卵巢中广泛存在。趋化因子在胚胎着床前子宫内膜发挥作用。母体与胚胎交界处的趋化因子受体信号，促进人滋养层细胞迁移到子宫内膜上皮。滋养层细胞和母体子宫内膜之间的双向趋化因子介导的信号调节胚胎成功着床。趋化因子也在胚胎发生和中枢神经系统的发育中发挥功能。通过比较两个不同年龄山羊卵巢的转录组，确定了大量与繁殖激素、排卵周期和卵泡相关的基因，发现了许多反义转录本和新转录本，对于差异表达基因，首次确定了具有相似差异表达模式、丰富基因本体论和代谢通路的基因集。该研究为山羊的功能基因组和未来生物学研究提供了宝贵的新数据，对山羊繁殖育种计划中候选基因的深入研究至关重要。

卵巢是雌性的主要繁殖器官，直接调节排卵和繁殖激素的分泌。这些复杂的生理过程受多种基因和通路的调控。山羊卵巢的信号通路以及分子机制尚不清楚。研究人员使用RNA-Seq方法，鉴定山羊卵泡期和黄体期卵巢的转录组差异[41]。获得3770个差异表达的mRNAs，黄体期和卵泡期分别有1727个和2043个上调的mRNA，这些差异基因显著富集在辅因子结合和辅酶结合通路上。辅助因子是与酶结合的非蛋白实体，是酶催化反应所必需的。一些在卵巢黄体期高度表达的mRNA，如*HSD17B7*、*3BHSD*和*SRD5A2*，可能与孕酮的合成有关。此外，一些在卵泡期卵巢中高表达的mRNA，如*RPL12*、*RPS13*和*RPL10*，与卵母细胞的生长和成熟有关。黄体期卵巢中高表达的mRNA与类固醇激素的合成有关。对差异表达mRNA的蛋白与蛋白质相互作用网络分析，*RPL12*、*RPS13*和*RPL10*都是核心基因，在卵巢卵泡期高度表达。这些结果提供了山羊卵巢在卵泡期和黄体期的全基因组mRNA表达谱，并确定了与山羊激素分泌和卵泡发育相关的mRNA，为进一步研究山羊繁殖调控提供了理论依据。

卵泡的发育和成熟会对山羊繁殖性能产生重要影响，因此了解这一过程的分子机制非常重要。长链非编码RNA（lncRNAs）在哺乳动物繁殖中的重要性已经得到证实，但lncRNAs在不同卵泡期，尤其是山羊卵泡期的作用知之甚少。研究人员对川中黑山羊的大卵泡和小卵泡进行RNA测序，探讨lncRNAs和mRNAs在山羊卵泡发育和成熟中的调控机制[42]。结果共鉴定出差异表达的8个lncRNAs和799个mRNAs，其中大多数在小卵泡中表达上调。*MRO*、*TC2N*、*CDO1*和*NTRK1*可能与卵泡成熟有关。差异表达的mRNA主要参与卵巢类固醇生成和cAMP信号通路，在调节卵泡成熟和抑制发育中发挥作用。通过共表达分析确定五对差异lncRNA与差异mRNA，即ENSCHIT000000001255-*OTX2*、ENSCHIT000000006005-*PEG3*、ENSCHIT000000009455-*PIWIL3*、ENSCHIT000000007977-*POMP*和ENSCHIT000000000834-*ACTR3*，为探究卵泡发育和成熟过程中lncRNA-mRNA的相互作用提供了线索。研究结果表明，山羊的小卵泡可能涉及卵泡抑制的复杂基因表达机制。根据大卵泡中经典蛋白编码基因的表达，确定了几种可能在卵泡成熟中发挥重要作用的mRNAs和lncRNAs。然而，无法在山羊基因库中鉴定出大量的lncRNAs。因此，需要验证已鉴定的lncRNAs的功能，以便对山羊卵泡发育和成熟的分子机制有更深入的了解，为山羊卵泡发育和成熟的遗传基础和分子机制提供更深入的理解。

应用二：多胎山羊的转录组特征

内蒙古绒山羊主要产于内蒙古西部，是一种单胎山羊。大足黑山羊是我国的国家级保护山羊，毛纯黑色，繁殖性能高，为多胎山羊，平均产羔数为2.72只。在生殖周期中，卵巢调节的功能是一个复杂的过程，受到多种基因和内分泌激素的严格调控。卵泡发育是一个复杂的与激素分泌协调的生物学过程，不同物种之间存在差异。繁殖相关因子在不同产羔性能的山羊品种中表达不同。目前，对不同山羊品种卵巢mRNA的鉴定和确认还很有限。研究人员使用RNA-seq技术，以内蒙古绒山羊与大足黑山羊为研究对象，比较了单胎和多胎山羊卵巢的转录组差异[43]。结果共组装出72422个和80069个基因簇。对于内蒙古绒山羊，26051个、10100个、32772个和24420个基因簇分别注释到基因本体论和同源群簇数据库、Swiss-Prot数据库和京都基因和基因组百科全书数据库。大足黑山羊的基因簇分别有29444个、11271个、36910个和27766个基因簇注释到上述三个数据库。两个品种间存在1133个差异表达基因，632个基因在大足山羊表达上调，501个基因表达下调。其中，68个差异表达基因注释到代谢通路中，31个差异表达基因注释到核糖体，28个差异表达基因注释到粘着斑，27个差异表达基因注释到吞噬体，26个差异表达基因注释到癌症通路上，25个差异表达基因注释到细胞外基质-受体相互作用通路，23个差异表达基因注释到蛋白质消化和吸收通路，20个差异表达基因注释在氧化磷酸化通路，17个差异表达基因注释在溶酶体通路，16个差异表达基因注释在细胞粘附分子通路。这些基因主要与繁殖相关，与卵巢的生物学特性和功能一致。此外，差异基因与转录本中膜成分相关，这些膜成分对卵巢生理活动非常重要。与粘着斑通路相关的转录物显著高表达，表明可能是细胞外基质-受体相互作用和细胞粘附分子通路的补充，在促进细胞粘附和连接方面具有重要功能，表明山羊卵巢中广泛存在细胞连接。这些结果表明，当涉及与繁殖力相关的分子机制时，不同物种具有很大的多样性，揭示与山羊多胎相关的分子机制的线索，能更好地了解物种多样性的重要资源。

产羔率是山羊生产中最重要的经济性状之一，然而相关的遗传机制尚不清楚，这在很大程度上限制了通过遗传选择提高产羔率。在山羊发情周期中，卵巢的主要功能是产生卵母细胞与分泌类固醇激素以调节卵泡发育。卵母细胞在卵泡中发育成熟，并通过与卵泡体细胞紧密的双向分子通讯获得其在卵泡中的发育能力。卵泡体细胞包括上皮颗粒细胞、间充质卵泡膜细胞和卵丘细胞，每种细胞都有特定的调节因子。卵丘细胞是分化的上皮颗粒细胞，通过缝隙连接与卵母细胞紧密连接和代谢偶联，形成卵丘-卵母细胞复合体。腔前卵泡充满富含蛋白质、类固醇和脂质的液体，这些液体来自卵泡体细胞的血液和分泌活动。卵母细胞的微环境对获得卵母细胞发育能力有着至关重要的影响，并且具有预测卵母细胞发育潜力的分子因素。然而，哺乳动物中只有1%的卵泡达到排卵期，超过99%的卵泡发生闭锁。在山羊中，小卵泡的数量远远超过大卵泡的数量，可通过研究小卵泡和大卵泡的卵泡腔，包括卵泡液、卵母细胞、卵丘细胞、上皮颗粒细胞和间充质卵泡膜细胞等，调节排卵细胞的数量和排卵时间。

在哺乳动物中，对卵泡的研究主要在小鼠、人类、猪、牛、大鼠和绵羊，揭示了上皮颗粒细胞和卵泡发育的信号传导通路以及卵泡闭锁的机制。然而，人们对山羊卵泡知之甚少。先前通过对山羊卵巢的转录组分析，确定了参与调节排卵率的关键基因，以及影响排卵和生育的信号通路。对山羊产羔数的研究表明，*PDGFRB*、*MARCH1*、*KDM6A*、*CSN1S1*、*SIRT3*、*KITLG*、*GHR*、*ATBF1*、*INHA*、*GNRH1*和*GDF9*可能是山羊繁殖性状的候选基因。许多研究表明，miRNA影响山羊的卵巢生物学过程，在多胎和非多胎山羊的卵巢中发现差异表达的miRNA，如miR-21、miR-99a、miRNA-143、let-7f、miR-493和miR-200b。然而，与山羊排卵率和产羔数相关的主要基因和miRNA尚未被确定。由于卵泡是一个独特的微环境，卵母细胞可以在其中发育并成熟，因此对单个卵泡进行研究以探索影响山羊排卵率和产羔率的因素非常重要。尽管已经发现许多mRNAs和miRNA在卵巢生物学过程中起着关键作用，但在卵泡发育过程中mRNAs和miRNAs之间的相互作用尚不清楚。

中国和东南亚的自然资源丰富，有利于草食家畜的生长发育，经过长期的自然选择和人工培育，川中黑山羊逐渐形成了遗传稳定性高的地方肉羊品种，成为我国优良的地方山羊资源。因此，研究人员利用RNA测序技术，鉴定单胎和多胎川中黑山羊发情期卵泡中的mRNA、miRNA、信号通路及其相互作用网络[44]。结果发现，单胎山羊和多胎山羊的大卵泡数差异显著，而小卵泡数差异不显著。当单胎山羊和多胎山羊处于发情期时，在小卵泡中共鉴定出289个差异表达的mRNAs和16个miRNAs。对于大卵泡，鉴定出195个差异mRNAs和7个差异miRNAs。功能富集分析显示，小卵泡中的差异基因在卵巢类固醇生成和类固醇激素生物合成中显著富集，而大卵泡中的差异基因在ABC转运蛋白和类固醇激素生物合成中显著富集。此外，通过比较单胎和多胎山羊的小卵泡发现，TNFAIP6、CYP11A1和CD36有差异表达，比较大卵泡发现PTGFR和SERPINA5有差异表达。CD36的表达在多胎山羊中下调，并且与特定的造血细胞谱系相关，表明CD36在多胎山羊的低表达可能通过刺激上皮颗粒细胞增殖或血管生成促进卵泡成熟。总的来说，TNFAIP6和CYP11A1在调节排卵中起到积极作用，而CD36则导致卵泡闭锁。因此，多胎山羊的小卵泡中TNFAIP6和CYP11A1的表达上调，CD36的表达下调，表明多胎山羊中有更多的小卵泡可以生长为优势卵泡，此外，这些基因可能在提高山羊的排卵率中起关键作用。mRNA-miRNA相互作用网络表明，*CD36*（miR-122，miR-200a，miR-141）、*TNFAIP6*（miR-141，miR-200a，miR-182）、*CYP11A1*（miR-122）、*SERPINA5*（miR-1，miR-206，miR-133a-3p，miR-133b）和*PTGFR*（miR-182，miR-122）可能与繁殖有关，但需要对卵泡体细胞进行进一步的研究。

应用三：山羊着床失败的转录组机制

着床前胚胎发育是一个从受精卵开始的动态、复杂和精确调控的过程，包括胚胎基因组激活和多能细胞群的建立，最终成功着床。在这个过程中，适当的胚胎基因组激活对正常胚胎发育至关重要，而失败往往导致发育受阻。在哺乳动物中，胚胎基因组激活的发生时间具有物种特异性，例如，小鼠在2细胞阶段，人类在4~8细胞阶段，猕猴、牛和猪在4细胞期，山羊在8细胞阶段。为了明确山羊体内胚胎的转录组特征，研究人员使用RNA-seq方法，测定山羊体内采集的MII卵母细胞和胚胎在2、4、8、16细胞、桑葚胚和囊胚阶段的转录组，对从成熟卵母细胞到着床前发育期胚胎的表达谱特征进行了分析[45]。结果发现，在8细胞和16细胞之间，基因表达变化最显著，表明胚胎基因组可能在这一阶段发生活化。跨物种分析表明，山羊胚胎与牛的相似性大于猪或人，与小鼠胚胎的相似性最小。特别是，山羊胚胎的发育比人、牛、小鼠和猪的胚胎要慢。将所有连续的发育阶段进行比较，共鉴定了6482个差异表达基因，通路分析揭示了着床前胚胎的重要信号通路和代谢网络。例如，激活胚胎基因组的差异表达基因主要参与mTOR、EIF2、染色体复制的细胞周期控制和蛋白质泛素化信号通路。参与线粒体功能通路的基因从8细胞期到胚泡期显著上调。此外，还鉴定了只在特定发育阶段转录的基因。通过加权基因共表达网络分析，发现9个阶段特异性基因模块分别代表了相应的发育阶段，以此确定了山羊转录网络的保守核心基因，表明它们可能在胚胎发育中具有重要的调节作用。山羊的卵母细胞特异性基因模块与其他四个物种的卵母细胞特异性基因模块没有显著重叠，这表明山羊在胚胎发生过程中具有独特的基因表达网络模式。通过跨哺乳动物物种转录组学比较，表明胚胎着床前发育的保守特征及山羊的独特特征。

着床失败是影响山羊繁殖力的一个重要原因，然而导致胚胎着床失败的潜在机制尚不清楚。研究人员通过链特异性的去核糖体RNA-Seq深度测序，对妊娠16天或处于发情周期的山羊子宫内膜进行了全基因组RNA测序，描述了母体识别妊娠期间子宫内膜的转录组变化特征，阐明了差异lncRNA的基因组结构、差异表达和靶通路[46]。结果发现在妊娠期和非妊娠期子宫内膜之间，存在996个差异转录本，包括115个lncRNAs和881个mRNAs。lncRNA（XR_001918173.1、LNC_002760、LNC_000599）和LNC_009053，分别通过蛋白酶体通路调控视黄醇合成和子宫内膜重塑。功能注释显示，lncRNA与胚胎植入相关的关键生物过程和通路有关。这项研究首次系地评价了山羊子宫内膜lncRNAs，并确定妊娠16天或处于发情周期时子宫内膜差异表达的mRNAs和lncRNAs，发现的关键lncRNAs需要进一步的实验验证。这些新发现对于进一步阐明胚胎植入的分子机制，揭示提高山羊繁殖能力的新靶点具有重要意义。

应用四：山羊繁殖障碍的转录组特征

雌雄间性是一种先天性繁殖障碍，通常发生在无角山羊身上，阻碍了无角山羊的繁殖和山羊产业的发展。为了发现雌雄间性山羊性腺和正常山羊性腺的差异，研究人员通过RNA-Seq技术，比较了正常山羊卵巢和雌雄间性山羊繁殖腺基因表达谱[47]。选择一岁以上雌性山羊作为对照，采用组织病理学方法对5只雌雄间性山羊的繁殖器官进行了解剖分析。结果显示，与对照组不同，雌雄间性山羊的卵巢中有2748个差异表达基因表达上调，

3327个差异表达基因表达下调，而雌雄间性山羊的睾丸中有2006个差异表达基因表达上调，2032个差异表达基因表达下调。这些基因在哺乳动物性别决定和性别分化中发挥重要作用，如SOX9、WT1、GATA4、DMRT1、DHH、AMH、CYP19A1和FST，参与调控生物发育，并且大多数与类固醇合成通路相关的基因下调。此外，还包括一些与性别决定相关的转录因子，尤其是WT1、NR5A1、GATA4和SIX4。这些差异表达基因可能参与了雌雄间性山羊性别决定和分化的调控，有助于进一步了解哺乳动物性别分化的分子机制。

绵羊和山羊杂交所产生后代的存活率低，主要是由于染色体错配导致生殖隔离。母羊有54条染色体，山羊有60条染色体，研究人员的前期研究表明，山绵羊存在一个中间染色体组型，即57条染色体。基因组印记对反刍动物的发育至关重要，与亲代相比，山绵羊胚胎表现出生长迟缓和早期胚胎死亡可能是基因组印记异常所导致的。杂交反刍动物个体有助于了解母本和父本对后代转录组和遗传印记的不同贡献，因为父本和母本基因序列之间存在明显差异。因此，研究人员以2019年首例以公山羊为父本，母绵羊为母本的杂交反刍动物为研究对象，首次利用下一代测序技术分析哺乳动物跨物种杂交，比较分析了山绵羊及其亲本的血液转录组[48]。结果发现，山绵羊和亲本的基因表达水平不同，可能由于亲本与子代的年龄差异较大。尽管亲本间的共有基因数目较多，但在高表达基因中，山绵羊与其亲本的相同转录组明显减少。与母本基因组相比，父本基因组对山绵羊的基因转录贡献更大。山绵羊与其父本共表达的基因具有较高的酶活性和防御机制，而山绵羊与其母本共表达的基因则在核酸和离子代谢中发挥作用。此外，在山绵羊中交替表达的单等位基因变体被保留，说明变异所带来的潜在负面效应可能被转录物的单等位基因表达所抵消，山绵羊通过双等位基因表达来减小变异所带来的直接负面效应。与其他哺乳动物已知的印记模式相比，山绵羊的印记模式有很大差异。山绵羊通过以下几种机制缩短亲本之间的系统发育距离：基因表达水平的调整、对印记不相容性的适应以及有利转录物的选择性单等位基因表达。本项研究首次对高等杂交哺乳动物的转录组进行全面分析，发现哺乳动物杂种的基因和转录组调控与亲本不同，很可能是两个近亲物种部分不相容印记机制的产物，这为深入理解杂交的进化机制奠定了基础。

应用五：山羊胚胎发育的转录组特征

母体mRNA清除对早期胚胎发育至关重要，早期胚胎发育受N6甲基腺苷的严格控制。然而，关于家畜母体mRNA清除及其机制的信息知之甚少。研究人员通过高通路转录组测序技术，对YTHDF2调控山羊母体转录组降解和胚胎发育的机制进行了分析[49]。在母体-合子转换期间发现3362个差异表达基因，并确定为山羊的母体mRNA。其中，1961个在胚胎4细胞期减少，而1401个在胚胎8细胞期下调，分别称为母体编码的mRNA衰退基因和合子基因组激活依赖的母体mRNA。在山羊合子基因组激活期，YTHDF2的表达增加，而抑制YTHDF2表达会降低腺嘌呤酶与脱帽酶编码基因的表达水平以及囊胚率。确定母源mRNA，推断山羊母源mRNA清除率也依赖于合子基因组激活。YTHDF2对山羊早期胚胎发育至关重要，与组蛋白甲基化在早期胚胎发生的调节中发生交互作用，可能与腺嘌呤酶和mRNA脱帽酶的功能有关，促进了母体mRNA清除，这对于理解母体-合子转换期间的随机重组事件以及实现山羊胚胎体外更好的发育具有重要价值。

据报道，缺氧环境更适合哺乳动物胚胎的体外发育，但其潜在机制尚不清楚。研究人员使用RNA-seq技术，在缺氧和有氧条件下比较8细胞期和囊胚期的山羊胚胎，对山羊早期胚胎发育mRNA转录组表达进行了综合分析[50]。在比较低氧与有氧的8细胞期胚胎时，共鉴定出399个差异表达基因，包括348个上调差异表达基因和51个下调差异表达基因。在比较低氧与有氧的囊胚期胚胎时，鉴定出1710个差异表达基因，包括1516个上调差异表达基因和194个下调差异表达基因。在比较低氧与有氧环境时，发现囊胚期的差异表达基因数量远高于8细胞期。胚胎早期合子基因组激活发生后大量转录因子被激活，这一结果可能与山羊胚胎从8细胞期开始的合子基因组激活期有关。受精卵基因、转录因子和母体基因，如*WEE2*、*GDF9*、*HSP*70.1、*BTG4*和*UBE2S*的表达水平出现显著变化，参与调控早期胚胎发育。功能富集分析表明，这些差异表达基因主要与生物过程和功能调节有关。AMPK信号通路、p53信号通路和Rap1信号通路在山羊胚胎早期发育的氧化应激过程中也有明显变化。因此山羊胚胎可能通过能量代谢、免疫应激反应、细胞周期变化、受体结合、信号转导通路和应激基因表达等通路来适应氧化应激。通过相互作用网络，鉴定出22个核心基因，它们主要参与能量代谢、免疫应激反应、细胞周期、受体结合和信号转导通路。此外，分析不同氧浓度下囊胚率的差异，说明有氧条件下的滞留胚胎数大于卵裂后缺氧条件下的滞留胚胎数，因此，可以推断氧浓度不同会引起胚胎发育的差异，缺氧培养更有利于胚胎发育，这也可能与这些基因的表达差异密切相关。这些结果为氧化应激对山羊早期胚胎发育的影响提供了全面的见解，表明不同氧浓度对胚胎发育有显著影响，并确定了氧化应激的关键基因和通路，进一步揭示了氧化应激的调控机制，也为进一步研究培养环境对早期胚胎发育的影响奠定了初步的基础。

## 六、山羊疾病的转录组研究

### 应用一：山羊细菌、病毒类疾病的研究

牛病毒性腹泻病毒感染降低了牛的生产性能，并造成了巨大的经济损失。该病毒感染可诱发类似的疾病，从亚临床感染到严重的临床疾病，包括急性腹泻、呼吸系统疾病、繁殖衰竭、先天性缺陷和免疫抑制。持续感染动物被认为是牛病毒性腹泻病毒传播的主要来源。偶蹄目中的7个科包含50多个物种被该病毒感染，例如叉角羚科、牛科、骆驼科、猪科、长颈鹿科、鹿科和鼷鹿科。我国已发现牛病毒性腹泻病毒-1和牛病毒性腹泻病毒-2在牛、猪中传播，也有报道发现牛病毒性腹泻病毒-1在中国山羊群中流行，印度、韩国已证实山羊或绵羊感染牛病毒性腹泻病毒-2。因此，山羊、绵羊群中牛病毒性腹泻病毒所带来的风险和流行情况需要重点关注。牛病毒性腹泻病毒复制的主要部位是免疫组织，病毒复制导致不同淋巴群体的细胞功能改变或细胞死亡，由此产生的免疫抑制发生在所有急性牛病毒性腹泻病毒感染中。外周血单核细胞包括淋巴细胞、单核细胞和巨噬细胞，在宿主对病毒感染的先天性或适应性免疫应答中起着关键作用。外周血单核细胞是该病毒的主要靶细胞，已被证明是表征宿主对病毒感染的免疫应答的合适模型，并已被用于评估对动物病毒的免疫应答。

牛病毒性腹泻病毒可干扰宿主的先天免疫和适应性免疫，而导致这些影响的基因和

机制尚不清除。研究人员通过高通量测序技术，分析牛病毒性腹泻病毒-2感染山羊外周血单核细胞的转录组变化，解析病毒感染诱导的早期免疫反应机制[51]。感染12小时后，检测到499个差异表达基因，其中97个基因上调，352个基因下调。*TLRs*、*RLRs*、*IFN*和*ISGs*的表达没有显著变化，相反，溶菌酶、β防御、补体系统活性酶和*IFITM3*的mRNA水平下调。这些免疫基因的抑制可能是由于牛病毒性腹泻病毒-2感染对相关免疫通路的干扰所致。感染的山羊外周血单核细胞显示*CCL3*、*CCL4*、*CCL5*、*CCL20*、*CXCL10*的转录水平增加，*CCL2*的转录水平减少，表明这些趋化因子可能有助于感染后巨噬细胞或其他炎性细胞向感染部位移动和调节。差异表达基因显著富集在运动/定位、免疫应答、炎症反应、防御反应、细胞因子产生调节、细胞因子-细胞因子受体相互作用、TNF信号通路、趋化因子信号通路等方面。大多数差异表达基因与先天性或适应性免疫应答、炎症反应和细胞因子/趋化因子介导的信号通路有关。*TNF*、*IL-6*、*IL-10*、*IL-12B*、*GM-CSF*、*ICAM1*、*EDN1*、*CCL5*、*CCL20*、*CXCL10*、*CCL2*、*MAPK11*、*MAPK13*、*CSF1R*和*LRRK1*位于相互作用网络的核心位置。这些结果表明，牛病毒性腹泻病毒-2在感染早期诱导了急性炎症反应。结果发现血清淀粉样蛋白A的成员*LOC102168428*和*LOC100860781*的转录水平上调。因此，推测血清淀粉样蛋白A是牛病毒性腹泻病毒诱导炎症的诊断标志物。这些结果将有助于探索和进一步了解山羊对牛病毒性腹泻病毒-2感染的宿主反应与发病机制。

干酪性淋巴结炎是由伪结核棒状杆菌引起的山羊慢性疾病，对奶山羊生产造成极大危害。为了获得伪结核棒状杆菌感染山羊的发病机制和宿主免疫应答的详细信息，研究人员通过高通量测序，分析了感染伪结核棒状杆菌后脾脏组织的基因表达差异[52]。获得超过41270462条转录本，检测到21343个基因，其中14720个为已知基因，7623个为新基因。在感染伪结核棒状杆菌72小时后，发现448个上调和519个下调的差异表达基因，显著富集在细胞过程、生物调节、代谢过程、调节、刺激反应等功能中，都与脾细胞免疫系统对伪结核棒状杆菌的传染病应答有关。这些结果提供了关于伪结核棒状杆菌感染山羊脾脏转录本的特征，有助于理解伪结核棒状杆菌感染引起的免疫应答机制。

布鲁氏菌病是一种全球性的人畜共患细菌性疾病，能够感染人类和各种动物，包括山羊、绵羊和牛。鲁氏菌M5-90减毒活疫苗已被广泛用于预防山羊和绵羊布鲁氏菌病。然而，尚未充分研究布鲁氏菌M5-90疫苗所引起的免疫应答的分子机制，尤其是在山羊中。研究人员将山羊成纤维细胞作为体外模型，通过转录组分析，整合mRNA-seq和miRNA-seq方法，解析布鲁氏菌M5-90株应答的机制[53]。用羊链球菌M5-90孵育3小时后，分别于0小时、4小时、24小时、48小时和72小时收集感染山羊成纤维细胞进行测序。结果表明，与对照组相比，试验组共发现11819个差异表达基因，777个差异表达miRNAs。富集分析显示，下调基因参与了核黄素代谢和IL-8分泌通路的正调控。上调基因主要涉及适应性免疫，包括TNF信号通路、MAPK信号通路和JAK/STAT信号通路。先天免疫通路包括细胞因子-细胞因子受体相互作用，自然杀伤细胞介导的细胞毒性和toll样受体信号通路。差异表达下调基因*TRMT5*、*RFK*和*FLAD1*主要与核黄素代谢京都基因和基因组百科全书通路相关。*RFK*编码核黄素激酶，它催化核黄素的磷酸化，合成两种关键的氧化还原辅助因子，即黄素单核苷酸和腺嘌呤二核苷酸。*FLAD1*编码催化黄素单核苷酸腺苷酸化形成腺嘌呤二核苷酸辅酶的酶。在山羊成纤维细胞中，核黄素代谢的下调可能减慢宿主发生氧化还原反应的速率。基于TargetScan和miRanda的皮尔森相关系数和预测结果，构建了*NFKB1*、*IFNAR2*和*IL10RB*的miRNA-mRNA网络，并通过qPCR在山羊成纤维细胞的表达进行验证，证明山羊成纤维细胞具有免疫调节特性。该研究为宿主miRNA参与的布鲁氏菌防御机制提供了更深入的了解，并揭示了山羊对布鲁氏菌感染先天和适应性免疫应答的转录组变化。

### 应用二：山羊寄生虫感染类的研究

胃肠道线虫是影响小型反刍动物生产的主要寄生虫。由于寄生虫对各种驱虫药抗性上升，研究人员开始寻找替代驱虫药的方法。抗性育种是一项很有前景的替代方法，深入解析遗传抗性的机制可能会加快抗性育种的进展。研究人员使用RNA-seq测序技术，比较了未感染、抗感染和易感染克里奥尔山羊的皱胃黏膜和淋巴结组织的转录组谱[54]。选用的24个羔羊中，易感个体和抗感染个体各12个，2次感染捻转血矛线虫，在感染过程中监测生理和寄生虫学参数。第二次感染7周后，根据粪便虫卵计数选择极抗感染与极易感羔羊各6只与3只未感染对照羔羊进行屠宰。结果发现，第二次感染时，易感羔羊的粪便虫卵计数显著高于抗感染羔羊，但在虫量、雌雄虫数和成虫率方面无差异。嗜酸性粒细胞增多和胃蛋白酶原与粪便虫卵计数无显著相关性，但与胃蛋白酶原与雄性虫计数、雌性虫计数呈显著正相关。与未感染动物相比，感染动物在皱胃粘膜和淋巴结中发现了更多的差异表达基因，分别富集到96条与94条典型生物通路。耐药组的差异表达基因比易感组少，且皱胃黏膜与淋巴结的差异表达分析分别富集到37条与35条典型通路。这表明，宿主的首要任务可能是维持黏膜的完整性。

胃肠道线虫感染是限制放牧绵羊和山羊生产的主要因素之一。抗性育种是一种很有前景的策略。研究人员通过RNA测序技术，对捻转血矛线虫感染后山羊皱胃粘膜的动态转录组学变化进行了分析，以解析其具体机制[55]。共有8只皱胃瘘管羔羊，4只易感胃肠道线虫的羔羊，4只抗感染的羔羊，两次感染捻转血矛线虫，第二次感染后0天、8天、15天和35天采集所有活体羔羊的皱胃粘膜并进行RNA-seq测序。结果发现，动物抗性或易感的比例为22%。在对线虫易感和有抗性的动物中，大多数参与宿主抗胃肠道线虫感染反应的基因是相似的。山羊抗胃肠道线虫感染表现出能够早期激活与免疫应答相关的生物过程。差异表达基因可能通过参与许多相关通路激活免疫应答，例如Th1反应。与对胃肠道线虫易感的羔羊相比，抗感染羔羊的皱胃粘膜上*Th2*相关基因同时被激活。在感染后的8天，T细胞活化、白细胞细胞粘附和淋巴细胞分化是最重要的生物学过程。*TGF-β1*在山羊胃肠道线虫感染过程中起主要调节作用。*IL17F*是在感染第0天表现出最显著表达差异的基因，与易感羔羊相比，抗感染羔羊的表达高出三倍。

### 应用三：山羊慢性疾病的转录组特征

慢性疼痛会导致身体和心理出现问题，往往难以治疗，在治疗后，60%患者的病情会复发，尚不清楚其机制。背根神经节包含许多初级感觉神经元，在慢性疼痛的诱导和维持中起着关键作用，参与疼痛向中枢神经系统的传导，并在慢性疼痛过程中表现出各种病理生理变化。对外周传入纤维损伤的背根神经节刺激，可引起背根神经节内发生多种异常变化，稳定或降低背根神经节神经元的兴奋性，从而降低慢性神经痛。此外，背根神经节刺激被认为是一种有前途的治疗策略，以提供缓解慢性疼痛。例如，KCNQ通道在痛觉背根神经节神经元中表达，其激活可有效减少慢性疼痛；背根神经节中瞬时受体电位M型在慢性神经痛中起关键作用；背根神经节基因表达的微阵列分析已经被用于鉴定参与调节慢性疼痛的关键细胞因子。然而，调节慢性疼痛发展的机制仍不明确。鉴于脊髓背根神经节是疼痛传导和维持的主要中心，对背根神经节转录组的研究将有助于全面、系统地阐明慢性疼痛的关键调控机制。使用绵羊等大型动物模型研究疾病的一个明显优势是体型、脊柱尺寸以及心肺功能参数与人类相似，寿命比啮齿类动物更长。

在有炎症的蹄部注射弗氏完全佐剂后，动物对疼痛的感知更强烈。因此，研究人员在绵羊和山羊中接种弗氏完全佐剂引起慢性疼痛，采集背根神经节组织，通过转录组测序分析山羊和绵羊的疼痛反应机制，并进行生物信息学分析，以解析引起慢性疼痛的分子机制，为治疗慢性疼痛提供有价值的信息[56]。在处理组山羊和绵羊中，分别鉴定出1748个和2441个差异表达基因。山羊差异表达基因包括如C-C基序趋化因子配体27、谷氨酸受体2和钠电压门控通道α亚单位3，主要富集于与N-甲基-D-天冬氨酸受体、炎症反应和免疫应答相关的功能。绵羊差异表达基因包括GABRG3、GABRB2和GABRB1、SCN9A和TRPV1，主要与神经活性配体-受体相互作用、NMDA受体和防御反应相关。NMDA受体、炎症反应和免疫应答以及关键差异表达基因，如CCL27、GRIA2和SCN3A可能调节山羊慢性疼痛期间的疼痛反应过程。神经活性配体-受体相互作用和NMDA受体以及GABA相关的差异表达基因、SCN9A和TRPV1可能调节绵羊对疼痛的反应机制。这些差异表达基因可作为未来预防慢性疼痛的药物靶点。

妊娠期间限制母体营养会导致代谢紊乱，威胁到后代的健康。然而，尚不清楚营养不良影响胚胎或出生后肝脏代谢的分子机制。为了研究妊娠中期母山羊营养不良引起的子代肝脏转录组学变化，科研人员以山羊为实验动物，探讨在妊娠中期营养限饲后恢复到正常水平时，肝脏代谢变化是否会消失[57]。53只妊娠山羊分为两组：对照组，即满足100%的维持需要；限饲组，满足妊娠45天到100天的60%的维持需要，然后再进行营养恢复。采集两组妊娠第100天的胚胎和出生后第90天的羔羊肝脏组织进行RNA-Seq测序分析。肝脏转录组的主成分分析显示，胚胎与羔羊的聚类存在明显分离。与对照组相比，限饲组100天胚胎肝脏中有86个上调基因、76个下调基因。上调差异表达基因与胆汁分泌相关，限饲可改善膳食脂溶性营养素的消化和吸收，以确保山羊胚胎肝脏的能量代谢。同时，限饲促进了胚胎肝脏内碳水化合物的消化和吸收，为胚胎提供能量，胚胎肝脏内的类固醇生物合成和甲状腺激素合成均得到增强，以确保胚胎的正常生长发育。母体营养不良可能对羔羊的柠檬酸循环、碳代谢和氨基酸生物合成产生长期影响。比较出生后90天限饲组和对照组，共鉴定出118个显著的差异表达基因，其中79个基因上调和39个基因下调，这些差异表达基因主要富集在氨基酸生物合成、柠檬酸循环、缬氨酸、亮氨酸和异亮氨酸生物合成以及碳代谢中。这些结果与以往代谢组的研究结果不一致，可能说明在早期采集动物样本时，评估基因表达水平比血浆代谢物更能有效地反映由母体营养引起的长期健康状况。此外，由于没有考虑性别对胚胎和山羊肝脏转录谱的影响，也是造成结果不同的原因之一。母体营养不良促进了胚胎肝脏中蛋白质的消化和吸收，同时抑制了重组后山羊肝脏中的碳水化合物代谢和柠檬酸循环，妊娠中期母体营养不良在分子水平上引起山羊幼畜肝脏代谢发生变化。

应用四：山羊免疫力的转录组特征

颔下腺作为山羊的主要唾液腺，参与瘤胃消化。颔下腺分泌的唾液酸、溶菌酶、免疫球蛋白A、乳铁蛋白等生物活性物质已相继报道，表明颌下腺除了参与消化外，还可能具有免疫功能。为了解山羊颌下腺在不同发育阶段调控与免疫相关功能的通路及关键调控基因，研究人员通过转录组测序，分析三个不同发育阶段母羊颌下腺的基因表达谱，挖掘具有不同免疫功能相关的潜在调控基因与通路，预测不同发育阶段颌下腺的免疫功能[58]。文库中80%以上的已鉴定基因可定位到山羊参考基因组，最低比对率为83.76%。1月龄和12月龄山羊之间、1月龄和24月龄山羊之间以及12月龄和24月龄山羊之间分别有2706个、2525个和52个差异表达基因。差异表达基因主要与免疫功能相关。综合功能与网络分析，鉴定了10个关键调控基因，*PTPRC*、*CD28*、*SELL*、*LCP2*、*MYC*、*LCK*、*ZAP70*、*ITGB2*、*SYK*和*CCR7*；2个信号通路：T细胞受体信号通路和NF-κβ信号通路；8个GO分子功能：T细胞受体信号通路、中性粒细胞介导的免疫、B细胞介导的免疫、调节α-βT细胞活化、积极调节T细胞增殖、调节白细胞分化，积极调节抗原受体介导的信号通路。上述的基因和功能可能在山羊的不同发育阶段的颌下腺免疫功能中发挥关键作用。此外，发现8个抗菌肽编码基因在结核病和唾液分泌通路中下调，而所有免疫球蛋白在10个免疫系统通路中上调。这些结果表明，颌下腺可能是山羊生长过程中重要的免疫器官，这些腺体的免疫功能在12月龄时逐渐减弱，但在12月龄后保持相对稳定。

N-乙酰半胱氨酸具有增强细胞抵抗氧化应激和炎症能力的作用。为了明确N-乙酰半胱氨酸对努比亚山羊繁殖性能和氧化应激的影响，研究人员对母体日粮添加N-乙酰半胱氨酸与未添加N-乙酰半胱氨酸山羊的早期繁殖性能和转录组进行比较[59]。结果表明，添加0.03%和0.05% N-乙酰半胱氨酸的山羊产羔数、出生体重、一氧化氮、性激素和氨基酸水平与未添加组山羊相似。然而，从妊娠第0天到第30天，添加0.07% N-乙酰半胱氨酸显著增加了山羊的产羔数，表明能显著提高胚胎的存活率与发育速度。与未添加组相比，添加0.07%的N-乙酰半胱氨酸组山羊的一氧化氮水平有所增加，但它们的性激素和氨基酸水平没有差异，且两组山羊的子宫内膜中存在207个差异表达基因。在添加0.07% N-乙酰半胱氨酸组中，这些差异表达基因包括146个上调基因和61个下调基因，主要参与细胞对有毒物质的反应、氧化还原酶活性、免疫受体活性、信号受体结合、细胞因子-细胞因子受体相互作用、PI3K-Akt信号通路和PPAR信号通路。妊娠期0~30天内给母体补充N-乙酰半胱氨酸，能够显著增加努比亚山羊的体型。补充N-乙酰半胱氨酸能增加一氧化氮的含量，可能有助于改善子宫血管发育，并引起子宫内膜PI3K Akt信号通路和PPAR信号通路分子的表达，以调节子宫内膜的免疫和炎症反应。

# 第三节　全基因组甲基化在山羊研究中的应用

DNA甲基化是一种表观遗传调控机制，在调节基因表达、基因组印记、细胞分化和胚胎发生等生物学过程以及决定生物的表型可塑性方面发挥着重要作用。DNA甲基化最常见的形式是在5-甲基胞嘧啶的第5个碳上添加甲基和腺嘌呤。甲基化常见的类型是CpG甲基化，其不均匀地分布在整个基因组中，其他胞嘧啶的甲基化形式包括CHH和CHG，其中C代表胞嘧啶，H代表腺嘌呤、鸟嘌呤或胸腺嘧啶，G代表鸟嘌呤。在哺乳动物的基因组中，有约60%位于启动子的基因显示出较高的CpG密度。启动子发生DNA甲基化会降低转录伸长，从而抑制基因的表达。转录起始位点附近的甲基化通常会阻断转录的开始，但要依赖于已结合的转录因子。基因体中的甲基化参与调节转录本的延长和可变剪接，从而影响基因表达。利用先进的高通量测序技术，探讨哺乳动物中涉及重要生物学功能的基因的全基因组甲基化。

# 一、山羊绒毛的甲基化调控

应用一：山羊毛囊形态发生的甲基化调控

毛发是哺乳动物的主要形态特征，具有调节体温、保护机体、感觉活动和社会交往等功能。羊绒是由次级毛囊产生的高级纺织材料，具有较高的经济价值。由于羊绒的形态发生会影响其质量与产量，因此深入研究绒山羊毛囊形态发生的关键基因、信号通路及其调控机制对提高经济效益具有重要意义。毛囊的形态发生开始于胚胎的皮肤发育过程中，依赖于内外胚层的相互作用。对内蒙古绒山羊的形态特征的研究表明，当胚胎发育到65天左右，毛囊诱导开始发生，在120天左右，毛囊开始分化。通过转基因小鼠模型和毛囊再生实验，确定了在每个阶段中对毛囊发育起作用的一些分子及其分子的相互作用。

毛囊的形态发生是基因在遗传和表观遗传基础下表达的结果，DNA甲基化能调控胚胎发生过程中细胞或组织特异性基因的表达。在胚胎早期发生过程中，DNA甲基化经过动态重构建立了整体的去甲基化状态，并逐步形成谱系特异性的甲基组，从而维持细胞和基因组的稳定性。DNA甲基转移酶参与DNA甲基化，但缺乏序列特异性的DNA结合基序，而许多lncRNA具有DNA和蛋白质的结合基序，允许它们携带DNA甲基转移酶到特定的基因组位点。有研究表明，lncRNA可能是调控表观遗传的选择分子。同时，前期研究发现lncRNA5532调控人的毛囊干细胞增殖分化。然而，人们还不清楚lncRNA是否介导DNA甲基化并参与绒山羊的毛发形态发生。

研究人员采集第60天和120天的胚胎的皮肤样本，利用转录组测序技术、lncRNA定位和全基因组亚硫酸氢盐测序技术，分析了绒山羊胚胎皮肤样本的甲基化组和转录组，揭示了绒山羊毛囊形态发生过程中mRNA和lncRNA的表达模式、全基因组DNA甲基化谱，揭示绒山羊毛囊形态发生的关键基因和信号通路，阐明其调控机制[23]。结果发现，与毛囊诱导期相比，毛囊分化期的DNA甲基化水平较低，可能通过抑制相关基因的表达在毛发形态发生时起作用。此外，还发现了靶基因上存在与DNA甲基化相关的lncRNA。

应用二：山羊毛囊周期的甲基化调控

毛囊的生长周期包括生长期、退行期和休止期，这些不同阶段的过渡是由DNA甲基化等多种分子信号所决定的，DNA甲基化在哺乳动物的细胞中发挥了重要作用，对毛囊的生长发育至关重要。绒山羊次级毛囊的发育具有周期性，目前几乎没有在全基因组范围内对参与毛囊周期性转变的潜在甲基化基因进行研究。研究人员对山羊皮肤进行全基因组亚硫酸氢盐测序，确定了与毛生长周期相关的特征[60]。结果发现，在处于休止期的毛囊的皮肤样本中，甲基化水平高于生长期的皮肤样本。两组间共鉴定出1311个差异甲基化区域，其中包含493个有完整注释的差异甲基化区域的相关基因。此外，在毛囊周期性生长过程中，还观察到与免疫反应和细胞间相关的差异甲基化基因功能可能发生显著变化。通过整合DNA甲基化和mRNA表达数据，一共发现了4个可以用来解释表观遗传机制的关键基因，可能促进了休止期向生长期的转变。基于以上结果，研究人员绘制了与毛囊生长周期相关的甲基组图谱，并揭示了羊绒生长期向休止期过渡中不同阶段的甲基化位点，此外，还发现了可能参与绒山羊毛囊发育和生长的表观遗传调控基因，也可能参与了其他哺乳动物的毛囊的发育和生长。

应用三：山羊绒毛性状的甲基化调控

科学家们在20世纪70年代发现了m6A修饰，这种修饰是存在于多种RNA中的一类化学修饰，如mRNA和lncRNA，在mRNA中的修饰丰度最高。后续也有报道，在原核生物、真核生物和病毒的mRNA中存在m6A的甲基化。然而，目前还未阐明m6A修饰的功能和机制。到目前为止，已经在所有生物的RNA中鉴定出150多种转录后的修饰。羊绒的细度在其毛囊发育时就已确定。一些与绵羊和山羊羊毛纤维生长相关的基因被鉴定，如*DSG1*、*IGF-IR*、*KRTAP*、*ILK*、*KRT*和*KRTAP*基因。N6-甲基腺苷甲基化修饰在调节基因的表达和各种生物过程中发挥了重要作用，因此推测N6-甲基腺苷甲基化修饰也能调节羊绒细度。目前在许多哺乳动物、植物和酵母中，研究人员已经进行了与N6-甲基腺苷相关的研究，但未见与绒山羊N6-甲基腺苷相关的报道。

因此，研究人员利用甲基化RNA免疫共沉淀和高通量测序技术，在粗绒毛型和细绒毛型的辽宁绒山羊上分别采集了皮肤组织，并分析了其差异表达基因m6A甲基化的水平[30]。结果发现，在羊绒生长过程中，皮肤组织中的基因存在着大量的N6-甲基腺苷甲基化修饰，因此，在羊绒生长中，可通过调控基因的表达水平来选择羊绒细度。此外，研究还鉴定了19个可能调节羊绒生长和细度的基因，其中*KRT26*、*KRT32*、*KRT82*、*EGR3*和*FZD6*，可能在调节羊绒生长和细度方面发挥关键作用。*KRT26*作为一种酸性Ⅰ型角蛋白基因可能参与了毛囊的形态发育，*KRT32*和*KRT82*的mRNA位点在绵羊羊毛纤维及其角质层的形成细胞上，*FZD6*参与调控Wnt信号通路，在维持毛囊诱导和形成新的毛纤维的过程中发挥着关键作用。

毛发纤维和毛被是纺织工业的基本原料，人们一直在驯化和选育能够生产这些原料的动物，如绵羊、山羊和兔子。中卫山羊的毛被因洁白、光泽和卷曲著称，幼羔在35日龄时，其毛被就已经长出了86%的波浪形弯曲异形毛被。但是，当幼羔长到60日龄时，波浪形弯曲的毛被就消失了。研究发现，候选基因的遗传多态性可以阐明不同物种的毛被特征。一些重要的信号通路在纤维发育过程中发挥重要的调控作用，例如Wnt、外异蛋白A受体和骨形成蛋白通路等。哺乳动物纤维的生长具有明显的周期性，特别像绵羊和山羊的纤维随着季节变化而变化。通过转录组可以研究这些变化的调控机制，例如通过转录组测序技术和免疫组化分析纤维蛋白，确定了与羊毛卷曲相关的*TCHH*、*KRT*基因家族和金属硫蛋白3等遗传因子。

表观基因组包含了大量可变的遗传信息，并决定许多调控机制。提高DNA甲基化和组蛋白修饰的水平可能会增强病理性免疫反应，并抑制毛囊的发育。研究发现，毛囊生长的两个主要时期，即生长期和休止期，具有不同的全基因组甲基化特征，这表明转录水平的提高与DNA甲基化损伤有关。DNA甲基转移酶1高表达可以防止毛囊上皮祖细胞过度增殖，促进分化，以维持正常的毛囊结构。个体发育包括皮肤发育、再生和毛囊循环，与DNA甲基化关系紧密，因此研究人员有必要阐明毛发出现形态变化时的全基因组甲基化情况。

研究人员利用甲基化组和转录组的变化，揭示中卫山羊卷毛转化的潜在调控信号通路[61]。设置45日龄卷曲羊毛的幼羔和108日龄非卷曲羊毛的幼羔两个实验组，采取两组羔羊的皮肤样本，利用全基因组亚硫酸氢盐测序和转录组测序技术评估了其皮肤样本的DNA甲基化谱和转录表达水平。结合这两种技术，鉴定差异甲基化的候选基因，这些基因能通过表观遗传模式决定卷曲羊毛的发育，最终，通过体外功能研究验证了*PDGFC*对毛囊细胞生长的促进作用。结果共鉴定1250个差异甲基化基因，主要参与粘附连接和缝隙连接。14个基因差异表达，其中*PDGFC*基因是毛发形成的重要潜在分子，体外功能研究验证了这一假设，其结果还表明*PDGFC*在调节人毛发内根鞘细胞增殖和迁移中起着重要作用。

## 二、山羊繁殖的甲基化调控

应用一：山羊雌性生殖器官的甲基化调控

绵羊产仔数这一繁殖指标对农户的经济效益有重要影响。繁殖性状是中低遗传力，表型选择对其没有明显的作用。因此，研究与繁殖性能相关的遗传信息可以有效地提高选育的效率。卵细胞的增殖和分化调控卵泡发生过程，该过程会影响繁殖性能。最近的研究重点转移到了DNA甲基化如何调节卵巢发生和性成熟这一问题上。有证据表明，卵巢成熟受到DNA甲基化的调控。研究人员分析猪卵巢的甲基化组，鉴定了猪在性成熟和卵巢成熟过程中的甲基化变化。还有研究也发现，DNA甲基化改变了处于初情期山羊的下丘脑的基因表达谱。但是，对DNA甲基化模式与哺乳动物高繁殖力之间的关系的了解较少。

湖羊因其性成熟早和繁殖性能强而闻名。然而近几年来，人们逐渐改变了选育的方向，由繁殖性状转变为肉质性状。繁殖过程十分复杂，产仔数属于数量性状，受到许多微效基因控制。因此，了解DNA甲基化在基因功能中的作用是十分必要的。研究人员利用全基因组亚硫酸氢盐测序技术，研究了3周岁的高、低繁殖力绵羊处于发情期时卵巢的DNA甲基化特征，分析了与绵羊卵巢和繁殖相关的DNA甲基化情况[62]。结果发现，高繁殖力组的绵羊卵巢中DNA甲基转移酶基因的表达水平低于低繁殖力组。两组在CpG位点上的甲基化比例相似，但在非CpG位点上的甲基化比例不同。同时还鉴定了70899个CG差异甲基化区域，16个CHG差异甲基化区域，356个CHH差异甲基化区域和12832个与差异甲基化区域相关的基因。基因本体论分析显示，部分与差异甲基化区域相关的基因参与调节雌性性腺发育和卵泡发育。通过相关分析，发现*BMP7*、*BMPR1B*、*CTNNB1*、*FST*、*FSHR*、*LHCGR*、*TGFB2*和*TGFB3*等10个与差异甲基化区域相关的基因有可能调控湖羊繁殖力的高低。

虽然已经对山羊卵巢的DNA甲基化修饰进行了研究，但目前尚不清楚DNA甲基化与山羊产仔数之间的关系。研究人员通过亚硫酸氢盐全基因组测序，分析高产仔组和低产仔组的卵巢DNA甲基化图谱和差异[63]。结果发现，高产仔数山羊卵巢和低产仔数山羊卵巢DNA甲基化水平存在显著差异。在这两个不同山羊群体的卵巢中发现了许多差异甲基化区域相关基因。富集分析发现，许多差异甲基化区域相关基因参与了配子发育、生殖系统发育、WNT信号通路和MAPK信号通路。这表明，山羊卵巢DNA甲基化可能在卵泡发生、卵母细胞排卵率和产仔数中发挥重要作用。综合分析高产仔和低产仔数山羊全基因组DNA甲基化模式，有助于了解卵巢DNA甲基化与山羊繁殖能力的关系。

## 应用二：山羊发情期的甲基化调控

DNA甲基化是一种重要的表观遗传机制，参与了细胞分化、肿瘤发生、配子和早期胚胎的发生、X染色体失活和细胞凋亡等多种生物学过程。在不同品种和性别的家畜中，不同组织的甲基化模式存在差异，从而影响表型变化。研究DNA甲基化在基因组中的分布是了解表观遗传机制的前提，以往的研究主要集中在全基因组DNA甲基化，为了探索与家畜重要经济性状的调节机制，需要对相关的组织特异性甲基化进行研究。

羊的发情周期在21天左右，包括发情前期、发情期、发情后期和间情期。下丘脑-垂体-性腺轴在调节发情周期中发挥了重要作用。DNA甲基化的变化发生在生殖器官以及调控性成熟和卵巢成熟的过程中。在水牛的卵泡发育过程中，芳香化酶*CYP19*基因的近端启动子，其甲基化水平低，但当卵巢处于黄体期时，甲基化的水平高。研究表明，当山羊处于初情期时，其下丘脑的DNA甲基化水平下降。当家畜处于发情期时，在促性腺激素的刺激下，卵巢主要发生黄体生长、卵子成熟和排卵等过程。在发情周期中，对卵巢的活动发挥重要作用的基因其甲基化水平不同，这些基因包括调控卵泡发生的*FOXL12*，促进黄体溶解的*PGF2α*以及与卵母细胞成熟有关的*EREG*。

虽然有研究表明DNA甲基化在卵巢活动中发挥了重要作用，但尚未研究奶山羊发情周期中卵巢全基因组DNA甲基化的变化。因此，研究人员绘制了山羊卵巢在发情期和间情期的全基因组DNA甲基化谱，并鉴定影响卵巢生理功能的甲基化的基因[64]。在发情期和间情期的卵巢中，发现了不同的全基因组DNA甲基化模式。与间情期的样本相比，发情期的样本中共有26910个差异甲基化区域表达上调，21453个差异甲基化区域表达下调。差异甲基化区域分析显示，基因区域中其甲基化的水平低，上游区域与基因连接区域的甲基化水平高。在发情期的样本中，*STAR*、*FGF2*、*FGF12*、*BMP5*和*SMAD6*基因的甲基化率低于间情期的样本。相反，发情期的样本中*EGFR*、*TGFBR2*、*IGF2BP1*和*MMD2*基因的甲基化率高于间情期的样本。此外，发现了223个差异甲基化基因，主要参与促性腺激素释放激素信号通路、卵巢类固醇激素生成信号通路、雌激素信号通路、催产素信号通路、胰岛素分泌信号通路和MAPK信号通路。

除了遗传、环境和营养因素外，表观遗传通过脱氧核糖核酸甲基化和非编码核糖核酸来调节初情期的发生。DNA甲基化改变*KISS1*、*KISS1r*、*GnRH*和*CYP19A1*等与初情期有关的基因的表达来延迟初情期的发生。研究lncRNA与mRNA调控关系的结果表明，lncRNA与绵羊繁殖力有关。近年来，许多研究报道了DNA甲基化在lncRNA的调节中起着重要作用。此外，另一项研究表明，lncRNA可以直接与*DNMT1*相互作用。这些研究表明甲基化是调节lncRNA表达的一个潜在因素，但是，尚不清楚它在初情期中发挥的作用。lncRNA和DNA甲基化都是表观遗传机制中的重要现象，在调节初情期的发生中起着重要作用。研究人员利用全基因组亚硫酸氢盐测序和转录组测序技术，探讨了山羊初情期的DNA甲基化与lncRNA之间的相互作用，阐明lncRNA和甲基化之间的关系，并解析了山羊初情期发生时涉及的表观遗传机制[65]。结果显示，在初情期，DNA甲基化与基因表达水平呈负相关。甲基化水平在转录起始位点附近逐渐下降，但甲基化水平在外显子、内含子和3′ 未翻译区域的水平高。在启动子中，lncRNA的表达与DNA甲基化水平呈负相关。与上游区域相比，基因和lncRNA的下游区域的甲基化水平很高。lncRNA、XLOC_960044和XLOC_767346的靶基因数量多。在初情期，这些基因的甲基化水平上升，而表达下降。

初情期是动物生长发育中的一个重要过程，对雌性的生殖至关重要。研究表明，初情期受多种复杂机制的严格调控，包括遗传、环境、营养、神经内分泌以及表观遗传调控。特异性的基因表达模式可能受到下丘脑DNA甲基化变化的影响，这反过来又可以调节初情期的启动时间。雌性初情期的发生是由一组基因调控，包括*KISS1*、*GPR54*、*TAC3*和*TAC3R*。这些基因与促性腺激素释放激素的神经元直接或间接作用，影响促性腺激素释放激素的分泌。当性腺尚未发育时，促性腺激素释放激素会减少。当初情期发生时，促性腺激素释放激素分泌会增加。最近有研究表明，表观遗传学对初情期的发生发挥了重要作用。例如，雌性大鼠下丘脑的脱氧核糖核酸的整体甲基化水平降低，*KISS1*表达水平和*KISS1*启动子甲基化水平降低，表明*KISS1*启动子中存在抑制位点。在人类中，脱氧核糖核酸的甲基化水平与女性的初潮年龄和青春期密切相关。这些研究表明，DNA甲基化在不同物种中可以调节初情期的发生。脱氧核糖核酸甲基转移酶和甲基结合蛋白能够改变脱氧核糖核酸的甲基化水平，但其变化对动物DNA甲基化的影响尚不清楚。在人类和小鼠原始生殖细胞发育的第二阶段中，DNA甲基化模式发生了相似的改变，表明动物的同一发育过程中可能会发生类似的甲基化变异。

为了进一步验证甲基化是否存在物种特异性，研究人员对刚出现初情期的山羊和大鼠其甲基化模式的变化进行了分析[66]。首先分析了初情期发生时山羊和大鼠下丘脑中，脱氧核糖核酸甲基转移酶和甲基结合蛋白表达，再通过亚硫酸氢盐测序，鉴定初情期前后下丘脑的DNA甲基化谱。结果发现，在山羊和大鼠中，DNA甲基转移酶和甲基结合蛋白的mRNA表达模式不同。山羊和大鼠的整体甲基化变异较低，且在初情期稳定。GO注释和KEGG分析显示，山羊和大鼠初情期阶段涉及62条通路，包括生殖、I型糖尿病和促性腺激素释放激素信号通路等。处于初情期的山羊和大鼠的*PTPRN2*和*GRID1*表现出不同的甲基化模式，*Edn3*和*PTPRN2*表现出相似的变异模式。这表明*Edn3*和*PTPRN2*在初情期发挥作用。

研究人员通过全基因组亚硫酸氢盐测序和RNA测序分析，描述了山羊处于初情期时，其下丘脑DNA甲基化和基因表达特征，以及两者的相互关系[67]。结果显示，下丘脑的DNA甲基化水平下降，基因组中的268个差异甲基化区域下降，不同基因区域的变化模式不同。在启动子、内含子和30个未翻译区域中检测到高水平的DNA甲基化。从启动子到5′ UTR，甲基化水平逐渐下降；从5′ UTR到内含子，甲基化水平逐渐增加。甲基化密度分析表明，甲基化水平的变化与启动子、外显子、内含子、5′ UTR和3′ UTR的密度一致。对CpG岛位点的分析表明，CpG主要集中在基因、基因间区域和内含子，这些CpG岛位点高甲基化。通过对山羊初情期下丘脑的DNA甲基化谱进行全基因组分析，确定了表观遗传变化和由此产生的基因表达之间的关系，这些数据将为更好地理解初情期发生的表观遗传调控提供依据，表明DNA甲基化的变化可能会影响初情期时下丘脑的基因表达情况，为涉及初情期发病的机制提供了新的见解。

DNA甲基化是一种常见的表观遗传修饰，具有调节基因表达和决定生物表型可塑性的功能。目前已知一些常见家畜基本的DNA甲基化模式，而尚不清楚山羊甲基化组模式。因此，研究人员对山羊的下丘脑和卵巢DNA甲基化进行了全基因组分析[68]。结果表明，在基因中发现的大多数甲基化峰值都位于两个器官的基因体区域。分析每条染色体的甲基化位点分布情况，发现X染色体的甲基化的峰数最少。下丘脑和卵巢是山羊CpG岛甲基化率最高的器官，山羊表观基因组中大约50%的CpG岛在下丘脑和卵巢中发生甲基化。通过比较下丘脑和卵巢的转录组和甲基化组，发现甲基化水平高并不会抑制基因的表达，不同的器官其差异甲基化基因与表达水平相关。通过上述结果，研究人员绘制山羊两个器官的全基因组DNA甲基化图谱，为研究表观遗传修饰在调节山羊繁殖性能中的作用奠定了基础。

### 应用三：山羊胚胎发育的甲基化调控

DNA甲基化和组蛋白修饰可以使基因组模式和染色质组织进行可逆调节，并以此来控制着床、胎盘形成、器官形成和胎儿生长等过程。在母体识别妊娠和胚胎植入过程中，基因表达发生动态变化，进而维持妊娠。在妊娠早期，导致着床失败和不孕的原因有许多，包括子宫内膜基因以及与建立胚胎子宫容受性相关的基因表达异常。在子宫容受性的建立中，基因表达不仅受到遗传的影响，还受到表观遗传修饰的影响，如甲基化、组蛋白乙酰化和小干扰核糖核酸的作用。然而，关于基因甲基化与着床期间的子宫容受性的关系尚不明确。

因此，研究人员分析了关中奶山羊妊娠第5天和第15天子宫内膜的全基因组DNA甲基化模式，以探索甲基化调控变化影响胚胎子宫容受性的分子机制[69]。结果发现，在妊娠子宫内膜接受胚胎植入前的第5天和第15天，全基因组DNA甲基化模式就有显著差异。与第5天的样本相比，第15天的样本有多达16467个差异甲基化区域，21391个差异甲基化区域的甲基化率较低，例如*IGF2BP2*、*ACOX2*、*PTGDS*、*VEGFB*和*PTGDR2*基因的甲基化率明显降低。在第15天*IGFBP3*和*IGF1R*基因的甲基化率明显更高。KEGG分析结果表明，这些基因参与胰岛素、丝裂原活化蛋白激酶、促性腺激素释放激素、血管内皮生长因子和孕激素介导的卵母细胞成熟等信号通路，参与了山羊子宫内膜发育在接受期和前接受期的差异调节。*IGF2BP2*、*PTGDS*、*VEGFB*、*PGR*、*IGFBP3*和*IGF1R*基因表达可能在调节子宫内膜容受性方面具有重要作用。

在哺乳动物中，DNA甲基化大多发生在CpG双核苷酸的5位（5-mC），这与基因印记和转录抑制有关。基因功能缺失的相关研究表明，敲除*DNMT1*会导致X染色体失活和胎盘发育异常，而敲除*UHRF1*、*DNMT3B*、*DNMT3A*和*TET3*会在胚胎期或出生后导致胎儿致死。这些研究表明，在哺乳动物胚胎发育过程中，5-mC是调控表观遗传的关键因子。哺乳动物受精后，胚胎就开始发育，在此期间，合子基因组启动转录和调控发育，在合子基因组激活的过程，合子基因组所合成的产物其原料来源于母体。据报道，合子基因组的激活主要开始于小鼠的2细胞期以及牛、山羊、猪和人的4至8细胞期。在合子基因组激活期间，经常观察到体外培养的胚胎发育停滞，这表明合子基因组激活的启动对于胚胎的早期发育至关重要。山羊是一个有研究价值的物种，在山羊胚胎中合子基因组激活期间的5-mC的动态变化仍有待阐明。而且以往的研究表明，山羊和绵羊原核发育过程中的整体去甲基化模式与鼠和牛不同。

因此，研究人员研究了山羊合子基因组激活过程中的DNA甲基化变化[70]。在山羊合子基因组激活期间，DNA甲基化水平降低，*TET1*的表达增加，而*DNMT1*的表达降低。共鉴定到51058个差异甲基化区域，发现与发育过程、AMPK信号通路、mTOR信号通路、自噬和溶酶体有关。且DNA甲基化与印记基因、母体基因和合子基因的表达之间存在联系，这表明DNA甲基化在山羊合子基因组激活中受到严格调控。这些结果有助于了解合子基因组的激活过程，使山羊的胚胎在体外能够更好地发育，进一步为合子基因组激活的研究提供了更多的数据。

## 三、山羊乳用性状的甲基化调控

DNA甲基化是表观遗传学的一个主要类型，在个体发育中起关键作用。亚硫酸盐测序是分析单个碱基DNA甲基化的一种有效而经济的方法。研究人员通过亚硫酸氢盐测序，对山羊乳腺哺乳和干哺乳期甲基化谱特征进行了分析，在全基因组范围内确定与乳相关的关键基因[71]。结果发现，CG所占比例最高，最高的CG水平出现在3′ UTR区域，其次是基因区域，非CG水平较CG水平低。生物信息学分析表明，CGs主要在高甲基化水平上富集，而非CGs在低甲基化水平上富集。相对于干奶期，泌乳期有95个基因的甲基化水平升高和54个基因的甲基化水平降低，如*PPARα*、*RXRα*和*NPY*基因。山羊*PPARα*基因在泌乳期的甲基化水平显著低于干奶期，而*RXRα*基因在干奶期的甲基化水平低于泌乳期。MCF-7细胞中*PPARα*和*NPY*基因的甲基化水平显著高于MCF-10A细胞。这些发现揭示了山羊乳腺泌乳期和干乳期DNA甲基化的差异，以及4种甲基胞嘧啶的分布和比例，研究人员绘制了山羊乳腺的DNA甲基化谱，在DNA甲基化区域中发现了许多与乳腺发育和哺乳过程相关的基因，为奶山羊乳腺的表观遗传调控提供了重要信息。

## 四、山羊疾病的甲基化调控

地方性鼻内肿瘤是由地方性鼻内肿瘤病毒引起，是一种长期、慢性的传播疾病。地方性鼻内肿瘤已蔓延到除了澳大利亚和新西兰以外的其他饲喂山羊的国家。目前，还未发现能够早期诊断地方性鼻内肿瘤的方法，只能等到山羊显示出症状后才能进行治疗。由于不能将患病山羊与健康山羊区分开，疾病在山羊群体中大规模传播，导致更多的山羊受到感染。DNA甲基化是指通过DNA甲基转移酶在胞嘧啶的第5位碳上添加甲基，DNA甲基化异常与肿瘤发生、自身免疫和神经退行性疾病密切相关。研究人员探讨了山羊鼻腔肿瘤启动子甲基化、肿瘤相关基因的mRNA表达及DNA甲基转移酶的mRNA表达[72]。研究结果表明，*DNMT1*、*C-myc*和*CEBPA*在地方性鼻内肿瘤的组织中表达上调，*P53*和*THBSI*表达则下调。在地方性鼻内肿瘤组织中观察到*C-myc*、*CEBPA*、*GADD45G*和*THBS1*基因发生异常的甲基化。地方性鼻内肿瘤的发生可能与*DNMT1*、*C-myc*、*CEBPA*、*P53*、*GADD45G*和*THBS1*的异常的表达和甲基化有关。因此，这6个基因可作为诊断地方性鼻内肿瘤的候选基因。研究山羊原发性肿瘤相关基因和DNA甲基转移酶基因启动子的甲基化状态，为筛选早期诊断地方性鼻内肿瘤特异性标志物以及地方性鼻内肿瘤发生的表观遗传机制奠定了基础。

# 第四节　蛋白质组在山羊研究中的应用

蛋白质组指的是基因组编码的所有蛋白质。蛋白质组学主要研究蛋白质的特性，包括蛋白质表达水平、氨基酸序列、翻译后加工、蛋白质相互作用等，从蛋白质水平上了解细胞的功能、生理生化过程和病理过程。蛋白质组学通过先进技术的应用和整合，可以深入研究食品及其营养特性。

## 一、山羊肉的蛋白质组研究

牛羊肉是极好的高蛋白食品，其所含营养成分易被人体吸收。每100g牛肉含有20.1g蛋白质，比羊肉多10%；含10.2g脂肪，比羊肉少约18.6%。此外，牛羊肉含有钙、铁、磷等矿物质和维生素B1、维生素B2、烟酸等维生素。肌肉在动物死后会经历各种生化和生理变化，从而在不同程度上影响肉品质。因此，有必要研究这些复杂变化中所涉及的蛋白质的转化，及其对不同肉品质的影响。随着组学技术的快速发展，蛋白质组学作为一种强大的后基因组工具被应用于肉类的研究中，用于识别潜在的生物标志物。高通量蛋白质组学能够识别分子途径和分子相互作用，分析肉类中蛋白质的差异表达水平，有助于从系统生物学的角度更深入地理解肌肉的蛋白质。其中，标记定量蛋白质组学技术是理解肌肉蛋白质和品质性状之间的分子联系的有力工具，有助于解析影响肉品质的生物化学机制，这一技术有望成为一种用来探索肉质性状和蛋白质组学变化的新技术。

应用一：山羊肌肉的蛋白质组特征

研究人员利用高通量蛋白质组学方法研究了与肉质嫩度和色泽发育相关的生化和结构机制。秦川牛和横山山羊是我国知名地方品种，因肉质鲜美而在国内外得到了广泛的认可。以往的研究探讨牛羊的饲养管理和屠宰加工等对牛肉品质的影响、牛肉品质与纤维总量和大小之间的关系、不同脂肪水平的饲粮对牛肉品质的影响等，这些研究主要从理化指标方面分析肉品质，缺乏对山羊和牛肉的蛋白质组成以及高品质和低品质肉的蛋白质差异的定量比较分析。因此，研究人员基于标记定量蛋白质组学技术，结合液相色谱–串联质谱技术，比较了屠宰后不同品质、不同部位牛羊肉中蛋白质组成的变化和差异，并通过富集分析解析了不同品质肉类、山羊和牛相同肌肉群之间的生物蛋白质标记[73]。结果共鉴定27816个肽段，对应4044个蛋白。在山羊中，发现高质量肌肉和低质量肌肉之间存在111个差异表达蛋白，而在牛高质量肌肉和低质量肌肉中的差异表达蛋白有364个，6个差异表达蛋白同时存在于牛羊中。生物信息学分析表明，这些差异表达蛋白显著参与糖酵解、三羧酸循环和氧化磷酸化等生物途径。此外，筛选出43个高品质差异表达蛋白和42个低品质差异表达蛋白作为肉品质的标记蛋白。例如，烟酰胺腺嘌呤二核苷酸脱氢酶和琥珀酸脱氢酶可作为山羊肉色的潜在生物标志物，烯醇化酶、乳酸脱氢酶、14-3-3蛋白、热休克蛋白可作为牛羊肉嫩度标记蛋白，甘油-3-磷酸脱氢酶和烟酰胺腺嘌呤二核苷酸脱氢酶可作为检测肉中脂肪含量的标记蛋白，鸟嘌呤核糖核酸结合蛋白可作为牛肉风味的标记蛋白等。这些差异表达蛋白不仅可以用来区分来自山羊或牛不同部位的肉，也可以用来区分相同部位的不同肉来源。

应用二：饲料添加剂对山羊骨骼肌蛋白的影响

甲烷是导致气候变化的主要温室气体之一。根据报道，饲料在动物肠道发酵所排放的甲烷约占全球甲烷排放的18%。甲烷的产生是肠道厌氧细菌相互作用的结果，对维持山羊瘤胃的正常发酵具有重要意义，但也使日粮损失2%～12%能量，因此要提高山羊对饲料的消化利用率，减少甲烷的产生，以降低反刍动物生产对环境的影响，提高山羊养殖的经济效益。为了提高山羊的饲料利用率，多数的研究集中在改进瘤胃发酵环节，广泛应用饲料添加剂以减少甲烷排放，如离子载体、有机酸、脂肪酸、甲基辅酶M抑制剂、菌苗和油类等添加剂。补充天然洛伐他汀是一种很有前景的减少甲烷排放的方法。洛伐他汀是真菌生长过程产生的一种次级代谢物，是3-羟基-3-甲基戊二酰辅酶A的竞争性抑制剂，该酶是胆固醇生成途径中的关键酶，受到抑制后会介导产甲烷古菌胆固醇的合成并且抑制细胞膜形成。研究表明，添加高浓度的红曲霉红米粉会产生洛伐他汀，从而对牛的干物质采食量和生理产生不利影响。山羊饲料中添加适量的天然洛伐他汀能够有效减少甲烷排放，而且基本不影响瘤胃发酵，但目前尚不清楚他汀类药物引起肌肉毒性的确切机制。因此，为了探究不同浓度的洛伐他丁对山羊骨骼肌和肌浆蛋白质组的影响，研究人员利用非标记蛋白质组学方法来阐明山羊骨骼肌的潜在生化过程[74]。研究选取20只健康的雄性萨能奶山羊，随机分为四组，分别饲喂含50%稻秸、22.8%精料、27.2%未处理的以及处理过的棕榈仁粕的混合日粮，按照每公斤体重0mg、2mg、4mg和6mg洛伐他汀在饲粮中添加洛伐他汀添加剂，分为对照组、低剂量、中剂量和高剂量组。经组织学检查发现，中、高剂量组的萨能奶山羊胸腰最长肌出现坏死、变性、间质间隙、空泡化等异常现象。初步的蛋白质组学分析表明，添加洛伐他汀诱导了山羊骨骼肌蛋白表达模式的复杂修饰，这些蛋白表达模式与碳水化合物和肌酸的代谢、细胞生长发育过程以及其他代谢过程相关。这些生化过程的变化表明发生了能量代谢紊乱，这可能对之后的肌肉毒性的治疗研究起主要作用。这项研究表明，添加4mg/kg以上的天然洛伐他汀可能会对动物的健康产生不利影响。

### 应用三：贮藏方法对山羊肉蛋白质组的影响

作为一种优质的高蛋白食品，山羊肉越来越受到广大消费者的欢迎。在冷藏过程中，微生物的滋生给羊肉的保存带来了一定的困难。对肉类进行射线或电子束辐射处理是一种安全有效的贮藏措施，但其会引起肉类发生一系列理化反应，影响肉类的营养价值和感官品质。其中，脂质氧化和蛋白质氧化是辐射肉类后发生的主要生化反应，会加速肉类及肉制品的脂质氧化、变色，从而影响肉类的感官品质。在辐射的过程中可改变肌肉的氧化还原状态，包括加速蛋白质的氧化和异味的形成。在辐射过程中，蛋白质氧化产生的羰基化合物会释放出特有的异味挥发物，影响肉品质。此外，氧化反应可导致蛋白质聚合物的生成、蛋白质交联和肽裂解。因此，辐射后山羊肉中蛋白质的组成和风味变化逐渐成为了研究人员关注的热点。然而，辐射如何影响山羊肉的蛋白质组和风味的相关研究尚未见报道。研究人员基于高通量蛋白质组学技术，分析了辐射后山羊肉蛋白质组的变化，及其变化对山羊肉风味的影响[75]。在5种不同辐射剂量下，共检测到207个发生显著变化的蛋白质，其中与风味相关的蛋白质有26个，其可能通过参与蛋白质氧化、半胱氨酸和蛋氨酸代谢产生异味。但在贮藏过程中，由于代谢作用，辐射所带来的异味会逐渐消散。这项研究基于蛋白质组学为理解辐射山羊肉后产生的异味奠定基础，并揭示异味形成与生物过程之间的潜在联系，拓展辐射在羊肉保鲜中的应用。

## 二、山羊乳的蛋白质组研究

乳是一种重要而复杂的生物液体，可以哺育新生哺乳动物，含有微量营养素，微量元素是抗菌剂和免疫调节剂（如细胞因子和趋化因子）的重要来源，可以将母体对病原体的免疫力转移到幼畜。此外，由于动物乳具有很高的生物价值和可塑性，可以生产奶酪和其他乳制品，因此动物乳被广泛应用于乳品工业中，乳、乳酪以及发酵饮料等衍生乳制品是人类蛋白质的重要来源之一。牛奶作为乳品行业生产乳制品的主要原料，存在着导致婴幼儿过敏、铁吸收不足等潜在风险，因此要寻找能够替代牛乳的其他动物乳，而山羊乳因其独特的生物学特性，有望成为牛乳的替代品。

羊乳和牛乳营养成分相似，但羊乳更易于消化吸收，具有较强的缓冲能力，而且其所含蛋白质、生物活性肽和低聚糖具有较高的医疗价值，不容易引起过敏，因此羊乳越来越受到消费者的欢迎。通过对羊乳蛋白组分和乳脂总体特征的评价表明，羊乳具有较高的营养价值。山羊乳含有多种营养成分，主要是蛋白质，其由70%的酪蛋白、25%的乳清蛋白和5%的乳脂球膜蛋白组成。羊乳的功能特性与乳中所含的蛋白质和多肽有关。乳蛋白具有抗氧化、抗菌、免疫调节、抗肿瘤、抗高血压等多种生物活性。

近年来，随着蛋白质组学技术的不断发展，蛋白质组学分析已被广泛应用于人类、奶牛和其他哺乳动物中，在山羊乳的研究中也有一定的应用。

应用一：山羊乳的乳蛋白质组特征

山羊乳是乳品行业的主要奶源之一，因其丰富的营养成分和生物活性物质受到广大消费者的欢迎。乳脂球膜蛋白虽然仅占羊乳总蛋白的5%左右，但近些年来逐渐引起了研究人员的关注。初乳的蛋白质组成与常乳不同，以往对初乳和常乳中乳脂球膜蛋白的比较研究主要集中在人乳和牛乳中。Cebo等人利用凝胶电泳法分析了羊乳中主要的乳脂球膜蛋白。Spertino等人通过双向电泳从山羊乳脂球膜蛋白中分离出207个蛋白，然后使用Caco-2细胞模型评估其潜在的营养功能。通过EASY-nano液相色谱法与Orbitrap质谱技术在关中奶山羊脂球膜蛋白的蛋白组中发现了593个蛋白质。

西农萨能奶山羊乳是我国一种典型的山羊乳，然而目前关于西农萨能奶山羊初乳和常乳中的乳脂球膜蛋白质组的研究较为有限，因此研究人员利用蛋白质组学技术对西农萨能奶山羊初乳和常乳的乳脂球膜蛋白质组进行鉴定和表征，讨论和比较了山羊初乳和常乳中乳脂球膜蛋白的组成、功能类别、途径以及蛋白-蛋白相互作用[76]。在山羊初乳和常乳中，分别鉴定出543个和585个蛋白质。功能富集分析表明，西农萨能奶山羊初乳和常乳中大部分乳脂球膜蛋白均与磷酸化、乙酰化、胞外泌体的细胞成分、多聚腺苷酸RNA结合的分子功能有关。初乳和常乳中的大量蛋白质参与疾病和遗传信息处理相关的途径，常乳的蛋白质更多参与代谢相关的途径。蛋白质相互作用网络分析表明，初乳和常乳中都含有丰富的核糖体。初乳蛋白质含量较少，主要与内质网蛋白加工相关；而常乳蛋白更多与代谢相关，主要具有氧化磷酸化功能。

大约有2.5%的婴幼儿对牛乳蛋白原过敏，主要的过敏原是酪蛋白、α-乳白蛋白、乳铁蛋白、免疫球蛋白和乳球蛋白等。羊乳能够替代牛乳，降低婴幼儿对牛乳过敏的风险，二者的乳蛋白有一定同源性，据估计，大约40%的乳蛋白过敏患者对羊乳蛋白具有耐受性。以往的研究表明，在不同品种山羊中观察到的遗传多态性会影响乳酪蛋白组分。评估羊乳蛋白与牛乳过敏原交叉反应的研究，大多采用一维SDS-聚丙烯酰胺凝胶电泳和免疫球蛋白E免疫印迹法推测可能的过敏原蛋白，但尚未有对不同山羊品种的乳的过敏原蛋白及其与乳过敏原的交叉反应进行研究。因此，研究人员评估并且优化了不同的二维电泳方法，且将之用于提取萨能奶山羊和亚姆拉巴里奶山羊羊乳蛋白和羊乳蛋白质组学研究[77]。羊乳样品分别用三种不同的方法提取：方法一，以尿素/硫脲为基础的缓冲液稀释乳；方法二，甲醇/氯仿溶液三相分离；方法三，以亚硫酸盐为基础的缓冲液稀释。通过蛋白浓度测定、一维与二维SDS-聚丙烯酰胺凝胶电泳分析，以及基质辅助激光解吸电离-飞行时间串联质谱鉴定蛋白，进一步评价各提取方法的效果。结果表明，方法一的蛋白质回收率最高，萨能奶山羊为72.68%，亚姆拉巴里奶山羊为71.25%。产生的蛋白质斑点数量最高，萨能奶山羊和亚姆拉巴里奶山羊分别为199 ± 16.1和267 ± 10.6，凝胶分辨率高，划线最少。利用Mascot软件，与公共数据库中反刍动物乳蛋白的肽质量指纹图谱匹配，对两个品种的6个乳蛋白斑点进行了鉴定。结果表明，方法一适合于二维电泳蛋白质组学和未来的过敏基因组的山羊乳分析。方法三虽然是ELISA提取食物过敏原的有效方法，但不适用于采用二维电泳进行凝胶蛋白组学分析。虽然二维电泳蛋白质组学蛋白质的动态范围较低，但这些限制可以通过优化蛋白质提取方法和使用窄范围pH条带来优化，从而在二维上获得更高分辨率的分离蛋白质。

在蛋白质组学技术开发之前，研究人员对低丰度蛋白的了解较少，仅了解几十种蛋白质。但随着蛋白质组学技术的发展，到2011年，共报道了293个物种的192个蛋白，并利用公开的乳蛋白组数据和乳腺表达序列标签，报道了197个乳蛋白基因的鉴定结果以及牛基因组中6000个乳腺基因。在全球范围内，牛乳虽然消费量巨大，但会引起5%～15%的婴幼儿过敏，因此寻找牛乳的替代品刻不容缓。在古希腊，农民常饲养山羊，用山羊乳喂养婴幼儿。山羊乳中必需脂肪酸含量较高，比牛乳更易消化。但也有研究表明，由于牛羊系统发育关系密切，且同源蛋白的序列同源性较高，导致许多对牛乳过敏的婴幼儿也对山羊乳蛋白敏感。目前，已经有了一些动物乳蛋白组图谱比较的研究报告，以寻找牛乳的低过敏性替代品的来源。研究人员通过组合肽配体库技术、SDS-聚丙烯酰胺凝胶电泳分离技术、高分辨率纳米液相色谱-ESI串联质谱技术和数据库检索技术，对山羊乳的蛋白质组进行了系统研究，在山羊乳共鉴定出452个基因产物[78]。通过跨物种数据库搜索获得的蛋白质比例最大，其中52%来自绵羊，37%来自牛，这两个物种与山羊的系统发育关系最密切。对羊乳和牛乳蛋白质组的定性组成进行了初步比较，发现两者有45%的蛋白质组分相同，包括主要过敏原，但也包括具有潜在有益特性的蛋白质。另外的55%的牛乳蛋白不包含在羊乳中，由一组异质蛋白质组成，其中大部分都是来自血液、体细胞或表皮细胞，而不是乳腺，需要深入探索这些出现在羊乳中的微小蛋白质的来源和功能。

乳中含有促健康的生物活性因子，能够通过调节肠道菌群和免疫系统促进个体生长发育。与其他乳相比，羊乳具有独特的理化和营养特性。羊乳易于消化且过敏性较低。在人类和反刍动物中，乳酪蛋白和乳清蛋白可降解释放出具有不同生理功能的功能性肽片段。这些多肽具有一系列的活性，包括抑制二肽基肽酶活性、抗菌、拮抗剂活性、免疫调节、血管紧张素转换酶抑制、矿物结合和抗氧化功能。蛋白质组学已经逐渐应用于分析人类和其他哺乳动物的乳蛋白。由于独特的社会经济和营养价值，羊乳在人类营养中具有重要意义，然而，对羊乳的蛋白质组分析还很有限。因此，研究人员使用二维电泳-纳米级液相色谱串联质谱法，对不同农业气候区山羊的乳蛋白进行鉴定和功能分析[79]。共鉴定出1307个功能蛋白，包括酪蛋白和其他低丰度蛋白。基因注释显示，大部分蛋白参与了结合功能、催化活性和结构分子，并定位于细胞核和细胞膜。这些蛋白参与了信息加工、代谢、细胞过程、生物系统和疾病的144个生物通路。基于蛋白质组学研究揭示出山羊乳的蛋白质图谱，可以作为印度不同地理区域的蛋白质/肽标记物或指纹，为目前有限的羊乳蛋白和肽数据库的补充奠定了基础。结果鉴定了具有特定功能类别的蛋白，并将其与不同信号通路相关联，展示羊乳蛋白的功能多样性。此外，也是首次对不同农业气候地区、不同放牧条件下不同品种山羊的乳蛋白组特征进行的研究。

### 应用二：山羊乳乳清蛋白质组特征

乳清富含蛋白质，营养丰富，对其蛋白质的组成及其生物学特性的了解，有助于合理利用山羊乳清，从而增强产品的价值。研究人员通过分析羊乳乳清的蛋白质组学特征，以评价其可能的氧化、抗氧化、抗菌、抗肿瘤等生物学功能[80]。对山羊乳清进行脱脂，得到粗蛋白提取物，用硫酸铵沉淀法得到蛋白质组分，通过SDS-聚丙烯酰胺凝胶电泳、双向电泳和可溶性蛋白测定对蛋白进行了测定。结果表明，山羊乳清中以α-乳清蛋白、β-乳球蛋白和血清白蛋白为主。粗蛋白提取物、蛋白质组分30%～60%和蛋白质组分60%～90%的蛋白谱具有相同的蛋白谱和抑菌作用，粗蛋白提取物具有抗氧化活性和较高的肿瘤细胞死亡活性。蛋白质组分60%～90%中蛋白质含量最高，为0.41mg/mL。除蛋白质组分0～30%外，其余样品均对不同菌株具有抑菌活性。只有浓度为1000μg/mL的粗蛋白提取物对人红细胞具有溶血作用。只有粗蛋白提取物具有抗氧化活性。C6大鼠胶质瘤细胞系的细胞毒性实验表明，0.05μg/mL和0.1μg/mL浓度的粗蛋白提取物处理中，肿瘤细胞死亡率均大于70%。这些结果表明山羊乳清粗蛋白提取物可作为抗氧化、抑菌和细胞毒化合物，此外，山羊乳乳清蛋白和生物活性肽也可以作为膳食补充剂。

在希腊，绵羊和山羊乳具有很高的营养价值，为乳制品行业不断地创造着极高的经济价值。尽管人乳和牛乳的蛋白质组受到了广泛关注，但目前对希腊绵羊和山羊的乳蛋白质组知之甚少。因此，研究人员利用先进的蛋白质组学和生物信息学技术，对3个纯种希腊绵羊和山羊的乳清蛋白组进行全面的鉴定分析和表征[81]。通过对特定蛋白区域的蛋白谱进行评估，结果发现绵羊和山羊的乳清蛋白之间的图像轮廓差异较明显。再对特定的蛋白质区域进行图像分析，如对特定蛋白质进一步量化，结果表明，尽管某些已知的蛋白质存在于所有品种中，但数量有差异。例如分析LACB、CIB1和APOA1蛋白在两种物种中的蛋白图谱发现，LACB蛋白在山羊乳清中表达量大于绵羊，CIB1蛋白在绵羊乳清中含量较高，APOA1蛋白在种内和种间的表达没有显著变化，表明酪蛋白和乳球蛋白的丰度高且恒定。在每个乳样品中检测到的斑点数量各不相同，乳清蛋白斑点主要分布在凝胶的酸性区域及其低分子量部分。这些结果揭示出羊乳蛋白质的特性，有助于优化绵羊和山羊乳制品的生产过程。

羊乳具有独特的经济价值，羊乳蛋白的营养和生物活性逐渐成为了研究热点。乳清蛋白和乳脂球膜蛋白虽然只占乳蛋白的一小部分，但具有平衡营养的特性和重要的生物学功能。因此，研究人员采用纳米液相色谱-串联质谱联用技术，对关中奶山羊和荷斯坦奶牛的常乳乳清和乳脂球膜蛋白的组成和性质进行了表征和比较[82]。结果共检测到417个乳清蛋白，283个羊乳蛋白，159个牛乳蛋白；776个乳脂球膜蛋白，其中593个羊乳蛋白，349个牛乳蛋白。基因功能注释表明，山羊和奶牛乳脂球膜蛋白均含有磷蛋白、膜相关蛋白和乙酰化相关蛋白，这三类蛋白丰度较高，同时羊乳和牛乳中的乳清蛋白具有不同的生物学过程和分子功能，主要富集在细胞外泌体成分、多聚腺苷酸RNA结合的分子功能等。KEGG生物通路分析表明，山羊和奶牛乳清蛋白参与了不同数量和类型的疾病、代谢和免疫途径，而山羊和奶牛乳脂球膜蛋白显著富集在代谢途径和疾病途径。这些结果表明，关中山羊乳和荷斯坦奶牛乳在乳清蛋白和乳脂球膜蛋白的种类及其功能和途径上存在差异，与疾病和中枢神经系统相关的蛋白仅在羊乳中检测到。这些结果为乳清和乳脂球膜蛋白组学研究提供了依据，也为婴幼儿配方奶粉和牛奶蛋白制品的研究提供参考。

应用三：山羊乳发酵物的蛋白质组特征

欧洲奶山羊存栏量约占全球的5%左右，山羊乳占世界产量的15%以上。在西班牙，山羊乳约占全国乳总产量的14%。由于羊乳不易引起过敏，且更容易消化而广受消费者的欢迎。开菲尔羊乳起源于高加索地区和东欧，是一种全球消费的发酵乳饮料。开菲尔由乳酸菌和酵母菌共生制成，这些酵母菌被包裹在一种多糖和蛋白质基质中，进行酸–醇发酵。因此，发酵后的产品有一种酸味，并含有一定的酒精。微生物发酵代谢的其他副产品已被证明对健康有益。其中，许多由乳蛋白水解产生的多肽具有多种生物活性，包括免疫调节、抗菌、抗高血压、抗肿瘤和抗氧化特性。虽然生牛乳中也含有生物活性肽，但由于微生物蛋白酶的作用，开菲尔羊乳和其他发酵产品中相应分子的数量和种类明显较多。研究人员通过液相色谱–串联质谱非靶向多肽组学方法，对开菲尔羊乳进行了蛋白质组学分析，解析开菲尔羊乳多肽组成，分析基于发酵时间的蛋白质消化图谱，鉴定具有生物活性的潜在肽，从而准确描述发酵过程中开菲尔肽的变化以及微生物蛋白酶作用下蛋白质消化程度，建立了迄今为止最全面的开菲尔羊乳数据库[83]。结果共鉴定2328条独特的肽段，对应22条蛋白注释，其中，发酵24小时后发现的肽段最多。根据蛋白质的性质建立了不同的消化模式，并对发酵过程中多肽的变化进行了定量分析。鉴定了11个与数据库中生物活性序列完全匹配的肽段，几乎都属于酪蛋白。此外，发现已知蛋白质的消化模式以及不同的发酵时间的肽变化。在发酵24小时后，所鉴定的蛋白和多肽数目达到最大值，这些数目在发酵36小时下降。通过组合肽配体库技术对其他次要蛋白和多肽进行鉴定和进一步研究。结果还表明开菲尔羊乳中存在具有生物活性的多肽，其数目和活性随发酵时间变化。

应用四：限饲和季节性耐受对山羊乳和乳腺的影响

山羊作为较早驯化的反刍动物之一，适应性极强，能够在恶劣的环境中生存繁殖。据估计，仅在西非和南非就有大约1.3亿人饲养小型反刍动物，尤其是山羊。在热带和地中海气候的地区，雨季牧草丰盛，而旱季天气干燥牧草匮乏。在原始的放牧条件下，山羊经常因为受到饲料的限制而体重下降，这个问题通常被描述为季节性体重下降，通过补饲可以有效地解决这一问题，但在发展中国家，补饲会带来饲养成本升高等问题。因此在这些地区，加快培养季节性体重下降耐受性的品种较为可行。近些年来，随着组学技术的发展，蛋白质组学已用于表征重要和众多的生理过程中的蛋白质变化，如从牛初乳到常乳过程中乳成分的变化。家畜蛋白质组学研究面临许多挑战，主要是在公共数据库中大多数家畜的数据量少、不完整。尽管目前对反刍动物乳腺的蛋白质组学进行了大量的研究，但有关小型反刍动物，尤其是受季节性体重下降影响的乳腺的蛋白质组学的信息很少。

因此，研究人员采用无标记定量蛋白质组学方法，分析了限饲对耐季节性体重下降和不耐受季节性体重下降的山羊乳腺蛋白质组的影响[84]。9只梅泽罗拉奶山羊和10只帕尔梅拉奶山羊被分为4组，每组2只，分别为营养不足组和对照组：梅泽罗拉对照组、帕尔梅拉对照组、梅泽罗拉限饲组和帕尔梅拉限饲组。试验22天后活体采集乳腺样本，使用无标记蛋白组学分析共鉴定到超过1000个蛋白质，两组之间鉴定到96个差异表达蛋白。对照组之间的比较表明，这两个品种的蛋白质基础水平上非常相似。然而，经过22天低于维持需求的饲养试验后，两种品种似乎都有降低蛋白质、碳水化合物和脂肪生物合成相关蛋白表达的趋势。梅泽罗拉比帕尔梅拉免疫系统相关蛋白表达量较高，与此相反，帕尔梅拉品种细胞凋亡相关蛋白表达较高。结果表明，两个山羊品种的季节性体重下降过程存在明显的代谢反应，与免疫系统和细胞凋亡相关的蛋白如Cadherin-13、Collagen α-1、Nidogen-2、Clusterin和Protein S100-A8可作为季节性体重下降耐受性的标志物。这些结果有助于提高季节性体重下降易发地区关于山羊乳量的选育。

热带和地中海气候只存在旱季和雨季。雨季的降水量充沛，牧草充足肥沃，而旱季的降水量较低甚至没有降水，牧草贫瘠缺乏。在旱季，动物经常会出现季节性体重下降现象，生产和繁殖性能显著下降，从而导致经济效益下降。应对季节性体重下降现象，有两个措施，其一是适当的补饲，其二是选育对季节性体重下降有耐受性的新品种或品系。加那利群岛是西班牙的一个自治区，由七个有着不同微气候的岛屿组成。加那利群岛的动物品种资源十分丰富，其中有Majorera、Palmera和Tinerfeña三个奶山羊品种。乳腺是产奶过程中最重要的器官，从形态学的角度来看，绵羊和山羊的乳腺有很大的不同，不同品种不同哺乳期的乳腺也有很大的变化。为了解奶山羊对季节性体重下降耐受性的变化，基于蛋白质组学研究乳腺发生的变化十分重要，特别是其分泌组织中线粒体的改变。

因此研究人员基于考马斯蓝非变性聚丙烯酰胺凝胶电泳和二维凝胶电泳，通过蛋白质组学技术，分析山羊乳腺中分泌组织的线粒体蛋白质组[85]。此外，还以Majorera和Palmera奶山羊为研究对象，研究限饲后的减重效果，分为4组，每组2只，分别饲喂麦秸作为日粮，试验结束时体重减少15%～20%，能量平衡日粮作为对照组。在第22天实验时，所有实验组均进行乳腺活检。通过对线粒体的蛋白质组分析，共发现277个蛋白，其中148个蛋白通过基质辅助激光解吸电离-飞行时间串联质谱鉴定。一些蛋白质被确定为线粒体中的谷氨酸脱氢酶复合物和呼吸复合物I、II、IV、V的亚基，其他蛋白质的功能广泛，参与代谢、生长发育、定位、细胞组织和生物发生、生物调节、对刺激的反应等生物过程。通过比较蛋白质组学的手段，鉴定某些蛋白质如还原型辅酶I-泛醌氧化还原酶75kDa亚基、线粒体的核纤层蛋白B1（在Palmera奶山羊中表达上调）、鸟嘌呤核苷酸结合蛋白G（I）/G（S）/G（T）亚基β-2（在Majorera奶山羊中表达上调）、细胞色素b-c1复合物亚基1、线粒体和D链，由于体重下降，牛ATP合成酶F1-C8亚复合物在Palmera奶山羊中表达下调。参与细胞凋亡和衰老过程的蛋白与季节性体重下降时的耐受性和产奶量有关，该蛋白在Palmera奶山羊的表达量较高，在Majorera奶山羊的表达量维持在恒定水平。这些结果为进一步研究山羊乳腺中线粒体蛋白质组学提供依据，揭示细胞凋亡可能是调节季节性体重下降耐受性及其动物生产性能的关键过程，为研究其他家养反刍动物特别是牛和羊奠定了基础。

应用五：热处理对山羊乳蛋白质组的影响

热处理是乳品加工中的一个关键环节，在加热的过程中会发生一系列的复杂变化，影响蛋白质的稳定性，如引起乳清蛋白等热敏蛋白的变性、降解和失活等。目前传统的生物化学方法只能从这些复杂变化中识别主要蛋白质的变化，而对微量蛋白质的变化知之甚少。蛋白质组学技术能够对复杂乳蛋白混合物中的蛋白质同步进行高通量分析，包括蛋白质检测、鉴定和表征。因此，为了了解经不同热处理的山羊乳样品中蛋白质含量的变化及功能差异，研究人员采用了基于时间和成本效益的MaxQuant算法进行蛋白质定量分析，对不同热处理后的山羊乳蛋白质组成及变化进行鉴定和分析，并通过生物信息学分析评估蛋白质功能差异[86]。此外，还对热处理过程中蛋白质的变化进行了评估，以期预测山羊乳中热敏蛋白的含量。所有样品共鉴定出843个蛋白，对其中625个蛋白进行定量。对照组、加热1组、加热2组、加热3组和加热4组各检测到527个、543个、537个、533个和539个蛋白，共438种蛋白质。高温或者短时间处理对蛋白质的影响与超巴氏杀菌和超高温瞬时灭菌相似，而与低温或长时间处理不同。且高温短时间处理比低温长时间处理更有利于人类健康。蛋白质组学分析表明，加热处理提高了羊奶蛋白的消化率，有利于通过羊乳治疗抗动脉粥样硬化。蛋白质组学可用于确定蛋白质聚集水平，发现额外的热敏性蛋白，为热敏性蛋白的工业化生产提供科学依据。这些结果有助于更好地了解羊乳功能背后的生物学机制，以便充分利用羊乳中的蛋白质成分为人类营养和健康服务。

# 三、山羊常见疾病的蛋白质组研究

## 应用一：山羊乳腺炎的蛋白质组变化

乳腺内感染乳腺炎会造成乳产量损失，降低奶山羊乳的质量。慢性感染引起乳腺出现亚临床乳腺炎尤其常见，需要可靠的监测和检测工具来维持良性的山羊生产。体细胞计数，是指每毫升乳的细胞数，是目前监测泌乳反刍动物乳腺内感染的可靠指标。然而，在山羊体内，乳体细胞计数受年龄、胎次、哺乳期、发情等因素的影响，特异性较低。但可通过研究与亚临床乳腺内感染特异性相关的蛋白质组变化，来挖掘用于监测山羊乳腺感染的蛋白标记。革兰氏阳性菌，尤其是葡萄球菌，是奶山羊中最普遍的乳内病原体。革兰氏阳性细菌主要导致亚临床慢性感染，并在干燥期持续存在，需要更敏感和更具体的筛查工具来监测奶山羊的乳腺健康。

为了识别和了解与乳腺内感染特异性相关的乳蛋白变化，研究人员选择金黄色葡萄球菌亚临床乳腺内感染作为模型，通过蛋白质组学，比较具有亚临床乳腺内感染金黄色葡萄球菌的高乳体细胞计数晚期山羊乳、健康山羊乳、低乳体细胞计数中期健康山羊乳之间的差异，探究金黄色葡萄球菌感染对泌乳期山羊乳蛋白组的影响[87]。在金黄色葡萄球菌感染和未感染的晚期泌乳样本中，分别检测到52个和19个差异蛋白，其中，未感染乳中表达丰度较高的蛋白质之一是血清淀粉样蛋白A。金黄色葡萄球菌感染的乳中有38个差异蛋白上调，包括触珠蛋白和大量的细胞骨架蛋白。基于蛋白质互作分析，金黄色葡萄球菌感染乳特有的差异蛋白主要参与防御反应、细胞骨架组织、细胞与细胞、细胞与基质的相互作用。这些蛋白与感染炎症过程紧密相关，在泌乳期晚期的山羊中，这些蛋白可能作为比乳体细胞计数更可靠的乳腺内感染标记物。这些结果促进了对哺乳后期山羊乳房细菌感染相关变化的理解。差异蛋白仅存在于金黄色葡萄球菌感染的乳中，当其他的乳腺炎监测方法如乳体细胞计数无法发挥诊断作用时，差异蛋白可以作为提高泌乳后期奶山羊亚临床乳腺炎监测的特异性的标记物。

同样在另外一项工作中，研究人员也对未感染和金黄色葡萄球菌感染的羊乳蛋白质组进行了表征，提供了高山山羊乳的蛋白质组数据[88]。研究将羊乳分为3组：泌乳中期，低体细胞数的未感染乳汁；泌乳晚期，体细胞数高的未感染乳汁；泌乳后期，体细胞数高，金黄色葡萄球菌亚临床感染的乳汁。样品经过脱脂、高速离心和胰酶消化，过滤器辅助样品制备，肽混合物分析液相色谱–串联质谱，进行多肽鉴定。然后归一化丰度谱因子值并采用光谱计数法无标记定量计算，基因本体注释采用Uniprot数据库提供的生物学过程、分子功能和细胞成分信息。结果在三组中分别鉴定出173个、290个和446个非冗余蛋白。这项研究有助于识别亚临床金黄色葡萄球菌乳内感染的泌乳后期，山羊的乳汁中发生的蛋白质组学变化。可以识别潜在的生物标记物，从而比体细胞计数更可靠地监测泌乳后期山羊的乳腺内感染。

### 应用二：山羊口疮病毒的蛋白组变化

口疮是世界范围内传播最广泛的病毒性疾病之一，由口疮病毒引起。羊口疮病毒虽然主要感染绵羊和山羊，但也可感染其他哺乳动物。像其他痘病毒一样，羊口疮病毒编码一系列分子，这些分子通过产生抗炎蛋白在免疫逃避中发挥重要作用，主要参与宿主防御机制的相互作用。羊口疮病毒可编码抑制蛋白，抑制蛋白是分泌型细胞因子GMCSF和IL–2的抑制剂。同位素标记相对和绝对定量技术可全面比较和定量测定蛋白质表达，该技术已广泛应用于蛋白质组分析。同位素标记相对和绝对定量通过串联质谱测量报告离子的峰值强度来识别和定量肽，并已被开发用于识别各种病毒性疾病的生物标志物。通过对细胞蛋白谱的比较分析，应用于研究病毒感染机制。因此，研究人员采用基于同位素标记相对和绝对定量的比较蛋白质组学分析方法，研究了体外暴露于羊口疮病毒中的山羊皮肤成纤维细胞在特定时间点的蛋白质变化，采用定量逆转录聚合酶链反应等方法鉴定差异表达蛋白质，并进一步分析和确认差异表达蛋白质与70kDa热休克蛋白1B在羊口疮病毒感染宿主细胞中的功能[89]。结果共鉴定了282个宿主差异表达蛋白质，包括222个上调蛋白质和60个下调蛋白质。差异表达蛋白与病毒结合、细胞结构、信号转导、细胞粘附和细胞增殖等生物学过程有关。其中，70kDa热休克蛋白1B定位于细胞质，并且存在差异表达。病毒感染的中后期，70kDa热休克蛋白1B对病毒增殖有抑制作用，表明70kDa热休克蛋白1B表达水平的升高可能在羊口疮病毒的复制中发挥了重要作用。为研究羊口疮病毒对细胞增殖和70kDa热休克蛋白1B表达的影响，将过表达70kDa热休克蛋白1B蛋白的成纤维细胞感染羊口疮病毒，观察病毒增殖情况。结果显示在病毒复制周期的中间，70kDa热休克蛋白1B可抑制羊口疮病毒在成纤维细胞中的增殖。此外，羊口疮病毒在敲除70kDa热休克蛋白1B的细胞中复制显著增强，再次表明70kDa热休克蛋白1B在羊口疮病毒感染的成纤维细胞中发挥重要作用。值得注意的是，动物对羊口疮病毒再感染没有免疫作用，其中一部分原因可能是由于短暂的羊口疮病毒特异的适应性免疫。痘病毒编码大量的基因产物，使它们能够逃避宿主的免疫应答。这些逃避机制可能在羊口疮病毒复制中相似，在允许羊口疮病毒再感染中起主要作用。

### 应用三：山羊小反刍兽疫的蛋白质组变化

miRNAs是一种小型非编码RNA，在动物、植物和一些病毒中，在转录后调控基因表达。miRNAs调节不同的细胞过程，包括生殖、发育、发病和凋亡。此外，一些细胞miRNA在宿主–病毒相互作用网络中发挥调节作用。随着深度测序技术的出现，在研究病毒感染中宿主对miRNA表达变化的表征成为了可能，如肠道病毒71型、禽流感、小反刍兽疫病毒、乙型脑炎病毒、丙型肝炎病毒等。小反刍兽疫是绵羊和山羊的一种急性、高度传染性的病毒性疾病，主要表现为发热、口腔溃疡、结膜炎、胃肠炎和肺炎。据报道，山羊比绵羊更容易感染这种临床疾病，且山羊的恢复速度也慢于绵羊。此外，在实验中被小反刍动物疫病病毒感染的山羊和绵羊的肺和脾脏中宿主miRNA组的失调表明，绵羊和山羊具有很强的宿主免疫应答。淋巴细胞是小反刍动物疫病病毒感染的主要靶点，它通过携带小反刍动物疫病病毒细胞到达不同的组织。研究人员对感染小反刍兽疫病毒的山羊外周血单核细胞进行miRNA组和蛋白质组分析，通过从miRNA测序数据中识别出差异表达miRNA，并与蛋白质组数据进行关联，以识别调控免疫过程的miRNA，从而揭示山羊的免疫应答机制[90]。结果发现，miR-21-5p显著下调，可能参与多种免疫应答基因的调控。基于蛋白质组学数据，发现差异表达miRNAs调控免疫应答基因。发现前10个显著富集的免疫应答过程由98个基因控制。根据控制这98个基因的基因数量，确定了前10位差异表达miRNAs。在这10个差异表达miRNAs中，7个上调，3个下调，包括miR-664、miR-2311、miR-2897、miR-484、miR-2440、miR-3533、miR-574、miR-210、miR-21-5p和miR-30。在小反刍动物疫病病毒感染的外周血单核细胞中，miR-664和miR-484分别具有前病毒活性和抗病毒活性。抑制细胞凋亡的miR-210下调。降低细胞对干扰素抗病毒活性敏感性的miR-21-5p，抑制原代巨噬细胞抗原加工和呈递的miR-30b下调，表明宿主对小反刍动物疫病病毒感染有强烈的反应。通过RNA测序数据分析发现，miR-21-5p对IPA上游调控具有抑制作用。该miRNA也被显著下调，并调控16个免疫应答基因，选择该miRNA对转化生长因子-βII型受体进行功能验证。转化生长因子-βII型受体调节细胞分化并参与多种免疫应答途径，被发现受大多数已确定的免疫调节调控差异表达miRNAs。双荧光素酶报告基因中荧光素酶活性的降低表明miR-21-5p和miR-484与其靶点特异性结合。这是首次报道小反刍动物疫病病毒强毒感染山羊外周血单核细胞的miRNA组和蛋白质组，通过miRNA测序数据和蛋白质组分析数据的联合分析，确定了有助于调节小反刍动物疫病病毒感染免疫应答的miRNA。

# 四、山羊繁殖性能的蛋白质组研究

应用一：山羊精液的蛋白质组特征

人工授精在山羊育种中具有重要作用，是提高性状改良速度和加快遗传进展的重要措施之一。而精子的成功保存将极大地提高人工授精的效率，冷冻保存可以延长精子的保存时间，但解冻后精子的结构损伤严重、受精能力差。液态保存能够有效克服冷冻保存的缺陷，但在液态保存期间，精子的生存能力和受精潜能通常会随着保存时间的增加而迅速下降，因此限制了该技术的广泛应用。细胞凋亡是一种生理性程序化的细胞死亡机制，是导致精子存活率和受精能力下降的主要因素之一，涉及多种细胞死亡信号和调控途径。早期的研究认为精子的转录活性很低，不会发生细胞凋亡。然而，最近大量的研究表明精子也会发生细胞凋亡，表现出磷脂酰丝氨酸外露、半胱天冬氨酸酶激活和

DNA损伤的现象，影响精子的质量。精子的凋亡是由许多外在和内在因素共同作用的结果。活性氧是生殖细胞正常代谢的产物，包括超氧阴离子、过氧化氢和羟基自由基，在正常生殖细胞的发育和获能中发挥着重要作用。大量研究表明，过量的活性氧会引起精子发生氧化应激、加速精子的凋亡以及诱导精子功能的丧失，如DNA损伤、繁殖性能下降和线粒体膜结构的改变。然而，活性氧诱导的线粒体依赖性凋亡在液态保存山羊精子中的分子作用尚不清楚。

因此，研究人员利用串联质谱技术定量蛋白质组学技术，在蛋白质水平上研究生殖细胞，解析活性氧诱导山羊精液中线粒体依赖性凋亡的机制，阐明调控精子品质和功能的分子机制、山羊精子液态保存时细胞凋亡的发生机制以及活性氧在诱导线粒体依赖性细胞凋亡中所发挥的潜在作用[91]。结果发现，随着保存时间的增加，精子的活力和凋亡与保存时间的延长密切相关。此外，还观察到与凋亡相关的精子超微结构变化，线粒体膜电位的显著降低以及与凋亡相关的蛋白表达表明线粒体的功能发生障碍和线粒体的凋亡途径被激活。液态保存精子会产生大量的活性氧，添加活性氧清除剂N-乙酰半胱氨酸能减少线粒体的氧化损伤，并减慢线粒体的依赖性凋亡。

### 应用二：山羊雌性生殖器官的蛋白质组

胚胎的早期发育和随后的妊娠是一个复杂的过程，需要子宫内膜实现胚胎和母体与胚胎组织之间的同步交流。妊娠失败可能是由于精子不能与卵母细胞正常受精、胚胎初期发育失败和母体生殖道不同步造成的，这些都是由排卵期腺上皮细胞合成和分泌的组织营养物质的变化引起的。曾有研究报道称，排卵前阶段的高营养水平会增加卵泡的大小和排卵率。然而，排卵后的高饲养水平会抑制血液中的孕酮水平、改变子宫液的成分、影响胚胎存活。为了维持子宫的正常功能，子宫内膜分泌的不同蛋白质作用于精子活力、胚胎代谢、黄体的植入和维持等生物学过程中。近年来，研究人员利用蛋白质组学的方法研究与山羊子宫生理相关的子宫分子动力学。考虑到营养水平对胚胎存活有重要影响，研究喂养水平对输卵管和子宫蛋白质水平的影响可以提高对营养和生殖之间内在关系的理解。因此，研究人员探讨不同饲喂水平对激素刺激山羊围排卵期输卵管和子宫组织蛋白质组的影响，以探究山羊排卵期输卵管和子宫蛋白质组与营养平衡之间的关系[92]。将40只山羊分为4个不同的日粮组，分别饲喂1.0倍、1.3倍、1.6倍和1.9倍维持所需要的日粮。饲喂4周后，每组随机抽取6只激素刺激的雌性，采集子宫和输卵管组织标本。结果发现，饲喂比对照组多1.3到1.9倍的营养物质的山羊，直接影响了输卵管和子宫的蛋白质组，改变了参与细胞凋亡、抗氧化和免疫活动等生物学过程的蛋白质的表达。这些过程对受精和早期胚胎存活至关重要。与其他饲喂水平相比，1.9倍日粮组的输卵管蛋白如微管蛋白β-2b、转铁蛋白和二硫化物异构酶A3等的表达增加。与能量水平较高的日粮相比，1倍组的二硫化物异构酶A4的表达水平较高。随着日粮能量摄入量的增加，α1抗胰蛋白酶在山羊子宫内表达升高，前纤维蛋白-1表达下调。这些结果表明，由于营养平衡，山羊输卵管和子宫在围排卵期表达的特异性蛋白发生了改变。

# 五、山羊其他组织和体液的蛋白质组研究

应用一：山羊脂肪组织的蛋白质组特征

脂肪组织参与了诸多生理和病理过程，如食欲调节、繁殖、以及炎症和免疫应答。脂肪因子是对神经内分泌信号作出反应而分泌的具有内分泌、自分泌或旁分泌功能的信号分子。在山羊中，脂肪储存可能会受到日粮的影响，脂肪组织的转录谱受到日粮或限饲的影响。此外，不同的脂肪来源对脂肪组织有不同的影响。鱼油可以延缓脂肪动员后的脂肪组织的消耗。鱼油是山羊乳脂合成和脂肪酸组成的主要决定因素，还可调节奶牛的牛奶质量。饲喂富含鱼油的日粮可增加妊娠奶山羊初乳和常乳中n–3不饱和脂肪酸的含量。研究人员给母羊饲喂不同的高脂肪日粮，然后对哺乳山羊的内脏脂肪组织蛋白质组进行了比较分析，阐明饲喂添加饱和或不饱和脂肪日粮对奶山羊羔羊网膜脂肪组织蛋白质组的影响[93]。采用同位素标记相对和绝对定量标记的二维串联质谱定量分析方法，分别测定了饲喂富含硬脂酸型、鱼油型和标准母羊日粮的母羊哺育的羔羊的网膜脂肪组织蛋白质组。在哺乳羔羊网膜脂肪组织中发现了20种蛋白的差异表达。与鱼油相比，硬脂酸引起更多蛋白质的变化。有11个蛋白，即AARS、ECl1、PMSC2、CP、HSPA8、GPD1、RPL7、OGDH、RPL24、FGA和RPL5蛋白，仅在硬脂酸型幼仔中下降。有4个蛋白，即DLST、EEF1G、BCAP31和RALA蛋白，仅在鱼油型幼仔中降低，NUCKS1蛋白升高。四种蛋白，即PMSC1、PPIB、TUB5X2和EIF5A1蛋白，在硬脂酸、鱼油型羔羊含量都较低。定性基因表达分析证实，除FGA蛋白外，质谱鉴定的所有蛋白均由脂肪组织产生。定量基因表达分析显示，参与脂肪酸氧化的两种蛋白轻度急性期蛋白和ECl1在mRNA水平上下调。与对照组羔羊相比，硬脂酸型羔羊的*ECl1*基因表达下调，硬脂酸和鱼油型羔羊的轻度急性期蛋白表达下调。通过改变母羊日粮，有可能对羔羊脂肪组织蛋白质组产生影响。羔羊网膜蛋白质组可以通过添加饱和或不饱和脂肪酸的母羊日粮来改变。

应用二：山羊唾液的蛋白质组特征

在哺乳动物中，唾液的主要功能是润滑口腔，协助咀嚼和吞咽，保护口腔组织。除了这些基本功能外，不同物种的唾液成分还存在较大的差异，这反映了物种不同的日粮习惯。反刍动物的唾液在平均pH为8.1时，主要作为碳酸氢盐–磷酸盐缓冲液分泌，有助于缓冲瘤胃消化过程中产生的挥发性脂肪酸，并在电解质和水的稳态中发挥重要作用。尽管唾液蛋白具有重要的生物学功能，但研究人员对其在绵羊和山羊中的表达模式的了解甚少。蛋白质分离技术与基于质谱的技术已被广泛用于了解人类唾液蛋白质组成，但对动物唾液的研究却很少。因此，研究人员采用双向电泳凝胶法，对绵羊和山羊腮腺唾液蛋白质组进行了比较，并使用基质辅助激光解吸电离飞行时间质谱法和液相色谱–串联质谱法鉴定蛋白[94]。从260只绵羊和205只山羊唾液中分别鉴定出117个和106个蛋白。在两种唾液蛋白谱中都发现了高比例的血清蛋白。研究人员发现两个物种在25～35kDa的范围内存在主要差异。这些结果通过绵羊和山羊的腮腺唾液蛋白质组学，表明蛋白质组学在与摄取行为研究相关的调查方面的潜力。即使是在相似的饲养条件下，绵羊和山羊腮腺唾液蛋白质谱也存

在一定的差异，这些差异主要体现在蛋白质的异构体上，以及分子质量在25～35kDa范围内的蛋白质谱上。

### 应用三：山羊嗅觉的蛋白质组特征

绵羊和山羊在光周期控制下表现出明显的季节性繁殖模式。当有性活动的雄性在间情期结束时与无排卵的雌性结合时，很大一部分雌性会在数小时内排卵。在雄性提供的各种感官和对雌性促性腺轴的刺激研究中，发现雄性气味的刺激是最为有效的。此外，雌性接触雄性的气味会强烈刺激绵羊和山羊的黄体生成素分泌，因此，公绵羊或公山羊对雌性黄体生成素分泌的影响可以通过它们的气味来模拟。在分子水平，嗅觉结合蛋白与气味分子特异性结合并将其传递给嗅觉受体。研究人员通过二维凝胶电泳、特异性抗体的蛋白组印记、飞行质谱仪和高分辨率液相色谱-串联质谱、cDNA末端快速扩增技术和分子建模，研究雌性绵羊和山羊的嗅觉分泌腺季节性变化规律，比较了绵羊和山羊雄性气味的种间效应，与乏情季节和发情季节雌性的嗅觉分泌蛋白组[95]。结果发现在这两个物种中，嗅觉分泌蛋白组由嗅觉结合蛋白样的蛋白异构体组成，由翻译后修饰产生，如磷酸化、糖基化和糖基化修饰。在母羊的发情期和乏情期之间，观察到嗅觉分泌蛋白组的重要变化，其特征是特异性的SAL样蛋白表达和嗅觉结合蛋白糖基化修饰的出现。在山羊中，发情和乏情之间的差异不是来自于新的蛋白表达，而是来自于不同的翻译后修饰，每种蛋白的亚型数量。尽管有共同的行为、季节性繁殖和遗传资源，但山羊和绵羊以不同的方式适应它们在发情中的嗅觉分泌机制。在这两个物种中，嗅觉分泌组是反映雌性生理状态的一种表型，可以被育种者用来监测它们对公羊效应的接受能力。

# 第五节　代谢组在山羊研究中的应用

代谢组学使用快速和高通量技术评估生物样品的内源性代谢物，可以描绘生物体的全局代谢特征，鉴定与生理和病理刺激有关的代谢物，是系统生物学和功能基因组学的一个组学领域。核磁共振光谱、液相色谱-串联质谱、气相色谱-质谱等技术已经发展并应用在代谢组学研究。代谢组学方法，样品制备简单，结果重复性好，已被广泛用于生物体液和组织的代谢组学分析中。核磁共振光谱根据代谢物含量与核磁共振的相关性测定代谢物，液相色谱-串联质谱在代谢物分析中具有较高的灵敏度。

# 一、山羊乳的代谢组学研究

应用一：山羊乳的代谢组特征

羊乳中富含短链和中链脂肪酸、USFA、ω–6 FA、ω–3 FA、EPA和DHA，其含量远远高于牛乳，羊乳中的蛋白质与脂肪比更适合消化。为了更好地利用羊乳中的脂肪营养成分，有必要全面研究其组成和变化。目前有许多技术用来对乳制品进行地理溯源，例如稳定同位素、红外光谱，以及稳定同位素比率和元素的组合。这些方法鉴别能力强，但无法体现食品本身的质量。脂质的物理结构和化学组成会影响食品的营养价值、感官品质和加工特性，通过脂质图谱分析可以有效识别地理来源和食品质量。为了更好地了解牛乳中脂质的物理结构和化学组成，有必要开发一种具有更高分辨率、灵敏度和准确度的高效检测技术。脂质组学是代谢组学的重要组成部分，能够准确、全面地描述细胞或组织内的脂质分布、结构、功能、相互作用和动力学。脂质组学已被应用于食品科学和安全研究等许多方面，包括加工效果、储存变化和地理溯源等。但迄今为止，这类方法很少用于鉴别羊乳的地理来源或泌乳阶段。

鉴别泌乳阶段，特别是初乳，对羊乳行业非常重要。因此，通过超高效液相色谱–四级杆–静电场轨道阱质谱方法，科研人员对中国羊乳进行了非靶向脂类组学分析，表征不同的泌乳阶段和地理来源乳的脂质组成，鉴定有效的生物标志物，建立相应的判别模型[96]。研究从三个农场收集三个泌乳阶段的山羊乳样品，共鉴定出14个脂质亚类和756个脂质分子，其中5个脂质亚类和51个脂质分子存在显著差异，确定38个和19个脂质分子分别作为识别不同地理起源和泌乳阶段的潜在代谢标记物。不同地区的羊乳样本在神经酰胺和胆碱磷酸上存在显著差异，不同地区的羊乳样本在鞘磷脂和脂肪酸上存在极显著差异。不同泌乳阶段的样品中，磷脂酰甘油和甘油三酯差异显著，甘油三酯差异极显著。羊乳的总脂肪酸含量在哺乳期逐渐增加，羊乳中的总饱和脂肪酸、多不饱和脂肪酸和单不饱和脂肪酸在哺乳期也有所增加。成熟羊乳中的神经酰胺丰度在三个泌乳阶段中最低。采用逐步线性判别分析建立判别模型，分别得到6个和5个脂质分子，可以用于鉴别地理来源和泌乳阶段，预测结果较好，表明脂类组学分析可以用于鉴定不同地区和泌乳阶段的山羊乳。

羊乳中含有多种生物活性物质，为人类营养提供了具有特殊功能的有益成分，促进人体健康。羊乳中的酪蛋白，尤其是αS1–酪蛋白，具有高度的遗传变异性。结合多元统计分析的代谢组学方法，已经被用于探索食物代谢组，这些技术也可用于评价乳制品的营养和生理特性，以进行质量控制、改良和育种。例如，通过气相色谱与质谱联用的方法来鉴定和定量牛乳亲水性代谢物，结合多元统计分析的代谢组学方法用于研究代谢物之间的关系。这表明气相色谱–质谱联用仪与多变量数据分析联用的方法，在全面解析代谢物变化上发挥重要作用。然而，目前并没有关于不同基因型山羊乳的代谢谱研究，对代谢组和营养制品之间的关系也没有清晰的认识。因此，为了揭示不同αS1–酪蛋白基因型山羊的乳代谢物差异，研究人员通过气相色谱–质谱代谢组学，对28只山羊的乳代谢物进行了表征和分析[97]。根据AS1–酪蛋白基因型，7只山羊被分类为弱等位基因或无效等位基因的杂合子，5只山羊被分类为EE基因型，9只山羊被分类为AE和BE基因型，最后7只山羊被分类为强AA基因型，对山羊乳的平均脂肪、蛋白质、尿素和乳糖含量以及体细胞计数进行了统计。结果发现，与弱等位基因相比，强等位基因山羊的乳蛋白含量明显更高，与以前的报告一致。强等位基因山羊乳除了脂肪含量更高以外，与其他基因型的乳成分并没有明显差异。气相色谱–质谱分析鉴定出51种代谢物，主要包括单糖，如核糖、果糖、葡萄糖、半乳糖、岩藻糖、帕拉金糖、奥曲糖、乳糖、纤维二糖、麦芽糖、左旋葡聚糖；结构相关的化合物，即肌醇、果糖–6–磷酸和甘露糖–6–磷酸；多元醇，如阿拉伯糖醇、甘露醇和山梨醇；有机酸包括乳酸盐、琥珀酸盐、柠檬酸盐、乳清酸、焦谷氨酸等；游离形式的氨基酸，如丙氨酸、缬氨酸、甘氨酸、异亮氨酸和丝氨酸。主成分分析表明，左旋葡聚糖、奥曲糖、核糖、阿拉伯糖醇、丝氨酸、岩藻糖、纤维二糖、甘露糖–6–磷酸和果糖–6–磷酸可以用来鉴定弱无效等位基因杂合子，而柠檬酸和乌头酸可用作强等位基因山羊的生物标志物。这些结果可以解释羊乳成分的高度变异性，可能与AS1–酪蛋白基因座的基因型密切相关，也可能受到单核苷酸多态性的影响。

应用二：山羊乳制品的代谢组特征

随着乳制品的多样化，山羊与绵羊乳的市场需求也日益增长，相关食品加工方法的研究也逐渐增多。其中，热处理是一种常见的食品加工方法，会形成特殊的风味和颜色，并影响产品的可接受性和感官特性。在热加工过程中，非酶褐变是这些风味和颜色形成的主要原因。在牛乳的加热过程中，乳糖和赖氨酸残基之间发生美拉德反应，是颜色变化的主要原因。棕色发酵乳具有独特的风味和颜色，是各国市场常见的乳制品，在中国和俄罗斯更是广受欢迎。目前大多数研究都集中在牛乳类黑精色素上，以及发酵或羊乳的营养价值。然而，少有研究关注发酵棕色牛乳和羊乳的感官质量。代谢物组学的目的是使用高通量质谱工具监测代谢物的变化，然后为食品质量改善提供重要见解。消费者对食品认证非常重视，因此监管部门在执法中，非常注重对食品真实性的分析方法。乳制品是一种营养均衡的食品，蛋白质、必需脂肪酸和矿物质的含量高，对人类健康具有非常多的益处。可以通过各种分析技术来评估乳制品，如分子、色谱、振动和荧光光谱、元素指纹、同位素、非色谱质谱与核磁共振等。

研究人员结合脂类组学和代谢物组学，分析棕色发酵山羊发酵乳的化学成分，并探讨了化学成分变化对感官品质的影响[98]。结果发现，山羊乳在发酵前后，外观和香气评分相似。发酵前样品的口感和总体可接受性得分高于棕色发酵样品。代谢组学分析共鉴定出492种代谢物和693种脂质，其中317种代谢物含量上调，175种代谢物含量下调。主成分分析结果表明，两样本之间明显分离，表明其代谢物存在显著差异，共有108种代谢物和174种脂质被鉴定为参与发酵后棕色山羊乳感官质量变化的关键感官化合物。杂环化合物影响了酸奶棕色的颜色、特殊的味道，如焦糖和咖啡的味道，在发酵和美拉德反应过程中，形成山羊乳独特的感官质量。选择脂质、有机酸、碳水化合物和杂环化合物等8种显著上调的代谢物进行定量分析，结果发现除4–氨基苯甲酸、胞嘧啶和1–硬脂酰溶血磷脂酰胆碱以外，其他化合物在发酵后都有所增加。细菌之间的相互作用增加了代谢物的种类和数量，形成了棕色发酵山羊乳独特的香气和味道。碳基化合物、二乙酰、乙酰蛋白、乙酮和乙醛的相对含量较高，促进酸奶产生独特的风味。在较低的pH值下，美拉德反应会受到一定程度的抑制，从而抑制丙烯酰胺的形成。聚类分析结果表明发酵前后脂质差异显著，棕色山羊乳中饱和脂肪酸含量普遍增加。除了微生物发酵的有机酸、脂质、碳水化合物和多肽的变化外，杂环化合物也发生了变化。693种脂质可进一步分为19类，发酵后，棕色山羊乳样品中有机酸、多肽和中、长链脂肪酸含量显著升高。这项研究为检测羊乳感官质量提供了新方法，有助于改进乳制品的感官质量。

代谢组学是近些年发展起来的一项新技术，广泛应用于营养、农业等各个领域。电感耦合等离子体质谱是其中的一种常见方法，可以进行超痕量元素分析。元素代谢组学的基本原理包括样品制备、电感耦合等离子体质谱分析过程中标准参考物质的使用以及相关数据处理、统计分析和报告等。该方法可用于生产过程的相关检测以及饲养实验研究，如利用土壤成分分析检测饲喂方案、应用于乳制品的代谢组学等。与分子分析相比，元素代谢组学更加简单方便，可以便捷地对聚丙烯试管中的样品进行分析，没有关于温度、时间或任何其他储存条件的要求，只需要一个已知的元素代谢组数据库。

因此，研究人员通过电感耦合等离子体质谱分析，选择评估了来自九个不同地理区域的105个希腊格兰威（Graviera）奶酪样品的认证、安全和营养，这些样品来自绵羊、山羊和牛乳及其混合物，可以全面展示希腊格兰威奶酪的61种元素化学元素概况、确定其地理来源和乳类型[99]。结果表明，在营养上，除了在饮食中需要相对大量的氢、碳、氮、氧、钠、钾、硫、氯、镁、钙和磷等常量元素以外，还有人体健康所必需的微量的铁、锰、钼、锌、钴、镍、铬、硒、铜、硅、碘和氟等元素。此外，还有一类超微量矿物质的元素，包括钒、锡、镍、砷和硼，但是其生化作用和生物功能尚不明确。在硬干酪粉末中，铜、钼、镍、铁、锰、镓和硒的含量存在显著差异。砷含量的范围为171g/kg到247g/kg，镉浓度从3.8g/kg到6.2g/kg不等。加拿大食品检验局通过综合考量元素的含量，建议每天摄入57g奶酪，为一个合适的奶酪合理日摄入量。希腊格兰威拉奶酪包含足够的钙、磷含量，比例为1.4∶1，因此食用格兰威拉奶酪是通过饮食适当摄入这两种矿物质的最方便的方式之一。通过线性判别分析，这些元素可以成功用来划分不同的区域和牛乳类型，而交叉验证的效果一般，说明可能需要更大的样本、新的生物信息学工具来增加准确性。这是首次对乳制品中61种元素的特征进行的研究，包括所有16种稀土元素和所有7种贵金属。此外，还对有毒和营养元素的安全性和质量进行了评估。根据欧盟和美国的法规，希腊格兰威奶酪是一种重要的营养来源，同时包含产量元素和微量元素，包含个别含量低级的有毒元素。这项研究首次鉴定了希腊格兰威拉奶酪中的61种元素以及特征，旨在研究元素代谢组学在评估这类奶酪的地理来源、安全性和营养质量方面的应用，并且开发了一种方法，可以识别9个不同地理地区的产品，可以为食品认证、安全和营养提供理论参考和依据。特别强调了元素代谢组学在人类营养评估中的应用，包括营养元素和毒性元素。由于电感耦合等离子体质谱的价格逐步降低，元素代谢组学的成本也逐步降低，结果的稳定性也越来越好。

### 应用三：存储和加工对山羊乳以及乳制品代谢的影响

酸奶是世界上最古老的发酵乳制品，是由细菌培养物的混合物，即德氏乳杆菌亚种保加利亚乳杆菌和嗜热链球菌的作用产生，是山羊乳最重要的产品之一。山羊乳酸奶在人类饮食中占有重要地位，被广泛用于治疗各种疾病和病症，非常适合患有牛乳过敏、乳糖不耐受、炎症性肠综合征、胃肠道疾病和免疫相关功能的人群。然而，发酵羊乳产品在技术上仍存在挑战，如柔软、易碎、具有明显膻味。酸奶等发酵乳制品是经过各种培养、加工处理产生的复杂化学混合物，在半固体或液体基质中含有不同的代谢物和化学实体。形成的代谢物类型取决于原料、加工程序和所用培养物的类型，可以直接或间接影响食品的技术和营养质量。在贮藏过程中，代谢产物的变化可能会影响酸奶的物理和功能特性。然而，目前关于山羊酸奶在储存过程中代谢物分布及变化的认识尚不全面。

研究人员基于气相色谱-质谱的非靶向代谢组学方法，对山羊乳酸奶在贮藏过程中的代谢变化进行了分析和表征，鉴别不同的代谢物和代谢途径，研究代谢物-基因的相互作用以及相关的生物过程[100]。在冷藏28天的山羊乳酸奶中，鉴定到187个代谢物，129种已知代谢产物，39种显著差异表达，22种上调，17种下调，包括44个羧酸和衍生物、18个脂肪酸酰基、4种甘油磷脂、15种有机木原化合物、4种苯和衍生物、2种羟基酸和衍生物、以及12种其他代谢物。在贮藏期0～14天、14～28天和0～28天，分别鉴定出17个、20个和2个差异代谢物。这些代谢物参与63条生物通路，主要为氨基酸和羧酸的代谢通路。山羊酸奶发酵过程中的12种代谢物，主要参与谷胱甘肽代谢和谷氨酰胺代谢。贮藏0～14天时，氨基酰-tRNA的生物合成、苯丙氨酸、酪氨酸和色氨酸的生物合成及苯丙氨酸的代谢均发生变化；贮藏14～28天时，脂肪酸的生物合成和丙酸代谢发生变化。氨基酸和肽为酸奶在储存初期pH的变化提供了一定的适应能力。这些结果为开发山羊酸奶的生物活性提供了理论参考，全面揭示了在贮藏过程中代谢产物的特征，有助于进一步开展营养和功能化合物的研究，为理解山羊酸奶储存期间代谢物的机制和丰度变化提供一定的理论依据。

### 应用四：山羊乳与其他动物乳代谢组的比较

乳是由哺乳动物的乳腺产生的一种复杂生物液体，其组成和营养含量受遗传、泌乳期、季节变化、饮食等因素的影响，不同品种间存在显著差异。牛乳在世界总产量中占据最大份额，但一些国家的小型乳用动物，如水牛、牦牛、马和骆驼，也是乳产业的一个重要组成部分，是具有保健、提高免疫力的功能性食品。但由于其市场价格较高，不法商家通常将价格较低的荷斯坦牛乳掺入小型乳用动物的高价乳中。为了保护消费者和产品的真伪，需要建立评价不同乳用动物混合物含量和检测牛乳掺假的分析方法。毛细管电泳、色谱、酶联免疫吸附测定和质谱等技术都可用于检测牛乳掺假。食物的主要特性，如味道和营养价值，都与代谢产物的存在直接或间接关联。

乳代谢物是乳腺上皮细胞、外周血和微生物基因表达的最终产物，鉴定与乳成分相关的乳代谢物有助于预测乳性状，并用在人乳和牛乳的代谢物分析中。通过质谱进行代谢组学分析，可以有效研究牛乳的代谢物组成，鉴定出223种不同的代谢物。使用代谢组学方法也可用来评估干奶期和能量平衡对奶牛乳代谢物的影响，并鉴定与牛乳中体细胞计数相关的代谢物生物标志物。这些研究表明，分析乳代谢物有助于理解乳的生化特性。使用13C-核磁共振和质子-核磁共振光谱对不同物种的乳进行了检测，表明代谢物谱可以用于检测牛乳掺假。

山羊乳和相关乳制品，如全脂奶、发酵奶衍生物、干或脱水乳以及奶酪等，已经成为一个有重要经济价值的产业。对食物过敏的人来说，山羊乳具有尤为重要的营养和健康益处。由于羊乳中天然均质脂肪球的大小较小、中链三酰基甘油的比例较高等原因，人们普遍认为山羊乳的消化率高于牛乳。目前，关于山羊乳的营养特性仍需要更加深入的研究。乳是由多种成分组成的复杂混合物，乳的营养成分、物理和工艺特性受到多种因素的影响。除了脂类和乳糖两类主要的热量营养物质，乳也含有多种生物活性化合物，包括免疫球蛋白和其他免疫蛋白、多肽、核苷酸、寡糖和代谢物。此外，乳代谢物还包含游离氨基酸、有机酸和其他低分子量化合物。这些乳代谢物通常反映乳腺的代谢活动或整个生物体的代谢活动，它们也可能来自酶的反应或存在于乳中的微生物，代谢物的不同来源导致了乳代谢物存在显著差异。此外，在正式进入市场前，乳需要经过热处理，也会影响乳的代谢物组成，对其商业价值和质量产生影响。代谢组学可以表征代谢物谱，已被广泛应用于营养科学和食品科学领域，这些领域面临的一个主要风险是食品掺假问题。由于山羊乳的生产效率较低、市场需求少、其商业价值远高于牛乳，因此在羊乳中添加牛乳成为羊乳行业面临的主要掺假风险。研究人员通过高效液相色谱-电喷雾质谱法、ELISA方法、质子核磁共振低分子量代谢物指纹图谱等方法，对山羊乳掺假的问题进行了探索。

在一项研究中，研究人员首次利用气相色谱质谱联用方法，对羊乳代谢产物谱进行了表征，并通过多元判别分析将其与牛乳进行了比较，同时研究了超高温灭菌奶和巴氏杀菌等处理对乳代谢物的影响，同时制备不同比例的牛乳-羊乳混合物，利用气相色谱质谱联用代谢谱构建合适的模型，基于正交投影到潜在结构回归，检测羊乳与牛乳的掺假[101]。共研究了31份山羊和牛全脂乳的商品样品，鉴定到40个极性代谢物。化学成分分析表明，萃取得到的水馏分含有丰富的短链羟基羧酸，如乳酸、琥珀酸、延胡索酸、苹果酸、2-羟基戊二酸和葡萄糖酸，游离氨基酸中检测到丝氨酸、缬氨酸、甘氨酸、丙氨酸、脯氨酸和谷氨酰胺。此外，还鉴定出d-葡萄糖、果糖、塔罗糖、肌醇和半乳糖。羊乳和牛乳样品的变异系数分别为27.8和18，说明羊乳中代谢物浓度的变异性更大。牛乳和羊乳的样本聚集在不同区域，而山羊的样本非常分散，这说明牛乳样品与山羊乳样品的特征不同，山羊乳的成分更不均匀。通过比较超高温灭菌奶和巴氏杀菌样品，发现与羊乳相关性最高的代谢物是缬氨酸和甘氨酸，这两种氨基酸参与支链脂肪酸生成的代谢途径，可能是羊乳中支链脂肪酸的含量特别丰富的原因。羊乳的一个重要特征是其独特的风味，可能与不同的脂肪组分有关，缬氨酸和甘氨酸也有助于提高牛乳的口感。葡萄糖和果糖同时存在于牛乳和超高温灭菌奶处理样品中，而核糖在巴氏杀菌和羊乳样品中。在山羊乳中以0～100%剂量添加牛乳，通过多元回归分析进行研究，对牛乳含量的检测误差在5%，这些结果可以有效减少食品造假，解决山羊乳掺假的问题。这些结果表明，结合气相色谱-质谱和多元统计数据分析，能够根据极性代谢物特征来区分不同的乳类型，同时提出一种新的分析方法，用于发现山羊乳掺假问题。

然而，关于小型乳用动物如牦牛、骆驼和马的牛乳代谢物谱的研究相对较少。因此，研究人员通过核磁共振波谱和液相色谱-串联质谱的非靶向代谢组学方法对乳样品进行检测，表征中国荷斯坦奶牛、泽西奶牛、水牛、牦牛、山羊、马和骆驼的乳代谢物图谱，鉴定了一组生物标记物，可用于区分牛乳和小型乳用动物的乳。结果发现，胆碱和琥珀酸等差异代谢物，可用于区分荷斯坦奶牛与其他动物的乳差异[102]。不同代谢产物的代谢途径分析表明，在反刍动物乳中都存在与甘油磷脂代谢以及缬氨酸、亮氨酸和异亮氨酸的生物合成有关的代谢物，非反刍动物乳中包含不饱和脂肪酸的生物合成的代谢物。这些结果有助于在代谢组学水平上更好地了解荷斯坦奶牛和其他乳用动物在乳合成、乳蛋白和脂肪酸合成的差异，有助于了解来自不同乳用动物的乳代谢物，同时可以用于评价乳特性和检测牛乳掺假。

在地中海地区，有大量不同品种的乳用山羊和绵羊，由于其独特性，受到欧盟的保护。其中，撒丁岛是生产山羊乳和绵羊乳的主要地中海地区。在该地区，绵羊和山羊乳的产量和组成受到当地天然牧场的影响。大量研究表明，绵羊乳和山羊乳的组成有很大差异，前者的蛋白质、脂肪和乳糖含量均高于后者。对低丰度的终端代谢物的定性和定量研究，有助于深入理解乳的代谢途径和生理特性。因此，研究人员采用非靶向代谢组学的方法，比较了绵羊乳和山羊乳代谢组学的差异，通过分析撒丁岛养殖的30只绵羊和28只山羊的乳代谢谱，探讨代谢物与乳中脂肪、蛋白质、酪蛋白、乳糖和尿素含量、冰点、pH值和体细胞计数等主要乳性状的相关性[103]。结果发现绵羊和山羊乳的代谢物有明显的差异，在绵羊乳中阿拉伯糖醇、柠檬酸、α-酮戊二酸、甘油酸、肌醇和甘氨酸含量更高，而甘露糖-6-磷酸、异麦芽酮糖、缬氨酸、焦谷氨酸、亮氨酸和岩藻糖在山羊乳中含量更高。与山羊乳相比，绵羊乳样品显示出更大的变异性，且富含α-酮戊二酸。代谢物谱和羊乳成分特征存在良好的关联，山羊乳模型的性能优于绵羊乳模型，可以预测体细胞数。通过评估统计模型的预测性能，发现代谢产物谱与羊乳中的蛋白质含量、脂肪含量之间存在显著的相关性。此外，还鉴定到38种低分子量代谢物，包括短链羟基化羧酸、有机酸、氨基酸、多元醇和糖类。这项工作围绕绵羊和山羊乳的代谢物差异展开了深入研究，发现了这些小反刍动物中存在的差异代谢途径，有助于更好地了解小型反刍动物的牛奶代谢产物及其在牛奶特性评估中的作用，为发现及应用生物标志物提供理论依据。

细胞外囊泡是包裹在双层膜中的细胞衍生的微米和纳米结构，因其在诊断和治疗应用中的巨大潜力而备受关注。细胞外囊泡是细胞或组织之间的信号介质，根据不同的亚型和细胞来源发挥多种生物学效应。细胞外囊泡通常分为微囊泡和外泌体两大类。微囊泡的大小从100nm到2000nm不等，通过质膜向外出芽输送，而外泌体是由多泡体外膜向内出芽并与质膜融合而产生的30～100nm大小的囊泡。研究表明，细胞外囊泡具有对靶标的高特异性、高稳定性和跨越生物屏障的能力。不同的细胞外囊泡可以诱导靶向组织的多种反应，例如增强组织再生或参与炎症的免疫调节和修饰，并可能用于干细胞治疗。细胞外囊泡可以同时通过旁分泌作用以及远程作用调节靶细胞。几乎所有类型的细胞都产生细胞外囊泡，特别是包括乳在内的各类生物液体。乳是新生的哺乳动物的主要营养来源，不仅仅是食物，还代表着一种复杂的信号系统，可以传递来自母乳的信息，以促进产后健康，在新生儿免疫系统的发育中发挥调节免疫反应的作用。

最早在1971年，科学家就提出了乳细胞外囊泡。直到2007年，科研人员发现从人类初乳和成熟乳中收集的细胞外囊泡具有免疫学特性。乳细胞外囊泡可以通过内吞作用进入肠道细胞，保护其免受肠道极端环境的影响。人乳和牛乳细胞外囊泡可以进入成纤维细胞、巨噬细胞和血管内皮细胞。猪乳细胞外囊泡及其所含的miRNA可以被肠上皮细胞吸收，促进其增殖。此外，乳细胞外囊泡可以进入包括上皮细胞、巨噬细胞和树突状细胞等培养细胞，表明乳细胞外囊泡可能在炎症和免疫反应中发挥作用。已证实，牛乳对人类、奶牛和驴具有免疫调节活性。据推测，驴乳和人乳具有抗炎特性，调节促炎细胞因子和抗炎细胞因子的平衡。这些活性成分主要包括蛋白质、核酸和代谢物等物质。代谢物由低分子量组分组成，是一类重要的生物分子，一般指涉及代谢过程的小化合物，如醇、酰胺、氨基酸、羧酸和糖等。代谢组学方法，如基于质谱的分析，能够鉴定和定量大量的小分子。胞外囊泡中的代谢物包括有机酸、氨基酸、糖、核苷酸、环醇、肉碱、芳香化合物和维生素等，可以作为尿液和血液中的癌症生物标志物。

然而，尽管已经观察到胞外囊泡的免疫调节和抗炎功能，但是对其机制没有深入的研究。且由于乳胞外囊泡与牛乳中存在的其他纳米结构具有一些相同的物理化学性质，分离乳胞外囊泡是一项有挑战性的任务。因此，研究人员通过代谢组学方法，比较了牛、驴和山羊乳细胞外囊泡的抗炎潜力[104]。首先使用蔗糖梯度成功分离乳胞外囊泡，然后采用超高效液相色谱质谱联用的非靶向方法，对牛、山羊和驴的牛乳中提取的乳胞外囊泡代谢组进行了表征，鉴定代谢物，并对其参与的代谢途径进行了分析，从而评估代谢物作为炎症条件下的营养制剂发挥的抗炎和免疫调节特性。结果发现在三个物种中，乳细胞外囊泡运输的代谢物都显著参与精氨酸、天冬酰胺、谷胱甘肽和赖氨酸的代谢，从而发挥免疫调节作用。与其他种类的乳细胞外囊泡相比，羊乳细胞外囊泡包含更多样的代谢途径，如甲硫腺苷。这项研究的结果证实在乳细胞外囊泡中，存在大量关键代谢物，通过对其参与的代谢途径进行分析，评估其抗炎和免疫调节特性，这些关键代谢物在开发抗炎症的营养药物中具有广阔的应用前景。

因为母亲可能无法为孩子提供足够数量的母乳，或母乳不安全等原因，商业婴儿配方奶粉成为母乳的替代。但是母乳对婴儿有许多益处，因此供体母乳成为替代母乳的首选。北美母乳银行协会是北美有专业管理的非营利组织，已经在美国和加拿大建立了18家母乳银行，母乳银行获得的母乳在发放前都要经过严格的筛选和多步严格处理，数量有限。由于市场上对母乳的需求不断增加，通过网络销售和购买母乳的方式逐渐流行起来。然而，这些渠道出售的人乳有可能含有其他掺假物质，如动物或植物乳。最近的研究发现，在网上购买的母乳样本中，有10%的样本含有牛的DNA。婴儿食用掺假的动物母乳面临许多风险，包括缺铁、脱水、潜在肾溶质负荷增加和过敏反应等。因此，需要对母乳中的掺假物质进行快速检测。基于DNA的分析技术可以鉴别不同种类的乳、半定量母乳中污染物或掺假程度。但是，该技术要求对每一种掺假成分设计靶向DNA探针，对无探针的成分无法做检测。此外，采用蛋白质组或代谢组的方法，也可以鉴定乳样品的成分。一些研究证明，通过质谱方法，结合化学计量学和毛细管电泳，可以检测乳掺假，然而这两种方法的灵敏度都很低，只能检测到少量的蛋白质。胰蛋白酶消化、液相色谱质谱联用的质谱分析方法具有较好的灵敏度，但样品制备时间相对较长。代谢组学可以快速鉴定和定量大量代谢物，也可以用于母乳掺假的快速检测。以人乳的代谢组作为标准，若待检测乳样本的代谢组与标准有区别，则认为乳样本污染或掺假。同时使用核磁共振、气相色谱质谱联用和液相色谱质谱联用的方法，可以研究不同类型牛乳的代谢物差异。然而，这些技术仅仅比较了不同物种的代谢谱，检测微量掺假的灵敏性不足。与传统的液相色谱质谱联用相比，化学同位素标记液相色谱质谱联用方法生成的亚代谢谱具有高覆盖率和高定量精度和精密度。

因此，通过高性能化学同位素标记液相色谱质谱联用定量代谢组学平台，研究人员利用亚代谢组谱来检测混入不同量大豆、杏仁、奶牛、山羊或婴儿配方奶中的污染物的可能性，检测分析未知乳样品的代谢组，然后将其代谢组与人乳代谢组进行多变量或单变量比较，以确定差异，从而解决人乳中存在的牛乳掺假问题[105]。6种不同类型的乳包括牛乳、山羊乳、杏仁乳、大豆乳、婴儿配方乳和母乳，涉及不同的品牌和不同的脂肪含量。10份母乳样本分别来自不同的个体，在产后不同时间采集。对60个标记样品进行液相色谱质谱联用分析，样本都用12C-丹酰氯标记，对所有样品进行3个重复实验。结果测定每种乳的代谢物数量不同，其中羊乳2925个代谢物（834种与人乳相同）、牛乳2670个代谢物（851种与人乳相同）、杏仁乳1348个代谢物（488种与人乳相同）、豆乳2562个代谢物（583个与人乳相同）、配方乳1553个代谢物（518种与人乳相同）、人乳1043个代谢物。不同的乳包含许多共同的代谢物，但在每种乳中也有大量独特的代谢物。此外，代谢物的浓度在不同类型的乳中也可能不同，表明这种方法在检验代谢物方面具有较高的覆盖度，能够很容易地区分六种不同类型的样品。将所有不同的乳样品按5%、10%、25%、50%和75%的比例与母乳混合，代谢组的方法可以检测出低至5%的母乳掺假情况。这一水平的检测可以满足牛乳掺假分析的要求，因为低于这一水平的母乳掺假没有经济意义。同时鉴定到5种代谢物，其变化与牛乳含量有关联，可用作生物标记物，用来检测人乳样品中潜在的牛乳掺假。这项研究提出的代谢组学方法，相对简单和直接，不仅仅成功用于鉴定人乳的掺假，同时可以为检验其他类型的食品或饮料中的污染物或掺假物质提供参考。但是需要进一步优化样品加工流程，将每个样品的整体分析时间缩短至1小时以下。

## 二、山羊疾病的代谢组学研究

### 应用一：山羊季节性体重减轻对代谢的影响

山羊是地中海和热带地区的重要物种，可以生产乳和各种乳制品，由于所产乳制品是比牛乳更为健康的替代品，因此受到全世界的关注。特别在发展中国家，山羊乳及其乳制品往往是最有价值的动物蛋白来源，在财政创收和维持当地人口生计方面发挥着重要作用。因此，许多国家对羊乳和乳制品的需求增加，成为全球动物生产的关注焦点。在热带和亚热带地区，山羊乳产量一年四季变化很大。在这些地区，天然牧场受到不同季节的调节而发生变化，进而影响动物生产。在旱季，由于牧场的稀缺，动物可能会损失高达40%的体重，这种情况通常被称为季节性体重减轻，从而影响动物的乳产量。

代谢组学研究鉴定和定量代谢物，是其他组学研究的补充。核磁共振是代谢组学的一项非常重要的技术，可以同时识别和定量具有不同理化性质的代谢物，只需少量样品或不需要样品制备，因此被用于多种物种和样品的代谢组学研究。基于核磁共振方法的代谢物组学被广泛应用于动物科学研究，如质量分析、牛乳代谢组学、样品来源鉴别和诊断。代谢组学数据可以通过多变量分析方法进行评估，以确定给定生物条件的生物标志物。

科研人员以梅泽罗拉和帕尔梅拉两个不同耐季节性体重减轻奶山羊品种为研究对象，通过核磁共振代谢组学，对乳腺分泌组织和乳血清进行了分析，探究限制饲养对季节性体重减轻的影响[106]。在乳腺水提取物中鉴定到46种代谢物，其中乳糖、谷氨酸、甘氨酸和乳酸含量最高。通过单因素分析，观察到对照组和限饲组之间的乳腺和乳的代谢物存在差异，如乙酰L-肉碱、腺苷、丙氨酸、肉碱、柠檬酸、肌酸、二甲基甘氨酸、焦糖、富马酸、马尿酸、乳酸、甲基丙二酸、乙酰氨基葡萄糖、琥珀酸、氧化三甲胺、尿苷二磷酸-半乳糖和尿苷二磷酸-葡萄糖等。偏最小二乘法和正交偏最小二乘法分析表明，帕尔梅拉品种个体的代谢组是相似的，反映出对该组织代谢产物组成的饲料限制反应较慢。在梅泽罗拉品种中，限饲组和对照组很容易区分，这表明在相同的实验时间内，这些动物对限饲有更敏感、更迅速的反应。对乳清的主成分分析可以有效区分对照组和限饲组，但不能区分品种，意味着限饲对乳的影响更明显，可能由于乳中乳腺组织的代谢物对限饲更敏感，因此乳代谢物含量变化更剧烈、更迅速，可能是季节性体重减轻反应的一个现象。在两品种对照组中，梅泽罗拉中肌酐的含量是帕尔梅拉的两倍，具有显著差异，这可能由于梅泽罗拉对照组的体重明显高于帕尔梅拉对照组。梅泽罗拉限饲组中乙酸浓度增加，乙酸浓度高与食物中纤维含量高有关，这是两个限饲组日粮的特点之一，表明不同品种之间存在不同的微生物群，热带和亚热带地区的反刍动物的消化系统具有很强的环境适应能力，特别是高纤维饮食。磷酸腺苷含量在梅泽罗拉品种中下降19倍,在帕尔梅拉品种中变化不显著。延胡索酸是瘤胃发酵过程中的中间产物,在梅泽罗拉品种中减少了15倍,在帕尔梅拉品种中减少了约8倍。这些结果表明,基于核磁共振的代谢组学可以用于研究限饲对奶山羊乳腺和羊乳的代谢物的影响,发现与季节性体重减少的适应性有关的差异表达代谢物,但品种间差异不显著,为筛选季节性体重减少耐受性的品种提供了有用的生物标记物。

### 应用二:山羊热应激对代谢的影响

暴露在高环境温度的动物,会发生多种生理反应,以维持机体内环境的稳定。当内部生理机制无法抵御过度的热负荷时,动物就会遭受热应激。奶牛暴露于热应激,会发生代谢中断,进而导致其生产和繁殖性能下降。与热中性相比,热应激下的奶牛采食量减少,饮水量增加,呼吸频率和直肠温度等热生理特性发生改变。通常,热应激会降低奶山羊的产乳量,并且影响乳成分。这些对产奶量的负面影响一般归结于采食量的下降,但热中性试验表明,采食量的影响对奶牛产乳量下降仅占35%~50%。因此,热应激干扰机体代谢和对乳分泌的特定作用的作用机理尚不清楚。一些研究评估了热应激对动物的体液和组织的影响,如奶牛的血浆、牛乳、奶牛的肝脏和山羊的尿液。此外,热应激还会破坏免疫功能,可能损害乳腺免疫。在干奶期,热应激奶牛在哺乳期发生乳腺炎的概率更高。通过系统评估热应激山羊血液免疫细胞的转录组,检测到造血和白细胞减少,可能会损害先天和适应性免疫反应。

评价热中性或热应激条件对健康与乳腺感染的山羊的乳代谢组学的影响,有助于了解热中性和热应激条件下感染诊断的生物标志物。鉴于热应激和乳腺炎是乳品生产中的主要经济问题,因此,在热中性或热应激条件下,对奶山羊乳腺注射大肠杆菌脂多糖后,研究人员通过质子核磁共振波谱法,对乳成分和乳代谢组学的变化进行了评估,用来检测奶山羊乳腺对脂多糖的免疫反应,判断是否通过热应激来调节[107]。结果发现,热应激使奶山羊采食量和产奶量分别降低了28%和21%。在热中性奶山羊中,检测到脂多糖引起的乳腺热反应;而在热应激奶山羊中,由于热负荷而升高的体温掩盖了热反应。此外,脂多糖提高了乳蛋白含量,降低了乳糖含量,在热应激山羊中变化更明显。乳代谢组学显示,热应激增加了柠檬酸,而胆碱、磷胆碱、n-乙酰碳水化合物、乳酸、β-羟基丁酸可认为是可能的炎症标志物,根据环境温度不同,其变化规律也不同。热应激奶山羊中,逆转录酶随温湿度指数的增加而增加。热应激山羊的干物质采食量比热中性山羊减少27%,用水量增加了68%。采食量的减少是动物在环境温度升高时的一种常见反应,可以减少动物的代谢热产生。热应激条件下增加水的摄入量可以通过蒸发来增加潜热损失。此外,热应激奶山羊的产乳量比热中性降低了21%。在家畜中,山羊对环境温度升高的耐受性最强。与绵羊和奶牛相比,山羊的产奶量损失较小。这些热生理和泌乳性能表明,在第11天,山羊处于明显热应激状态,此时进行脂多糖处理,乳体细胞和乳代谢物组学的变化表明,热应激影响了乳用动物对模拟感染的乳腺免疫反应,使乳用动物对乳腺炎更加敏感。这些结果有助于制定新的生产管理方案,提高动物福利,以及乳用动物在不利条件下的生产力。

利用质子核磁共振波谱技术对生物体液进行评估,可以揭示暴露于热应激的动物的生理机制。质子核磁共振结合多元统计分析的代谢谱分析方法,成功地用于研究热应激奶牛的血液、牛乳、肝脏以及热应激生长猪和大鼠血浆中的代谢变化,结果可靠,提供了有关代谢组动力学和代谢途径的大量信息。因此，研究人员通过质子核磁共振技术，分析热应激对奶山羊泌乳性能、胃肠道微生物群相关的尿代谢组学的影响，并筛选生物标志物[108]。根据2期21天的交叉设计，将奶山羊哺乳期中期的乳制品置于热中性（15~20℃）和热应激（30~37℃）条件下，保持湿度相同，记录每个时期的热生理特性和哺乳性能，并分析牛乳成分。在每个周期的第15天收集尿样，进行质子核磁共振波谱技术波谱分析，采用主成分分析和交叉验证的偏最小二乘判别分析山羊尿液代谢组。结果发现热应激影响直肠温度升高1.2℃、呼吸频率增加3.5倍、饮水量增加74%，与此同时，采食量降低35%、体重降低5%。热应激对产奶量没有显著影响，但使牛奶中脂肪含量降低9%、蛋白质含量降低16%、乳糖含量降低5%。通过偏最小二乘判别分析，可以区分热中性和热应激样本，马尿酸和其他苯丙氨酸衍生物化合物具有很好的鉴别能力，这些有毒化合物主要来源于肠道，表明热应激诱导了有害的胃肠道微生物群过度生长繁殖，使得芳香族氨基酸代谢物发生变化，并减少神经递质和甲状腺激素的合成，从而对产乳量和成分产生负面影响。热应激显著改变了奶山羊的热生理特性和泌乳性能，其尿液代谢谱发生变化，发现肠源性有毒化合物，马尿酸盐和其他苯丙氨酸衍生物化合物可以作为尿液生物标记物，用于检测热应激奶牛。

### 应用三：山羊微生物类疾病对代谢的影响

黄曲霉毒素B1是一种主要由黄曲霉和寄生曲霉产生的霉菌毒素，存在于人类食物和动物饲料中。接触黄曲霉毒素B1，会对人类和动物造成急性或慢性黄曲霉毒素中毒、肝毒性、致畸性和免疫毒性。黄曲霉毒素B1会降低动物的表现、改变血液特征、降低免疫功能、影响抗氧化状态和肝功能。因此，世界卫生组织国际癌症研究机构将黄曲霉毒素B1列为人类第1组致癌物。在哺乳动物中，黄曲霉毒素B1被代谢为黄曲霉毒素M1，黄曲霉毒素M1也具有致癌效力，并会出现在牛乳中。在肝微粒体细胞色素P450的作用下，黄曲霉毒素B1可以转化为反应性黄曲霉毒素B1环氧化物，后者通过与蛋白质结合从而改变蛋白质大分子的正常生化功能，造成细胞水平的损伤。因此，无论在体内还是体外，黄曲霉毒素B1都是一种生物合成抑制剂，影响不同的代谢途径，如糖原分解、糖酵解、磷脂化、氨基酸转运。

因此，科研人员通过核磁共振的代谢组学方法，分析黄曲霉毒素B1对奶山羊血清中脂质氧化、碳水化合物和氨基酸代谢的影响，旨在全面探讨黄曲霉毒素B1引起的内源性代谢变化[109]。在奶山羊的干物质日粮中添加50g/kg的低剂量黄曲霉毒素B1后，发现黄曲霉毒素B1导致血清中葡萄糖、柠檬酸盐、乙酸盐、乙酰乙酸盐、甜菜碱和甘氨酸显著升高，但乳酸盐、酮体、氨基酸和细胞膜结构减少，表明黄曲霉毒素B1引起多种代谢途径的内源性代谢变化，包括细胞膜相关代谢、三羧酸循环、糖酵解、脂质和氨基酸代谢。黄曲霉毒素B1处理山羊的血清胆碱、胆碱磷酸和甘油磷酸胆碱水平显著降低，表明黄曲霉毒素B1引起肝脏损伤，这与血清中脂蛋白和N-乙酰糖蛋白的降低是一致的。奶山羊暴露于低剂量的黄曲霉毒素B1会导致几种代谢途径的显著改变，包括脂质氧化、三羧酸循环以及碳水化合物和氨基酸代谢。这些血清代谢组学分析，为理解低水平的黄曲霉毒素B1对山羊健康的负面影响提供了依据，并提供了一种防止乳中黄曲霉毒素M1污染的方法。

脂多糖是革兰氏阴性菌主要的毒力因子。以游离形式、或与细菌表面蛋白的复合物结合这两种方式存在，脂多糖释放并进入血流，引起一系列的免疫反应，包括与肝巨噬细胞中的Toll受体4结合，释放各种促炎和抗炎细胞因子，如肿瘤坏死因子a、白细胞介素-1b、前列腺素、一氧化氮和活性氧等物质。肝脏是脂多糖最易靶向作用的器官之一，肝脏作为物质和能量代谢的中心，在降解、合成、转化和其他代谢过程中发挥作用，这些代谢过程受到脂多糖的影响，从而导致不同类型的肝功能障碍或肝脏疾病。尽管脂多糖诱导的先天免疫系统和应激系统机制有了较清晰的认识，但仍不清楚肝脏中碳水化合物、脂质和蛋白质代谢的机理。

研究人员利用质子-核磁共振的代谢组学，检测脂多糖注射到奶山羊中对其肝脏代谢的影响，揭示代谢谱和潜在生物标志物的变化，评估利用代谢组学研究脂多糖对肝脏毒性的可行性[110]。选取关中奶山羊作为试验动物，随机分为3组：对照组、低剂量脂多糖和高剂量脂多糖。第一次注射48小时后采集血液样本，提取血浆进行生化分析，肝组织活检并保存于液氮中进行代谢组学分析。结果发现三组血浆中的丙氨酸转氨酶、天冬氨酸转氨酶和总胆红素水平均升高，而血浆中的甘油三酯、胆固醇、极低密度脂蛋白、低密度脂蛋白、高密度脂蛋白、总蛋白和白蛋白水平均显著降低。谷丙转氨酶、天冬氨酸转氨酶活性升高，肿瘤坏死因子a、白细胞介素-1b、6、8水平升高，表明肝脏出现了一定程度的损伤和代谢障碍。样本中共发现69个代谢产物，其中9个代谢产物存在显著差异，这些代谢产物与肝细胞中葡萄糖、脂类和氨基酸的代谢途径密切相关。通过对这些代谢物及其相关信号的分析，可以有效地检测肝脏特征性代谢产物，识别脂多糖引起的代谢变化，阐明代谢功能障碍的机制，推测肝脏发生损伤的机制，为肝损伤的诊断提供有效信息。

神经链球菌病是一种食源性疾病，由李斯特菌引起的单核细胞增生，主要感染人类、牛、小型反刍动物，死亡率极高。由李斯特菌引起的人类疾病，通常由中枢神经系统发展为弥漫性脑膜炎或脑膜炎，25%的患者表现为菱形脑炎，即脑干和小脑的原发感染。在反刍动物中，李斯特菌病表现为菱脑炎，由于发病症状与人类相似，小型反刍动物的李斯特菌脑炎成为可用的疾病模型。在人类和反刍动物中，感染李斯特菌的临床症状为单侧或双侧的脑干和颅神经缺损伤。然而，由于无法定位脑干，且血液和脑脊液的实验室检测可能无特异性，因此进行体内诊断很困难。在培养血液和脑脊液的过程中，分别只有60%和30%～40%的人类患者分离到李斯特菌。利用反刍动物的脑脊液和血液培养出的细菌通常为阴性。在人类和反刍动物中，李斯特菌脑炎的早期诊断对于抗生素治疗和改善预后的效果十分重要。因此，研究人员利用高分辨率核磁共振技术，分析了李斯特菌感染小型反刍动物后的代谢谱变化[111]。统计结果显示，脑干活检的代谢谱与发生炎症的主要部位存在明显差异。与对照组相比，病变组的N-乙酰天冬氨酸、N-乙酰天冬氨酸谷氨酸、胆碱、肌醇和鲨肌醇含量降低，甘氨酸、磷胆碱、牛磺酸和乳酸升高。在大多数动物的下丘脑中，没有发生或只有轻微的炎症变化。然而，代谢发生变化的部位与脑干中发现的变化相同，包括N-乙酰天冬氨酸、胆碱和乳酸，这可能是疾病早期的代谢变化的一个指标。

应用四：山羊死亡后器官的代谢组变化

玻璃体是一种高度水化的细胞外基质，含水量在98%到99.7%之间，含有少量巨噬细胞、纤维蛋白、带电荷的碳水化合物，特别是糖胺聚糖。玻璃体被视网膜、平面部和晶状体包围并附着，具有多种生理功能。玻璃体通过血-视网膜屏障实现和视网膜之间的交流，该屏障能为神经视网膜提供营养、维持视网膜和视网膜神经元的微环境、防止有害物质进入视网膜、调节眼底血管床和视网膜组织之间的化合物的进出等。玻璃体作为一种生物液体，易于收集、分离、在解剖上保持较好，不易受到污染和腐败。与其他生物液体相比，玻璃体发生化学变化的速度慢。通过代谢组学方法，研究人员分析了死亡山羊的玻璃体样本中代谢物谱的变化[112]。结果观察到光谱代谢物分布不同，可能是由于时间引起的玻璃体波动。葡萄糖和3-羟基丁酸盐随着时间减少，乳酸盐、次黄嘌呤、丙氨酸、总谷胱甘肽、胆碱、肌酸、肌醇随时间增加。

# 三、山羊瘤胃的代谢组学研究

应用一：山羊瘤胃代谢组特征

瘤胃是一个复杂的厌氧微生物生态系统，其中各种微生物，包括细菌、古细菌、原生动物、真菌和病毒相互作用影响着反刍动物的健康。在瘤胃中，细菌将植物性饲料转化为发酵终产物，如短链脂肪酸和氨基酸等，然后被反刍动物宿主利用。因此，提高对瘤胃微生态的理解有助于解决畜牧业中的营养和环境问题。对瘤胃微生物学系统的深入解析也有助于深入了解其他复杂的相互作用的厌氧微生物生态系统。与发酵最终产物的产生和甲烷排放相关的细菌、古细菌群落受多种因素的影响，如反刍动物种类、饮食、饲料添加剂、季节和地理区域等。维持反刍动物的健康，要求有纤维含量丰富的饲粮和稳定健康的瘤胃微生物群。由于山羊便于使用、成本低且易获得，因此与其他较大的反刍动物相比，山羊常用作反刍动物模型。

为了更好地了解瘤胃微生物群落的组成，基于培养方法，从瘤胃中鉴定出200多种微生物。瘤胃代谢产物，如短链挥发性脂肪酸，反映了瘤胃微生物群落生理学。尽管代谢物对人体健康和营养以及甲烷排放有直接影响，但瘤胃代谢物与微生物群落组成之间的关系尚不明确。质子核磁共振是监测多种有机化合物的强大的工具之一，但很少用于瘤胃微生物研究。

因此，研究人员利用16S rRNA基因焦磷酸测序和核磁共振氢谱，研究育肥后期的韩国本地山羊和荷斯坦奶牛的瘤胃微生物群落和代谢产物[113]。结果表明，代谢物和微生物群落没有显著差异。在所有反刍动物中，细菌序列主要隶属于四个门——拟杆菌门、厚壁菌门、纤维杆菌门和保护杆菌门。然而，属于纤维杆菌门的细菌测序片段在韩国本地山羊中的丰度非常低。古细菌群落分析表明，几乎所有这些测序片段都属于一个分支，与已知的培养产甲烷菌相关，但又不同。统计分析表明，测序片段的微生物群落和代谢产物明显不同于其他反刍动物。

应用二：日粮对山羊瘤胃代谢产物的影响

瘤胃包含细菌、古细菌、纤毛原生动物和厌氧真菌在内的大量微生物，为山羊提供了重要的代谢能力，以消化富含纤维素的饲料，并将它们转化为多种营养化合物。纤维饲粮和稳定的微生物群落是保持反刍动物健康的必要条件。然而，在目前的饲养系统中，特别是在集约化管理系统中，由于缺乏优质饲料和追求高产奶量，通常会给反刍动物饲喂大量谷物饲料。瘤胃微生物生态系统的稳态是维持宿主细胞生理功能、动物福利乃至健康环境的关键，但目前，关于长期饲喂高精料日粮对瘤胃微生物群、代谢组和宿主细胞功能影响的认识有限。

研究人员基于质谱的代谢组学技术、16S rDNA基因的454焦磷酸测序和逆转录聚合酶链反应相结合的方法，评价饲喂高精料日粮对山羊瘤胃微生物群的组成和代谢、瘤胃代谢产物、瘤胃上皮细胞相关基因表达的变化、以及宿主反应产生的影响[114]。结果表明，饲喂高精料日粮降低了微生物群落多样性，导致瘤胃代谢紊乱。饲喂高精料日粮的山羊，瘤胃液中乳酸盐、磷、氨氮和内毒素的浓度以及血浆组胺、乳酸盐和尿氮的浓度均显著增加。在饲喂高精料日粮的山羊中，观察到与挥发性脂肪酸转运、细胞凋亡和炎症反应相关的基因表达显著增加。相关性分析揭示，细菌丰度和代谢物浓度之间的一些潜在关系。这些结果说明高精料日粮可诱发瘤胃微生物群失调和代谢紊乱，从而增加宿主健康风险和对环境的潜在危害。

陕北白绒山羊是我国著名的地方品种，存栏量超过1000万，以羊绒和肉质闻名，是当地农民最重要的经济来源。传统的放牧主要依靠自然牧场，在极其严酷的冬季，自然牧场受到限制，因此，冬季的饲养管理，尤其是饲粮的营养水平，对山羊的健康至关重要。瘤胃是反刍动物体内一个复杂的微生物生态系统，可以将饲料发酵成挥发性脂肪酸、微生物蛋白和维生素，这些物质在反刍动物健康和生产中发挥着重要作用，例如高水平的能量和蛋白质可以显著提高陕北白绒山羊的平均日增重和眼肌面积等。研究人员评估了日粮营养浓度对陕北白绒山羊瘤胃细菌群落和代谢组的影响，通过16S rRNA基因测序和定量聚合酶链反应研究瘤胃细菌多样性的变化，并通过提高饲粮能量和蛋白质水平，基于气相色谱串联飞行时间质谱的代谢组学研究代谢产物和关键代谢途径，探讨瘤胃细菌群落和瘤胃代谢产物之间的关系，以提高陕北白绒山羊日粮中能量和蛋白质的利用效率[115]。结果发现，高能量、高蛋白质水平的日粮能够有效促进山羊的生长性能和胴体特性。同时，这些日粮的消化和吸收与瘤胃细菌密切相关，瘤胃微生物群的变化可以促进山羊的平均日增重。细菌群落的丰富度受饮食的影响，随着膳食能量和蛋白质水平的增加，细菌丰富度较低，而细菌多样性没有显著变化。与高蛋白高能量组细菌丰富度降低的结果相似，日粮的高能量和蛋白质水平降低了瘤胃细菌相互作用的复杂性。在这些属中，拟杆菌门的普雷沃氏菌在饲喂不同日粮的山羊的两个瘤胃中的丰度高，与以前的报道一致，普雷沃氏菌数量的增加可能与该属的淀粉和蛋白质降解功能有关。瘤胃细菌的差异表明，日粮中的高能量和高蛋白质水平可能会增加蛋白质降解细菌的数量。日粮中高能量和蛋白质可能是山羊的最佳日粮组成。此外，瘤胃和壁外部分的瘤胃细菌群落需要进一步研究，这对于更全面地了解瘤胃生态系统的复杂性十分必要。

目前，关于高谷物饲养对瘤胃微生物群和代谢组影响的认识尚不清晰，研究人员结合焦磷酸测序和基于质谱的代谢组学，以山羊为反刍动物模型，研究了随着日粮谷物比例的增加对整个瘤胃微生物群及其代谢物变化的影响，发现随着饲粮中谷物添加比例的增加，山羊的瘤胃微生物组成和代谢会产生不良的变化[116]。结果发现，高谷物日粮导致瘤胃酸碱度降低、细菌丰富度和多样性减少，表明高谷物饲喂对瘤胃的生物多样性生态系统有显著的负面影响。微生物种群结构和多样性的变化可能是由于高谷物日粮中可发酵底物的增加。高谷物饲喂对瘤胃细菌群落结构、多样性和组成有显著影响，厚壁菌门细菌总体占优势，高谷物组细菌的丰度较低。高谷物饲喂增加了纤毛虫和产甲烷菌的数量，降低了厌氧真菌的密度和古细菌群落的丰富度。代谢组学分析显示，高谷物饲喂增加了几种有毒、炎症性和非天然化合物的水平，包括内毒素、色胺、酪胺、组胺和苯乙酸盐。相关分析表明，瘤胃代谢物和某些微生物物种之间可能存在关联。总的来说，这些结果说明瘤胃作为一个整体生态系统，在维持生理生化和微生物功能方面发挥重要作用，同时也会为保持高生长性能和良好宿主健康之间的精细平衡策略提供指导。

### 应用三：添加剂对山羊瘤胃代谢产物的影响

亚急性瘤胃酸中毒是一种泌乳早期和中期奶牛的营养代谢性疾病，影响舍饲育肥。亚急性瘤胃酸中毒的发病由于日粮中纤维含量低且淀粉含量高，导致瘤胃内环境发生改变，引起发酵不适。尽管瘤胃发酵产生的短链脂肪酸和乳酸盐可以被完全吸收，从而降低瘤胃内的酸碱度，但长期饲喂高精料日粮会影响瘤胃中细菌群落的结构和发酵特性。维生素B1可以稳定细菌群落并增加瘤胃的酸碱度，通过降低瘤胃内毒素水平减轻炎症反应，并抑制瘤胃上皮促炎细胞因子的表达，从而缓解亚急性瘤胃酸中毒。在奶牛亚急性瘤胃酸中毒期间，可以使用16SrRNA测序技术探索微生物群落和维生素B1之间的相关性，但缺乏关于维生素B1供应和瘤胃之间关系的代谢物分析，补充维生素B1对于缓解山羊和奶牛亚急性瘤胃酸中毒症状的机制在很大程度上仍然未知。

因此，为了解析维生素B1对瘤胃发酵和细菌群落的潜在机制，研究人员基于16S rRNA基因测序技术和代谢组学分析技术，分析维生素B1对饲喂高精料日粮的山羊的瘤胃微生物群及其代谢组学的调节作用[117]。选取18只泌乳中期的萨能奶山羊随机饲喂三种日粮：精粗比为3：7的对照组日粮；精粗比为7：3高精料日粮；精粗比为7：3且每千克干物质含200mg维生素B1。饲喂8周后，在最后一天收集瘤胃样品，用于16S rRNA基因测序和液相色谱-质谱分析。结果显示，与高精料组相比，添加维生素B1的高精料组瘤胃细菌群落结构和多样性发生显著变化，假丁酸弧菌属、厌氧螺菌属和纤维杆菌属的水平显著升高。代谢组分析显示，补充维生素B1导致丙酸盐、丙酮酸、乳酸、腐胺、酪胺和组胺水平降低以及乙酸盐、琥珀酸盐、草酰乙酸、亮氨酸、缬氨酸、亚油酸、二十二碳六烯酸和4-苯基丁酸升高。这些化合物的变化，增强了瘤胃内环境稳态并抑制了瘤胃上皮炎症。相关性分析表明，瘤胃代谢物与微生物群落之间存在潜在关系。这表明通过稳定微生物群落和减少有毒的非天然化合物，日粮补充维生素B1可以缓解亚急性瘤胃酸中毒。高精料补充维生素B1可能显著提高拟杆菌的丰度。与高精料组相比，添加维生素B1后的厚壁菌门丰度有所下降。高精料日粮组比对照组有更高的琥珀酰含量，而补充维生素B1会逆转这种变化。这些结果发现补充维生素B1改变了瘤胃中高浓度饮食的发酵类型，表明瘤胃代谢模式可能与细菌群落的结构变化有关。与高精料组相比，添加维生素B1的高精料日粮显著增加了瘤胃液中乙酸盐的含量，降低了丙酸盐的含量。乙酸盐与丙酸盐的比例与精料比例呈正相关。研究强调琥珀酸通路是丙酸盐产生的主要途径，拟杆菌属利用琥珀酸途径从底物中产生丙酸盐。饲粮的种类通过影响细菌群落结构影响代谢物的浓度，从而影响瘤胃功能，这些有助于理解维生素B1在瘤胃代谢调节中的作用，也为缓解亚急性瘤胃酸中毒提供了新的指南。

反刍动物能够将人类无法利用的饲料资源，转化为具有较高营养价值的奶或肉，发生转化的主要场所是瘤胃。植物性物质的微生物发酵产生的能量，能够满足动物70%的能量需求。瘤胃微生物种群的组成会影响发酵效率，也会影响甲烷产量。甲烷释放导致能量损失，甲烷释放到环境中作为一种温室气体，对气候变化的影响比二氧化碳大得多。因此，更好地了解瘤胃内的微生物群落将有助于制定减少肠道甲烷产生的策略。研究人员结合宏基因组学和代谢组学，对甲烷抑制剂处理的山羊瘤胃内容物进行了实验，探讨抗甲烷处理对山羊早期生长的影响[118]。选用16只经产双羔山羊，其中8只在分娩后2个多月使用甲烷抑制剂处理3个月，而另一个羔羊不作处理。收集断奶时、断奶后1个月和4个月羔羊的瘤胃样品，进行16S焦磷酸测序和结合代谢组学分析。结果表明，羔羊年龄对瘤胃微生物群的显著影响，随着断奶后日龄的增加固体饲料变得更加重要，瘤胃微生物群落更加多样化。甲烷抑制剂处理后，在断奶时有特定的微生物群落发生变化，而在断奶后1个月和4个月时，微生物群落的变化很小。在断奶后1个月时，甲烷抑制剂处理的羔羊，普雷沃菌属增加，丁酰菌属减少。在断奶4个月时，由于母羊的缘故导致一些微生物群落的丰度发生显著变化。与断奶后1月、4月羔羊以及母羊相比，断奶时羔羊具有最大数量的独特微生物群落。在三个采样时间里，断奶且经过甲烷抑制剂处理的羔羊的微生物种类最多。代谢组学研究确定了473种不同的代谢物，母羊的脂质通路代谢物受到产甲烷抑制剂的影响，而羔羊的众多通路均受到影响。与1月龄和4月龄相比，断奶时羔羊瘤胃样品的代谢组学特征在组成上有所不同，可能由于瘤胃的发育和食物的变化引起。研究结果揭示了断奶前瘤胃细菌群落和代谢组的复杂性，这与断奶后固体饲料的摄入有一定的关系，强调了母羊在羔羊出生后向子代传递原生细菌群落的重要性。

## 四、山羊肉的代谢组学研究

应用一：不同品种山羊肉的代谢组差异

山羊肉占全球红肉消费量的6%左右，是全球许多地方公认的美味佳肴。风味是肉类最重要的感官特征之一，味道和香味取决于肉组织中成千上万的风味分子和前体物质。因此，识别并解析这些风味化合物对于提高肉制品质量至关重要。由于肉类复杂的化学组成，肉类风味通常依赖于多种分子成分，尤其是碳水化合物、氨基酸、羰基化合物和脂类。羰基化合物和胺之间的美拉德反应是许多肉味化合物形成的原因，如杂环、含硫分子和氨基酸衍生的醛类。此外，脂肪酸的氧化、维生素B1、半胱氨酸和甲硫氨酸的降解、微生物瘤胃发酵，都是风味产生的主要过程。理解这些风味的化学物质和过程，可以为提高肉类的质量和味道提供指导。代谢组学是对生物系统中所有代谢物及其生理作用的系统研究，通过代谢图谱可以有效识别食品和饮料产品中的风味化合物。与主观和定性的传统感官评估方法相比，代谢组学能够系统、客观和定量地测量各种感官特性。

采用非靶向液相色谱–质谱联用技术，研究人员比较了鲁北白山羊、济宁灰山羊和波尔山羊肉的代谢谱，评估不同风味代谢物[119]。结果发现这三种类型的山羊肉显示出明显不同的脂肪酸、醛、酮、内酯、生物碱、类黄酮、酚类和药物残留，可能与细微的风味差别有关。肉中脂肪成分的品种差异，脂肪影响肉风味的重要机制是在烹饪过程中的脂肪酸氧化，一般来说，不饱和脂肪，特别是多不饱和脂肪酸，容易被热氧化。总脂肪含量和脂质分布的平均饱和度是控制三种羊肉风味差异的关键因素。除了脂类和脂肪酸之外，挥发性羰基化合物，包括酮和内酯，在赋予肉制品独特的香气和味道方面也起着重要作用。鲁北白山羊的肉中含有比济宁青山羊的肉含有更多的6-丁基四氢-2H-吡喃-2-酮、$\alpha$-羧基-$\delta$-非内酯和1-苯基-1，3-壬癸二酮。生物碱是一大类化学成分多样的含氮化合物，摄入后通常会有苦味。反刍动物肉中的生物碱可以是内源性的，但更多的是从植物性饲料中获取的。生物碱含量与肉的适口性呈负相关。抗氧化剂本身通常不起调味剂的作用，而是主要通过防止脂质和其他不稳定的化学成分的氧化来影响肉的味道。在结果中发现八种抗氧化剂，包括四种酚类化合物，三种黄酮类化合物和一种呋喃。不同实验组之间抗氧化水平的差异可能通过影响脂质和其他羰基化合物的组成而导致不同的风味特征。

### 应用二：山羊肉与绵羊肉的代谢组差异

动物的饲养方式是影响肉类质量的关键因素，消费者会优先选择在自然放牧状态下饲养的动物所生产的肉类产品。研究人员使用高性能液相色谱-四极杆飞行时间质谱技术和化学测量分析的非靶向代谢和脂质方法，分析自然放牧状态下的绵羊和山羊的肉类之间的差异[120]。主成分分析表明，绵羊和山羊肉之间的明显不同。对变异、差异表达和直系同源基因进行差异分析，确定特定的潜在标记。基于在线化学数据库共选取了46个潜在标记，通过支持向量机筛选可能的生物标记物，可以用来区分不同饲养方式下的的绵羊和山羊肉提供了依据。

## 五、营养对山羊代谢组的影响

### 应用一：营养对山羊血液的代谢的影响

美国的东南部有丰盛的牧草，随着消费者对羊肉需求的不断增加，山羊产业不断发展壮大。肉羊管理需要特别注意的两个方面，包括控制胃肠道寄生虫和屠宰前的应激。在降雨量多、湿度大的地区，由于没有足够的山羊加工设施，因此需要延长活羊运输过程。运输应激引起的代谢和生理的变化，影响动物的健康和动物产品的质量。过度使用驱虫药，会导致产生驱虫药的耐药性，因此有必要开发维持较高水平的动物生产力的农场管理系统，同时减少驱虫剂的使用。添加富含缩合单宁的饲粮，可以减轻运输压力对胴体和肉质产生的不良影响。此外，对反刍动物饲喂鞣质丰富的饲粮，会形成鞣质-蛋白质复合物，影响胃肠线虫。代谢组学是一种高通量方法，可以对细胞、生物流体、组织或生物体中低分子量物质进行大规模的研究，可用于鉴定重要的代谢物生物标志物和生物信号通路。

研究人员通过代谢组学，分析了饲喂高缩和单宁豆科植物胡枝子和运输应激对山羊血浆代谢组的影响[121]。以舍饲的西班牙雄性山羊为研究对象，分别以75%的摄入量饲喂磨碎的塞拉干草、狗牙根草干草和狗牙根草变形山羊草（对照），并添加玉米基补充剂

（25%），持续8周。试验结束时，山羊接受不同应激处理：运输90分钟施加应激或屠宰前保持在围栏中。在运输或保持时间的0分钟、30分钟、60分钟和90分钟后，收集活重和胴体重量数据并采集血样。结果发现，在三个饮食组中，饲喂塞拉干草组的体重最低。饲喂狗牙根草变形山羊草组的胴体重量较高，饲喂磨碎的塞拉干草组的胴体重较低，饲喂狗牙根草干草组的胴体重量中等。运输90分钟施加应激的山羊的血浆肌酸浓度随时间降低。与饲喂狗牙根草干草组相比，饲喂磨碎的塞拉干草组和饲喂狗牙根草变形山羊草组的肉中粗蛋白百分比更高。在代谢组水平上，饲喂磨碎的塞拉干草组的甘氨酸、丙氨酸、苏氨酸、牛磺酸、反式羟脯氨酸、蛋氨酸和组氨酸浓度最低，赖氨酸和瓜氨酸浓度最高。与饲喂狗牙根草干草组相比，饲喂磨碎的塞拉干草组的丁酸浓度更高。饲喂狗牙根草变形山羊草组中8种中链和长链酰基卡尼汀含量高于其他两组。随着时间的推移，所有组的氨基酸水平均下降，酰基卡尼汀水平升高。由于丁酸、赖氨酸和瓜氨酸水平升高，山羊的抗应激能力提高，但是会导致山羊的能量水平降低。

母羊和羔羊在出生后的直接接触是建立亲密关系的必要条件，母羊会主动舔舐羔羊，羔羊会站起来寻找母羊的乳房。羔羊越早吃上初乳，越有助于获得对周围病原体的被动免疫。另一方面，乳源性途径在一些重要的山羊疾病传播中发挥着着至关重要的作用，如山羊关节炎-脑炎和传染性无乳症，只要摄入一份初乳或乳就足以引起感染。羔羊抢食会阻碍其成长，但这种生长迟缓只是暂时的。羔羊的体重差异在1周时非常明显，在三月龄时逐渐消失。代谢组学在研究家畜生产和疾病的各个方面取得了相当大的进展，但对小反刍动物的代谢组学研究还远远落后，近年来在小反刍动物研究中定量了成年山羊脂质代谢谱，但幼反刍动物脂质代谢谱尚不清楚。为了了解脂质代谢产物的分布、抢食对幼崽代谢的影响，研究人员分析了不同饲养方式下一周龄羔羊的血脂代谢谱[122]。选用23只母山羊所生的52只羔羊，其中22只羔羊在出生后立即断奶，与母羊隔离；剩下的30个羔羊和母羊共同生活三周，自由采食母乳，用质谱法测定脂质代谢物的浓度。结果发现500多种脂质代谢物，包括脂类-神经酰胺、二氢神经酰胺、己糖神经酰胺、二己糖神经酰胺、三己糖神经酰胺、胆固醇酯、双甘油酯和三酰基甘油等。一周大的山羊的血清脂质代谢产物与成年山羊类似，但甘油三酯的浓度远远高于成年山羊、绵羊和牛。在出生后立即断奶的羔羊体内，大部分脂质代谢物浓度较低。在羔羊的血清中，13%的脂质代谢物显著较少。两组羔羊的代谢物浓度的差异仅在三种胆碱浆原，大多数差异脂质代谢物是三酰甘油和神经酰胺，表明羔羊出生后立即断奶不会对新陈代谢产生不利影响。

转基因动物技术在近些年快速发展，然而只有转基因动物产品被批准用于医学，仍然没有转基因动物或动物产品被批准用于食用。从食品安全的角度来看，有必要了解转基因动物和对照动物或动物产品之间是否存在显著差异、转基因生物和对照生物在表型上是否存在显著差异。基于先前的生物学知识也许可以预测这些影响，但是不能用于评估食品安全风险。代谢组学主要用于检测转基因植物与对照植物的代谢差异，同样的技术可以用来确定转基因动物或动物产品，与其非转基因产品之间是否存在差异。

溶菌酶是一种天然的抗微生物蛋白质，存在于所有哺乳动物的眼泪、唾液和乳汁中。它是母乳中先天免疫系统的主要蛋白质之一，有助于保护母乳喂养的婴儿免受病原菌和病毒的侵害。通过转基因技术，转基因山羊的羊乳中的抗菌蛋白人溶菌酶含量可高达270μg/mL，在体外对细菌分离株具有抗菌活性，并抑制牛乳中细菌的生长。使用抗菌蛋白人溶菌酶山羊乳可以有效改善人类的胃肠健康，特别是发展中国家的儿童，在这些国家，腹泻是儿童死亡的主要原因之一。有研究表明使用猪作为目标动物模型，食用抗菌蛋白人溶菌酶乳可调节肠道微生物群，改善整体胃肠健康，更快地缓解大肠杆菌引起的腹泻症状。

转基因山羊专门用来生产可食用的抗菌蛋白人溶菌酶乳，可用于验证转基因产品的持久性。因此，研究人员采用代谢组学方法，对人溶菌酶羊乳进行食品安全评价，比较食用抗菌蛋白人溶菌酶乳和对照乳的小山羊中，在断奶前和断奶后的组织学和血清代谢谱差异，确定食用转基因产品是否有任何直接或残留影响，从而评估抗菌蛋白人溶菌酶乳对宿主动物的影响来验证这种转基因动物食品的功能，评价产生的非预期效应[123]。断奶前组肠段的组织学分析显示，食用抗菌蛋白人溶菌酶乳的小山羊回肠中十二指肠绒毛明显较宽，绒毛明显较长且隐窝较深。血清代谢组学能够检测随时间变化的差异，但是，对照组和转基因山羊乳喂养的羔羊之间的代谢物没有显著差异。对照或抗菌蛋白人溶菌酶哺乳动物的血清代谢组学之间，只存在一种显著差异的代谢物，说明乳腺特异性人溶菌酶转基因对宿主的影响很小。这些结果表明，食用抗菌蛋白人溶菌酶乳，会导致肠道形态和代谢变化。人溶菌酶转基因的表达，或消耗的牛乳中人溶菌酶蛋白的存在，不会对山羊的生长产生负面影响。转基因产品对肠道形态没有有害影响，表明人溶菌酶牛乳在目标和非目标动物模型中表现相同，说明转基因产品的持久性。在用人溶菌酶饲养的断奶前和断奶后小山羊中发现的组织学差异与在目标生物中发现的相似，表明人溶菌酶转基因产物具有稳定和一致的效果。这些研究结果有助于理解抗菌蛋白人溶菌酶乳腺特异性转基因的安全性和持久性，为转基因动物批准程序的食品安全提供理论参考和依据，提供大量的科学证据，供监管机构在评估转基因食品动物的安全性时使用。


应用二：高精料日粮对山羊肠道代谢的影响

为了满足高产奶量所需的能量，通常给泌乳奶牛饲喂大量的精料含量高的饲粮。然而，大量的碳水化合物和高度发酵的饲料会导致亚急性瘤胃酸中毒，并降低产奶量。高精料日粮对瘤胃短链脂肪酸积累、瘤胃pH降低、瘤胃菌群失调和宿主健康具有影响，受到越来越多的关注。牛和山羊同为反刍动物，消化道的解剖和生理功能类似。给泌乳山羊饲喂高精料日粮，会导致短链脂肪酸浓度增加，pH值降低，以及后肠腔内脂多糖含量增加。这些改变可能会改变后肠的菌群组成，特别是对低pH值敏感的菌群产生影响。一些有害的代谢产物在瘤胃中被转运到下游器官，包括肝脏和乳腺，最终损害宿主的健康。目前，关于高精料对反刍动物后肠微生物群和代谢组的影响的研究鲜有报道。

研究人员以关中奶山羊为反刍动物模型，采用焦磷酸测序和气相色谱质谱法，评价饲喂高精料日粮对后肠道细菌微生物群及其代谢物变化的影响[124]。高精料日粮饲喂山羊可降低细菌多样性，诱导后肠代谢紊乱。高精料日粮饲喂的山羊肠食糜中乳酸、内毒素和挥发性脂肪酸浓度均高于低精料日粮饲喂的山羊。高精料饲喂的山羊盲肠和结肠食糜中–丙氨酸水平下降，而柱头甾醇和奎宁酸水平下降。在高精料饲喂的山羊结肠和盲肠糜中，梭状芽孢杆菌和弯曲杆菌的丰度均显著增加。这些结果揭示代谢物与几种微生物物种之间的几种潜在关系。高精料饲粮与营养物质转运相关基因的表达NHE2、NHE3、MCT1和MCT4在结肠黏膜中显著下调，而高精料日粮中与炎症反应相关的基因表达水平，包括TLR4、MYD88、肿瘤坏死因子–α、白介素–1β等在盲肠黏膜中显著上调。高精料可诱导山羊后肠道的微生物群失调、代谢紊乱和黏膜损伤。这些结果表明，给泌乳山羊饲喂高精料日粮会改变发酵模式，导致细菌失调和代谢紊乱等，饲喂高精料日粮会影响生物多样性生态系统，导致肠道异常代谢物的增加，威胁着肠道的健康和生理功能。在饲喂高精料的动物后肠上皮中，炎症反应和营养物质转运相关的基因表达发生了显著变化。通过全面描述了饲喂高精料日粮的反刍动物后肠的生化和微生物功能，阐明后肠代谢紊乱的机制，为维持高产和动物福利之间的平衡提供了指导。

# 第六节　宏基因组在山羊研究中的应用

宏基因组学是一门研究直接从环境中提取的微生物总DNA的新方法，宏基因组测序技术具有覆盖率更高、可更准确反映肠道菌群结构的优点，其可研究动物的肠道微生物群，并得到大量的原始数据。宏基因组法是一种鉴定新的生物催化剂的强有力的方法，其通过功能筛选，不存在序列偏差。随着合成生物学的不断发展，使得生物化学特征酶的需求量不断增加。宏基因组学研究可以避免微生物的分离和培养等工作，直接产生整个微生物群落的遗传信息。通过功能宏基因组方法发现酶，然后进行生化鉴定，是将基因序列与工业实际应用联系起来的关键。

## 一、山羊瘤胃微生物的宏基因组研究

瘤胃是一个复杂的生态系统，内含多种微生物，包括细菌、原生动物、古细菌和真菌，其主要功能是将植物性饲料转化为可被宿主消化利用的营养物质。此外，经过长期的选择和进化，瘤胃微生物已经和宿主之间形成了一种内在的、相互依赖的稳定关系，在维持宿主健康、提高生产性能、减少环境污染、确保食品和畜产品安全等方面发挥着重要作用。因此，对瘤胃微生物的研究是反刍动物营养研究的一个重要领域，深入了解这些复杂微生物群体及其相互作用具有重要意义。

应用一：山羊瘤胃菌群多样性

断奶前瘤胃的发育对反刍动物健康和后期消化功能的完善至关重要。本研究整合了瘤胃转录组和宏基因组数据，以探究山羊前8周的瘤胃功能、微生物的定植及其功能交互作用[125]。在瘤胃发育早期，瘤胃转录组和微生物动态图谱均表现出两个不同的阶段。对两个阶段的瘤胃转录组差异表达基因研究显示，免疫相关反应在第一阶段富集，营养相关代谢在第二阶段富集，瘤胃微生物组差异表达基因在细菌素生物合成和糖酵解（糖异生）活性方面富集。瘤胃转录组和微生物组的发育均早于饲料刺激。共表达网络分析还发现了15个瘤胃基因模块和20个微生物模块。瘤胃与瘤胃微生物组的功能相关性主要涉及瘤胃pH稳态、氮代谢和免疫应答。与微生物多样性指数相关的瘤胃基因模块也在免疫应答过程中富集。这表明，在瘤胃发育早期，瘤胃基因与微生物组之间的功能相关性存在协同作用。

陕北白绒山羊是中国陕西省北部大部分地区主要的羊绒和肉类生产动物，是当地农民的主要经济来源，然而腹泻引起的羔羊死亡给农民造成了巨大的经济损失。有研究表明，腹泻与肠道微生物群密切相关。因此，研究山羊肠道菌群组成及其在断奶后的变化，对提高其健康管理和生产力至关重要。宏基因组测序技术已经被用于研究不同动物物种和人类的肠道微生物群，然而，迄今尚无关于陕北白绒山羊瘤胃微生物群落组成的研究报道。研究人员采用16SrRNA通量测序技术，研究了80～110日龄陕北白绒山羊的瘤胃微生物群的多样性[126]。对山羊瘤胃样本进行Illumina测序后产生101356610个核苷酸，汇集成256868个测序片段，平均读取长度为394个核苷酸。宏基因组分类学分析表明，优势菌门在不同生长阶段存在明显差异。80～100日龄山羊中以厚壁菌门和增效菌门占优势，110日龄山羊中以拟杆菌门和厚壁菌门最多。随着年龄的增长，微生物种群有显著的变化，80～110日龄时，厚壁菌门和协同菌门减少，拟杆菌门和变形菌门增加。这些结果表明，微生物在瘤胃的定植与它们在瘤胃消化系统中的功能有关。这些结果为进一步认识瘤胃微生物的作用和瘤胃微生物种群的建立提供了依据，从而有助于维持宿主健康和提高动物生产性能。

## 应用二：山羊瘤胃木质素、纤维素菌群特征

山羊发达的消化系统，能够消化木质灌木、树木和木质纤维素类的农副产品。草食动物的瘤胃微生物在宿主的营养物质消化吸收与利用方面发挥着重要作用，并且能够为宿主提供部分营养物质。瘤胃微生物所分泌的酶能够将纤维素和半纤维素转化为单糖，单糖进一步被瘤胃微生物利用，产生挥发性脂肪酸，为反刍动物提供维持机体平衡、生产畜产品所需的能量。瘤胃微生物是研究的热点，因其与饲料转化效率等经济性状以及与环境相关的甲烷产量等密切相关。

木质纤维素类物质是近些年来的研究热点。木质纤维素是绿色能源的重要来源，可以通过微生物酶转化为糖分子，糖可以进一步转化为生物燃料、食品燃料、生物塑料等价值更高的产品。木质纤维素是木质和非木质植物的结构组成，是碳水化合物聚合物纤维素、半纤维素、果胶和非碳水化合物聚合物木质素的复合材料，具体取决于植物种类。其中，纤维素和半纤维素是维管植物细胞壁的主要成分，它们的主干具有相同的β-1，4-糖苷键。纤维素酶可把纤维素水解为葡萄糖和短纤维糊精，这三种酶分别是内切-β-1，4-葡聚糖酶、外切-1，4-β-纤维素生物水解酶和β-葡萄糖苷酶。此外，纤维素酶和半纤维素酶都可以有效地刺激人或动物肠道内乳酸菌的生长。

纤维素、半纤维素是木质纤维素的主要成分，其相互作用形成一个刚性结构，对抗酶的分解。由于木质纤维素保留了天然木质纤维素结构，因此在工业上不能有效降解植物材料。木质纤维素降解酶是纤维素类生物质转化为生物燃料的一个关键酶，其活性决定了纤维素的转化效率，然而现有的木质纤维素水解酶大都活性低、水解效果差。木质纤维素水

解微生物酶的组织和相互作用对木质纤维素的工业发展至关重要。许多潜在的酶催化生物质转化的途径已经被发现，但对酶模块在生物质转化和消化中的催化活性的有效性了解较少，因此，需要发现新的木质纤维素糖化酶模块。

反刍动物的天然饲料来源主要是植物源物质，主要包括木质纤维素生物质。瘤胃微生物是一个复杂的厌氧微生物生态系统，由细菌、古细菌、真菌和原生动物组成，其分泌的酶可以将木质纤维素转化为单糖，产生的糖会被宿主吸收，用作能量来源，形成挥发性脂肪酸，或用于蛋白质合成，从而为宿主提供各种所需的营养物质。瘤胃微生物群落能够把纤维素和半纤维素饲料快速降解，转化为能够被自身利用的营养物质。然而，据报道，微生物群落是高度多样化的，包含许多以前未被识别的微生物。此外，由于纤维素水解成单糖是生产生物燃料和许多其他增值产品的限速步骤，因此，瘤胃微生物群成了研究的热点，旨在寻找能够高效催化纤维素类物质分解的酶，以提高畜牧业的饲料利用效率和生物燃料生产效率。早期的一项研究表明，有效的木质纤维素降解菌群主要由厌氧纤维素降解菌群组成，它们与各种非纤维素降解菌群稳定共存。因此，为了阐明有效的降解环境，如瘤胃，应在分析含有木质纤维素分解基因的细菌群落的同时，对细菌群落结构进行研究。一般可以通过功能微生物筛选方法分离与木质纤维素分解有关的基因。宏基因组学无需对微生物进行培养，可直接从环境样本中识别候选基因。因此，可以从具有高木质纤维素分解能力的环境样本中提取新一代宏基因组DNA测序，挖掘与木质纤维素降解相关的基因。

非靶向瘤胃细菌群落包含大量的新基因序列，这些新基因序列是基于生物样本的深度测序获得的。瘤胃宏基因组谱包括每个序列的测序片段计数，可以使用宏基因组工具和相关图进行分析。瘤胃微生物种群的组成因山羊种类和饲料的不同而有所区别。为了确定与甲烷产量等密切相关的性状并可以用于预测瘤胃微生物谱，研究人员利用鸟枪测序法对山羊瘤胃微生物全基因组进行分析，在严格的条件下进行筛选，得到瘤胃微生物群落和纤维素酶活性蛋白结构域的高质量结果[127]。通过METAIDBA筛选到217892109对测序片段，其中只有鉴定率为70%、匹配为100bp、阈值低于$E^{-10}$的测序片段，组装筛选过的序列，并使用blastN软件通过比对NCBI核苷酸数据库进行注释。对1431种微生物进行群落结构分析，发现瘤胃普雷沃氏菌23和蛋白粉碎丁酸弧菌B316为优势菌群。同时，利用NCBI数据库进行blast搜索，获得201条与纤维素酶活性相关的序列。用Interproscan将核苷酸序列翻译成蛋白序列后，用隐马尔科夫模型包鉴定出28个具有纤维素酶活性的蛋白结构域。纤维素酶活性蛋白结构域分析表明，主要的蛋白结构域如脂肪酶GDSL、纤维素酶和糖苷水解酶家族10存在于具有强纤维素酶活性的细菌物种中。部分蛋白质结构域组之间存在较强的正相关关系，表明了山羊瘤胃内微生物对不同摄食习惯的适应性。

越南本地山羊瘤胃是木质纤维素有效分解的典型环境。基于Illumina测序，对越南山羊瘤胃中细菌的宏基因组DNA数据的分析表明，木质纤维素分解基因可能具有高度多样性。研究人员对瘤胃中的微生物群落和木质纤维素分解细菌种群进行了分类推测，以阐明细菌结构在植物材料有效降解中的作用[128]。通过BLASTX算法将宏基因组数据比对到美国国家生物技术信息中心非冗余序列数据库，并且统计分析类群的丰度。结果发现，在山羊的瘤胃微生物群中，厚壁菌与拟杆菌的比例为0.36∶1。在山羊的微生物群中发现了丰富的协同菌群，这些协同菌群可能是由宿主基因型形成的。此外，与厚壁菌属相关的木质纤维素降解基因与类杆菌相关基因的比例为0.11∶1，来自拟杆菌的多糖裂解酶比来自厚壁菌的多糖裂解酶多14～20倍。厚壁菌水解纤维素能力更强，纤维素降解相关基因在厚壁菌与拟杆菌的比例为0.35∶1。对木质纤维素潜在降解物的分析表明，拟杆菌门有4种，厚壁菌门有2种，至少具有12个不同的催化域，可用于木质纤维素的预处理、纤维素和半纤维素的糖化。基于这些发现可推测，增加类杆菌以保持山羊瘤胃中厚壁菌与类杆菌的低比率，最终会改善木质纤维素的消化率。

半纤维素是木质纤维素中含量第二高的多糖，由戊糖、己糖和糖酸组成。半纤维素的一种类型是木聚糖，其是由β-1，4连接的木吡喃酰基，通常由乙酰基、阿拉伯呋喃酰基和葡糖醛基修饰。β-d木糖苷酶能够水解二糖和低聚木糖，还能水解1，4-β-d-木聚糖，但鲜有关于β-木糖苷酶生化特征的研究。山羊的瘤胃内含有丰富的能够分解植物纤维的酶，通过研究半干旱的卡廷加地区放养的山羊的瘤胃微生物，筛选和鉴定新的用于分解纤维类物质的酶。研究人员筛选了卡廷加山羊瘤胃宏基因组文库，并从一种未知细菌中鉴定出编码新型糖基水解酶家族3酶的基因BGL11[129]。BGL11基因及其相关的基因，目前尚未被研究过。研究人员得到了BGL11重组蛋白，并对其进行了动力学表征。使用7种合成的芳基底物评价纯化后的蛋白的底物特异性，对硝基苯基-β-D-吡喃葡萄糖苷（pNPG）、4-硝基苯基-β-D-木吡喃糖苷（pNPX）和4-硝基苯基-β-D-纤维二糖甙（pNPC）的活性表明，BGL11是一种具有β-葡萄糖苷酶、β-木糖苷酶和纤维二糖水解酶活性的多功能酶。然而，对五种天然底物的进一步测试表明，尽管BGL11具有多种底物特异性，但它对木糖最为活跃。因此，在卡廷加山羊的瘤胃中，BGL11很可能是一种作用于半纤维素的细胞外β-木糖苷酶。BGL11的生化特性表明，其最适pH为5.6，最适温度为50℃。酶稳定性是工业应用的一个重要参数，在40℃下纯化的BGL11活性可维持15小时，在50℃下，培养7小时后，BGL11仍有60%的活性。

纤维连接蛋白3和免疫球蛋白样模块通常排列在模块化纤维素酶催化结构域的旁边，但目前对这些模块的功能知之甚少。对越南山羊瘤胃细菌宏基因组DNA进行测序和分析，发现纤维素酶生产细菌和纤维素酶家族占主导地位。纤维连接蛋白3存在于动物蛋白中，是蛋白质结构稳定的连接剂，主要功能是介导蛋白与蛋白之间的相互作用。研究人员对山羊瘤胃细菌纤维素酶进行了宏基因组DNA分析，研究了纤维连接蛋白3模块在内切葡聚糖酶功能中的作用[130]。通过Pfam分析，从297个完整开放阅读框中提取了含有纤维连接蛋白3、免疫球蛋白模块的纤维素酶序列。利用AcalPred、TBI软件、Phyre2和Swiss模型预测了酶的碱性、热稳定性、三级结构。然后，将所选基因的完整和截短形式在大肠杆菌中表达，并通过His-tag亲和柱纯化，以评估纤维连接蛋白3增强酶活性、溶解性和构象的能力。结果表明，297个完整的编码纤维素酶的开放阅读框中，有148个序列包含纤维连接蛋白3和免疫球蛋白。大多数纤维连接蛋白3出现在90.9%的β-葡萄糖苷酶中，属于糖基水解酶家族3，位于催化结构域的下游。免疫球蛋白位于100%内切葡聚糖酶糖基水解酶9的上游。很少看到纤维连接蛋白3位于X结构域下游和催化结构域内切葡聚糖酶糖基水解酶5上游。纤维连接蛋白3、SFN3增加了糖基水解酶5在FN3GH5、SFN3GH5中的溶解度。SFN3部分作用于SFN3GH5中的糖基水解酶5构象，增加模块相互作用和酶溶底物亲和力，增强混合物中SXFN3GH5和SFN3GH5的活性。SFN3和SXFN3均不将酶固定在滤纸上，而是直接将滤纸上的纤维素链剥离后并酶解。

为了挖掘新的木质纤维素分解酶，研究人员利用Illumina平台对越南本地山羊瘤胃中约9Gb的细菌宏基因组进行了从头测序[131]。结果发现821个编码木质素纤维素预处理碳水化合物酯酶和多糖裂解酶的开放阅读框，816个编码11个甘氨酸糖苷水解酶家族的开放阅读框，2252个编码22个糖苷水解酶的半纤维素酶开放阅读框。碳水化合物结合模块富含763个开放阅读框，其中480个开放阅读框位于木质纤维素水解酶上。酶模块分析显示碳水化合物活性酶主要存在于内切葡聚糖酶、内切1，3-β-d-葡萄糖苷酶和内切木聚糖酶中，而纤维连接蛋白3样模块主要存在于糖基水解酶家族3中，免疫球蛋白样结构域仅位于糖基水解酶9中。详细分析每个开放阅读框中的每个结构域，以促进酶的模块化，这对建模、结构研究和重组生产都有价值。

许多筛选实验已经进行从各种来源分离和表征木质纤维素酶。以往采用培养的筛选方法分离这些酶，但99%以上的瘤胃木质纤维素酶菌群不能被这些传统的分离方法培养。基于宏基因组学的方法可以有效地克服传统培养方法的局限性，可以从瘤胃不可培养的微生物群落中筛选出新的功能基因。在各种反刍动物的瘤胃中，由于韩国山羊瘤胃对木质纤维素生物质的独特消化率，因此研究人员通过宏基因组方法，挖掘和鉴定了韩国黑山羊瘤胃新型KG51双功能纤维素酶/半纤维素酶[132]。黑山羊瘤胃微生物群落宏基因组文库包含丰富的纤维素酶基因，采用基于活性筛选的方法从该文库中分离出一个新的KG51基因，并对其序列和结构域进行表征，然后在大肠杆菌中表达。利用不同的纤维素和半纤维素底物，在不同的pH和温度范围内分析了重组蛋白KG51的酶学特性。为了验证重组KG51酶的工业应用潜力，将其用于制备魔芋葡甘聚糖水解物，并利用嗜酸乳杆菌KCTC 2182对其进行体外益生元效应研究。结果表明新的KG51基因重组蛋白为双功能酶，编码一种新的碳水化合物活性酶，该酶具有沙拉碗状的糖基水解酶家族5催化结构域，但与其它同源糖基水解酶家族5蛋白的序列最多有41%的同源性。同时测定了重组KG51双功能酶的酶谱，KG51酶表现出相对活跃的纤维素酶和半纤维素酶和内切β-1，4-木聚糖酶的活性。

### 应用三：山羊瘤胃碳水化合物活性酶

瘤胃中含有大量的细菌、古菌、真菌和原生动物，可以高效地降解碳水化合物。瘤胃微生物可以产生一系列的碳水化合物活性酶，将植物多糖分解为低聚物和单体，然后发酵产生挥发性脂肪酸。对于反刍动物来说，淀粉作为一种重要的能量来源，通常用来改善瘤胃发酵、优化碳水化合物的消化、增加进入小肠的蛋白质。山羊日粮中瘤胃可降解淀粉增多后，会降低瘤胃pH值，从而增加发生亚急性瘤胃酸中毒的潜在风险。宏基因组学是一种在基因组水平上研究微生物群落功能，尤其是微生物代谢功能的方法。大多数研究都是针对反刍动物的碳水化合物活性酶和消化菌群，但很少有研究通过宏基因组分析评价不同瘤胃可降解淀粉对奶山羊碳水化合物活性酶多样性和瘤胃微生物群落分类图谱的影响。

因此，研究人员对饲喂不同瘤胃可降解淀粉的奶山羊的瘤胃微生物和碳水化合物酶进行了宏基因组分析，探索饲喂不同浓度的瘤胃可降解淀粉后奶山羊碳水化合物的降解情况[133]。选用18只处在第二个哺乳期的奶山羊，分为三组，分别饲喂低浓度瘤胃可降解淀粉、中浓度瘤胃可降解淀粉和高浓度瘤胃可降解淀粉。结果表明，与低浓度瘤胃可降解淀粉组相比，高浓度瘤胃可降解淀粉组显著降低了瘤胃pH，提高丙酸比例、延胡索酸盐、乳酸和琥珀酸盐的浓度。梭状芽胞杆菌科、瘤胃球菌科、梭状芽胞杆菌属等产乙酸菌的相对丰度在高浓度瘤胃可降解淀粉中高于低浓度瘤胃可降解淀粉。糖基水解酶9家族基因参与纤维素降解，在高浓度瘤胃可降解淀粉组中低于中浓度瘤胃可降解淀粉饲组。在高浓度瘤胃可降解淀粉处理下，直链淀粉相关基因比低浓度瘤胃可降解淀粉处理中的更丰富。然而在高浓度瘤胃可降解淀粉组中，糖基水解酶13_9和CBM48的丰度降低，表明从催化模块到淀粉的结合活性降低。这些结果表明，饲喂高浓度瘤胃可降解淀粉的奶山羊体内的碳水化合物活性酶减少，从而影响纤维素和淀粉的降解。

孟加拉黑山羊拥有丰富的瘤胃微生物区系，有助于更好地将植物类饲料转化为自身所需的能量和营养物质。为了分析由瘤胃微生物区系编码的酶，特别是具有碳水化合物活性酶谱的微生物，研究人员利用Illumina公司的下一代测序平台，深入解析孟加拉黑山羊瘤胃微生物群落的分类和潜在生物降解酶的特征[134]。共生成了8318万条高质量测序片段，使用各种工具进行生物信息学分析，随后将预测的开放阅读框和包含序列的rRNA上传至MG-RAST，进行分类和功能分析。结果表明，细菌门的丰度最高，其次为厚壁菌门、变形菌门、广缘菌门和放线菌门。编码糖苷水解酶的基因在山羊瘤胃中的酶数量最多，占所有酶的39.73%～37.88%。GT家族是山羊瘤胃所有酶中第二丰富的家族（23.73%～23.11%），其次是碳水化合物结合模块结构域（17.65%～15.61%），碳水化合物酯酶（12.90%～11.95%）。这些结果表明，山羊瘤胃含有复杂的功能微生物，可产生大量的碳水化合物活性酶，可进一步应用于反刍动物的研究和工业生产中。


应用四：营养对山羊瘤胃菌群的影响


瘤胃微生物区系在确定乳脂肪酸组成中起着关键作用，其分布受日粮组成的影响。在饲料中添加脂肪会影响反刍动物乳脂肪酸的组成。为了研究日粮中添加大麻或亚麻籽对奶山羊瘤胃脂肪酸产量和微生物结构的影响，研究人员将18只山羊分别饲喂相同预处理日粮，然后分为对照组、亚麻籽和大麻籽添加日粮3个处理，通过16S扩增子测序法研究了瘤胃的菌群组成，通过气相色谱法研究了脂肪酸的组成[135]。结果发现瘤胃液细菌群落以拟杆菌门和厚壁菌门为主，其中普氏菌科和细脉菌科丰度较高，瘤胃球菌科和毛螺菌科丰度较低，这些特点与采样时间和日粮无关。饲粮中添加亚麻籽会影响瘤胃细菌数量，显著降低瘤胃生物多样性，其中普雷沃氏菌相对丰度降低，琥珀弧菌和纤维杆菌相对丰度增加。各组间古菌属的平均相对丰度差异无统计学意义。此外，添加亚麻籽和大麻籽后，瘤胃内脂肪酸浓度发生了显著变化，由C18：2n-6生物氢化途径向C18：3n-3途径转变。此外，由于瘤胃细菌数量的改变，添加脂肪会影响二甲缩醛的组成。最后，通过对瘤胃脂肪酸谱与细菌微生物组的相关性研究，发现纤维杆菌科是与C18：3n-3生物氢化途径的脂肪酸显著相关的细菌家族。

反刍动物的瘤胃微生物群落在将低质量的植物饲料转化为高质量的蛋白质方面发挥重要作用。尽管瘤胃微生物群落在动物的整个生命周期中基本稳定，但微生物群落的多样性和宿主机体的稳定性很大程度上受日粮的影响。在日粮中添加益生菌等益生制剂可维持牛的胃肠道微生物群落的平衡。精油是植物产生的挥发性芳香族化合物，是植物次生代谢物的复杂混合物，含有许多不同的化学物质，如醇、醛、碳氢化合物、酮、戊酯和醚，具有抗菌、抗病毒、抗线虫、杀虫和抗氧化等特性。然而，瘤胃微生物代谢途径及相关基因表达的变化并未详细描述，瘤胃中不同微生物种类的作用及其与不同剂量精油的相互作用也尚不清楚。钴是体内多种酶的激活剂，是维生素B12的辅助因子，主要参与维生素B12的合成。少量钴可以提高反刍动物的繁殖能力，而钴的缺乏往往导致牲畜恶性贫血、发育不良、出生率低、少乳、幼崽出生虚弱和断奶存活率低。富含精油的日粮具有较强的抗氧化作用，可延缓肉在冷藏和超低温保存过程中的脂质过氧化。日粮中添加精油钴可显著提高山羊的平均日增重，同时显著改善山羊的纤维品质、胴体重和肉品质。通过RNA-seq测定皮肤和肝脏样本中的差异表达基因，发现饮食中补充精油钴可在生理和细胞水平上刺激动物免疫系统的生理变化。然而，尚不清楚日粮中添加精油钴是否影响瘤胃菌群平衡。

因此，研究人员通过宏基因组方法，对瘤胃液样品进行分析，旨在评价日粮中分别添加0mg、52mg和91mg精油钴对山羊瘤胃代谢细菌群落动态的影响[136]。添加精油钴可导致瘤胃发酵类型的变化，且精油钴剂量对瘤胃菌群的稳定性有显著影响。拟杆菌属和琥珀酸弧菌属型细菌群落与添加精油钴提高挥发性脂肪酸产量呈正相关。丁酸代谢和精油钴基础的饲料添加剂可能会影响瘤胃微生物，从而进一步提高饲料转化率。这表明，精油钴可以安全地用于提高动物生产力，减少氨和废气排放，从而对环境产生积极的影响。这些结果将为精油钴作为饲料添加剂在动物福利、动物生产性能的提高和经济效益方面的应用提供依据。

日粮中的碳水化合物在反刍动物营养、消化和生理功能方面发挥着重要作用，大多数碳水化合物最终被瘤胃微生物转化为挥发性脂肪酸。这些挥发性脂肪酸是反刍动物的主要能量前体，可满足其约70%的热量需求。饮食中的碳水化合物可以为动物提供必要的营养物质。因此，控制日粮精料比是维持瘤胃微生物健康稳定环境的重要因素之一。然而，在大多数集约化动物生产中，饲喂高精料饲料往往刺激瘤胃内产乳酸微生物的快速增殖和生长，导致亚急性瘤胃酸中毒的发生。虽然已有研究表明，日粮补充维生素B1能有效提高瘤胃pH，改善瘤胃发酵，但在亚急性瘤胃酸中毒条件下添加维生素B1对山羊瘤胃碳水化合物相关微生物和酶的影响尚不清楚。因此，研究人员通过宏基因组方法，研究日粮中添加维生素B1，对饲喂高精料日粮的萨能奶山羊瘤胃碳水化合物相关微生物和酶的影响[137]。试验选取9只1、2胎，健康的泌乳中期萨能奶山羊，随机分为3个处理：精粗比为3∶7的日粮；高精料饲料，精粗比为7∶3的日粮；每公斤干物质基础添加200mg维生素B1的高精料日粮。结果发现与高精料组相比，日粮添加维生素B1可改善与纤维相关的瘤胃微生物，包括普氏菌、纤维杆菌属、瘤胃壶菌属。此外，在添加维生素B1的高精料日粮组中，观察到参与纤维降解和淀粉降解的酶的相对丰度增加，如CBM16、糖基水解酶家族3和糖基水解酶97。因此，补充维生素B1可以通过增加参与碳水化合物降解的微生物和酶的丰度来改善碳水化合物代谢。

反刍动物胃肠道发酵会产生甲烷，其不仅会导致自身能量损失2%～12%，而且还会对温室气体减排产生负面影响。目前，研究人员正在着力于减少甲烷排放的相关工作，通过在饲料中使用抗甲烷合成化合物，减少反刍动物的甲烷产量。在反刍动物胃肠道中，产甲烷菌利用营养物质发酵产生氢气合成甲烷，因此在控制反刍动物甲烷时，必须考虑瘤胃内产生的氢气。已有研究表明，溴氯甲烷-环糊精是一种比较有效的甲烷抑制剂，其表现出剂量依赖性的抑制甲烷产量和氢气产量，而且对瘤胃没有任何不良影响。菌群的实时荧光定量显示，产甲烷菌和真菌的丰度下降，而普雷沃氏菌和琥珀酸纤维杆菌的丰度上升。然而，甲烷抑制剂对微生物群落的影响还没有深入的研究，特别是那些在瘤胃甲烷生成受阻时，在氢代谢途径中发挥重要作用的微生物。因此，研究人员通过宏基因组分析，分析了在甲烷生成后，被卤代甲烷类似物抑制的瘤胃微生物群落[138]。在50%山毛草和50%精料的日粮中添加了抗甲烷化合物溴氯甲烷，随着添加剂量的提高，研究瘤胃微生物的数量和功能的变化，通过微生物生态学方法鉴定出对溴氯甲烷水平的增加有正响应和负响应的菌群。结果发现甲烷抑制剂会增加普雷沃氏菌和硒单胞菌的种群数量，可以促进氢气的消耗，因此瘤胃通过向丙酸转化来适应较高的氢气水平。对丙酸产生途径的宏基因组分析以这些物种的基因组含量为主。还原性产乙酰标记基因文库和宏基因组学分析表明，还原性产乙酰物种在溴氯甲烷处理的瘤胃中不发挥主要作用。

反刍动物的瘤胃是一个复杂多样的微生物生态系统，这使得它们能够将植物性饲料转化为自身可利用的营养物质。在出生时，瘤胃尚未发育，机能尚不完善，细菌在瘤胃中的定植是实现瘤胃功能的关键，会影响后期的消化率和机体的稳态。在现代畜牧业生产中，新生羔羊出生后有两种饲养管理方式，大多数情况下羔羊会与母亲隔离，饲喂替代乳或全脂乳，此外还有一种一直是母乳喂养，直至断奶。反刍动物胎盘阻碍免疫球蛋白从母体向胎儿的转移，因此，后代摄入初乳在获得被动免疫中至关重要。本研究的目的是评价饲喂母乳或人工乳的羔羊，在出生后的1个月内对瘤胃微生物定植和宿主固有免疫反应的影响[139]。实验样本为分娩了两个羔羊的30只母羊，及其对应的60只羔羊，出生后，一只羔羊出生后前两天母乳喂养，第3天从母羊身边带走，用人工乳喂养，另一只羔羊留在母羊身边，初乳喂养。各组的羔羊在出生后的头两天接受初乳。每组4只分别于出生后1天、3天、7天、14天、21天和28天屠宰，屠宰后取瘤胃内容物，采集瘤胃上皮组织。对3天、7天、14天和28天的细菌群落结构进行焦磷酸测序分析，发现两种体系对细菌定殖模式的促进作用存在显著差异。菌群多样性指数随年龄增加而增加，饲喂母乳组较高。*TLR2*、*TLR8*和*TLR10* 的mRNA丰度在第3天和第5天显著低于第7天、14天、21天和28天。不同的饲喂方案下，只有*TLR5*的表达水平存在显著差异，在人工乳喂养的羔羊中表现出较高的mRNA丰度。*PGLYRP1*在第3天、5天和7天的丰度显著升高，随后随喂养方式的的不同而下降。这些结果证实了在未发育的瘤胃中从生命的第1天起微生物定殖的高度多样性，并表明在自然或人工乳喂养系统下饲养的反刍动物之间瘤胃的微生物有很大的不同。

## 二、山羊乳及其乳制品的宏基因组研究

### 应用一：山羊乳的菌群多样性

研究人员通过对宏基因组DNA中16S rRNA基因的V3和V4区域进行测序，以确定关中地区萨能奶山羊和关中奶山羊生乳中微生物多样性的差异[140]。结果发现变形菌门和肠杆菌门为优势菌门，分别占2个品种乳中所有菌门的71.31%和24.69%。基于生菌物种丰富度指数、香浓指数、辛普森指数、观测物种指数和基于丰度的分析，萨能奶山羊生乳的微生物多样性显著高于关中奶山羊生乳。对功能基因及其可能的代谢途径进行预测，发现羊乳细菌中存在的功能基因显著富集于氨基酸代谢通路和碳水化合物代谢通路，分别占功能基因的11.93%和11.23%。同时测定pH、蛋白质、脂肪、氨基酸等理化性质，并与微生物多样性进行了相关性分析发现，萨能奶山羊生乳中的乳糖含量显著高于关中奶山羊生乳，且与微生物碳水化合物代谢和氨基酸代谢呈正相关。乳球菌、乳杆菌、双歧杆菌、肠球菌、链球菌等乳类利用菌属在萨能奶山羊生乳中的含量高于关中奶山羊生乳。萨能奶山羊生乳中乳糖含量较高可能是由于其微生物多样性较大。此外，大部分与氨基酸代谢相关的细菌属在显著富集在萨能奶山羊生乳中。通过对山羊乳中的益生菌和致病菌进行了鉴定，为指导山羊乳中有益微生物资源的利用和防止有害微生物的发展提供了必要的微生物信息，为充分利用羊乳中有益的益生菌种类，防治有害细菌提供了必要的微生物。

应用二：山羊干酪的宏基因组特征

巴氏杀菌和未经巴氏杀菌的动物乳都可以生产乳酪，乳酪的微生物组成由使用的原料、环境、添加的发酵剂培养物以及附加培养物共同决定，众多的微生物来源导致了乳酪品种间微生物群存在较大的差异。宏基因组学可以帮助研究人员理解乳酪的微生物群及其相互作用、评估微生物对食品质量和安全的影响。各种生物和非生物因素决定了乳酪的宏基因组学特征，生物因素包括微生物群的数量和由此产生的细胞代谢。非生物因素，包括乳酪基质的pH值、水活性、脂肪、盐和水分含量，以及环境条件等。研究人员通过16S rDNA测序，评估使用巴氏灭菌或未经巴氏灭菌的羊乳制备的高达乳酪的宏基因组学，根据羊乳是否进行巴氏杀菌、空间变异性和陈化程度对结果进行了比较和分析[141]。结果发现高达乳酪中的优势微生物为杆菌科、乳球菌、乳杆菌、链球菌和葡萄球菌。与巴氏杀菌羊奶制备的高达乳酪相比，用未经巴氏杀菌羊奶制备的高达乳酪中观察到更多的属或科水平的微生物。在评估空间变异对干酪宏基因组学的影响时，研究人员发现在外皮下取样的样品中观察到更明显的细菌属差异，短杆菌、交替假单胞菌、耶尔森菌、克雷伯氏菌和韦塞拉菌仅外皮下取样的样本中检出。最后，干酪的陈化程度对观察到的微生物数量也有很大影响，12~18月龄的高达干酪与仅2~4月龄的高达干酪相比，多出了27个属水平的微生物。这些结果为研究高达乳酪的微生物群提供了有价值的见解，进一步了解高达乳酪的宏基因组学有助于改善高达乳酪的感官特性、延长保质期、提高产品质量和安全性。

# 三、山羊肠道微生物的宏基因组研究

应用一：山羊肠道真菌和细菌基因组

草食动物的消化道是一个复杂的厌氧微生物群落，通过相互作用分解木质纤维素。这些微生物是一种尚未开发的宝贵资源，可用于将植物纤维类物质转化为绿色生物技术的糖基质。研究人员从山羊粪便中进行了400多个平行富集试验，研究了山羊肠道微生物群中能够分解木质纤维素的真菌和细菌联合体的基因组，并分析了其功能，以确定基质和抗生素如何影响草食动物肠道群落的成员、活性、稳定性和化学生产力[142]。结果获得719个高质量宏基因组组装基因组，这些宏基因组组装的基因组中超过90%来自之前未确认的食草动物肠道微生物。以厌氧真菌为主的菌群在甲烷产量和纤维素降解程度上均优于细菌为主的菌群，表明真菌在甲烷释放中发挥重要作用。737个细菌、古菌和真菌的宏基因组组装基因组代谢通路重建表明，真菌和产甲烷菌之间的跨域合作关系促进了乙酸、甲酸和甲烷的生产，而细菌主导的菌群主要生产短链脂肪酸，包括丙酸和丁酸。对各厌氧菌群中碳水化合物活性酶域的分析表明，厌氧细菌和真菌大多采用互补的水解策略。食草动物厌氧微生物群落的劳动分工能降解植物生物量，可以用于工业生物处理。

应用二：奶山羊肠道菌群和代谢物

饲喂淀粉含量高的日粮会增加高产奶牛后肠道酸中毒的风险。为了解奶山羊肠道微生物群与碳水化合物代谢之间的机制，研究人员针对奶山羊饲喂不同瘤胃可降解淀粉，对其肠道微生物群及其代谢产物进行了宏基因组学分析，评估肠道微生物多样性，鉴定其中可降解淀粉和碳水化合物活性酶[143]。选取18只哺乳期的山羊，将其分为三个处理，以干物质为基础的，低浓度瘤胃可降解淀粉（20.52%）、中等浓度瘤胃可降解淀粉（22.15%）、高浓度瘤胃可降解淀粉（24.88%），进行了为期五周的饲喂试验。结果发现与低浓度瘤胃可降解淀粉和中浓度瘤胃可降解淀粉组相比，高浓度瘤胃可降解淀粉组盲肠中乙酸比例增加。高浓度瘤胃可降解淀粉组盲肠中瘤胃菌科和瘤胃球菌科UCG-010属的丰度显著增加。低浓度瘤胃可降解淀粉组盲肠中丁酸含量增多，拟杆菌目家族_S24-7、毛螺菌科家族和拟杆菌属S24-7的丰度显著增加。根据表型预测，与高浓度瘤胃可降解淀粉组相比，低浓度瘤胃可降解淀粉组盲肠的微生物氧化应激耐受性增加，潜在致病性降低。对盲肠细菌的宏基因组研究表明，日粮瘤胃可降解淀粉水平，高浓度瘤胃可降解淀粉组糖苷水解酶95家族和纤维素酶来影响碳水化合物代谢，低浓度瘤胃可降解淀粉组增加糖基水解酶13_20家族和异淀粉酶。PROBIO益生菌数据库显示，高浓度瘤胃可降解淀粉组盲肠益生菌的相对基因丰度显著降低。与低浓度瘤胃可降解淀粉日粮相比，高浓度瘤胃可降解淀粉日粮的盲肠黏膜Muc2蛋白表达较低，白细胞介素-1β和分泌型免疫球蛋白a的RNA表达较高。结合以往瘤胃试验结果，日粮瘤胃可降解淀粉水平改变了奶山羊胃肠道碳水化合物的降解程度，提高了高浓度瘤胃可降解淀粉组盲肠中降解纤维素的基因编码酶的相对丰度。这表明高浓度瘤胃可降解淀粉日粮对乳山羊的毛螺菌科和瘤胃球菌科微生物群落网络构成干扰，并对盲肠黏液层造成破坏和炎症。通过宏基因组技术，研究日粮瘤胃可降解淀粉水平对奶山羊肠道细菌、免疫屏障、碳水化合物活性酶降解和生物通路的影响，增强了对奶山羊后肠道微生物响应日粮中瘤胃可降解淀粉水平和纤维素降解变化的认识。

# 四、山羊疾病的宏基因组研究

应用一：细小隐孢子虫对山羊微生物菌群的影响

细小隐孢子虫是一种重要的感染反刍动物和人类的尖端复合寄生虫。研究人员通过宏基因组方法，探究了细小隐孢子虫感染对山羊微生物组的影响，发现被细小隐孢子虫感染后，山羊羔微生物群中产丁酸菌数量减少[144]。结果发现，与未感染对照组相比，感染细小隐孢子虫的山羊的增重、腹泻和脱水均有所减少。感染后5天，细菌多样性降低，但在15天时恢复。感染细小隐孢子虫后改变了几个类群的相对丰度，38个类群在感染后5天和15天时均表现出显著的丰度差异。感染导致了不同类群间的相互作用模式，并增加了特定类群的相对丰度。对16S数据集进行宏基因组预测，发现在感染后5天和15天时，多达34个和40个MetaCyc数据库通路受到显著影响，显著降低了细菌中丁酸生成途径的丰度。在山羊羔的正常发育过程中，产丁酸盐的细菌数量和重要性有所增加，丁酸盐作为一种抗炎因子可能会增加肠道对进一步细菌定植的耐受性。这些结果表明，细小隐孢子虫感染引起的肠道炎症与丁酸产生菌的减少有关，为改善动物健康提供新的见解。

应用二：家养山羊瘤胃病毒组

研究人员通过宏基因组学研究了家养羊的瘤胃病毒群，旨在开发一种强大的病毒DNA分离和富集方案，利用膜过滤、超离心、PEG过夜处理和核酸酶处理以及高通量测序技术来研究瘤胃病毒[145]。结果发现3.53%的测序片段与长尾病毒科、肌病毒科、短尾病毒科、迷你病毒科、微小病毒科、痘病毒科、复层病毒科和马赛病毒相似。大多数来自瘤胃的测序读数与噬菌体的读数相似，噬菌体对维持瘤胃微生物种群至关重要。虽然在瘤胃中发现了这些病毒，但大多数病毒在其他环境中也有报道。为了获得更具代表性的瘤胃病毒群数据，需要改进病毒DNA富集和分离方案。此外，山羊的102130个未知测序片段和绵羊的36241个未知测序片段可能是新的基因组，需要进一步研究。

# 参考文献

1. Daly K G, Maisano Delser P, Mullin V E, et al. Ancient goat genomes reveal mosaic domestication in the Fertile Crescent[J]. Science, 2018,361(6397): 85-88.

2. Zheng Z, Wang X, Li M, et al. The origin of domestication genes in goats[J]. Sci Adv, 2020,6(21):eaaz5216.

3. Colli L, Milanesi M, Talenti A, et al. Genome-wide SNP profiling of worldwide goat populations reveals strong partitioning of diversity and highlights post-domestication migration routes[J]. Genet Sel Evol, 2018,50(1): 58.

4. Cai Y,Fu W, Cai D, et al. Ancient Genomes Reveal the Evolutionary History and Origin of Cashmere-Producing Goats in China[J]. Mol Biol Evol, 2020,37(7): 2099-2109.

5. Wu D D, C P Yang, M S Wang, et al. Convergent genomic signatures of high-altitude adaptation among domestic mammals[J]. Natl Sci Rev, 2020. 7(6): 952-963.

6. Guo J, Zhong J, Liu G E, et al. Identification and population genetic analyses of copy number variations in six domestic goat breeds and Bezoar ibexes using next-generation sequencing[J]. BMC Genomics, 2020,21(1): 840.

7. Huang Y, Li Y, Wang X, et al. An atlas of CNV maps in cattle, goat and sheep[J]. Sci China Life Sci, 2021, 64(10): 1747-1764.

8. Zhang B, Chang L, Lan X, et al. Genome-wide definition of selective sweeps reveals molecular evidence of trait-driven domestication among elite goat (Capra species) breeds for the production of dairy, cashmere, and meat[J]. Gigascience, 2018,7(12):giy105.

9. Li X,Su R, Wan W, et al. Identification of selection signals by large-scale whole-genome resequencing of cashmere goats[J]. Sci Rep, 2017, 7(1): 15142.

10. Guo J, Zhong J, Li L, et al. Comparative genome analyses reveal the unique genetic composition and selection signals underlying the phenotypic characteristics of three Chinese domestic goat breeds[J]. Genet Sel Evol, 2019, 51(1): 70.

11. Lai F N, Zhai H L, Cheng M, et al. Whole-genome scanning for the litter size trait associated genes and SNPs under selection in dairy goat (Capra hircus) [J]. Sci Rep, 2016,6: 38096.

12. Tao L X He, Y Jiang, et al. Genome-Wide Analyses Reveal Genetic Convergence of Prolificacy between Goats and Sheep[J]. Genes (Basel), 2021,12(4):480.

13. Guan D, Martinez A, Luigi-Sierra M G, et al. Detecting the footprint of selection on the genomes of Murciano-Granadina goats[J]. Anim Genet, 2021,52(5): 683-693.

14. Liu H, Wang T, Wang J, et al. Characterization of Liaoning cashmere goat transcriptome: sequencing, de novo assembly, functional annotation and comparative analysis[J]. PLoS One, 2013,8(10): e77062.

15. Muriuki C, Bush S J, Salavati M, et al. A Mini-Atlas of Gene Expression for the Domestic Goat (Capra hircus) [J]. Front Genet, 2019,10: 1080.

16. Guan D, Landi V, Luigi-Sierra M G, et al. Analyzing the genomic and transcriptomic architecture of milk traits in Murciano-Granadina goats[J]. J Anim Sci Biotechnol, 2020,11: 35.

17. Li C, Zhu J, Shi H, et al. Comprehensive Transcriptome Profiling of Dairy Goat Mammary Gland Identifies Genes and Networks Crucial for Lactation and Fatty Acid Metabolism[J]. Front Genet, 2020, 11: 878.

18. Ji Z, Chao T, Zhang C, et al. Transcriptome Analysis of Dairy Goat Mammary Gland Tissues from Different Lactation Stages[J]. DNA Cell Biol, 2019,38(2): 129-143.

19. Li Z, Lan X, Guo W, et al. Comparative transcriptome profiling of dairy goat microRNAs from dry period and peak lactation mammary gland tissues[J]. PLoS One, 2012,7(12): e52388.

20. Crisa A, Ferre F, Chillemi G, et al. RNA-Sequencing for profiling goat milk transcriptome in colostrum and mature milk[J]. BMC Vet Res, 2016,12(1): 264.

21. Ianni A, Bennato F, Martino C, et al. Whole Blood Transcriptome Profiling Reveals Positive Effects of Olive Leaves-Supplemented Diet on Cholesterol in Goats[J]. Animals (Basel), 2021,11(4):1150.

22. Zhang Y, Wang L, Li Z, et al. Transcriptome profiling reveals transcriptional and alternative splicing regulation in the early embryonic development of hair follicles in the cashmere goat[J]. Sci Rep, 2019, 9(1): 17735.

23. Wang S, Li F, Liu J, et al. Integrative Analysis of Methylome and Transcriptome Reveals the Regulatory Mechanisms of Hair Follicle Morphogenesis in Cashmere Goat[J]. Cells, 2020,9(4):969.

24. Yang F,Liu Z, Zhao M, et al. Skin transcriptome reveals the periodic changes in genes un-

derlying cashmere (ground hair) follicle transition in cashmere goats[J]. BMC Genomics, 2020,21(1): 392.

25. He N, Su R, Wang Z, et al. Exploring differentially expressed genes between anagen and telogen secondary hair follicle stem cells from the Cashmere goat (Capra hircus) by RNA-Seq[J]. PLoS One, 2020,15(4): e0231376.

26. Nocelli C, Cappelli K, Capomaccio S, et al. Shedding light on cashmere goat hair follicle biology: from morphology analyses to transcriptomic landascape[J]. BMC Genomics, 2020,21(1): 458.

27. Bhat B, Yaseen M, Singh A, et al. Identification of potential key genes and pathways associated with the Pashmina fiber initiation using RNA-Seq and integrated bioinformatics analysis[J]. Sci Rep, 2021,11(1): 1766.

28. Wang L, Zhang Y, Zhao M, et al. SNP Discovery from Transcriptome of Cashmere Goat Skin[J]. Asian-Australas J Anim Sci, 2015, 28(9): 1235-1243.

29. Ahlawat S,Arora R, Sharma R, et al. Skin transcriptome profiling of Changthangi goats highlights the relevance of genes involved in Pashmina production[J]. Sci Rep, 2020,10(1): 6050.

30. Wang Y, Zheng Y, Guo D, et al. m6A Methylation Analysis of Differentially Expressed Genes in Skin Tissues of Coarse and Fine Type Liaoning Cashmere Goats[J]. Front Genet, 2019,10: 1318.

31. Zheng Y, Hui T, Yue C,et al. Comprehensive analysis of circRNAs from cashmere goat skin by next generation RNA sequencing (RNA-seq) [J]. Sci Rep, 2020,10(1): 516.

32. Xiong Q, Tao H, Zhang N, et al. Skin transcriptome profiles associated with black- and white-coated regions in Boer and Macheng black crossbred goats[J]. Genomics, 2020,112(2): 1853-1860.

33. Bhat B, Singh A, Iqbal Z, et al. Comparative transcriptome analysis reveals the genetic basis of coat color variation in Pashmina goat[J]. Sci Rep, 2019, 9(1): 6361.

34. Ren H, Wang G, Jiang J, et al. Comparative transcriptome and histological analyses provide insights into the prenatal skin pigmentation in goat (Capra hircus) [J]. Physiol Genomics, 2017,49(12): 703-711.

35. Zhang S, Xu H, Liu X, et al. The muscle development transcriptome landscape of ovariectomized goat[J]. R Soc Open Sci, 2017, 4(12): 171415.

36. Ling Y,Q Zheng, L Zhu, et al. Trend analysis of the role of circular RNA in goat skeletal muscle development[J]. BMC Genomics, 2020, 21(1): 220.

37. Ling Y, Zheng Q, Jing J, et al. RNA-Seq Reveals miRNA Role Shifts in Seven Stages of Skeletal Muscles in Goat Fetuses and Kids[J]. Front Genet, 2020,11: 684.

38. Wang L, Cai B, Zhou S, et al RNA-seq reveals transcriptome changes in goats following myostatin gene knockout[J]. PLoS One, 2017,12(12): e0187966.

39. Shen J, Hao Z, Wang J, et al. Comparative Transcriptome Profile Analysis of Longissimus dorsi Muscle Tissues From Two Goat Breeds With Different Meat Production Performance Using RNA-Seq[J]. Front Genet, 2020,11: 619399.

40. Zhao Z Q, Wang L J, Sun X W, et al. Transcriptome analysis of the Capra hircus ovary[J].

PLoS One, 2015,10(3): e0121586.

41. Liu Y,Wu X, Xie J, et al. Identification of transcriptome differences in goat ovaries at the follicular phase and the luteal phase using an RNA-Seq method[J]. Theriogenology, 2020,158: 239-249.

42. Zhao Z, Zou X, Lu T, et al. Identification of mRNAs and lncRNAs Involved in the Regulation of Follicle Development in Goat[J]. Front Genet, 2020,11: 589076.

43. Wang L J, Sun X W, Guo F Y, et al. Transcriptome analysis of the uniparous and multiparous goats ovaries[J]. Reprod Domest Anim, 2016, 51(6): 877-885.

44. Zou X, Lu T, Zhao Z, et al. Comprehensive analysis of mRNAs and miRNAs in the ovarian follicles of uniparous and multiple goats at estrus phase[J]. BMC Genomics, 2020, 21(1): 267.

45. Li Y, Sun J, Ling Y, et al. Transcription profiles of oocytes during maturation and embryos during preimplantation development in vivo in the goat[J]. Reprod Fertil Dev, 2020, 32(7): 714-725.

46. Hong L,Hu Q,Zang X, et al. Analysis and Screening of Reproductive Long Non-coding RNAs Through Genome-Wide Analyses of Goat Endometrium During the Pre-attachment Phase[J]. Front Genet, 2020,11: 568017.

47. Yang S, Han H, Li J, et al. Transcriptomic analysis of gene expression in normal goat ovary and intersex goat gonad[J]. Reprod Domest Anim, 2021,56(1): 12-25.

48. Falker-Gieske C, Knorr C, Tetens J. Blood transcriptome analysis in a buck-ewe hybrid and its parents[J]. Sci Rep, 2019, 9(1): 17492.

49. Deng M, Chen B, Liu Z, et al. YTHDF2 Regulates Maternal Transcriptome Degradation and Embryo Development in Goat[J]. Front Cell Dev Biol, 2020, 8: 580367.

50. Wan Y, Li D, Deng M, et al. Comprehensive Transcriptome Analysis of mRNA Expression Patterns of Early Embryo Development in Goat under Hypoxic and Normoxic Conditions[J]. Biology (Basel), 2021,10(5):381.

51. Li W, Mao L, Shu X. Transcriptome analysis reveals differential immune related genes expression in bovine viral diarrhea virus-2 infected goat peripheral blood mononuclear cells (PBMCs) [J]. BMC Genomics, 2019,20(1): 516.

52. Fu M, Su H,Su Z, et al. Transcriptome analysis of Corynebacterium pseudotuberculosis-infected spleen of dairy goats[J]. Microb Pathog, 2020, 147: 104370.

53. Li B, Chen S, Wang C, et al. Integrated mRNA-seq and miRNA-seq analysis of goat fibroblasts response to Brucella Melitensis strain M5-90[J]. PeerJ, 2021,9: e11679.

54. Aboshady H M, Mandonnet N, Stear M J, et al. Transcriptome variation in response to gastrointestinal nematode infection in goats[J]. PLoS One, 2019,14(6): e0218719.

55. Aboshady H M,Mandonnet N, Felicite Y, et al. Dynamic transcriptomic changes of goat abomasal mucosa in response to Haemonchus contortus infection[J]. Vet Res, 2020,51(1): 44.

56. Deng X, Wang D, Wang S, et al. Identification of key genes and pathways involved in response to pain in goat and sheep by transcriptome sequencing[J]. Biol Res, 2018,51(1): 25.

57. Yang C, Zhou X, Yang H, et al. Transcriptome analysis reveals liver metabolism pro-

gramming in kids from nutritional restricted goats during mid-gestation[J]. PeerJ, 2021,9: e10593.

58. Wang A, Chao T, Ji Z, et al. Transcriptome analysis reveals potential immune function-related regulatory genes/pathways of female Lubo goat submandibular glands at different developmental stages[J]. PeerJ, 2020,8: e9947.

59. Luo J,Ao Z, Duan Z, et al. Effects of N-Acetylcysteine on the reproductive performance, oxidative stress and RNA sequencing of Nubian goats[J]. Vet Med Sci, 2021,7(1): 156-163.

60. Li C, Li Y, Zhou G, et al. Whole-genome bisulfite sequencing of goat skins identifies signatures associated with hair cycling[J]. BMC Genomics, 2018,19(1): 638.

61. Xiao P, Zhong T, Liu Z, et al. Integrated Analysis of Methylome and Transcriptome Changes Reveals the Underlying Regulatory Signatures Driving Curly Wool Transformation in Chinese Zhongwei Goats[J]. Front Genet, 2019,10: 1263.

62. Zhang Y, Li F, Feng X, et al. Genome-wide analysis of DNA Methylation profiles on sheep ovaries associated with prolificacy using whole-genome Bisulfite sequencing[J]. BMC Genomics, 2017,18(1): 759.

63. Kang B, Wang J, Zhang H, et al. Genome-wide profile in DNA methylation in goat ovaries of two different litter size populations[J]. J Anim Physiol Anim Nutr (Berl), 2021.

64. An X, Ma H,Han P, et al. Genome-wide differences in DNA methylation changes in caprine ovaries between oestrous and dioestrous phases[J] J Anim Sci Biotechnol, 2018,9: 85.

65. Yang C, Gao X, Ye J, et al. The interaction between DNA methylation and long non-coding RNA during the onset of puberty in goats[J]. Reprod Domest Anim, 2018,53(6): 1287-1297.

66. Yang C, Ye J, Liu Y, et al. Methylation pattern variation between goats and rats during the onset of puberty[J]. Reprod Domest Anim, 2018,53(3): 793-800.

67. Yang C, Ye J, Li X, et al. DNA Methylation Patterns in the Hypothalamus of Female Pubertal Goats[J]. PLoS One, 2016, 11(10): e0165327.

68. Frattini S, Capra E, Lazzari B, et al. Genome-wide analysis of DNA methylation in hypothalamus and ovary of Capra hircus[J]. BMC Genomics, 2017,18(1): 476.

69. Song Y, Han J, Cao F, et al. Endometrial genome-wide DNA methylation patterns of Guanzhong dairy goats at days 5 and 15 of the gestation period[J]. Anim Reprod Sci, 2019,208: 106124.

70. Deng M, Zhang G, Cai Y, et al. DNA methylation dynamics during zygotic genome activation in goat[J]. Theriogenology, 2020, 156: 144-154.

71. Zhang X, Zhang S, Ma L, et al. Reduced representation bisulfite sequencing (RRBS) of dairy goat mammary glands reveals DNA methylation profiles of integrated genome-wide and critical milk-related genes[J]. Oncotarget, 2017,8(70): 115326-115344.

72. Quan Z, Ye N, Hao Z, et al. Promoter methylation, mRNA expression of goat tumorassociated genes and mRNA expression of DNA methyltransferase in enzootic nasal tumors[J]. Mol Med Rep, 2015,12(4): 6275-6285.

73. Wei Y, Li X, Zhang D, et al. Comparison of protein differences between high- and low-quality goat and bovine parts based on iTRAQ technology[J]. Food Chem, 2019,289: 240-249.

74. Leo T K, Garba S, Abubakar D, et al. Naturally Produced Lovastatin Modifies the Histolo-

gy and Proteome Profile of Goat Skeletal Muscle[J]. Animals (Basel), 2019,10(1):72.

75. Jia W, Shi Q, Zhang R, et al. Unraveling proteome changes of irradiated goat meat and its relationship to off-flavor analyzed by high-throughput proteomics analysis[J]. Food Chem, 2021,337: 127806.

76. Sun Y, Wang C, Sun X, et al. Characterization of the milk fat globule membrane proteome in colostrum and mature milk of Xinong Saanen goats[J]. J Dairy Sci, 2020,103(4): 3017-3024.

77. Mansor M, Al-Obaidi J R, Jaafar N N, et al. Optimization of Protein Extraction Method for 2DE Proteomics of Goat's Milk[J]. Molecules, 2020, 25(11):2625.

78. Cunsolo V, Fasoli E, Saletti R,et al. Zeus, Aesculapius, Amalthea and the proteome of goat milk[J]. J Proteomics, 2015,128: 69-82.

79. Verma M, Dige M S, Gautam D, et al. Functional milk proteome analysis of genetically diverse goats from different agro climatic regions[J]. J Proteomics, 2020,227: 103916.

80. Medeiros G, Queiroga R,Costa W K A, et al. Proteomic of goat milk whey and its bacteriostatic and antitumour potential[J]. Int J Biol Macromol, 2018,113: 116-123.

81. Anagnostopoulos A K, Katsafadou A I, Pierros V, et al. Milk of Greek sheep and goat breeds; characterization by means of proteomics. J Proteomics, 2016,147: 76-84.

82. Sun Y, Wang C, Sun X, et al. Comparative Proteomics of Whey and Milk Fat Globule Membrane Proteins of Guanzhong Goat and Holstein Cow Mature Milk[J]. J Food Sci, 2019,84(2): 244-253.

83. Izquierdo-Gonzalez J J, Amil-Ruiz F, Zazzu S, et al. Proteomic analysis of goat milk kefir: Profiling the fermentation-time dependent protein digestion and identification of potential peptides with biological activity[J]. Food Chem, 2019, 295: 456-465.

84. Hernandez-Castellano L E, Ferreira A M, Nanni P, et al. The goat (Capra hircus) mammary gland secretory tissue proteome as influenced by weight loss: A study using label free proteomics[J]. J Proteomics, 2016. 145: 60-69.

85. Cugno G, Parreira J R, Ferlizza E, et al. The Goat (Capra hircus) Mammary Gland Mitochondrial Proteome: A Study on the Effect of Weight Loss Using Blue-Native PAGE and Two-Dimensional Gel Electrophoresis[J]. PLoS One, 2016,11(3): e0151599.

86. Chen D,Li X,Zhao X, et al. Comparative proteomics of goat milk during heated processing[J]. Food Chem, 2019,275: 504-514.

87. Pisanu S, Cacciotto C, Pagnozzi D, et al. Impact of Staphylococcus aureus infection on the late lactation goat milk proteome: New perspectives for monitoring and understanding mastitis in dairy goats[J]. J Proteomics, 2020,221: 103763.

88. Pisanu S, Cacciotto C, Pagnozzi D, et al. Proteomic datasets of uninfected and Staphylococcus aureus-infected goat milk[J]. Data Brief, 2020,30: 105665.

89. Hao J H, H J Kong, M H Yan, et al. Inhibition of orf virus replication in goat skin fibroblast cells by the HSPA1B protein, as demonstrated by iTRAQ-based quantitative proteome analysis[J]. Arch Virol, 2020, 165(11): 2561-2587.

90. Khanduri A, Sahu A R, Wani S A, et al. Dysregulated miRNAome and Proteome of PPRV Infected Goat PBMCs Reveal a Coordinated Immune Response[J]. Front Immunol, 2018,9:

2631.

91. Liu T, Han Y, Zhou T, et al. Mechanisms of ROS-induced mitochondria-dependent apoptosis underlying liquid storage of goat spermatozoa[J]. Aging (Albany NY), 2019,11(18): 7880-7898.

92. Fernandes C C L, Rodriguez-Villamil P, Vasconcelos F R, et al. Proteome of the periovulatory oviduct and uterus of goats as related to nutritional balance[J]. Reprod Domest Anim, 2018, 53(5): 1085-1095.

93. Restelli L, Marques AT, Savoini G, et al. Saturated or unsaturated fat supplemented maternal diets influence omental adipose tissue proteome of suckling goat-kids[J]. Res Vet Sci, 2019,125: 451-458.

94. Lamy E, da Costa G, Santos R, et al. Sheep and goat saliva proteome analysis: a useful tool for ingestive behavior research? [J] Physiol Behav, 2009,98(4): 393-401.

95. Cann P, Chabi M, Delsart A, et al. The olfactory secretome varies according to season in female sheep and goat[J]. BMC Genomics, 2019,20(1): 794.

96. Liu H, Guo X,Zhao Q,et al. Lipidomics analysis for identifying the geographical origin and lactation stage of goat milk[J]. Food Chem, 2020,309: 125765.

97. Caboni P,Murgia A,Porcu A,et al. Gas chromatography-mass spectrometry metabolomics of goat milk with different polymorphism at the alphaS1-casein genotype locus[J]. J Dairy Sci, 2016,99(8): 6046-6051.

98. Jia W,Liu Y,Shi L. Integrated metabolomics and lipidomics profiling reveals beneficial changes in sensory quality of brown fermented goat milk[J]. Food Chem, 2021,364: 130378.

99. Danezis G,Theodorou C,Massouras T,et al. Greek Graviera Cheese Assessment through Elemental Metabolomics-Implications for Authentication, Safety and Nutrition[J]. Molecules, 2019, 24(4):670.

100. Sharma H,Ramanathan R. Gas chromatography-mass spectrometry based metabolomic approach to investigate the changes in goat milk yoghurt during storage[J]. Food Res Int, 2021,140: 110072.

101. Scano P,Murgia A,Pirisi F M,et al. A gas chromatography-mass spectrometry-based metabolomic approach for the characterization of goat milk compared with cow milk[J]. J Dairy Sci, 2014,97(10): 6057-6066.

102. Yang Y,Zheng N,Zhao X,et al. Metabolomic biomarkers identify differences in milk produced by Holstein cows and other minor dairy animals. J Proteomics, 2016,136: 174-182.

103. Caboni P,Murgia A,Porcu A,et al. A metabolomics comparison between sheep's and goat's milk[J]. Food Res Int, 2019,119: 869-875.

104. Mecocci S,Gevi F,Pietrucci D,et al. Anti-Inflammatory Potential of Cow, Donkey and Goat Milk Extracellular Vesicles as Revealed by Metabolomic Profile[J]. Nutrients, 2020,12(10):2908.

105. Mung D,Li L.Applying quantitative metabolomics based on chemical isotope labeling LC-MS for detecting potential milk adulterant in human milk[J]. Anal Chim Acta, 2018,1001: 78-85.

106. Palma M, Hernandez-Castellano L E, Castro N, et al. NMR-metabolomics profiling of mammary gland secretory tissue and milk serum in two goat breeds with different levels of tolerance to seasonal weight loss[J]. Mol Biosyst, 2016,12(7): 2094-2107.

107. Salama A A K, Contreras-Jodar A, Love S, et al. Milk yield, milk composition, and milk metabolomics of dairy goats intramammary-challenged with lipopolysaccharide under heat stress conditions[J]. Sci Rep, 2020,10(1): 5055.

108. Contreras-Jodar A, Nayan N H, Hamzaoui S, et al. Heat stress modifies the lactational performances and the urinary metabolomic profile related to gastrointestinal microbiota of dairy goats[J]. PLoS One, 2019,14(2): e0202457.

109. Cheng J, Huang S, Fan C, et al. Metabolomic analysis of alterations in lipid oxidation, carbohydrate and amino acid metabolism in dairy goats caused by exposure to Aflotoxin B1[J]. J Dairy Res, 2017,84(4): 401-406.

110. Wang L F,Jia S D,Yang G Q,et al. The effects of acute lipopolysaccharide challenge on dairy goat liver metabolism assessed with (1) HNMR metabonomics[J]. J Anim Physiol Anim Nutr (Berl), 2017,101(1): 180-189.

111. Precht C,Diserens G,Vermathen M,et al. Metabolic profiling of listeria rhombencephalitis in small ruminants by (1) H high-resolution magic angle spinning NMR spectroscopy[J]. NMR Biomed, 2018,31(12): e4023.

112. Rosa M F,Scano P,Noto A,et al. Monitoring the modifications of the vitreous humor metabolite profile after death: an animal model[J]. Biomed Res Int, 2015,2015: 627201.

113. Lee H J,Jung J Y,Oh Y K, et al. Comparative survey of rumen microbial communities and metabolites across one caprine and three bovine groups, using bar-coded pyrosequencing and (1)H nuclear magnetic resonance spectroscopy[J]. Appl Environ Microbiol, 2012,78(17): 5983-5993.

114. Hua C, Tian J,Tian P,et al. Feeding a High Concentration Diet Induces Unhealthy Alterations in the Composition and Metabolism of Ruminal Microbiota and Host Response in a Goat Model[J]. Front Microbiol, 2017,8: 138.

115. Wang Y,Tang P,Xiao Y,et al. Alterations in Rumen Bacterial Community and Metabolome Characteristics of Cashmere Goats in Response to Dietary Nutrient Density[J]. Animals (Basel), 2020,10(7):1193.

116. Mao S Y,Huo W J,Zhu W Y. Microbiome-metabolome analysis reveals unhealthy alterations in the composition and metabolism of ruminal microbiota with increasing dietary grain in a goat model[J]. Environ Microbiol, 2016,18(2): 525-41.

117. Ma Y, Wang C, Zhang H, et al. Illumina Sequencing and Metabolomics Analysis Reveal Thiamine Modulation of Ruminal Microbiota and Metabolome Characteristics in Goats Fed a High-Concentrate Diet[J]. Front Microbiol, 2021,12: 653283.

118. Abecia L,Martinez-Fernandez G, Waddams K, et al. Analysis of the Rumen Microbiome and Metabolome to Study the Effect of an Antimethanogenic Treatment Applied in Early Life of Kid Goats[J]. Front Microbiol, 2018, 9: 2227.

119. Wang W, Sun B,Hu P,et al. Comparison of Differential Flavor Metabolites in Meat of Lubei White Goat, Jining Gray Goat and Boer Goat[J]. Metabolites, 2019,9(9):176.

120. Wang J, Xu Z, Zhang H, et al. Meat differentiation between pasture-fed and concentrate-fed sheep/goats by liquid chromatography quadrupole time-of-flight mass spectrometry combined with metabolomic and lipidomic profiling[J]. Meat Sci, 2021,173: 108374.

121. Batchu P, Terrill T H, Kouakou B, et al. Plasma metabolomic profiles as affected by diet and stress in Spanish goats[J]. Sci Rep, 2021,11(1): 12607.

122. Czopowicz M, Moroz A,Szalus-Jordanow O,et al. Profile of serum lipid metabolites of one-week-old goat kids depending on the type of rearing[J]. BMC Vet Res, 2020,16(1): 346.

123. Clark M, Murray J D, Maga E A, Assessing unintended effects of a mammary-specific transgene at the whole animal level in host and non-target animals[J]. Transgenic Res, 2014,23(2): 245-256.

124. Tao S, Tian P, Luo Y, et al. Microbiome-Metabolome Responses to a High-Grain Diet Associated with the Hind-Gut Health of Goats[J]. Front Microbiol, 2017,8: 1764.

125. Pan X,Li Z, Li B, et al. Dynamics of rumen gene expression, microbiome colonization, and their interplay in goats[J]. BMC Genomics, 2021,22(1): 288.

126. Han X, Yang Y, Yan H, et al. Rumen bacterial diversity of 80 to 110-day-old goats using 16S rRNA sequencing[J]. PLoS One, 2015,10(2): e0117811.

127. Lim S,Seo J,Choi H,et al. Metagenome Analysis of Protein Domain Collocation within Cellulase Genes of Goat Rumen Microbes[J]. Asian-Australas J Anim Sci, 2013, 26(8): 1144-1151.

128. Do T H, Dao T K,Nguyen K H V,et al. Metagenomic analysis of bacterial community structure and diversity of lignocellulolytic bacteria in Vietnamese native goat rumen[J]. Asian-Australas J Anim Sci, 2018, 31(5): 738-747.

129. Souto B M,de Araujo A C B , Hamann P R V,et al. Functional screening of a Caatinga goat (Capra hircus) rumen metagenomic library reveals a novel GH3 beta-xylosidase[J]. PLoS One, 2021, 16(1): e0245118.

130. Nguyen K H V,Dao T K,Nguyen H D,et al. Some characters of bacterial cellulases in goats' rumen elucidated by metagenomic DNA analysis and the role of fibronectin 3 module for endoglucanase function[J]. Anim Biosci, 2021,34(5): 867-879.

131. Do T H,Le N G, Dao T K,et al. Metagenomic insights into lignocellulose-degrading genes through Illumina-based de novo sequencing of the microbiome in Vietnamese native goats' rumen[J]. J Gen Appl Microbiol, 2018, 64(3): 108-116.

132. Lee K T, Toushik S H, Baek J Y, et al. Metagenomic Mining and Functional Characterization of a Novel KG51 Bifunctional Cellulase/Hemicellulase from Black Goat Rumen[J]. J Agric Food Chem, 2018,66(34): 9034-9041.

133. Shen J, Zheng L,Chen X,et al. Metagenomic Analyses of Microbial and Carbohydrate-Active Enzymes in the Rumen of Dairy Goats Fed Different Rumen Degradable Starch[J]. Front Microbiol, 2020,11: 1003.

134. Suryawanshi P R,Badapanda C, Singh K M, et al. Exploration of the rumen microbial diversity and carbohydrate active enzyme profile of black Bengal goat using metagenomic approach[J]. Anim Biotechnol, 2019: 1-14.

135. Cremonesi P,Conte G,Severgnini M,et al. Evaluation of the effects of different diets on

microbiome diversity and fatty acid composition of rumen liquor in dairy goat. Animal. 2018,12(9): 1856-1866.

136. Lei Z, Zhang K,Li C,et al. Ruminal metagenomic analyses of goat data reveals potential functional microbiota by supplementation with essential oil-cobalt complexes[J]. BMC Microbiol, 2019,19(1): 30.

137. Zhang Y,Wang C,Peng A,et al. Metagenomic Insight: Dietary Thiamine Supplementation Promoted the Growth of Carbohydrate-Associated Microorganisms and Enzymes in the Rumen of Saanen Goats Fed High-Concentrate Diets[J]. Microorganisms, 2021, 9(3).

138. Denman S E, Martinez Fernandez G, Shinkai T, et al. Metagenomic analysis of the rumen microbial community following inhibition of methane formation by a halogenated methane analog[J]. Front Microbiol, 2015, 6: 1087.

139. Abecia L,Jimenez E,Martinez-Fernandez G,et al. Natural and artificial feeding management before weaning promote different rumen microbial colonization but not differences in gene expression levels at the rumen epithelium of newborn goats[J]. PLoS One, 2017,12(8): e0182235.

140. Zhang F, Wang Z, Lei F,et al. Bacterial diversity in goat milk from the Guanzhong area of China[J]. J Dairy Sci, 2017,100(10): 7812-7824.

141. Salazar J K, Carstens C K, Ramachandran P, et al. Metagenomics of pasteurized and unpasteurized gouda cheese using targeted 16S rDNA sequencing[J]. BMC Microbiol, 2018,18(1): 189.

142. Peng X, Wilken S E, Lankiewicz T S, et al. Genomic and functional analyses of fungal and bacterial consortia that enable lignocellulose breakdown in goat gut microbiomes[J]. Nat Microbiol, 2021,6(4): 499-511.

143. Han X, Lei X, Yang X, et al. A Metagenomic Insight Into the Hindgut Microbiota and Their Metabolites for Dairy Goats Fed Different Rumen Degradable Starch[J]. Front Microbiol, 2021,12: 651631.

144. Mammeri M, Obregon D A, A Chevillot, et al. Cryptosporidium parvum Infection Depletes Butyrate Producer Bacteria in Goat Kid Microbiome[J]. Front Microbiol, 2020,11: 548737.

145. Namonyo S, Wagacha M, Maina S, et al. A metagenomic study of the rumen virome in domestic caprids[J]. Arch Virol, 2018,163(12): 3415-3419.

# 第二章

## 牛生物信息学研究

反刍动物是人类摄取肉类和牛奶等营养物质的重要来源之一。据相关数据预测，到2050年，全球肉类和牛奶产量需增加76%和63%，才能满足人类的需求。而全球人口基数庞大，人口增长速度快，对肉类和牛奶的需求更大，这使全球畜牧业面临着更大的挑战。

目前，世界上大约有34亿头人工养殖的牛、水牛、绵羊和山羊，这些家养动物是人类获取蛋白质营养的主要来源。这些反刍动物具有很强的消化能力，能够将低质量的植物纤维有效转化为能量、脂肪、肌肉和奶，同时为人类提供皮、毛等畜产品，并且可以在世界上约四分之三的农业用地上进行广泛养殖，因此反刍动物的生产长期被人类所利用。随着人口的快速增长，家养反刍动物的数量也在不断扩大，尤其是牛。

牛作为一种反刍动物，在保障人类粮食安全中发挥着重要作用。根据2013年联合国粮农组织数据库的结果显示，全球肉牛数量超过2.96亿头，奶牛数量超过2.71亿头，此外还有4.68亿头的产奶反刍动物（水牛、山羊和绵羊），因此了解反刍动物如何将饲料转化为能量，进而转化为牛奶以及肌肉，具有重要意义。

数千年来，牛通过将植物转化为肌肉和牛奶为人类提供营养。此外，由于牛独特的生理特性，在生物燃料和生物医学研究方面具有潜在的应用前景。牛是反刍动物，可以通过反刍来消化植物性饲料。饲料在包括瘤胃在内的四室胃中完全消化，其中瘤胃是一个胃前发酵罐。目前，瘤胃微生物是可用于生产生物燃料的酶的潜在来源。牛的许多重要经济性状，如体重增加、乳脂含量和肌内脂肪（大理石纹）等都是数量性状。一些通过常规测量测定的家畜特征与人类生物学疾病有关，例如，对乳腺炎和寄生虫的抗性与人类传染病抗性机制有关。牛乳腺炎的易感性已被映射到包括MHCDQ基因（参与免疫反应）在内的单倍型。为了破译数量性状基因座的生物学机制，基因和遗传标记与数量性状基因组在同一背景下的表达对于候选基因提名至关重要。

# 第一节　基因组在牛研究中的应用

## 一、牛基因组组装和注释的研究

在人类全基因组组装后，哺乳动物基因组的测序和组装已经成为常态。然而，尽管测序技术不断进步，组装问题仍未得到解决。大型基因组的组装存在许多问题，许多研究正致力于通过改进组装技术解决这些问题。准确组装一个重要物种的基因组为未来的研究奠定了宝贵的基础。例如，遗传多样性的研究需要一个好的参考基因组，以便对新菌株或谱系的差异进行分类。表达分析是对来自不同组织的RNA进行排序，其依赖于通过基因组来绘制基因模型，并发现选择性剪接等特征。创建一个更完整、更准确的参考基因组可以避免因使用错误的多态性或其他错误而造成的大量浪费。出于这些原因，人类基因组计划经过三年的努力，将最初的人类基因组草图（有147821个缺口，缺失了10%的常染色区域）改进为近乎完整人类基因组的草图（只有341个缺口，不到1%的常染色质仍然缺失）。基因组组装，即通过拼接短序列形成一个完整的基因组。在拼接过程，不同的策略和阈值会影响拼接的正确率，若保证拼接较高比例的片段，那么错误率更高，反之若拼接方法比较严格，那么会产生大部分不能进行拼接的序列，但是错误率小。

### 应用一：牛参考基因组的建立和发展

由于存在重复序列和多态性等非随机性现象，因此通过短序列进行基因组序列的拼接复杂性高、难度大。人类基因组使用分层方法，分离细菌人工染色体，然后单独测序。为了降低细菌人工染色体克隆和文库构建的成本，全基因组选择法已经用于许多基因组的组装。这种方法有许多优点，但在基因组组装中，对于处理重复序列、解析基因组中两种单倍型之间的多态性等方面存在一定的困难。第一个小鼠基因组的组装采用了全基因组选择法，猕猴、狗、负鼠、鸭嘴兽、黑猩猩以及包括猫在内的低覆盖率基因组序列也是通过全基因组选择法组装而成的，其中一些组装的完成得益于与近缘物种的比较。

在美国和欧洲的奶牛群体中，通过使用基于牛参考基因组的基因组工具，遗传进展得到了增强。第一个牛参考基因组是由贝勒医学院人类基因组测序中心通过当时的常规方法组装而成，通过近亲繁殖来减少亲本等位基因之间的差异和由此产生的装配问题，并利用雌性来提高X染色体的覆盖率。

因此，像大鼠基因组序列一样，研究人员全基因组选择法和细菌人工染色体的组合方法，组装了牛基因组[1]。为了牛基因组组装的节约成本，对细菌人工染色体进行混合测序。与别的方法相比，该研究的牛基因组组装充分利用了细菌人工染色体提供的局部组装优势，通过调整每个细菌人工染色体的组装参数来解决序列特征的局部差异，从而在每个富集的细菌人工染色体中得到最佳的组装结果。过程包括多个阶段，首先，对细菌人工染色体与细菌人工染色体生成的序列进行组装，然后再与个体重叠的全基因组选择的基因片段进行组合。通过测试不同的组装参数，优化染色体组装的性能。同时，使用全基因组选择序列和全基因组组装方法进行了第二次组装。整合两次组装体的结果，创建一个更完整的牛基因组，既保留了高质量的基于细菌人工染色体的局部组装信息，又使用全基因组选择组装体对细菌人工染色体之间的间隙进行填充。最后，利用现有的图谱信息，将超过90%的组装体拼接在染色体上。基因组大小为2.87Gb，具有很高的完整性。通过与73个细菌人工染色体进行比较评估组装的质量，组装草图覆盖了其中92.5%～100%的细菌人工染色体。组装重叠群和未连接的片段与完成的细菌人工染色体呈线性排列，表明组装错误率较低。对17482个SNPs的基因分型和基因定位显示，基于Btau_4.0版本的基因组，可以准确定位超过99.2%的SNPs，也从一定角度验证了该基因组的准确性和质量。

哺乳动物染色体上的进化断点区域定义序列中保守共线区域，与哺乳动物较强的进化可塑性有关。这些区域包含大量的大片段重复，且具有特定的重复序列元件。此外，片段重复富集在与免疫相关的基因中，其蛋白质产物通常直接与外部环境相结合。尽管前期已经有了部分的相关研究，但是对于牛基因组序列和单体型图的研究还不够深入，因此需要对牛基因组序列进行更加精确的解析和重分析，并且通过与生物数据的结合来有效研究基因和表型的联系、反刍动物进化的原因、牛驯化的历史以及哺乳动物进化的机制等等。在2009年，来自于25个国家的300多名研究人员对牛基因组进行测序、绘制并解析了牛的单倍型图谱[2]。

随着基因组工具的引入，牛的遗传进展取得了重大突破，然而相关研究都依赖Bos taurus参考基因组（UMD3.1.1），该基因组的建立方法已经落后，存在各种缺陷和较高的错误率。因此，研究人员利用单分子测序技术重新组装了牛的参考基因组，大大提高了序列组装的连续性，建立了一个新的、可靠的牛参考基因组（ARS–UCD1.2）[3]。研究从冷冻肺组织中提取的高分子量基因组DNA作为实验材料，对基因组区域，包括重要免疫功能位点区域进行精确组装。与以前的牛参考基因组相比，该研究中的ARS-UCD1.2参考基因组在序列连续性方面提高了200倍，在每个碱基准确性方面提高了10倍。将大碱基长度的重叠群分配到完整的染色体支架上，更加准确地定位基因和遗传标记，有助于标记辅助选择和相关基础研究。研究人员提出了牛的新参考基因组，ARS-UCD1.2，但在重新组装中应用现代技术的组合，以提高连续性、准确性和完整性。研究人员还大大扩展了支持基于核糖核酸的注释数据，共识别了30396个基因，编码21039个蛋白质。

牛基因组序列体现了反刍动物独特的生物学特性，其特点是通过瘤胃微生物将摄入的复杂植物碳水化合物转化为挥发性脂肪酸，如乙酸、丙酸、丁酸、乳酸和戊酸，为机体提供主要的能量。此外，瘤胃微生物发酵还提供了菌体蛋白和B族维生素。牛的免疫系统对肠道和上皮表面微生物群落具有良好的适应性。例如，$\gamma/\delta$ T细胞在免疫调节和抑制中发挥主要作用，牛有40%以上外周血淋巴细胞具有$\gamma/\delta$ T细胞受体，远远高于在人类和啮齿动物中的比例（低于1%），因此，牛是研究$\gamma/\delta$ T细胞的进化和功能的一个极好的模式动物。同时，牛也是研究人类生殖生物学和传染病的一种动物模型，对于食品安全、人工授精、同期发情、胚胎移植和体外受精等辅助生殖技术具有重要意义。

应用二：奶牛的高质量参考基因组

2009年，研究人员首次组装了奶牛的全基因组。为了组装奶牛的基因组，该研究使用了最新的组装软件，增加了额外的后处理算法，利用配对末端序列信息、映射数据以及与人类基因组的共线性来检测错误、纠正倒置片段并填补序列中的空白。在大量标记数据的帮助下，能够将大约91%的组装基因组锚定到染色体上。奶牛的基因组是用分层和全基因组测序相结合的方法完成的。结果共组装出3500万个序列片段，并应用了多种改进后的组装技术，创建了一个28.6亿个碱基对的基因组，与以前的基因组相比有多处改进：它更加完整、覆盖率更高、缺口更少、纠正了许多错误的倒位、缺失和易位且纠正了成千上万的单核苷酸错误。使用独立指标的评估表明，目前的基因组比之前的版本更加准确和完整。通过使用独立的作图数据，以及牛与人类基因组之间的保守的同型性，能够构建一个极好的具有大规模邻接性的基因组，其中大部分（大约91%）基因组已经被置于家牛的30条染色体上。该研究还首次发现了家牛Y染色体的一部分。这些研究结果为家牛遗传学以及比较哺乳动物基因组学的注释，提供了非常宝贵的资源。

此后，研究人员对荷斯坦牛进行了全基因组测序及注释分析[4]。通过对荷斯坦公牛的基因组进行了深度测序和结构分析，获得一个高质量的荷斯坦牛参考基因组序列，并以此为基础描述其基因组中不同类型的变异，同时通过高覆盖率测序方法发现在牛基因组中发现不同类型的变异，进而更好地了解其功能。研究从30μg基因组中生成了4个配对库和1个片段库。初步测序得到4864054296条50bp的测序片段。平均作图效率为71.7%，共成功绘制了3494534136个测序片段和157928163086bp，其覆盖率为60倍，这是迄今为止公布的牛基因组的最高覆盖率。第三次分析发现公牛基因组中有6362988个SNP，4045889个杂合子和2317099个纯合子变异。通过注释发现，所有的SNPs中，已有4330337个在dbSNP数据库中出现，其余2032651个SNPs是新发现的。整个基因组中有245947845bp存在较大的短插入/缺失多态性，其数量为312879。研究人员还发现，基因组中2542552个核苷酸的变异是由小的短插入/缺失多态性（数量为633310）引起的。dbSNP数据库中只列出了106768个小的短插入/缺失多态性。最后，在公牛基因组中发现了2758个倒位，覆盖了23099054bp的基因组变异。最大反转为87440bp。这项研究，通过对公牛基因组的深度解析，全面地描述了基因组变异，以及很多未知的牛基因组SNPs和其他基因组变异。此外，还发现很多新SNP，其功能也尚不清晰，可能由于牛参考基因组的注释相对较少，以及牛基因组的驯化压力较大所引起的。

应用三：牛基因组变异分析

研究人员基于Axiom平台研发一套新的水牛SNP芯片，提供了更加完整的基因分型信息，包含了之前尚未准确定位的SNP，并基于芯片将CattleQTLdb数据库中所有QTL重新定位到水牛的参考基因组[5]。研究通过将所有SNP探针序列与UOA_WB_1基因组进行比对，更新了原有SNP芯片。新版的SNP芯片中，标记的数目从106778个增加到116708个，增加了约10%，同时标记的平均间距减少了约2kb。研究人员通过新版芯片，发现BBU5和BBU11基因之间存在新的峰值。经过序列比对和质量控制，发现UMD3.1和ARS_UCD1.2两个版本的牛QTL，分别有64650个和76530个可以定位到水牛基因组。将牛的QTL数据库于水牛基因组进行比对，有助于水牛的全基因组关联分析，可以提供两个物种之间的高度同源性，牛QTL在水牛基因组中的定位研究可以为建立水牛QTL数据库奠定坚实基础。

从全基因组序列数据鉴定结构变异的假阳性率很高，为了获得高质量的结构变异，研究人员检测和验证了牛全基因组序列数据中的结构变异，并且已经报道了一些影响牛的表型性状的结构变异[6]。在模拟序列数据上测试了两个结构变异检测程序Breakdancer、Pindel，并对二者进行了比较，评估两种方法的精确度和灵敏度。然后，利用两种方法，从252头荷斯坦公牛和64头娟姗牛公牛的全基因组序列数据中，确定了群体结构变异。此外，在28个经过两次测序的荷斯坦牛个体中验证了重叠结构变异，并在另外两个验证集（每个品种一个）中验证了从亲本传给子代的结构变异集。此外，还测试了在真核生物中高度保守的基因，以及牛中最近扩增的基因家族，检测其结构变异是否存在或富集。基于全基因组序列数据，在荷斯坦牛群中发现17518个结构变异，覆盖27.36Mb，在娟姗牛群中发现4285个结构变异，覆盖8.74Mb，其中有4.62Mb的结构变异在荷斯坦和娟姗牛群中都有发现。在两次测序的个体中，验证了11534个候选结构变异，覆盖5.64Mb，而在荷斯坦牛和娟姗牛亲子代传播中分别验证了3.49Mb和0.67Mb的结构变异。在237个核心基因中，只有8个与以往验证的结构变异具有50bp以上的重叠，表明结构变异的保守基因显著缺失（p<0.05）。此外，已知功能基因家族与结构变异的相关性明显高于其他基因。这些结果表明，研究方法可以有效识别在荷斯坦牛和娟姗牛中存在的高可信度的结构变异。大部分结

构变异同时存在于两个品种。研究发现结构变异在真核生物高度保守的基因中缺失，在牛基因组和L1区域扩展的基因家族中富集，结构变异完全覆盖了三个免疫相关基因 *DEFB*、*DEFB1* 和 *CATHL2*。这些结构变异集可用于识别数量性状基因座中的潜在致病变异。此外，将结构变异基因型纳入基因组预测可能会提高某些性状的基因组估计育种值的准确性，并导致额外的遗传增益。本研究发现了252头荷斯坦牛和64头娟珊牛的结构变异，在荷斯坦牛中也发现了相当大比例的娟珊牛的结构变异（53.5%）。相比之下，约76.90%的亲子代的传递验证结构变异存在于荷斯坦牛和娟姗牛，结构变异在扩展基因家族中的富集表明其可能是遗传变异的一个来源。

热休克蛋白70簇是一类高度保守和广泛表达的伴侣蛋白，可保护细胞免受应激因子的影响。在哺乳动物中，热休克蛋白70簇的三个基因——*HSPA1A*、*HSPA1B* 和 *HSPA1L* 主要位于组织相容性复合体位点的附近，其中 *HSPA1A* 和 *HSPA1B* 因受到热休克的强烈诱导而广泛表达，*HSPA1L* 基因的表达具有结构和组织特异性。在牛中，研究人员将两个串联的热休克蛋白70簇的序列映射到23号染色体上，由于它们与人类的热休克蛋白70簇基因同源，所以被命名为 *Hsp70-1* 和 *Hsp70-2*。曾有研究人员证实，在23号染色体上 *HSPA1A* 和 *HSPA1B* 存在9kb的差异，这两个无内含子的基因编码了含有641个氨基酸的蛋白质，蛋白质在第5位有单个序列的差异（蛋氨酸/苏氨酸）。在牛中，热休克蛋白70簇基因与某些生产性状的变异以及疾病的发生有关。在日本荷斯坦牛中，*HSP70-2* 的多态性与乳腺炎的易感性相关，此外 *HSP70-1* 启动子的变异与弗里斯瓦尔奶牛的热应激和产奶量相关。研究人员对与阿根廷亚热带地区婆罗门牛繁殖性能相关的热休克蛋白70簇基因组分析很感兴趣。在对热休克蛋白70簇基因的研究中，研究人员发现文献中报道的SNPs在牛参考基因组UMD3.1.1和Btau5.0.1中的位置不完全一致。研究人员对绵羊参考基因组（Oar_v4.0）的初步对比发现，在热休克蛋白70簇的区域中存在一个缺失。此外，DNA序列数据库中并没有明确指出牛热休克蛋白70簇基因对应的是 *HSPA1A* 基因还是 *HSPA1B* 基因。

研究人员分析了牛参考基因组中热休克蛋白70簇（Hsp70s）缺失的特征[7]。利用现有的信息改进热休克蛋白70基因簇对23号染色体的注释，比较不同物种的 *HSPA1A* 和 *HSPA1B* 基因的启动子序列，改善DNA序列数据库中热休克蛋白70簇基因序列的注释，确定热休克蛋白70簇基因SNP的正确位置。研究结果进一步提高了基因调控分析的准确性，并为了解聚类内的基因在生产性状中的作用奠定了基础。此外，研究人员通过重新定义参考基因组，为未来的测序工作做出了贡献。

应用四：牛定相全基因组研究

随着DNA测序技术的不断进步，牛个体全基因组测序成为可能。大规模牛基因组测序，通常大于1000头牛的研究，有助于我们理解性状变异关系。大多数基因组测序的项目都使用短片段测序的方法，然而，人类基因组的研究表明，短片段测序仅仅提供了如单核苷酸多态性等小变异体的信息，不能捕获基因组的全部结构变异。此外，短片段测序的读取长度，也低于连锁信息的丢失和突变之间的距离，因此限制了该技术在单倍型研究的作用。因此，一些错误率更低的短片段技术逐渐成熟，如Illumina TruSeq合成长阅读，10X基因组学连锁阅读测序，以及基于染色体构象和捕捉的Hi-C。基于这些技术可以开展大规模的基因分型，用于基因组选择和预测基因组估计育种值。通过全基因组序列数据解析单倍体，有助于发现与目标性状显著关联的单核苷酸多态性。

汉乌是韩国本土的优质肉牛，因肉质和胴体品质优良而受到消费者的广泛欢迎。因此，研究人员以汉乌牛为研究对象，比较了Hi-C和10X基因组学连锁阅读测序在全基因组定相能力[8]。通过10X基因组学平台和Hi-C方法，以三种方式对一只汉乌公牛进行了单倍体定型，包括使用Long Ranger 流程对10X基因组学数据进行定型、使用HapCut2对10X基因组学数据进行定型、以及使用HapCut2对Hi-C数据进行定型。然后，使用包括切换错误率、成对单核苷酸变异体定相精度和数量以及单倍体区块长度在内的多种指标，比较了这些方法的定相性能和定相精度。结果表明，Long Ranger 流程定相分析的性能最佳，具有高定型率、低切换误差和跨距离、高定型精度，这与人类基因组的报告型一致。同时，研究也存在一些局限，如研究结果依赖于评估参数，且只考虑了单核苷酸多态性。因此，后续需要对评估的测序平台进行基准能力测试，识别和分析其他变异，如插入、缺失多态性、结构变异体、以及长片段插入、缺失、重复和拷贝数变异体等与疾病有关的变异。此外，基于单倍体的全基因组关联研究，也可以用于研究性状。因此，利用长的、高精确的序列数据、低成本的计算对二倍体基因组进行单倍型定相，有助于提高家畜基因组学的研究。

# 二、牛遗传多样性的分析

牛基因组的完成填补了哺乳动物基因组的进化空白，为理解6000万年前的真兽类鲸目动物的进化提供了高覆盖度的基因组序列，该目包括了220种反刍、河马等偶蹄类哺乳动物和88种鲸科动物。灵长和啮齿动物是目前研究最深入的两种哺乳动物，反刍动物是与在系统进化上距离较远的分支，其中牛是反刍动物的代表动物之一。研究灵长、啮齿和反刍三种哺乳动物群体之间的进化关系可以了解每个群体基因组的相似性和差异性，为理解哺乳动物的生物学特性提供参考和依据。

在距今335000年前，牛分化产生牦牛和瘤牛两个亚种，两个亚种是在不同的时间和地点独立驯化而来。通过考古和基因组挖掘发现，距今约10000年前，牦牛在新月沃土地区被驯化；而在距今约8000年前，瘤牛在印度河流域被驯化而来。随着牧民的迁移，驯化后的家畜种群逐渐分散，在自然选择和人工选择的作用下逐渐形成了遗传和表型多样化的现代牛种。自从野牛驯化以来，牛一直是一种珍贵的家畜，它可以提供牛奶、牛肉、皮革等畜产品，并且可作为役畜在交通运输和农业生产中发挥重要作用。由于经济、社会和宗教原因，人类选育800多个牛的品种，这些牛种是重要的世界遗产和独特的科学资源。

据估计，世界上有14亿头驯养的牛，饲养在各种环境条件下，用于生产肉类和奶制品。环境的多样性导致了牛品种的多样性。在牛的驯化过程中，随着自然选择和人工选择，逐渐形成了具有明显表型特征的品种。随着人类对动物性食品需求的增加，专门化品种（品系）选育越来越少，很少有品种被定向选育用于牛奶（例如，荷斯坦，瑞士棕）和牛肉（例如，安格斯）生产。牛专门化品种的优势选育导致了地方品种种群规模的急剧下降。虽然地方品种在集约化生产条件下产量较低，但其可能携带使它们适应当地条件的等位基因。因此，地方品种是在未来具有挑战性和不断变化的生产条件下推进动物育种的重要遗传资源。研究地方牛品种的遗传多样性对优化管理这些遗传资源具有重要意义。

应用一：牛基因组多样性和特征选择

瑞士当地的牛种之一原始瑞士褐牛，是一种兼用的牛种，用于高海拔的牛肉和牛奶生产。瑞士褐牛夏季在海拔1000～2400米的牧场放牧，冬季舍饲。由于瑞士褐牛的腿和爪子强壮有力，它们能很好地适应高山地形。在粗放的养殖条件下，瑞士褐牛在繁殖力、寿命和健康状况方面可能优于专门化奶牛品种。

研究人员利用全基因组测序数据评估了原始瑞士褐牛的基因组多样性和选择特征研究[9]。利用49个关键祖先的全基因组测序数据，在核苷酸分辨率下表征了瑞士褐牛的基因组多样性、基因组近亲繁殖和选择特征。结果分别注释了15722811个单核苷酸多态性和1580878个内含子，分别包括10738个和2763个有害的错义突变和高影响突变，并发现了49个瑞士褐牛关键祖先。以前在其他品种中检测到的六个孟德尔性状相关变异，在测序的关键祖先中被分离。瑞士褐牛的平均核苷酸多样性（$1.6 \times 10^3$）高于许多欧洲主流牛种。因此，在49个瑞士褐牛关键祖先动物中，来自纯合性（ROH）运行的平均基因组近交率相对较低（FROH = 0.14）。然而，由于长（>1Mb）纯合子数较高，近几代瑞士褐牛（FROH = 0.16）的基因组近交系较高。使用两种互补的方法，复合似然比检验和整合单倍型分析，鉴定了分别包含136个和157个蛋白质编码基因的95个和162个基因组区域，其显示了过去和正在进行的选择的证据（P < 0.005）。这些选择证据丰富了与牛肉性状相关的数量性状位点，包括肉质、饲料转化效率和体重，以及与凝血、神经和感觉刺激相关的途径。该研究概述了瑞士褐牛的基因组序列变异。利用全基因组选择的数据，观察到瑞士褐牛与许多欧洲主流牛种相比，基因组多样性更高，近亲繁殖更少。在基因组区域检测到选择的印迹，这些区域可能与肉的质量和对当地环境条件的适应性有关。考虑到在过去的几代中，种群规模较低，基因组近亲繁殖增加，实施最佳交配策略有助于保持瑞士褐牛种群的遗传多样性。

地方牛种能够适应当地环境和艰苦的饲养条件，是遗传变异的重要来源。据报道，中国郏县红牛由普通牛和瘤牛杂交育成；它们作为役畜和肉用动物的历史至少可以追溯到30年前。研究人员利用核心种群30头牛的全基因组测序数据，研究了郏县红牛在选择条件下的遗传多样性、群体结构和基因组区域，同时还利用131个已发表的世界范围内的牛基因组来描述郏县红牛的基因组变异[10]。群体结构分析表明，郏县红牛的祖先有东亚普通牛（0.493）、中国普通牛（0.379）、欧洲普通牛（0.095）和印度普通牛（0.033）。利用核苷酸多样性、连锁不平衡衰退和纯合运行等三种方法，发现郏县红牛基因组具有较高的多样性。实验用 θ π、CLR、FST和XP-EHH方法寻找郏县红牛正选择的候选标记。使用不同的检测方法共鉴定出171个 θ π 和CLR的共享基因和17个FST和XP-EHH的共享基因。功能注释分析显示，这些基因可能影响生长和饲料转化效率（CCSER1）、肉质性状（ROCK2、PPP1R12A、CYB5R4、EYA3、PHACTR1）、繁殖力（RFX4、SRD5A2）和免疫系统反应（SLAMF1、CD84和SLAMF6）。这项研究解析了郏县红牛基因组序列变异，在可能与郏县红牛重要经济性状相关的基因组区域检测到了一些选择标记。通过全基因组测序数据对郏县红牛的基因组变异进行了全面的描述，发现群体结构和基因组多样性，将为郏县红牛的遗传评估和育种策略的制定指明方向，郏县红牛种质资源的保护品种改良提供了依据。此外，确定了一系列候选基因，这些基因可能对该品种牛的肉质性状、生长和饲料转化效率、免疫反应和繁殖能力产生很重要的影响，为进一步研究世界其他重要地方肉牛的基因组特征提供了基础。

此外，牛的全基因组变异，如单核苷酸多态性和小的插入、缺失在以前的研究中已经被发现。这些小变异被用来研究牛的进化，包括群体结构、选择、群体规模和基因渗入等进化过程。在结构变异的情况下，基因组中很大一部分是由拷贝数变异组成的，拷贝数变异对基因结构、数量和表达水平的变化都有很大的影响。尽管其有潜在的高功能效应和已知丰富的基因组数据，但在检测和下游分析数据不足以及缺乏标准的情况下，理解拷贝数变异及其对牛基因组的影响仍具有一定的挑战性。发布的高质量牛基因组，如ARS-UCD1.2、UOA_Angus_1和UOA_Brahman_1，使基于高通量测序的拷贝数变异研究变得更加可行和可信。基于短读图谱的拷贝数变异研究将靶标区域扩展到全基因组，并提高定位的分辨率，因此现在能用其检测罕见的或新的变异。

因此，研究人员使用高通量测序，检测了全球39个牛品种（包括欧亚牦牛、亚洲和非洲土著牛）和2个非洲水牛品种的336个个体的全基因组拷贝数变异[11]。对常染色体拷贝数变异区域进行了群体遗传学研究，常染色体拷贝数变异区进行层次聚类，与来源和品种进行过比较。通过方差和秩的两两比较，鉴定出具有群体分化拷贝数的常染色体拷贝数变异区，对群体分化的常染色体拷贝数变异区重叠基因进行了功能注释，并提出了与选择和适应相关的候选基因。362个常染色体拷贝数变异区在统计学上显著差异，313个基因位于群体分化的常染色体拷贝数变异区上。

应用二：牛父系和母系起源进化

驯养和人工选择导致牛的遗传分化，进而导致牛品种或杂种的发展。各个牛种表现出特定的遗传多样性和群体结构模式。线粒体标记的发展使得研究全世界牛的多样性成为可能，然而，对泰国奶牛群体水平的遗传多样性仍需进一步研究。家畜遗传多样性的减少也降低了其对当地环境条件的适应性和疾病爆发后的恢复力，因此认为泰国奶牛种群正在接近低遗传变异的状态。随着农业的现代化、高度激烈的经济竞争、土地所有权的细分、高产品种的引进以及人口压力，都导致了地方品种数量的减少以及珍贵性状的丧失。农民必须提高高质量牛奶的生产效率并降低生产成本，以提高经济效益。基因改良是一项基本任务，主要涉及小农户发展高产高效的奶牛品种。遗传多样性、遗传差异和群体遗传结构的相关知识为动物遗传资源管理提供了重要信息。新的杂交技术可以通过遗传的方法、对环境因素的分析和对农民经验的调查来阐明泰国奶牛的产奶性状。

因此，研究人员通过线粒体测序，研究高水平的基因流对泰国奶牛群体的遗传分化的影响[12]。通过对泰国9个府的179个个体户的泰国奶牛群体内和群体间的遗传多样性和结构进行研究，收集并分析了线粒体D-环序列数据。研究人员根据对牛主的详细访谈，随机选择了牛，为了识别影响养殖奶牛经济效益的因素，并评估它们的经济重要性，需要对系谱进行管理，以降低泰国奶牛中纯合子基因频率和近亲繁殖系数。群体中的部分近交系衰退并不影响经济性状，但需要克服，以最大限度地提高牛群体的健康程度和使用年限。结果发现，51个单倍型，其中大多数被归类为单倍型组"Ⅰ"。所有抽样群体的遗传分化程度都严重降低，泰国中部的群体核苷酸多样性较低。来自邻近区域的群体基因流动频繁，表现为薄弱的群体结构模式。本研究分析了9个泰国奶牛群体的线粒体D环序列变异，重点探讨了该群体的起源和遗传多样性。目前的取样虽然没有包括种群中的所有个体，但仍有助于提供整个基因库的概述和追溯母系起源。研究结果将有助于人们更好地理解育种方案中所涉及的基本要素，并促进家畜的可持续利用，也有助于了解泰国当地牛种的起源和遗传关系，并将指导泰国的牛育种管理。

在哺乳动物中，Y染色体是决定雄性性别和繁殖能力的关键。目前的研究热点是培育更多的可育雄性，只有少数研究关注牛Y染色体的遗传多样性和基因组成。对牛Y染色体缺乏研究兴趣的原因是，长期以来，在牛的育种中只关注产奶或产肉等生产性状，而且大多数情况下是通过人工授精大量使用少数具有高遗传价值的公牛。此外，由于大量高度重复和回文序列的存在，导致染色体测序和组装工作变得十分具有挑战性。然而，非常染色体区域以外的染色体重组的缺失保留了原始的单倍型，因此可以通过研究系谱中的父系来实现对Y染色体传递的研究。无论哪种家畜，雄性系谱的数量都非常少，主要祖先（最古老的父系祖先中对其品种的Y染色体库贡献最大的个体）占其中的23.2%～58%。在所有的计算指标上，研究人员观察到乳用、兼用和肉用品种之间的显著差异。乳用品种在培育的过程中，由于人工授精等生殖技术的使用力度更大，因此，祖先数量较少，占父系血统的比例超过1%，最小祖先数量较少，占父系系谱95%，主要祖先贡献较多。

研究人员通过对12个牛种的系谱数据和全基因组序列分析，发现品系内Y染色体多样性极低[13]。利用系谱和分子标记信息，分析了12个法国肉牛和奶牛品种的Y染色体多样性。使用Lineage程序，初步分析了2015年至2019年出生的雄性个体的系谱，只考虑双亲都已知的个体。对于每个品种，计算了人工授精与自然交配产生的雄性比例，以及每个系谱中记录的最古老父系祖先对Y染色体库的贡献。结果发现总体数量较少的父系谱系，例如，最小数量的祖先占其品种Y染色体库的95%。此外，挖掘了811个品种（每个品种 $2 \leqslant n \leqslant 510$ 个）的全基因组序列数据，并利用1411个单核苷酸多态性构建了中位连接网络。发现，大多数分支是品种特异性的，符合这些种群的地理和遗传亲缘关系。家谱信息表明，品种内单倍体多样性低于预期，这支持在家谱记录之前存在主要的雄性创始者效应。此外，研究人员观察到相同祖先的后代之间的从头突变事件，这对定义父系亚谱系很有意义。本研究结果为进一步研究Y染色体单倍型对雄性生殖性能的影响以及Y染色体多样性的保存奠定了基础。

## 三、牛数据资源的建立

牛基因组数据库，为牛基因组测序和分析、基因组注释和分析提供了一个有用的资源。但是目前，面临着一些问题，如对高质量、数据的维护，不同来源数据的整合，从而最大限度减少冗余数据。牛基因组数据库，为相关研究提供了重要参考。为了适应日益增长的牛基因组学的数据量和复杂性，需要持续推进牛基因组数据库持续的数据采集、监管、集成和高效数据检索。

应用一：牛基因组数据库的建立和发展

　　研究人员提供了一个牛基因组数据库，为群体注释和分析提供参考[14]。由团队147名成员在15周内，对3871个基因进行了信息注释，整合到牛的基因集中。同时也提供一个注释系统，包括一个序列数据库搜索站点、多个基因组浏览器、一个注释门户。此外，除了注释系统的实现和集成外，数据库还支持计算分析，为发现基因功能提供参考，这些信息可以在基因页面上查看。这些新工具和新开发的系统，提供了一个统一的平台，解决了对注释信息的处理和整合问题。使研究人员都能参与到基因组注释的工作中，充分利用不同领域的专业知识为牛基因组提供更系统全面的信息。

　　2011年，研究人员创建了牛基因组数据库，并开发了基因组注释和发现的工具[15]。该数据库是一个公开的互联网资源，对牛基因组进行注释，为牛基因组测序和分析工作提供参考。此外，还提供了发布和获取已公开的数据的功能。牛基因组数据库在不断更新基因注释，并整合其他工具对新数据类型进行集成，并且提供了数据库的使用方法。牛基因组数据库包括GBrowse基因组浏览器、Apollo注释编辑器、数量性状基因座查看器、BLAST数据库和基因页面。基因组浏览器可以显示牛基因组注释、RefSeq和Ensembl基因模型、非编码RNA、重复序列、假基因、单核苷酸多态性、标记、数量性状基因组以及与互补DNA、EST和蛋白质同源物的比对。牛数量性状基因座可视化工具，与GBrowse基因组浏览器关联，可以识别潜在的数量性状基因座的候选基因。Apollo注释编辑器直接连接到牛基因组注释数据库，为研究人员提供远程访问基因证据的图形界面，允许编辑和创建新的基因。研究人员可以将新基因的信息上传到服务器，审核通过以后加入到官方的基因列表中。基因页面显示牛基因的信息，包括基因结构、转录变体、功能描述、基因符号、基因本体术语、注释以及与其他公开数据库的连接。每个基因页面由几个部分组成，包括基因概述、基因名、Ensembl基因座、基因组坐标、GO注释等。

　　研究人员创建了牛基因组数据库，为牛的参考基因组的注释提供了新的工具，包括基因组浏览（JBrowse）、基因组注释（Apollo）、数据挖掘（BovineMine）和序列数据库搜索（BLAST）工具[16]，通过改进现有工具、开发新工具、添加新数据集，更好地服务于研究者。为了提高牛基因组数据库的质量，研究开发了一个新的基因组注释插件，称为基因座特异性替代装配（LSAA）工具，识别和报告潜在的基因组装配错误和结构变异。牛基因组数据库包含旧参考基因组UMD3.1.1，以及最新的牛参考基因组ARS-UCD1.2，两者可以同时进行浏览、查询和对比。此外，也整合了山羊和绵羊的基因组和基因注释数据，实现对多物种的查询。基因座特异性的信息有助于研究人员研究感兴趣的基因，为未来的牛基因组组装升级奠定了基础。通过更新数据和工具，为相关研究人员提供了一个有用的参考和资源。

应用二：牛变异和选择性高标记数据库

　　基于下一代测序技术，目前已经积累了大量的牛基因组数据，可用于群体遗传多样性的表征，以及发现自然选择、人工选择下基因组区域。然而，这种大型数据集的高效存储、查询和可视化仍具有一定的挑战性。研究人员构建了牛的测序变异和选择性标记的综合数据库，主要功能包括，基因搜索、变异搜索、基因组特征搜索、基因组浏览器、比对搜索工具和基因组坐标转换工具[17]。牛基因组变异数据库包含基因组变异的信息，约有60.44M单核苷酸多态性，6.86M插入/缺失多态性，76634个基因拷贝数变异区域，以及全球432个现代牛样本中的选择性扫描特征。用户可以通过交互式品种地图，使用三种版本的牛参考基因组（ARS–UCD1.2、UMD3.1.1和Btau 5.0.1）中任何一种基因编号，快速检索54个牛品种的变异分布模式，通过曼哈顿图和基因组浏览器查看选择扫描的信号。为了进一步研究可视化变异体和选择特征之间的关系，基因组浏览器整合了来自NCBI、UCSC基因组浏览器和动物QTLdb的所有变异体、选择数据和资源。总的来说，牛基因组变异数据库的上述特点，为深入数据挖掘与分析全球牛生物学特征和牛育种提供了丰富的数据。通过对来自牛基因组的数据汇总统计，为群体基因组学研究团体提供了宝贵的资源。基因组浏览器为用户提供了研究感兴趣基因组区域中的遗传变异、及下游分析的功能。该研究通过大规模的数据，表明牛基因组变异数据库有助于基因组挖掘，且有助于理解在不同的时间、地理和基因组尺度上解释选择特征。

# 四、牛全基因组关联分析

## 应用一：牛乳、肉性状的遗传变异机理

脂肪含量和脂肪酸的组成会影响牛奶的营养价值和口感。月桂酸、肉豆蔻酸和棕榈酸等饱和脂肪酸会增加血液中低密度脂蛋白的浓度，从而提高人们患心血管疾病的风险。但是一些短链的饱和脂肪酸（C4：0–C12：0）能够抗病毒、细菌和癌症，对维持机体健康具有重要作用。据报道，不饱和脂肪酸可减少低密度脂蛋白的浓度，有益于机体的健康。乳制品的质地和口感会受到饱和脂肪酸以及不饱和脂肪酸熔点不同的影响。增加不饱和脂肪酸特别是油酸和亚油酸的浓度，会使牛奶中的脂肪更柔软，可用来制作易涂抹的黄油。乳脂的合成是一个复杂的生物学过程，受到多种与代谢相关的基因的调控。通过基因和位点的鉴定，研究人员可以了解到更多脂肪酸合成途径的相关信息，从而应用于选择育种，来改善牛奶中脂肪酸的组成。候选基因如*DGAT1*、*SCD*和*FABP4*的遗传变异会影响牛乳中脂肪酸谱的表达。研究人员发现乳脂的生物合成十分复杂，并不是一个简单的由许多基因和数量性状基因座调控的性状。

因此，利用Illumina平台50K的SNP芯片，研究人员鉴定影响Vrindavani牛乳脂和脂肪酸组成的基因[18]。首先鉴定与Vrindavani牛乳脂率和脂肪酸组成相关的候选基因，在质控后，通过41427个信息性和高质量的单核苷酸多态性对乳脂率和16种不同类型脂肪酸进行全基因组关联分析。在全基因组关联分析模型中，将泌乳期、胎次、试验日产奶量和引入外血比例作为固定效应。结果发现67个有显著性差异（$P < 1.20 \times 10^{-6}$）和176个稍显著（$P < 2.41 \times 10^{-5}$）的单核苷酸多态性。其中，与多个性状相关的单核苷酸多态性有15个，关联性最强的包括乳脂率、不饱和脂肪酸与*BTA2*、*BTA16*。此外，研究人员还发现了几个位于*ELOVL6*、*FABP4*、*PMP2*、*PLIN1*、*MFGE8*、*GHRL2*和*LDLRAD3*基因附近或内部的单核苷酸多态性。

对中国荷斯坦奶牛乳脂肪酸性状的全基因组关联，发现单核苷酸多态性（BTB–

01556197）在全基因组水平上与C10：0显著相关（$P = 0.0239$），其位于调节脂肪酸氧化的5-羟色胺受体1B（*HTR1B*）基因的下游。因此，认为它是一个影响奶牛乳脂肪酸代谢的候选基因。研究人员分析了牛*HTR1B*基因如何影响乳脂肪酸性状，并测定了其功能性单核苷酸多态性，探究HTR1B基因是否对牛奶脂肪酸性状具有显著的遗传效应[19]。研究共鉴定出了13个单核苷酸多态性，其中1个位于5′侧翼区，2个位于5′非翻译区，2个位于外显子，5个位于3′非翻译区，3个位于3′侧翼区。通过基因型-表型关联分析，观察到了13个单核苷酸多态性与中链饱和脂肪酸（如C6：0、C8：0和C10：0）显著相关（$P < 0.0001 \sim 0.042$）。利用Haploview4.1软件进行连锁不平衡分析，观察到由两个和十个单核苷酸多态性组成的两个单倍型区。基于单倍型的关联分析表明，两个单倍型区组也与C6：0、C8：0和C10：0密切相关（$P < 0.0001 \sim 0.0071$）。外显子1的错义突变（g.17303383G>T）减少了从丙氨酸到丝氨酸的变化，科研人员预测它通过SOPMA改变了HTR1B蛋白质的二级结构。此外，科研人员预测启动子区域的三个单核苷酸多态性（g.17307103A>T、g.17305206T>G和G.17303761C>T），通过Genomatix改变转录因子HMX2、PAX2、FOXP1ES、MIZ1、CUX2、DREAM和PPAR-RXR的结合位点。其中，荧光素酶分析实验进一步证实了g.17307103A的等位基因T与等位基因A相比，T显著提高*HTR1B*基因的转录活性（$P = 0.0007$）。在这项研究中，通过全基因组关联分析确认了*HTR1B*基因对牛奶脂肪酸的显著遗传效应，并在其5′侧翼区域g.17307103A中发现了一个潜在的功能突变，其改变了*HTR1B*的转录活性。这些结果为奶牛遗传改良计划提供了有价值的分子信息，首次证明*HTR1B*基因对奶牛的乳脂肪酸具有显著的遗传效应。

在肉牛产业中，人们普遍认为胴体性状是影响该产业发展的重要经济性状之一。根据牛的基因组信息，通过人工选择提高肉的产量和品质，并且筛选出对生产有益的突变，然后通过增加群体的频率，最终在基因组上留下可检测到的阳性标记。近年来，随着高通量测序技术的发展，肉牛遗传的研究进展也随之加快。为了更加深入地了解全基因组关联分析所探讨的遗传问题，研究人员提出了选择标记分析法，以此作为对全基因组关联分析的一种补充。对于肉牛来说，基于单核苷酸多态性的全基因组关联分析已经能够识别与胴体、生长和肉质等重要经济性状相关的众多候选基因。近年来，由于全基因组测序技术的不断发展，使探索全基因组变异成为可能，让鉴定家养动物复杂性状的因果变异成为可能。但由于成本问题，对大量的个体进行全基因组关联测序仍然是不切实际的。因此，人们想出一种经济且高效的方法——将低密度芯片的基因型整合到整个基因组序列水平上，这一方法有助于解析遗传结构和识别新的与许多重要经济性状相关的因果变异，包括牛的体细胞数、产奶量、胴体性状和饲料转化效率等。

育种专家们对中国西门塔尔肉牛的生产性状进行了几十年的筛选。然而，这些性状的遗传机制尚未得到解析，在以前的研究中只报道了少量的具有可检测效应的候选变异。为此，研究人员通过选择标记和多性状的全基因组关联分析揭示了肉牛胴体性状的多基因遗传结构[20]。结果鉴定出了1116个与2214个候选基因重叠的区域，其中大部分都富集在结合和基因调控这一通路上。值得注意的是，通过单性状和多性状分析，发现有66个和110个与胴体性状显著相关的潜在变异。通过整合具有单性状和多性状关联的选择标记，发现有12个和27个推测基因与之有关。此外，在*OR5M13D*、*NCAPG*和*TEX2*基因中，发现了几个高度保守的错义变异。利用序列变异，对中国西门塔尔牛屠宰性状的潜在选择特征和致病变异进行识别，阐明选择区域和胴体性状候选变异之间的关联，利用综合方法解析了重要经济性状的遗传机制，可以进一步加速牛的遗传改良进程。

应用二：牛热应激性

牛序列水平上遗传变异的大部分是针对原始牛种群。通过全基因组测序技术，研究展示了52头内洛牛的完整基因组特征，揭示了特定的DNA变异，推测其对热带适应和生产性状的影响[21]。用最新的牛参考基因组ARS_UCD1.2鉴定单核苷酸多态性和缺失突变，并使用Ensembl VEP软件预测变异功能结果，鉴定出各种单核苷酸变异，包括在这个内洛尔牛参考群体中的变异，以及与牛的抗病、耐热和繁殖等适应性直接相关的基因的缺失突变。共检测到35753707个单核苷酸多态性和4492636个缺失突变，并对其功能效应进行了注释。研究鉴定了400个同时包含单核苷酸多态性和缺失突变的基因，对蛋白质功能有明显的影响，例如导致蛋白质截断、功能丧失或引发无意义的衰退。在这些基因中，*BoLA*，与牛对感染和繁殖方面的免疫反应有关，*HSPA8*，*DNAJC27*和*DNAJC28*，与哺乳动物的体温调节保护机制有关，以及许多与嗅觉信号通路相关的基因，它们是哺乳动物进化过程的重要遗传因素，所有这些功能都直接影响牛对热带环境的适应性。这项研究在序列水平上对内洛尔牛进行了基因组鉴定，为解析内洛尔牛适应恶劣的热带环境的遗传机制奠定了基础。

应用三：牛寿命的遗传机制

寿命是动物福利的一个间接指标。寿命的延长可以增加每头奶牛的平均泌乳量，从而影响奶牛业的经济效益。奶牛寿命的提高，可延长奶牛的使用年限，从而降低奶牛的培育成本。研究人员对3个奶牛品种的全基因组测序变异进行了关联分析，在荷斯坦奶牛和丹麦红牛中分别鉴定了7个和长寿相关的基因组区域[22]。结果显示，3个品种中存在2个显著的基因组区域，分别位于第6号染色体（META-CHR6-88MB）和第18号染色体（META-CHR18-58MB）。其中，META-CHR6-88MB与2个已知基因重叠，包括神经肽G蛋白偶联受体（NPFFR2；89052210-89059348bp）和维生素D结合蛋白前体（GC；88695940-88739180bp）。*NPFFR2*基因是抗乳腺炎的候选基因。META-CHR18-58MB与锌指蛋白717（ZNF717；58130465-58141877bp）和锌指蛋白613（ZNF613；58115782 -58117110bp）与产犊有关。总体而言，关联最显著的SNP不在基因的编码区域内，而在未知的基因之间。因此，牛长寿和已鉴定的变异的功能之间的联系并不明显。其他几个与长寿相关的基因组区域包含疾病基因，比如*KCNK16*、*PPP1R14C*和*GCH1*。这些疾病基因及其途径可以进一步研究，以筛选出具有长寿特性的候选基因。

# 五、牛疾病的遗传变异研究

应用一：牛病原微生物的研究

顶端复合原生动物寄生虫，细小泰勒虫，通过三种宿主蜱虫传播，会引起牛的东海岸热病。宿主物种之间的寄生虫基因型部分相同，细小泰勒虫的一个亚种群是通过在牛内传播维持。目前需要对水牛细小泰勒虫种群有更全面的了解，因为只有全面了解细小病毒种群的遗传，才能评估水牛源性细小泰勒虫感染牛的风险，并制定预防接种等有效控制措施。目前，尚不清楚牛和水牛中，细小泰勒虫种群之间的遗传关系，也没有对相同区域内的牛和水牛中进行过研究。

因此，为了确定坦桑尼亚塞伦盖蒂国家公园附近，牛和水牛共存地区中，牛中细小泰勒虫种群的遗传多样性，研究人员通过长片段测序进行了研究[23]。通过免疫牛中CD8+和CD4+T细胞识别的3种细小泰勒虫抗原（Tp1，Tp4和Tp16），对126头牛和22头水牛细小泰勒虫的遗传多样性进行了长片段测序，生成全长或接近全长的等位基因序列。结果发现，与牛来源的寄生虫相比，水牛来源的细小泰勒虫的等位基因多样性明显更大，例如，Tp1中牛的等位基因数为9，水牛为81.5。物种之间相同的等位基因很少，Tp1的651个等位基因中，只有8个相同。水牛特有的等位基因有412个，牛特有的比例较少，仅有231个。这些数据说明了水牛和牛细小泰勒虫种群之间复杂的相互关系，揭示了水牛细小泰勒虫种群的显著遗传多样性。水牛中鉴定的等位基因数量要高得多，这反映了扩增子大小可能增加了1618bp，但也表明PacBio测序和分析方法在等位基因检测方面具有更高的分辨率。以从体外细胞扩增到的TpM作为对照，通过分析发现TpM中仅检测到一个等位基因，这表明现场样品中检测到的等位基因可信度更高。但研究人员在样本集中检测到了所有五个已知的Tp1表位，这表明这是一个具有遗传多样性的细小病毒种群，表明其可能是水牛和牛存在的主要种群，可能由于缺乏对保护区蜱种群控制的影响。这些结果强调全面地了解水牛细小泰勒虫种群动态的重要性，对水牛细小泰勒虫种群遗传学更全面的了解，将有助于准确地评估牛由细小泰勒虫引起的感染风险的程度，以及评估控制措施，如疫苗接种。

牛呼吸道疾病是美国牛死亡的最常见原因，但由于长期的实验室培养以及抗生素敏感性，牛呼吸道疾病相关的细菌病原体的快速物种鉴定和敏感性分析受到一定限制。全基因组测序为细菌鉴定提供了一种替代方法，但需要一个细菌参考基因组进行比较。为了提供新的细菌基因组，评估耐药基因型的遗传多样性和变异，研究人员对来自于奶牛和肉牛的牛呼吸系统疾病相关的细菌分离株，睡眠嗜组织杆菌、牛支原体、溶血性曼海姆氏菌和多杀性巴斯德菌进行了全基因组测序，并研究了其药敏基因型与表型的一致性[24]。

结果发现100个不同基因组，并且上传到NCBI数据库，使这4个物种的基因组数目增加了一倍。通过计算机分析，可以从全基因组序列中识别抗生素耐药基因，但不能预测体内实验的抗生素耐药性。64株睡眠嗜组织杆菌、溶血性支原体和多杀性支原体菌株对相关抗生素的基因型和表型耐药率的总体一致性为72.7%（P<0.001）。不同抗菌素、抗菌素耐药基因和菌种组合间的一致性差异较大。这表明，需要用抗生素敏感性表型来补充基因组预测的抗生素耐药性基因型，以更好地理解给定细菌中抗生素耐药性基因是如何影响牛呼吸系统疾病的。研究结果表明了全基因组动力学在介导耐药性方面的复杂性，并强调了一个事实，即单个基因的简单存在或缺失，并不总是能预测给定生物体在不同水平的抗生素暴露下的行为。这项研究发现的序列，有助于进一步了解这些重要牛病原体中基因组介导的抗菌素耐药性的变化，突出了为每个分离菌持续收集相关宿主、生产和健康信息的重要性，有助于评估从全基因组选择数据中鉴定耐药基因，并且为预测牛呼吸道疾病、寻找最佳治疗方案、降低牛呼吸道疾病的发病率和死亡率提供必要的理论参考。

星状病毒是肠胃炎的主要致病因子。以往人们对中国水牛嗜神经型哮喘知之甚少，最近发现了一种与脑炎和脑膜炎有关的新病毒，研究人员对在广西新发现的水牛星状病毒进行了检测并研究了其遗传多样性，检测到了中国广西水牛的急性呼吸道合胞病毒感染[25]。

结果显示，40%的受检养殖场发现有星状病毒感染，粪便中星状病毒的流行率为11%。此外，对来自粪便的星状病毒的两个近全长和两个开放阅读框基因进行了测序。两个开放阅读框序列的系统分析表明，牛星状病毒有三个谱系，牛星状病毒谱系1、2均与牛星状病毒密切相关，牛星状病毒谱系3则被归类为新的星状病毒，这与牛、羊和麝鹿中发现的嗜神经/神经毒力星状病毒株有密切关系。在这项研究中，牛星状病毒NNA-14是一种新的牛星状病毒，具有乳腺病毒13基因型，其中包含来自反刍动物的大多数嗜神经/神经毒力星状病毒菌株，如BrawV Neurose1（KF233994.1）、BrawV CH13（NC 024498.1）、BrawV BH89/14（LN879482.1）、绵羊星状病毒（NC_002469）和麝鹿星状病毒-CH18（MK11323）。这些菌株具有神经营养性，可感染中枢神经系统，导致先前报告中的病毒性脑膜炎和脑炎。这一结果表明，牛星状病毒NNA-14是类似的嗜神经性星状病毒株，可能具有感染水牛中枢神经系统而引起脑炎的能力。对检测到牛星状病毒 NNA-14的农场进行了回访，发现了导致小牛死亡的无法解释的神经症状。又进行尸检和免疫组织化学分析，以确认中枢神经系统中是否存在牛星状病毒NNA-14菌株。但是，组织病理学分析发现这不是非化脓性脑炎的特征，并且在脑切片中未发现强病毒抗原，这表明检测结果并不能证明本例是病毒感染的病毒性脑炎。这可能是因为该病毒尚未感染大脑或通过免疫反应系统清除病毒成分，这表明牛星状病毒NNA-14感染与个体差异、宿主的免疫反应以及逆转录聚合酶链反应方法中使用的引物的敏感性有关。研究还通过逆转录聚合酶链反应分析了其他器官，包括肺、脑干、脾脏、肝脏和肠淋巴结的感染情况，但是，星状病毒阳性仅存在于肠组织中。尽管没有发现明显的临床症状，但考虑到嗜神经牛星状病毒的致病性尚不确定，进一步的研究应继续关注感染嗜神经牛星状病毒-NNA-14的水牛群的临床症状。这项研究报告了中国牛星状病毒感染的遗传多样性，特别是从水牛粪便中发现了类似的嗜神经毒株，并提供了流行病学、基因重组、遗传多样性的详细信息，以及中国广西水牛中布氏病毒和星状病毒的种间传播。

病毒学中，分离和鉴定来自动物、植物和环境样本中环状复制酶编码的单链DNA是一项快速发展的技术。为了寻找亚洲水牛的牛乳是否存在BMMF（牛肉和牛奶因子）和CRESS病毒，研究人员分析了水牛乳汁中编码环状重复序列的单链DNA序列，从家养的亚洲水牛的单个牛奶样本中检测到21个环状DNA，包括一个基因组序列[26]。结果发现，大多数基因组与Sphinx1.76和Sphinx2.36序列相关，并且与从商品牛奶以及牛血清中分离出BMMF的环状脱氧核糖核酸有高度相似性。在来自于原牛的普通奶牛品种中发现了BMMF。特别的是，与亚洲牛相比，在北美和西欧牛中BMMF与结直肠癌和乳腺癌发病率较高有关。聚合酶链式反应筛选结果显示86%（26/30）的水牛乳样品为阳性，但环状全长序列的回收率仅为53%（16/30）。这种差异可能是由于在RCA过程中产生了一定程度的线性副产物。因此，在用引物进行聚合酶链式反应筛选时，仅扩增亚基组片段，可能不是一个全长基因组潜在的合适标记。在研究检测和表征的21个环状单链DNA元件中，20个属于BMMF组。反向聚合酶链式反应还揭示了一个属于双循环病毒属的序列。对研究描述的基因组做了进一步电子分析，发现两个序列（12BAMI.2349和18BAMI.2184）包含的胞外多糖大幅度减少。由于潜在的功能失调，它们的复制能力存在一定的问题。此外，21个阳性样本中有5个含有两个ssDNA元素。因此，还必须考虑到来自一个元素的功能性代表，能够补充第二个序列的功能性代表，从而实现两者的RCR。然而，为了回答这个问题，这些脱氧核糖核酸元件的功能活性和复制行为必须在转染试验中进行测试。

应用二：水牛抗性基因的预测和定位

水牛是一种重要的动物资源，可以参与耕地和运输，也可以为人类提供牛奶、肉类和皮革等产品。然而，乳腺炎是一种影响产奶量和繁殖能力的细菌性疾病，在对高产奶量进行密集选择的群体以及近亲繁殖水平很高的群体中更普遍。气候的急剧变化和恶劣的养殖环境使水牛群中乳腺炎更为普遍。然而由于抗生素的耐药性、药物残留、水平基因转移和抗性育种局限性等问题都使该疾病的管理面临着重大挑战。同时由于品种差异、样本量和较小的等位基因频率，牛乳腺炎全基因组关联研究的成功率较低，同时也降低了检测与单核苷酸多态性相关疾病的能力。定位技术可用于挖掘水牛群体中低频变异，这种低频率等位基因在疾病关联分析中非常有价值，但是在全基因组关联分析中经常被忽略。虽然已经有了水牛的全基因组，但无法预测乳腺炎基因。通过在水牛乳腺炎数据库中补充候选基因关联分析方法，可以克服全基因组关联分析研究在抗乳腺炎育种中的局限性。

因此，研究人员对水牛乳腺炎相关基因进行了全基因组预测、定位及基因组资源开发的相关研究，将有助于水牛基因组的定向测序，通过高深度测序挖掘可能与水牛乳腺炎相关的极其罕见的变异[27]。结果发现，在牛129个乳腺炎相关基因中，有101个基因被完全定位到水牛基因组中，从而获得靶向基因，有助于识别水牛中的罕见变异。利用50个组织的RNA测序数据，在水牛基因表达图谱中验证了85个基因。预测了97个基因的功能，揭示了225条通路。利用乳腺炎蛋白进行蛋白互作网络分析，获得蛋白互作的关系。从101个基因中鉴定出，1306个单核苷酸多态性和152个插入/缺失变异。水牛乳腺炎数据库采用3层结构，检索具有基因组坐标和染色体细节的乳腺炎的相关基因，进行靶向基因测序，以挖掘次要等位基因，并且进行进一步的关联研究。本研究提供了一个网络基因组资源，用于挖掘水牛抗乳腺炎育种的目标基因的变异，以确保提高水牛的生产力和繁殖效率，预测的靶向基因在不同水牛组织中被成功转录，同时利用水牛乳腺的转录组数据也成功地挖掘了变异。对水牛基因组中牛乳腺炎相关基因的定位揭示了它们的广泛性，蛋白质的相互作用预测了与疾病相关的蛋白，揭示了乳腺炎疾病发生的生化途径，且这些蛋白质可以用于未来的药物设计。该方法可用于水牛的选育和淘汰，提高产奶量和繁殖率。

# 第二节　转录组在牛研究中的应用

## 一、牛疾病的转录组研究

应用一：牛病毒类疾病的病理学

目前，人们对牛疱疹病毒-6在个体之间或不同反刍动物种群之间的传播知之甚少。鉴于其在全球的分布和流行情况，需要进行更多的工作来确定这种病毒对牛生产的影响。研究人员解析在欧洲奶牛中，牛疱疹病毒-6的患病率及其表型，并通过RNA-Seq高通量测序技术研究了白细胞转录组的相关变化[28]。研究将RNA测序结果中未能与基因组比对到的RNA片段，与微生物序列进行比较，发现是否存在微生物RNA。研究从不同欧盟国家的六个奶牛群选取了138头奶牛的白细胞样本，结果发现83.5%的样本中含有牛疱疹病毒-6。根据牛疱疹病毒-6的含量，将奶牛分为高病毒组（n=24，牛疱疹病毒-6分值为201～1175），低病毒组（n=114，牛疱疹病毒-6分值为1～200），并且与牛乳产量、代谢功能和疾病的表型数据进行比较，结果发现在牛乳产量上没有显著变化，但是高病毒组在临床乳腺炎和子宫疾病的发生率更低。根据对血液和牛奶中IGF-1和各种代谢物的测量，发现高病毒组的代谢状态不佳。比较两组白细胞的转录组，发现485个差异表达基因，功能富集分析表明这些差异表达基因主要参与免疫系统。在高病毒组，发现编码病毒检测、干扰素反应和E3泛素连接酶活性的蛋白质的基因显著下调，说明牛疱疹病毒-6很有可能通过逃逸病毒检测，因此不会产生临床现象。疱疹病毒已经进化出了多种策略来逃避宿主的先天反应，并促进宿主的感染。这些研究结果表明，牛疱疹病毒-6可以改变细胞抗病毒应答，以促进其自身的生存。在产后早期，感染牛疱疹病毒-6的奶牛也存在代谢紊乱。病毒可能通过引起肝脏失调，可能引起代谢和炎症失调。另外，在泌乳早期经历葡萄糖或蛋白质缺乏的奶牛，将面临更大的代谢应激，这可能会增加重新感染牛疱疹病毒-6激活的可能性。本研究发现，高牛疱疹病毒-6奶牛的临床疾病没有显著增加。

牛病毒性腹泻病毒是黄病毒科瘟病毒属的一种，对畜牧业造成了严重的经济损失。这种病毒可以通过"感染-持续"策略和"靶向-逃逸"策略与宿主保持相关性，从而有助于牛病毒性腹泻病毒在牛群中的存活和扩散。牛病毒性腹泻病毒进化出了各种策略，来逃避宿主的先天免疫。为了进一步了解牛病毒性腹泻病毒克服宿主细胞先天免疫反应的机制，并为进一步理解牛病毒性腹泻病毒与宿主的相互作用提供更多线索，因此科研人员通过RNA-Seq转录组分析，对牛病毒性腹泻病毒感染期间，宿主的差异表达基因进行了研究[29]。选用牛肾细胞为研究对象，感染牛病毒性腹泻病毒2小时、6小时、12小时和24小时采集样本进行测序，结果发现1297个、1732个、3072个和1877个差异表达基因，通过实时定量逆转录PCR验证了测序结果的可重复性。牛病毒性腹泻病毒感染诱导了脂质代谢相关基因的上调，具有抗病毒作用基因，如*ISG15*、*Mx1*、*OSA1Y*表达下调，表明牛病毒性腹泻病毒感染期间宿主先天免疫系统可能受到抑制。*F3*、*C1R*、*KNG1*、*CLU*、*SERPINA5*、

*C3*、*FB*、*SERPINE1*、*C1S*、*F2RL2*与*C2*的表达水平也下调，说明补体系统可能在牛病毒性腹泻病毒感染过程中发挥关键作用。这项研究为进一步研究牛病毒性腹泻病毒-宿主相互作用的机制提供了独特的见解。

　　牛白血病病毒是一种δ-逆转录病毒，容易引起牛真肠病，这是一种影响牛的淋巴增生性疾病，该病毒导致免疫系统功能损伤，有利于病毒继发感染。由于这种特殊的致病机制，感染牛白血病病毒的牛，其乳腺炎发病率增加。因此，研究人员通过RNA-seq测序技术，探索了牛白血病病毒感染对牛乳腺上皮细转录组的影响[30]。结果发现，感染牛白血病病毒的乳腺上皮细胞系中，IFNI信号通路和参与病毒防御应答的基因的表达发生了改变，也涉及胶原分解代谢过程、原癌基因、肿瘤抑制基因的表达。这项研究为更好地理解牛白血病病毒对牛乳腺上皮细胞免疫反应提供了理论证据。

## 应用二：牛细菌类疾病的病理学

　　脂多糖和脂磷酸是大肠杆菌和金黄色葡萄球菌的关键毒力因子，均可引起牛乳腺炎症反应。因此，科研人员以牛乳腺上皮细胞作为研究对象，通过脂多糖或脂磷酸对细胞进行处理，通过RNA-Seq分析来研究牛乳腺上皮细胞转录组的变化[31]。结果表明，与对照组相比，脂多糖处理组中存在100个差异表达基因，其中95个上调，5个下调。在脂磷酸处理组中，发现24个差异表达基因，12个上调，12个下调。尽管两个处理组中，差异表达基因的数量和变化有所不同，然后通过富集分析发现，这些差异基因都参与细胞因子-细胞因子受体相互作用、NF-κB信号通路、NOD-like受体信号通路、以及细胞因子和趋化因子。这些结果全面描述了脂多糖和脂磷酸对牛乳腺上皮细胞的基因表达谱的影响，有助于理解乳腺内感染过程中早期的"病原体-宿主"相互作用，解释了脂多糖原和脂磷酸基因表达差异之间的不同生物学机制，有助于了解大肠杆菌和金黄色葡萄球菌引起的牛乳腺炎中脂多糖和脂磷酸的发病机制。

　　禽分枝杆菌亚种感染会引起慢性细菌性肠炎，副结核杆菌病是反刍动物的一种慢性肠道疾病之一，对美国和其他地区的牛生产造成严重的经济损失。在感染期间，副结核杆菌病是杆菌吞噬并破坏宿主巨噬细胞过程，导致亚临床感染，可导致免疫病理和疾病传播。因此，对感染过程中宿主巨噬细胞转录组的分析，有助于以阐明慢性细菌性肠炎相关的分子机制和宿主与病原体的相互作用，因此，研究人员通过RNA-seq技术，分析了来自牛单核细胞的巨噬细胞，感染禽分枝杆菌亚种副结核杆菌的免疫应答[32]。从7头年龄和性别相同的荷尔斯坦牛单核细胞中，分离出巨噬细胞，使用副结核杆菌病感染巨噬细胞，在感染2小时和6小时分别采样作为实验组。结果表明，在感染后2小时和6小时的样本中，分别观察到245个和574个差异表达基因。通过功能富集分析，发现差异表达基因显著富集在一些之前尚未发现的免疫相关的功能，如促炎细胞因子、IL-10信号通路等，这些结果说明感染副结核杆菌后，激活了宿主免疫反应，对杆菌的繁殖进行抑制的一个动态平衡过程。此外，将RNA-seq测序数据与来Affy公司的芯片结果进行比较，发现RNA-seq方法在研究宿主对细胞内感染转录反应时具有更大的优势。这项研究为理解巨噬细胞-副结核杆菌病的相互作用提供了新的见解，突出了以前没有发现的副结核杆菌感染的宿主反应过程，以及基因的潜在免疫功能。

　　尽管许多国家实施了严格的监测和控制计划，但牛结核病仍是影响全世界牛种群的一种主要地方病，其由牛分枝杆菌感染引起。高通量功能基因组学技术的发展，包括基因表达微阵列和RNA测序，有助于深入理解牛分枝杆菌感染宿主引起的转录组变化，特别是对巨噬细胞和外周血的影响。因此，研究人员对牛分枝杆菌感染牛外周血白细胞进行了RNA-seq转录分析[33]。选择8只自然感染牛分枝杆菌的荷斯坦牛，选用相同性别和年龄的健康荷斯坦牛作为对照，采集外周血白细胞进行RNA-seq测序。结果发现，与对照组相比，牛分枝杆菌感染样本中共检测到3250个差异表达基因，下调基因的数目大于上调基因，这些差异表达基因主要富集在免疫功能中，其中在白细胞外渗信号等几个重要的信号通路中发现基因表达明显下调。通过比较不同的平台方法，发现RNA-seq检测到的差异表达基因的数目多余芯片数据，其中两种技术可以同时检测917个基因，表达变化相同，然而RNA-seq方法检测的范围比芯片数据更大。

金黄色葡萄球菌是一种常见的乳腺炎病原菌，普遍存在于奶牛养殖场自然环境，能够侵入乳腺上皮细胞。然而，牛乳腺上皮细胞对金黄色葡萄球菌侵袭的反应机制尚不清楚。因此，研究人员通过RNA-seq全转录组学分析和生物信息学工具，探讨了金黄色葡萄球菌对牛乳腺上皮细胞的影响[34]。共发现259个差异mRNA，27个差异microRNAs，21个长非编码RNA，这些RNA主要促进炎症反应、免疫反应、胞吞作用以及细胞因子-细胞因子受体相互作用，表明在牛乳腺上皮细胞对细胞内金黄色葡萄球菌的防御中，PPAR信号通路的基因上调促进过氧化物酶体和ROS的产生，DRAM1上调促进自噬的激活，这些机制可能参与了牛乳腺上皮细胞内金黄色葡萄球菌的清除。这项研究通过RNA-seq方法，对感染金黄色葡萄球菌的牛乳腺上皮细胞的整个转录组谱进行了表征，表明金黄色葡萄球菌侵入牛乳腺上皮细胞可触发免疫反应、ROS的产生和自噬相关基因的表达，这些差异表达的RNA可能对理解金黄色葡萄球菌在牛乳腺上皮细胞中生存的分子机制至关重要，提供了新的见解。

microRNA是调节基因表达的关键因子，在调节牛适应性和先天性免疫过程中发挥着关键作用。牛肺泡巨噬细胞有助于维持肺内稳态，并构成宿主防御感染性呼吸道疾病的屏障。然而，关于microRNA在这些细胞中发挥的作用尚未清楚。因此，研究人员通过RNA-seq高通量测序方法，对牛肺泡巨噬细胞中microRNA的表达进行了分析[35]。

选取8个健康荷斯坦奶牛雄性犊牛，从牛肺灌洗液中分离出牛肺泡巨噬细胞，通过RNA-seq高通量测序方法，鉴定miRNA及其表达水平。测序共生成8000万个测序片段。在牛肺泡巨噬细胞中，大部分的miRNA的表达水平在不同个体中差异表达，只有80个miRNA的表达量非常高，或者主要在一些已知的免疫调节过程中发挥作用。miRNA-21在牛肺泡巨噬细胞中的表达最高，研究表明这个miRNA在麻风分枝杆菌感染的人单核细胞中，可以调节抗菌肽的表达。此外，通过预测这些miRNA的靶基因，发现后者显著富集在先天免疫功能。除了分析已知miRNA的表达外，结果还鉴定新的牛miRNA。这项研究首次建立了牛肺泡巨噬细胞中miRNA的表达图谱，可以为深入研究基因功能、揭示miRNA在免疫细胞中发挥的关键作用提供理论参考。

应用三：牛代谢类疾病的病理学

酮中毒是奶牛常见的代谢性疾病，导致全球奶牛业遭受长期的经济损失。虽然许多国家采用了遗传选择研究酮症耐药性，但对酮症背后的遗传和生物学基础知之甚少。因此，研究人员通过整合RNA-Seq测序和全基因组关联分析，对牛酮症的分子机制进行了探索[36]。研究以产犊前2周和产犊后5天的12头荷斯坦牛为研究对象，包括4头健康奶牛和8头诊断为酮症的奶牛，采集其血液样本的白细胞和血浆，进行RNA-seq测序，分析了7个血液生化指标，将白细胞的RNA序列与大规模的全基因组关联分析结果整合，以检测牛酮症背后的基因和生物通路。结果发现，通过加权基因共表达网络，检测到16个基因模块，其中4个与脂质代谢和免疫反应有紧密关联，其基因表达与产后酮症、生物指示蛋白相关，如高密度脂蛋白和低密度脂蛋白。此外，通过对常见健康性状，如酮症、乳腺炎、移位性子宫炎、低钙血症进行全基因组关联分析，发现16个模块中有4个与酮症基因相关，3个与产后酮症相关，进一步鉴定了5个酮症的候选基因，包括GRINA、MAF1、MAFA、C14H8orf82和RECQL4。全表型组关联分析表明，这些候选基因的人类同源物与许多代谢、内分泌和免疫性状显著相关，例如，MAFA参与胰岛素分泌、葡萄糖反应和转录调控。这项研究为牛酮症的分子机制提供了新的见解，并强调了组学数据和跨物种定位的综合分析有希望阐明支持复杂性状的遗传结构。

### 应用四：牛应激反应的机制

应激是影响生产系统的主要因素之一，同时受到遗传和环境因素的影响。因此，为了确定应激反应中的主要免疫系统调节基因，研究通过对免疫系统调节基因进行贝叶斯网络方法分析，期望基于RNA-Seq数据建立一个牛白细胞模型系统[37]。从GEO数据库下载GSE37447数据集，对差异表达基因进行贝叶斯网络分析，建立基因调控网络。结果发现，TERF2IP、PDCD10、DDX10和CENPE基因形成了一个关键紧密的自网络，表明这些基因可能在应激反应的转录组调控程序中发挥重要作用。在这些基因中，TERF2IP已可以调节基因表达，是核因子NF-κB信号转导的调节因子，并激活NF-κB靶基因的表达；PDCD10编码一种与细胞凋亡相关的保守蛋白；DDD10编码蛋白与细胞生长和分裂有关；CENPE涉及着丝点不稳定的纺锤体微管。在牛基因组中，这些基因共同参与了细胞凋亡的DNA损伤、RNA剪接、DNA修复和调控细胞分裂。这个贝叶斯基因网络的拓扑结构表明，基因之间的相互关系最小。使用计算工具，在人类中也发现有类似的结构，由差异表达基因的同源基因组成。这些结果，可用于转录组辅助选择和设计新的药物靶点，进而治疗牛的应激相关问题。根据贝叶斯基因调控网络，发现TERF2IP、PDCD10、DDX10和CENP-E对其他免疫相关基因有调控作用，通过这些基因的调节可以改善免疫反应，并防止可能导致组织损伤的大规模炎症发展。同时，它们通过调节RNA剪接、DNA修复、影响细胞周期和细胞增殖来提高免疫功能，并通过细胞凋亡发挥抑制作用。结果表明，这些基因通常具有保守的序列，在其他物种的免疫反应中起着核心作用。通路分析表明，断奶应激可通过创造氧化条件损伤DNA，并激活DNA修复机制。DNA损伤不仅影响DNA修复机制，而且还激活免疫反应并释放炎症介质，导致剪接体通路的变化。此外，炎症介质可以直接影响和增强DNA修复机制。这项研究可能有助于转录组辅助选择和设计新的药物靶点研发，用来治疗牛的应激相关的问题。

牛的干乳期是一个动态变化的非泌乳阶段，在此期间乳腺中的细胞发生了明显的变化。因此，研究人员期望通过RNA-Seq测序方法，发现在干乳期和环境热应激下，参与牛乳腺复旧的新基因和途径，确定了干乳期热应激的影响[38]。通过热应激处理，在干乳期之前和期间采集荷斯坦奶牛乳腺组织进行测序分析。在泌乳后期和早期退化之间共鉴定了3315个差异表达基因，在后期退化过程中鉴定了880个差异表达基因。在早期复旧过程中，支持合成代谢和乳成分合成等功能的基因表达下调，与细胞死亡、细胞骨架降解和免疫反应有关的基因表达上调。环境热应激对基因表达的影响不显著，这项研究揭示了参与乳腺退化动态过程的新基因、通路和上游调控因子，并鉴定出干奶期热应激影响的关键基因和途径。其中许多以前从未直接与活体牛干奶期模型联系在一起，上游调控因子包括代谢调控因子，如PPARGC1A和INSIG和促凋亡调控因子，如IGFBP5、PTGES和BACH2是未来探索相关利己的理想候选因子，它们有可能改变关键下游基因的表达。这些结果促进了对干奶期和热应激下乳腺转录组的理解，强调了单个基因、通路和上游调控因子，提出了参与干奶期调控、缓解热应激对乳腺功能不利影响的潜在靶点，为进一步深入研究这些候选基因和通路、促进热应激条件下细胞的成功转化和组织修复、提高后续哺乳的合成能力奠定了基础。

# 二、牛SNP变异的研究

近些年来，随着转录测序技术的发展，逐渐改变了分子生物学领域的研究思路，通过同时检测表达水平、序列变异、基因结构和链特异性，可以更详细地了解基因的表达。牛的基因组约为30亿个碱基对，包含约22000个基因，其中14000个是哺乳动物共有的基因。随着高通量测序工作以及基因组中DNA变体鉴定工作的开展，极大地促进了分析牛品种间遗传变异。然而，目前关于牛基因的转录表达以及不同品种间的差异却知之甚少，同样，牛单核苷酸多态性驱动的基因转录和组织水平上的基因表达相关的单核苷酸多态性数据库也有待进一步研究。因此，了解转录组中单核苷酸变异对识别性状相关基因组突变形成的表型具有重要意义。

应用一：牛乳的单核苷酸多态性

RNA高通量测序主要用于分析不同组织中基因的整体表达。然而，它也是一种发现编码单核苷酸多态性的有效方法。研究人员使用RNA-Seq技术，分析了牛乳转录组中的单核苷酸多态性[39]。采用Illumina测序仪，对7份荷斯坦奶牛乳样进行分析，在牛乳中共检测到19175个基因表达，约占分析基因总数的70%。单核苷酸多态性检测结果显示，荷斯坦牛样品中有100734个单核苷酸多态性，通过Sanger测序技术验证了在42个候选基因的中单核苷酸多态性，在86个单核苷酸多态性中有70个可以同时被RNA-Seq和Sanger测序技术检测到，证实了这些单核苷酸多态性的准确性，同时通过KASPar基因分型方法验证了Sanger技术不能检测的特异性单核苷酸多态性。这些结果表明，RNA-Seq技术分析转录组是一种高效、经济的方法来鉴定转录区域的单核苷酸多态性。同时，建立了一个有效的流程，可以提高单核苷酸多态性发现的准确性和防止假阳性单核苷酸多态性，并且提供了超过3.3万个位于泌乳期表达基因编码区的单核苷酸多态性，可用于开发基因分型平台，在荷斯坦牛中进行标记–性状关联研究。

### 应用二：牛肝脏的单核苷酸多态性

此外，RNA-seq已被广泛应用于了解哺乳动物转录组结构和功能。研究人员通过RNA-seq，以波兰红牛、波兰荷斯坦–弗里西亚牛和赫里福德牛为研究对象，检测了犊牛肝脏组织中的单核苷酸多态性，并了解可能反映生产性状差异的三个牛品种的基因组变异[40]。牛肝脏的RNA-seq实验产生了1071144072个原始的双端序列，平均每个文库大约有6000万个双端序列。波兰红、波兰荷斯坦–弗里斯牛和赫里福德三个品种分别获得345.06万条、290.04万条和436.03万条双端序列，BWA软件的序列比对结果显示，三个品种中分别有81.35%、82.81%和84.21%的序列可以比对到基因组。在牛肝脏，共鉴定到5641401个单核苷酸多态性和插入缺失位点，平均每头牛有313411个单核苷酸多态性和插入缺失位点。去除插入缺失突变后，波兰红牛、波兰荷斯坦–弗里斯牛和赫里福德牛肝脏中分别鉴定到1953804个、1527120个和2053184个单核苷酸多态性。通过竞争性等位基因特异性PCR的单核苷酸多态性基因分型分析，验证了利用RNA-seq数据得到单核苷酸多态性检测的可靠性。利用RNA-seq数据对110个QTL/CG进行综合分析，鉴定出3个牛种20个单态单核苷酸多态性位点，分别定位在CARTPT、GAD1、GDF5、GHRH、GHRL、GRB10、IGFBPL1、IGFL1、LEP、LHX4、MC4R、MSTN、NKAIN1、PLAG1、POU1F1、SDR16C5、SH2B2、TOX、UCP3和WNT10B基因上。6个单核苷酸多态性位点，分别定位在CCSER1、GHR、KCNIP4、MTSS1、EGFR和NSMCE2，在牛种间具有高度多态性。综上，这项研究鉴定了牛肝组织QTL/CGs中具有高单核苷酸多态性位点比率和高多态性的品种特异性单核苷酸多态性位点，以及单态和高多态性的推测单核苷酸多态性位点，为牛肝脏构建了一个品种特异性单核苷酸多态性位点数据库，包括近600万个SNP。

### 应用三：牛脑垂体的单核苷酸多态性

研究人员利用转录组测序技术，对波兰荷斯坦奶牛、波兰红牛和海福特牛的垂体转录组进行了研究，发现了牛脑垂体的单核苷酸多态性[41]。检测了波兰荷斯坦奶牛、波兰红牛和海福特牛的青年公牛在6个月、9个月和12个月三个阶段垂体中的单核苷酸多态性，制备了18个牛垂体polyA转录组文库，并基于Illumina平台进行下一代测序技术。在被检测的青年牛中，所获得的每个文库约有6300万条双端测序片段，波兰荷斯坦奶牛、波兰红牛以及海福特牛分别获得了515.38万条、215.39万条和408.04万条双端测序片段。BWA的序列比对结果显示，93.04%、94.39%和83.46%的测序序列分别与波兰荷斯坦奶牛、波兰红牛和海福特匹配。研究人员所构建的3个牛种的单核苷酸多态性数据库获得了13775885个单核苷酸多态性，平均每头青年牛鉴定出了765326个品种特异性单核苷酸多态性。使用两个严格的过滤参数，即每个碱基至少读取10个单核苷酸多态性，且准确度高大于等于90%和每个碱基至少读取10个单核苷酸多态性，准确度为100%，整理单核苷酸多态性数据库以构建高度可靠的单核苷酸多态性。最后，利用转录组测序数据发现的单核苷酸多态性通过KASP™单核苷酸多态性基因分型试验进行验证。利用转录组测序数据对76个数量性基因座或潜在候选基因进行综合分析，发现*KCNIP4*、*CCSER1*、*DPP6*、*MAP3K5*和*GHR*潜在候选基因在3个品种各个年龄阶段中单核苷酸多态性命中位点最高。然而，超过100个单核苷酸多态性的CAST潜在候选基因仅在波兰荷斯坦和海福特中观察到。这些发现对于根据牛生长和繁殖性状、数量性状、基因座数据库和候选基因筛选可能的单核苷酸多态性，鉴定和构建新的组织特异性单核苷酸多态性数据库和品种特异性单核苷酸多态性数据库具有重要意义。这是第一个在牛脑垂体中使用基于转录组测序技术发现品种特异性单核苷酸多态性的研究。这项研究基于牛脑垂体的表达基因产生了近1400万个品种特异性单核苷酸多态性，其定位与之前相比更精确。

# 三、牛繁殖技术和胚胎发育的转录组研究

繁殖对任何物种的生存都是至关重要的，在畜牧业发展过程中家畜不育是造成经济损失的重要原因之一，同时也是影响畜牧业高效生产的主要因素。生产性能优良的种公牛在繁育优良后代的过程中受到多种因素的影响，如营养水平、性欲、精液的形态特征、运动能力以及解冻后的运动能力等。

### 应用一：牛雌性生殖的转录组特征

哺乳动物卵母细胞成熟过程中发生了分子变化，其中部分受胞浆聚腺苷酸化的调控，并影响卵母细胞的质量，但在卵母细胞成熟过程中胞浆聚腺苷酸化活性的程度尚不清楚。因此，研究人员通过RNA-Seq测序技术，对单个牛卵母细胞的转录本进行分析，解析在牛卵母细胞体外成熟过程中，胞浆聚腺苷酸化的调控机制[42]。从单个生发囊泡和中期卵母细胞中扩增RNA，进行Illumina测序，每个重复产生约3000万测序片段，共发现10494个基因表达，其中2455个基因在不同阶段间差异表达，包括503个基因上调，1952个基因下调。对拥有完整的3′非翻译区序列的差异表达基因进行了检测，包括介导 CP 的基序的存在、位置和分布，发现在上调和下调差异表达基因存在差别。此外，通过定量PCR检测总RNA和多聚腺苷化RNA的丰度，对RNA-seq结果进行验证。这项研究表明，在RNA-Seq数据中观察到的多聚腺苷化转录本丰度的增加，可能是由于胞浆聚腺苷酸化，这为卵母细胞成熟过程中，靶向转录本和导致的差异基因表达谱提供了新的见解。

### 应用二：牛雄性生殖的转录组特征

精子转录组的表达谱已被用于鉴定影响公牛的受精能力和胚胎发育的生物标志物，以预测公牛的生育能力。在受精的过程中，精子除了传递父系的基因外，还携带各种编码和非编码的RNA（如microRNA）进入雌性动物的卵母细胞。microRNA作为一种小的非编码RNA分子，包含22个核苷酸，参与转录后基因表达的调控，根据相关统计，超过30%RNA

的蛋白质编码基因受microRNA的调控。目前已知microRNA与人类和动物的雄性不育有关，其在精子中失调会影响受精后胚胎的早期发育，因此可以通过分析精子中的microRNA以预测优质的种公牛精液。

研究人员通过比较优质（受胎率大于55%）和劣质（受胎率小于40%）Frieswal杂交公牛精液，分析了优质（受胎率大于55%）和劣质（受胎率小于40%）Frieswal杂交公牛精液[43]。基于RNA深度测序技术，以受胎率为指标，对28个差异表达的microRNA进行了分类。研究人员发现，与劣质公牛相比，对于选定的microRNA，即bta-mir-182、bta-let-7b、bta-mir-34c和bta-mir-20a，优质公牛精液中的表达水平相对降低（p<0.05）。此外，还发现bta-mir-20a和bta-mir-34c与精浆过氧化氢酶活性和谷胱甘肽过氧化物酶水平负相关。互作组研究表明，bta-mir-140、bta-mir-342、bta-mir-1306和bta-mir-217可以靶向少数重要的溶质载体蛋白，即SLC30A3、SLC39A9、SLC31A1和SLC38A2。此外，研究人员还发现，所有的溶质载体蛋白在优质公牛精液中表达水平较高，并且与对应的microRNA表达水平呈负相关。这些结果将有助于理解microRNAs在改善公牛繁育能力方面的作用，为开发基于microRNA的分子生物标记物，为选择质量更好的牛精液奠定了基础。

与体外受精相比，由于供体细胞基因组表观遗传重编程不足，体细胞核移植产生的可存活后代的效率相对较低。这种缺陷可能也涉及小的非编码RNA，因其在早期胚胎发育中至关重要。由此，研究人员通过转录组测序技术，检测了牛体细胞核移植过程所产生的牛胚胎重组过程中非编码RNA相对丰度的动态变化[44]。尽管在不同发育阶段的miRNA差异表达较多，但在比较体细胞核移植与体外受精胚胎中的miRNA时发现，在桑葚胚中差异表达的只有miR-2340、miR-345和miR34a。在胚胎基因组激活之前和激活期间的牛胚胎中，与胚胎基因组激活后的牛胚胎和分化细胞相比，发现了不同数量的pilRNAs。通过对植入前胚胎的非编码RNA测序分析发现，体外受精和体细胞核移植的胚胎在2细胞、8细胞、桑葚胚和囊胚阶段的miRNA分布大致相似。然而，这些小的非编码RNA谱，包括miRNA、piRNA和tRNA片段，在母体到胚胎过渡完成之前和之后明显不同。

应用三：牛胚胎发育的转录组特征

RNA-Seq高通量测序技术，由于可以对全基因范围的转录情况进行识别，并且可以发现特定的功能序列的变异，因此是研究表达分析的一个有力工具。这项技术也为分析发育中的胚胎提供了新的途径，但由于缺乏来自单个胚胎的生物材料，使这成为一个具有挑战性的前景。因此，研究人员对单个牛囊胚的RNA进行了分析，这是RNA-Seq测序技术在分析单个囊胚基因表达、单核苷酸多态性检测和等位基因特异性表达特征方面的首次应用[45]。从单个牛囊胚中提取RNA，扩增，并采用高通量测序分析。每个胚胎产生约3800万个测序片段，9489个已知牛基因表达，样本之间的表达水平相关性较高。分析转录组学数据以鉴定表达基因中的单核苷酸多态性，并检测单个单核苷酸多态性以表征等位基因的特异性表达。在473个单核苷酸多态性中观察到，等位基因失衡的双等位单核苷酸多态性变异，其中一个等位基因代表一个变异转录本的65%~95%。这项研究表明，RNA-seq技术可以用于单个牛胚胎的研究中，可以探索胚胎转录组、分析转录序列变异，从而描述特定的等位基因表达，也为低丰度的RNA的扩增、基因表达谱的分析、差异基因的鉴定、新单核苷酸多态性的鉴定以及等位基因不平衡等方面提供了一个实例。通过单个胚胎的RNA-seq分析可以区分胚胎的性别，并为表征基因表达的个体变异提供了机会。对单个样本的单核苷酸多态性分析表明，使用RNA-seq来识别关联研究的胚胎特异性变异，为早期发育转录组的基因表达、变异和调控提供了新的见解。

在科研和工业中，体外受精是一个重要工具，应用广泛，如不孕不育治疗、配子选择、性状保护、克隆等。牛胚胎模型是一个非常有用的生物学模型，可以帮助理解人类胚胎实践的潜在问题、优化方法。目前，在世界范围已广泛使用内体外受精技术，仅2010年就有大约339685个牛胚胎移植，但效率仍存在一些问题。例如，据报道，体外受精卵很少能在培养第8天发育到囊胚期，体外胚胎的妊娠率低于45%。因此，为了研究体外受精对胚胎发育的潜在影响，研究人员通过RNA-Seq测序方法，比较了分别来自体内和体外的相同发育阶段牛囊胚的转录组差异，期望发现在形态学之外的转录组变异[46]。在两个样本中，共测序得到26906451和38184547个片段，检测到17634个基因的表达，其中793个基因在两个胚胎群体之间存在显著差异表达。同时还找到395个新的转录本，其中45个差异表达。此外，在4800个基因中发现了可变剪切，其中837个基因的可变剪切存在差异。通过功能富集分析，发现差异表达基因显著富集在多种生物途径，包括胆固醇和甾醇合成、系统发育和细胞分化等。这些研究结果有助于阐明体外受精胚胎成功率低的分子机制，可以揭示早期胚胎在植入前生长和敏感性的原因。这项研究验证了假设，即体外胚胎在多个转录组水平上与体内的胚胎不同。此外，还强调了除了基因表达以外，RNA加工对胚胎特征也具有一定的意义，结果验证了体外受精可能对转录组水平产生影响，仅仅依靠植入前胚胎的形态特征做判定具有一定的局限性。结果发现的候选基因和途径可以用于后续深入分析，以改善体外受精和培养系统，并进一步了解影响胚胎发育的因素。

测序技术的不断发展和进步，开启了一个高通量研究的新时代。虽然RNA-seq高通量测序技术以及已经应用在许多生物中，但没有对牛的转录组进行全面的研究。因此，为了对牛胚胎转录组进行深入研究，研究人员通过RNA-seq高通量测序技术，进行了牛胚胎的转录组全景图[47]。以体外培养的胚胎作为研究牛早期胚胎发育的模型，对总RNA进行扩增和RNA-seq测序，通过与参考基因组进行比对，获得全基因组范围内基因的表达谱，包括1785个新的转录本。这项研究比较了不同发育时期的胚胎转录组，对全基因组范围内的基因表达以及可变剪切进行了表征，可以为哺乳动物的胚胎发育提供了更深入的全面理解。

在配子、胚胎、输卵管的相互作用中，输卵管细胞外囊泡发挥关键作用，是成功妊娠的关键。体外实验表明，卵母细胞对配子和早期胚胎发育具有积极作用。为了确定输卵管细胞外囊泡对牛胚胎的调控作用，找到可能调控的关键胚胎基因，研究人员通过RNA-seq测序技术分析了牛胚胎的转录组[48]。针对体外培养的牛胚胎作为对照组，实验组分别添加新鲜输卵管细胞外囊泡和冷冻输卵管细胞外囊泡。结果发现，新鲜输卵管细胞外囊泡处理组和对照组之间有221个差异表达基因，新鲜和冷冻输卵管细胞外囊泡处理组有67个差异表达基因，冷冻输卵管细胞外囊泡和对照组的差异最小，只有28个差异表达基因。此外，对输卵管细胞外囊泡中包含的mRNA和miRNAs进行分析，发现输卵管细胞外囊泡对胚胎的直接影响，表现为三个方面。第一，影响靶向转录本表达上调；第二，促进转录本翻译成调节胚胎基因表达的蛋白质；第三，通过输卵管细胞外囊泡中的miRNA，抑制胚胎转录本表达。这项研究首次对输卵管细胞外囊泡调控的胚胎，通过高通量的转录组分析，揭示了输卵管细胞外囊泡对胚胎的影响，表明揭示了输卵管细胞外囊泡中的RNA可能调节胚胎发育。这些结果表明，输卵管细胞外囊泡调控了一个复杂的胚胎分子信号，由输卵管细胞外囊泡中大量的RNA分子调节而发挥作用，提出了输卵管细胞外囊泡在胚胎中的不同作用模式，为深入研究特定输卵管细胞外囊泡RNA对早期胚胎发育的调控机制鉴定了基础，参与胚胎–母体之间的相互作用，对牛生殖具有关键意义。

　　在母体到胚胎的过渡过程中，胚胎发育的控制逐渐从卵母细胞中储存的母体RNA和蛋白质转换到胚胎基因组激活后产生的基因产物。对胚胎转录开始的详细研究，可能会被母体转录本所掩盖。因此，研究人员利用牛模型系统，通过RNA测序，建立了生发囊泡和中期Ⅱ卵母细胞，以及4细胞、8细胞、16细胞和囊胚期的转录本的全景图，期望实现牛胚胎基因组激活的精细定位[49]。结果发现，在不同的发育阶段，检测到$12.4 \times 10^3 \sim 13.7 \times 10^3$个不同基因的转录本。胚胎基因组激活的分析方法是，检测卵母细胞中不存在的胚胎转录本；检测父系等位基因的转录本；用内含子序列检测初级转录本。结果显示，有220个、937个和6848个基因从4细胞到囊胚阶段被激活。基因激活比例最大的，即59%、42%和58%出现在8个细胞胚胎中，表明该阶段存在主要的胚胎基因组激活。对4细胞阶段激活的基因进行基因本体分析，确定了与RNA加工、翻译和运输相关的类别，与主要胚胎基因组激活一致。这项研究提供了关于牛卵母细胞成熟和早期胚胎发育的最大转录组数据集，并对特定基因的胚胎激活时间的详细见解。这为研究和检测胚胎生物系统、遗传、表观遗传和环境因素对早期发育障碍的影响，提供了一个新角度的信息。

# 四、牛组织的转录组特征与比较

### 应用一：牛肌肉组织的转录组特征

　　研究人员进行了RNA-seq分析确定了牛肉肉质的细胞骨架结构基因和信号通路的相关研究。从佛罗里达大学多品种的安格斯–婆罗门牛群体中总共选择了80头表型极端的阉牛，平均屠宰年龄约12月龄，同时测量背最长肌的嫩度、多汁性和结缔组织，以及大理石纹、沃–布氏剪切力和蒸煮损失[50]。从肌肉中提取总RNA，利用Illumina测序平台进行双端测序。使用Btau_4.6.1参考基因组的总体比对率为63%，共对8799个基因采用两种不同的方法进行分析，即表达关联和差异表达分析。采用所有80个样本的肉质指标进行基因和外显子表达关联分析。1565个基因中208个基因和3280个外显子的表达与肉质指数相关。采用基因和亚型差异表达评价分析两组样本的沃–布氏剪切力、嫩度和大理石纹，分别筛选到676个、70个和198个差异表达基因，共计来自98个沃–布氏剪切力基因的106个亚型，来自13个嫩度基因的13个亚型和来自42个大理石花纹基因的43个亚型为差异表达。在表达关联、差异表达和基因富集分析中，确定了细胞骨架和跨膜锚定基因和通路，这些蛋白可以直接影响嫩度和大理石纹，进而影响肉质。细胞骨架蛋白和跨膜锚定分子可以通过细胞骨架与肌细胞和细胞器膜相互作用来影响肉质，有助于细胞骨架结构维持。一些与结构蛋白和能量代谢相关的通路显著富集，表明这些基因对目前群体中的肉类质量至关重要。

　　系水力是影响肉品质的重要感官特性，然而，调控牛肉系水力的分子机制尚不清楚。因此，研究人员通过肌肉组织的转录组分析，揭示了影响中国西门塔尔肉牛系水力的潜在候选基因[51]。研究对49头中国西门塔尔肉牛背最长肌进行了肉质性状测定，并对其进行了RNA测序。结果表明，系水力与35kg失水率和肌内脂含量存在显著相关，与剪切力和pH

无显著相关。选取系水力最高和最低的8个个体进行转录组分析，鉴定出差异表达基因865个，其中上调基因633个，下调基因232个，这些基因显著富集到15个功能注释和96个生物通路。此外，基于蛋白-蛋白相互作用网络、动物数量性状基因座数据库以及相关文献，发现HSPA12A、HSPA13、PPARγ、MYL2、MYPN、TPI、ATP2A1等7个基因是已知影响系水力的关键因子，此外，ATP2B4、ACTN1、ITGAV、TGFBR1、THBS1和TEK可能影响持系水力的新候选基因，这些基因主要通过调节肌质$Ca^{2+}$浓度，影响肌球蛋白与肌动蛋白的结合，从而参与系水力，同时也影响整合素、肌原纤维蛋白、肌节蛋白、肌浆蛋白等特异蛋白的合成、降解和变性。这些结果可为进一步探索系水力性状的分子机制，促进牛肉品质提供重要的理论依据。

研究人员通过转录组，对韩牛胸最长肌的不同大理石纹细度进行了比较，针对韩牛胸最长肌中细小大理石花纹颗粒数量高组和低组，鉴定差异表达基因，以了解细小大理石花纹颗粒形成相关的分子机制[52]。采用计算机图像分析的方法，分析大理石颗粒的大小和分布，根据细小大理石花纹颗粒数量选择10个最长肌样本，分为高、低大理石花纹颗粒数量组。共鉴定到328个差异表达基因，高大理石花纹颗粒数量组中有207个上调基因，121个下调基因，这些基因主要参与5条信号通路，包括内吞作用、内质网蛋白加工和脂肪细胞因子信号通路，可能与脂肪细胞肥大和增生的调控有关。此外，去乙酰化酶4、胰岛素受体底物2在高大理石花纹颗粒数量组中高于低大理石花纹颗粒数量组，可能与葡萄糖摄取和脂肪细胞分化相关。本研究的转录组差异表明，调节脂肪细胞增生和肥厚的通路参与了胸最长肌的大理石纹细度。

### 应用二：牛脂肪组织的转录组特征

脂肪组织不仅仅是一种能量储备，而是一个与全身代谢调节密切相关的代谢和激素活跃的器官。在牛的生产管理中，脂肪代谢调节功能非常重要，因为它影响了动物将饲料转化为牛奶、肉类和脂肪的效率和方式。然而，调节牛脂肪组织代谢的分子机制仍未完全阐明。下一代测序技术的出现促进了在全局基因表达水平上的分析代谢功能和调控机制。因此，研究人员通过RNA-seq分析，分析了饲喂不同能量和蛋白质含量日粮的母牛脂肪组织的转录本差异[53]。选用挪威红母牛，从3个月大到怀孕诊断期间，采用是四种不同的日粮，分别饲喂高蛋白或低蛋白精料、高能量或低能量粗饲料日粮，采集12个月的皮下脂肪组织，进行RNA-seq测序。结果发现低蛋白高能量和低蛋白低能量组的基因表达差异最大，包括1092个差异表达基因，与线粒体功能、脂质、碳水化合物和氨基酸代谢有关的基因表达上调。在低蛋白高能量母牛脂肪组织中，抗氧化系统也发生了明显的变化。此外，高蛋白高能量和高蛋白低能量母牛之间的差异要小得多，主要涉及NAD生物合成的基因，与两种高能量-低能量组的差异表达基因相同。这项研究强调了脂肪组织能量代谢的转录调控的重要性，并确定了进一步研究奶牛早期肥胖和葡萄糖负荷的候选基因，表明营养总体特征对脂肪组织转录组的影响，比蛋白质和能量的单一因素的影响更大。

由于宗教信仰、消费者的饮食习惯等，牛肉成为了世界范围内最受欢迎的肉类产品之一。而牛肉的品质与牛肉中脂肪的含量密切相关。脂肪是一种疏松的结缔组织，由脂肪细胞组成，是动物体内储存能量的主要器官，在调节动物新陈代谢方面发挥着重要作用。5-羟色胺在能量和葡萄糖稳态的控制中发挥着重要作用。以往的研究表明，5-羟色胺受体可以介导肝细胞中的糖原合成，并参与肝脏中葡萄糖代谢的调节。研究人员发现，在3T3-L1脂肪细胞中，使用5-羟色胺受体2A（HTR2A）激动剂可以促进脂质积累，5-羟色胺能够抑制脂肪分解。但HTR2A在介导牛脂肪细胞分化中的作用仍有待探索。转录组测序是一种对mRNA、小RNA和非编码RNA进行测序的高通量测序技术，随着转录组测序技术的发展，使得灵敏准确地分析动物的转录组成为了可能。

为了确定脂肪生成过程中的差异表达基因，以及HTR2A在脂肪细胞分化中的作用，研究人员分离了延边黄牛的前脂肪细胞，建立了脂肪细胞的分化模型，并通过转录组测序技术比较了前脂肪细胞和脂肪细胞的转录组，从而揭示了HTR2A在延边黄牛脂肪发育中的作用[54]。从牛胎儿的皮下脂肪组织中分离出前脂肪细胞，并将其分化为成熟的脂肪细胞。在脂肪生成的不同阶段（第0天、第4天、第9天）检测脂肪细胞的脂肪生成特征。研究人员通过转录组测序技术研究脂肪细胞的综合转录组信息。与分化前阶段（第0天）相比，分化中期（第4天）共鉴定出2510个差异表达基因；与分化中期（第4天）相比，脂肪细胞成熟阶段共有2446个差异表达基因。一些脂肪生成相关转录因子如CCAAT增强子结合蛋白α（C/EBPα）、过氧化物酶体增殖物激活受体γ（PPARγ）等在第0天、第4天和第9天差异表达。研究人员进一步研究HTR2A在脂肪生成中的功能时发现，HTR2A的过度表达可刺激前脂肪细胞的分化，而敲除HTR2A后效果相反。此外，研究人员对差异表达基因功能富集分析发现，PI3K-Akt信号通路是显著富集的通路，HTR2A通过激活或抑制磷酸化AKT（Ser473）的磷酸化来调节脂肪生成。综上，这项研究首次比较了牛脂肪细胞不同时期的转录，为进一步研究牛脂肪沉积的分子机制和提高牛肉品质奠定了坚实的基础。

科学家多年致力于提高大理石花纹，以增加肉质的鲜嫩度与口感。因此，提高肌内脂含量已成为提高肉品质的关键。脂肪形成机制的研究为肉品质的改善提供了宝贵的信息。因此，研究人员通过RNA-seq方法，探索了牛TORC2基因对牛脂肪细胞脂质代谢的影响及其机制[55]。通过siRNA干扰牛脂肪细胞的TORC2基因，并进行RNA测序。结果发现，TORC2下调对牛脂肪细胞分化有负面影响，共发现577个差异表达基因，包括146个上调基因，376个下调基因。KEGG通路分析显示，差异表达基因主要参与神经活性配体-受体相互作用通路、钙信号通路、cAMP通路、趋化因子信号通路和Wnt信号通路。GO分析表明，差异表达基因的功能主要集中在生物活性调控、初级代谢过程调控、多细胞生物过程调控、细胞粘附、脂质代谢过程、分泌、化学稳态、运输调节、细胞-细胞信号、cAMP代谢过程、细胞钙离子稳态、脂肪细胞分化和细胞成熟。综上所述，TORC2至少部分调节了牛脂肪细胞的脂质代谢。本研究结果为研究TORC2基因调控脂肪形成的功能及分子机制鉴定了基础。

肌内脂肪的沉积是影响牛肉风味和适口性等肉质特性的重要因素。研究人员对牛肌内、皮下和肾周脂肪组织的RNA序列进行了分析，旨在获得转录序列数据，并通过转录组测序比较肌内、皮下和肾周脂肪组织的转录组，为进一步确定肌内脂肪组织和外部脂肪组织，特别是皮下和肾周脂肪组织之间脂肪沉积的差异分子机制[56]。在肌内、皮下和肾周脂肪组织中，分别得到66206912条、55114070条和67320426条。鉴定出953个、1534个与2026个肌内与皮下、肌内和肾周脂肪组织、皮下和肾周脂肪组织之间的差异表达基因。通过比较三组差异表达基因，发现110个在三组均有差异表达。通过基因本体论富集分析，发现差异表达基因显著富集到细胞过程、生物调控和代谢过程。此外，在肌内、皮下和肾周脂肪组织中也分别检测到4625个、4775和4147个可变剪接。本研究结果在逻辑上为进一步理解牛脂肪沉积，特别是肌肉内脂肪沉积提供了证据。

### 应用三：牛皮肤组织的转录组特征

皮肤是人体主要的温度调节器官，具有适应气候、维持体温的关键功能。研究人员通过RNA-seq技术，比较了在热带和温带适应的牛的皮肤转录组差异，以便更好地了解参与气候适应和温度调节的基因[57]。热带适应牛选择尼日利亚奥贡州拉芬瓦的屠宰场的白富拉尼，温带适应牛选择美国宾夕法尼亚州的屠宰场的安格斯和荷斯坦，选择相同年龄、性别和生理状态的个体，在夏季采集皮肤组织样本进行RNA-seq测序。结果共发现214754759条原始序列，通过与牛参考基因组中的24616个基因进行比对，共检测到13130个基因的表达，255个基因差异表达。与安格斯相比，有98个基因在热带适应性白种富拉尼牛表达上调，157个基因下调。通过基因本体论和通路分析，差异表达基因参与15条信号通路，包括黑色素代谢过程、蛋白细胞外基质、炎症反应、防御反应、钙离子结合和对创伤的反应等。定量PCR验证了6个与皮肤温度调节和上皮功能障碍相关的代表性基因。这项研究有助于识别基因和理解皮肤温度调节的分子机制，这可能会影响牛抵御气候适应、微生物入侵和机械损伤的战略基因组选择。

### 应用四：牛乳腺组织的转录组特征

利用最新的RNA-seq技术，可以从基因表达水平了解哺乳生物学，并鉴定影响乳汁合成和乳汁成分的候选基因。为了了解乳成分合成、乳合成的分子途径，研究人员通过乳腺RNA-seq转录组数据进行了荟萃分析，并鉴定得到一组产乳性状候选基因，以促进对牛哺乳生物学的分子机制的理解[58]。通过收集已公开的乳腺组织、乳体细胞的RNA-seq转录组数据，进行整合分析。结果发现，在所有基于RNA测序的乳腺转录组中，共鉴定出11562个基因。通过功能注释，解释了关键的基因，主要参与乳腺分泌细胞中乳脂、蛋白质和乳糖合成过程以及乳汁合成的分子途径等。筛选出与产奶性状相关的候选基因，并构建了基因调控网络。这项研究解释了全转录组技术在哺乳生物学中的应用，以理解和鉴定产乳产生性状的因果基因。通过这种方法，动物生产中可以有效改善基因、提高健康和福利。然而，候选基因在各种产奶性状中的确切功能作用尚不清楚，导致高和低牛奶产量、乳脂产量和牛奶蛋白产量的偶然突变和基因特征尚未完全确定。因此，需要进一步详细的功能研究，以明确产奶性状的候选基因及突变的具体功能。

在分子水平上研究牛乳腺功能通常使用乳腺组织或原代牛乳腺上皮细胞。然而，大组织和原代细胞在细胞群方面是异质性的，除了遗传背景之外，还增加了进一步的转录变异。因此，对细胞群基因表达谱的变化及其对功能影响的理解是有限的。为了研究牛乳中的单核细胞组成，研究人员通过单细胞RNA测序技术，比较了新鲜分离的牛乳细胞、培养的乳腺原代上皮细胞的差异[59]。样本分别来自牛乳样品中的单细胞悬液、培养的原代牛乳腺上皮细胞，通过液滴测序技术，生成了体细胞、乳细胞和原代牛乳腺上皮细胞的单细胞RNA数据集。质量控制过滤后，最终得到7119个和10549个细胞，原代牛乳腺上皮细胞中包括14个不确定的细胞簇，显示种群内的异质性，而乳细胞形成14个更明显的细胞簇。这样研究绘制了一个与牛乳相关的分子细胞图谱，为进一步研究乳细胞组成和基因表达提供了理论基础，同时也可以作为乳细胞分析的参考数据集。

　　应用五：牛多组织的转录组比较

　　长链非编码RNA具有多种生物学功能，在基因调控和基因组印迹等方面都发挥着重要作用。研究人员对牛的18个组织中的长非编码RNA进行了鉴定，建立了牛的长非编码RNA库，有助于提高对这些转录本的进化重要性和局限性的理解，特别有助于识别基因组中蛋白质编码基因之外的转录本及其突变，后者可能是影响家畜复杂形状的关键变异[60]。这类研究对牛尤为重要，因为基因组选择和育种已经广泛地用于牛乳和牛肉生产的遗传改良工作实践中。因此，研究关注与鉴定和注释牛基因组中的新长非编码RNA转录本。从1头牛的18个组织采集样本，有3个重复。为了更好地鉴定长非编码RNA，能从未注释的基因以及蛋白质编码基因中识别可能的长非编码RNA，研究人员开发了一个有多个质控和过滤步骤的长非编码RNA分析流程。最终鉴定到9778个长非编码RNA，其中一些在人类和小鼠中都有发现，并发挥重要的生物学功能，例如MALAT1和HOTAIR。此外，通过另外三只奶牛的文库，对长非编码RNA进行了鉴定，在肝脏和血液中分别验证了726个和1668个长非编码RNA。同时，研究发现，在牛基因组中存在大量具有蛋白编码潜力的新转录本，其功能未知，表明急需对牛蛋白编码基因进行更加详细的注释，这项研究鉴定到的长非编码RNA和mRNA，更准确和可靠地对牛基因组进行了注释，同时有助于了解关键位点的变异。

　　在驯化物种中，目前还缺乏对转录本的全面注释。特别是，转录组在物种之间的复杂性和剪接模式并不保守，这为寻求高产、抗病和高繁的基因组选择分析方法带来了障碍。随着长片段测序技术的发展进步，直接推断全长转录本的结构成为可能，而不需要转录本重建。因此，研究人员通过牛津纳米孔测序技术，对牛32个组织进行全长转录组注释[61]。从成年雄性和雌性赫里福德牛的32个组织，共采集93个样本，通过单个牛津纳米孔技术，获得了超过3000万个唯一的全长测序片段，可以定位到31824个基因、以及99044个转录本，极大扩大了每个基因的转录本数目，其复杂度与人类相近。其中，超过7000种转录本具有组织特异性，61%的转录本是睾丸特异的转录本，这说明在所有研究的组织中，睾丸的转录本最复杂。尽管分析了超过30个组织，但只检测到全基因组60%的基因的转录本，因此后续还应该更加深入地研究转录本，从不同的细胞类型、发育阶段和生理条件下更加全面地对牛转录本进行鉴定。此外，这项研究还说明，牛津纳米孔测序技术可以有效地整合大规模的多组织比较，对牛或者任何哺乳动物的转录组进行详细的注释，且在成本、速度和通量方面都具有优势，表明这是一种高效鉴定转录本和表达谱的技术。

　　牦牛作为世界上生活在海拔最高的哺乳动物，经过长期的自然选择，对青藏高原恶劣的自然环境，如低温、食物稀缺、特别是低氧，具有很强的适应能力。然而，关于牦牛适应性的原理所知甚少。因此，研究人员通过加权基因共表达网络分析，鉴定了与牦牛缺氧适应相关的关键基因，对牦牛遗传特性的鉴定和牦牛育种具有重要意义[62]。研究基于转录组测序数据，利用R包DESeq2和WGCNA分析差异表达基因，构建基因共表达网络。通过基因与性状的相关性、模块分析对关键基因进行了鉴定和表征。此外，利用GO和KEGG富集分析探讨关键基因的功能。在牦牛肌肉、脾脏和肺中，分别鉴定出1098个、1429个和

1645个差异表达基因，检测到13个基因共表达模块，其中2个与缺氧适应相关，在这两个模块中分别鉴定到39个和150个核心基因。功能富集分析表明，模块一中富集了12个GO项和18个KEGG通路，而模块二中富集了85个GO项和22个KEGG通路，包括39个和150个核心基因重要通路，包括FoxO信号通路、逆行内源性大麻素信号通路等。通过对两个模块的功能富集分析，表明线粒体是适应缺氧最重要的细胞器。此外，胰岛素相关通路和产热相关通路也起主要作用。这项研究为进一步了解牦牛适应缺氧的分子机制提供了理论指导。

# 第三节　全基因组甲基化在牛研究中的应用

　　DNA甲基化是大多数真核生物基因组的一种主要表观遗传修饰，对正常生长发育至关重要，在许多生物过程中都发挥着重要作用，如基因表达调控、基因组印迹、X染色体失活、重复成分抑制和癌变。在磷酸胞嘧啶-鸟嘌呤双核苷酸中，DNA甲基化优先发生在胞嘧啶的5′位置，这些胞嘧啶多存在于磷酸胞嘧啶-鸟嘌呤岛的簇状结构中。基因启动子或第一个外显子中的DNA甲基化通常会导致转录沉默。

　　表观遗传机制，如DNA甲基化是细胞表型的调节因子，具有相同的遗传图谱。在大多数情况下，甲基加成反应发生在由胞嘧啶和鸟嘌呤形成的双核苷酸中。通过易位酶的活性来被动或主动地发生DNA去甲基化反应。DNA甲基化是调控基因表达过程中最重要的表观遗传机制。

## 一、牛疾病的全基因组甲基化研究

应用一：热应激对牛血液甲基化的影响

　　热应激通过影响牛的基因表达、代谢和免疫反应，从而对其健康、福利和生产性能产生不利影响，但基于细胞和机体水平，人们对调控温度的表观遗传机制尚不清楚。随着人们对畜产品的需求日益增长，农业部门应该对多变的气候制定相关措施。环境温度和干旱程度可以影响牲畜的健康和福利，当环境超过阈值会导致牛发生热应激反应，其症状包括呼吸频率增加、脱水、心脏功能改变，甚至死亡。为了保证细胞在热应激下进行正常生命活动，真核生物通过激活基因的转录，来保护细胞免受损伤和死亡。

　　热应激对奶牛的健康和产奶量有负面影响。高产奶牛的代谢率高，且代谢过程中伴有吸热现象，所以处于热应激状态下的高产奶牛无法散发过多的热量以维持机体的热平衡，因此热应激下的高产奶牛产奶量和生长受到抑制，从而造成经济损失。在奶牛中与耐热性相关的SNP标记上，几乎不存在致病基因。DNA甲基化可以更好的研究表观遗传调控机制的基因表达。但目前关于家畜表观遗传机制与表型变异之间地关系，还知之甚少。

热休克蛋白在应对热应激和其他环境应激的反应中起重要作用，其可以抑制细胞凋亡，促进细胞增殖和蛋白质重折叠，从而保持蛋白质的结构和运输功能，因此，热休克蛋白的高表达是应对热应激的一种反应。此外，通过研究压力对免疫功能的影响，发现如果压力短暂而强烈，免疫反应激活；如果压力持续一段时间，则免疫反应被抑制。有证据表明，反刍动物的免疫反应与其他外部应激因素之间存在关联。例如，热应激会增加血浆皮质醇浓度，从而抑制某些细胞因子的生成。转录学研究表明，在热应激和非热应激动物之间，参与免疫反应的基因表达存在差异。

研究人员比较了处于热应激状态下牛的甲基化模式，比较了瘤牛和普通牛对热应激的表观基因组反应[63]。研究假设，与安格斯牛品种相比，内洛尔牛品种对高温的适应能力更好，这不仅与由遗传学决定的形态特征有关，也与特定调控基因和代谢途径的DNA甲基化变化有关。研究人员在绘制的DNA甲基化谱中检测到差异甲基化的区域，并发现这些区域与免疫反应的激活和抗热应激反应有关。同时研究人员利用甲基化分析确定了不同品种的牛对应激反应和恢复机制具有不同的甲基化反应，其中，内洛尔牛是通过减少关键基因的甲基化和与热应激相关的途径来抗高温，而安格斯牛则是通过少数途径提高基因的甲基化水平来抗高温。

为了更好地了解在热应激下奶牛基因组的表观遗传变化，研究人员探讨了荷斯坦奶牛血液单核细胞的DNA甲基化受热应激和免疫反应影响。利用高免疫应答技术，比较高免疫应答的奶牛、平均免疫应答和低免疫应答的奶牛，发现高免疫应答奶牛疾病发生率较低。实验人员检测了在热应激前后从高、低免疫应答奶牛体中分离出的血单个核细胞的全基因组DNA甲基化，并鉴定了与免疫功能、应激反应、细胞凋亡和细胞信号等多种生物过程相关的差异甲基化启动子，从而揭示了热应激期间与细胞保护相关的途径[64]。实验人员在不同免疫应答能力的荷斯坦奶牛中分离的血单个核细胞，从中鉴定出显著的差异甲基化启动子，在对照和热应激条件下鉴定为高或低免疫应答奶牛。其结果揭示了在对照条件下，高免疫应答奶牛和低免疫应答奶牛之间的潜在差异：高免疫应答奶牛与低免疫应答奶牛相比，高免疫应答奶牛中IL15启动子区域的甲基化表达更高。高免疫应答奶牛中的G6PT启动子的甲基化升高可能导致mRNA表达降低，这可能揭示了能量代谢的差异。应激不仅能够引起启动子区域的DNA甲基化的改变，还能通过其他表观遗传修饰来影响基因表达。关于热应激引起的表观基因组变化以及相应的转录变化信息的增多，有助于人们更好地理解牛免疫应答能力之间的分子差异以及免疫反应与热应激反应之间的关系。高免疫应答是一个中高遗传力的性状，免疫遗传学为遗传选育提供一个应对热应激带给奶牛的不良影响的方向。由于不同奶牛群体中甲基化启动子区域不同，其结果揭示了热应激过程中细胞保护的相关途径。


应用二：内毒素对乳腺上皮细胞的甲基化影响

在奶牛养殖业中，通常用高营养水平精饲料饲喂奶牛，从而满足高产奶牛对营养物质的需求和弥补间歇性饲料短缺造成的营养不足。但长时间喂养高营养水平的精饲料会导致瘤胃pH值下降，因此奶牛易发生瘤胃酸中毒，特别是亚急性瘤胃酸中毒。内毒素是革兰氏阴性菌的细胞壁成分之一，当奶牛发生瘤胃酸中毒时，内毒素在瘤胃内的分泌量增多。多项研究表明，当奶牛被饲喂高营养水平的精饲料时，瘤胃中内毒素循环加剧，长此以往还会导致奶牛乳腺动脉血浆中的内毒素浓度增加。此外，环境条件差、疾病以及甲基炎等多种因素也可能导致更多的内毒素进入机体。当内毒素进入循环系统时，机体会产生炎症反应。与饲喂低营养水平精饲料的奶牛相比，饲喂高营养水平精饲料的奶牛会出现瘤胃酸中毒、内毒素增加以及乳腺的局部炎症反应加剧等现象。又因为饮食、毒素、污染物、热应激、疾病等环境因素都会影响DNA发生甲基化，所以猜测内毒素可能通过有诱导DNA甲基化而使乳腺上皮细胞的泌乳相关基因的表达水平降低。

因此，本研究的目的是探讨内毒素对牛乳腺上皮细胞中泌乳相关基因的全基因组DNA甲基化的影响，从而深入了解内毒素对牛乳腺上皮细胞的泌乳基因表达水平降低的表观遗传机制[65]。使用高通量测序的甲基化DNA免疫沉淀方法研究脂多糖对全基因组DNA甲基化的影响。研究人员从不同状态下的奶牛的血浆中提取到不同浓度的脂多糖，这些浓度间的差异由亚急性瘤胃酸中毒和疾病引起。在健康奶牛的血浆中未检测到脂多糖，但在饲喂高营养水平的精饲料、患乳腺炎和子宫炎的奶牛血浆中，脂多糖的浓度范围为0.2~860EU/mL。研究表明，当脂多糖浓度从0增加到10EU/mL时，泌乳基因甲基化水平及其数量、启动子甲基化水平均有所增加，但进一步增加脂多糖浓度后则有所降低。10EU/mL脂多糖处理的泌乳基因，其mRNA表达水平明显低于未处理的细胞。结果还表明，与对照组相比，1EU/mL和10EU/mL脂多糖处理后，脂质和氨基酸代谢途径中高甲基化基因的数量高于低甲基化基因的数量。相反，在免疫反应途径中，低甲基化基因的数量随着脂多糖浓度的增加而增加。低剂量脂多糖可诱导泌乳基因基因组和启动子的高甲基化，影响乳基因mRNA的表达。然而，高剂量脂多糖诱导免疫反应途径相关基因的低甲基化，可能有利于免疫反应。

## 二、牛繁殖的全基因组甲基化研究

### 应用一：牛雄性生殖的全基因组甲基化特征

不孕会影响人类的生活，在许多需要使用辅助生殖技术的夫妇中，男性不育占到40%。在男性中，约有15%的不育会遗传。同样，在奶牛中，不孕症是由多种因素导致的，受精率和受胎率低、胚胎死亡率高等因素会影响奶牛的繁殖率。不孕这一症状的形成十分复杂，但研究精子遗传物质的成分是很有必要的，而且能够很容易地筛选出繁殖的生物标志物，但父本对后期胚胎发育的作用机制尚不清楚。研究人员提出，在精子发生后，转录不活跃的精子中全长转录本可能被翻译，并且在胚胎的早期发育中发挥着作用。有些研究想要在繁殖能力不同的雄性个体中发现精子所携带的RNA的差异。精子的转录组也被认为是区分不同繁殖能力牛的标志，有研究评估了不同雄性的受胎率与公牛中精子功能相关蛋白的mRNA表达程度的关系，发现公牛繁殖力的高低与多个基因有关。另外有研究人员利用更全面的微矩阵分析了415份转录本在繁殖率不同的公牛之间的表达差异，发现了低繁殖率公牛的精子中的转录本缺乏转录因子和翻译因子。以上研究表明，高繁殖率和低繁殖率的亲本之间的转录组有很大差异，且某些转录本会造成不育。虽然有几个转录本与繁殖的状态有关，但受精时这些转录本能否传递到卵母细胞和促进胚胎的早期发育尚不清楚。根据活力、形态以及与特定繁殖指数相关的RNA谱等物理的质量参数，对雄性的繁殖力进行评估。虽然精子转录组已经通过雄性的繁殖指数进行了表征，但以往的研究尚未确定胚胎的转录组是否受到雄性在不同繁殖状态下受精时传递的"RNA包"的影响。精子DNA的基因组和表观分析技术在生育诊断、法医分析和基础研究等方面具有广泛的应用。

人们假设不同繁殖力的公牛会有不同的DNA甲基化的特点，不仅会影响早期胚胎的发育，还会影响胚胎的转录组。因此，研究人员探索了雄性生殖状况是否与精子中DNA甲基化程度和牛早期胚胎的转录组有关[66]。首先需要评估来自不同繁殖率的雄性胚胎的形态和发育情况以及受精率和囊胚率。其次对来自高和低繁殖力胚胎的转录组进行表征，以确定父本繁殖力的高低是否对胚胎有影响，并可能鉴定出差异表达的基因。最后研究繁殖率不同的公牛DNA甲基化的差异。该研究发现了与雌性繁殖力相比，雄性繁殖力受到的关注较少，但在受精过程中，雄性提供的配子不仅对卵母细胞有影响，而且RNA和信号因子也会受到影响。本研究鉴定了繁殖率不同的公牛所产生的早期胚胎内转录组的差异。虽然已经观察到早期胚胎的转录组差异，但胚胎植入后，雄性生殖能力与胚胎发育之间的关系并未研究。

雄性不育会导致家畜妊娠困难。精子的基因组或DNA甲基化水平的改变会影响精子功能和胚胎发育。最近有研究表明，精子的异常甲基化会抑制精子的正常功能，导致胚胎存活率降低。另外，精子的数量和处理时间都可能成为影响下游分析的限制因素，研究人员简化了提取精子中gDNA的流程，然后使用亚硫酸盐进行转化、PCR扩增和下游测序，提高了分析的精确度。然而，与从体细胞提取DNA相比，由于精子会发生顶体反应和染色质致密化等现象，因此从精子中提取DNA更具挑战性，导致所提取到的DNA量少。研究人员简化了分析精子的基因组和表观基因组的流程[67]。目标是简化提取DNA的过程，以缩短提取哺乳动物精子DNA的时间，同时为下游基因组和甲基化分析提供足够的DNA。在本研究中，研究人员改进了从牛精子中提取gDNA的工作流程，其特点是使用的精子量少，时间短，可为下游甲基化和基因组分析提供高质量DNA。这项技术在人类生物医学和农业领域中具有广泛的影响，如不孕的临床诊断、单核苷酸多态性和异常甲基化的鉴定。研究为分析精子的基因组和表观基因组状态提供了一种更简单可靠的方法，这种方法可用于实验室诊断、临床生殖实践和基础研究。

## 应用二：牛雌性生殖的全基因组甲基化特征

在过去几十年里，通过基因选择来提高奶牛的产奶量会造成早期胚胎流产、产犊间隔延长以及配种难度升高等问题。奶牛分娩后，通常会在其日粮中添加恢复过程中所需的营养物质，主要是产奶和子宫修复所需的营养物质。通过脂肪动员、产生酮症以及合成激素的量增加这一系列生物过程使奶牛的代谢状态改变。产后，非酯化脂肪酸和酮体量的升高，会增加子宫内膜炎的发病率。当卵泡处于发育阶段时，以上代谢物会在卵泡液中聚集，可能会穿过卵巢中的血—卵屏障。由于牛的卵巢会在产后10天左右恢复，因此处于腔前卵泡阶段内的卵母细胞逐渐暴露出来，其产生的循环代谢产物的量增加。在产后的60到80天内，卵母细胞的体积增大，并且还会积累维持胚胎生存所必需的转录本、蛋白质和表观遗传标记，但在产后的42天左右，泌乳母牛的卵母细胞在外形和表型上无明显变化，许多研究都观察到了在成熟和受精过程中卵母细胞甲基化的动态变化。卵母细胞成熟后的整体甲基化水平高于生发泡期，在胚胎的基因组激活之前，受精卵将会发生广泛的去甲基化。体外研究表明，与泌乳奶牛在产后所经历的生物过程类似，脂肪酸的浓度会损害卵母细胞的成熟、受精、卵裂和囊胚形成率。利用体外方法，研究人员展示了成熟条件如何影响胚胎基因组激活前胚胎中的甲基化标记。这些数据支持了泌乳奶牛的同源代谢会影响卵母细胞甲基化的状态，最终损害卵母细胞发育能力的假设。

因此，研究人员利用泌乳早期牛的卵母细胞研究了与代谢相关的全基因组表观遗传变化，是首次使用亚硫酸氢盐全基因组测序观察了从能量负平衡的奶牛收集到的卵母细胞内的全基因组甲基化的情况[68]。通过收集了处于产后早期和中期的奶牛中卵母细胞的代谢谱，并使用亚硫酸氢盐全基因组测序技术分析其表观遗传。相较于产后中期和对照组的母牛，产后早期的母牛存在代谢缺陷、能量平衡性低、非酯化脂肪酸和β−羟丁酸的浓度高等问题。因此，人们发现了参与碳代谢和脂肪酸代谢等途径的基因中有32990个产后早期有着特异性差异的甲基化区域，可能表现出了产后早期的卵母细胞代谢的表观遗传调控。研究人员在产后早期的卵母细胞中的差异甲基化区域发现印记基因*MEST*、*GNAS*等中的磷酸胞嘧啶−鸟嘌呤岛和外显子重叠，研究人员猜测早期泌乳代谢的应激可能影响印记的出现，从而导致胚胎流产。

自30多年前第一个由辅助生殖技术孕育的婴儿出生以来，越来越多的人使用辅助生殖技术来克服生育问题，辅助生殖技术包括卵巢刺激、体外成熟、体外受精、卵胞浆内单精子注射、体外胚胎培养和胚胎移植技术等。胚胎移植技术被广泛应用于提高家畜的遗传增益。尽管人们不断改进辅助生殖技术，但仍然会影响母畜产前和产后的状态，可能引起早产，出生体重低，宫内生长受限，先天异常和表观遗传疾病等弊端。表观遗传机制在配子发生和发育中起着重要作用，其中DNA甲基化的机制研究得最清楚，在配子和早期胚胎的正常发育过程中建立DNA甲基化模式至关重要。迄今为止，大多数研究人员通过探索辅助生殖技术受孕后的表观遗传结果，提供了关于辅助生殖技术受孕儿童与自发受孕儿童的特殊情况（如智力迟钝或自闭症）发生率的信息。尽管这些研究强调了通过辅助生殖技术受孕后的一些生理弊端，但可用的信息有限。由此，研究人员在小鼠和牛这两种模式动物上研究了其卵子发生过程中的DNA甲基化的重编程和生殖技术的干扰方法[69]。本研究利用小鼠和牛这两种模式动物的数据，探讨了辅助生殖技术对卵母细胞发育和胚胎DNA甲基化的影响。小鼠超数排卵研究表明，特定的辅助生殖技术会影响卵母细胞中正常印记的建立以及胚胎中异常印记维持，在牛身上也发现了类似影响，因此大多数使用克隆胚胎技术会表现出异常的DNA甲基化。

随着年龄的增长，卵泡个数减少和卵母细胞及周围卵泡内细胞损伤会导致女性生育力下降，这种表型被称为"卵巢老化"。卵巢老化包括生长卵泡数量减少，卵泡募集速度减慢，卵母细胞质量降低。女性更年期通常发生在45至55岁之间，这一时期的女性大多就已丧失了生育能力，然而，过去几十年来，西方国家的女性的可生育年龄不断增加。卵子捐赠技术表明，卵母细胞的质量是引起女性生育率下降的主要因素。各种并发症的发生频率随着女性生育年龄的增加而增加，这很可能与女性体内发生的分子、表观遗传、结构和形态变化有关。对35~40周龄的小鼠卵母细胞和尚未植入前的胚胎研究显示，全基因组

DNA 甲基化会随着年龄的变化而变化。与年轻小鼠相比，高龄小鼠的妊娠率低、死胎和胎儿畸形的所占比例高。在人类中，与36岁以下的卵母细胞相比，38 岁以上女性的卵母细胞中TAP73的表达水平较低，TAP73是一种对发育至关重要的转录因子，其转录受 DNA 甲基化调节。由于牛和人类有更多相似的母性生育特征，例如卵泡波的出现、植入前胚胎的发育的调节以及妊娠期，而且95.7%的人类基因可以映射到牛的基因组上，这使得牛能够成为研究人类生殖的模式动物。母牛的繁殖期长，其中大约 50%的牛在13岁仍有生育能力，这相当于女性的30～40岁。此外，母牛衰老还伴随着受精率下降、多精受精、胚胎发育停滞以及流产率升高等问题。

　　研究人员对不同年龄供体牛卵母细胞发育重要基因的 DNA 甲基化和 mRNA 进行研究，探讨了年龄对牛卵母细胞DNA甲基化和在发育中起着重要作用的基因mRNA表达的影响[70]。结果发现，三个不同年龄组的卵母细胞的*bTERF2*、*bREC8*、*bbcl-XL*、*bPISD*、*bBUB1*、*bDNMT3lo*、*BH19*和*bSNRPN*的DNA甲基化均无明显差异，*bTERF2*、*BBCL-XL*、*bPISD*和*bBUB1*的mRNA丰度也无显著差异。这些结果表明，在三个不同年龄组的牛卵母细胞中这些基因的甲基化和转录没有改变。研究还发现，在成熟后期的牛中分子和表观遗传变化更明显，与其他基因相比，*BH19*和*bDNMT3LO*启动子的甲基化错误率显著增加。这一差异可能与基因的生物学功能有关：*BH19*和*bDNMT3LO*在胚胎发育中起关键作用，而*bTERF2*、*bREC8*、*bBCLXL*、*bPISD*和*bBUB1*在卵子发生过程中起关键作用。

### 应用三：牛繁殖技术对全基因组甲基化的影响

　　在家畜中，胚胎移植和其他新兴技术能够提高繁殖效率和加快遗传育种的进程。辅助生殖技术是对配子和胚胎进行操作和分离，如体外成熟、体外受精、卵胞浆内单精子注射、体外胚胎培养和激素刺激。与体内自然产生的胚胎不同，利用辅助生殖技术产生的牛胚胎的质量并不理想，在形态、生理、转录、染色体和代谢水平上存在差异。染色质重塑、组蛋白修饰和DNA甲基化等表观遗传机制是形成配子的基础，也是胚胎发育过程所必需的，研究最广泛的表观遗传机制仍然是DNA甲基化。以往的研究表明，DNA甲基化模式的正确建立对于配子和早期胚胎的正常发育至关重要。遗传印记是一个涉及亲本衍生基因组差异甲基化区域的DNA甲基化的过程，以促进一组基因的亲本表达，这与胚胎生长有关。

　　许多研究详细阐明了辅助生殖技术对遗传印记的影响，特别是印记基因中差异甲基化区域的DNA甲基化，有研究证明辅助生殖技术会诱导甲基化异常，而另一些研究表明差异甲基化区域未受影响。研究人员刺激小鼠的卵巢后进行表观遗传效应分析，其结果表明印记的建立不会影响卵母细胞整体甲基化状态，但会影响受精后印记的维持。因此，研究人员对利用辅助生殖技术产生的第17天的牛胚胎进行了鉴定，发现其胚胎的滋养外胚层的基因序列中甲基化错误率最高[71]。结果发现，在3140个差异甲基化位点中，分别有77.3%和22.7%可归因于激素刺激和体外生产。利用体外生产和激素刺激技术产生的胚胎滋养外胚层的基因内序列中差异甲基化程度高，30.8%的差异甲基化位点位于基因内的区域。研究人员发现分别使用激素刺激和体外生产技术得到的胚胎中，分别有0.16%和4.9%的差异甲基化位点。激素刺激和体外生产对甲基化变化方向的总体影响与甲基化的增加有关，与未使用任何辅助技术的牛相比，利用了激素刺激和体外生产技术产生的牛的胚胎的差异甲基化位点分别为70.6%和57.9%，表明利用全基因组甲基化评估辅助生殖技术的可行性，能够加速配子和胚胎表观遗传学的研究进程。

DNA甲基化主要发生在CG双核苷酸上，是哺乳动物基因组的主要表观遗传修饰方式。DNA甲基化与抑制基因的转录有关，并且参与组织特异性的基因表达、X染色体失活、基因印记和染色质结构等多种生物学功能。在已经分化的体细胞中，基因组的甲基化模式相对稳定，并通过细胞分裂进行遗传。然而，甲基化模式会在配子和胚胎的发生期间发生全基因组重编程。小鼠在受精后不久，父本提供的基因组会迅速发生主动的去甲基化，而母本提供的基因组在卵裂分裂过程中通过DNA复制的方式逐渐发生被动的去甲基化。受精卵的主动和被动去甲基化现象不仅发生在小鼠中，也会发生在大鼠、猪、牛和人这些物种中，但未在绵羊和兔子的受精卵中观察到父本的去甲基化现象，因此研究人员推测去甲基化的发生是否与物种的特异性有关。

虽然牛早期胚胎的DNA甲基化模式已被报道，但在父本基因组去甲基化的程度和重新甲基化的时间方面仍有争议。这些争议可能来自研究人员使用的检测方法和实验系统的差异。DNA甲基化的重编程可能与遗传印记的重建和全能性的获得有关。许多研究证明，DNA甲基化异常可能会导致胚胎的发育中断。例如，通过分析核移植获得的克隆胚胎的研究结果表明DNA甲基化严重异常。因此，研究早期胚胎的DNA甲基化模式对于了解胚胎发育机制尤为重要，研究人员利用牛体外受精前的未植入胚胎探究其基因组DNA甲基化模式[72]。研究采用抗5-甲基胞嘧啶抗体免疫荧光染色的方法，检测了利用体外成熟、体外受精和体外胚胎培养技术得到的牛的卵母细胞成为受精卵以及着床前胚胎的DNA甲基化模式。结果表明，61.5%的受精卵发生了父本的特异性去甲基化，34.6%的受精卵未发生去甲基化。其次，在胚胎发育到8细胞阶段后，甲基化的水平下降，这一现象持续到桑葚期，但在相同胚胎内的卵裂球之间，甲基化水平存在差异。最后，在囊胚期，内细胞团的甲基化水平很低，但滋养外胚层细胞的甲基化水平很高。

甲基化DNA免疫沉淀技术与高通量测序或微阵列杂交结合使用时，可以在全基因组范围内识别甲基化位点。单碱基分辨率技术使用亚硫酸氢钠将未修饰的胞嘧啶转化为尿嘧啶。全基因组重亚硫酸盐测序无需对大量动物进行分析，所以比重亚硫酸盐测序成本低，但它是以特定序列的磷酸胞嘧啶-鸟嘌呤为靶点。此外，全基因组重亚硫酸盐测序和重亚硫酸盐测序不能区分DNA甲基化修饰和羟甲基化。这两种测序方法在体细胞重编程过程中可能具有不同的功能，能够区分克隆牛的表观基因组。最近，以亚硫酸盐为基础的测序方法已被开发用于在全基因组范围和单碱基分辨率上绘制羟甲基化的图谱。但是与传统的亚硫酸盐测序技术相比，全基因组重亚硫酸盐测序无法绘制出克隆牛的表观遗传改变图谱。尽管使用甲基结合蛋白或抗甲基胞苷抗体捕获DNA甲基化的分辨率低，但该方法对DNA甲基化具有特异性，且能够在多方面应用，所以可以替代亚硫酸盐测序技术。

因此，在克隆牛中研究人员通过甲基化DNA免疫沉淀法，分析了全基因组范围内的甲基化[73]。比较克隆牛和非克隆牛的甲基化DNA免疫沉淀谱，描述核移植后受不完全重编程影响的牛基因组区域。重点介绍了一个甲基化DNA免疫沉淀技术，根据这项技术绘制了一定数量的动物的测序图谱，并根据此图谱设计了一个微阵列，该阵列又可以被用于查询更大群体的甲基组数据。其捕获的序列可以通过聚合酶链反应或定量的聚合酶链反应估计捕获部分中候选区域的富集程度，还可以通过测序或微阵列杂交在全基因组范围内识别捕获序列，因此这些技术被广泛应用于人类甲基化的分析。

# 三、牛胚胎发育的全基因组甲基化研究

胚胎的早期发育是最复杂多变的生物过程之一。在这一时期，胚胎的转录组、表观遗传、生理状态和形态能够在较短时间内发生改变。早期胚胎具有较强的可塑性，能够适应母体环境的改变。体外培养会对胚胎的转录和表观遗传产生影响。

## 应用一：牛着床前胚胎发育的全基因组甲基化特征

DNA甲基化是一种重要的表观遗传修饰，在哺乳动物胚胎发育过程中不断发生改变，在此过程中亲本基因组被重编程。尽管人们通过免疫染色技术评估了整体甲基化，但在着床前的牛胚胎中DNA甲基化模式尚不清楚。胞嘧啶甲基化是一种主要存在CG双核苷酸的重要表观遗传修饰，用于调控基因转录，以实现分化、印记基因和X染色体失活等生物学功能。全基因组甲基化在原始生殖细胞和胚胎着床前的发育过程中会发生显著变化。在胚胎的早期发育过程中，受精前的配子会发生胞嘧啶去甲基化，这一过程在小鼠和人类中广泛表现。两个亲本基因组的去甲基化方式不同，受精后，通过甲基胞嘧啶双加氧酶，使父本原核中的5-甲基胞嘧啶转化为5-羟甲基胞嘧啶。相反，母本原核中的5-甲基胞嘧啶在很大程度上受到Stella、Pgc7、Dppa3等基因的保护。现已在人类、小鼠和牛着床前的胚胎发育过程中，观察到去甲基化现象，但全基因组从头甲基化主要发生的时期不同。

研究人员对牛配子DNA甲基化组和着床前的胚胎进行了研究[74]。结果表明，全基因组去甲基化主要发生在胚胎的8细胞期，启动子甲基化与胚胎的8细胞期和囊胚期的基因表达呈负相关，精子和卵母细胞有许多差异甲基化区域，精子特异的差异甲基化区域在长末端重复序列中显著富集，受精后，甲基化迅速消失。而卵母细胞特异性的差异甲基化区域更多地存在于外显子和磷酸胞嘧啶-鸟嘌呤岛中，并在卵裂阶段逐渐发生去甲基化。此外，在体内和体外成熟卵母细胞之间也发现了差异甲基化区域。这项研究为探索牛早期胚胎的复杂表观遗传重编程奠定了基础，这是研究人类胚胎发育到着床前的一个重要模型。研究人员利用还原亚硫酸测序鉴定了牛精子、自然产生的卵母细胞以及从2细胞期到囊胚期的胚胎，并获得了一张完整的单碱基分辨率图，其反映了早期胚胎着床前发育的DNA去甲基化动力学，为研究辅助生殖技术产生的胚胎提供了参考，以及确定了配子和胚胎发育过程中DNA甲基化的潜在调控机制。

核心组蛋白翻译后修饰是重要的表观遗传标记之一，它能调节染色质结构和基因表达。在组蛋白H2A、H2B、H3和H4中，H3和H4的N末端发生赖氨酸乙酰化的翻译修饰对于调节基因转录激活至关重要，然而，H3和H4的N末端的赖氨酸甲基化揭示了更复杂的转录调控机制。组蛋白H3K9ac、H3k18ac、H4K8ac和H4K5ac是发生高乙酰化染色质的关键。

在哺乳动物配子发生、受精和胚胎发育过程中，为了恢复其全能性和分化性，发生了广泛的表观遗传重编程。一般来说，配子发生减数分裂时，其染色质会发生组蛋白乙酰化和甲基化的缺失，在受精过程中该组蛋白的甲基化和乙酰化会再次发生在原核，然后将以上修饰维持到核分裂阶段。然而，一些研究表明，在不同物种的减数分裂阶段和胚胎发育过程中，组蛋白修饰位点的动态模式并不完全保守，而组蛋白的变化与配子发生和胚胎发育过程中染色质重塑之间的关系仍未阐明。哺乳动物早期发育过程中的动态染色质结构以及组蛋白H3K27ac、H3K9me3、H3K36me3、H3K27me3和H3K4me3在基因组上的位置得到了确定，且阐明了在卵母细胞减数分裂和胚胎发育过程中这些组蛋白修饰位点的动态模式。

然而，人们尚未从卵母细胞减数分裂、受精和胚胎发育的角度研究其他对染色质重塑和基因转录起关键作用的组蛋白修饰位点。因此，研究人员研究了牛的卵母细胞、受精卵和胚胎着床前的组蛋白乙酰化和甲基化的动态变化[75]。结果表明，在牛的卵母细胞中其组蛋白乙酰化消失，但在受精卵中又会重新出现，在牛中，组蛋白乙酰化的动态变化表现出位点特异性和物种特异性。当牛胚胎发育到囊胚期时，H3K9ac和H3K18ac模式与H3K4me3相似，H4K5ac模式与牛胚胎着床前发育期间的H4K8ac模式相似。染色质上组蛋白位点的乙酰化和甲基化的动态变化与母本向合子转变过程密切相关。本研究能够为了解组蛋白翻译修饰对牛的繁殖和发育产生的影响提供信息。

在哺乳动物中，母本的差异甲基化区域在卵子发生的发育阶段进行DNA甲基化，而父本的差异甲基化区域在围产前期进行DNA甲基化。人们普遍认为，随着配子的结合，小鼠在胚胎形成和胚胎的早期发育过程中，其印记基因中的差异甲基化区域的DNA甲基化标记能够稳定存在，直到差异甲基化区域在原始生殖细胞中被重新编程。在牛胚胎的早期发育阶段，人们尚不清楚其印记基因中差异甲基化区域的DNA甲基化状态。因此，以胚泡时期到着床期的牛胚胎中的胚胎为研究对象，科研人员对印记基因差异甲基化区域的甲基化的变化进行了全面的分析[76]。利用焦磷酸测序技术，分别使用第7天的囊胚、第14天的球状胚胎、第17天的丝状胚胎和第25天的植入胚胎，量化了牛的6个印记基因（*SNRPN*、*MEST*、*IGF2R*、*PLAGL1*、*PEG10*和*H19*）中与差异甲基化相关的磷酸胞嘧啶-鸟嘌呤双核苷酸的DNA甲基化水平。结果发现，与胚胎的发育后期相比，第7天囊胚期的基因的DNA甲基化变化程度最大。此外，利用转录组测序技术所得到的数据和蛋白质印迹分析揭示了牛胚胎DNA甲基化功能基因（*DNMT3A*、*DNMT3B*、*TRIM28/KAP1*和*DNMT1*）和蛋白质（DNMT3A、DNMT3A2和DNMT3B）表达的特定窗口，与印记一致。

据报道，人、奶牛和小鼠使用体外培养后其胚胎出现生长发育缓慢、早产、出生体重低、围产期并发症和先天性异常等问题的风险增加。人们在培养基中添加来自不同输卵管和子宫内膜的因子，能够提高体外培养的胚胎质量，一些细胞因子能够影响胚胎的编程和表观遗传标记作用。此外，在体外培养牛胚胎的培养基中添加集落刺激因子2能够使肝脏和胎盘中的基因表达恢复正常。然而，由于输卵管和子宫液内的成分复杂，很难使用单因子改善胚胎体外培养带来的负面影响。根据这一复杂性，研究人员在猪胚胎的培养基中添加生殖液后，显著提高了囊胚的质量，目前还不清楚添加生殖液后，体外培养的胚胎中其DNA甲基化模式是否能很好地进行重编程。

在体内和体外产生的不同性别胚胎中存在转录差异。很少有研究分析发育为不同性别的胚胎在着床前存在的表观遗传差异，只有在性别决定后，DNA甲基化中的性别二态性才能显现出来。为了确定在胚胎培养过程中，环境条件能否影响性别，研究人员探讨了培养基和性别是否能促进着床前的牛胚胎发生表观遗传重编程[77]。通过在培养基中添加生殖液、血清和牛血清白蛋白培养胚胎，绘制全基因组DNA甲基化谱。分析体外培养对DNA甲基化的影响，发现囊胚期的不同性别会导致甲基化出现差异。体内胚胎的甲基化水平最高，用血清体外培养产生的胚胎其甲基化水平接近于体内产生的胚胎，而用生殖液或白蛋白培养体外产生的胚胎其整体甲基化水平低。通过重复元素分析，甲基化水平受影响最大的是血清体外培养的胚胎。此外，聚类分析表明，比起胚胎的来源方式，性别对甲基化的影响更大。

### 应用二：牛囊胚发育机制中的全基因组甲基化特征

哺乳动物受精后，其受精卵在输卵管内经历连续的卵裂分裂，并在囊胚期进入子宫，最终成功在子宫着床。在胚胎的早期发育过程中，胚胎与母体通过分泌信号进行信息传递，后期胚胎与母体的双向互动过程启动。DNA去甲基化和甲基化是胚胎发育过程中的重要过程。在哺乳动物中，表观遗传标记出现在配子发生和早期胚胎发育阶段，在牛胚胎着床前的发育过程中，DNA甲基化模式因性别的不同而发生改变。Wang等人最近的研究证明，小鼠在受精后，其亲本基因组会发生主动去甲基化。在主动去甲基化过程中，母本基因组还通过去除DNA甲基化酶1发生被动去甲基化，从而防止新合成的DNA出现甲基化。在哺乳动物中，DNA甲基化在胚胎的正常发育、X染色体激活和遗传印记中发挥了重要作用。当胚胎在第一次卵裂时经历第一次去甲基化，然后在8细胞阶段之后开始再甲基化。胚胎通过去甲基化去沉默印记基因和转座子，这种表观遗传重编程对于将全能细胞中的配子转化为多能干细胞至关重要。

在乳业中，人们通过改进卵子提取、体外成熟、体外受精、体外培养以及胚胎移植等技术，能够使家畜的配种年龄提前并且提高遗传选育的效率。有研究分析了来自初情期前后的供体母牛的配子和胚胎的特征，发现与来自成熟母牛的配子相比，来自初情期前后的母牛的卵母细胞质量差、成熟率和发育能力低、蛋白质表达下降、胚胎发育率低，另外运用胚胎移植技术对胚胎的伤害大，使胚胎的存活率和健康率较低。利用辅助生殖技术不仅能提高珍贵动物繁殖率，还可以解除去甲基化或再甲基化所带来的对囊胚发育、妊娠率、后代畸形等影响。

在牛中，已证实了卵母细胞的成熟培养基在妊娠期第50天会引起胎儿肝脏中甲基化水平过高，表明培养条件会对胚胎DNA甲基化或胎儿基因组产生长期的影响。与在体外条件下发育的囊胚相比，自然发育的囊胚中DNA甲基化模式是以特定阶段的方式进行调节的，但无法确定DNA甲基化模式的失衡是否与体外卵母细胞成熟、受精和培养条件等因素引起的表观遗传记忆有关。因此，有研究分析了胎基因组激活之前、期间和后期，体外培养条件得到成熟的卵母细胞下，牛体内胚胎发育到囊胚期的全基因组DNA甲基化模式[78]。

结果表明，与2细胞和8细胞期间冲洗胚胎相比，在16细胞期冲洗胚胎得到的囊胚数量多。与体内对照相比，2细胞和8细胞期间冲洗所得到的囊胚中，其差异甲基化基因组区域的数量进一步增加。在2细胞、8细胞和16细胞期间冲洗所得到的囊胚中，有1623个基因组位点的甲基化水平增加，表明在胚胎发育任何阶段存在对体外培养敏感的基因组区域。在2细胞和16细胞冲洗胚胎所得到的囊胚中，高甲基化基因组位点的数量高于低甲基化基因组位点的数量，但在8细胞期则相反。只有在2细胞期间冲洗胚胎才会存在差异甲基化区域，并且与相应mRNA表达呈负相关，参与质膜乳酸转运、氨基酸转运和磷代谢过程，而DMRs特异于8细胞组，与相应的mRNA表达量呈负相关，参与脂肪酸调控和甾体生物合成等多个生物学过程。此外，2细胞期间冲洗所得到的囊胚存在特有的差异甲基化区域，并且此区域与相应的mRNA表达水平呈负相关，还参与质膜上的乳酸转运、氨基酸转运和磷代谢等过程，而8细胞期间存在的差异甲基化区域同样与相应的mRNA表达水平呈负相关，并参与调节脂肪酸和类固醇合成等多种生物过程。通过本次研究，人们可以了解卵母细胞在体外培养条件下成熟受精后得到的胚胎的表观遗传变化，这有利于揭示在胚胎培养过程中环境条件对表观遗传变化的影响。

最近一项比较体外生产发育快速和缓慢的囊胚的研究报告了转录的相关变化，主要与能量和脂代谢有关。即使在相同的培养条件下，不同发育动力学的胚胎也会消耗和分泌不同的基质。研究人员利用不同发育动力学在牛胚泡中进行DNA甲基化的全基因组筛选研究，挖掘了受影响最严重的生物过程、细胞成分和由快生长或慢生长卵裂胚胎产生的囊胚的分子功能，并鉴定了与受影响生物过程相关的主要转录本[79]。结果表明，利用全基因组DNA甲基化鉴定出11584个不同的甲基化区域。发育快速的胚胎在整个基因组中表现出更多的高甲基化区域，如内含子、外显子、启动子和重复元件等。而在发育慢速的胚胎中，高甲基化区域更多出现在磷酸胞嘧啶-鸟嘌呤岛。差异甲基化区域通过生物过程聚类，受影响的途径与细胞存活、分化、能量、脂代谢有关。快生长胚胎和慢生长胚胎在整体脱氧核糖核酸甲基化谱上存在差异。这些差异主要与不同的代谢活动、细胞结构、存活和死亡有关。总之，这些信息表明，由发育动力学不同的胚胎产生的胚泡会影响妊娠的相关机制。进一步的研究仍然是必要的，主要是为了了解其他表观遗传机制的作用和快生长或慢生长卵裂胚胎中通过胚胎发育建立的脱氧核糖核苷酸甲基化。

众所周知，胚胎可以根据环境改变做出相应的反应，在胚胎的早期发育过程中改变压力可能会影响胚胎的组织结构和功能。有充分的证据表明，利用体外培养技术得到的胚胎更容易发生与表观遗传相关的疾病以及代谢、印记紊乱。与自然产生的胚胎相比，利用体外培养技术得到的胚胎的转录组和表观遗传谱发生了显著的变化。此外，研究人员曾报道，与成年供体动物产生的胚胎相比，幼龄供体动物的胚胎对外界环境更敏感。因此，研究人员探讨了来自初情期供体的卵母细胞发育为囊胚时的 DNA 甲基化状态，并假设卵母细胞供体的年龄会影响基因表达和DNA甲基化，从而对胎儿的生长发育产生影响[80]。研究分别选取8月龄、11月龄、14月龄的荷斯坦母牛，对其进行卵巢刺激后收集卵母细胞。将收集到的卵母细胞与一只成年公牛产生的精液进行体外受精，得到三个胚胎。每只动物都是自己的对照组，以评估供体母牛年龄对胚胎发育的影响。利用EmbryoGENE平台比较8月龄和14月龄、11月龄和14月龄的卵母细胞成为受精卵发育为囊胚的DNA甲基化状态。这项研究首次对初情期前后的荷斯坦母牛进行激素刺激，随后进行表观遗传分析，其结果证明了供体年龄会对胚胎的质量产生影响。本次科研人员曾报道，与成年供体动物产生的胚胎相比，幼龄供体动物产生的胚胎对外界环境表现出更高的敏感性。

受精后，胚胎的转录停止，直到胚胎基因组激活阶段才恢复转录。在小鼠中，从受精卵阶段到桑葚胚阶段，胚胎会发生主动和被动的去甲基化，因此，在转录激活之前其DNA的整体甲基化降低。去甲基化之后，通过DNA甲基转移酶3A和DNA甲基转移酶3b使胚泡阶段开始时发生第一次DNA甲基化。并且，囊胚的内细胞团甲基化的总体水平高于滋养外胚层组。在哺乳动物的胚胎的早期发育过程中，从头甲基化的发育模式并不保守。在小鼠和绵羊的卵裂早期阶段会发生去甲基化，但猪和兔子不会发生。在囊胚中，绵羊和猪的内细胞团比滋养外胚层的甲基化程度高，而兔的内细胞团比滋养外胚层的甲基化程度低。在绵羊中，从2细胞阶段到囊胚阶段，整体DNA甲基化程度下降，内细胞团的甲基化程度高于滋养外胚层。在猪的囊胚中，内细胞团的甲基化程度明显高于滋养外胚层，但与小鼠和绵羊不同的是，从2细胞期到桑葚期，DNA甲基化无明显缺失。胚胎甲基可能会随着其遗传机制和环境的改变而改变。在囊胚阶段，遗传性别会对胚胎的发育产生影响。从头甲基转移酶的表达在不同性别之间存在差异，与雄性囊胚相比，雌性奶牛的囊胚中*DNMT3A*和*DNMT3B*基因的表达水平低。

研究人员研究了牛胚胎早期发育过程中 DNA 甲基化的变化[81]。结果表明，胚胎从2细胞期发育到6至8细胞期，其甲基化水平下降；到囊胚期时，甲基化水平上升。在8细胞期，雌性甲基化更明显；在囊胚期，雄性胚胎的甲基化更明显。利用集落刺激因子2处理胚胎，发现对胚胎中的DNA甲基化标记无影响。当胚胎从2细胞期发育到16细胞期时，*DNMT3B*中mRNA的稳定性逐渐下降，在囊胚期其稳定性又会提高。利用高分辨率熔融解技术评估*DNMT3B*内含子中富含磷酸胞嘧啶–鸟嘌呤区域的甲基化水平，发现在胚胎的6至8细胞期到囊胚期，甲基化率降低，但内细胞团和滋养外胚层的甲基化没有差异。

## 应用三：不同处理对牛胚胎发育中的甲基化的影响

转座元件是最大单位的哺乳动物基因组序列，长期以来被认为是无用的DNA。哺乳动物转座因子主要由逆转录转座子，即RNA转座子组成。它们通过"复制粘贴"机制和RNA中介在整个基因组中插入额外的拷贝序列。DNA甲基化是沉默逆转录转座子的一个主要表观遗传机制，通过阻止或增强调控转录因子与启动子区域的结合来影响DNA转录，从而确定哪些基因最终被转录。

多项研究表明，不同的培养条件对胚胎DNA甲基化模式产生影响。同样，利用体外受精和卵胞浆内精子注射技术孕育出的胎儿中，也发现了*KvDMR 1*基因在母本印记控制区的低甲基化。此外，在高氧培养环境下，不仅胎盘会出现整体DNA甲基化模式的改变，而且小鼠胚胎干细胞中亲本表达基因的等位基因甲基化模式也会发生改变，说明培养环境条件较差会影响胚胎发育后期的基因组甲基化水平。氧化应激是一种由于活性氧的过量产生或抗氧化防御能力的减少而产生的状态，可诱导不同类型的细胞表观遗传发生变化。在胚胎培养过程中，通过高氧张力的氧化应激来改变表观基因组修饰基因的表达。

麦克林托克的"基因组休克"假说认为，环境刺激可能会动员转座因子。这一假设得到了证据的支持，即来自不同生物体的逆转录转座子可以被各种环境应激所动员，包括氧化应激。基于这些发现，研究人员假设，过量的氧化应激会诱导DNA甲基化变化，进而影响逆转录转座子的表达，最终影响胚胎健康。为了验证这一假设，本实验在牛着床前胚胎发育过程中施加了持续氧化应激，并测量了三个牛逆转录转座子家族在着床前到囊胚期的整体DNA甲基化和表达，同时胚胎性别可能影响牛胚泡的三分之一活性表达基因[82]。研究人员利用免疫荧光染色技术测试了高氧张力是否影响牛胚胎发育过程中的整体DNA甲基化水平，以及这是否对某些选定的逆转录转座子家族的表达有影响。结果发现，高氧张力将会增加牛4细胞阶段的胚胎和囊胚的整体甲基化，但不影响逆转录转座子的一般表达。这证明了在高氧张力环境下能够显著增加4细胞胚胎和囊胚的整体DNA甲基化，表明氧化应激在牛胚胎发育的4细胞和囊胚阶段诱导了更高的DNA甲基化。然而，在牛着床胚胎中，没有发现整体DNA甲基化和一般逆转录转座子表达之间的联系。与其他基因一样，逆转录转座子表达的调控可能是不同机制与不同类型调控因子相互作用的结合，而不是甲基化、去甲基化的简单结果。

辅助生殖技术包括人工授精、体外培养、体外生产等。当使用特定的营养素后，能够提高人工授精后的受胎率。例如，分娩后30天后注射维生素E和硒可明显缩短产犊间隔。

在奶牛的日粮中添加过瘤胃蛋氨酸可增加多产奶牛的胎体大小，减少妊娠损失。此外，在奶牛怀孕的过渡期补充过瘤胃胆碱可提高人工授精后的受孕率。因此，研究人员探讨了胆碱对牛胚胎着床前表型的影响[83]。研究结果：用0.004mM氯化胆碱处理可促进胚泡的发育，增加胚泡细胞数量。研究人员一共检查到了165个基因，使用1.3mM 氯化胆碱处理胚胎后，可检测到其中11个基因（AMOT、NANOG、HDAC8、HNF4A、STAT1、MBNL3、SOX2、STAT3、KDM2B、SAV1和GPAM）在囊胚中的表达水平。1.3mM氯化胆碱处理胚胎后，发育到3.5天的胚胎总DNA甲基化水平降低，发育到第7.5天的胚胎的DNA甲基化水平提高。用1.8mM 氯化胆碱处理也提高了囊胚中的甲基化的水平。总之，在培养基中添加胆碱会改变体外所培养的胚胎在着床前的表型。使用不同浓度的氯化胆碱处理能改变胚胎发育、特定基因的表达和DNA甲基化的状态。

为了提高畜产品的质量，人们在家畜的遗传育种工作中广泛使用辅助生殖技术。但最近的研究表明，辅助生殖技术会导致表观遗传发生改变、对孕畜在产前和产后的表型产生很大影响，并影响家畜的生产性能、机体健康和动物福利。此外，环境条件也可能通过改变表观遗传机制，进而影响家畜后代的生产性能和繁殖能力。当使用胚胎移植技术时，人们可以根据胚泡阶段进行的表观遗传学诊断来移植高质量的胚胎，在着床前的胚胎和后续的胎儿生长发育过程中，其诊断的结果可能会对其表观遗传学产生影响，也有可能在育种工作中发挥作用。据报道，人们利用来自活体组织的单个或多个细胞中分离出的DNA就能对着床前的胚胎进行全基因组测序。

然而，当利用低于30至40个细胞提取的DNA进行全基因组测序时，会出现基因分型错误。由于使用染色质免疫沉淀技术分析表观遗传的人数多，因此对该技术进行了改进，即研究人员使用染色质免疫沉淀技术分析时，其所需的细胞数会减少。为了改变细胞个数给人们使用染色质免疫沉淀技术带来的不便，科研人员最近开发了一种体外系统，能够将来自囊胚滋养外胚层的细胞进行扩增。但此方法需要对胚胎的活组织切片进行几天的体外培养，在此体外培养期间，表观遗传信息可能与原始的活体胚胎中细胞所携带的信息有差异。

因此，研究人员利用全基因组亚硫酸氢盐测序，鉴定同一单个胚胎的滋养外胚层和培养后胚胎的活组织切片中细胞是否存在差异，以确定该技术是否可用于胚胎移植前的表观遗传分析[84]。研究人员将牛体外产生囊胚的滋养外胚层（含有30至40个细胞）制作成一个活体组织切片，并将其培养在纤维粘连蛋白处理过的培养基上，直到滋养外胚层细胞扩增到4104个。当胚胎的其余部分恢复为球形时，分离其滋养外胚层和内细胞团。研究人员利用全基因组亚硫酸氢盐测序鉴定了三个牛胚胎滋养外胚层和细胞经过扩增后的滋养外胚层之间是否存在DNA甲基化差异。由于囊胚的适应性，细胞经过扩增后的滋养外胚层的整体甲基化水平更高，且与滋养外胚层的甲基化水平存在显著差异。本次研究结果表明，利用原始胚胎培养的牛胚胎的活组织切片，可保留甲基化标记，同时细胞经过扩增后的滋养外胚层的DNA甲基化更典型，为胚胎移植前分析其表观基因组提供了一些参考。

应用四：牛胎盘中的全基因组甲基化特征

在胎盘形成和胎儿发育过程中，表观遗传修饰发挥了重要作用，DNA修饰中以磷酸胞嘧啶–鸟嘌呤的甲基化研究最多。在妊娠期间，磷酸胞嘧啶–鸟嘌呤的甲基化能调控胚胎的发育过程，且胚胎和胎盘中甲基化状态的改变可能会产生宫内生长受限等并发症。胎盘中的DNA甲基化图谱可作为宫内生长受限的标记。人类全基因组DNA甲基化实验表明，当受到宫内生长受限的影响时，胎儿中调控胎盘正常发育的基因表现出显著的DNA甲基化差异。胎儿的生长发育主要受到印记基因和不平衡的甲基化图谱的调节，如PEG10的高甲基化与小鼠宫内发育迟缓相关。PEG3印记化结构域包含牛18号染色体上的500kb区域，其表达受表观遗传学调控。在一项早期研究中，研究人员在该染色体上发现了缺失，该缺失截断了PEG3结构域中非蛋白编码MIMT1的第三和第四外显子，从而导致牛出现难产和流产。另外胎儿中MIMT1的截断与RNA中MIMT1的磷酸胞嘧啶–鸟嘌呤甲基化水平降低有关，这表明牛的PEG3结构域基因的去调控与宫内生长受限有关。

因此，为了在PEG3结构域中寻找DNA甲基化的调控区域，对牛MIMT1基因的差异甲基化区域进行了局部的全基因组甲基化测序[85]。研究人员对来自宫内生长受限和野生牛的样本的胎盘进行了全基因组DNA甲基化分析，并在MIMT1第二内含子中鉴定了一个差异甲基化区域。对大样本进行焦磷酸测序，其结果表明宫内生长受限的胎儿和胎盘中MIMT1差异甲基化区域的甲基化水平降低程度显著多于野生型。本次研究表明，局部的全基因组亚硫酸氢盐测序可以确定基因组位点的表观遗传调控元件。

体细胞克隆是一项具有众多潜在应用前景的技术。然而，克隆效率低和发育异常发生率高的体细胞克隆明显阻碍了该技术的应用。发育异常包括胎盘缺乏、肥胖、妊娠期延长等。胎盘发生疾病的几率很高，大多数克隆胎儿因为胎盘缺乏在子宫内死亡。与正常有性生殖生产的犊牛相比，死亡的克隆犊牛的胎盘重量较高，但胎盘数量较低。在死亡克隆犊牛的胎盘中，多个印记基因的表达和DNA甲基化水平也存在异常。胎盘异常可能是无性繁殖胎儿死亡的主要原因。克隆动物的胚胎和胎盘发育异常的主要原因是供体体细胞的异常表观遗传核重编程，涉及各种表观遗传修饰。DNA甲基化是基因组的一种主要的表观遗传修饰，在体细胞克隆中是关键的重编程。

研究人员利用甲基化DNA免疫沉淀和高通量测序方法，绘制并分析了牛胎盘组织的全基因组DNA甲基化图谱[86]。结果发现，牛中基因体的甲基化水平相对较高，而启动子仍保持较低甲基化水平。研究人员从牛胎盘中获得了数千个高甲基化区域、甲基化磷酸胞嘧啶–鸟嘌呤岛和甲基化基因。基因转录起始位点附近的DNA甲基化水平与基因表达水平呈负相关。然而，基因体DNA甲基化与基因表达之间的关系是非单调的。中度表达基因一般具有最高水平的基因体DNA甲基化，而高表达基因、低表达基因以及沉默基因显示出中等水平的DNA甲基化。表达量最高的基因DNA甲基化水平最低。

# 四、其他方面的全基因组甲基化研究

在不改变核苷酸序列的前提下，表观遗传能通过染色质细小的改变来调节基因的表达，从而使相同的细胞在细胞谱系之间发生分化。表观遗传包括DNA甲基化、组蛋白重塑以及DNA或mRNA与非编码RNA的互作用。DNA甲基化主要是在双核苷酸中胞嘧啶环的第5位添加了一个甲基，能调控基因表达，如染色质结构的形成和维持、亲本印记和雌性X染色体的失活。磷酸胞嘧啶–鸟嘌呤位点的遗传变异可以破坏甲基化位点，极大地改变了甲基化状态。DNA甲基化可能会影响磷酸胞嘧啶–鸟嘌呤位点的引入或移除。目前，尚不清楚遗传变异与DNA甲基化之间的关系以及决定DNA甲基化模式的遗传因素。研究人员通过DNA甲基化的水平来鉴定牛的磷酸胞嘧啶–鸟嘌呤单核苷酸多态性作为表观遗传调控的潜在靶点[87]。结果发现，相对于整个基因组，位于磷酸胞嘧啶–鸟嘌呤岛中的磷酸胞嘧啶–鸟嘌呤位点富集，并且由于饲料转化率的不同，来自动物不同组织中的甲基化序列存在差异。这些磷酸胞嘧啶–鸟嘌呤位点可能负责创建或删除甲基化靶标，甲基化靶标可能与调控饲料转化效率的基因表达差异有关。这项研究的甲基单核苷酸多态性数据库有助于鉴定牛表型潜在的功能"表观遗传多态性"。

组蛋白修饰可以显著改变DNA中可以正常进行转录翻译的区域，使奶牛的代谢、健康和生产性能发生改变。组蛋白是在细胞核中发现的蛋白质，包括H1、H2A、H2B、H3和H4。组蛋白作为DNA缠绕的线轴，在基因调控中发挥重要作用。组蛋白的功能结构可以通过乙酰化、磷酸化和甲基化等多种生物过程进行修饰。组蛋白的甲基化可以发生在赖氨酸、精氨酸和组氨酸的残基中。蛋氨酸和赖氨酸是奶牛日粮中主要的限制性氨基酸，蛋氨酸不仅参与乳蛋白合成，还参与奶牛的基因表达调控。在反刍动物中，还未阐明蛋氨酸影响奶牛生产性能的程度。因此，研究人员利用荧光共振能量转移技术，研究了在补充了蛋氨酸后，牛乳腺上皮细胞中的组蛋白甲基化的变化，用以评估蛋氨酸供应量对H3中赖氨酸残基K9和K27位点的甲基化的影响[88]。结果表明，与H3赖氨酸残基的K27位点相比，K9位点对蛋氨酸供应量的组蛋白甲基化反应更显著，其中在125μM蛋氨酸条件下观察到K9位点发生水平最高的组蛋白甲基化。在125μM时K9位点的组蛋白甲基化程度较高，同时细胞蛋白浓度也较高。蛋氨酸供应量的线性增加导致整体DNA甲基化水平减少，同时线性上调与蛋氨酸循环相关的基因。组蛋白甲基化数据表明，在某种程度上，甲基供体如蛋氨酸可能影响甲基化位点H3K9和H3K27，从而导致不同的表观遗传学改变。

# 第四节　蛋白质组在牛研究中的应用

## 一、牛蛋白质组数据库

大规模基因组测序可以对表达的基因产物进行研究，为无注释的开放阅读框定义功能。"蛋白质组"一词，描述了基因组编码的完整的蛋白质集合。蛋白质组的研究可以对给定细胞中所有蛋白质进行表征，同时还可以鉴定蛋白质异构体、翻译后修饰、蛋白质相互作用、蛋白质结构、蛋白质复合物等。由于质谱技术改进，分辨和定量蛋白质混合物的能力大大提高。蛋白质组研究通过正交电泳分离复杂蛋白质混合物，然后对每一个蛋白质斑点进行水解消化，进而通过质谱分析获得肽指纹和序列信息。对于细胞裂解液或亚组分中的全部蛋白，其水解消化的方法有所更新，进而可以结合二维色谱结合串联质谱对复杂的肽混合物进行有效分析。因此，研究人员绘制了不同微生物、植物和动物的蛋白质谱，并且在构建了精细的蛋白质互作网络，建立生物体的参考蛋白质组和数据库，从而比较不同的时间、环境或细胞条件的差异，或不同物种的差异。然而，由于多细胞生物的遗传复杂性高，细胞、组织或生物液体都是蛋白质的复杂混合物，具有不同的大小、相对丰度、酸度和疏水性，例如脊椎动物细胞中检测出约2万个蛋白质，预测可以达到5到6个数量级。因此，真核生物的蛋白质组学通常比原核生物更复杂，完整绘制真核生物的蛋白质组具有一定难度，需要使用高分辨率的蛋白质分离方法。此外，在细胞中存在大量的功能蛋白和结构蛋白，其表达丰度较低，难以检测。除了模式生物，对非模式生物的各种细胞类型、组织和体液的蛋白质组全景图分析，对于理解多细胞生物的生物特性具有重要作用。

### 应用一：牛乳乳蛋白数据库

据联合国粮农组织的数据，牛乳占世界乳产量的82%，其次是水牛乳的产量，为14%。牛乳中包含对健康有益的牛乳蛋白、衍生物或生物活性肽，如β-乳球蛋白、乳铁蛋白、α-乳凝蛋白具有抗癌功能，α-乳肽、β-乳肽、β-乳蛋白B和酪蛋白衍生的乳三肽具有降压功能，乳铁蛋白、乳过氧化物酶、乳生长因子、免疫球蛋白G具有免疫调节功能。

牛乳由于其重要的营养和免疫功效，已成为液体蛋白质组学研究的一个重要研究对象。在后基因组时代，质谱方法是分析乳组分的一种工具，如乳清、乳脂球膜、外泌体等。通过质谱方法，已经在牛乳中鉴定出超过3100种蛋白质，表明牛乳是一种复杂的生物液体，具有特殊的细胞、分子和生化变化。有超过300多篇文献报道了与季节、哺乳阶段、品种、健康状况相关的乳成分，在牛乳成分数据库（MCDB）和蛋白质组图谱中，也提供了牛乳化学组成的相关数据。

然而，目前尚无研究对这些结果进行整合，也没有类似SwissProt和dbPTM的牛乳综合数据库。因此，为了综合现有的信息，在2020年，研究人员通过数据挖掘的方法收集和整理牛乳蛋白质组数据，在此基础上建立了一个牛乳综合数据库（BoMiProt），为深入了解牛乳蛋白质组、改善不同的乳制品（如奶酪、酸奶、黄油）的品质、改善人类健康、改善动物健康和福祉、提高动物科学和医学实践效率奠定了良好的基础[89]。BoMiProt是一个开放型在线数据库，基于文献挖掘和人工注释建立的一个牛乳综合数据库，包括来自乳清、乳脂球膜和外泌体的3100多个蛋白质以及详细的注释，包括397个蛋白质的功能、生化特性、翻译后修饰和牛乳功能等信息和注释，所有注释信息可以实现交叉引用，超过199个蛋白质有同源模型和晶体结构。数据库可以通过蛋白质名称、登录号、FASTA序列等参数进行检索。此外，还可以根据牛乳成分、翻译后修饰、结构对搜索结果进行过滤。BoMiProt整合了1200多篇论文的研究成果，是第一个专门为牛乳蛋白建立的综合性数据库，提供了牛乳蛋白的生物学信息和实验证据。在未来，该数据库还将持续更新，为牛乳蛋白组提供更详尽的信息。

应用二：牛体液数据库

脑脊液是血液和神经组织交互的中间组织，存在于大脑和脊髓周边，其中包含从大脑和脊髓组织分泌出的代谢物，这些代谢物可以用于区分健康和患有疾病的大脑组织，因此，脑脊液是用来发现神经退行性疾病（如人类克雅氏病和牛海绵状脑病）生物标志物的关键组织之一，具有重要的医学价值。然而，与详细和完整的人类脑脊液蛋白质组图相比，关于牛组织和体液的二维蛋白质组研究相对较少，数据量不完整。例如，研究人员通过n端测序，仅仅鉴定了11种潜在的牛海绵性脑病谱蛋白标记物和高度丰富的牛脑脊液蛋白，如白蛋白、α-1抗胰蛋白酶、载脂蛋白A-I、载脂蛋白E、载脂蛋白J（α和β链）、Ig轻链和重链、转铁蛋白和转甲状腺素等。然而，仍有大量丰度较低的牛脑脊液蛋白尚未鉴定，缺乏一个高分辨率的脑脊液蛋白质图谱。因此，在2009年，研究人员基于二维凝胶电泳技术、敏感荧光蛋白染色、软电离高分辨飞行时间串联质谱等方法对牛的脑脊液组织的蛋白质进行鉴定，为牛的脑脊液组织绘制了一个完整的蛋白质组综合图谱，并建立了相关数据库，为研究牛神经退行性疾病提供了数据和理论基础[90]。该蛋白质图谱不仅包括了早期研究鉴定到脑脊液组织的蛋白质，还包含66个新的蛋白质。由于分析流程和方法的局限性，该图谱还需进一步优化。例如，脑脊液或血清样本分析的主要技术问题是蛋白质的组成是一个动态变化的过程，因此阻碍二维凝胶电泳技术的应用，然而弥补二维凝胶电泳技术的这些不足之处可能又会导致蛋白质的丢失。因此，需要对该蛋白质图谱进行进一步的细化和扩展。

在细胞蛋白质组学分析中，对全细胞裂解物进行二维凝胶电泳分析是一个重要步骤，可以获得在特定组织或体液中存在的主要可溶性蛋白，通过比较差异表达蛋白来表征与特殊生理过程相关的蛋白质，识别疾病的生物标志物。研究人员已经建立了人类、小鼠和大鼠等哺乳动物组织或体液的二维凝胶电泳数据库，包括肝脏、肌肉、肾脏、心脏、白色和棕色脂肪组织、晶状体、胰岛细胞、乳腺上皮细胞、巨噬细胞、淋巴细胞、血小板、血清、红细胞、脑脊液等。因此，在2004年，研究人员对哺乳动物组织和体液进行了比较蛋白质组学的分析，并建立了牛蛋白质组数据库[91]。准确绘制多细胞生物的完整蛋白质组是一项极具挑战性的任务。在哺乳动物的不同组织/体液的各种细胞系中，表达数千种不同的蛋白质，初步预测其动态范围高达5到6个数量级，因此需要特定的分析方法描述蛋白质组的特征。基于细胞裂解液的二维凝胶电泳方法，是进行细胞蛋白质组学的最常用且有效的方法，鉴定出特定组织或体液中主要的可溶性蛋白质，从而比较不同细胞类型和器官的分子特征。大量的蛋白质组学研究主要集中在人类、小鼠和大鼠等模式生物的比较分析。为此，研究通过高分辨率的二维凝胶电泳表征家养哺乳动物多组织和体液的蛋白质组，为雌性荷斯坦牛的肝脏、肾脏、肌肉、血浆和红细胞等组织和体液建立了高分辨率的蛋白质图谱，包含1863种不同的蛋白特征，与209个不同的基因关联。鉴定出的多肽，以及在不同组织/液体间的表达差异组织器官的生理和生化特异性。基于实验结果，建立了一个牛二维凝胶电泳数据库（http://www.iabbam.na.cnr.it/biochem），可以进行图像的比对。

# 二、牛繁殖的蛋白质组研究

哺乳动物的受精过程，涉及精子和卵母细胞之间的复杂相互作用，涵盖从精子表面的蛋白质与卵母细胞表面的结合，到最终发生膜融合的整个过程。因此，精子表面是介导受精过程的一个重要细胞组成，精子表面的蛋白质组修饰在受精过程中发挥重要作用。精子细胞从产生到成熟，再到交配后进入雌性动物生殖道，进而与卵母细胞受精，持续发生着复杂的生理变化。

应用一：牛精液、精子功能与蛋白质组特征

精子获能是受精前的一个重要过程，对产生高质量的胚胎具有重要意义。精子获能依赖于在体内或体外发生的生化、生物、物理和分子变化，进而使卵子成功受精。在哺乳动物中，这些生理变化包括质膜流动性和超极化的增加，以及表面分子的重组，在获能过程中，细胞内$Ca^{2+}$和碳酸氢盐离子浓度增加，细胞内pH值增加，蛋白质磷酸化增强，在酪氨酸残基上尤为突出。这些变化受到第二信使和途径的调节，如活性氮，通过促进环磷酸腺苷合成和蛋白质磷酸化参与精子运动的激活，通过作用于细胞外调节激酶通路，调节精子细胞获能、顶体反应和精子细胞的过度激活。其中，一氧化氮是一类被广泛研究的活性氮，在环磷酸腺苷和细胞外调节激酶通路中发挥细胞内信使的作用。有研究表明，一氧化氮会增加活性精子的百分比，同时促进精子的运动性、膜完整性和线粒体活性，表明一氧化氮在精子获能过程发挥着重要作用。L-精氨酸是一氧化氮合成的主要前体，维持体内和体外一氧化氮浓度的重要因子。在辅助因子NADPH、氧气、黄素单核苷酸和黄素腺嘌呤二核苷酸的调节下，一氧化氮合酶将L-精氨酸转化为L-瓜氨酸和一氧化氮。研究表明在体外获能过程中，外源L精氨酸可提高一氧化氮合成，保证精子活力、膜完整性、线粒体活性和同源卵母细胞的渗透性。同时，1mmol的L-精氨酸可以有效提高牛精子冷冻或解冻后的细胞特性。然而，尽管对精子获能过程中的信号通路及其相互作用的研究已取得极大进展，但是其中的分子机制仍有待进一步阐明。

精子是惰性细胞，转录和翻译过程不活跃，但精子作为一种特殊的细胞，具有特定的功能，如精子获能都依赖于蛋白质的激活。因此，蛋白质翻译后的修饰在精子获能机制上发挥重要作用。同时，蛋白质的降解和合成都是获能和受精过程中必不可少的环节。为了确定在精子获能过程中蛋白质谱的动态变化，研究使用冷冻牛精子作为模型来描述L-精氨酸的调控作用。研究人员通过蛋白质组学的方法，研究了L-精氨酸对冻融牛精子的体外获能的影响[92]。在体外培养基中添加外源L-精氨酸，观察冻融牛精子的蛋白质组学变化，验证在肝素存在下，L-精氨酸对精子质量和获能精子百分比的影响。结果表明，L-精氨酸组的精子活力百分比显著高于其他组，孵育3小时后，与对照组相比，L-精氨酸组的精子具有更高的膜完整性和线粒体电位。共鉴定出367个蛋白，L-精氨酸会诱导40个蛋白显著差异表达，包含11个上调和29个下调的蛋白。这表明，L-精氨酸会影响牛冷冻精子的蛋白质丰度，并提高冷冻精子的质量，对精子能力、受精和胚胎发育非常重要。同时，研究人员假设，雌性生殖道的代谢物可能调节精子的蛋白质谱，从而提高牛的繁殖能力。这项研究为牛体外精子获能提供了理论依据和更多的证据。

从二倍体精原细胞开始，发育中的精子细胞经历连续的减数分裂和精子发生过程从而形成精子。转录沉默的细胞被释放到生精小管的管腔中，并被输送到附睾。在转运过程中，精子获得渐进的运动能力，一些蛋白质被吸附到细胞表面，或加工至成熟蛋白质，主要作为保护性的表面因子，以及与输卵管上皮和卵母细胞发生互作的必须蛋白质。射精后，精子细胞变为混合精浆，精子细胞表面的成分可以保护其免受来自雌性动物下生殖道的影响。在这个过程中，质膜的组成发生了一系列的生理生化变化，包括激活膜离子转运蛋白、胆固醇外流、膜对称性的破坏、膜相关蛋白的结合等。在精子产生和成熟的不同阶段，对质膜蛋白质组的研究有助于更深入理解受精过程的分子机制。高丰度蛋白质参与受精过程中的多种生理生化反应，如精子-卵子相互作用、蛋白质转换、代谢、分子运输、精子发生和信号转导等。其中，跨膜和质膜靶向蛋白发挥着非常重要的作用，例如CPQ、CD58、CKLF、CPVL、GLB1L3和LPCAT2B等，其中CPQ和CPVL被证实定位在细胞表面。研究人员已经在人类、啮齿动物和重要的农业动物（如公牛）等哺乳动物中，绘制了精细的精子细胞蛋白质组图谱，发现了约1000种蛋白质，其中一些可用作诊断生殖疾病的生物标志物，同时为开发男性避孕药提供靶标。研究人员通过生物素化和亚细胞富集的方法研究牛精子质膜蛋白质组[93]。通过氮空化技术对牛精子表面的蛋白进行了解析，发现237种高丰度蛋白质。该技术可以从精子细胞的质膜中，由精子头部形成囊泡，但是可能在囊泡形成过程中产生偏差。因此，有研究采用了一种更全面的精子质膜的研究方法，结合生物素化法和差速离心法提取精子质膜蛋白质，同时通过蛋白质图谱的绘制和分析，为研究动物生殖及其与精子细胞表面的关系提供一定理论依据。在精子质膜上，共鉴定出338个蛋白，包括许多以前没有报道过精子新蛋白，如免疫细胞化学验证了CPVL的功能。这表明，蛋白质组学在生殖生物学具有广泛的应用，随着质谱技术的快速发展，蛋白质组学将进一步推动动物科学和医学的发展。

Malnad Gidda是印度本地的一个矮小家牛品种，主要分布于印度卡纳塔克邦西部高止山脉和沿海地区，是当地的主要家畜品种。Malnad Gidda牛奶含有更高水平的抗菌物质-乳铁蛋白。Malnad Gidda以其繁殖特性而闻名，一生中可以产下15头以上的牛犊，且不受营养的影响，这与雄性生育率高有关。然而，由于杂交和人工授精，其种群数量正在下降，直到2012年才被列入印度品种志中。因此，迫切需要采取遗传资源改良计划和援助措施，保护和提高这一品种，为后代保留这一优良当地品种，建立基因库、研究与优良性状相关的遗传机制和蛋白质特性。其中，冷冻精液和人工受精是一个有效保护遗传资源的方法，然而，目前尚无对Malnad Gidda进行的精液蛋白质组学的研究。因此，科研人员对Malnad Gidda精液开展了全面的蛋白质组学分析，为了解雄性生育能力的相关因素和生殖系统的独特性提供参考[94]。通过使用高分辨率质谱分析了Malnad Gidda公牛精液中重要成分的蛋白质组，如精浆和精子等。在精子和精浆中，分别鉴定出2814种和1974种蛋白质、24467个和12047个肽。其中，952种蛋白同时存在于精子和精浆中，占总蛋白的26%。在33%的精浆蛋白中观察到信号肽，表明具有显著的分泌功能。基因本体分析显示这些蛋白质参与精子头部、精子活力、顶体反应、精浆结合等生物过程。通过深入的蛋白质组分析，为进一步研究印度本土牛的精子功能、精液质量和生殖健康提供参考，为印度本土牛品种新品种培育提供参考。

应用二：牛子宫、输卵管液及卵泡液的蛋白质组特征

　　子宫蛋白质组主要由血源性蛋白，以及由子宫上皮细胞分泌的蛋白组成。血源性蛋白转移到子宫腔的过程，受到子宫内皮和上皮的限制。腺上皮的分泌活性为胚胎发育提供组织滋养层，而子宫腺被敲除的绵羊不能进行正常的妊娠发育。目前，有研究对牛的子宫进行了蛋白质组研究，例如使用二维聚丙烯酰胺凝胶电泳比较妊娠和非妊娠动物子宫腔液中的蛋白质组，使用差异凝胶电泳方法比较妊娠和非妊娠子宫内膜的蛋白质组。然而，由于凝胶的蛋白质组分析存在不足之处，例如对于低丰度蛋白、酸性蛋白、碱性蛋白的检测特异性较差。目前，关于牛子宫的蛋白质组成及其与血浆的关系尚不明确。因此，研究人员通过同位素标记相对和绝对定量这种高精度的蛋白质组技术，比较了牛子宫和血浆蛋白的蛋白质谱的特点和关联[95]。在发情期第7天，从母牛身上收集子宫冲洗液（n=6）和血浆（n=4），去除白蛋白后，进行蛋白质组学的分析和比较。结果发现，在子宫冲洗液中鉴定到35种上调蛋白质和18种下调蛋白质，包括代谢酶、具有抗氧化活性的蛋白质、参与免疫反应调节的蛋白质等，通过Westernblot进一步证实了RBP4等蛋白的表达。通路富集分析表明，这些蛋白还参与了12个不同的生物过程，表明子宫蛋白质组的多功能性，其中包括一些蛋白酶抑制剂，与子宫蛋白酶的相互作用调节牛子宫滋养层的正常功能。这些研究结果证实了牛子宫蛋白质组不同于血浆，具有特殊的动态特征。

　　受精主要发生在哺乳动物输卵管内。在发情周期中，输卵管液是一个不断变化的微环境，为精子储存和获能、卵母细胞最终成熟、配子运输、受精和早期胚胎发育分别提供不同的营养成分。在排卵期前，输卵管的尾部能够维持精子约24～48小时生存。排卵后，输卵管同侧发生若干事件：卵母细胞从漏斗输送到壶腹峡交界处并最终成熟，即受精发生的地方；从精子库中释放精子，激活精子并向卵母细胞运输。输卵管液中的蛋白质有三个来源：输卵管上皮分泌细胞，血液渗出，排卵期后的卵泡。在排卵前后，牛输卵管上皮中的一些蛋白表达上调，与卵母细胞、精子或胚胎相互作用，进而调控受精过程。例如，HSPA8，一种热休克蛋白，在维持公牛精子存活中发挥作用；GRP78，是输卵管与公牛精子细胞互作表达的热休克蛋白，调控精子存活、精子与透明带的相互作用。然而，目前尚未鉴定出与配子和胚胎相互作用的蛋白质，也没有关于奶牛发情周期输卵管液的全面的蛋白质组学分析，因此对输卵管生理活动的调控知之甚少。

　　因此，在2016年，研究人员通过蛋白质组学系统解析了牛输卵管液的调控。在发情周期的四个阶段（排卵前、排卵后、成年周期奶牛的黄体中、后期）选择18～25头奶牛，采集两个输卵管的管腔液样本，通过纳米液相色谱串联质谱进行评估，并通过无标记方法进行定量[96]。共鉴定了482种蛋白质，在一个阶段两侧输卵管之间发现10%～24%的差异蛋白，同侧的输卵管液在不同时期发现4%～20%的差异蛋白，在同侧的输卵管液中，膜联蛋白A1在排卵前表达量高，热休克蛋白普遍在排卵后表达量高。在显著差异表达的蛋白质中，7个与输卵管内孕酮浓度有关。其他的差异蛋白参与众多生物过程，包括代谢和细胞过程。研究为卵母细胞、精子和胚胎相互作用、受精和早期胚胎发育的调控提供了新的候选蛋白。

　　输卵管在早期生殖过程中发挥至关重要的作用，为配子的运输和成熟、受精和早期胚胎发育提供了最佳的微环境。输卵管微环境非常复杂，其中，输卵管液由血浆和输卵管上皮细胞的分泌物组成，含有蛋白质、离子、能量底物、氨基酸、脂质、前列腺素、类固醇激素和生长因子，并随着发情周期的不同阶段、排卵侧、输卵管区域、配子、胚胎而不断

变化。1957年，科学家通过吸入、挤压或冲洗在屠宰后的牛尸体中收集了输卵管液，但从被屠宰的动物中收集该组织液存在细胞裂解和污染的问题。因此，开发了输卵管的手术插管法，由于慢性插管可能导致炎症反应，从而改变输卵管液的组成，因此又研发了急性插管法。然而，输卵管液都是在动物死后收集的，同时非常耗费人力和时间。对输卵管液组成的研究已经开展了十几年，有助于了解繁殖中的胚胎-母体信号、优化辅助生殖技术中的培养基、解析发育的机制等。随着质谱技术的发展和在猪、羊、牛和马等家养动物中的广泛应用，科研人员可以对复杂生物样本中的蛋白质进行高通量鉴定和定量。因此，为了研究在发情周期的不同阶段的牛蛋白质组的特征，在2019年，有研究团队采用了经阴道内窥镜的方法获得输卵管液，并采用纳米液相色谱质谱串联技术对输卵管液进行蛋白质组分析[97]。实验选择了30头母牛，在发情周期的第1天和第3天，通过经阴道内窥镜检查获得牛输卵管液，鉴定出3000多个蛋白质，是迄今为止发表的最全面的输卵管液蛋白质组。这项研究使用一种新的微创法从牛的体内器官获得组织液，有助于了解输卵管微环境在早期胚胎发育过程中的作用，促进早期胚胎发育领域的创新型试验设计，以及跨学科研究。

牛胚胎体外生产，为胚胎相关的基础研究和生物技术的应用提供了丰富的胚胎实验材料。卵母细胞体外成熟是牛胚胎体外生产胚胎成功发育的一个重要因素，卵母细胞成熟缺陷可能导致胚胎发育失败。在卵母细胞体外成熟期间，补充蛋白质显著地影响成熟的速率和总体效率。胎牛血清是一种昂贵的成分，是胚胎培养基中的一个重要蛋白质来源，在牛中，一般推荐在卵母细胞体外成熟培养基中补充10～20%（v/v）胎牛血清。卵母细胞体外成熟需要模拟自然生理条件的培养基，需要用较经济的材料代替昂贵的培养基成分。卵泡液是卵母细胞发育的孕前微环境，由于卵泡液与成熟的卵母细胞非常接近，因此这种生物液体为了解卵泡成熟过程提供了一个独特的环境。近年来，卵泡液在牛、猪和水牛等家畜卵母细胞体外成熟、受精和胚胎发育方面具有广泛的应用，由于其天然和经济的特性，可以广泛应用在卵母细胞体外成熟培养基。然而，卵泡液中含有丰富的蛋白质，且蛋白质的丰度具有很广的动态变化范围，阻碍了其利用。因此，通过鉴定和研究牛卵泡液蛋白，有助于解释其在卵母细胞成熟中的作用，以及促进胚胎发育到囊胚阶段的分子机制，同时，也可以为卵母细胞体外成熟提供有用的指标，用于经济的细胞培养。

因此，研究人员对在牛卵泡液中特异性表达的蛋白，进行了蛋白质组分析，并且探究了其对体外胚胎发育的影响[98]。为了确定牛卵泡液蛋白的特性，以及在卵母细胞体外成熟培养基补充物，对体外胚胎发育的影响，研究人员从健康的卵泡（直径4～10 mm）中提取牛卵泡液，利用30%～50% $(NH_4)_2SO_4$进行沉淀，用离子交换柱将沉淀的蛋白质分离成碱性和酸性两个组分。在TCM199稀释液中培养卵母细胞成熟，一组实验以胎牛血清和激素为对照，实验组添加10%牛卵泡液，另一组实验将牛卵泡液（碱性和酸性）的特定电荷蛋白作为培养基补充。结果发现各组间卵母细胞成熟率、发育至囊胚期率和囊胚细胞数无显著差异。而10%牛卵泡液组的INFα和IGF-2r表达水平显著高于对照组，此外，牛卵泡液中的碱性组分处理，无论是卵母细胞成熟率还是囊胚细胞数都显著高于酸性组分，几乎所有与发育相关的重要基因在碱性组分处理组的表达量显著高于酸性组分处理组，尤其是INFα。碱性组分处理组中的大部分蛋白质参与免疫反应和mRNA加工。这些结果表明，在卵母细胞体外成熟培养基中单独添加10%牛卵泡液可以维持卵母细胞成熟和胚胎发育，牛卵泡液中的碱性组分对卵母细胞成熟率、囊胚细胞数量、胚胎质量和发育重要基因有影响。这些结果为牛卵泡液蛋白的分离及其对体外胚胎发育的生物学作用提供了参考，有助于了解卵泡液蛋白，为牛胚胎发育和进一步建立妊娠提供理论依据。

应用三：研究牛早期胚胎发育的蛋白质组特征

哺乳动物的早期胚胎发育是一个精细调控的生物过程，涉及分子和结构的动态变化。在母体基因的调控下，卵母细胞完成减数分裂，开始了第一个胚胎卵裂周期，这些过程依赖于母体RNA的充分翻译、蛋白质的激活、失活和重新定位，母体转录物和蛋白质在卵子发育过程中不断积累和储存，并在胚胎基因组激活时且开始产生自身的转录物和蛋白质时，逐渐或阶段性地耗尽。这个调控主体的转变，也成为母体-胚胎过渡，其特征是基因表达和蛋白质合成模式发生重大变化，主要发生小鼠的2-细胞期、人类和猪的4-8细胞期、羊的8-16细胞期。在牛中，在1-4细胞发育阶段出现少量转变，在8-16细胞发育阶段出现主要转变。关于在着床前胚胎发育的形态已经有了深入的研究，但是对该过程的潜在分子机制却所知甚少。

哺乳动物的胚胎发育始于成熟卵母细胞的受精，随后形成一个二倍体细胞，即受精卵。当受精卵通过输卵管进入子宫时，胚胎卵裂开始于胚胎卵裂球的有丝分裂，而早期胚胎没有明显的整体生长。在母牛卵细胞受精5天后，开始了桑葚胚期，卵裂球开始了细胞分化。在这个过程中，胚胎的外囊胚球获得顶端-基底极性，并通过增加细胞间粘连而变得更加紧密，同时伴随着多能性的丧失，沿透明带内壁扩展和排列的，个体较小的细胞，形成了滋养外胚层，将来发育成胚膜和胎盘。桑葚胚分化中，聚集在胚胎一侧，个体较大的细胞，称为内细胞团，发育成胎儿的各种组织。在小鼠中，对胚胎的早期细胞分化进行了很多转录组研究。如在内细胞团中，发现多种可以维持细胞多能性所必需的转录因子基因的表达，如POU结构域5型转录因子1（POU5F1/OOT4）、SOX2和同源结构域蛋白NANOG。这些转录因子的表达，与滋养外胚层表达的基因产物CDX2产生互作用。来源于内细胞团的胚胎干细胞具有维持多能性及无限生长的能力。对牛胚胎着床前发育过程中多能性主调控因子的表达进行研究发现，生发泡卵母细胞中POU5F1、OCT4的表达量较低，并且保持到8-16细胞阶段，在桑葚胚早期表达量达到最高，囊胚中表达水平明显较低。SOX2基因表达最开始发生在生发泡和MII卵母细胞期，4-细胞期显著下降，在桑葚胚早期达到最高的表达水平，在囊胚发育过程中下降。在8-16细胞期，检测到NANOG表达，在桑葚胚早期达到最高水平，在囊胚中略有下降。这些研究表明，与POU5F1和OCT4相比，SOX2和NANOG更适合作为牛不同类型多能细胞的生物标记物。另有研究发现牛滋养外胚层中，CDX2的表达对维持滋养外胚层的后期发育非常重要，但不抑制POU5F1、OCT4的表达。

小鼠是最常用于研究哺乳动物着床前胚胎发育的模型生物，然而，由于越来越多的证据表明牛生殖生物学和人类生殖生物学在卵巢的结构和功能、精子中心体在第一次有丝分裂和二倍体基因组形成中的作用、母体-胚胎过渡的逐渐形成、生化途径和代谢、以及卵母细胞和早期胚胎的诸多方面都有重要的相似之处，这表明牛作为模式生物可以更好地反应人类胚胎发育机制。例如，在胚胎发生的这一关键过程中，参与转录或RNA处理的基因转录物在胚胎中的表达相对更好，表明牛胚胎发育后期8-细胞阶段具有高的转录活性。在另一项研究中，使用牛Affymetrix基因芯片分析MII卵母细胞和所有胚胎着床前阶段，检测到约350个基因在8-细胞期及母体-胚胎过渡中，具有特定的表达模式，研究定义了一组在特定时期活跃表达的基因，由此揭示了胚胎转录组发生的动态变化。在另一项研究中，通过RNA-seq方法建立了一个牛胚胎不同发育阶段的动态表达谱，同时鉴定了一组在4-细胞和囊胚阶段之间特定激活的基因，在4-细胞期激活的基因主要与RNA加工、翻译和转运有关，而基因的大范围激活表达主要发生在8-细胞期，即母体-胚胎过渡期。

然而，由于蛋白质的生化功能需要经历翻译后修饰，如蛋白水解激活或磷酸化等过程，仅仅通过转录本不能精确地表现出蛋白质的丰度。因此，通过蛋白质组学的方法研究早期胚胎发育的分子过程及其调控网络非常必要。在一项使用Met/Cys[35S]放射性标记和一维电泳的研究中，首次对牛体内母体-胚胎过渡期的蛋白质组特征进行了研究，发现在受精卵和8-细胞期之间，胚胎中的基因表达活性较低，随后一直上升，直到囊胚期。采用同样的方法，另一组研究人员鉴定了牛卵母细胞成熟和早期胚胎发生过程中的管家蛋白，发现46种蛋白质，包括热休克70kDa蛋白（HSP70）、泛素羧基末端水解酶同工酶L1、二磷酸甘油酸突变酶等。然而，很少有研究使用蛋白质组学的方法来研究早期胚胎发育。因此，针对早期牛胚胎发育，研究人员使用同位素标记相对和绝对定量方法，对MII卵母细胞作为参考，对受精卵、2-细胞胚胎和4-细胞胚胎阶段的牛胚胎蛋白质组进行了定量分析，并通过选择反应监测的靶向蛋白质组学进行验证[99]。研究共定量了1072个蛋白质，共鉴定到87个差异表达蛋白。与MII卵母细胞相比，2-细胞和4-细胞阶段的蛋白质组差异最大，且这些蛋白的丰度随着发育阶段的推进不断增加。生物信息学分析显示，这些蛋白质主要参与了p53通路、脂质代谢和有丝分裂等生物过程。通过SRM靶向蛋白组学定量分析，最终确定了5种蛋白质，可用来区分四个不同的发育阶段。该研究扩展了SRM靶向蛋白组学具有很高的灵敏性，可以用来了解在哺乳动物发育中的潜在分子途径。

现在，许多组学方法都可以用来研究胚胎发育，其中转录组学是最广泛使用的一种方法，然而，由于存在翻译后修饰、蛋白水解或蛋白质分泌等过程，mRNA分析的结果并不能提供关于细胞蛋白质的可靠结果。例如，在一项胚胎干细胞的研究中，发现NANOG基因表达水平的下降，与其蛋白质产物的变化不同，说明翻译和翻译后的调控对胚胎干细胞的分化很关键。因此，蛋白质组学方法对细胞蛋白质水平的研究具有重要意义，并且已经应用在部分模式哺乳动物卵母细胞的研究中，然而没有关于牛胚胎早期细胞谱系的蛋白质组研究。因此，研究人员分析了牛胚胎早期细胞谱系的蛋白质组[100]。通过联合液相色谱串联质谱和同位素标记相对和绝对定量，对牛体外发育的桑葚胚和囊胚进行了蛋白质组研究，并利用双向荧光差异凝胶电泳对差异表达蛋白质做了验证。通过同位素标记相对和绝对定量共鉴定到560个蛋白质，对其中506个进行了定量分析。140个蛋白在桑葚胚和囊胚中存在差异表达，例如核磷蛋白（NPM1）、真核翻译起始因子5A-1（EIF5A）、活化蛋白激酶C1受体（GNB2L1/RACK1）和膜联蛋白A6（ANXA6）在囊胚中表达升高，谷胱甘肽S-转移酶（GSTM3）、过氧化物酶氧化还原酶2（PRDX2）和醛酮还原酶家族1成员B1（AKR1B1）的表达量降低，这些差异蛋白质主要参与翻译与ATP的合成。此外，通过双向荧光差异凝胶电泳法检测蛋白质的不同异构体，如GSTM3和PRDX2，同时也进一步验证了同位素标记相对和绝对定量的结果。该研究通过对牛桑葚胚和囊胚进行的全面的差异蛋白质组分析，揭示了在牛胚胎发生过程中早期谱系的形成和分化的分子机制。

## 三、牛乳的蛋白质组研究

牛乳是一种主要的人类食品和畜产品，包含丰富的蛋白质和微量营养素，还含有免疫球蛋白（抗体）和免疫调节蛋白，调节影响免疫系统、认知发育、病原体预防和肠道菌群的多种生物活性因子，对新生儿的生长发育具有重要作用。牛乳蛋白在新生儿的肠道中消化，是新生儿必需氨基酸的必要来源。许多牛乳蛋白对胃肠道中的蛋白质水解酶具有一定的抗性，只能部分消化或者完全不能消化，只有少量的蛋白质和肽可以被哺乳动物吸收，从而发挥具体的功能。

几十年前，人们认为牛乳只是幼小哺乳动物的营养来源，提供生长发育所需的氨基酸。然而现在，在牛乳中已发现数千种蛋白质，其中许多具有生物活性。因此，全面解析牛乳的蛋白质组学的特征、鉴定和开发奶牛健康和生产指标的生物标志物等研究，是奶业发展战略中的关键环节。

由于蛋白质分离和标记技术的限制，全面鉴定和表征牛乳蛋白质，尤其是一些低丰度蛋白质存在很大的困难。近年来，随着蛋白质组学技术的快速发展和进步，准确地鉴定和表征牛乳蛋白质成为了可能。同时，蛋白质分离或富集技术也在不断更新换代，通过沉淀技术、免疫吸附、凝胶电泳、色谱、超速离心等方法，可以有效分离、富集低丰度蛋白质，结合高效液相色谱串联质谱，从而有效地鉴定和表征低丰度蛋白。因此，可以分离出牛乳中不同的组分，分析其蛋白质组特征，如脱脂牛乳蛋白质组、乳脂球膜蛋白质组等。此外，各类高通量方法、实验设备和分析软件的不断更新，促进了对蛋白质组数据的深入分析和解析。例如，通过同位素标记相对和绝对定量标记技术（iTRAQ）或串联质量标签（TMT）标记技术分析多样本，可以准确比较在不同样本中，特定蛋白质的丰度和数量；通过功能富集分析，深入和直观地解析蛋白质间的功能关联。总而言之，蛋白质组学技术的发展，大大提高了牛乳蛋白质的鉴定数量，也有助于理解蛋白质的潜在功能[101]。

应用一：牛乳的蛋白质组特征

牛乳可以加工成各类乳制品，如脱脂牛乳、超高温瞬时灭菌乳（UHT）、奶油、奶酪等。在乳制品加工行业中，牛乳的分离是一个获取特定蛋白的重要生产过程，通过分离可以获得具有特殊物理化学性质、营养或生物学特性的蛋白质，如获得只包含几种特定类型的牛乳蛋白，如乳铁蛋白、乳过氧化物酶和溶菌酶等，再如获得全脂乳、乳清粉和酪蛋白的粉末，用于配方奶粉。然而，由于牛乳中高丰度蛋白会影响质谱检测的灵敏度，影响了对低丰度蛋白的检测。此外，奶牛的身体健康，特别是乳房健康也会影响牛乳蛋白质组的组成。因此，为了获得更详尽和真实的牛乳蛋白质组，研究人员从健康奶牛中收集了未加工的牛乳进行了分析，通过酸化、过滤和离心等工业常用的技术分离蛋白，以此来研究牛乳的物理和化学性质[102]。同时，使用二维液相色谱串联质谱法分析了5种从牛乳中分离不同的蛋白质组分，并与未分离的牛乳蛋白质进行了比较。为验证蛋白质组的结果，对7种蛋白进行光谱计数和酶联免疫吸附法分析，估算二维液相色谱串联质谱分析的检测灵敏度。结果表明，每一种分离技术都能鉴定出一种独特的蛋白质集合，其中最佳方法是使用高速离心法获得乳清，可以获取可重复的蛋白质组。在分馏和未分馏的样本中，共检测到635个乳蛋白，去除在所有分离组分中都出现的蛋白质，获得了376个不重复的蛋白质。因此通过使用不同的牛乳分离技术，研究人员极大地扩展了牛乳的蛋白质组，可以为乳产业的科研工作者提供一个可参考的牛乳蛋白质组图谱。

与其他生物液体类似，由于牛乳蛋白质浓度的变化范围大，牛乳蛋白质组非常复杂，主要包含8种蛋白，即αs1-酪蛋白、αs2-酪蛋白、β-酪蛋白、κ-酪蛋白、γ-酪蛋白、β-乳球蛋白、α-乳球蛋白合成的R-乳白蛋白和血清白蛋白。在初乳中，富含IgG、IgA和IgM免疫球蛋白。目前，关于牛乳蛋白质的知识仍然有所欠缺。因此，在一项2011年的研究中，科学家通过一种基于离子交换的蛋白质分离方法，深入探索了牛乳乳清的蛋白质组，共鉴定到293个独特基因产物，其中176个为乳清中新鉴定的基因产物[103]。研究首次定性地证明初乳和成熟乳（产犊后3个月）的牛乳蛋白质的组成具有相似性，但在蛋白质表达量上存在差别。半定量分析显示，初乳中有一些蛋白上调，可以为新生儿提供额外的自然防御。对牛乳蛋白的组成和功能及其潜在的健康益处的深入研究，有助于进一步发挥牛乳在营养和生物医学方面的重要作用。

外泌体最初发现于1983年，在1987年被正式命名为外泌体，是由内吞作用产生的40～100nm膜囊泡，存在于大多数细胞中。外泌体是细胞外细胞器，包含蛋白质、mRNA、miRNA和脂质等物质，可以转移到细胞中，在细胞内信号传导、免疫功能中发挥重要功能是重要的疾病标志物之一。外泌体广泛存在于血液、尿液、羊水、支气管肺泡灌洗液、动物乳等体液中。1973年，研究人员首次从牛乳中分离出外泌体，发现其与乳脂球状膜蛋白存在一些差异。人类和牛乳外泌体都含有mRNA和miRNA，这些物质可以转移到免疫细胞中，在调节免疫细胞功能方面发挥着潜在功能。因此，为了更好地了解泌乳生理学和牛乳成分、外泌体的变化规律，并为治疗乳腺炎提供理论依据，2012年，科研人员解析了牛乳外泌体的蛋白质组，挖掘分泌细胞的功能以及对免疫细胞的调控机制，为乳腺功能和乳汁成分的组学数据库提供新的数据资源，进一步解析哺乳期生理学和抗病性的关键机制，为理解牛乳生产的复杂过程提供理论参考[104]。科研人员首先通过从泌乳中期的牛乳中分离出外泌体，并进行纯化，利用胰蛋白酶消化，通过反相高效液相色谱法、纳米液相色谱串联质谱进行蛋白质组分析，共鉴定出2107个蛋白质，包括所有重要的外泌体蛋白标记物、高丰度的牛乳脂球膜蛋白（丁脂素、黄嘌呤氧化酶、亲脂素和乳虫素）等，这些蛋白质占牛乳外泌体中总光谱的0.4%～1.2%，不同于乳脂球膜蛋白质组的结果。这些结果表明，牛乳外泌体的分泌方法不同，可能由于乳脂球膜蛋白的数目减少。

牛乳是一种营养丰富的天然产品，为消费者提供生长因子、免疫保护和营养物质，包括丰富的氨基酸、生物活性肽和蛋白质。牛乳蛋白主要包括酪蛋白、乳清蛋白和乳脂球状膜蛋白。乳清组分中含有从乳清组分中提取的生物活性蛋白和多肽，参与了广泛的生理活动，包括抗氧化活性、免疫刺激功能、抗炎作用和对病原体诱导的肠道炎症的保护，许多乳类生物活性蛋白和多肽也具有多功能的生理特性。因此，研究对牛奶蛋白质组、蛋白质生物活性谱和生物活性乳肽进行了深入的分析。通过定量蛋白质组学技术，在脱脂牛乳中，鉴定了700多个低丰度乳清蛋白，其中大部分具有免疫功能[105]。例如，乳铁蛋白存在于人乳和牛乳中，是一种参与免疫系统发育的低丰度蛋白。骨桥蛋白是存在于人乳和牛乳中一类生物活性蛋白，参与婴儿的肠道和免疫发育，牛与人骨桥蛋白的氨基酸相似性为63%，但两者都参与调节肠道细胞增殖，具有相同的生理功能。这些关于乳中生物活性蛋白的研究，为其在健康食品和生物制药领域的应用提供了依据和参考。

应用二：不同品种牛乳成分的差异

牛乳是一种有价值的天然产品，为人类提供包括生长和免疫因子在内的基本营养物质，同时也是食品制剂的关键原料。已有研究表征了牛乳蛋白组、生物活性谱以及牛生物活性乳多肽。蛋白质是牛乳的重要成分，乳蛋白一般分为酪蛋白、乳清蛋白和乳脂球状膜蛋白三大类。牛乳中的多肽是新生儿的必要氨基酸主要来源，同时还能促进胃肠道中其他营养物质的吸收，提供体液免疫反应，并支持肠道发育。此外，牛乳蛋白的消化或发酵也会产生许多生物活性肽，也有助于发挥牛乳的各种功能特性。牛乳中的主要蛋白质的数量远远超过许多其他次要的蛋白质，参与多种生理活动，如抗氧化活性、新生儿的产后发育、免疫系统的成熟、共生菌群的建立以及对各种病原体的免疫反应等。牛奶具有极高的生物活性成分，在人类营养和健康方面发挥重要作用。有研究使用定量蛋白质组学技术对不同物种和品种的牛乳蛋白质组进行表征，发现由于遗传、管理和疾病等因素，牛乳蛋白质组存在显著差异。尽管在蛋白质组学分析方面取得了进展，但对牛乳蛋白质组的全面特征的研究仍然有限，因此很多研究通过蛋白质组学对不同品种的牛乳成分差异进行了研究。

　　克什米尔牛和泽西牛是印度常见的两种产奶家畜，克什米尔牛体型小，很耐寒，很适应克什米尔的丘陵地区，泽西牛是一个成熟的奶牛品种，通过两个品种的杂交，期望有效提高克什米尔牛的产奶能力。然而，目前还没有对印度牛品种的牛乳蛋白质组进行系统研究。因此，研究人员对克什米尔牛和泽西牛的牛乳蛋白质组进行比较分析，期望揭示蛋白质对品种生理差异和产乳性状的影响[106]。研究采用高分辨率的纳米质谱分析，研究了在哺乳期第90天的克什米尔牛和泽西牛的牛乳蛋白质组，发现180个差异表达蛋白，其中克什米尔牛乳高表达的蛋白质主要包括：免疫相关蛋白（Apelin、酸糖蛋白、CD14抗原）、新生儿发育蛋白（原细胞蛋白）、GLYCAM1和HSP90AA1（伴侣蛋白）等，参与乳腺发育调控的关键通路（如Wnt信号通路、EGF受体信号通路和FGF信号通路）富集。而在泽西牛乳中，高丰度蛋白质主要包括酶调节剂（SERPINA1、RAC1、丝氨酸肽酶抑制剂）和水解酶（LTF、LPL、CYM、PNLIPRP2）等，主要参与免疫系统调控相关的通路（t细胞激活通路）。值得注意的是，FMO3酶在克什米尔牛乳中发生显著高表达，是在泽西牛乳中的17倍，FMO3酶是一种生物活性肽，体现了克什米尔牛乳的独特生物特性。这些结果有助于对克什米尔牛和泽西牛乳差异的理解，揭示了克什米尔牛在婴儿配方奶中的可能应用前景。

　　与人乳相同，牛乳的成分也受到外部和遗传因素的影响。对不同物种中的乳脂球状膜蛋白的鉴定和比较表明，泽西奶牛和荷尔斯坦奶牛具有相近的蛋白质组学谱，但是其表达丰度不同，泽西乳脂球状膜蛋白主要具有抗菌和血管生成活性，而荷斯坦乳脂球状膜蛋白主要参与免疫系统调节过程，包括抗氧化、抗凋亡、抗癌和宿主细胞保护活性。这可能由于两个品种在饲料转化效率、热应激敏感性和蛋白类型等方面存在遗传变异，因此导致乳脂球状膜蛋白的差异。此外，饮食、奶牛健康、胎次、环境、管理实践和哺乳阶段等因素，也会导致品种间的牛乳存在显著差异。不同品种的乳成分差异，55%归因于遗传因素，其余45%归因于不同的生产管理因素。因此，有研究以荷尔斯坦和泽西品种的奶牛为研究对象，饲喂同样的日粮，保持相同的管理和环境条件时，对两个品种的脱脂牛乳中的低丰度蛋白谱进行了表征和鉴别[105]。共鉴定了935个低丰度蛋白，其中43个在两个品种都有表达，并分析了显著差异表达蛋白质，如参与宿主防御的乳转铁蛋白、补体C2蛋白等。该研究深入解析了不同品种在相同环境和营养条件下的蛋白质谱，观察到大量的低丰度蛋白质，为理解品种差异提供了一定的理论参考，极大扩展了对牛乳中的低丰度蛋白的认识，为探索牛乳蛋白质组提供了见解，为相关研究提供了一个有效的分析平台。

应用三：评同泌乳时期的牛乳蛋白质组成变化

牛乳对兽医学和人类营养具有十分重要的意义，了解不同泌乳阶段的牛乳蛋白质组对整合生物学和临床医学也具有重要意义。根据哺乳犊牛在不同的哺乳期的营养需求，乳的奶量、成分和营养状况也发生着变化。乳腺是一种独特的脂质代谢组织，在哺乳期会发生功能和代谢变化，这些变化过程主要受到乳腺蛋白质的精准调控，其中一些蛋白质会渗入到牛乳中。因此，对不同泌乳阶段的牛乳进行蛋白质组学研究，对在分子水平深入了解泌乳过程具有重要意义。

在分娩后的最初几天里，哺乳动物母亲分泌初乳，初乳中除了足够的能量和营养外，还有大量的免疫物质，确保新生儿的健康生长。研究表明，初乳除了具有免疫调节作用外，还能促进新生儿胃肠道成熟，是新生犊牛正常发育的决定性条件。通过分析牛初乳与成熟乳的蛋白质组差异，发现在初乳存在低丰度蛋白，如凝胶蛋白、几丁质酶样蛋白、载脂蛋白H、补体C3和纤维蛋白原B链等，可能对泌乳早期犊牛的健康和发育具有重要作用。初乳对新生儿的健康生长至关重要，随着时间的推移，乳成分逐渐变化，与低丰度蛋白质具有紧密关联。然而，哺乳期早期乳清蛋白质随时间变化的特征和机制尚未完整阐述。因此，研究人员通过蛋白质组学方法，对初乳乳清中乳清蛋白质组随时间变化的特征进行了研究[107]。主要采用二维凝胶电泳、凝胶蛋白水解、肽提取和肽质量指纹和基质辅助激光解吸/电离飞行时间质谱等方法鉴定蛋白质，关注初乳中低丰度蛋白随时间变化的规律。从5头健康的荷斯坦奶牛中，从分娩到产后10天连续收集牛乳样品，结果显示乳清蛋白的数目在分娩后变化较大，之后趋于稳定，无显著变化。在产后48小时，酪蛋白和免疫球蛋白的比例显著降低，而A-乳凝蛋白和B-乳球蛋白等低分子质量蛋白的比例增加。在这些样本中共鉴定出25个蛋白质，其中4个仅存在于初乳，分别是锌A-2-糖蛋白、维生素D结合蛋白、免疫球蛋白G2链C和B2-微球蛋白。这些结果表明，初乳中大多数次要乳清蛋白与新生犊牛的被动免疫有关，其中一部分在新生儿的营养补充中发挥着重要作用，而在产后48小时后，先天免疫在保护新生儿免受病原体入侵的过程中发挥更加重要的作用。

印度在世界牛乳产量中排名第一，拥有多种高产本地奶牛品种。其中，Malnad Gidd是一种独特的矮儒品种，体型小，体重约80～120kg，原产于印度卡纳塔克邦沿海地区的强降雨地区。由于其饲养成本低、繁殖能力强、且能够适应西高止山脉的农业气候，成为当地广受欢迎的优良奶牛品种，平均泌乳期产奶量、日产奶量、日最高产奶量和泌乳期分别为522.3L、2.2L、3.4L和14.9个月。Malnad Gidd牛乳具有丰富的营养成分，包含5.7%的脂肪、3.4%的蛋白质、4.8%的乳糖、9.2%的固体脱脂，且乳铁蛋白含量也很高。然而，在这种奶牛中，尚未对不同泌乳阶段的乳蛋白动态变化规律进行研究。因此，通过高分辨率傅里叶变换液相色谱串联质谱，研究人员对Malnad Gidd奶牛在不同泌乳期的乳清成分进行了定量蛋白质组分析，研究了乳蛋白在泌乳早期、中期和晚期表达的规律[108]。共鉴定出564个蛋白，包括403个差异表达蛋白，其中，51%的乳清蛋白质具有信号肽，并且通过基因注释对这些差异蛋白进行了分类，阐述了其在不同泌乳期发挥的潜在生物功能。该研究提供了一个较完整的乳清蛋白库，首次解析印度本土Malnad Gidd奶牛泌乳期乳清蛋白的定量变化，为深入解析乳的蛋白质组学特征、提高乳营养价值和利用率提供了参考和依据。

乳腺炎是影响奶牛健康及产乳的一个重要因素，因此，关于大量研究致力于了解乳腺炎的免疫功能，从而改善对乳腺炎的生产管理。干奶期指从奶牛停止产奶开始算起，到牛分娩并开始新的哺乳期结束，期间约持续60天，是一个细胞自我更新的时期。在奶牛乳腺干奶期发生的再生和退化现象，对后续的成功泌乳、乳腺健康、泌乳性能等都具有重要作用。乳腺在干奶期的前三周感染的可能性高于在哺乳期，这可能由于停止泌乳导致乳头括约肌发生变化，因此不能有效阻止细菌进入乳腺。干奶期感染会导致泌乳期临床乳腺炎发病率增加，影响了奶牛的健康，同时也造成了巨大的经济损失。因此，在干奶期进行预防和治疗是控制乳腺炎发病的一个有效方法，也是奶牛生产中的一个重要目标，例如在干奶期使用抗生素就是一种常用的方法，但是该方法在生产实践中需要进行有效监管且不能滥用，否则会导致严重的耐药性。由于干奶期对奶牛的乳腺健康至关重要，因此研究人员通过液相色谱串联质谱对乳清蛋白进行无标记定量分析，分别从干奶期第0天、3天、10天和21天收集乳清样本进行分析[109]。结果共鉴定出776个蛋白质，其中109个上调蛋白，68个下调蛋白，其功能主要与免疫功能和应激反应有关。此外，研究发现，总蛋白和乳铁蛋白的丰度在干奶期第10天和第21天显著升高，通过检查在干奶期第21天的抑菌能力，发现4种大肠菌群和7种乳腺炎病原体的生长抑制均与乳铁蛋白无关，有11个蛋白与第21天大肠菌群的生长显著相关。这些结果描述了干奶期发生的物质变化，为了解干奶期在整个泌乳期的作用和功能提供了依据，也为临床乳腺炎的质量提供一定的理论参考，所有的质谱数据上传到PRIDE数据库（PXD017837）。

## 四、牛肉的蛋白质组研究

应用一：牛屠宰前应激反应的蛋白质组特征

屠宰前应激是屠宰前必须考虑的重要的问题之一，是一种复杂性状，同时受到内因和外因的影响，如生理学、年龄、性别和遗传学等内在因素。影响屠宰前应激的外在因素包括环境温度、搬运活动、人类的存在、运输条件和持续时间、屠宰场的饲料等。由于管理不善，造成当屠宰前的动物应激时，对动物福利会产生严重不利影响，对肉质也有负面效应，当死后12～48小时的极限pH高于6.0时，就会出现黑干肉，pH值升高的现象可能与蛋白质变性、水结合紧密、很少或没有渗出物排出等因素有关。动物会通过激素分泌的增加，消耗肌肉糖原储备，造成肌肉中糖含量降低，从而影响屠宰后的糖酵解代谢，乳酸生成量减少，极限pH值升高，导致牛肉变黑、变硬、变干，成为黑切牛肉，其肉品质大大降低。与普通肉相比，黑干肉的肉加工特性差、颜色较深、嫩度变化大、保水能力高、腐败率高，严重影响了肉的品质和味道。黑干肉在不同国家出现的概率有所差异，一般为10%，是造成肉产业巨大经济损失的原因之一。一些生化和代谢指标可以用来评估动物屠宰时的应激状态，例如死前动物的血浆和尿液中皮质醇、肾上腺素、去甲肾上腺素、儿茶酚胺等，死后肌肉中的pH值、乳酸、糖原等指标。通过黑干肉，可以对深入了解屠宰前应激的影响进行深入研究，例如评估对肌肉的直接影响及其对肉品质的影响等。

蛋白质组学的广泛应用为肉类工业的质量和产品安全控制，提供了新的方法。结合凝胶电泳和质谱分析，建立了牛肉蛋白质组参考图谱及其在不同情况下的变化特征。通过蛋白质组学对蛋白质功能进行全面的分析，可以有效评估肉类嫩化过程的生化机制，这是影响肉品质的最重要因素之一。然而,目前尚未发现研究通过蛋白质组学,系统地评估应激对肉质产生的负面影响的机理。

澳大利亚是黑切牛肉率最高的国家之一,牛肉程深色,通常极限pH值较高,一般大于5.7。粮农组织指出,极限pH值高于6.2表明该动物在屠宰之前受到了压力、受伤或患病。因此,测量肉产品的极限pH值是肉类行业进行品质控制的一个常用方法。然而,关于黑切肉的主要影响因素以及其与极限pH值的关系还存在一些争议。在农场动物中,研究人员已经鉴定出与应激反应显著相关的蛋白生物标志物,有助于更好地评估肉品质。此外,科研人员通过液体等电聚焦电泳的方法对蛋白质组学技术进行了创新,结合聚丙烯酰胺凝胶电泳和液相色谱质谱联用的方法,对肌质中的蛋白质组进行了特异性的分离和富集。肌浆蛋白主要包含应激蛋白、防御蛋白和代谢酶,研究表明肌浆蛋白与动物的应激反应具有紧密关联。然而,还没有关于肌原纤维的蛋白质组变化规律的研究。因此,研究人员通过蛋白质组学方法,深入解析了不同极限pH值对黑干肉的影响,试图发现此类缺陷肉与正常牛肉肌纤维在纹理特性方面的差异[110]。在屠宰后24小时后,选择腰肌的肌原纤维,分为高极限pH值组(极限pH值≥6.0)和对照组(极限pH值<6.0),肌肉样品通过非凝胶方法进行分离和富集,对回收的液体部分进行聚丙烯酰胺凝胶电泳。得到的4条蛋白质带可以有效区分高极限pH值组和对照组,通过图像分析对蛋白条带进行量化,并通过液相色谱质谱联用的方法对蛋白质进行鉴定,发现主要为结蛋白、丙酮酸激酶、肌球蛋白轻链、肌球蛋白重链-1和肌球蛋白重链-2等。结蛋白在高极限pH值组的表达丰富明显降低,这可能由于黑干肉与屠宰24小时的持水力以及压迫有关,由于高极限pH值可以增加钙蛋白酶活性,增加了对结蛋白的消耗。这些结果表明,屠宰后,高极限pH值应激会诱导肉中钙蛋白酶活性增强,因此促进结蛋白降解。而在正常肉类中,丙酮酸激酶亚型X1的表达丰度高于高极限pH值组,表明屠宰前胁迫会诱导糖原的消耗,导致屠宰后糖酵解率下降,参与糖酵解途径的蛋白表达丰度下调。这项研究表明,通过结合等电聚焦电泳、聚丙烯酰胺凝胶电泳和液相色谱质谱联用的方法,可以绘制一个完整的肌原纤维蛋白图谱,并且可以比较不同样本的差异,有助于发现屠宰前应激状态的生物标记物,区分高极限pH值的肉类。

屠宰前应激是肉类生产中的一个关键因素。被屠宰的动物受到各种内源性和外源性因素的压力,这些因素对肌肉转化为肉的复杂的死后生化事件产生负面影响。肌肉蛋白质组的研究对理解与应激相关的分子机制具有重要意义。然而,目前还没有在蛋白质组水平上与牛屠宰前应激相关的分子变化的信息。因此,研究人员对牛胸肌最长肌在屠宰前应激下的蛋白质组变化进行了深入分析[111]。以西班牙的雄性Rubia Gallega犊牛为研究对象,通过探讨二维凝胶电泳、液相色谱串联质谱、基质辅助激光解吸电离飞行时间质谱等方法,评估正常胸部最长肌和黑干肉胸部最长肌样品的蛋白质组特征和差异。结果发现七种结构收缩蛋白(三种不同的肌球蛋白轻链亚型、两种快速骨骼肌球蛋白轻链2亚型、肌钙蛋白C2型和辅酶-2)和三种代谢酶(磷酸三糖异构酶、ATP合酶、β-半乳糖苷α-2,6-唾液酸转移酶)在两个组中显著差异表达。此外,研究发现,在肌肉向黑干肉转化的过程中,骨骼肌肌球蛋白调节轻链2亚型发生了显著的磷酸化变化,可能作为Rubia Gallega牛屠宰前应激的生物标志物。这是第一次研究应激对牛肉蛋白质组的影响,筛选出可用于鉴定应激反应的,有助于全面了解与牛肌肉应激相关的生化过程及其对肉品质的影响。

近年来,蛋白质组学在肉类科学中的应用越来越广泛,有助于更好地理解肉制品的分子机理,尤其可以很好地评估细胞中的复杂蛋白混合物。对屠宰后猪和牛的肌肉进行蛋白质组分析表明，许多代谢酶、应激蛋白、肌纤维蛋白、结构蛋白发生了显著的变化，然而这些研究都集中在可溶性蛋白质或总蛋白质部分，对不可溶蛋白的研究较少。因此，研究人员对屠宰后48小时的牛胸最长肌进行蛋白质组，发现能量状态和肌原纤维稳定性产生了变化[112]。研究人员以8头挪威红牛为研究对象，采用二维凝胶电泳和基质辅助激光解析电离飞行时间串联质谱技术，研究其在屠宰后48小时内，胸最长肌不溶性蛋白质组分的变化，旨在鉴定和比较不溶性和可溶性蛋白组分的蛋白质组变化。结果共鉴定到35种蛋白质存在差异表达，其中26种主要参与代谢、细胞防御和应激、以及结构蛋白等功能。代谢酶主要参与细胞的能量代谢，细胞防御/应激蛋白可能与肌原纤维蛋白的调节和稳定有关。此外，通过比较可溶和不可溶蛋白质组分的蛋白质组成在屠宰后的变化，研究了其在屠宰后溶解度的变化。新鉴定出2，3-双磷酸甘油酸变位酶和NADH脱氢酶这两种代谢酶，以及一种参与细胞应激反应/凋亡的蛋白质（Hsp70），这些易溶蛋白质在不溶性蛋白质组分中的出现可能是由于沉淀或聚集，从而从可溶状态变为不可溶状态。


### 应用二：牛肌肉的蛋白质组特征

油酸和顺式-9，反式-11共轭亚油酸是牛肉中对人体健康有益的脂肪酸。骨骼肌中的脂质沉积可以为肌肉细胞提供能量、参与细胞膜的结构组成。然而，脂质的过度积累会影响葡萄糖的正常代谢，与胰岛素抗性、糖尿病、心血管疾病、肥胖、癌症的形成和发展有关。脂肪的摄入量和组成一直是人类健康研究的一个热点话题，可以用来研究饮食成分对疾病的影响。在牛肉生产过程中，肌肉中脂肪的数量和组成会影响到肉的营养质量和感官体验。单不饱和、多不饱和脂肪酸是预防心血管疾病的功能性成分，牛肉是这些脂肪酸的重要来源。牛肉中的主要不饱和脂肪酸包括棕榈油酸（16：1顺式9）和油酸（18：1顺式9），主要不饱和脂肪酸为亚油酸（18：2顺式9、12）、亚油酸（18：3顺式9、12）和花生四烯酸（20：4顺式5、8、11、14）。在单不饱和脂肪酸中，油酸（OA，18：1顺式9）是一种重要的单不饱和脂肪酸，与牛肉适口性相关，具有抗氧化、抗炎和心血管保护的重要作用。此外，牛肉含有大量的共轭亚油酸（CLA，18：2），是一种反刍动物畜产品（肉类和牛奶）特有的反式脂肪酸，牛肉中主要的亚油酸异构体是顺式-9、反式-11共轭亚油酸，对健康具有益处，如预防动脉粥样硬化、不同类型的癌症、高血压、糖尿病和改善免疫功能等。全基因组关联和基因表达研究确定了与牛肉脂肪酸谱变异相关的基因组区域和差异表达基因。两项转录组研究发现，不同油酸水平的动物骨骼肌中存在1134和371个差异表达基因，不同亚油酸水平的动物中存在872个和24个差异表达基因。蛋白质是组织内的功能分子，也是骨骼肌的主要成分，虽然已经发现油酸和亚油酸对人类健康具有益处，然而这些脂肪酸在反刍动物肌肉中差异沉积的生理和分子过程仍没有详细解析，特别是蛋白质水平的特征和变化。因此，研究人员对牛骨骼肌中，与油酸和顺式-9、反式-11共轭亚油酸含量相关的蛋白质进行了分析[113]。根据油酸和亚油酸脂肪含量将肌肉样本分为高、低两组，通过高分辨率质谱鉴定在不同脂肪含量的肌肉蛋白质组的特征和差异，并且将本研究的蛋白质组学与先前脂肪酸的转录组学数据进行比较分析。在两组共鉴定到103个和133个差异表达蛋白质，包含油酸组的64个和39个上调基因，以及亚油酸组的45个和68个下调基因。蛋白质组和转录组数据的比较分析显示，油酸和亚油酸分别有8个、10个基因的mRNA表达水平和蛋白丰度一致。肌球蛋白-Id、矿糖皮质激素受体、香叶烯基转移酶-

亚基–α和葡萄膜自身抗原可能是影响油酸的蛋白质，顺式–9、反式–11共轭亚油酸脂肪酸合酶、微管蛋白α–4a链、纽带蛋白、NADH脱氢酶1α–亚复合物5等蛋白质与亚油酸的积累有关。该研究通过无标记定量蛋白质组学方法评估了不同脂肪酸含量的牛肌肉样本之间的差异，并且通过与RNA测序数据比较进行了验证，有助于深入了解牛骨骼肌中油酸和亚油酸含量的分子调控机制，加深了对农场动物骨骼肌中脂肪酸沉积的特征的了解，为探索家畜骨骼肌中脂肪酸提供新的方法，同时为提高肉类的营养价值、了解营养与代谢疾病的关联提供了丰富的理论依据。

传统低分辨率设备由于受到很多因素的影响，因此检验结果不稳定，液相高分辨高精密度质谱可以有效克服这种不足，并且分析步骤简单，可以跳过色谱分离步骤，直接进行质谱分析。在食品工业中，液相高分辨高精密度质谱设备与许多商业软件捆绑销售，具有很高的成本。而传统的、价格低廉的液相高分辨高精密度质谱设备，对样品制备的要求特别高。同时，也需要克服一些设备固有的技术限制，如低扫描率、灵敏度、信号稳定性和质量分辨率等问题。数据处理和分析也是一个重要环节，严重影响定性和定量分析的结果。在食品行业，对质谱检测和分析提出了直接、价格适中、灵活、稳健、效率高、支持液相高分辨高精密度质谱设备的组学分析的流程。因此，研究人员基于液体等电聚焦和质谱分析技术，建立了一套简单的无凝胶蛋白质组学的流程，可以用于牛肉蛋白质组的研究，主要整合了液相等电聚焦蛋白分离、液相色谱质谱联用的无凝胶分析流程，对牛肌浆亚蛋白质组进行了研究，通过全质谱分析和数据依赖的质谱分析进行靶向定量和非靶向的定性[114]。结果得到12个液相等电聚焦蛋白组分，包含47个蛋白质，利用MZmine2开源软件对中丰度和高丰度的多肽进行定量分析，$r^2$为0.95~0.99，线性关系显著，变异系数为25%。在20个已鉴定的蛋白中，对41个肽段进行了相对定量。液相色谱质谱联用分析表明，无凝胶分析流程也可以对蛋白质进行准确的定性和定量分析。通过液体等电聚焦分离和富集蛋白质，并结合液相色谱质谱联用设备，极大地提高了取样效率，以及检测肌浆蛋白中的胰蛋白酶肽的灵敏度。本研究提出的流程，更加稳健、灵活、可靠和经济，同样可以获得高质量的蛋白质产品，为食品工业的蛋白质组分析提供新的视角。

# 五、牛其他组织和器官的蛋白质组研究

应用一：牛乳腺组织的蛋白质组特征

乳腺是皮肤的附属腺，为复管泡状腺。腺泡由周围成管腔的上皮细胞组成，主要功能是过滤血液中的营养物质，将其转化为牛乳的分子成分，然后分泌到管腔内。葡萄糖是一种主要的营养物质，主要来自于膳食碳水化合物，通过瘤胃细菌发酵产生醋酸、丙酸和丁酸盐等中间产物，进而在肝脏中转化为葡萄糖，是牛奶合成的血糖来源之一。腺泡上皮细胞利用葡萄糖作为能量来源，进而合成乳分子的前体，包括乳糖和三酰基甘油。此外，血液中还包括膳食脂肪酸、氨基酸、矿物质、乙酸盐和b–羟基丁酸盐等，都可以促进肺泡上皮细胞合成脂肪酸前体。

腺泡上皮细胞中有多种细胞器，可以发生多种代谢反应，促进牛乳分子的合成和分泌。例如，在细胞质，可以进行包括糖酵解、磷酸戊糖途径和脂肪酸合成酶复合体等代谢反应，线粒体产生能量并且保障脂肪酸合成前体的供应，内质网提供合成蛋白质和三酰基甘油所需要的酶等。乳脂主要在内质网中合成，包括三酰基甘油和磷脂，是脂肪酸去饱和、以及脂肪酸与a-甘油磷酸酯化的场所。高尔基体负责通过牛乳蛋白质包裹囊泡和蛋白质的糖基化，并且通过半乳糖转移酶催化乳糖合成的最后一步反应，促进UDP-半乳糖与葡萄糖的反应，最终形成乳糖。乳脂质形成脂质体，以乳脂球的形式分泌到管腔内。已有研究分析了乳腺的转录组特征，然而蛋白质组并没有深入研究。

基于蛋白质组学数据，可以有效地对碳代谢中的核心代谢通路进行深入分析，如糖酵解、三羧酸循环、戊糖磷酸途径、脂肪酸和三酰甘油生物合成等，了解其中的关键酶的特性和功能。酶是决定生理过程和变化的一个关键因素，然而目前对其的研究和验证工作相对较少。此外，由于在蛋白质成分的取样可能不够全面，因此试验的结论也会受到限制。有部分研究对碳代谢关键途径相关蛋白进行了分析，发现其表达量和变化的特点，可能与细菌代谢流的改变有关。因此，研究人员通过二维凝胶电泳和MALDI质量指纹图谱，对弗里斯牛乳腺组织进行代谢蛋白质组的分析，鉴定在乳腺中的碳代谢和脂肪代谢中的关键酶[115]。结果鉴定到418个蛋白斑点，328个可以比对到数据库已知蛋白序列，共得到215个不同的蛋白质。其中包括11种参与葡萄糖转化为脂肪酸的直接代谢途径的酶，占该途径代谢酶总数的73%，包括戊糖磷酸途径的2种酶和葡萄糖合成乳糖的2种酶，无糖酵解中催化前三个反应的酶。由于实验基于二维凝胶电泳，因此不能检测到所有的蛋白质。通过二维荧光差异双向电泳，可以比较在8个不同动物中的酶丰度的个体差异，并且可以计算蛋白质相对表达量，通过数据转换发现该方法对酶丰度的变异系数较低，仅为3%～8%，适用于该类数据分析。


应用二：牛瘤胃上皮组织的蛋白质组特征


瘤胃是微生物发酵的场所，将难以消化的饲料成分被发酵成反刍动物可以利用的化合物。此外，瘤胃还参与重要的生理功能，包括挥发性脂肪酸的吸收和传递，以及促进微生物的生长。蛋白质组学方法已成为研究生产性状的常规手段，例如，采用二维凝胶电泳结合分光光度法，成功鉴定了绵羊瘤胃上皮细胞中的几种蛋白。对瘤胃组织进行蛋白质组学分析，可以更深入地理解瘤胃生理学。聚丙烯酰胺凝胶电泳与液相色谱串联质谱结合的蛋白质组分析方法，可以对特定组织或液体中蛋白质成分进行初步的蛋白质组学分析。因此，研究人员基于电泳结合液相色谱串联质谱方法，绘制了牛瘤胃上皮组织的蛋白质组图谱[116]。采用这两种方法，对奶牛瘤胃上皮细胞的蛋白组成进行了表征，建立了在此生理条件下的蛋白质组图谱。研究采用三种不同的溶液提取牛瘤胃上皮的蛋白质，共鉴定出813个在瘤胃上皮组织中表达的非冗余蛋白，其中7.4%具有跨膜结构域，15.4%含有信号肽。溶液A鉴定633个蛋白，溶液B鉴定503个蛋白，溶液C鉴定355个蛋白。因此，溶液A使研究人员能够在瘤胃上皮细胞中识别出比溶液B和溶液C更多的蛋白质，并且多种溶液提取组织蛋白可以识别出更多的蛋白质。被鉴定的蛋白质组学谱由等电点为4.26～11.97，分子量为8.3～545.7kDa的蛋白质组成。根据基因注释，高丰度蛋白质主要与分子结合、细胞成分和代谢过程有关。研究结果揭示了瘤胃组织中蛋白质的表达规律，为进一步研究瘤胃组织中蛋白质的特性提供有用的信息，有助于更好地了解瘤胃上皮组织的吸收和运输等生理功能和生物学过程。

应用三：牛血清的蛋白质组特征

到2050年，预计全球人口将达到91亿，为了满足人类对蛋白质日益增长的需求，需要积极加强管理、提高经济效率。生物标志物在农业中的应用前景非常广阔，可以用于亚临床和临床疾病的诊断、评估应激以及处理一些特殊生产问题，例如荷斯坦奶牛在怀孕前16天的胚胎死亡率为43%，乳制品生产商估计每一个胚胎死亡将造成600～800美元的经济损失。

鉴定和识别血清的生物标志物，可以用来解释动物的生理或病理状况，在牲畜健康和管理方面有着良好的应用，可以有效提高畜牧生产。血清中的内源性蛋白代表营养和免疫稳态，特别是低丰度的信号分子，如激素和细胞因子等，是器官特异性、细胞组织通信和功能的标记物。然而，由于蛋白浓度的动态范围大，且高丰度蛋白占总蛋白含量的90%，因此在血清等复杂生物液体中鉴定低丰度蛋白质具有一定困难。例如，人血浆中含量最多的22种蛋白质占总蛋白质质量的99%，牛血清中白蛋白和球蛋白等高丰富蛋白含量高达67.80mg/mL，接近牛血清中的总蛋白含量。通过一维电泳、二维差异凝胶电泳、相对和绝对定量标记、组合肽配体库富集、分离毛细管电泳、十二烷基硫酸钠-聚丙烯酰胺凝胶电泳和无凝胶等电聚焦都可以对血清蛋白进行分离和鉴定。家畜目前鉴定的低丰度血清蛋白的数目不多，牛为272个，羊为102个，猪为182个，肉鸡为46个，而在不同的人血清和血浆研究中可以分别鉴定到752个、1494个、1559个、1929个和2254个低丰度蛋白，比牛的低丰度蛋白数目高出7.6倍以上。

尽管已有多项研究鉴定与早期妊娠或胚胎死亡率有关的血清蛋白生物标志物，但是却不能有效提高乳制品行业繁殖效率的诊断分析方法。因此，为了提高对牛血清蛋白质组中的低丰度蛋白质的检测能力，研究人员比较了基于连续洗脱的分馏方法和基于亲和相互作用的蛋白质分离这两种方法，用液相色谱串联质谱鉴定蛋白，并与纯血清进行了比较[117]。结果在牛血清中鉴定445个蛋白质，仅通过一种方法就可鉴定到312个蛋白质，虽然已经极大地提高了牛血清蛋白数目，但是远远低于常规生物标记物的范围。这些结果补充了牛血清蛋白质组，并且解决了高丰度蛋白的特异性消耗方法，为制备和鉴定牛血清生物标志物提供了参考，证明了血清研究的复杂性和局限性，强调了人类和牲畜血清蛋白质组间存在差异。

# 六、牛疾病的蛋白质组研究

在人类和兽医医学中，生物标记物是进行临床筛选、早期检测、疾病监测和评估治疗反应的有力方法。同时，质谱技术的不断进步也提高了蛋白质组学发现生物标志物的能力。最初，通过质谱方法发现生物标志物的工作，早期主要集中在检测人体组织和体液中的调节蛋白，最近已转向对家畜生物样品的蛋白质组学分析。

生物标志物具有可以被测量和评估的特征，可以作为治疗性干预的正常生物过程、病理过程或药理学反应的指标。可靠的生物标志物，作为疾病指标必须具有准确性、敏感性和特异性。也就是说，一个生物标志物的特殊表达必须是特定于一种疾病的，并且在不相关的疾病中该生物标志物应该保持不变。同样，必须证明生物标志物的可靠和可重复性定量。

质谱软电离技术，如基质辅助激光解析、电离和电喷雾电离等的不断发展，广泛用于表征生物聚合物，如多肽和蛋白质，并极大地增强了蛋白质组学研究。蛋白质组学是指在给定的时间和生理条件下，使用一种科学的方法来阐明细胞或组织内的所有蛋白质。蛋白质组学通常包括分析方法的使用，如使用二维凝胶电泳或液相色谱法来分离蛋白质或多肽，以及使用质谱来分离、鉴定和表征蛋白质及其相关的翻译后修饰。基于质谱的蛋白质组学方法比早期的蛋白质检测和表征方法具有更多优势，包括在给定样品中检测更多蛋白质的能力，以及不依赖抗体准确进行蛋白质的鉴定和定量。同样，蛋白质组学在生物标志物研究中比基因组分析具有优势，因为mRNA水平和实际蛋白质浓度之间往往存在微弱的相关性。之前，鉴定蛋白质组生物标志物主要基于高度特异性抗体–抗原相互作用的策略，即Western blots和酶联免疫吸附试验，对奶牛乳腺内感染过程中表达的细胞因子和可溶性炎症进行分析，由于其依赖于物种特异性抗体有效性特征，限制了在生物标志物发现分析过程中的新候选蛋白的识别和表征。此外，与老鼠和兔子等传统实验动物相比，用于反刍动物的商业化抗体非常少，这进一步限制了抗体类方法的应用。此外，这些方法在识别翻译后修饰方面也具有很大的局限性。

### 应用一：牛乳腺炎的蛋白质组研究

牛乳腺炎是一种影响乳腺的疾病，是牛最致命的传染病，导致牛奶产量大幅下降，给世界各地的农民和奶业带来严重的经济后果。乳腺炎一直是兽医研究的关注热点，使用抗菌药物会带来食品安全问题，此外目前也没有有效的乳腺炎治疗方法。在牛乳腺炎期间，鉴定宿主和病原体反应的生物标志物有助于更好地描述疾病的机制，以确定可靠的生物标志物，用于早期检测和药物疗效的评估，并为发展替代疗法发现了潜在的新靶点。

大量研究旨在阐明牛宿主对革兰氏阳性和革兰氏阴性病原体的乳腺内感染反应的机制和介质。主要由于该疾病造成了惊人的经济损失，有效的治疗方案数量有限，以及缺乏准确的生物标志物来评估作为乳腺炎初级和辅助治疗的新动物药物的疗效。此外，由于担心抗生素在农业中使用的潜在影响和耐药菌株的出现，因此使用抗菌素预防和防治奶牛乳腺炎感染的做法引起了广泛关注。尽管抗生素是大多数由革兰氏阳性病原体引起的传染性乳腺炎的有效治疗方案，但有多项研究表明，尽管使用了抗生素，但对于由环境菌或革兰氏阴性菌引起的临床或亚临床型乳腺炎病畜，抗生素的疗效甚微或根本无效。革兰氏阴性菌的外膜以脂多糖的存在为特征，脂多糖是一种已知的能刺激牛乳腺快速炎症反应的化合物。由革兰氏阴性病原体引起的乳腺炎很难治疗，主要是因为革兰氏阴性细菌的外细胞壁保护它们不受大多数抗生素、清洁剂和化学物质的伤害。此外，抗生素对细菌释放的内毒素的有害作用没有影响。对于与大肠菌群乳腺炎相关的严重乳腺内炎症，唯一有希望作为辅助治疗的治疗方法是使用非甾体抗炎药。然而，由于缺乏有效性的标准评估，只有非选择性非甾体抗氧化剂Banamine被批准用于哺乳奶牛。

因此，研究乳腺炎期间牛奶蛋白质组的变化，可以更有效地识别生物标记物，以评估新的和现有的药物治疗的有效性，并促进新的兽药批准。在过去的10年里，在鉴别临床乳腺炎感染前和期间收集的各种牛乳组分中的低丰度蛋白方面取得了重大进展。通过二维凝胶电泳、液相色谱-串联质谱等方法，对牛乳蛋白质组进行了相关分析，评估乳腺炎感染的奶牛乳蛋白变化。不同的量化策略同样被用于评估乳腺炎期间牛乳蛋白组的调节，包括密度测定法、光谱计数和稳定同位素的渗入。总的来说，大约有80种蛋白质与宿主对乳腺内感染的反应有关。

蛋白质组学策略也被应用于牛乳腺组织的分析，分析涉及的乳合成和乳脂生产的酶谱。也有研究侧重于使用蛋白质组学来确定毒力因子、抗原蛋白、细胞壁成分，以及从牛乳腺炎病例中分离出的细菌菌株所特有的蛋白质，并且更直接地加强了目前对临床乳内感染病原体反应的认识。具体来说，通过对病原体（包括乳腺炎的病原）的蛋白质组学分析，已经确定了疫苗开发的潜在靶点，并阐明了入侵细菌在宿主环境中生存的潜在机制。使用蛋白质组学的方法，有助于全面了解临床乳腺炎期间宿主和病原体反应的特征，鉴定预示疾病的生物标志物或生物标志物模式。同样，引起乳腺炎的不同菌株的特异性抗原和病原体对宿主环境的反应特性的特点可为开发新的预防措施提供必要的作用靶标。如果能够克服复杂蛋白质组特性的固有困难，并满足准确性、敏感性和特异性的标准，乳腺炎生物标志物的建立将被证明有助于评估现有的或新的药物治疗革兰氏阴性病原体引起的继发性炎症的疗效，或者发现治疗所有乳腺内感染的潜在新药靶点。蛋白质生物标志物图谱也可以作为一种评估治疗反应的手段，有助于审查和批准新的兽医治疗方法。由于乳腺炎与严重的炎症和疼痛有关，严重危及受感染动物的健康和福祉，因此，当用于早期检测时，蛋白质生物标志物或生物标志物谱的建立也可能对动物福利产生重大影响。同样，如果使用蛋白质组学策略能够直接检测和定量牛的牛奶中的蛋白质生物标志物，那么生物标志物可以被用于自动挤奶系统的在线监测[118]。

牛乳腺炎由多种病原体引起，但最常见的是金黄色葡萄球菌。根据是否存在明显症状，牛乳腺炎被归类为临床乳腺炎和亚临床乳腺炎，亚临床乳腺炎表现为在确诊前数天至数周的无症状。这两种形式的疾病都对奶业造成了巨大的经济损失，会造成产量下降、牛奶质量下降、药物成本和兽医费用提高。例如，在美国临床乳腺炎造成的损失约17～20亿美元，而印度乳制品行业每年损失约为10亿美元，其中亚临床乳腺炎造成大约8500万美元的损失。在疾病的不同阶段，宿主和病原体发生不同类型的相互作用，决定了是消除病原体还是发生感染。若细菌进入乳腺组织，则会发生先天免疫反应，通过识别病原体分子上调乳腺组织中的免疫分子，激活第一道宿主防御线。例如，由于乳房链球菌感染，急性期蛋白如触珠蛋白、抗菌肽和肽聚糖识别蛋白在乳腺中表达丰度增高。牛感染乳房链球菌后，IL-1β、IL-8和TNF-α蛋白表达升高，血清淀粉样蛋白A3亚型表达上调，表明乳腺腺泡下组织受损或修复。在金黄色葡萄球菌感染的乳腺中，纤维蛋白原蛋白（如FGA、FGB和FGG）和补体蛋白（如C3和C6）、部分MAPK、补体和凝血级联以及局灶黏附通路上调。

牛乳含有多种蛋白质，这些蛋白质具有多种功能，可以满足许多物种的营养需求。由于畜牧业面临着增加牛乳产量的持续压力，产业一直在采取适当的措施，如不断调整畜群结构，给乳行业带来损失。在不同的家畜疾病中，由于感染等外部因素，乳腺炎造成病理生理条件变化，如蛋白质和脂质等不同成分发生变化，因此无论是临床的还是亚临床的，都给世界范围内的乳品行业造成了惊人的经济损失。在这两种疾病状态中，临床乳腺炎得到了广泛的研究，而亚临床乳腺炎由于其无症状性，对其了解还不深入。早期诊断临床乳腺炎非常重要，常用的检测方法包括加利福尼亚乳腺炎试验（CMT）Portacheck、Fossomatic SCC和pH试验等。乳体细胞计数是检测亚临床乳腺炎的方法，但结果不稳定，且特异性和敏感性较低。近年来，以质谱技术为基础的蛋白质组学被广泛应用于牛乳等生物体液分析，以识别标记蛋白，了解乳腺炎的病理生理学机制，但是在精确识别标志物用来划分亚临床乳腺炎阶段、并且标识疾病发展为临床乳腺炎方面还有所欠缺。

　　为了深入了解乳清蛋白质组的动态变化，研究人员关注在荷斯坦奶牛和墨拉水牛感染金黄色葡萄球菌的动态过程，关注了从健康到亚临床乳腺炎，再到临床乳腺炎这几个不同的阶段中蛋白质丰度的变化，通过蛋白质组学比较分析，并进行了组织病理学鉴定，鉴定代表疾病不同阶段的差异表达乳清蛋白，识别代表从亚临床乳腺炎向临床乳腺炎转变的差异表达乳清蛋白蛋白质标记[119]。首先从健康、亚临床和临床乳腺炎的荷斯坦奶牛和墨拉水牛中分离乳清蛋白，进行质谱和统计分析（方差分析和t检验）。研究共确定了1479种蛋白质，包括128个和163个代表荷斯坦奶牛和墨拉水牛的生物标记物。例如，荷斯坦奶牛的结合珠蛋白和纤维连接蛋白，墨拉水牛的精子粘附素和骨桥蛋白。在疾病转变过程中，血管生成素和cofilin-1表达上调，泛素家族成员表达下调。通过Western blot对选定的蛋白（如骨桥蛋白和纤维蛋白原-α）进行验证。乳腺活检标本的组织学变化与既往报道一致，都发生了肺泡变性、多形核（PMNs）浸润和广泛间质增生，表明乳腺结构完整性的丧失导致乳血屏障的破坏。这项研究为乳清蛋白质组动力学和指示疾病进展的特征模式提供了更深入的见解，有助于更好地了解乳腺炎的复杂性，促进早期治疗和养殖管理干预，以改善动物健康和牛奶质量。此外，极大地扩增了亚临床乳腺炎的乳清蛋白的数量，是首次报道在荷斯坦奶牛和墨拉水牛中，疾病从健康到亚临床乳腺炎、再到临床乳腺炎发展的蛋白表达模式的变化。研究结果不仅与之前的报道一致，而且显著扩展了对奶牛和水牛差异表达蛋白数量的认识，表明蛋白质表达特征具有物种特异性。

　　应用二：疱疹病毒的感染机制

　　疱疹病毒是一种双链DNA包膜病毒，是影响人和动物健康的一类重要的病原体，并会给畜牧业经济造成严重损失。在1974年，山羊疱疹病毒1首次从山羊体内被分离出来，并于1975年被进一步鉴定，属于疱疹病毒科和水痘病毒属。在全球范围内，包括美国、加拿大、巴西、澳大利亚、新西兰、地中海国家（如希腊、意大利、西班牙、法国等）和中国在内的许多国家，都发现被山羊疱疹病毒1感染的山羊。山羊疱疹病毒1通过鼻腔和生殖道传播，可在三叉神经节形成潜伏感染，抑制免疫反应。山羊疱疹病毒1在羔羊体内会导致全身性疾病，发病率和死亡率高，而在成年山羊中可导致外阴阴道炎、龟头皮炎、呼吸道疾病，甚至引起流产。前期研究表明，山羊疱疹病毒1可诱导山羊外周血单核细胞和马丁达比牛肾细胞系凋亡。山羊疱疹病毒1可以感染多种人类细胞系，并为溶瘤病毒治疗提供了一个潜在的候选物。在犊牛感染山羊疱疹病毒1的急性感染期间，病毒能有效复制，并建立了潜伏感染，表明病毒有能够交叉感染各自的异源宿主的能力。然而，对于山羊疱疹病毒1介导的宿主应答的程度和相关性、以及这种应答与病毒致病性之间的关系仍然缺乏研究。近年来，大规模筛选在病毒感染时识别宿主基因和感兴趣的蛋白质，是一种有效的方法，在功能验证后会发现新的宿主-病毒相互作用。通过转录组和蛋白质组分析，可以深入了解病毒感染的宿主防御机制和免疫逃避策略。高通量RNA测序技术和同位素标记相对和绝对定量技术，结合液相色谱-串联质谱分析，已成为探索病原体-宿主相互作用的有效方法。

因此，有研究采用Illumina测序方法，分析了感染山羊疱疹病毒1的马丁达比牛肾细胞的转录组变化，同时，应用同位素标记相对和绝对定量技术对感染山羊疱疹病毒1的马丁达比牛肾细胞中差异表达蛋白进行鉴定[120]。RNA-测序分析显示，感染和模拟感染的马丁达比牛肾细胞中有81个差异表达基因，主要参与对病毒应答、对病毒防御应答、对生物刺激应答和天然免疫应答调节，尤其是干扰素刺激基因，这些基因参与病毒致癌、RIG-I-like受体信号通路、胞质DNA传感通路以及与多种病毒感染相关的通路。通过实时定量逆转录-聚合酶链式反应验证了11个与免疫应答相关的差异表达基因（MX、RSAD2、IFIT1、IFIT2、IFIT5、ififh1、IFITM3、IRF7、IRF9、OAS1X和OAS1Y）。蛋白质组学分析表明，先天免疫相关蛋白显著上调。蛋白-蛋白相互作用网络分析表明，DDX58（RIG-I）、IFIH1（MDA5）、IRF7、mx、RSAD2、OAS1和IFIT1等大多数与先天性免疫应答相关的蛋白位于网络核心，与其他基因高度连接。研究人员的发现表明：山羊疱疹病毒1感染诱导宿主固有免疫应答相关基因的转录和蛋白表达改变，有助于阐明宿主细胞对病毒感染的抗性，并阐明山羊疱疹病毒1的发病机制。

### 应用三：羊膜在角膜愈合中的作用

角膜溃疡是由于蛋白质相互作用异常造成的，通常有复杂的角膜信号通路和不适的炎症反应。羊膜是胎盘的最内层，其具有生物相容性、抗蛋白水解、抗血管生成、抗纤维化、抗瘢痕形成、抗菌和再上皮化特性。羊膜改善角膜愈合过程是由于细胞因子、生长因子和蛋白酶抑制剂的相互作用的结果，但确切机制尚不清楚。近年来，先进的蛋白质组学技术与生物信息学相结合，研究者不仅可以探索各种生物样品的蛋白质组成，还可以评估蛋白质的相互作用和途径。外用药物可以通过控制角膜微环境，包括伤口的信号通路来改善角膜愈合。

为了探讨牛羊膜的蛋白质，了解牛羊膜是如何影响角膜愈合过程和改善角膜溃疡，科研人员对牛羊膜的蛋白质组组成及其在角膜愈合中的作用进行了研究，鉴定角膜愈合之前相关的蛋白质，并评估蛋白质-蛋白质相互作用和重要的信号通路[121]。研究选用正常的足月出生的10个样本的牛羊膜经过处理，并在-80℃下储存两天。冷冻膜在室温下解冻，使用高分辨率液相色谱-质谱法进行蛋白质组学研究，然后进行生物信息学分析，并与已知的角膜愈合途径与蛋白谱和牛羊膜中存在的途径进行对比。结果发现，2105个蛋白质，以及一个由1271个节点（蛋白质）和8757个边（相互作用）组成的交互网络，确定了中间中心性值较高的蛋白，包括微原纤维相关蛋白4、HSD3B1、CAPNS1、ATP1B3、CAV1、ANXA2、YARS和GAPDH。这些蛋白质主要参与核糖体、代谢途径、剪接体和氧化磷酸化等生物通路。牛羊膜的高通量蛋白质组学分析表明，存在于角膜中的大量蛋白质也存在于胎膜中，表明牛羊膜和角膜相关的蛋白质具有相近的功能。这些结果表明，牛羊膜与角膜的蛋白质组成相似，牛羊膜可用于治疗角膜疾病的假设。通过探讨牛羊膜的蛋白质组学特征，进一步阐明牛羊膜的分子机制，有助于理解牛羊膜在角膜愈合过程中可能起到的有益作用，尤其是在眼科疾病的治疗中。

# 第五节 代谢组在牛研究中的应用

代谢组学是指使用大规模和高通量技术研究涉及代谢产物的化学过程的"组学"。代谢组学对代谢机制进行研究，通过检测整个生物样本中的代谢产物，阐明潜在的化学过程。代谢产物包括一系列分子量小于1500Da的外源性和内源性化合物，如氨基酸、有机酸、维生素、碳水化合物、脂肪酸、核酸、多肽、脂类、生物碱以及从生物体中检测到的任何其他化合物。

代谢组学研究最常用的技术是核磁共振光谱、液相色谱−质谱和气相色谱−质谱，其中核磁共振是一种鉴定代谢生物标志物的强有力的分析技术。此前已有大量利用核磁共振波谱分析研究反刍动物体液中的代谢物，如瘤胃液、血清、牛奶和尿液等，并通过浓度比较对代谢物进行鉴定和量化。此外，通过主成分分析、偏最小二乘判别分析、预测变量重要度评分和分层聚类分析可以对代谢途径进行统计分析。

## 一、牛繁殖的代谢组研究

应用一：奶牛卵泡液的代谢组特征

在围产期内，奶牛的生理会发生明显的变化，包括营养和代谢的变化。妊娠后期，胎儿体积逐渐增大，使得胸腔体积减小，导致奶牛采食量降低。在分娩后的最初一段时间内，由于乳汁的合成与分泌的增加，导致能量的消耗，使得机体处于能量负平衡状态。能量负平衡是高产奶牛经常出现的一种代谢紊乱疾病，泌乳前期是其高发期。当奶牛表现出能量负平衡时，脂肪组织会大量分解，血液中非酯化脂肪酸和β−羟丁酸酯的含量增加，而高浓度的非酯化脂肪酸和β−羟丁酸酯能抑制血浆中雌激素和胰岛素样生长因子−1的分泌，进而导致卵泡发育迟缓。

以往的研究表明，约26.3%，甚至40%以上的奶牛会在产后的发情期内出现卵巢失活，不发情和卵巢活性低已经成为了导致奶牛产后繁殖率低下的主要原因。靶向的代谢组学可定量地检测代谢途径中的代谢物，而非靶向的代谢组学可检测对照组和试验组之间的代谢物差异，这两种方法在筛查疾病标志物方面都很重要。由于产后奶牛出现能量负平衡导致卵巢活性低的现象越来越普遍，但两者之间的代谢关系尚不清楚，而且明确家畜产后低发情率的机制也很重要，因此，研究人员通过代谢组学的超高效液相色谱−飞行时间质谱方法，进行了非靶向代谢组学研究，解析了奶牛的低活性卵巢中卵泡液的代谢变化[122]。结果发现，在奶牛产后45～60天，共鉴别了14种差异表达的代谢物。这些差异代谢物主要参与包括甘油磷脂代谢、花生四烯酸代谢、缬氨酸、亮氨酸和异亮氨酸的生物合成以及苯丙氨酸代谢，揭示了出现能量负平衡的奶牛会损害正常卵泡发育的途径。

应用二：奶牛卵黄囊的代谢组特征

在一些物种中，胎盘的卵黄囊和绒毛尿囊膜主要负责母体和胎儿营养物质以及代谢废物的交换。卵黄囊主要在妊娠早期，胚胎的存活中发挥着重要作用。在牛中，卵黄囊作为一种过渡膜，在妊娠的50～70天之前一直存在。因此，研究人员通过代谢组学和蛋白组学两种组学方法，对牛卵黄囊进行全面的解析[123]。这项工作评估了妊娠24～52天期间牛胚胎卵黄囊的形态，根据冠臀长度和发育时期将69个胚胎分为三组。然后利用质谱和核磁共振技术对卵黄囊样品进行形态学和分子分析。在所有妊娠阶段，发现了重要的代谢物，包括天冬氨酸、牛磺酸、甘油磷酸胆碱、肌酐、肌酸、氢尿嘧啶、谷氨酸、谷氨酰胺、乳酸、赖氨酸、缬氨酸、肌肌醇、尸体碱和胆碱。此外，在牛卵黄囊中鉴定出314个随机蛋白质序列，其中47个被认为是特异性的，并且评估了妊娠期间甲胎蛋白和癌胚抗原浓度的变化。总之，这些蛋白质中的大多数与次级代谢物的发育有关，次级代谢物参与其他蛋白质和代谢物的激活，以及负责母婴交换、程序性细胞死亡机制激活和细胞分化的信号通路，以及负责建立绒毛尿囊胎盘所需的卵黄囊复旧的蛋白质。通过分析牛胚胎卵黄囊发育过程中发生的事件序列，观察到在23天时，卵黄囊位于胚胎腹侧，末端相当长；从妊娠第29天开始，卵黄囊的大小减小，尤其是在膜的末端；37天后，卵黄囊与羊膜并置；第42天左右，卵黄囊与羊膜的边缘折叠起来。另外，注意到在胚胎发育过程中，牛胚胎卵黄囊的解剖学位置。在所有三个妊娠组的卵黄囊样本中，都发现胆碱及其衍生物甘油磷酸胆碱，表明脂质代谢是胚胎正常发育的重要代谢途径。通过核磁共振氢谱获得的甘油磷酸胆碱与磷酸胆碱比率的增加与繁殖能力相关。

应用三：牛胚胎体外培养的代谢组特征

在体外培养牛胚胎时，选择用于移植的高质量胚胎一直是个难题，在这个过程中最常用的无创方法是目测法。研究人员成功在体外培养了牛的胚胎，并对其进行了无创代谢分析，目的是区分正常发育的胚胎和因胚胎培养基组成的变化而发育受阻的胚胎[124]。这项研究提出了一种鉴定潜在的胚胎活力标记的培养基取样的方法，可以用来预测正常或异常的胚胎发育。在单胚胎培养期间，在受精后第2天、5天和8天从同一液滴（60μL）中去除20μL培养基。使用液相色谱–质谱法对58个样品进行分析。结果表明，从相同的培养基液滴中取出样本是可能的，并且对囊胚率没有显著影响。任何单一低分子量化合物的变化都不足以预测，但可以结合多种低分子量信号，用来预测第2天和第5天胚胎发育到囊胚阶段，准确率为64%。在第8天发育良好的胚胎的培养基中观察到溶血磷脂酰乙醇胺浓度升高。在发育迟缓的胚胎中，胆碱和柠檬酸盐浓度增加。代谢分析提供了在移植前识别发育良好胚胎的可能性，从而提高妊娠率和出生的小牛数量。

# 二、牛乳的代谢组研究

牛乳作为一种每日食用的食物，可以为机体提供必需的营养。虽然食用鲜奶会有很多益处，但其在质量管理和公共卫生方面仍然存在很多问题。生鲜奶是细菌生长的绝佳培养基，其是一种极易腐烂的商品，保质期非常短。为了保持牛奶的稳定性和延长保质期，一般通过加工来防止牛乳中存在的病原体或腐败微生物引起的变质。通常使用不同类型的低温巴氏灭菌法来杀灭牛乳中的病原体及腐败微生物，如长时间巴氏灭菌30分钟（63℃），瞬时杀菌巴氏灭菌15秒（72℃），以及短时间巴氏灭菌法（89℃）。据报道，巴氏杀菌奶在冷藏条件下的保质期为7至28天，具体取决于原料奶的质量和巴氏杀菌的效果。牛乳在加工和储存过程中会氧化，牛乳中的成分和营养特性可能会因热相关反应而改变，导致味道和营养价值下降。研究发现在不同储存条件下，巴氏杀菌奶中异味挥发性有机化合物如丙酮、丁酮、戊醛和乙醇的含量随储存时间的延长显著增加。

应用一：牛能量平衡的代谢组研究

在泌乳早期，奶牛泌乳所需能量超过采食摄入的能量，导致奶牛能量不足，即能量负平衡。当奶牛处于能量负平衡时，体内储存的脂质、糖原和蛋白质都被动员起来，以补偿能量不足，与此同时会造成代谢紊乱、健康和生育能力受损以及寿命缩短等。因此，在实际生产中，对患有严重能量负平衡的奶牛进行可靠的早期筛查至关重要。传统上，研究人员根据能量摄入（采食量）和能量输出之间的差异来评估奶牛个体的能量平衡，然而，在现代规模化奶牛场中，无法准确获得奶牛采食量数据。最近，研究人员通过测定牛奶中的长链脂肪酸或乳脂中的 $\delta 13C$ 来估计负能量平衡的程度和持续时间。

在以往的研究中，日产奶量、蛋白质产量、脂蛋白比等产奶性状，能够很好地估计奶牛群体水平上的能量状况，但对奶牛个体能量平衡的预测能力有限（ R = 0.40 ）。因此，研究人员通过代谢组学的数据，揭示了奶牛个体泌乳早期的能量平衡[125]。在这项研究中，考察了奶牛在泌乳早期的乳代谢情况，并从乳代谢组数据和产奶特性中获得估计奶牛能量平衡的模型。研究人员在每牛产犊后的第2周和第7周采集了31头奶牛的牛乳样本，通过液相色谱–质谱技术共检测到了52种牛乳代谢物。通过偏最小二乘法分析不同哺乳周的数据，使用代谢组学数据中与能量平衡相关的前15个最相关变量，建立简化线性模型，通过正向选择回归估计能量平衡。其中，乳脂量、甘氨酸、胆碱和肉碱是估计能量平衡的重要变量。这些牛奶代谢物与能量平衡的关系与它们在细胞更新中的作用有关。

以往的研究表明，当体内储备的能量和营养物质被调动起来满足乳腺产奶的营养需求时，体内的激素代谢和血浆代谢物也会随着发生变化。然而目前尚未有研究描述代谢途径的改变与能量平衡的关系。由此，研究人员使用液相色谱–质谱和核磁共振方法，通过牛乳代谢组学，研究牛乳样品中代谢变化与能量平衡状态的关系[126]。从87头奶牛身上采集了牛乳样本，从泌乳第2周的奶牛血清中检测并可靠定量了55种代谢物，其中15种代谢物与能量平衡呈正相关，20种代谢物与能量平衡呈负相关。能量负平衡奶牛产奶量增加，乳脂产量增加，柠檬酸、顺式乌头酸、肌酐、甘氨酸、磷酸肌酸、半乳糖–1–磷酸、葡萄糖–1–磷酸、UDP–N–乙酰–半乳糖胺、UDP–N–乙酰–葡萄糖胺和磷酸胆碱浓度增加，但胆碱、乙醇胺、岩藻糖、N-乙酰神经氨酸、N-乙酰氨基葡萄糖和N-乙酰氨基半乳糖的浓度较低。在能量负平衡期间，观察到细胞内容物泄漏增加，核酸和细胞膜磷脂合成增加，单碳代谢过程增加，脂质甘油三酯合成代谢增加。基于这些数据，得出结论，能量负平衡奶牛的细胞凋亡和细胞增殖与核酸合成、细胞膜磷脂、蛋白质糖基化、单碳代谢和脂质代谢增加有关。

在泌乳早期，奶牛通常处在负能量平衡状态，这会导致代谢紊乱、健康和生育能力受损以及生产寿命缩短等。然而，在牧场评估能量平衡并不容易。因此，很有必要对奶牛泌乳早期的牛乳代谢谱进行研究，并从牛乳代谢组学数据和产奶性状中获得估计能量平衡的模型。因此，研究人员通过乳代谢组数据，解析了泌乳早期奶牛个体的能量平衡[125]。在31头奶牛产犊后的第2周和第7周采集乳样，通过对能量摄入、产奶性状和体重计算出每头奶牛的能量平衡。采用液相色谱-质谱技术检测52种乳代谢物。采用偏最小二乘法对不同泌乳周的数据进行分析，同时利用代谢组学数据中与能量平衡相关的前15个最相关变量，建立能量平衡正向选择回归的简化线性模型。这项研究检测到52个乳代谢物，在泌乳第2周和第7周，能量平衡与特定乳代谢物和产奶性状均有较高的相关性。采用9个简化模型对泌乳第2周和第7周奶牛的能量平衡进行估算，预测能力为53%～88%。乳代谢物和产奶性状在这些模型中都有重要作用，特别是甘氨酸、胆碱、肉碱和脂肪产量，这些代谢产物与泌乳早期奶牛能量平衡具有密切关系。

## 应用二：牛乳脂质组分的代谢组特征

牛乳是乳制品的原料，其来源和质量鉴定是一个重要的问题，也是一个极具挑战性和复杂性的实验过程。通过核磁共振代谢组学，研究人员分析了有机牛乳和传统牛乳脂质组分的代谢谱[127]。以冻干乳提取的脂质部分为研究对象，发现有机样品中共轭18：2亚油酸、α-亚麻酸、亚油酸、烯丙基质子和总不饱和脂肪酸（UFA）含量显著高于常规样品，己酸含量显著低于常规样品。这些数据表明，有机牛奶在脂质组成方面的营养价值有所提高，并表明有很大的可能通过改善牛奶和奶制品的脂肪酸结构，从而改善其营养质量。这项研究通过仔细选择待研究的分析物，证明核磁共振的方法可以用于鉴定分析有机和传统牛乳脂质部分代谢组学。由于该方法的快速性、选择性、无破坏性，且即使在强烈重叠的光谱区域，它也能对少量成分进行化学鉴定，同时与传统方法相比，其不需要衍生化步骤，因此该方法可能成为研究牛奶和乳制品代谢组学的重要技术手段。

## 应用三：药物和生产对牛乳代谢组的影响

研究人员评估了生物素和烟酰胺对过渡期奶牛血清代谢组的影响[128]。将40只荷斯坦奶牛随机分成4组，分别进行以下处理：对照组（T0）、生物素30mg/d（TB）、烟酰胺45g/d（TN）和生物素30mg/d +烟酰胺45g/d（TB+N）。从预产期前14天开始，像奶牛身上喷洒生物素和烟酰胺。采用气相色谱四级杆飞行时间质谱仪对产犊后14天各组8头奶牛的血清样本进行质谱分析。结果发现，与对照组相比，所有TB、TN和TB+N的血糖浓度均较高，而TN和TB+N中的非酯化脂肪酸和TB+N中的甘油三酯浓度较低。TB+N组的ATP也显著升高。TN和TB+N均具有较高的谷胱甘肽和较低的活性氧。此外，TB组中肌苷和鸟苷浓度显著增高，而β-丙氨酸明显降低。TN和TB+N中的某些脂肪酸浓度（包括亚油酸、油酸等）显著降低。一些氨基酸衍生物（TN中的精胺、TB+N中的腐胺和4-羟基苯乙醇，以及TN和TB+N中的胍基琥珀酸）也受到影响。相关网络分析表明，补充烟酰胺改变的代谢产物比生物补充得更复杂。研究结果表明，添加生物素和烟酰胺都能增强氨基酸代谢，并且烟酰胺的添加改变了不饱和脂肪酸代谢的生物合成。通过使用气相色谱-飞行时间/质谱法，血清代谢组学分析表明代谢物和代谢途径发生了显著变化，并存在潜在相关性。结合之前的研究结果，数据显示，补充生物素和烟酰胺改善了糖异生和葡萄糖循环，并且补充烟酰胺可以通过改变过渡期奶牛不饱和脂肪酸的生物合成以达到降低血液脂肪酸的目的。

在过去的20年里，代谢组学研究已被应用于食品科学研究，包括食品质量、食品安全和可追溯性等，然而，对大桶巴氏杀菌及随后的储存对牛奶代谢物的影响的了解仍然有限。由此，研究人员基于不同类型的代谢组学方法，研究了巴氏杀菌工艺和冷藏对牛奶代谢组的影响，可以有效区分生奶和巴氏杀菌奶，这是首次使用基于多平台方法的非目标代谢组学研究整个巴氏杀菌过程和储存过程中牛奶代谢产物的演变[129]。为了检测巴氏杀菌过程和随后的冷藏存储对液体和挥发性馏分中的牛奶代谢物的影响，采用核磁共振和超高效液相色谱-四极杆飞行时间质谱技术检测液体馏分中广泛存在的乳代谢物。此外，采用空气相色谱-质谱指纹法检测挥发性有机化合物。结果表明，巴氏杀菌法是一种有效而温和的处理牛奶的方法，对营养化合物的影响最小。在冷藏过程中，一些代谢物，如泛酸和丁基肉碱的浓度降低了一半，而其他代谢物，如脂肪酸、琥珀酸、甘氨酸、甜菜碱、甘油3-磷酸和一些三肽的浓度增加了2倍以上。另外，2-壬酮、2-庚酮等挥发性化合物的浓度在贮藏期的最后几天呈上升趋势。这些选定的代谢物，特别是在贮藏期的最后阶段，可以作为潜在的生物标志物来跟踪巴氏杀菌奶的贮藏条件。这些由非靶向代谢组学鉴定的生物标志物，可以进一步验证，并且可以进行针对性的分析，通过定量的结果作为潜在标志物。最后，可以将生物标记物用于有针对性的生产，以建立跟踪牛奶货架期变化的模型。

饲喂系统是决定原料乳成分的主要因素之一，会影响原料乳的营养价值和工艺特性。研究人员使用超高效液相色谱-四极杆飞行时间质谱法与非靶向代谢组学，并且结合无监督和有监督的多变量统计数据相结合，研究了从不同喂养方案的奶牛（ $n = 103$ ）采集的散装牛乳的代谢组特征[130]。结果鉴定到1686个显著差异的代谢产物（ $P$-value<0.05）。检测到的代谢物主要是脂类，包括甘油磷脂和甘油三酯等，其次是寡肽、类固醇衍生物和次级代谢物，如酚类化合物和萜类等。应用于代谢组学数据的多变量统计数据显示，检测到的鉴别标记间具有差异。所鉴定的标记既包括饲料来源，如酚代谢物；同时也包括动物来源的化合物，如乳脂肪酸。这些研究结果有助于全面了解不同散装牛奶样品的代谢组学特征，也表明了饲养方案对其化学特征的间接影响。

### 应用四：动物乳的比较代谢组研究

曾有研究调查了饲喂添加不同比例浓缩料的日粮对奶牛产乳量和乳代谢物的影响，但目前国内，利用质子核磁共振对反刍动物体液中的代谢物的研究还很少。因此，研究人员期望通过质子核磁共振波谱法，测定奶牛瘤胃液和牛乳中的代谢产物，并对这些代谢物进行量化和分类，构建每个样品的数据库，提供每个代谢物的浓度[131]。以6头奶牛为研究对象，使用瘘管收集瘤胃液体，使用管道挤奶系统收集牛乳。代谢物通过质子核磁共振波谱法测定，获得的数据通过主成分分析、偏最小二乘判别分析、投影分数中的可变重要性，最后使用Metaboanalyst 4.0软件的代谢途径数据进行统计分析。结果发现，在瘤胃液和牛乳中，共测到186种和184种代谢产物，对其中的72个和109个进行了定量。此外，研究还注意到，有机酸和碳水化合物代谢产物的浓度分别在瘤胃液和牛乳中最高。在瘤胃液中发现了一些与奶牛代谢性疾病（酸中毒和酮病）相关的代谢物，在牛乳中发现了与酮病、体细胞产生和凝固特性相关的代谢物。此外，还将本研究中观察到的代谢产物在瘤胃液和牛乳中的作用，与之前报道的反刍动物生物体液中的代谢产物进行比较。这些结果为反刍动物体液代谢产物的分析提供了一个有用的数据库。

尽管婴儿配方奶粉是一种重要的母乳替代品，但与母乳相比，其含有许多不同的脂质结构。研究人员通过气相色谱飞行时间质谱联用法，对人乳、牛乳和山羊乳的脂肪组分和脂肪酸组成进行了比较分析[132]。共鉴定到了13类脂质（包括甘油三酯、甘油二酯、鞘磷脂、磷脂酰胆碱、神经酰胺、己糖神经酰胺、磷脂酰乙醇胺、磷脂酰甘油、磷脂酰丝氨酸、磷脂酰肌醇、磷脂胺和双磷脂酰甘油）。甘油二酯和鞘磷脂在人乳和山羊乳中没有差异性。研究共鉴定215种和147种脂质，作为潜在的生物标记物，可用于进一步分析人、牛和山羊乳的生物学特性差异。对不同牛乳样品中的总脂质进行的主成分分析表明，人、牛和山羊牛乳样品中脂质分布具有变化。比较牛乳与母乳，发现阳性和阴性模式之间存在明显的分离。与牛乳相比，山羊乳的脂质分布更类似于母乳。对脂质类别的深入分析表明，山羊乳和母乳组、牛乳和母乳组在正离子和负离子模式下具有差异。三种乳的总中性脂质含量略有差异。相比之下，除神经酰胺外，所有磷脂类别在三种乳中均存在显著差异（$P<0.05$）。与母乳样品相比，大部分磷脂类在山羊奶样品中的含量更高。在负离子模式下检测到更多的磷脂类，包括神经酰胺、双磷脂酰甘油、磷脂胺、磷脂酰甘油和己糖神经酰胺；其中一些磷脂，尤其是Hex2Cer，很少在分析母乳和其他哺乳动物物种母乳的研究中报道。

关于乳制品和其他哺乳动物奶中患病率，观察到与其他哺乳动物乳样品相比，母乳中己糖神经酰胺（1.92%）浓度较低。主成分分析显示，牛乳和母乳组中的脂质分布存在交叉点，但母乳和山羊乳样品中的脂质分布在脂质水平上还是存在显著差异。在牛乳和人乳中检测到C14：1，但在山羊乳中未发现。该分析还表明，牛乳和羊乳中饱和脂肪酸的百分比（大于60%）高于母乳（小于30%），而5种单一脂肪酸（C14：0、C15：0、C16：0、C17：0、C18：0）在牛乳和羊乳中的患病率，具有显著差异。亚麻酸和α-亚麻酸分析结果与观察结果一致，即母乳中含有亚麻酸和α-亚麻酸的甘油三酯水平高于牛乳和山羊乳。在所分析的三种乳类型中，母乳中长链脂肪酸最为普遍；人乳、牛乳和山羊乳中的中长链脂肪酸含量分别占总脂肪酸的94.29%、86.48%和80.71%，具有显著差异，而山羊乳中的中链脂肪酸含量最高，占总脂肪酸的18.62%，具有显著差异。癸二酸（C10：0）是山羊乳中最丰富的中链脂肪酸，占总脂肪酸的8.19%；研究人员在牛乳和人乳中分别检测到4.32g/100g和1.70g/100g总脂肪酸，具有显著差异。

研究人员通过核磁共振代谢组学，揭示了母乳和配方奶粉之间定性和定量的差异[133]。在不能用母乳喂养的情况下，商业配方奶粉是满足婴儿营养需要的最佳选择。采用核磁共振波谱法对7种不同品牌的奶粉和母乳的极性代谢物组成进行了比较研究。多元数据分析的结果表明，人类母乳和配方奶粉之间、各品牌配方奶粉内部以及人类母乳本身的代谢组存在差异。在人类母乳或配方奶粉中，鉴定到几种特定的代谢物标记。以山羊奶为基础的配方奶粉样品中，游离异亮氨酸和蛋氨酸水平显著高于母乳中的水平，而以牛乳为基础的配方样品中，葡萄糖和半乳糖水平高于配方奶粉。这些结果表明为了更好地模拟人类母乳中微量营养素的组成，需要进一步改进配方奶粉的组成。

# 三、牛疾病的代谢组研究

## 应用一：牛乳腺炎的研究

通过肽组学和定量蛋白质组学等方法对乳腺炎的临床、免疫学和病理生理学改变进行研究，是领域的研究热点，乳房内感染导致奶牛乳腺炎，是影响奶牛生产性能的主要疾病问题。因此研究人员用液相色谱和质谱的代谢组学方法，对结核性链球菌乳腺炎模型中的牛乳的代谢物进行了研究[134]。结果找到超过3000个色谱峰，其中690个被推定为带有代谢物的注释。层次聚类分析和主成分分析表明，在感染81小时后，由优步链球菌感染引起的代谢物变化最大；感染后312小时，牛奶中的代谢物与激发前样品最接近。代谢途径分析显示，大多数与碳水化合物和核苷酸代谢相关的代谢物在感染后81小时内浓度呈下降趋势，而在相同时间点，脂质代谢物和二肽、三肽和四肽的浓度呈上升趋势。这些肽的增加与先前肽组分析中发现的较大肽的增加一致，可能是由于牛奶蛋白质的蛋白酶降解。此外，与调节炎症的胆汁酸受体途径有关的胆汁酸代谢的组成部分也有所增加。

牛乳腺上皮细胞是奶牛乳腺的主要细胞，除了在产乳过程中发挥着重要作用，还是乳腺免疫的效应细胞。目前，关于脂多糖刺激牛乳腺上皮细胞后，其相关代谢产物变化的信息很少。由此，研究人员对脂多糖刺激后的牛乳腺上皮细胞的代谢谱进行了分析[135]。用500ng/mL的脂多糖刺激牛乳腺上皮细胞，并在0小时、12小时和24小时分别取样，然后采用高效液相色谱–四极杆飞行时间质谱分析其代谢变化，并进行单因素和多因素统计分析，最后进行聚类分析用来研究代谢途径变化。结果共鉴定出63种差异代谢物，包括甘油磷酸胆碱、甘油–3–磷酸、左旋肉碱、左旋天冬氨酸、谷胱甘肽、前列腺素G2、$\alpha$–亚麻酸和亚油酸，主要参与8条代谢途径，包括D–谷氨酰胺和D–谷氨酸代谢、亚油酸代谢、$\alpha$–亚麻酸代谢和磷脂代谢等。结果表明，牛乳腺上皮细胞能够通过脂质、抗氧化和能量代谢调节促炎、抗炎、抗氧化和能量产生相关代谢产物，以响应炎症刺激。

在这项研究中，与对照组相比，12小时和24小时处理组中分别鉴定到38种和31种差异代谢物，与脂多糖处理24小时的相比，脂多糖处理12小时的有35种差异代谢物。在本研究中，患有临床乳腺炎的奶牛的乳汁中甘油磷酸胆碱、磷酸胆碱和磷酸胆碱含量降低。然而，与对照组相比，发现在脂多糖处理12小时和脂多糖处理24小时后中甘油磷酸胆碱显著增加。脂多糖处理24小时的磷酸胆碱显著升高。在本研究中没有发现磷脂酰胆碱合成的中间产物之一磷酸胆碱。这些结果表明，脂多糖刺激后牛乳腺上皮细胞具有较强的免疫应答，其特征是亚麻酸和$\alpha$–亚麻酸代谢途径增强。脂多糖刺激后，牛乳腺上皮细胞中顺–9–棕榈烯酸和油酸表达下调，表明脂质代谢增强。这可能意味着细胞代谢消耗它们以发挥抗炎作用。在本研究中，脂多糖处理12小时和脂多糖处理24小时中的L–肉碱极显著增加，并且脂多糖刺激后牛乳腺上皮细胞抗氧化途径如抗坏血酸代谢和谷胱甘肽代谢受到显著影响。总之，这些差异代谢产物主要参与八条途径，包括脂质代谢和能量代谢。这些结果表明，牛乳腺上皮细胞可以调节促炎、抗炎和抗氧化相关代谢产物，对炎症刺激作出反应，促进细胞内稳态，研究通过描述脂多糖刺激的牛乳腺上皮细胞的代谢组学分析，为鉴别潜在的诊断筛选生物标志物和治疗牛乳腺炎症提供了基础。

应用二：牛呼吸性疾病的代谢组研究

目前，牧场牛呼吸道疾病的诊断方法准确率较低。研究人员使用核磁共振氢谱代谢组学，对牧场牛的呼吸道疾病进行了诊断，旨在通过利用代谢组学寻找牛呼吸道疾病的血液生物标志物，并确定其诊断牛呼吸道疾病的准确性[136]。研究选用149头具有呼吸道疾病体征的牛和148头健康的牛，采集血液进行代谢组学分析，通过比较疾病组与对照组的代谢组，发现呼吸道疾病和非呼吸道疾病动物的代谢特征，以进行适当的模型开发和评估，最后通过分类回归树寻找呼吸道疾病的潜在生物标志物并建立预测模型。

该模型确定了12种代谢物成分或生物标记物，对区分呼吸道疾病和非呼吸道疾病动物具有重要意义。12种成分中有7种被鉴定为特有的代谢物，包括苯丙氨酸、乳酸、谷氨酰胺、羟基丁酸、酪氨酸、柠檬酸和亮氨酸。当使用视觉诊断方法时，血液代谢组最能预测呼吸道疾病，在验证数据集中，85%的动物被正确分类为呼吸道疾病或非呼吸道疾病。采用视觉诊断方法的主成分分析，其分析结果支持分类回归树的分析结果，研究显示呼吸道疾病和非呼吸道疾病动物之间的良好分离，并解释了大部分差异。主成分分析显示某些代谢物与不同的诊断方法相关。与视觉诊断和视觉临床诊断方法相比，在本研究中使用其他四种参考诊断方法时，代谢组学正确诊断呼吸道疾病的准确性降低。获得的核磁共振光谱产生了323种代谢物成分，其中106种被指定为牛血浆34种已知代谢物中的一种。通过视觉诊断和视觉临床诊断，发现代谢产物与呼吸道疾病状态的相关性最强，这表明疾病状态对血液代谢组有显著影响。大多数已鉴定的代谢物与所有六种参考诊断方法的呼吸道疾病均存在显著相关性。在研究中发现的疾病和健康动物之间代谢物浓度的差异，可能是由于分析和统计技术、研究中使用的动物类型和可能涉及的病原体的差异。大多数代谢物显示出与呼吸道疾病状态的显著相关性，表明疾病状态对动物代谢物特征有显著影响。总之，血液代谢组学显示，当使用呼吸道疾病的视觉体征时，诊断具有较高的准确性，但使用直肠温度诊断呼吸道疾病的准确性较低，肺听诊评分和屠宰时的肺部病变作为参考诊断方法。苯丙氨酸、乳酸、羟基丁酸、酪氨酸、柠檬酸和亮氨酸被确定为呼吸道疾病或非呼吸道疾病动物分类的重要代谢物。总而言之，目前的研究表明，核磁共振氢谱代谢组学是鉴定呼吸道疾病生物标志物的一种可行方法，并且统计模型鉴定的生物标志物能够准确地将动物分为患有呼吸道疾病或不患呼吸道疾病，同时表明通过血液代谢组学，可以对呼吸道疾病和非呼吸道疾病的动物进行了高度准确的分类，可以用做有效诊断呼吸道疾病的一个工具。

牛呼吸道疾病是影响经济效益的主要疾病之一。牛呼吸道疾病相关病毒的疫苗接种后，并不能提供完全的免疫保护，免疫失败的动物仍然存在传播疾病的风险。而使用抗原缺失疫苗可以从血清学上区分感染动物和接种动物，但在病毒爆发期间，接种动物反应会被野生型病毒掩盖，从而无法进行准确的血清学诊断。由此，研究人员利用已经建立了代谢组学分析方法，根据代谢组学特征区分病毒激发后的疫苗接种状态，以揭示与免疫接种的系统免疫反应相关的代谢物[137]。对荷斯坦公牛犊进行鼻内接种，随后通过鼻内接种牛副流感病毒3型进行攻击，采集第2天、第6天和第20天的血浆进行代谢组分析。结果共鉴定到26种代谢物，其峰值强度在病毒激发后显著不同，具体取决于疫苗接种状态。第6天，未接种疫苗的动物胆绿素和胆红素水平升高，3-吲哚丙酸水平降低，其可能与病毒滴度峰值期间氧化应激和活性氧清除增加有关。在感染后期，未接种疫苗的动物体内甘氨酸和溶血磷脂酰胆碱水平的升高、肠内酯水平的降低可能反映了先天免疫应答机制的抑制和适应性免疫应答的进展。从第6天到第20天，未接种疫苗的动物体内的六氢马尿酸水平也显著升高。这些发现表明，代谢组学分析有助于识别血浆标记物，这些标记物可用于疾病诊断应用中，以区分感染的未接种疫苗的动物疾病暴发，并提供更多关于受感染动物健康状况的信息。

### 应用三：跛足奶牛的代谢组研究

跛行是围产期奶牛多发的一种疾病，会引起繁殖率降低、产奶量下降等问题。目前，诊断跛行的方法是基于Sprecher等人开发的跛行运动评分系统，尚没有基于代谢物的奶牛跛行筛查试验。跛行要趁早诊断趁早治疗，当在临床上显示出跛行时再采取治疗就已经太晚了。代谢组学是系统生物学方法的四大基础科学之一，是一个新兴的"组学"研究领域，涉及小分子代谢物的高通量鉴定和定量技术。代谢组学越来越多地用于研究复杂疾病的病理生物学，以及用于筛选、诊断和预后目的的生物标志物的鉴定。

跛行对产奶量、乳成分以及繁殖性能都有一定的影响，但目前尚不清楚跛行的发病机制。因此，研究人员基于分娩前后的尿代谢组学指纹图谱，鉴别可以识别出跛行奶牛和健康奶牛之间的代谢标记物[138]。通过在产犊前8周、前4周、跛行诊断周以及产犊后4周、8周进行评估，对跛行发生之前、期间和之后的奶牛尿液进行代谢分型。研究人员使用代谢组学方法分析产犊前后从奶牛（6头跛足奶牛和20头健康对照奶牛）收集的尿液样本。共有153种代谢物通过内部MS库进行鉴定和定量，并分为6组，包括11种氨基酸、39种酰基胡萝卜素、3种生物胺、84种甘油磷脂、15种鞘脂和己糖。在产犊前8周和4周、跛行诊断周以及产犊后4周和8周，观察到跛行牛和健康牛共有23种、36种、40种、23种和49种代谢物存在显著差异。应该注意的是，大多数鉴定的代谢物都升高了；然而，其中一些在跛脚牛中也较低。总的来说，酰基胡萝卜素和甘油磷脂，特别是磷脂酰胆碱，是在跛足前和跛足牛的尿液中表现出最大差异的代谢物组。溶血磷脂酰胆碱虽然程度低于磷脂酰胆碱，但在所有时间点都发生了改变。在当前研究的四个时间点，也观察到尿氨基酸浓度的变化。在产犊前，观察到精氨酸（产犊前8周）、酪氨酸（产犊前8周）和天冬氨酸（产犊前4周）升高，以及尿谷氨酸（产犊前4周）降低。在这项研究中，还观察到，在跛足前和跛足奶牛中，几种鞘磷脂和一种生物胺的浓度发生了改变。对称二甲基精氨酸在产犊前8周和跛行诊断周均升高。以上这些数据表明，尿指纹可能是一种可靠的方法，可用于区分跛脚牛和健康牛。

研究人员假设，在出现跛行的临床症状之前，以及在跛行期间和之后，受跛行影响的奶牛可能有血液变化。因此，有必要对以下问题进行研究：（1）确定在临床出现跛行之前、期间和之后，奶牛中与氨基酸、脂质和碳水化合物代谢相关的血液代谢物是否有变化；（2）确定血液中最重要的代谢物生物标志物，这些生物标志物可能有助于筛查奶牛跛行的风险；（3）更好地了解跛行的发病机理。由此，研究人员通过血清代谢组，鉴定了能够区分跛足奶牛和健康奶牛的代谢物组[139]。结果表明，在5个时间点，跛行前后跛行牛的血清中氨基酸、甘油磷脂、鞘脂、酰基胡萝卜素和己糖的浓度都发生了变化。有趣的是，在整个16周的研究中，跛行牛的13种血清代谢物（即PC aa C30：0、PC aa C30：2、PC aa C42：1、PC ae C40：2、SM（OH）C14：1、SM（OH）C16：1、SM（OH）C22：1、SM（OH）C24：1、SM C18：0、SM C26：0、Ile、Leu和Lys）始终大于健康奶牛中的代谢物，表明这些代谢物可能在在疾病发生和发展过程中发挥了重要作用。跛行奶牛中，赖氨酸降解、生物素代谢、色氨酸代谢和缬氨酸-亮氨酸降解等4种代谢途径发生了改变。这些发现对奶牛跛行的病理生物学、从代谢角度对跛行进行表征以及更好地理解跛行的发病机理提供了见解。最后，生物标志物分析显示，VIP值最大的前5种代谢物，其ROC曲线的AUC在产犊前8周为0.995，产犊前4周为0.992，疾病周为0.988，产后4周为1.00，以及0.99，表明预测结果准确性较高。需要注意的是，本研究中的重复次数较少，需要进行进一步的研究来验证所鉴定的筛选生物标志物。

# 四、牛营养的代谢组研究

应用一：营养元素摄入对牛代谢组的影响

为了满足消费者的需求，同时提高养殖效益，肌间脂肪含量高的牛肉越来越受到人们的追捧。在日本和牛育肥期血清中，维生素A含量与牛肉大理石纹评分呈负相关。在此之后，研究人员进行了大量研究，通过减少维生素A的使用来提高不同种牛的大理石纹评分。在育肥期限制维生素A条件下，代谢标志物血清葡萄糖、尿素氮、白蛋白、镁水平升高，白蛋白、尿素氮、肌酐、肌酸水平升高。曾有研究人员提出假说，从牛妊娠后期到犊牛出生后补充维生素A，也可以通过脂肪细胞增生增加肌间脂肪的发育。在一项体内试验中，在犊牛两个月大之前，将高浓度的维生素A注入小牛体内，结果表发现，维生素A处理组中与脂肪前体细胞发育相关的锌指蛋白423基因表达水平较高，并提高了最终胴体性状的大理石纹评分。

然而，犊牛出生后与前脂肪细胞及肌肉发育相关的代谢变化尚不清楚。因此，研究人员通过代谢组分析，研究出生后2月龄韩国本地犊牛，在补充维生素A条件下与脂肪前体细胞和肌肉发育相关的代谢变化[140]。10头新生犊牛随机分为两组，分别添加（25000IU/d）、不添加维生素A，持续2个月直至断奶。采用气相色谱高通量飞行时间质谱仪和多元统计分析方法研究犊牛血清和背最长肌代谢变化。结果发现，与对照组相比，维生素A处理组的血清10项代谢参数和背最长肌7项代谢参数下调，特别是胆固醇和肌醇水平显著低于对照组。上述结果表明，在犊牛生长早期补充维生素A可维持脂肪前体细胞的状态，有助于韩国地方牛种犊牛肌肉内脂肪生成。

荷斯坦青年母牛的饲养目标是通过提供科学的管理和适当的饲养，使第一胎产后泌乳量保持在较高的水平上。赖氨酸是玉米饲粮中第一限制性氨基酸，曾有研究表明，适应赖氨酸缺乏日粮的奶牛，对赖氨酸微小的浓度变化都十分敏感。因此，要充分了解奶牛对赖氨酸的需要量，以及赖氨酸在奶牛体内的代谢过程，以提高奶牛的生产效率和避免代谢失衡，同时也可以减少氮的浪费。尽管已有大量关于赖氨酸浓度对非反刍动物影响的报告，但对负责赖氨酸代谢的主要器官——肝脏的变化所知甚少。一些研究表明，赖氨酸的补充，与其他原子吸收的增加以及肌肉中蛋白质转换的刺激有关。此外，所有物种在与蛋氨酸反应合成I-肉碱时都需要赖氨酸。在育成期奶牛饲粮中添加赖氨酸可以防止肝脏脂质积累。代谢组学和RNA测序工具的易用性和效率的提高，有助于研究人员理解代谢物浓度变化背后的机制。

因此，研究人员通过RNA测序和非靶向液相色谱质谱联用技术，评估了赖氨酸缺乏对荷斯坦奶牛肝功能的影响[141]。将36头断奶荷斯坦犊牛随机分为2组，对照组日粮包含1.21%赖氨酸、0.40%蛋氨酸，实验组包含0.85%赖氨酸、0.40%蛋氨酸，根据体重和平均日增重预测日粮中蛋氨酸的浓度，每30天调整一次。结果表明，体重、平均日增重、料重比和赖氨酸摄入量因赖氨酸缺乏而显著降低，干物质摄入量没有改变。去甲肾上腺素、5-磷酸腺苷、乙酰辅酶A和辅酶A浓度显著降低。脂肪细胞脂解途径和脂肪酸降解途径的调节均下调。此外，还鉴定到8个显著差异表达基因，与肾上腺素受体β2、WAP-四硫核心结构域2和闭合蛋白-4与抑制脂肪分解碳分解代谢抑制4样、FOS样2、精氨酸酶2与抑制脂质合成相关。通过统计检验发现，辅酶A与差异表达基因呈强相关。乙酰辅酶a和5-磷酸腺苷与闭合蛋白-4密切相关，表明差异表达基因的变化与这些代谢物之间存在密切相关性。综上所述，赖氨酸缺乏通过抑制犊牛的脂肪分解和脂质合成，导致肝脏发育不良和影响脂质代谢。

应用二：毒物摄入对牛代谢组的影响

牛羊茅中毒是由于食用高羊茅引起的，羊茅感染了一种内生真菌，该内生真菌产生麦角生物碱，被认为是羊茅中毒的主要病原。中毒之后会引起体重上升的减少，激素失衡，循环胆固醇破坏，挥发性脂肪酸吸收减少等一系列代谢紊乱。研究人员通过非靶向高分辨率代谢组学，对放牧肉牛羊茅中毒的血浆和尿液代谢组学进行了分析，同时对血浆、尿液儿茶酚胺和尿麦角生物碱浓度也进行了测量[142]。结果表明，尿麦角生物碱出现较早，并在第14天达到峰值。检测13090例尿液和20908例血浆非靶向高分辨率代谢组学特征发现，在血浆中最显著的影响出现在尿液中的较早（2天）和较晚时间（≥14天）。除了麦角生物碱代谢物检测外，也观察到色氨酸和脂质代谢紊乱。这些结果发现的放牧相关代谢途径和特征，可能加速推动新的早期羊茅中毒检测和治疗策略的发展。

# 五、牛组织、分泌物的代谢组研究

应用一：牛肉的代谢组研究

研究人员对牛死后24小时腰最长肌和腰大肌的线粒体变化，及其代谢组学差异进行了分析[143]。在4头晋江黄牛死后1小时、6小时、12小时和24小时，采集腰最长肌和腰大肌样本，与腰大肌相比，腰最长肌的ⅡB型纤维面积百分比较高，而Ⅰ型纤维面积百分比较低。通过超高效液相色谱–串联质谱成功检测到22种能量代谢物，这些代谢物的主成分和层次聚类分析显示，来自不同死后时期的腰最长肌和腰大肌样品之间存在明显差异。乳酸脱氢酶、苹果酸脱氢酶和琥珀酸脱氢酶等酶活性、丙酮酸含量和三羧酸循环中涉及的代谢物数量表明腰最长肌和腰大肌的变化不同，这表明它们之间的代谢模式不同。总之，腰最长肌和腰大肌在肌纤维间线粒体含量、线粒体膜电位和活性氧方面表现出显著差异，从而影响死后肌肉代谢和肉品质。通过超高效液相色谱质谱分析和多变量统计分析，证实了腰最长肌和腰大肌在死后第一个24小时内，具有不同代谢组学特征。腰最长肌中二磷酸腺苷含量较高，而腰大肌中的肌苷和次黄嘌呤含量较高，这可能表明腰大肌中三磷酸腺苷的消耗和随后的嘌呤代谢比腰最长肌快。同时，在腰大肌中发现了过多的甘油磷脂，这可能部分解释了，在死后老化过程中，腰大肌中由于氧化而产生劣质肉质。非靶向代谢组学的结果，不仅为嘌呤代谢的进一步研究提供了有意义的线索，也为甘油磷脂或脂肪酸氧化的进一步研究提供了有理论依据，同时，进一步研究应使用标准验证和量化这些代谢物，为理解和改善肉类品质提供重要的见解。

为了鉴定与老化牛肌肉氧化稳定性相关的代谢物，研究人员通过代谢组学分析，测定老化对不同牛肌肉颜色和脂质氧化稳定性的影响[144]。在死后第1天，分别取七头牛肉胴体的腰最长肌、半膜肌和腰大肌这三个部位，分成9天、16天和23天三个老化时期。尽管随着时间的增长，所有肌肉的变色都有所增加，但腰最长肌的颜色和脂质氧化稳定性最高，其次是半膜肌和腰大肌。基于高效液相色谱–质谱的代谢组学分析，确定了对衰老和肌肉类型有显著反应的代谢物，如酰基肉碱、游离氨基酸、核苷酸、核苷和葡萄糖醛酸苷。这些结果表明，颜色和氧化稳定性可能与衰老有关，但也具有肌肉特异性，今后应进一步研究确定已鉴定代谢产物在牛肉颜色和氧化稳定性中的确切作用。

### 应用二：瘤胃的代谢组研究

研究发现，在相同的饲养管理条件下，一些奶牛不仅产奶量高，而且乳蛋白含量高，研究人员将这一性状定义为乳蛋白产量。但是，目前尚不清楚瘤胃微生物组、及其代谢产物和宿主代谢组如何影响乳蛋白产量。因此研究人员通过瘤胃宏基因组学和代谢组学进行多组学联合分析，并结合血清代谢组学分析乳蛋白产量在瘤胃微生物组和宿主水平上的潜在调控机制，以期深入解析瘤胃微生物组、瘤胃代谢组、宿主代谢组，为奶牛的个体化生产提供参考[145]。

宏基因组学分析显示，在高乳蛋白产量奶牛的瘤胃中，具有丰富的普氏菌物种，有助于改善支链氨基酸生物合成相关的功能。此外，在高乳蛋白产量奶牛的瘤胃微生物群中，具有产甲烷功能的微生物相对丰度较低，表明这些奶牛可能产生较少的甲烷。代谢组学分析表明，高乳蛋白产量奶牛瘤胃微生物代谢产物，包括氨基酸、羧酸和脂肪酸，其相对浓度较高；同时挥发性脂肪酸的绝对浓度较高。通过将瘤胃微生物组与瘤胃代谢组相关联，发现特定的微生物类群，主要是普氏菌与瘤胃微生物代谢产物正相关，包括参与谷胱甘肽、苯丙氨酸、淀粉、蔗糖和半乳糖代谢的氨基酸和碳水化合物。为了检测瘤胃微生物组与宿主代谢之间的相互作用，将瘤胃微生物组与宿主血清代谢组相关联，发现普氏菌物种可能影响宿主的氨基酸代谢，包括甘氨酸、丝氨酸、苏氨酸、丙氨酸、天冬氨酸、谷氨酸、半胱氨酸和蛋氨酸。使用线性混合效应模型的进一步分析，并且根据不同的组学估计了对乳蛋白产量变异的贡献，表明瘤胃微生物成分、功能和代谢物以及血清代谢物对宿主乳蛋白产量的贡献率分别为17.81%、21.56%、29.76%和26.78%。

这项研究确定了瘤胃微生物分类特征、功能、代谢物及其与宿主代谢的相互作用，这些都有助于提高宿主的乳蛋白产量。在乳蛋白产量较高的奶牛中，古细菌种类和产甲烷功能丰度较低，导致参与碳水化合物合成的功能和酶较高。在荷斯坦奶牛中富集了几种普氏菌，它们与瘤胃氨基酸和血清氨基酸相关，满足了宿主对用于牛奶蛋白质生物合成的瘤胃微生物蛋白质的需求。荷斯坦奶牛瘤胃微生物产生大量的维生素B，满足了较高的产奶性能要求。荷斯坦奶牛菌群的小分子代谢物，主要是氨基酸、羧酸和脂肪酸，以及终产物水平较高，表明由于微生物组结构和功能存在差异，进而影响宿主吸收和运输代谢物。这些结果为理解在相同管理条件下，微生物组促进奶牛产奶质量个体化的分子机制促进奶牛产奶质量的个体化表现。

### 应用三：牛排泄物的代谢组研究

在美国西部，牛大多数时间是在牧场放牧，易受到环境变化的影响，例如，天敌捕食风险、饲料不足和野火等。尽管牛已经进化出一系列行为和生理防御机制，可以有效应对来自外部环境的变化，但这些应激反应对动物的健康有潜在负面影响，影响生长、繁殖和疾病的易感性。由于对身体功能具有的不利影响，应激反应的测量，对于评估与牛的表现和福利直接相关的人为和自然应激因素具有重要意义。传统的应激反应测量方法，如粪便糖皮质激素代谢物已被广泛用于受控环境中，以监测牛受到的刺激强度。由于遗传、代谢和环境因素之间的多方面相互作用是应激反应的基础，因此有必要开发压力检测的新策略和系统方法。最近的发现表明，肠道微生物群与大脑的情绪和认知中心相互作用，是压力反应的关键介质。由于肠道微生物活性与宿主代谢直接相关，因此粪便代谢组学可用作监测应激反应的强大无创方法。在两种最常见的代谢组学技术中，核磁共振氢谱是一种比质谱技术更具可重复性的快速工具，因此非常适合使用同一个体的连续采样来监测应激反应。

科研人员通过核磁共振氢谱的粪便代谢组学，对牛粪便代谢组学和粪便糖皮质激素代谢物浓度在综合环境压力（即分离、限制、处理）影响下的变化进行了研究，以此快速评估肉牛的短期应激[146]。为了验证粪便代谢组学分析，可以作为一种无创监测自由放养动物短期应激反应的新方法，研究人员评估比较了应激试验三个实验阶段牛粪便代谢组学的变化，包括热应激前、热应激开始、热应激后这三个时期。结果表明，虽然粪便代谢组随着应激而发生极显著变化，但粪便糖皮质激素代谢物的平均浓度没有明显变化。这些发现表明，粪便代谢组的改变，可能是研究不同环境压力下动物生理学的一个有前途的工具。基于核磁共振氢谱的粪便代谢组学，可用于监测对特定情况（例如，捕食者遭遇、畜牧业实践）的短期反应，以及多因素的、可长期发展的反应，例如，野火、饲料短缺等。此外，在应激反应中观察到的动物间变异性与个体粪便微生物群相关，这一结果与最近的发现相符，表明肠道微生物群是应激反应的关键介质。

储存期间的尿液稳定性在研究代谢组学方面至关重要，但是目前缺乏对尿液代谢组稳定性的全面研究，因此研究人员通过液相高分辨高精密度质谱，根据两个参数对牛尿液化学成分的潜在变化进行了分析，解析储存条件对牛尿代谢组学指纹图谱的影响[147]。牛尿液的储存温度为+4℃、-20℃、-80℃和-80℃，储存时间为5～144天。研究发现，储存在+4℃下的尿液样本的化学特征会非常迅速地改变，此外，与-80℃条件相比，在-20℃条件下长期储存的尿液样品仍表现出整体稳定性，无重大变化。以往关于尿液样本稳定性的研究报告显示，在-20℃和-80℃的储存条件下，代谢物长期稳定性没有差异。但是，在这项研究中，受到储存条件影响，代谢物的百分比组成存在一些微小差异。此外，+4℃储存时的尿液代谢物谱的不稳定性，随着储存时间的延长，尿液谱的变化更加明显。同时，在-20℃下储存尿液样本，相对于在-80℃下储存的样本，会更容易导致尿液剖面发生轻微变化。在+4℃条件下，随着存储时间增加，许多已鉴定的代谢物，如N-乙酰甘氨酸、胡卢巴碱、缬氨酰肉碱、3-羟基苯甲酸、胸苷和4-氨基苯甲酸与肌酸，其丰度升高。此外，无论储存条件和时间长短，尿液样本中的某些代谢物都是稳定的。综上所述，所有这些针对已鉴定尿液代谢物的具体观察结果，与之前的非靶向单变量和多变量分析结果一致。总的来说，在-20℃或更低温度下长期储存尿液样本时，大多数化合物的丰度没有改变。这项研究首次调查了尿液样本的长期稳定性，并报告了尿液代谢组学中的潜在变化，采用了针对性的方法分别监测大量尿液代谢物，评估了储存条件对尿液代谢组的影响。

# 第六节　宏基因组在牛研究中的应用

## 一、牛瘤胃的宏基因组研究

反刍动物是一类哺乳动物，包括家牛、绵羊和山羊，其价值在于能够通过瘤胃发酵将牧草转化为可满足人类需要的营养物质。瘤胃是反刍动物胃的第一个腔室，内部含有很多能够消化分解食物的微生物。牛瘤胃微生物群落的变化一直是研究人员关注的焦点，因为瘤胃微生物群落与牛的经济性状等有着密切的联系。非靶向扩增的宏基因组DNA的大规模平行测序被称为宏基因组学。

应用一：牛瘤胃微生物的鉴定

从20世纪90年代，寡核苷酸探针杂交技术、变性凝胶基质中DNA片段的差异迁移以及基于Sanger测序技术的DNA测序培养瘤胃微生物的方法和技术逐渐得到了发展和应用，这些方法和技术主要基于16S或18S rRNA基因作为系统发育的标记。使用其中一种或多种方法进行研究，可以检测或鉴定到许多以往未检测到的瘤胃微生物，从而进一步提高了研究人员对瘤胃微生物群多样性和复杂性的理解。研究人员基于Sanger测序技术研究大量序列数据，全面研究了瘤胃中细菌和古细菌的多样性。

约10年前，上述方法被下一代DNA测序技术所替代，即第二代测序的宏基因组学，该组学首次被用于研究奶牛瘤胃中的糖苷水解酶，并评估肉牛瘤胃和粪便中细菌的多样性。目前，研究人员利用宏基因组技术，从各方面研究了影响瘤胃微生物类群的因素，如饲料添加剂、日粮组成、早期瘤胃定植的模式以及酶的多样性，特别是糖苷水解酶。在全球范围内，随着发展中国家人口的增长和生活水平的提高，对牛肉和奶制品的需求也随之增长。为了提高饲料转化率和宿主的健康率，研究人员利用宏基因组学对瘤胃微生物群进行大量的调查和分析。[148]

研究人员通过使用非靶向多磺酸粘多糖，对一个瘤胃微生物群落混合样本进行深度测序，并鉴定出许多新的基因序列。然而，对于同一类型样品的变异，目前还不清楚具体是由于取样误差还是生物变异所造成的。研究这种变异的分辨率可以通过利用非靶向大规模并行测序来实现，即在没有靶向扩增基因的情况下进行测序。因此，研究人员基于非靶向大规模平行高通量测序技术进行了全瘤胃宏基因组分析，目的是开发一种使用多磺酸粘多糖生成"瘤胃宏基因组图谱"的方法，并研究该方法是否具有良好的重复性。[149]

在具体采样过程中，粪便样本比瘤胃液样本更方便，因此研究人员还研究了能否通过瘤胃宏基因组图谱预测粪便宏基因组图谱。使用多磺酸粘多糖数据，在不考虑分类的前提下生成瘤胃微生物图谱。该方法需要预先组装的参考宏基因组，包括来自瘤胃的两个宏基因组，一个人类粪便微生物的宏基因组和一个公开的原核生物序列组成的参考宏基因组。瘤胃宏基因组图谱是根据数据库中与每个重叠群相对应的阅读数生成的。研究人员发现，瘤胃微生物群落特征在不同牛之间的差异大于同一牛的多个样本之间的差异，此外在混合线性模型中，瘤胃对粪便效应的显著性比动物效应大得多，即同一头牛的粪便和瘤胃液之间的相关性比不同头牛的粪便和瘤胃液之间的相关性更强。

研究人员利用来自43头苏格兰牛超过800Gb的瘤胃宏基因组序列数据，组装了923个奶牛瘤胃的瘤胃细菌和古细菌宏基因组草图[150]。基因组草图包含69000多个蛋白质，大多与碳水化合物代谢有关，其中90%以上能在公共数据库中匹配到。此外，这里新增加了913个基因组，使宏基因组数目比之前的研究提高了七倍，比其他公开的瘤胃数据集提高了五倍。这项研究发现了913个基因组，其包含了数千个碳水化合物活性酶，这些碳水化合物活性酶与现有的公共领域的代表有很大的不同。此外，还包含超过69000种可能参与碳水化合物代谢的蛋白质，这些蛋白质与公共域相似的蛋白质序列平均只有60%～70%的氨基酸同源性。该研究鉴定了15个可能编码生产纤维素小体的酶，是具有高纤维素分解活性的多酶复合物。在这项研究中，确定并公布了丹毒菌科和近缘共生菌科31个新成员的基因组序列。本研究生成的数据集极大地提高了公共数据库中瘤胃微生物基因组的覆盖率，为发现和研究瘤胃微生物组提供了宝贵的资源。

通过分离微生物基因组时发现，利用亨盖特法获得的微生物基因组通常质量更高，而且由于微生物可以培养获得，因此可以在实验室中生长和研究。研究人员发现，通过亨盖特法得到的微生物基因组，仅增加了10%的新的序列种类，与此形成鲜明对比的是，使用没有培养的瘤胃微生物，鉴定到的序列种类增加了50%～70%，表明瘤胃中有大量未发现的微生物。研究人员利用瘤胃微生物组生物学和酶学组装了瘤胃的宏基因组，数目达到

4941个[151]。通过对来自于283头牛超过6.5万亿碱基的序列数据进行综合分析，建立了一个新的瘤胃基因组，命名为RUG2，囊括了以往没有鉴定出的4056个基因组，对目前瘤胃基因组进行了扩充，其数量达到5845个。结果获得了三个瘤胃细菌的单重叠群、全染色体组合，其中两个代表了以前未知的瘤胃微生物。利用本研究的瘤胃基因组集合，研究人员预测并注释了大量的瘤胃蛋白质。该研究的瘤胃组合将瘤胃宏基因组测序读数的作图率从15%提高到50%～70%。展望未来，重要的是实现更多的瘤胃细菌和古细菌的人工培养，以便更好地研究瘤胃微生物群的功能。特别是，如果要设计合理的干预措施来控制瘤胃饲料转化或甲烷产生量，研究人员需要了解微生物组结构、微生物组作用机制、微生物组如何相互作用以及与反刍动物宿主的相互作用。

瘤胃微生物对于反刍动物的健康至关重要，同时也在保障人类营养和粮食安全中发挥着重要作用。深入了解瘤胃微生物的遗传潜力，将使提高反刍动物的可持续性生产成为可能。来自肠道微生物组的基因参考，有助于了解微生物组在人类和其他哺乳动物的健康和疾病中的作用。因此，研究人员利用深度宏基因组测序，从牛瘤胃中鉴定出13825880个非冗余原核生物基因，并建立了关于牛瘤胃原核生物基因的参考库，揭示了一个兼具特殊性和多样性的生物降解环境[152]。与人、小鼠和猪的肠道基因组比较，牛的肠道微生物基因组显示了瘤胃生态系统的独特特征和潜力，与包括人类在内的单胃动物的微生物组不同，瘤胃微生物组含有大量编码降解多糖结构的糖苷水解酶的基因。与人、猪和小鼠的肠道宏基因组目录相比，牛的瘤胃更大，微生物种类和功能更丰富。编码催化植物多糖分解的酶的基因显示出特别高的丰富度，否则无法从可用的基因组或浅层宏基因组测序中推断出来。这项研究结果扩展了瘤胃中关于描述碳水化合物降解酶的数据集。使用来自喂养4种常见饮食方案的77头牛的独立数据集，发现所有动物仅共享不到0.1%的基因，即KEGG通路的63%。不同的饮食诱导了酶相对丰度的差异，而不是基因的存在或缺失，这解释了牛具有快速适应饮食变化的巨大适应性。这些数据补充了微生物基因组的现有信息，为进一步研究瘤胃的功能、碳水化合物降解酶和微生物奠定了基础。


应用二：牛瘤胃微生物与生产性状的关联

微生物群落是一种生物有机体，分布在哺乳动物体内不同的生态位上，大多数情况下，其以共生的方式与宿主相互作用，如在动物体内，当菌群失调会引起疾病或生产性能下降等问题。研究发现，微生物群落的个体消化生态位不仅依赖于环境和饮食，也依赖于宿主的基因型，因此可通过微生物群落来预测宿主的表型。

在家畜上，关于微生物组学的研究广受欢迎，因其有助于深入了解动物体内发生的疾病和相关效率问题。特别是在反刍动物牛中，牛瘤胃微生物群落与牛本身对营养物质的消化吸收率密切相关。饲料转化效率是牛的重要经济性状之一，其直接与经济效益挂钩，以往的一些研究已经将瘤胃微生物群落与饲料转化效率或剩余采食量联系起来。以上这些研究大多使用16S rRNA测序技术对微生物群落进行描述，但由于其依赖于不完整的瘤胃微生物数据库，因此其具有一定的局限性。目前已有一些国际合作项目是关于组装瘤胃宏基因组，以便更全面地解析瘤胃微生物群落，但很少将饲料转化效率等经济性状与整个宏基因组序列联系起来。随着宏基因组时代的到来，使利用微生物组组成来评估个体的采食量与营养物质消化吸收以及利用代谢的关系成为了可能。

因此，为了揭示奶牛瘤胃微生物区系与饲料转化效率及其相关性状之间的潜在联系，并探讨了利用宏基因组推断奶牛不同个体、以及在不同环境中饲料转化效率及其相关性状之间的关系，研究人员通过瘤胃全宏基因组测序技术，对牛的采食量和饲料转化效率进行了分类和预测[153]。通过全宏基因组测序技术，研究了30头荷斯坦牛（$n = 30$）瘤胃微生物区系与饲料效率相关性状之间的关系。结果表明，拟杆菌门相对丰度越大，厚壁菌门和后生古菌相对丰度较低的个体对饲料的利用效率越高。效率高的个体与效率较低的个体显示出不同的宏基因组。同样，饥饿程度不高，个体的宏基因组也有所不同。与饲料利用相关的微生物基因涉及非纤维碳水化合物和纤维的消化、脂肪酸和蛋白质的合成、产能机理和甲烷的产生等生物过程。这些微生物基因能够准确地根据饲料效率和采食量将个体划分为高组和低组。此外，这些基因预测了独立种群的饲料转化效率和采食量水平，表明即使在不同种群中，不论饮食和环境条件如何，采食量大、饲料转化效率高的个体的宏基因组也存在一定程度的相似性。这项研究说明，宏基因组组成有助于作为家畜物种饲料效率的表型指标，但需要用宏基因组信息建立一个大的参考种群，以便更好地服务于饲料效率基因组选择。

瘤胃是一个复杂的厌氧微生物系统，微生物发酵在饲料消化中发挥着重要作用，能够将人类无法利用的、营养价值较低的植物饲料转化为易于动物吸收的化合物。此外，瘤胃微生物群落对不同发酵过程的效率决定了动物产品的产量和质量。Bos indicus牛，来自于撒哈拉以南地区，非常适合恶劣的热带环境。由于资金不足以及营养物质的匮乏，非洲牲畜很少能100%按照能量需求的标准进行喂养，因此本研究将探索限饲条件对Bos indicus牛瘤胃微生物群的影响，发现了1200个高质量宏基因组组装基因组，并确定其与限饲条件下非洲牛瘤胃微生物的相关性[154]。采用鸟枪法宏基因组学和宏基因组组装技术，对6头次等和最佳营养水平饲养的Bos indicus牛的24份瘤胃液样品进行了研究，并对其瘤胃微生物组成进行了分析，又以这些宏基因组为参考数据库，研究饲粮限制对非洲牛瘤胃微生物组组成和功能潜力的影响。这项研究从Bos indicus牛瘤胃中新发现了1200个宏基因组，将非洲牛瘤胃宏基因组和其他公开的牛瘤胃基因组之间进行比较，并对宏基因组进行验证。通过宏基因组对牛限饲条件的研究，突出了饲养条件对瘤胃微生物丰度的影响。这项研究首次确定了1200种高质量的非洲牛瘤胃特异性宏基因组，并进一步深入了解了在食物匮乏的恶劣环境中瘤胃的功能，提供了来自非洲本土牛品种瘤胃微生物组的基因组信息，揭示了微生物组对瘤胃功能的贡献，为发展中国家解决粮食安全问题提供了重要依据。

随着世界人口的不断增加，能否满足人们对动物蛋白的需求已成为全球粮食安全关注的主要问题。动物乳是一种不可或缺的高营养的动物性蛋白产品，全球人均对乳制品的消费量每年超过100kg。遗传、人工管理、饲养方式以及奶牛的个体差异等许多因素都会影响奶牛的产奶量以及牛乳的营养价值。瘤胃作为生物反应器，能够让奶牛从人类无法消化的植物纤维中获得营养，因此研究人员推测瘤胃微生物群可以直接或间接地影响牛乳的乳蛋白量。经研究发现，确实存在几种瘤胃细菌类群能够提高产奶量和乳成分，并且在高乳蛋白量和低乳蛋白量的奶牛之间观察到不同的瘤胃细菌丰富度和组成模式。最新的研究发现，即使瘤胃微生物群的组成不同，但其代谢功能类似，对宿主的代谢几乎无影响。

虽然鉴定瘤胃微生物组的代谢功能至关重要，但迄今为止的研究主要基于宏基因组学或转录组学解析瘤胃微生物组的代谢功能，而没有整合代谢组学来研究微生物组的代谢水平。因此，研究人员对乳蛋白量有显著差异的奶牛进行了瘤胃宏基因组学、瘤胃代谢组学和血清代谢组学的研究，比较高乳蛋白量和低乳蛋白量的奶牛瘤胃微生物群的代谢组及宿主的代谢组，并评估上述三个组学层次对乳蛋白量的影响，发现奶牛瘤胃微生物组、瘤胃微生物代谢组以及奶牛的代谢组之间的互作用有助于改善奶牛个体的生产性能[145]。这项研究确定了瘤胃微生物的分类特点、功能、代谢产物及其与宿主代谢的相互作用和它们对乳蛋白量的影响。高乳蛋白量的奶牛中，古菌种类丰度和甲烷产量较低，但碳水化合物的合成量和酶较多。在产奶量和乳蛋白含量高的奶牛体内有较多种类的普氏菌，它们与支链氨基酸的生物合成、瘤胃氨基酸和血清氨基酸有关，满足了奶牛对瘤胃微生物蛋白的需求，宿主利用这些蛋白质合成乳蛋白。由于微生物群结构和功能的差异，产奶量和乳蛋白含量高的菌群的氨基酸、羧酸和脂肪酸等小分子代谢物和挥发性脂肪酸水平较高，导致宿主吸收和运输代谢物产生差异。

### 应用三：牛瘤胃微生物宏基因组对甲烷产量的影响

截止到2013年，全球牛奶产量为6170亿升。根据粮农组织的统计显示，过去10年，工业化国家的肉类消费总量以每年1.3%的速度增长。到2050年全球人口将增加到91亿，届时对粮食的需要量将增加70%，以充分满足人类对营养物质的需求。然而，随着牛奶和牛肉需求量的不断增加，温室气体的产生也随之增加。

甲烷是一种温室气体，作为一种大气污染物，使全球气候变暖的潜力是二氧化碳的28倍。在全球范围内，畜牧业生产所产生的甲烷量约占人类活动产生的9%～11%，其中约有44%是家畜直接排放所产生的。曾有研究表明，反刍动物产生的甲烷是英国农业生产所产生的甲烷总量的37%。因此，减少甲烷的产生与排放是反刍动物生产中的主要优先事项。目前正在研究多种甲烷缓解策略，以减少反刍动物排放的甲烷量，如更好的饲料和喂养系统，改善动物的遗传和整体健康，使用减少甲烷排放的饲料添加剂和针对产甲烷菌的免疫接种。反刍动物是产生甲烷的主要动物，在反刍动物体内瘤胃是由原生动物、细菌和厌氧真菌混合而成的厌氧微生物发酵系统。研究人员发现，瘤胃微生物组是在改善牛奶和牛肉生产，以及提高氮利用效率时必须考虑的一个因素[155]。

瘤胃微生物系统是多样和复杂的，由多种互作用的微生物组成，可以相对高效地消化分解反刍动物采食的饲料，在反刍动物维持机体平衡、高效生产中发挥着重要作用。瘤胃微生物的组成会影响动物的生产效率，如部分微生物作用于与甲烷产生相关的途径，会导致动物能量的损失。此外微生物群落也会影响动物产品的质量，如牛奶和牛肉的质量，在一定程度上也会造成环境污染。深入了解瘤胃微生物群落及其与反刍动物自身的联系，对于生产优质畜产品，提高经济效益和减少对环境的污染至关重要。确定某些代谢途径并进一步研究这些途径，将有助于确定牛的最适饲粮，以最大限度地减少能量损失，减少甲烷产生，进而提高牛对氮的利用效率。检查瘤胃微生物组可以确定饲粮对微生物组的影响，进而确定瘤胃微生物群落对牛奶产量、蛋白质百分比、尿素百分比（用作氮磷营养指标）和牛奶蛋白质产量的影响。

曾有研究表明，在甲烷高、低排放量的绵羊中，通过宏基因组学分析表明，绵羊的宏转录组学与甲烷排放量之间存在一定的相关性。因此，研究人员对甲烷高排放量和低排放量的肉牛进行了宏基因组学分析，旨在通过使用宏基因组学分析确定不同肉牛个体甲烷排放量不同的根本原因[156]。从72只肉牛中选择了4对甲烷排放量极端高和极端低的肉牛，通过16S和18S rRNA基因的荧光定量PCR以及Illumina HiSeq读数与GREENGENES

数据库的比对进行群落分析，并用总基因组读数进行功能分析。通过对样本进行深度测序，产生约11.3Gb的数据。16S的rRNA基因丰度表明，与甲烷排放量低的个体相比，甲烷排放量高的个体中，古细菌的丰度高出2.5倍（$P$-value=0.026），变形菌的丰度显著降低4倍（$P$-value=0.002）。KEGG富集分析显示，在甲烷排放量高的个体中，直接或间接调控甲烷产生的古菌基因比甲烷排放量低的个体要多2.7倍；而醋酸激酶、电子传递复合物蛋白RnfC和RnfD以及葡萄糖-6-磷酸异构酶基因等相对较少。在对序列进行从头组装后，超过150万个蛋白质注释到了宏基因组上。此外，在20个与甲烷排放相关的KEGG同源物中鉴定的2774个蛋白中，只有16个与公开的蛋白质序列具有100%的同源性。这项研究全面阐述了牛瘤胃微生物的宏基因组与高甲烷产量之间的关系。

　　研究人员可通过相对丰度分析来推断瘤胃微生物的共丰度网络。但由于数据的性质，相对丰度的相关分析产生的结果可能会存在一定的偏差。研究人员提出使用一个包含两个相关度量和三个不同度量的方法，以降低在推断牛瘤胃微生物组显著关联时的组成效应[157]。将该方法应用在瘤胃微生物组数据（包括与牛产甲烷相关的16S rRNA和KEGG基因）上，发现了显著正关联和负关联，构建了两个共现网络，即共现网络和互斥网络，确定了与甲烷排放相关的重要模块。与以前的研究相比，本研究的分析表明，基于相对丰度之间的相关性得出微生物关联不仅可能会导致信息缺失，而且可能产生虚假关联。最后，研究人员提出了一种新的生物相互排斥网络模型，以支持对不同物种间相互排斥关系的综合分析。

### 应用四：牛瘤胃微生物关键酶的鉴定

　　功能宏基因组学作为一种高效的工具，可以在不依赖人工培养微生物的前提下，寻找到新的生物催化剂，如2005年，费雷尔等人发现了一种来自牛瘤胃宏基因组的具有漆酶活性的多酚氧化酶。牛瘤胃中富含多种微生物，尤其是瘤胃细菌，其在木质素的降解这一氧化过程中具有高度专一性，能够很好地降解植物细胞壁中的多糖，然而它们在木质素网络破坏中的潜在作用从未被研究过。

　　由于瘤胃中木质素降解菌的相对丰度较低，所以很难检测到木质素降解菌，因此需要进一步的研究，以进一步加深对牛胃肠道中木质素降解机制的了解。在本研究中，研究人员使用功能性宏基因组学，来鉴定牛瘤胃微生物，发现了作用于多环芳烃化合物的细菌氧化还原酶，并且开发了一种新的方法，从未培养的微生物中鉴定出能够降解木质素的衍生物，即硫酸盐木质素和木质素磺酸盐的氧化还原酶[158]。从覆盖0.7Gb的宏基因组DNA的Fosmid文库中，鉴定出三个Hit克隆，它们产生的酶在没有铜、锰等介质作用下能够氧化多种多环芳烃化合物。因此，这些混杂的氧化还原酶在植物性物质的提纯具有潜在的应用价值。这些酶来源于未培养的梭状芽孢杆菌，属于复杂的基因簇，涉及不同功能类型的蛋白质，包括半纤维素酶，它们可能通过协同作用来降解底物。

　　生物燃料是通过对纤维素材料进行物理或化学预处理，然后利用发酵释放的糖生成燃料乙醇来生产。目前，在预处理步骤中使用纤维素分解酶，有助于纤维素降解，以产生可发酵的糖。为了降低生物燃料生产的成本，需要具有更宽底物范围的酶制剂来提高糖产量和生产率。纤维素酶和木聚糖酶分别水解为纤维素和木聚糖中的b-1，4-糖苷键。以往，大多数已知的纤维素酶都是通过培养富集技术分离出来的。然而，由于微生物培养的局限性，可以使用脱离微生物培养的宏基因组方法，来发现具有潜在工业应用的新型酶。

因此，研究人员通过牛瘤胃宏基因组，分离出两种双功能纤维素酶-木聚糖酶，并对其特性进行研究[159]。使用牛瘤胃中分离的细菌DNA，构建了约70000个fosmids的宏基因组文库，并在羧甲基纤维素琼脂培养基进行纤维素水解活性的筛选。基于羧甲基纤维素琼脂平板上的大区域选择了两个克隆，通过核苷酸测序、翻译分析和同源性搜索，鉴定了属于糖基水解家族5的两个纤维素酶编码基因，cel5A和cel5B，这两个基因都编码约62kDa的前蛋白，含有可被切割形成约60kDa成熟蛋白的信号前导肽。生化特性分析表明，两种酶的碱性最适pH值为9.0，最适温度为65℃，使用1，4-B-D-纤维素和低聚木糖对这两种酶进行底物特异性分析，发现这两种酶都更喜欢较长的低聚糖，表明它们是内纤维素酶或木聚糖酶。在瘤胃消化道细菌群体中，发现了两种遗传相似的新型双功能家族5糖基水解酶。然而，这两种酶的物理性质和底物特性不同。Cel5A在宽的酸碱度范围内具有活性，在较高的温度下稳定，而Cel5B在碱性环境下具有活性，更不耐热。这两种酶都显示出内切葡聚糖酶活性，使它们在复杂多糖酶降解的初始阶段有用。这两种酶对木聚糖和纤维素底物都有活性，Cel5A对桦木和燕麦木聚糖都有高活性，而Cel5B对羧甲基纤维素和燕麦木聚糖有活性。双功能酶有望通过协同水解解聚活性来提高木质纤维素的糖释放效率，因此可能将有助于未来具有成本效益的生物燃料生产。

漆酶是多铜氧化还原酶，能够氧化各种酚类和非酚类的化合物，包括工业染料、多环芳香烃、农药和铝酸盐，也能够进行聚合、解聚、甲基化和脱甲基等反应。寻找动物体内具有类漆酶活性的新蛋白已经逐渐成为研究人员关注的焦点。目前，大多数微生物无法人工培养，获取微生物的唯一途径就是在宏基因组组库中获取相关的遗传信息。通过宏基因组库，研究人员在牛瘤胃中发现了新的微生物类群。瘤胃内环境高度厌氧，降解和转化植物纤维的效率极高，除了半纤维素酶、木聚糖酶、β-木聚糖酶、阿拉伯葡萄糖苷酶、纤维素酶、葡聚糖水解酶、葡萄糖苷酶、内切葡聚糖酶等能够降解植物的细胞壁外，漆酶和过氧化物酶也是促进木质素消化的重要植物聚合物的修饰酶。

研究人员利用牛瘤胃宏基因组表达文库技术，提取新型多酚氧化酶并解析其生化特性[160]。从牛瘤胃的宏基因组文库中检索到一种新的具有漆酶活性的多酚氧化酶，并对其进行了表征，发现与已知漆酶进行序列比对，没有发现有相似的序列，也未包含功能性的漆酶基序。这种酶的亲和力比以往的漆酶高5倍，催化效率比已知的高40倍，并且能够在较宽的pH范围内氧化更多的底物。多酚氧化酶是一类新型的高效率催化剂，具有新颖的结构特点，为多铜氧化酶的结构和功能研究开辟了新的前景。此外，多酚氧化酶的基因来源于瘤胃微生物群落，该微生物群落消化降解植物纤维的速率很高。瘤胃内漆酶在黑麦草木质素消化过程中可能发挥了重要作用，因此多酚氧化酶在降解牧草方面发挥着重要作用。

反刍动物瘤胃中脂质的代谢能够调节其肉和乳汁脂肪的组成。反刍动物饲料中的脂质由50%的亚麻酸、15%的亚油酸、15%的软脂酸和少量的其他脂肪酸组成，约占饲料总重的2%～10%，其主要以甘油三酯的形式进入瘤胃。但由于瘤胃微生物的氢化作用，反刍动物的肉和乳汁中的脂肪酸含量与日粮中的脂肪酸含量并不一一对应，肉和乳汁中的饱和脂肪酸含量相对较高。目前，对瘤胃脂质代谢的研究主要集中于多不饱和脂肪酸的生物氢化作用。脂肪的分解是瘤胃中脂质代谢的第一步，也是瘤胃脂肪代谢的关键步骤，对瘤胃微生物的氢化程度起着决定性作用。瘤胃中的脂质主要由专性厌氧细菌降解，然而，迄今为止仅从瘤胃中分离出了6个纯培养的分解脂质专性厌氧菌，许多瘤胃细菌不能人工培养，给全面理解瘤胃脂质代谢造成了一定的局限性。随着功能宏基因组等技术的发展，打破了微生物研究需要依赖人工培养细菌这一局限，可以发现更多的瘤胃脂肪酶或酯酶。因此，为了扩大瘤胃宏基因组中的脂肪酶或酯酶的文库、深入了解瘤胃脂肪酶或酯酶及其生化特性，研究人员从瘤胃细菌中分离到14种新的脂肪酶或酯酶[161]。脂肪酶或酯酶在调节瘤胃脂肪酸代谢过程中起着重要作用，控制瘤胃脂肪分解，对限制多不饱和脂肪酸的生物氢化起着至关重要的作用。

# 二、牛疾病的宏基因组研究

目前，在畜牧业生产中，新出现的传染病大多数都是人畜共患病。宏基因组下一代测序已被用于研究人类、动物和环境样本中不常见的和新的感染病毒，并且可以用于表征病毒的多样性。病毒宏基因组测序的研究已经应用在牛、小型反刍动物、家禽和猪等普通家畜中。在宏基因组测序研究中，猪是最常被研究的牲畜，此外，从家禽样本中发现的病毒多样性最高。现有文献报道了已知的动物病毒、人畜共患病病毒和新病毒，验证了宏基因组测序识别已知的和新的病毒的能力。然而，宏基因组研究的覆盖面是不完整的，关于小型反刍动物的病毒组和牲畜的呼吸病毒组的数据很少[162]。此外，现有文献中很少提到基本元数据，如牲畜年龄和农场类型，只有10.8%的数据集是公开的。深入了解家畜病毒组对于检测潜在的人畜共患病和动物病原体，以及做好防疫工作至关重要。在与基本元数据结合，并遵循"公平"，既可查找、可访问、可互操作和可重用的数据原则的前提下，通过宏基因组研究便可深入解析家畜的病毒组。

## 应用一：牛乳腺炎的宏基因组特征

乳腺炎是乳品行业最普遍的疾病之一，是乳腺以及乳腺周围部位的炎症，是全球乳品行业面临的最主要的疾病。牛奶的微生物组成是影响犊牛健康的一个重要决定性因素，通过与奶牛的免疫和代谢功能、毒力因子的传播以及抗药性基因组的相互作用，在奶牛乳房健康中发挥着重要作用。牛奶实质上是由一个相互关联的微生物群落组成的复杂生态系统，这些微生物群落可影响乳腺炎的病理生理学。

在过去十年中，随着高通量下一代测序技术和生物信息学工具的快速发展，研究的关注重点，开始从临床微生物学转变到与感染相关的微生物组基因组特征。最近，rRNA基因测序方法成为研究牛乳腺炎微生物最常用的基因组工具，但其有一定的局限性，包括聚合酶链反应偏倚，不能检测病毒，在物种或品系水平上的分类分辨率较低，以及基因丰度和功能图谱信息有限。这些因素最终限制该方法用于全面探索微生物群及其与宿主之间的互作。与此同时，另一种方法全宏基因组测序方法，则能够反映样品的全部微生物组成，包括细菌、古菌、真菌、病毒，可以用于深入了解各种微生物群落的系统发育组成和物种多样性。同时还可以获得与微生物代谢、毒力和抗生素耐药性相关的基因及丰度等数据，从而识别在乳腺发病机制中发挥作用的未知病因。

尽管牛乳腺炎微生物群由细菌、古细菌、病毒以及其他微生物组成，但到目前为止，大多数的研究主要集中在了牛奶微生物群的细菌成分上，并进行了16S的有限靶向扩增测序工作。因此，研究人员通过高通量全宏基因组技术，对牛乳腺炎的微生物组动力学以及导致乳腺炎发生的基因组因素进行了探索，调查微生物群落与疾病相关的一致性和特异性变化，判断微生物基因组特征是否可以鉴别牛乳腺炎和健康牛乳样本，期望阐明牛乳腺炎微生物组动力学、相互关系和相关代谢功能，同时深入了解这些微生物组的系统发育组成和多样性[163]。研究采用20份牛乳样本，包括5份临床乳腺炎样本，6份复发性临床乳腺炎样本，4份亚临床乳腺炎样本，5份健康样本，全宏基因组测序鉴定到442个细菌、58个古细菌和48个病毒基因组，这些基因组在微生物组组成上存在明显差异，临床乳腺炎样本中的微生物数目大于健康样本，复发性临床乳腺炎样本次之，亚临床乳腺炎样本中的微生物数目最少。此外，还在临床乳腺炎、复发性临床乳腺炎、亚临床乳腺炎和健康微生物组中分别鉴定了许多微生物基因组特征，包括333个、304个、183个和50个毒力因子相关基因，48个、31个、11个和6个抗生素耐药基因。同时，还检测了与乳腺炎发病相关的不同代谢途径和功能基因。对牛乳微生物组的非培养全宏基因组测序研究表明，健康和受感染乳腺的牛乳中存在数量众多的微生物，其数目远超之前的报道。在不同的病理生理状态下，不同类型乳腺炎的微生物组分可能发生动态变化，这取决于关键微生物的基因组，包括毒力因子相关基因、抗生素耐药基因和代谢功能。此外，与毒力因子相关基因、抗生素耐药基因、来自微生物组代谢活动的几种代谢途径相关的基因，都出现过表达现象，且都与牛乳腺炎的发生有关。这项关于不同乳腺炎条件下的微生物组动力学和相关微生物基因组特征的研究，有助于开发基于微生物组的牛乳腺炎诊断和治疗方法。

病原微生物进入乳腺时，乳腺内的生理屏障被破坏，需要及时和适当的宿主防御作用来防止病原微生物的定植。不同的微生物群会在奶牛乳房的不同区域繁殖，并进化出新的适应机制，促进其增殖，进而导致临床乳腺炎。目前，已经对入侵的微生物群有了一定的了解，但是牛乳腺炎的病因十分复杂，且仍在不断变化，经常有新的微生物物种被鉴定为致病微生物。其中，细菌是引起乳腺炎的主要病因，但除此之外，古菌、病毒和真菌等其他微生物也可能与乳腺炎有关，因此也应该进行研究。在乳腺炎的发展过程中，随着致病菌的增加、健康共生细菌的减少，乳腺微生物菌群会失调。以往，与牛乳腺炎相关的微生物组的研究大多局限于单个病原体特性，而很少关注牛乳腺微生物组与宿主之间的相互作用。

为了评估微生物组多样性与牛乳腺炎之间的关系，研究人员通过宏基因组深度测序，比较了14份临床乳腺炎和7份健康牛乳样本的微生物组，期望解释牛乳房炎中微生物组的特征与功能偏差之间的关联[164]。结果共鉴定到4.8338亿个序列片段，比对到380个细菌基因组、56个古细菌基因组和39个病毒基因组。分析发现，变形菌门、拟杆菌门、厚壁菌门和放线菌门的微生物组丰度，在临床乳腺炎牛乳和健康牛乳发生显著变化，临床乳腺炎牛乳68.04%的微生物是以前未报告的菌株。在临床乳腺炎和健康牛乳样品中分别鉴定出363株和146株细菌。在已鉴定的分类群中，29.51%的菌株和63.80%的细菌在两个实验组中完全相同。此外，发现14个古细菌属和14个病毒属与临床乳腺炎显著相关。宏基因组序列的功能注释确定了几种可能与临床乳腺炎相关的代谢途径，这些代谢途径与细菌定植、增殖、趋化性和入侵、免疫疾病、氧化应激、调节和细胞信号、噬菌体和前体、抗生素和重金属抗性有关。本研究的全宏基因组测序，为牛临床乳腺炎相关的牛乳微生物多样性及其在乳房健康中的作用提供了参考和依据。

应用二：牛呼吸性疾病的宏基因组特征

　　牛呼吸系统疾病是养牛业中最常见的问题，治疗费用昂贵，占美国养牛场发病率的 70%～80%，占死亡率的40%～50%。美国约有75万个农场养牛，养牛业是美国经济中最大的农业。在美国，牛呼吸系统疾病每年带来的损失约超过10亿美元。牛呼吸道疾病一直以来都是肉牛生产中严重的健康问题，由多种因素引起，如病毒、细菌等。目前，已知与牛呼吸道疾病相关的病原体在大多数样本中的相对丰度比较高，一般大于5%，如嗜睡组织霉菌、溶血曼海姆氏菌和牛支原体等，而不动杆菌、芽孢杆菌、拟杆菌、梭菌、肠球菌和假单胞菌等在样本中相对较少。此外，一些管理上的因素，如运输、混群、断奶等，也会诱发牛发生呼吸道感染。牛呼吸道疾病的治疗，包括使用针对病毒和细菌呼吸道病原体的疫苗，以及用于急性过敏反应或直接治疗受感染牛的抗菌剂。然而在牛呼吸道疾病的治疗过程中，各种细菌耐药性的日益增强逐渐影响到了治疗牛呼吸道疾病的抗菌药的有效性。宏基因组分析是一种有效的工具，可用于识别与疾病相关的微生物，还可以表征耐药基因，及其与微生物群系内可移动因子的关系。

　　与马鼻炎病毒和口蹄疫病毒相同，牛鼻炎A和B病毒同属于小核糖核酸病毒科无痘病毒属。研究人员已鉴定出牛鼻炎A病毒的两种血清型，牛鼻炎A病毒1和牛鼻炎A病毒2，而牛鼻炎B病毒由单个血清型组成。虽然在20世纪60年代到80年代中期对牛鼻炎病毒进行了大量研究，但在过去几十年中，关于牛鼻炎病毒流行病学和生态学的研究很少。牛呼吸系统疾病C是影响养牛业经济效益最重要的疾病，仅在美国每年所导致的死亡、发病以及饲料效率低下所造成的经济损失超过7.5亿美元。牛呼吸系统疾病C由多种因素造成，除了宿主和环境因素之外，还涉及各种细菌和病毒。目前有许多商业疫苗，包括灭活或弱毒苗，尽管牛呼吸系统疾病C疫苗被广泛使用，但在过去20年中，牛呼吸系统疾病C的发病率却在上升。牛呼吸系统疾病C发病时通常涉及一种原发性病毒感染，这种感染会损害呼吸粘膜，并改变宿主免疫反应，导致由已经存在于呼吸道中的细菌引起的继发性细菌性肺炎。尽管目前牛鼻炎A病毒和牛鼻炎B病毒的发病机制都比较清晰，但很少研究牛呼吸系统疾病C的发病机制。

　　因此，研究人员从牛呼吸道疾病综合症诊断报告中获得的鼻拭子样本，进行宏基因组测序，发现牛鼻炎病毒是引起美国牛呼吸疾病最主要的病毒[165]。通过使用参考基因组的从头组装，产生了接近完整的牛鼻炎A病毒2和牛鼻炎B病毒基因组，其序列与之前鉴定到类似的，牛鼻炎 A 病毒 1完整的基因组相似。为了进行进一步的分子流行病学研究，设计了一种针对3D聚合酶基因的5′-核酸酶逆转录 PCR 检测，用于筛选 204 份存档的牛呼吸系统疾病临床标本，其中13个（6.4%）呈阳性。6个阳性样本的宏基因组测序确定了5个样本的混合牛鼻炎 A病毒1/牛鼻炎A病毒2、牛鼻炎A病毒1/牛鼻炎B病毒和牛鼻炎A病毒2/牛鼻炎B病毒感染。一个样本仅感染了牛鼻炎A病毒1。使用细胞培养适应牛鼻炎B病毒的血清阳性率研究，发现免疫荧光测定反应性抗体在分析的畜群中很常见。总之，这些结果表明牛鼻炎病毒感染在患有呼吸道疾病的牛中很常见，并且牛鼻炎A病毒1、牛鼻炎A病毒2和牛鼻炎B病毒在美国牛普遍感染，且与30多年前从不同地点分离的病毒具有高度相似性。

　　通过研究牛呼吸道宏基因组测序检测到的所有病毒，D型流感病毒已被确定为与肉牛和奶牛呼吸系统疾病相关的常见病毒。D型流感病毒属于正粘病毒科，是一种单链、有包膜、分段和负义RNA病毒。鉴于目前已知的与牛呼吸系统疾病病毒相关的病毒的多样性的增加，以及发现D型流感病毒等新型病毒的潜力的提升，研究人员对应用宏基因组测序进行诊断的兴趣越来越大。然而，就分析灵敏度而言，宏基因组测序与聚合酶链反应相比的相对性能尚未得到广泛研究。

因此，研究人员对牛呼吸道D型流感病毒进行了宏基因组测序及定量PCR检测[166]。选用D型流感病毒作为牛呼吸系统疾病相关病毒的代表，评估是否可以使用宏基因组测序技术检测临床牛呼吸道样本中病毒。通过比较牛津纳米孔GridION平台上的长读测序结果、之前生成的Illumina高通量测序数据、D型流感病毒特异性实时荧光定量PCR的结果，评估对一组含有广泛病毒载量的牛呼吸道样本进行流感病毒的检测效果。研究采用了232份样本，包括116份鼻拭子和116份气管冲洗液，先使用高通量测序进行了病毒体测序，然后进行了D型流感病毒特异性定量聚合酶链反应，选用19个D型流感病毒阳性样品进行纳米孔测序。结果表明，高通量测序和定量聚合酶链反应的D型流感病毒检测一致性为82.3%，定量聚合酶链反应和纳米孔的一致性分别57.9%（内部）和84.2%（弱相互作用），高通量测序和纳米孔的一致性分别为89.5%（内部）和73.7%（弱相互作用）。此外，对50个样本进行了多重测序，但在循环定量值低于31的17个D型流感病毒定量聚合酶链反应阳性样本中，有14个样本的高通量测序检测到了D型流感病毒。当以定量聚合酶链反应为首要标准时，高通量测序检测的灵敏度和特异性分别为28.3%和98.9%。据此，研究人员得出结论，高通量测序和纳米孔测序都能够在一定范围内，检测出临床标本中的D型流感病毒。通过优化序列数据分析、提高病毒富集度或降低复用程度，可以进一步提高检验方法的灵敏度。

在牛呼吸系统疾病中，细菌感染是由病毒感染引起的偶然性感染，病毒感染会损害呼吸道上皮。预防性抗生素治疗的使用在减少牛呼吸系统疾病方面十分有限，并且可能会导致牛对抗生素产生耐药性，进而导致抗生素效力降低。对养殖场的牛可以进行细菌疫苗接种，但其对组织希氏菌、溶血性曼海姆菌和多杀性巴氏杆菌的遏制效果并不明显。病毒宏基因组学有助于提高病毒基因组的研究效率，因此其在动物病毒的研究中得到广泛应用。因此，研究人员通过与以往病例的对比，鉴定了与牛呼吸道疾病相关的病毒的宏基因[167]。为了描述牛呼吸系统疾病牛的呼吸道病毒特征，分析了50头有牛呼吸系统疾病症状的青年奶牛和50名健康对照牛，做鼻咽和咽隐窝拭子。使用部分和完整的病毒基因组，设计了实时聚合酶链反应检测，以测量病牛和健康动物的感染频率和病毒载量，从而确定哪些呼吸道病毒与该疾病相关。本研究鉴定出牛腺病毒3、牛腺相关病毒、牛流感D病毒、牛细小病毒2、牛疱疹病毒6、牛鼻炎A病毒、牛鼻炎B病毒的多种基因型。一种以前没有特征的星状病毒和微型鸟病毒的基因组也被部分或全部测序。使用实时聚合酶链反应，对50只患有呼吸系统疾病的牛和50只健康对照牛的鼻分泌物八种病毒的检测率进行了比较。结果发现，在68%患有呼吸系统疾病的牛中检测到病毒，而健康对照牛中检测到病毒的比例为16%。38%的患病牛和8%的对照健康牛感染了多种呼吸道病毒。与牛呼吸系统疾病显著相关的是牛腺病毒3（$P<0.0001$）、牛鼻炎甲病毒（$P=0.005$）以及牛D型流感病毒（$P=0.006$），它们在62%病牛中单独或联合检测到。这些结果表明，宏基因组学和实时聚合酶链反应可以提供一种快速的方法来识别与复杂疾病相关的病毒，为进一步的验证性测试以及最终有效的干预策略奠定基础。

在肉牛中，牛呼吸系统疾病发病率、死亡率高，其发病机制复杂，是影响北美养牛业经济效益最主要的疾病之一。牛1型疱疹病毒、牛病毒性腹泻病毒、牛副流感病毒3型和牛呼吸道合胞病毒等是引起牛呼吸道疾病的主要病毒。虽然已经有了预防牛呼吸道疾病的抗病毒疫苗，但其效果差强人意，并没有很好地抑制牛呼吸系统疾病的传播。目前，研究人员通过使用病毒宏基因组学来研究引起牛呼吸系统疾病的病毒。宏基因组测序，特别是对呼吸道病原体进行检测时，可同时检测多种微生物，并实现基因分型。宏基因组测序已经应用于与牛呼吸道疾病相关的病毒的鉴定，但之前研究的样本是在牛出现呼吸系统疾病后所采集的，没有在牛到达牧场时采集过。鉴于病毒感染在牛呼吸系统疾病发病机制中的重要性，牛到达牧场时病毒群的组成可能是决定饲养期间健康的重要因素。

因此，研究人员应用纳米孔病毒宏基因组测序技术，对牛到达加拿大西部牧场后的鼻腔病毒群进行了研究，表征牛鼻腔的病毒组，并分析其与呼吸道疾病之间的关系[168]。对310头牛进行深鼻拭子试验，其中155头牛在40天内发生呼吸系统疾病，剩余155头是健康牛。在刚入牧场时，牛鼻腔中最常见的病毒是牛冠状病毒（45.2%，140/310），其次是牛鼻炎病毒B（21.9%，68/310），肠病毒E（19.6%，60/310），牛副流感病毒3（10.3%，32/310），还有蹄类四联细小病毒1（9.7%，30/310）和流感D病毒（7.1%，22/310）。未发现牛呼吸系统疾病的发生与检测到的病毒数量、以及任何特定的单个病毒或病毒组合之间存在关系。此外，在2.6%的牛（8/310）中首次检测到牛科布氏病毒。这项研究的结果证明了到达牧场后收集的牛深鼻拭子中病毒的多样性，并强调需要进一步研究混合感染情况下对牛呼吸系统疾病的预测。

牛呼吸系统疾病是世界范围内肉牛和奶牛最常见的、治疗费用最高的疾病之一。溶血曼海姆氏菌、多杀巴氏杆菌、嗜组织霉菌、海藻百伯史坦菌和牛支原体是引起牛呼吸系统疾病的主要的细菌病原体。病毒感染会损伤呼吸道上皮，大大增强病毒的致病性，呼吸道合胞病毒、牛疱疹病毒1型、牛病毒性腹泻病毒和牛副流感病毒3型是引起牛呼吸系统疾病最常见和致病性最强的病毒病原体。通过对牛呼吸系统疾病细菌疫苗有效性的评估发现，疫苗的有效性较低，使用后牛场呼吸道疾病发病率和死亡率并没有得到有效抑制。宏基因组测序是检测病毒的有效工具，通过宏基因组测序，在奶牛和肉牛中已经发现了几种与牛呼吸系统疾病相关的非常规病毒，如D流感病毒和牛鼻炎病毒A和B。目前，尽管肺的病毒群是发现牛呼吸系统疾病显著病变的主要部位，也是常见的诊断标本，但相关研究较少。

因此，科研人员通过宏基因组测序，对加拿大西部采集的患肺炎的牛的肺病毒组进行表征，并将该信息与细菌培养和来自相同样本的靶向实时PCR结果相结合，确定检测到的微生物与不同类型肺炎组织病理学之间的关系[169]。在这项研究中，结合来自加拿大西部的130头牛肺的高通量病毒测序、细菌培养、靶向实时PCR和组织学检查的结果，探索微生物与不同类型肺炎的关联。结果发现，纤维性支气管肺炎是主要的肺炎类型（46.2%，60/130），并与溶血曼海姆病的检测有关。梭状芽孢杆菌和多杀性巴氏杆菌的检测分别与化脓性支气管肺炎以及并发性支气管肺炎和支气管间质性肺炎有关。共鉴定出了16种病毒，其中牛细小病毒2最常见（11.5%，15/130），其次是蹄类四乳头病毒1（8.5%，11/130）和牛呼吸道合胞病毒（8.5%，11/130）。然而，这些病毒中没有一种与特定类型的肺炎显著相关。在上呼吸道样本中发现了非常规病毒，如D型流感病毒和牛鼻炎B型病毒（牛鼻炎B病毒），尽管这些病毒很少，但与研究人员之前的发现一致。综上所述，这些结果表明，尽管对死后肺样本中的病毒检测诊断价值相对较小，但海藻百伯史坦菌与化脓性支气管肺炎、溶血支原体和纤维蛋白性支气管肺炎具有显著的相关性，通过组织病理学可以用于鉴别细菌性牛呼吸系统疾病。

科研人员对引起牛呼吸道疾病的下呼吸道微生物组，进行了宏基因组分析，用以评估引起牛呼吸道疾病的下呼吸道微生物组[170]。此外，通过评估耐药基因，结合化学元素相关的宏基因组，鉴定与可遗传的化学元素相关的抗性基因，判定其是否与牛呼吸道疾病相关的已知致病菌的耐药性有关。在饲养场，选用15头呼吸道感染牛、3头非呼吸道感染牛为研究对象，使用宏基因组分析牛下呼吸道微生物组和抗性组。鉴定到已知与牛呼吸道疾病相关的细菌病原体，包括索马里组织嗜血杆菌、溶血性甘露菌和牛支原体，但并非在所有样本中相对丰度高于5%。耐药基因占序列的0.5%，其中许多基因与先前在巴氏杆菌科有关。这些结果描述了患有呼吸道疾病牛的下呼吸道微生物具有多样性，含有广泛抗性基因对于控制肉牛呼吸道疾病的药物疗法的有效性具有重要意义。

### 应用三：牛病毒类疾病的宏基因组特征

动物血清是细胞培养基的重要补充物，可用于诊断学中病毒分离和疫苗的生产。在动物人工授精和胚胎移植过程中，动物血清也是胚胎储存介质的一部分，其中胎牛血清的应用最广泛。研究人员一直致力于开发动物血清的人工替代物，付出了巨大的努力，但由于血清中存在着许多细胞在体外生长和存活所必需的生物活性分子，因此开发动物血清替代物仍存在一定的挑战。在商用动物血清的微生物污染物中，病毒问题尤其严重，因为其难以检测，并且无法通过无菌过滤去除。因此，必须对商用血清进行一系列测试，以确保质量并满足监管要求。目前，防止血清产品病毒污染的主要方法，仍然是对特定病毒制剂进行广泛测试。以往，通过过滤、灭活等方法可以去除部分病毒，以降低病毒污染的风险，然而，带有ssDNA基因组的小型非包膜病毒，如细小病毒，很难通过过滤、灭活等方法除去。此外，宏基因组学成为可能的测序方法，与聚合酶链式反应或其他依赖已知序列存在的方法不同，宏基因组检测病毒是"无偏的"。相反，这些方法依赖于随机测序方法，其中DNA库（或反向转录RNA）进行了大规模的平行DNA测序，随后应用生物信息学分析检测与已知病毒数据库中序列匹配的序列。已有研究成功地利用这些方法检测了动物血清和其他组织中的各种病原体。

因此，通过宏基因组学，研究人员对牛血清商品中的外源病毒进行了监测评估[171]。共检测和表征了来自12家制造商的26份牛血清样本中的病毒污染物。在整个样本中，研究人员检测到与20种病毒同源的序列。检测到的病毒，其中一部分来自于9个病毒家族，此外还有4个未具体分类的病毒。序列范围从28%到96%，在氨基酸水平上与GenBank数据库中的病毒相似。样本中的病毒数量从0到11不等，供应商中的病毒数量从1到11不等，只有一家供应商的一种产品是完全"干净"，没有外源病毒的。对于牛病毒性腹泻病毒，根据宏基因组数据计算的丰度估计值与定量实时逆转录聚合酶链反应的Ct值密切相关，表明宏基因组学与定量实时逆转录聚合酶链反应一样具有灵敏性。这项研究说明，宏基因组学可用于检测商业血清产品中分类和遗传多样性的不定病毒，并提供其敏感性和定量信息。

研究人员使用宏基因组学方法，对从美国的胎牛身上收集的牛血清样本中存在的病毒序列进行了特征分析，表征了美国胎牛血清的病毒组[172]。研究共分析了来自美国715头犊牛的4个血清库。在第3个和4个池中分别检测到两种细小病毒，即牛细小病毒2和一种以前未鉴定的细小病毒，即波萨病毒（BosaV），并生成了它们的完整编码序列。根据NS1蛋白的特性，波萨病毒属于副细小病毒属的一个新物种。同时还检测到与有蹄类四联细小病毒2、牛肝炎病毒和几种乳头状瘤病毒相匹配的序列片段。这项研究进一步描述了小牛血清中病毒的多样性，这些病毒有可能感染胎牛，并通过胎牛血清污染细胞培养。

应用四：抗生素及寄生虫疾病对牛宏基因组的影响

抗生素是一类可以杀死细菌或抑制细菌生长的化学物质，自1928年英国研究人员首次发现青霉素的抗菌作用以来，抗生素已经被广泛开发并应用于临床治疗和工业育种中。自从青霉素问世以后，先后产生了新霉素、土霉素、红霉素、卡那霉素等多种抗生素，迄今为止已鉴定出4000多种抗生素，广泛应用于疾病治疗、畜禽养殖、水产养殖、科学研究和其他行业。为了治疗疾病和促进生长，抗生素在畜牧业大规模、高密度、集约化养殖得到了普遍使用。人们倾向于在畜禽饮用水或饲料中过度添加低剂量抗生素，通过在微生物中诱导耐药性来促进耐药细菌和抗生素耐药基因的传播。研究表明，抗生素耐药基因不仅可能通过不同的环境介质广泛传播，还可能通过水平基因转移在微生物中传播，这使得它们成为一类新的环境污染物，其环境风险远远高于抗生素本身的作用。因此，潜在的抗生素抗性基因储存库，特别是畜禽粪便或农场生活污水，已成为研究热点。反刍动物的瘤胃是一个复杂的生态系统，饲喂抗生素可以诱导反刍动物产生抗药性细菌，甚至超级细菌，降低生产效率。此外，瘤胃中的病原体可以通过水平基因转移获得并传播微生物群落中的抗性基因，这可能危害人类健康。

因此，研究人员通过宏基因组，对瘤胃微生物进行分析，表征了瘤胃细菌的抗生素抗性基因图谱，揭示了牛瘤胃的抗生素抗性基因，对瘤胃微生物中的宏基因组多样性和丰度进行更全面的分析，并探索细菌与抗性基因的关联[173]。共使用4941个瘤胃微生物基因组和20个宏基因组样本。结果发现，在79个候选基因组中鉴定出103个精氨酸亚型，其属于20个精氨酸类，显示了精氨酸在牛瘤胃环境中的广泛分布。总的来说，在候选基因组中发现了广泛分布的编码杆菌肽抗性的基因，这表明牛可能是杆菌肽抗性基因的来源之一。在抗性基因类型内部或之间发现了共生模式，并且在一些抗性基因和细菌之间发现了正相关，这揭示了潜在的抗性基因优势宿主。这些结果表明，牛瘤胃系统是重要的精氨酸贮库，为评价精氨酸和抗生素耐药菌对食品安全和人类健康的危害提供了理论依据。

皱胃pH值在维持肠道正常生理功能方面发挥着重要作用，是抵抗细菌、病原体等感染的有效天然屏障。胃蛋白酶是动物体内三种主要蛋白水解酶之一，主要由细胞以非活性形式分泌胃蛋白酶原，胃蛋白酶原在皱胃粘膜壁细胞释放的盐酸的作用下裂解和激活，一旦激活，胃蛋白酶需要在一个低pH，一般为2~3的环境才能发挥其正常功能，pH值升至5左右时胃蛋白酶开始变性，在pH值升到6及以上时胃蛋白酶便永久失活。适当的胃pH值对于蛋白质消化和某些离子（钙和铁）和维生素（B12）的吸收是必要的。皱胃pH失衡通常会导致一系列的病理和生理后果。

奥斯特线虫是反刍动物中的一种主要皱胃线虫，在世界上主要分布在温带地区。牛骨质疏松症的主要病理生理学表现之一是胃肠功能受损，包括胃肠蠕动能力降低和胃酸分泌减少。在初次感染奥斯特线虫期间，壁细胞和主细胞损失，诱导胃酸分泌显著减少，皱胃酸度从正常的pH值1~3升高到pH值5~6甚至更高。在感染后的28天，受感染动物的终末皱胃pH值从2.9显著升高至6.6。血清胃蛋白酶原水平也因感染而显著升高。同时，在初次感染时，高胃泌素血症也很明显。目前，长期保护性免疫的宿主机制已被确定，而在寄生虫感染后肠道微生物群的变化仍然未知，且牛皱胃微生物群对外界应激的反应尚未得到足够的重视。此外，寄生虫感染和随后肠道微生物群的改变有可能改变宿主的营养需求。

因此，应仔细检查宿主、肠道微生物群和寄生虫之间的三方相互作用，以便全面了解宿主与病原体的关系。研究人员通过宏基因组，研究了奥索利酸对牛皱胃微生物群的影响[174]。牛在奥斯特线虫感染后，会导致胃肠功能受损。利用多种药物减毒感染培育出六只部分免疫的动物，并使用宏基因组学工具对皱胃的微生物群进行了特征分析，描述皱胃微生物群在二次感染后的特征，并与未感染的对照组进行比较。结果发现，与未感染对照组相比，感染没有引起免疫动物的微生物群落组成的显著变化。16S rRNA基因系统发育分析共鉴定出15个门，其中拟杆菌门（60.5%）、厚壁菌门（27.1%）、变形菌门（7.2%）、螺旋菌门（2.9%）和纤维杆菌门（1.5%）占主导地位。真胃微生物群落中鉴定的原核属大于70.8个，在属水平上，感染似乎对免疫动物真胃微生物多样性的影响很小。从全宏基因组测序的DNA序列预测的蛋白，注释到5408个Pfam家族和3381个COG家族，显示了牛真胃微生物群落的功能多样性。然而，感染对COG功能类无显著影响。本研究的结果表明，免疫动物可能发展出维持其真胃微生物生态系统稳定的能力，再感染对牛真胃微生物群的最小破坏可能同样有助于免疫动物胃功能的恢复。

## 三、环境互作、组织和排泄物的宏基因组研究

### 应用一：牛与环境互作的宏基因组研究

生活在牛和其他反刍动物的瘤胃和下消化道中的寄生微生物，对动物生理和性能有着巨大的影响。这些微生物群落对宿主营养素的利用至关重要，并有助于瘤胃的代谢。这些微生物组群与生产表型有关，如饲料效率。因此过去的研究旨在通过检查瘤胃和下消化道的微生物组群来研究牛体内寄生的微生物。然而，随着牛肠道微生物生态学领域的发展，必须采用多学科方法，结合宿主基因组学和其他基因组学的技术来理解复杂的宿主微生物网络。牛肠道微生物生态学领域在饲料效率方面具有极高的应用潜能，其中的关键问题是如何通过操纵基因组和微生物组相互作用来维持再生产中牛有效的肠道微生物组群。[175]

化石燃料不易被可再生能源替代，因此，人们利用更环保的甲烷替代化石燃料。近年来，随着全球沼气厂的数量不断增加，通过沼气产生甲烷的量也随之提高，有利于木质纤维农业和牲畜副产品的产生，并且可以在小型工厂中通过简易的装置将甲烷转化为电能和热能。这种能源转化装置可以降低成本，同时，产生的生物肥料可以减少温室气体排放和对环境的污染。此外，在亚热带和热带地区，由于其环境温度高，反应器可以在室温下正常进行，使得厌氧发酵更加便利。在过去十年里，关于动物粪便内微生物群的厌氧发酵的研究数量有所增加，发酵过程会受到许多因素的影响，可能会导致微生物群发生变化。机器学习是研究微生物学常用的一种方法，以探索微生物与其周围环境之间的相互作用，以及在微生物群落中识别改变环境或在生物过程中发挥特定作用的细菌群。目前，高通量测序技术已经广泛地应用于微生物学中。通过微生物测序产生大量的数据，揭示了微生物群落在环境和宿主中的复杂作用。

因此，研究人员使用宏基因组的方法评估，对牛和猪的粪便厌氧反应器这两个生产能力不同的沼气池种，存在的微生物群落结构进行了分析[176]。获得的16S rRNA基因的1440096个阅读框，表明猪和牛的两种消化池中的大多数细菌属于厚壁菌和拟杆菌，且添

加牛粪的上流式厌氧污泥床反应器中生物多样性高于添加了猪粪的连续搅拌釜式反应器，生物多样性也与沼气或甲烷的产量有关。在生物发酵器中的微生物群落结构受到季节的影响，并随着动物的生长阶段变化。随机森林算法分析揭示了每个生物发酵器的关键微生物类群。梭形假丝酵母菌、甲烷螺菌和甲烷酵母菌是连续搅拌釜式反应器的标记类群，古菌群甲烷诺杆菌和甲烷假丝酵母菌是连续搅拌釜式反应器的标记类群。

### 应用二：牛乳腺和牛乳的宏基因组研究

近些年来，随着分子学的迅速发展，越来越多的人对微生物群里的复杂生物体产生了浓厚的兴趣，并进行了相关的研究。这些研究结果表明，由于复杂的相互作用，动物体内有大量的微生物群，它们随宿主进化，能够维持宿主的健康。胃肠道的微生物群落经过高度进化，变得愈加复杂且与宿主关系更加紧密。近年来，人们开始研究来自于不同组织样本的微生物群落的差异，从皮肤、泌尿生殖系统等浅表部位，到气道、胎盘和胎儿等以前认为是绝对没有微生物的深层部位。

人们一直认为乳腺及其所分泌的乳汁是无菌的，乳汁中的微生物均属于外部污染。乳汁是哺乳动物母体产生的一类复杂的生物液体，旨在满足后代的营养需要，影响后代正常的生长发育。乳汁的生物作用主要是通过免疫细胞和各种活性分子体现的，包括糖、核苷酸、脂类、免疫球蛋白、抗菌蛋白、细胞因子和其他免疫调节因子等。此外，乳汁还含有多种细菌群落，例如母乳中每毫升大约有 $10^3 \sim 10^4$ 个菌落。近年来，为了深入了解微生物在维持母亲和婴儿的生理和健康方面的作用，母乳微生物群渐渐成为研究热点。然而，通过联合培养以及更灵敏的分子方法，发现这一观点是错误的。某些情况（如直肠前角蛋白栓的丢失或直肠后括约肌的扩张）会损害乳房的第一道防线机制，并增加对乳腺外来源的各种微生物入侵和定居的敏感性。从最近对牛奶微生物群的宏基因组的研究表明，除了乳腺炎病原体之外，乳腺炎病原体通常具有多种毒力因子，使它们能够抵抗乳房的防御机制。细菌16S rRNA基因的高通量测序揭示了，从奶牛中获得的初乳和牛乳样品含有不同细菌群的遗传标记，这些标记在传统的基于培养的技术中无法检测到。

随着分子和组学技术的快速发展，微生物群落的研究取得了巨大的突破，人们意识到活体动物体内微生物种类的复杂性，以及微生物之间和微生物与宿主之间的相互作用。研究人员在清楚即使是健康乳腺产生的乳汁也会含有各种微生物之后，利用组学方法鉴别它们的特点以及探究微生物在维持母体和后代的健康所起的作用。随着对未加工的乳的微生物区系的研究不断深入，组学这一方法也应用在乳微生物群的研究中。组学技术应用在奶牛微生物群的研究上能够提高研究人员面对未知挑战的信心[177]。

寄生在乳房不同生态位的共生微生物群，包括乳头顶端、乳头内和乳房内生态系统，可以通过直接微生物-微生物串扰、间接免疫刺激或两者来调节奶牛对乳腺炎病原体的易感性。乳腺不同生态位内的微生物群落有区别，乳头尖、乳头管和乳腺分泌物的微生物群落是一个动态变化的微生物生态系统。对乳房微生物生态系统的理解表明，由共生和机会细菌群之间的健康平衡组成的乳房内微生物群的最佳多样性对于维持促炎和抗炎反应之间的平衡，维持乳房稳态至关重要。奶牛的生理状况、乳房的解剖特征、与免疫反应相关的遗传特征以及环境因素都会改变乳房微生物群的组成。然而，乳房微生物群的各种特征是否能赋予乳腺炎病原体对疾病的抗性仍知之甚少。需要做出巨大努力来确定乳房各部分的共生微生物群相互作用的潜在机制、乳腺炎病原体和免疫系统[178]。

目前，需要标准的、高效的和实用的取样方法来支持对牛乳房内外上皮微生物组的大规模研究。研究人员评估了不同的取样装置在分离来自于乳头内部和外部上皮的微生物DNA时的效果，同时使用扩增子和鸟枪法宏基因组测序方法研究外耳道和乳头管上皮微生物组的微生物多样性[179]。收集了24头荷斯坦奶牛的样本，并从乳房底部的外部上皮、外部乳头管上皮、外部乳头顶端上皮和乳头管上皮分别收集了样本。对提取的DNA进行定量，并对16S rRNA基因的V4高变区进行PCR扩增，并在Illumina MiSeq平台上进行测序。在Illumina HiSeq平台上对一部分样本进行鸟枪宏基因组分析。对于从外部乳头上皮收集的样本，研究人员发现纱布方格采的样始终比拭子产生更多的DNA，并且纱布方格采的样的辛普森多样性倒数指数高于拭子。乳头管上皮样本的多样性明显低于外部采样位置，但乳头顶端、乳头管和乳房底部样本之间的多样性没有显著差异。然而，上皮外表面的微生物分布和特定细菌的丰度存在差异。被归类为牛的鸟枪序列读数比例在不同采样位置之间差异很大，从乳头尖样本的0.33%到乳头管样本的99.91%不等。这些结果表明，应考虑使用纱布方格法采样来研究牛乳房外上皮的微生物组，尤其是在必须最大限度地提高DNA量的情况下。此外，在设计利用鸟枪宏基因组测序的研究时，应考虑从内部和外部乳头上皮收集的样本中存在的宿主与非宿主DNA的相对比例。


应用三：牛粪便的宏基因组研究


纤维素是木质纤维素生物质中含量最多的多糖，由β-1，4-D-葡萄糖连接而成，半纤维素是含量第二多的组分，是一种杂聚物，包括木聚糖、木葡聚糖、甘露聚糖、葡萄糖甘露聚糖和葡醛酸阿拉伯木聚糖。属于糖苷水解酶的纤维素酶和半纤维素酶，在木质纤维素生物降解中发挥关键作用。木糖是木质纤维素水解物中第二丰富的单糖，可转化为各种有用的生物产品，但木糖利用率比较低，获得高效的木糖代谢酶对提高木质纤维素生物转化效率具有重要意义。牛瘤胃宏基因组DNA可以作为克隆（半）纤维素酶基因和基因的模板，但很难从瘤胃中收集样本，因此研究人员推断牛粪便含有来自胃肠道的微生物，这些微生物携带消化植物性饲料以及消耗从植物生物质水解的单糖所必需的酶。研究人员假设牛粪便宏基因组可能是木糖异构酶和其他糖利用酶的一个来源。

基于宏基因组学，研究人员鉴定和表征了牛粪便中的新型木糖异构酶[180]。在这项研究中，研究人员对从牛中收集的粪便样本中的环境DNA进行了测序和分析。在整个14.26 Gbp的数据中，注释到92个候选木糖异构酶。经过序列分析，7个候选木糖异构酶在大肠杆菌中异源表达，并在体外进行了鉴定。与天然大肠杆菌木糖异构酶相比，从大肠杆菌中纯化的木糖异构酶58444和58960显示出22%的更高酶活性。木糖异构酶58444，类似于来自拉克诺斯匹拉的木糖异构酶，在不同的酸碱度条件下表现出相对稳定的活性。密码子优化后，在芽殖酵母中进一步研究了4种木糖异构酶。密码子优化的58444的过表达使得酿酒酵母能够在96小时后利用6.4g/L木糖，而无需任何其他操作，这比过量表达通过三轮突变选择的优化的木糖异构酶基因xylA*3的对照酵母菌株高56%。总之，在这项研究中，研究人员把新型木糖异构酶从牛粪便宏基因组中分离出来。4个木糖异构酶在体外显示出良好的木糖异构化活性，密码子优化的木糖异构酶58444在酿酒酵母中显示出良好的功能。这项工作提供了证据，证明牛粪便宏基因组是糖利用酶以及用于生物技术的有用酶的一个重要来源。

　　研究人员比较了不同的治疗方案，对牛粪便中的头孢噻呋和四环素耐药基因数量的影响[181]。对围栏内所有阉牛施用头孢噻呋结晶游离酸（CCFA），然后一部分喂饲治疗剂量的金霉素，一部分不做任何处理。之后对176头阉牛进行了为期26天的随机对照现场试验。通过实时PCR，从群体DNA中定量每克粪便中的bla（CMY-2）、bla（CTX-M）、tet（A）、tet（B）和16S rRNA基因拷贝数。结果表明，在所有接受头孢噻呋结晶游离酸治疗的治疗组中，以基因拷贝数/粪便克数为指标，观察到头孢噻呋抗性显著增加，四环素抗性成分减少。随后使用金霉素，导致头孢噻呋和四环素耐药基因拷贝数/粪便克数快速增加。这些数据表明，如果想控制对三代头孢菌素的耐药性扩大，应禁止使用金霉素。

　　大肠杆菌会产生志贺毒素，是导致全球食源性感染的主要人畜共患细菌病原体。大肠杆菌O157：H7是引起美国溶血性尿毒症综合征最常见的病原体，生活在没有感染症状的牛肠道中，并通过粪便间歇性排出。人类通过食用受污染的牛奶和肉类等畜产品，以及受污染农产品、水、野生动物和农场环境的交叉污染，会引起美国溶血性尿毒综合征。除了季节性变化、营养状况和宿主生理等外，牛胃肠道微生物群可能对大肠杆菌O157：H7的感染、繁殖有直接或间接的影响。这些效应可以通过竞争性排斥、次级代谢物的释放、营养物质的利用或功能协同作用来发挥。了解大肠杆菌O157：H7在反刍动物肠道中与常见肠道微生物区系相关的动态，对于缓解人类疫情的策略至关重要。

　　因此，研究人员对奶牛粪便中O157：H7的宏基因组序列进行了分析[182]。收集了10份排出大肠杆菌O157：H7的泌乳奶牛的粪便样品，之后储存在-80℃的冰箱中，然后使用QIAamp快速粪便脱氧核糖核酸微型试剂盒提取脱氧核糖核酸后，解冻样品进行宏基因组测序。使用Nextera DNA文库制备试剂盒制备了10个样品的测序文库。然后基于Illumina NextSeq 500测序平台进行双端测序（2×151bp）。处理后的测序数据用于鉴定细菌、古细菌、真核生物和线粒体小亚基（12S、16S和18S）rRNA序列和MeTaxa v2。粪便宏基因组的指定分类剖面包括古细菌（圆齿古菌属和欧亚毛藻属），细菌（主要是厚壁菌门、拟杆菌门和放线菌门）和真核生物（真菌、化石菌门、后生动物、病毒属和其他）。这些结果表明，宏基因组数据可以用于研究粪便微生物区系的系统发育和功能多样性、代谢途径、微生物应激和毒力因子相关基因谱，并且可以发现检测反刍动物大肠杆菌O157：H7携带的潜在生物标志物。

# 参考文献

1.　Liu Y, Qin X, Song X Z, et al. Bos taurus genome assembly[J]. BMC Genomics, 2009,10: 180.

2.  Tellam, R.L,D.G. Lemay, C.P. Van Tassell, et al. Unlocking the bovine genome[J]. BMC Genomics, 2009,10: 193.

3.  Rosen B D, Bickhart D M, Schnabel R D, et al. De novo assembly of the cattle reference genome with single-molecule sequencing[J]. Gigascience, 2020, 9(3):giaa021.

4.  Koks S, Reimann E, Lilleoja R, et al. Sequencing and annotated analysis of full genome of Holstein breed bull[J]. Mamm Genome, 2014, 25(7-8): 363-373.

5.  Nascimento A V, Romero A.R.S, Nawaz M.Y, et al. An updated Axiom buffalo genotyping array map and mapping of cattle quantitative trait loci to the new water buffalo reference genome assembly[J]. Anim Genet, 2021,52(4): 505-508.

6.  Chen L,Chamberlain A J, Reich C M, et al. Detection and validation of structural variations in bovine whole-genome sequence data[J]. Genet Sel Evol, 2017,49(1): 13.

7.  Suqueli Garcia M F, Castellote M A, Feingold S E, et al. Characterization of a deletion in the Hsp70 cluster in the bovine reference genome[J]. Anim Genet, 2017, 48(4): 377-385.

8.  Srikanth K, Park J E, Lim D, et al. A Comparison between Hi-C and 10X Genomics Linked Read Sequencing for Whole Genome Phasing in Hanwoo Cattle[J]. Genes (Basel), 2020,11(3):332.

9.  Bhati M, Kadri N K, Crysnanto D, et al. Assessing genomic diversity and signatures of selection in Original Braunvieh cattle using whole-genome sequencing data[J]. BMC Genomics, 2020. 21(1): 27.

10.  Xia X, Zhang S, Zhang H, et al. Assessing genomic diversity and signatures of selection in Jiaxian Red cattle using whole-genome sequencing data[J]. BMC Genomics, 2021,22(1): 43.

11.  Jang, J,K. Kim, Y.H. Lee, et al. Population differentiated copy number variation of Bos taurus, Bos indicus and their African hybrids[J]. BMC Genomics, 2021. 22(1): 531.

12.  Ariyaraphong N, Laopichienpong N, Singchat W, et al. High-Level Gene Flow Restricts Genetic Differentiation in Dairy Cattle Populations in Thailand: Insights from Large-Scale Mt D-Loop Sequencing[J]. Animals (Basel), 2021, 11(6):1680.

13.  Escouflaire C, Capitan A. Analysis of pedigree data and whole-genome sequences in 12 cattle breeds reveals extremely low within-breed Y-chromosome diversity[J]. Anim Genet, 2021,52(5): 725-729.

14.  Reese J T, Childers C P, Sundaram J P, et al. Bovine Genome Database: supporting community annotation and analysis of the Bos taurus genome[J]. BMC Genomics, 2010. 11: 645.

15.  Childers C P, Reese J T, Sundaram J P, et al. Bovine Genome Database: integrated tools for genome annotation and discovery[J]. Nucleic Acids Res, 2011,39(Database issue): D830-4.

16.  Shamimuzzaman M, Le Tourneau J J, Unni D R, et al. Bovine Genome Database: new annotation tools for a new reference genome. Nucleic Acids Res, 2020, 48(D1): D676-D681.

17.  Chen N, Fu W, Zhao J, et al. BGVD: An Integrated Database for Bovine Sequencing Variations and Selective Signatures[J]. Genomics Proteomics Bioinformatics, 2020, 18(2): 186-193.

18.  Singh A, Kumar A, Gondro C, et al. Identification of genes affecting milk fat and fatty acid composition in Vrindavani crossbred cattle using 50 K SNP-Chip[J]. Trop Anim Health Prod, 2021,53(3): 347.

19.  Cao M, Shi L, Peng P, et al. Determination of genetic effects and functional SNPs of bovine

HTR1B gene on milk fatty acid traits[J]. BMC Genomics, 2021, 22(1): 575.

20. Niu Q, Zhang T, Xu L, et al. Integration of selection signatures and multi-trait GWAS reveals polygenic genetic architecture of carcass traits in beef cattle[J]. Genomics, 2021,113(5): 3325-3336.

21. Fernandes Junior, G.A H N. de Oliveira, R. Carvalheiro, et al. Whole-genome sequencing provides new insights into genetic mechanisms of tropical adaptation in Nellore (Bos primigenius indicus) [J]. Sci Rep, 2020,10(1): 9412.

22. Zhang Q, Guldbrandtsen B, Thomasen J R, et al. Genome-wide association study for longevity with whole-genome sequencing in 3 cattle breeds[J]. J Dairy Sci, 2016,99(9): 7289-7298.

23. Allan F K, Jayaraman S, Paxton E, et al. Antigenic Diversity in Theileria parva Populations From Sympatric Cattle and African Buffalo Analyzed Using Long Read Sequencing. Front Genet, 2021,12: 684127.

24. Owen J R, Noyes N, Young A E, et al. Whole-Genome Sequencing and Concordance Between Antimicrobial Susceptibility Genotypes and Phenotypes of Bacterial Isolates Associated with Bovine Respiratory Disease. G3 (Bethesda), 2017, 7(9): 3059-3071.

25. Fang Q, Li M, Liu H, et al. Detection and Genetic Diversity of a Novel Water Buffalo Astrovirus Species Found in the Guangxi Province of China. Front Vet Sci, 2021, 8: 692193.

26. Konig M T, Fux R, Link E, et al. Circular Rep-Encoding Single-Stranded DNA Sequences in Milk from Water Buffaloes (Bubalus arnee f. bubalis). Viruses, 2021,13(6):1088.

27. Jaiswal S, Jagannadham J, Kumari J, et al. Genome Wide Prediction, Mapping and Development of Genomic Resources of Mastitis Associated Genes in Water Buffalo[J]. Front Vet Sci, 2021, 8: 593871.

28. Buggiotti L, Cheng Z, Wathes D C, et al. Mining the Unmapped Reads in Bovine RNA-Seq Data Reveals the Prevalence of Bovine Herpes Virus-6 in European Dairy Cows and the Associated Changes in Their Phenotype and Leucocyte Transcriptome[J]. Viruses, 2020,12(12):1451.

29. Liu C, Liu Y, Liang L, et al. RNA-Seq based transcriptome analysis during bovine viral diarrhoea virus (BVDV) infection[J]. BMC Genomics, 2019, 20(1): 774.

30. Staff P O.Correction: Effect of bovine leukemia virus (BLV) infection on bovine mammary epithelial cells RNA-seq transcriptome profile[J]. PLoS One, 2020, 15(7): e0236912.

31. Xu T, Deng R, Li X, et al. RNA-seq analysis of different inflammatory reactions induced by lipopolysaccharide and lipoteichoic acid in bovine mammary epithelial cells[J]. Microb Pathog, 2019,130: 169-177.

32. Casey M E, Meade K G, Nalpas N C, et al. Analysis of the Bovine Monocyte-Derived Macrophage Response to Mycobacterium avium Subspecies Paratuberculosis Infection Using RNA-seq[J]. Front Immunol, 2015, 6: 23.

33. McLoughlin K E, Nalpas N C, Rue-Albrecht K, et al. RNA-seq Transcriptional Profiling of Peripheral Blood Leukocytes from Cattle Infected with Mycobacterium bovis[J]. Front Immunol, 2014,5: 396.

34. Wang X, Su F, Yu X, et al. RNA-Seq Whole Transcriptome Analysis of Bovine Mamma-

ry Epithelial Cells in Response to Intracellular Staphylococcus aureus[J]. Front Vet Sci, 2020,7: 642.

35. Vegh P, Foroushani A B, Magee D A, et al. Profiling microRNA expression in bovine alveolar macrophages using RNA-seq[J]. Vet Immunol Immunopathol, 2013,155(4): 238-244.

36. Yan Z, Huang H, Freebern E, et al. Integrating RNA-Seq with GWAS reveals novel insights into the molecular mechanism underpinning ketosis in cattle[J]. BMC Genomics, 2020,21(1): 489.

37. Behdani E, Ghaderi-Zefrehei M, Rafeie F, et al. RNA-Seq Bayesian Network Exploration of Immune System in Bovine[J]. Iran J Biotechnol, 2019,17(3): e1748.

38. Dado-Senn B, Skibiel A L, Fabris T F, et al. RNA-Seq reveals novel genes and pathways involved in bovine mammary involution during the dry period and under environmental heat stress[J]. Sci Rep, 2018,8(1): 11096.

39. Canovas A, Rincon G, Islas-Trejo A, et al. SNP discovery in the bovine milk transcriptome using RNA-Seq technology[J]. Mamm Genome, 2010, 21(11-12): 592-598.

40. Pareek C S, Blaszczyk P, Dziuba P, et al. Single nucleotide polymorphism discovery in bovine liver using RNA-seq technology[J]. PLoS One, 2017, 12(2): e0172687.

41. Pareek C S, Smoczynski R, Kadarmideen H N, et al. Single Nucleotide Polymorphism Discovery in Bovine Pituitary Gland Using RNA-Seq Technology[J]. PLoS One, 2016,11(9): e0161370.

42. Reyes, J M, J.L. Chitwood,P.J. Ross, RNA-Seq profiling of single bovine oocyte transcript abundance and its modulation by cytoplasmic polyadenylation[J]. Mol Reprod Dev, 2015. 82(2): 103-104.

43. Singh R, Deb R, Sengar G S, et al. Differentially expressed microRNAs in biochemically characterized Frieswal(TM) crossbred bull semen[J]. Anim Biotechnol, 2021: 1-14.

44. Cuthbert J M, Russell S J, Polejaeva I A, et al. Dynamics of small non-coding RNAs in bovine scNT embryos through the maternal-to-embryonic transitiondagger. Biol Reprod, 2021,105(4): 918-933.

45. Chitwood J L, Rincon G, Kaiser G G, et al. RNA-seq analysis of single bovine blastocysts. BMC Genomics, 2013,14: 350.

46. Driver A M, Penagaricano F, Huang W, et al. RNA-Seq analysis uncovers transcriptomic variations between morphologically similar in vivo- and in vitro-derived bovine blastocysts[J]. BMC Genomics, 2012,13: 118.

47. Huang W, Khatib H. Comparison of transcriptomic landscapes of bovine embryos using RNA-Seq[J]. BMC Genomics, 2010,11: 711.

48. Bauersachs S, Mermillod P, Alminana C.The Oviductal Extracellular Vesicles' RNA Cargo Regulates the Bovine Embryonic Transcriptome[J]. Int J Mol Sci, 2020, 21(4):1303.

49. Graf A, Krebs S, Zakhartchenko V, et al. Fine mapping of genome activation in bovine embryos by RNA sequencing[J]. Proc Natl Acad Sci U S A, 2014, 111(11): 4139-4144.

50. Leal-Gutierrez J D, Elzo M A, Carr C, et al. RNA-seq analysis identifies cytoskeletal structural genes and pathways for meat quality in beef[J]. PLoS One, 2020,15(11): e0240895.

51. Du L, Chang T, An B, et al. Transcriptome profiling analysis of muscle tissue reveals poten-

tial candidate genes affecting water holding capacity in Chinese Simmental beef cattle[J]. Sci Rep, 2021,11(1): 11897.

52. Beak S H, Baik M.Comparison of transcriptome between high- and low-marbling fineness in longissimus thoracis muscle of Korean cattle[J]. Anim Biosci, 2022,35(2): 196-203.

53. Waerp H K L, Waters S M, McCabe M S, et al. RNA-seq analysis of bovine adipose tissue in heifers fed diets differing in energy and protein content. PLoS One, 2018,13(9): e0201284.

54. Yun J, Jin H, Cao Y, et al. RNA-Seq Analysis Reveals a Positive Role of HTR2A in Adipogenesis in Yan Yellow Cattle[J]. Int J Mol Sci, 2018,19(6):1760.

55. Khan R, Raza S H A, Junjvlieke Z, et al. RNA-seq reveal role of bovine TORC2 in the regulation of adipogenesis. Arch Biochem Biophys, 2020. 680: 108236.

56. Sheng X, Ni H, Liu Y, et al. RNA-seq analysis of bovine intramuscular, subcutaneous and perirenal adipose tissues[J]. Mol Biol Rep, 2014,41(3): 1631-7.

57. Morenikeji O B, Ajayi O O, Peters S O, et al. RNA-seq profiling of skin in temperate and tropical cattle. J Anim Sci Technol, 2020,62(2): 141-158.

58. Vijayakumar P, Bakyaraj S, Singaravadivelan A, et al. Meta-analysis of mammary RNA seq datasets reveals the molecular understanding of bovine lactation biology[J]. Genome, 2019,62(7): 489-501.

59. Becker D, Weikard R, Hadlich F, et al. Single-cell RNA sequencing of freshly isolated bovine milk cells and cultured primary mammary epithelial cells. Sci Data, 2021, 8(1): 177.

60. Koufariotis LT, Chen Y P, Chamberlain A, et al. A catalogue of novel bovine long noncoding RNA across 18 tissues[J]. PLoS One, 2015,10(10): e0141225.

61. Halstead M M, Islas-Trejo A, Goszczynski D E, et al. Large-Scale Multiplexing Permits Full-Length Transcriptome Annotation of 32 Bovine Tissues From a Single Nanopore Flow Cell[J]. Front Genet, 2021, 12: 664260.

62. Bao Q, Zhang X, Bao P, et al. Using weighted gene co-expression network analysis (WGCNA) to identify the hub genes related to hypoxic adaptation in yak (Bos grunniens) [J]. Genes Genomics, 2021,43(10): 1231-1246.

63. Del Corvo M, Lazzari B, Capra E, et al. Methylome Patterns of Cattle Adaptation to Heat Stress[J]. Front Genet, 2021,12: 633132.

64. Livernois A M, Mallard B A, Cartwright S L, et al. Heat stress and immune response phenotype affect DNA methylation in blood mononuclear cells from Holstein dairy cows[J]. Sci Rep, 2021,11(1): 11371.

65. Chen J, Wu Y, Sun Y, et al. Bacterial Lipopolysaccharide Induced Alterations of Genome-Wide DNA Methylation and Promoter Methylation of Lactation-Related Genes in Bovine Mammary Epithelial Cells[J]. Toxins (Basel), 2019,11(5):298.

66. Kropp J, Carrillo J.A, Namous H, et al. Male fertility status is associated with DNA methylation signatures in sperm and transcriptomic profiles of bovine preimplantation embryos[J]. BMC Genomics, 2017,18(1): 280.

67. Daigneault B W, Rajput S K, Smith G W. Simple workflow for genome and methylation analyses of ejaculated bovine spermatozoa with low sperm input[J]. Biotechniques,

2020,68(3): 155-158.

68. Poirier M, Tesfaye D, Hailay T, et al. Metabolism-associated genome-wide epigenetic changes in bovine oocytes during early lactation[J]. Sci Rep, 2020,10(1): 2345.

69. Anckaert E, Fair T. DNA methylation reprogramming during oogenesis and interference by reproductive technologies: Studies in mouse and bovine models[J]. Reprod Fertil Dev, 2015,27(5): 739-754.

70. Mattern F, Herrmann D, Heinzmann J, et al. DNA methylation and mRNA expression of developmentally important genes in bovine oocytes collected from donors of different age categories. Mol Reprod Dev, 2016, 83(9): 802-814.

71. O'Doherty A M, McGettigan P, Irwin R E, et al. Intragenic sequences in the trophectoderm harbour the greatest proportion of methylation errors in day 17 bovine conceptuses generated using assisted reproductive technologies[J]. BMC Genomics, 2018,19(1): 438.

72. Hou J, Liu L, Lei T, et al. Genomic DNA methylation patterns in bovine preimplantation embryos derived from in vitro fertilization. Sci China C Life Sci, 2007,50(1): 56-61.

73. Kiefer H.Genome-wide analysis of methylation in bovine clones by methylated DNA immunoprecipitation (MeDIP) [J]. Methods Mol Biol, 2015, 1222: 267-280.

74. Jiang Z, Lin J, Dong H, et al. DNA methylomes of bovine gametes and in vivo produced preimplantation embryos[J]. Biol Reprod, 2018, 99(5): 949-959.

75. Wu X, Hu S, Wang L, et al. Dynamic changes of histone acetylation and methylation in bovine oocytes, zygotes, and preimplantation embryos. J Exp Zool B Mol Dev Evol, 2020,334(4): 245-256.

76. O'Doherty A M, Magee D A, O'Shea L C, et al. DNA methylation dynamics at imprinted genes during bovine pre-implantation embryo development[J]. BMC Dev Biol, 2015,15: 13.

77. Canovas S, Ivanova E, Hamdi M, et al. Culture Medium and Sex Drive Epigenetic Reprogramming in Preimplantation Bovine Embryos[J]. Int J Mol Sci, 2021,22(12):6426.

78. Salilew-Wondim D, Saeed-Zidane M, Hoelker M, et al. Genome-wide DNA methylation patterns of bovine blastocysts derived from in vivo embryos subjected to in vitro culture before, during or after embryonic genome activation[J]. BMC Genomics, 2018,19(1): 424.

79. Ispada J, de Lima C B, Sirard M A, et al. Genome-wide screening of DNA methylation in bovine blastocysts with different kinetics of development[J]. Epigenetics Chromatin, 2018,11(1): 1.

80. Morin-Dore L, Blondin P, Vigneault C, et al. DNA methylation status of bovine blastocysts obtained from peripubertal oocyte donors[J]. Mol Reprod Dev, 2020, 87(8): 910-924.

81. Dobbs K B, Rodriguez M, Sudano M J, et al. Dynamics of DNA methylation during early development of the preimplantation bovine embryo[J]. PLoS One, 2013, 8(6): e66230.

82. Li W, Goossens K, Van Poucke M, et al. High oxygen tension increases global methylation in bovine 4-cell embryos and blastocysts but does not affect general retrotransposon expression[J]. Reprod Fertil Dev, 2016, 28(7): 948-959.

83. Estrada-Cortes E, Negron-Perez V M, Tribulo P, et al. Effects of choline on the phenotype of the cultured bovine preimplantation embryo[J]. J Dairy Sci, 2020,103(11): 10784-10796.

84. Fonseca Balvis N, Garcia-Martinez S, Perez-Cerezales S, et al. Cultured bovine embryo biopsy conserves methylation marks from original embryo[J]. Biol Reprod, 2017,97(2): 189-196.

85. Rutkowska K, Xu H, Flisikowski K. Differentially methylated region in bovine MIMT1 detected by small-scale whole-genome methylation sequencing[J]. J Appl Genet, 2019, 60(3-4): 401-404.

86. Su J, Wang Y, Xing X, et al. Genome-wide analysis of DNA methylation in bovine placentas[J]. BMC Genomics, 2014, 15: 12.

87. Maldonado M B C, de Rezende Neto N B, Nagamatsu S T, et al. Identification of bovine CpG SNPs as potential targets for epigenetic regulation via DNA methylation[J]. PLoS One, 2019,14(9): e0222329.

88. Rosa F, Osorio J.S. Quantitative determination of histone methylation via fluorescence resonance energy transfer (FRET) technology in immortalized bovine mammary alveolar epithelial cells supplemented with methionine[J]. PLoS One, 2020, 15(12): e0244135.

89. Maity, S,A.H. Bhat, K. Giri, et al. BoMiProt: A database of bovine milk proteins[J]. J Proteomics, 2020, 215: 103648.

90. Brenn A, Karger A, Skiba M, et al. A comprehensive proteome map of bovine cerebrospinal fluid[J]. Proteomics, 2009, 9(22): 5199-5205.

91. D'Ambrosio C, Arena S, Talamo F, et al. Comparative proteomic analysis of mammalian animal tissues and body fluids: bovine proteome database[J]. J Chromatogr B Analyt Technol Biomed Life Sci, 2005, 815(1-2): 157-168.

92. Maciel V L,Jr M C. Caldas-Bussiere, V. Silveira, et al. L-arginine alters the proteome of frozen-thawed bovine sperm during in vitro capacitation[J]. Theriogenology, 2018,119: 1-9.

93. Kasvandik S, Sillaste G, Velthut-Meikas A, et al. Bovine sperm plasma membrane proteomics through biotinylation and subcellular enrichment[J]. Proteomics, 2015,15(11): 1906-20.

94. Ramesha K P, Mol P, Kannegundla U, et al. Deep Proteome Profiling of Semen of Indian Indigenous Malnad Gidda (Bos indicus) Cattle[J]. J Proteome Res, 2020,19(8): 3364-3376.

95. Faulkner S, Elia G, Mullen M P, et al. A comparison of the bovine uterine and plasma proteome using iTRAQ proteomics. Proteomics, 2012,12(12): 2014-2023.

96. Lamy J, Labas V, Harichaux G,et al. Regulation of the bovine oviductal fluid proteome[J]. Reproduction, 2016, 152(6): 629-644.

97. Papp S M, Frohlich T, Radefeld K, et al. A novel approach to study the bovine oviductal fluid proteome using transvaginal endoscopy[J]. Theriogenology, 2019,132: 53-61.

98. Satitmanwiwat S, Changsangfah C, Faisaikarm T, et al. Proteome profiling of bovine follicular fluid-specific proteins and their effect on in vitro embryo development[J]. J Vet Med Sci, 2017,79(5): 842-847.

99. Deutsch D R, Frohlich T, Otte K A, et al. Stage-specific proteome signatures in early bovine embryo development[J]. J Proteome Res, 2014,13(10): 4363-76.

100. Demant M, Deutsch D R, Frohlich T, et al. Proteome analysis of early lineage specification in bovine embryos[J]. Proteomics, 2015,15(4): 688-701.

101. Greenwood S L, Honan M C. Symposium review: Characterization of the bovine milk pro-

tein profile using proteomic techniques[J]. J Dairy Sci, 2019, 102(3): 2796-2806.

102. Nissen A, Bendixen E, Ingvartsen K.L, et al. Expanding the bovine milk proteome through extensive fractionation[J]. J Dairy Sci, 2013, 96(12): 7854-7866.

103. Le A, Barton L D, Sanders J T, et al. Exploration of bovine milk proteome in colostral and mature whey using an ion-exchange approach[J]. J Proteome Res, 2011, 10(2): 692-704.

104. Reinhardt, T.A,J.D. Lippolis, B.J. Nonnecke, et al. Bovine milk exosome proteome[J]. J Proteomics, 2012. 75(5): 1486-1492.

105. Tacoma R, Fields J, Ebenstein D B, et al. Characterization of the bovine milk proteome in early-lactation Holstein and Jersey breeds of dairy cows[J]. J Proteomics, 2016, 130: 200-10.

106. Bhat S.A,S.M. Ahmad, E.M. Ibeagha-Awemu, et al. Comparative milk proteome analysis of Kashmiri and Jersey cattle identifies differential expression of key proteins involved in immune system regulation and milk quality[J]. BMC Genomics, 2020,21(1): 161.

107. Senda A, Fukuda K, Ishii T, et al. Changes in the bovine whey proteome during the early lactation period[J]. Anim Sci J, 2011, 82(5): 698-706.

108. Mol P, Kannegundla U, Dey G, et al. Bovine Milk Comparative Proteome Analysis from Early, Mid, and Late Lactation in the Cattle Breed, Malnad Gidda (Bos indicus) [J]. OMICS, 2018, 22(3): 223-235.

109. Reinhardt T A, Lippolis J D. Dataset of bovine mammary gland dry secretion proteome from the end of lactation through day 21 of the dry period[J]. Data Brief, 2020, 31: 105954.

110. Fuente-Garcia C, Sentandreu E, Aldai N, et al. Characterization of the Myofibrillar Proteome as a Way to Better Understand Differences in Bovine Meats Having Different Ultimate pH Values[J]. Proteomics, 2020, 20(12): e2000012.

111. Franco D, Mato A, Salgado F J, et al. Tackling proteome changes in the longissimus thoracis bovine muscle in response to pre-slaughter stress[J]. J Proteomics, 2015,122: 73-85.

112. Bjarnadottir S G, Hollung K, Faergestad E M, et al. Proteome changes in bovine longissimus thoracis muscle during the first 48 h postmortem: shifts in energy status and myofibrillar stability[J]. J Agric Food Chem, 2010,58(12): 7408-7414.

113. Poleti M D, Regitano L C A, Souza G, et al. Proteome alterations associated with the oleic acid and cis-9, trans-11 conjugated linoleic acid content in bovine skeletal muscle[J]. J Proteomics, 2020, 222: 103792.

114. Sentandreu E, Fuente-Garcia C, Navarro J L, et al. A straightforward gel-free proteomics pipeline assisted by liquid isoelectric focusing (OFFGEL) and mass spectrometry analysis to study bovine meat proteome[J]. Food Sci Technol Int, 2021, 27(2): 112-122.

115. Beddek, A.J,P. Rawson, L. Peng, et al. Profiling the metabolic proteome of bovine mammary tissue[J]. Proteomics, 2008. 8(7): 1502-15.

116. Yang Y, Wang J, Yuan T, et al. Proteome profile of bovine ruminal epithelial tissue based on GeLC-MS/MS[J]. Biotechnol Lett, 2013, 35(11): 1831-1838.

117. Schalich K M, Herren A W, Selvaraj V. Analysis of differential strategies to enhance detection of low-abundance proteins in the bovine serum proteome[J]. Anim Sci J, 2020,91(1): e13388.

118. Boehmer J L.Proteomic analyses of host and pathogen responses during bovine mastitis[J]. J Mammary Gland Biol Neoplasia, 2011,16(4): 323-328.

119. Maity S, Das D, Ambatipudi K.Quantitative alterations in bovine milk proteome from healthy, subclinical and clinical mastitis during S. aureus infection[J]. J Proteomics, 2020,223: 103815.

120. Hao F, Xie X, Liu M, et al. Transcriptome and Proteomic Analysis Reveals Up-Regulation of Innate Immunity-Related Genes Expression in Caprine Herpesvirus 1 Infected Madin Darby Bovine Kidney Cells[J]. Viruses, 2021, 13(7):1293.

121. Capistrano da Silva E, Arrington J, Yau P M, et al. Proteome Composition of Bovine Amniotic Membrane and Its Potential Role in Corneal Healing[J]. Invest Ophthalmol Vis Sci, 2021,62(2): 11.

122. Bai Y, Zhang F, Zhang H, et al. Follicular Fluid Metabolite Changes in Dairy Cows with Inactive Ovary Identified Using Untargeted Metabolomics[J]. Biomed Res Int, 2020,2020: 9837543.

123. Galdos-Riveros A C, Favaron P O, Will S E, et al. Bovine yolk sac: from morphology to metabolomic and proteomic profiles[J]. Genet Mol Res, 2015,14(2): 6223-38.

124. Nomm, M,R. Porosk, P. Parn, et al. In vitro culture and non-invasive metabolic profiling of single bovine embryos[J]. Reprod Fertil Dev, 2019, 31(2): 306-314.

125. Xu W, Vervoort J, Saccenti E, et al. Milk Metabolomics Data Reveal the Energy Balance of Individual Dairy Cows in Early Lactation[J]. Sci Rep, 2018, 8(1): 15828.

126. Xu W, van Knegsel A, Saccenti E, et al. Metabolomics of Milk Reflects a Negative Energy Balance in Cows[J]. J Proteome Res, 2020,19(8): 2942-2949.

127. Tsiafoulis C G, Papaemmanouil C, Alivertis D, et al. NMR-Based Muetabolomics of the Lipid Fraction of Organic and Conventional Bovine Milk[J]. Molecules, 2019, 24(6):1067.

128. Wei X, Yin Q, Zhao H, et al. Metabolomics for the Effect of Biotin and Nicotinamide on Transition Dairy Cows[J]. J Agric Food Chem, 2018, 66(22): 5723-5732.

129. Zhu D, Kebede B, Chen G, et al. Effects of the vat pasteurization process and refrigerated storage on the bovine milk metabolome[J]. J Dairy Sci, 2020, 103(3): 2077-2088.

130. Rocchetti G, Gallo A, Nocetti M, et al. Milk metabolomics based on ultra-high-performance liquid chromatography coupled with quadrupole time-of-flight mass spectrometry to discriminate different cows feeding regimens[J]. Food Res Int, 2020,134: 109279.

131. Eom J S, Kim E T, Kim H S, et al. Metabolomics comparison of rumen fluid and milk in dairy cattle using proton nuclear magnetic resonance spectroscopy[J]. Anim Biosci, 2021,34(2): 213-222.

132. Wang L, Li X, Liu L, et al. Comparative lipidomics analysis of human, bovine and caprine milk by UHPLC-Q-TOF-MS. Food Chem, 2020, 310: 125865.

133. Garwolinska D, Hewelt-Belka W, Kot-Wasik A, et al. Nuclear Magnetic Resonance Metabolomics Reveals Qualitative and Quantitative Differences in the Composition of Human Breast Milk and Milk Formulas[J]. Nutrients, 2020, 12(4):921.

134. Thomas F C, Mudaliar M, Tassi R, et al. Mastitomics, the integrated omics of bovine milk in an experimental model of Streptococcus uberis mastitis: 3. Untargeted metabolomics[J].

Mol Biosyst, 2016,12(9): 2762-2769.

135. Huang Y, Shen L, Jiang J, et al. Metabolomic Profiles of Bovine Mammary Epithelial Cells Stimulated by Lipopolysaccharide[J]. Sci Rep, 2019, 9(1): 19131.

136. Blakebrough-Hall C, Dona A, D'Occhio M J, et al. Diagnosis of Bovine Respiratory Disease in feedlot cattle using blood (1)H NMR metabolomics[J]. Sci Rep, 2020, 10(1): 115.

137. Gray D W, Welsh M D, Mansoor F, et al. DIVA metabolomics: Differentiating vaccination status following viral challenge using metabolomic profiles[J]. PLoS One, 2018,13(4): e0194488.

138. Eckel E F, Zhang G, Dervishi E, et al. Urinary metabolomics fingerprinting around parturition identifies metabolites that differentiate lame dairy cows from healthy ones[J]. Animal. 2020, 14(10): 2138-2149.

139. Zhang, G,G. Zwierzchowski, R. Mandal. et al. Serum metabolomics identifies metabolite panels that differentiate lame dairy cows from healthy ones[J]. Metabolomics, 2020, 16(6): 73.

140. Peng D Q, Kim S J, Lee H G. Metabolomics analyses to characterize metabolic alterations in Korean native calves by oral vitamin A supplementation[J]. Sci Rep, 2020, 10(1): 8092.

141. Kong F, Bi Y, Wang B, et al. Integrating RNA-sequencing and untargeted LC-MS metabolomics to evaluate the effect of lysine deficiency on hepatic functions in Holstein calves[J]. Amino Acids, 2020,52(5): 781-792.

142. Mote R S, Hill N S, Uppal K, et al. Metabolomics of fescue toxicosis in grazing beef steers[J]. Food Chem Toxicol, 2017,105: 285-299.

143. Yu Q, Tian X, Shao L, et al. Mitochondria changes and metabolome differences of bovine longissimus lumborum and psoas major during 24 h postmortem[J]. Meat Sci, 2020,166: 108112.

144. Ma D, Kim Y H B,Cooper B, et al. Metabolomics Profiling to Determine the Effect of Postmortem Aging on Color and Lipid Oxidative Stabilities of Different Bovine Muscles[J]. J Agric Food Chem, 2017, 65(31): 6708-6716.

145. Xue M Y, Sun H Z, Wu X H, et al. Multi-omics reveals that the rumen microbiome and its metabolome together with the host metabolome contribute to individualized dairy cow performance[J]. Microbiome, 2020,8(1): 64.

146. Valerio A, Casadei L, Giuliani A, et al. Fecal Metabolomics as a Novel Noninvasive Method for Short-Term Stress Monitoring in Beef Cattle[J]. J Proteome Res, 2020,19(2): 845-853.

147. Laparre J, Kaabia Z, Mooney M, et al. Impact of storage conditions on the urinary metabolomics fingerprint[J]. Anal Chim Acta, 2017,951: 99-107.

148. Kim M, Park T, Yu Z. Metagenomic investigation of gastrointestinal microbiome in cattle[J]. Asian-Australas J Anim Sci, 2017,30(11): 1515-1528.

149. Ross E M, Moate P J, Bath C R, et al. High throughput whole rumen metagenome profiling using untargeted massively parallel sequencing[J]. BMC Genet, 2012,13: 53.

150. Stewart R D, Auffret M D, Warr A, et al. Assembly of 913 microbial genomes from metagenomic sequencing of the cow rumen[J]. Nat Commun, 2018,9(1): 870.

151. Stewart R D, Auffret M D, Warr A, et al. Compendium of 4941 rumen metagenome-assem-

bled genomes for rumen microbiome biology and enzyme discovery[J]. Nat Biotechnol, 2019, 37(8): 953-961.

152. Li J, Zhong H, Ramayo-Caldas Y, et al. A catalog of microbial genes from the bovine rumen unveils a specialized and diverse biomass-degrading environment[J]. Gigascience, 2020, 9(6):giaa057.

153. Delgado B, Bach A, Guasch I, et al. Whole rumen metagenome sequencing allows classifying and predicting feed efficiency and intake levels in cattle[J]. Sci Rep, 2019,9(1): 11.

154. Wilkinson T, Korir D, Ogugo M, et al. 1200 high-quality metagenome-assembled genomes from the rumen of African cattle and their relevance in the context of sub-optimal feeding[J]. Genome Biol, 2020, 21(1): 229.

155. Matthews C, Crispie F, Lewis E, et al. The rumen microbiome: a crucial consideration when optimising milk and meat production and nitrogen utilisation efficiency[J]. Gut Microbes, 2019,10(2): 115-132.

156. Wallace R J, Rooke J A, McKain N, et al. The rumen microbial metagenome associated with high methane production in cattle[J]. BMC Genomics, 2015, 16: 839.

157. Zheng H, Wang H, Dewhurst R J, et al. Improving the Inference of Co-Occurrence Networks in the Bovine Rumen Microbiome[J]. IEEE/ACM Trans Comput Biol Bioinform, 2020,17(3): 858-867.

158. Ufarte L, Potocki-Veronese G, Cecchini D, et al. Highly Promiscuous Oxidases Discovered in the Bovine Rumen Microbiome[J]. Front Microbiol, 2018,9: 861.

159. Rashamuse K J, Visser D F, Hennessy F, et al. Characterisation of two bifunctional cellulase-xylanase enzymes isolated from a bovine rumen metagenome library[J]. Curr Microbiol, 2013,66(2): 145-51.

160. Beloqui A, Pita M, Polaina J, et al. Novel polyphenol oxidase mined from a metagenome expression library of bovine rumen: biochemical properties, structural analysis, and phylogenetic relationships[J]. J Biol Chem, 2006, 281(32): 22933-22942.

161. Prive F, Newbold C J, Kaderbhai N N, et al. Isolation and characterization of novel lipases/esterases from a bovine rumen metagenome[J]. Appl Microbiol Biotechnol, 2015,99(13): 5475-85.

162. Kwok K T T, Nieuwenhuijse D F, M.V.T. Phan, et al. Virus Metagenomics in Farm Animals: A Systematic Review[J]. Viruses, 2020, 12(1):107.

163. Hoque M N, Istiaq A, Rahman M S, et al. Microbiome dynamics and genomic determinants of bovine mastitis[J]. Genomics, 2020, 112(6): 5188-5203.

164. Hoque M N, Istiaq A, Clement R A, et al. Metagenomic deep sequencing reveals association of microbiome signature with functional biases in bovine mastitis[J]. Sci Rep, 2019, 9(1): 13536.

165. Hause B M, Collin E A, Anderson J, et al. Bovine rhinitis viruses are common in U.S. cattle with bovine respiratory disease[J]. PLoS One, 2015, 10(3): e0121998.

166. Zhang M, Huang Y, Godson D L, et al. Assessment of Metagenomic Sequencing and qPCR for Detection of Influenza D Virus in Bovine Respiratory Tract Samples[J]. Viruses, 2020, 12(8).

167. Ng T F, Kondov N O, Deng X, et al. A metagenomics and case-control study to identify viruses associated with bovine respiratory disease[J]. J Virol, 2015, 89(10): 5340-5349.

168. Zhang M, Hill J E, Alexander T W, et al. The nasal viromes of cattle on arrival at western Canadian feedlots and their relationship to development of bovine respiratory disease[J]. Transbound Emerg Dis, 2021,68(4): 2209-2218.

169. Zhang M, Hill J E, Godson D L, et al. The pulmonary virome, bacteriological and histopathological findings in bovine respiratory disease from western Canada[J]. Transbound Emerg Dis, 2020, 67(2): 924-934.

170. Klima C L, Holman D B, Ralston B J, et al. Lower Respiratory Tract Microbiome and Resistome of Bovine Respiratory Disease Mortalities[J]. Microb Ecol, 2019,78(2): 446-456.

171. Toohey-Kurth K, Sibley S D, Goldberg T L. Metagenomic assessment of adventitious viruses in commercial bovine sera[J]. Biologicals, 2017,47: 64-68.

172. Sadeghi M, Kapusinszky B, Yugo D M, et al. Virome of US bovine calf serum. Biologicals, 2017,46: 64-67.

173. Jing R, Yan Y. Metagenomic analysis reveals antibiotic resistance genes in the bovine rumen[J]. Microb Pathog, 2020,149: 104350.

174. Li R W, Wu S, Li W, et al. Metagenome plasticity of the bovine abomasal microbiota in immune animals in response to Ostertagia ostertagi infection[J]. PLoS One, 2011,6(9): e24417.

175. Myer P R.Bovine Genome-Microbiome Interactions: Metagenomic Frontier for the Selection of Efficient Productivity in Cattle Systems[J]. mSystems, 2019,4(3).

176. Vendruscolo E C G, Mcsa D, Rissi D V, et al. Microbial communities network analysis of anaerobic reactors fed with bovine and swine slurry[J]. Sci Total Environ, 2020,742: 140314.

177. Addis M F, Tanca A, Uzzau S, et al. The bovine milk microbiota: insights and perspectives from -omics studies[J]. Mol Biosyst, 2016,12(8): 2359-72.

178. Derakhshani H, Fehr K.B, Sepehri S, et al. Invited review: Microbiota of the bovine udder: Contributing factors and potential implications for udder health and mastitis susceptibility[J]. J Dairy Sci, 2018,101(12): 10605-10625.

179. Dean C J, Slizovskiy I B, Crone K K, et al. Investigating the cow skin and teat canal microbiomes of the bovine udder using different sampling and sequencing approaches[J]. J Dairy Sci, 2021,104(1): 644-661.

180. Tang R, Ye P, Alper H S, et al. Identification and characterization of novel xylose isomerases from a Bos taurus fecal metagenome[J]. Appl Microbiol Biotechnol, 2019,103(23-24): 9465-9477.

181. Kanwar N, Scott H M, Norby B, et al. Impact of treatment strategies on cephalosporin and tetracycline resistance gene quantities in the bovine fecal metagenome[J]. Sci Rep, 2014, 4: 5100.

182. Salaheen S, Kim S W, Karns J S, et al. Fecal Metagenome Sequences from Lactating Dairy Cows Shedding Escherichia coli O157:H7[J]. Microbiol Resour Announc, 2018,7(18):e01279-18.

# 第三章

# 绵羊生物信息学研究

# 第一节　绵羊的重要经济价值和地位

## 一、绵羊概述

绵羊（Ovis aries）是纯食草哺乳动物，是牛科绵羊属的一种常见的反刍动物，在世界各地均有饲养，是全球畜牧业的重要组成部分。绵羊性情温顺，易驯化，约11000年前在西南亚地区被最早驯化。绵羊耐渴，特别适合干旱地区生活，可以为人类提供肉、毛、皮和奶等产品。

## 二、绵羊的起源与驯化

绵羊被认为是最早被驯养的食草动物，人类大约在9000~11000年前（中石器时代末期）就开始进行绵羊的驯养。根据解剖学、考古学和基因组学发现，现代绵羊品种大约9000年前在伊拉克新月沃土地区被驯化。与它们的亚洲祖先摩佛伦羊相似，早期的绵羊品种是小尾寒羊，在漫长适应恶劣气候条件的进化过程中，经过长期的自然选择和人工选择，大约在5000年前出现了脂尾羊。

作为对各种地理和社会环境做出进化反应的结果，有记录的绵羊品种多达1400种，每一种都有自己独特的形态。绵羊被认为是第一种驯化的放牧动物。据了解，人类在9000~11000年前（中石器时代末期）就开始调节绵羊的繁殖，当时绵羊被挑选出来生产肉、羊毛、牛奶等。由于对各种地理和社会文化环境的进化反应，已培育出多达1400种绵羊品种，每种绵羊都有其独特的形态。

家养绵羊（Ovis aries [O.aries]）的品种一直是一个有争议的话题。家羊可以与摩弗伦羊（Ovis orientalis orientalis）、东方盘羊（Ovis orientalis vignei）和盘羊（Ovis ammon）杂交，使绵羊品种起源的研究复杂化。羊属的特征是其丰富的物种和亚种，分布在世界各地的多样栖息地。科学家们最认可的分类是由Nadler等提出的，将野生绵羊Ovis分为7种：盘羊（Ovis ammon）、摩弗伦羊（O.musimon）、东方盘羊（O.orientalis）、维氏盘羊（O.vignei）、白大角羊（O.dalli）、加拿大盘羊（O. canadensis）和雪山盘羊（O. nivicola）。Rezaei等利用CytB序列对野生绵羊进行了分类研究。然而，国际狩猎和野生动物保护理事会采用了劳尔·瓦尔迪兹提出的分类方法，他将野生绵羊分为六种。雪山盘羊（Ovis nivicola），也被称为雪绵羊，是西伯利亚东北部山脉的特有种，在西部的勒拿河和东部的楚科特卡和堪察加半岛之间。一种隔绝的亚种雪山盘羊也在普托拉那高原的更西面被发现。近年来，由于人类活动的加剧，雪山盘羊种群已逐渐退至更高的山区。它们栖息地的偏远和恶劣的气候条件使这些野羊成为研究哺乳动物适应极端环境的理想选择。与此同时，这些因素也可能是迄今为止对雪山盘羊进行的基因研究很少的原因之一。

## 三、我国绵羊品种概况

中国在羊的驯养、生产和育种方面有着悠久的传统。在中国，羊是肉、羊毛、毛皮和乳制品的重要来源，这些产品在农业、经济、文化和宗教方面发挥着重要作用。中国饲养绵羊多的地方是内蒙古、青海、宁夏、新疆等地。全球的绵羊的品种中至少有42个是中国本土的，然而这些品种的起源和系统发育关系尚不明确。

高山美利奴羊是我国重要的细毛羊品种之一，阿尔卑斯美利奴羊是一种细毛羊品种，是在中国甘肃省祁连山高原寒冷的草原上培育的，海拔在2400～4070米。对高海拔寒冷干旱山区的生态环境有较好的适应能力，具有抗粗饲料、抗病性强、繁殖成活率高的显著特点。盘羊（Ovis，Caprinae）也被称为盘角羊、大角羊、大头羊，是羊亚科的成员之一。在中国，这种群居动物广泛分布于西部山地，包括准噶尔山脉、天山山脉、帕米尔高原、阿尔金山山脉、昆仑山、祁连山、青藏高原和内蒙古高原。盘羊的野生种群数量正在减少，因此被国际自然保护联盟列为近危物种（IUCN 2008年濒危物种红色名录）。

# 第二节　绵羊的基因组学研究

## 一、全基因组测序概述及应用

全基因组测序技术利用新一代生物信息技术以及新的模式识别方法和网络分析，对物种个体或群体进行高通量测序，以获得基因图谱，并用于分析不同机体间的结构差异、单核苷酸多态性和核心基因组多位点序列分型等，具有结果精确、高通量和高分辨率等优点，在畜禽生产研究中具有广泛的应用价值。随着测序技术的发展和三代测序技术的成熟，结合二代 Illumina、三代Pacbio单分子测序、光学图谱 BioNano和Hi-C等技术，绵羊基因组的精细序列图谱和功能注释的完成，可以为绵羊基因组学研究供新的参考标准，为多组学联合分析挖掘绵羊重要经济性状遗传基础和分子调控机制提供良好的基础，将进一步加快推进绵羊基因组水平分子育种的研究和应用。基于绵羊的参考基因组，近年来研究人员在环境适应性、自然选择和人工选择、种群结构和遗传多样性、候选基因挖掘等方面开展了系列工作，取得了一定的进展。

### 应用一：深度基因组重测序揭示中国家羊视觉退化、高原适应性和高产的人工选择和自然选择机制

为了满足人类的需要和自然环境的变化而驯化野生动物，是人类现代文明史上的一个重要方面。家养绵羊的进化与个体行为、繁殖和生长方面的显著表型变化有关，确定这些表型变化背后的遗传机理将有助于阐明动物成功驯化的遗传机制，以及制定实用的育种策略，以提高绵羊的生产力和对环境的适应能力。与驯化狗、鸡、猪和牛相比，人们对绵羊驯化的关注相对较少。家养绵羊与其野生祖先之间存在明显差异，如视觉退化和驯服倾向，但是其遗传机制仍不清楚。

为了弄清楚家养绵羊进化过程中发生表型变化的潜在基因或变异，有研究对中国5个本土品种的338只绵羊进行了全基因组合并重测序，并将其与家养绵羊的野生祖先（亚洲摩弗伦羊）进行了全基因组选择性扫描检测。通过对家羊和亚洲摩弗伦羊的基因组比较分析，发现家羊骨骼形态发生、生长调节、胚胎和神经发育相关基因富集。在5个中国本土绵羊品种的驯化过程中发现了一系列新的视觉相关基因和功能突变，这些基因和功能突变均受到正向选择的影响。这些基因包括*PDE6B*（c.G2994C/p.）A982P突变）、*PANK2*和*FOXC1/GMDS*可能与绵羊驯化过程中视力下降有关。此外，在5个中国地方绵羊品种中还鉴定出了一些反映各品种特点的特异性选择基因，包括2个与藏羊缺氧适应性（*CYP17*）和多浪羊耐热性（*DNAJB5*）相关的新基因，以及与短尾表型（*T*）、有无角（*RXFP2*）、椎体数量变异（*HoxA*基因簇）和产仔数（*BMPR-IB*）相关的基因。这些结果为研究绵羊驯化进化的分子机制以及中国地方绵羊品种独特特性的形成提供了新的思路[1]。

### 应用二：全基因组测序分析检测影响绵羊产奶性状的候选基因

对重要经济性状的人工选择和自然选择以及种群对特定环境的遗传适应性导致了绵羊基因组的变化。基因组测序方法的最新进展使得利用比较基因组学工具来识别家畜经济利益性状选择下的基因成为了可能。

在这项研究中，研究人员将阿萨夫和阿瓦西绵羊品种的基因组与剑桥、罗曼诺夫、英国杜谢尔绵羊品种的基因组进行了比较，以使用核苷酸多样性（Pi）和FST统计方法探索羊奶性状的正选择特征。研究人员对14只绵羊的基因组序列进行了分析，每个样本的平均序列深度为9.32X，共检测到2300万个单核苷酸多态位点（SNPs）。利用ADMIXY软件对品种进行基因组聚类分析。在A种群（Assaf和Awassi）和B种群（剑桥、英国杜彻和罗曼诺夫）之间计算了每个SNP的FST和Pi值，主成分分析将这五个奶羊品种分为两类。选择特征分析从FST和核苷酸多样性（Pi）统计方法中分别显示了735个和515个基因，其中共有的基因有12个。与羊乳性状显著相关的基因有*ST3GAL1*（寡糖合成）、*CSN1S1*（乳蛋白）、*CSN2*（乳蛋白）、*OSBPL8*（脂肪酸性状）、*SLC35A3*（乳脂率和蛋白率）、*VPS13B*（总产奶量、产脂量和蛋白质产量）、*DPY19L1*（峰值产奶量）、*CCDC152*（泌乳持续期和体细胞数）、*NT5DC1*（泌乳持续期）、*P4HTM*（试验日蛋白）、*CYTH4*（脂肪产量）和*Metrn1*

（体细胞）、*U1*（乳性状）、*U6*（乳性状）和*5S_rRNA*（乳性状）。基于这些基因在候选区域的生物学功能，包括*CSN1S1*、*CSN2*和*SLC35A3*在内的几个基因可能与绵羊奶奶成分有一定的关联。该研究为羊奶特性的遗传基础提供了新的见解，并可以在设计结合基因组信息的绵羊育种计划中发挥作用[2]。

应用三：基于全基因组基因分型技术进行25种俄罗斯绵羊品种的种群结构和遗传多样性分析

俄罗斯有各种各样的地方和培育绵羊品种，有粗毛、细毛和半细毛品种，它们饲养在不同气候的环境中，从炎热的沙漠到严酷的北部地区。然而尚未使用全基因组信息对现存的俄罗斯当地绵羊种群的历史和遗传特征进行调查分析。为了推断俄罗斯绵羊的种群结构和全基因组多样性，有研究使用OvineSNP50 BeadChip对25个地方品种进行了基因分型。此外，为了评估外国品种对俄罗斯培育绵羊品种的贡献，同时利用了58个已公开基因型的绵羊品种基因型信息。

研究人员在所有被分析的品种中获得了绵羊品种的杂合度为0.354～0.395，等位基因丰富度为1.890～1.955，这与在世界范围内观察到的绵羊品种杂合度和等位基因丰富度水平是相当的。根据前五代的连锁不平衡估计最新有效种群数量为65～543。多维尺度、混合和邻域网络分析一致确定了俄罗斯本地绵羊品种的两步细分。首先，根据羊毛类型（细羊毛、半细羊毛和粗羊毛）对俄罗斯绵羊种群进行分类。达吉斯坦山和贝加尔细毛品种不同于其他美利奴当地品种。半细羊毛集群结合了一个起源于罗马尼亚的品种Tsigai及其衍生的阿尔泰山，两个罗姆尼引入的品种Kuibyshev和北高加索，以及林肯引入的俄罗斯长毛品种。粗羊毛群包括北欧短尾罗曼诺夫羊、长尾肥尾野羊库楚古尔羊和两组肥尾羊：高加索山区品种和布贝羊、卡拉库尔羊、埃迪尔拜羊、卡尔米克羊和图瓦羊。俄罗斯肥尾羊与来自中国和亚洲西南部（伊朗）的绵羊有共同祖先。

该研究推导俄罗斯主要地方绵羊品种的遗传特征，这些品种具有中等多样性和较强的群体结构。将俄罗斯原有数据与世界范围内的基因分型集结合在一起，可以更深入地了解俄罗斯绵羊种群的历史和起源[3]。

应用四：高密度基因分型揭示了来自俄罗斯的15个地方绵羊品种中与驯化和重要经济性状相关的选择特征

为了应对环境挑战和人类需求，驯化和几百年的选择性育种改变了绵羊品种的基因组。因此，当地品种的全基因组是基因组变异的宝贵来源，可用于理解适应和人工选择的反应机制。研究人员对俄罗斯各地饲养的15个地方绵羊品种进行了高密度基因分型和基因组扫描。结果表明俄罗斯绵羊品种的基因组在假定的选择下包含多个区域。超过50%的这些区域与之前对绵羊基因组进行选择性扫描时确定的间隔相匹配。这些区域包含与形态、适应和驯化（KITLG、KIT、MITF和MC1R），羊毛质量和数量（如DSG、DSC和KRT），生长和采食量（Hoxa、HOXC、LCORL、NCAPG、LAP3和CCSER1），繁殖（CMTM6、HTRA1、GNAQ、UBQLN1和IFIF1）等相关的已知候选基因。此外，在选定的区间（EGFR、HSPH1、NMUR1、EDNRB、PRL、TSHR和ADAMTS5）中，多个假定与环境适应相关的基因被排在最前列（EGFR、HSPH1、NMUR1、EDNRB、PRL、TSHR和ADAMTS5）。此外，与人类遗传性感觉和自主神经病变有关的多个关键基因，以及伴随着感觉疼痛和环境温度丧失的遗传障碍，在俄罗斯的多个或单个绵羊品种中排名最高，它们可能具有适应恶劣气候条件的机制。

该研究首次全面检测欧洲和亚洲起源的俄罗斯联邦地方绵羊品种基因组中的选择特征。研究结果证明俄罗斯绵羊的基因组中包含先前识别的选择标记，这些标记证明了该研究结果的可信度。在基因附近发现了多个新的选择标记，这些标记可能与适应俄罗斯恶劣环境有关。该研究为未来利用俄罗斯绵羊基因组来发现特定的遗传变异或单倍型的工作奠定了基础，这些遗传变异或单倍型将用于培育更适合欧亚环境生存的高产品种[4]。

# 二、线粒体概述及应用

线粒体是具有双层膜结构、独特DNA分子和完整遗传信息传递与表达系统的半自主性细胞器，是细胞进行生物氧化和能量转换的主要场所，参与细胞凋亡等许多生命活动，在真核细胞中广泛存在。真核生物的线粒体DNA（mtDNA）多为共价闭合双链环状结构，编码线粒体的tRNA、rRNA和一些蛋白质。由于线粒体结构功能和遗传的重要性和特殊性，mtDNA在动物生产等方面得到广泛应用。与核基因组相比，mtDNA相对尺寸小，其独特的环状结构和在细胞中远离核基因组的定位分布一定程度上有利于mtDNA的分离、复制和全基因组测序。然而真正使得线粒体基因组测序技术迅猛发展应得益于逆转录聚合酶链反应（polymerase chain reaction，PCR）技术的出现和自动化测序技术的发展，相当程度上简化了mtDNA测序流程，并且使得mtDNA测序技术随着高通量测序技术的快速发展而日趋成熟。经典线粒体基因组测序的原理是基于Sanger测序法。Sanger测序法又称为DNA链末端合成终止法，1977年由Sanger提出。经典线粒体基因组测序法的基本思路是分离纯化mtDNA后将其分成短片段再进行测序，通过线粒体的全基因组测序可以用于系统发育分析、选择标记检测和适应性进化等研究。

应用一：高山美利奴羊线粒体全基因组序列及系统发育分析

高山美利奴羊是我国重要的细毛羊品种之一，阿尔卑斯美利奴羊同样也是一种细毛羊品种，是在中国甘肃省祁连山高原寒冷的草原上培育的，海拔在2400~4070m。对高海拔寒冷干旱山区的生态环境有较好的适应能力，具有抗粗饲料、抗病性强、繁殖成活率高的显著特点。有研究为了确定高山美利奴羊的系统发育位置，研究人员使用MEGA7.0软件，以牦牛（Bos mutus）为外群，利用其他绵羊品种的编码序列，构建了1000个boot-strap重复的相邻连接系统发育树。系统进化树分析表明，高山美利奴羊与乌拉藏羊、塔什库尔干羊的亲缘关系较近，该研究首次组建了高山美利奴羊的完整有丝分裂基因组。基因组全长16619bp，包含13个蛋白编码基因、2个核糖体RNA基因、22个转移RNA基因和一个控制区

（D-loop）。高山美利奴羊与乌拉藏羊、塔什库尔羊的系统发育关系更近。这为高山美利奴羊的系统发育提供了新的数据，高山美利奴羊线粒体全基因组序列可进一步用于特有物种的系统发育树重建和保护策略[5]。

### 应用二：西藏绵羊线粒体基因组中选择标记的检测

藏羊是中国的一个地方品种，主要分布在海拔2260～4100m的高原和山谷地区，在遗传上不同于其他家养绵羊，经过驯化以适应低氧环境。到目前为止，藏羊的线粒体DNA修饰是否与其他国内品种具有相同的特征尚不清楚。该研究比较了32只藏羊、22只家羊和24只商品羊的有丝分裂基因组全序列，以确定藏羊耐低氧的选择特征。采用sliding window法进行核苷酸多样性分析，结果表明，对照区核苷酸多样性水平最高，峰值为$\pi =0.05215$，tRNAs区核苷酸多样性水平最低。qPCR结果表明，藏羊mtDNA相对拷贝数显著低于萨福克羊。12S rRNA突变在藏系绵羊中均未检测到，说明藏系绵羊群体中的人工选择比其他家畜和商品绵羊品种要少。有一个位点（1277G）可能进行了纯合选择，但该位点并未被鉴定为藏羊的品种特异性等位基因。该研究认为自然选择是藏羊驯化的主要驱动力，由于藏羊有丝分裂基因组的高度多样性，单一的突变（或位点）不能揭示选择的特征[6]。

### 应用三：中国地方绵羊不同尾型线粒体基因组全序列及家羊系统进化分析

家养绵羊（Ovis aries）的品种一直是一个有争议的话题。家羊可以与摩弗伦羊（Ovis orientalis orientalis）、东方盘羊（Ovis orientalis vignei）和盘羊（Ovis ammon）杂交，使绵羊品种起源的研究复杂化。中国绵羊的驯养、生产和育种有着悠久的历史。在中国，羊是肉、羊毛、毛皮和乳制品的重要来源，这些产品在农业、经济、文化和宗教方面发挥着重要作用。中国有悠久的绵羊繁殖历史和丰富的绵羊遗传资源，对完整的绵羊线粒体基因组的了解应有助于研究该物种的进化史。因此，对绵羊的完整线粒体基因组进行了测序和注释、线粒体DNA（mtDNA）的结构和功能的评估为分子进化、分类、种群遗传分析和关系识别的研究提供了有用的信息。mtDNA分析被用于阐明种群的母体起源。动物mtDNA是一个小的染色体外基因组，通常大小为15～20kb。除了少数例外，所有动物线粒体基因组包含相同的37个基因、2个核糖体RNAs（rRNAs）、13个蛋白质编码基因和22个转移RNAs（tRNAs）。以往的研究利用控制区序列（包括D-loop）和线粒体细胞色素b（CYTB）基因构建系统发育树。对国内绵羊品种mtDNA变异的最早研究暴露了3个不同的血统。

有研究对中国3个绵羊品种（阿勒泰羊[AL]、山东大尾羊[SD]和小尾呼伦贝尔羊[sHL]）的线粒体基因组进行分析，采用19套引物对每个品种线粒体DNA序列进行连续重叠片段的扩增。有研究对3种绵羊线粒体基因组的基因结构、基因排列、起始密码子、终止密码子和反密码子等主要特征进行了描述和比较。通过DNA频率分析计算各线粒体基因组A/t含量。mtDNA D-loop区和CYTB基因已被广泛用于绵羊起源的研究。然而，mtDNA D-loop区域最适合研究近缘品种的系统发育。为了便于研究远亲物种的进化关系，我们分析了完整的线粒体基因组。此外，与其他完整绵羊线粒体基因组的分析类似，利用完整线粒体基因组和mtDNA控制区进行了分子系统发育分析。最终该研究提供了我国特有的呼伦贝尔小尾羊、阿勒泰羊和山东大尾羊的线粒体基因组DNA全序列。小尾呼伦布羊、阿尔泰羊和山东大尾羊的线粒体分别为16617bp、16613bp和16613bp。线粒体基因组分别保存在GenBank数据库中,登录号为KP702285（AL绵羊）、KP981378（SD绵羊）和KP981380（sHL绵羊）。所分析的3个绵羊线粒体基因组的组织结构相似,每个基因组由22个tRNA基因、2个rRNA基因（12S rRNA和16S rRNA）、13个蛋白质编码基因和1个控制区（D-loop）组成。NADH脱氢酶亚基6（ND6）和8 tRNA基因编码在轻链上,而其余线粒体基因编码在重链上。分析的3个有丝分裂基因组的编码链的核苷酸偏斜倾向于A和T。利用每种绵羊的完整有丝分裂基因组构建了一个系统发育树,以了解中国白羊品种与其他国家开发和使用的羊品种之间的遗传关系。利用每种绵羊的完整线粒体构建进化树,使我们能够了解中国品种的绵羊与其他国家培育品种绵羊之间的遗传关系。我们的发现提供了有关绵羊线粒体和国内外绵羊进化史的重要信息。此外,我们的研究结果为进一步探索绵羊的分类学地位奠定了基础。有研究将有助于进一步研究绵羊的系统发育关系,并为绵羊线粒体基因组提供重要的注释信息[7]。

# 三、基因组草图概述及应用

随着测序技术的发展及测序成本的降低,目前已有数百种动植物完成了参考基因组序列测定。绵羊作为人类重要的经济动物,其基因组序列的破译使得在基因组水平进行重要性状功能基因的鉴定成为可能,这不仅有益于深入认识复杂性状的遗传学机制,更有助于后期的分子育种实践。基因组denovo测序指在不依赖参考基因组的情况下对某物种进行基因组测序,利用生物信息学方法进行拼接、组装,绘制出该物种的全基因组序列图谱,为该物种提供参考基因组,将大大推进这个物种后续的研究。

2010年,国际绵羊基因组协会利用Roche454FLX对6只不同品种的雌性绵羊进行全基因组测序并参考牛基因组进行组装,组装版本为Ovis_aries_1.0,测序深度3X,Scaffold N50为34Mb,ContigN50 685bp,Gap数为1.66Gb,基因组覆盖度42%。研究人员在此基因组的基础上开发出DNA芯片,并为来自全世界的74个品种近3000只绵羊进行SNP分型,并成功鉴定造成特赛尔绵羊小眼畸形、软骨发育不全、派伦代尔绵羊黄脂以及造成无角的基因。2014年,由欧盟第七框架计划（the EU 7th Framework programme）组织的NextGen project提交了对一只雌性摩弗伦绵羊进行全基因组测序及组装的序列,版本号为Ooril,基因组组装到Scaffold 水平,测序深度达95X,Scaffold N50为2Mb,ContigN50为39kb,Gap数为159Mb,基因组覆盖度94%,相较于Ovis_aries_1.0,基因组覆盖度大大提高,但是Scaffold N50很低。2014年,由中国科学院昆明动物所领衔的绵羊基因组计划公布了组装到染色体水平的绵羊全基因组序列,其中中国科学院昆明动物研究所与深圳华大基因联合测序1头雌性特克塞尔绵羊,而英国罗斯林研究所测序1头雄性特克塞尔绵羊,以及其他单位合作组装分析,历时5年完成了绵羊基因组的测序、组装及分析工作,版本号为Oar_v4.0,这一版本为Oar_v3.1的升级版,此次测序在原二代的基础上增加三代测序方法（IlluminaGAⅡ；454；PacBioRSⅡ）进行测序和组装,测序深度达166X,Scaffold N50为100Mb,Scaffold N50为100Mb,ContigN50为150kb,组装后形成2.61Gb基因组,注释到25197个基因,其中

20921个是蛋白编码基因。组装后经质量验证，超过99.3%的测序个体的mRNA可以映射到Oar_v3.1上（平均水平为98.4%），说明组装质量达到较理想的水平。绵羊高质量全基因组的问世，通过将绵羊和山羊与哺乳动物保守的4850个单拷贝同源基因序列聚类分析并推断出山羊和绵羊的分化时间约在430万年前，正是新第三纪后期C4草增多的时期；研究人员在绵羊的EDC区域中首次鉴别到两种在反刍动物中发生特异蛋白结构改变，且仅在瘤胃中特异高表达的结构蛋白，这两个结构蛋白发挥瘤胃表面基板的作用，通过转谷氨酰胺酶介导交联瘤胃表达的角蛋白，从而构成瘤胃壁黏膜层坚韧的角质化表面，参与瘤胃表层角蛋白角质化形成；研究人员还发现，除了肝脏，反刍动物的皮肤也是重要的脂类代谢器官。绵羊皮肤的转录组数据表明，MOGAT2和MOGAT3发生了高表达，绵羊皮肤中MOGAT代谢通路降低了甘油三酯合成和磷脂酸合成、皮肤屏障脂质合成和囊泡发育调控的耦合，有利于羊毛的生长。高质量的绵羊基因组和转录组序列图谱的绘制揭示了反刍动物瘤胃进化以及羊绒脂类代谢相关遗传学机制，为推动绵羊重要经济性状关联基因的鉴定研究奠定遗传基础。

随着测序技术和组装技术的不断发展和成熟，2017年贝勒医学院人类基因组测序中心完成对1只雌性Rambouillet绵羊从头测序，获得仅有约380kb空白序列的高质量绵羊基因组精细图谱（Oar_rambouillet_v1.0），Scaffold N50达到109Mb，ContigN50达到2.5Mb，基因组大小为2.87Gb。包括线粒体基因组。注释到33125个基因，42391个蛋白。高质量的绵羊基因组序列图谱和功能注释的完成，为绵羊基因组学研究提供了高质量的参考标准，为解析绵羊复杂性状的遗传机制奠定了基础，将进一步推进绵羊分子育种的研究及应用。

### 应用一：雪羊(Ovis nivicola)基因组草图

雪羊（Ovis nivicola）是西伯利亚东北部山区特有的一种动物，能很好地适应其栖息地严酷的寒冷气候条件。有研究使用纳米孔测序技术的长读取，对雪羊进行了全基因组测序、组装和基因注释。此外，还搜集了来自多个组织的RNA seq转录组数据，用以对雪羊基因组的基因预测。组装好的基因组长度为2.62GB，有7157个约2MB的Scaffold N50，重复序列占总基因组的41%。BUSCO分析显示，组装的雪羊基因组包含97%的哺乳动物通用单拷贝同源基因（n=4104）的全长或部分片段，说明组装很完整。此外，使用综合基因预测技术共鉴定了20045个蛋白质编码序列，其中19240个可以使用蛋白质数据库进行注释。基于同源性的筛查和de novo鉴定检测到1484个tRNA、243个rRNA和1931SNRNA，雪羊基因组中有782个miRNA。最后，我们通过长读取技术获得了雪羊的第一个全新基因组，这有助于进一步开展绵羊属内的进化和适应性研究[8]。

### 应用二：马可波罗羊(Ovis ammon polii)基因组草图

马可波罗羊主要分布在帕米尔山区，是卷羊（Ovis ammon polii）的一个亚种，为研究高海拔适应机制提供了一个哺乳动物模型。由于过度捕猎和维持生计的偷猎，以及与牲畜的竞争和栖息地的丧失，马可波罗羊被列为濒危物种。它可以与绵羊杂交繁殖后代。因此，高质量的马可波罗羊参考基因组将对保护遗传学乃至绵羊育种的核心基因开发有很大的帮助。有研究使用Illumina HiSeq2000平台对1只马可波罗羊进行全基因组测序，共产生了1022.43Gb的原始reads。最终基因组组装（2.71Gb）的N50 contig大小为30.7Kb，ScaffoldN50大小为5.49Mb。所鉴定的重复序列占基因组的46.72%，预测了20336个蛋白编码基因。系统发育分析表明，马可波罗羊与家养绵羊关系密切，其分化时间约为236万年前。在马可波罗羊谱系中鉴定了271个扩增基因家族和168个推测正选择基因。该研究首次提供了马可波罗羊的基因组序列，并对其进行了基因注释。这些资源的有效利用，对今后这种濒危大型哺乳动物的保护、高海拔适应机制的研究、羊科动物进化史的重建以及马可波罗羊的保护具有重要意义[9]。

### 应用三：欧洲摩佛伦羊（东方绵羊）基因组草图

摩佛伦羊是野生绵羊的一个亚种，具有美丽的弯曲角和红棕色的毛色。它被认为是所有现代驯养绵羊品种的两个祖先之一。由于这种绵羊具有美丽的毛色和优美的角，野生绵羊常常遭到捕杀。摩佛伦羊的某些野生种群被列为濒危种群。该研究组装摩佛伦羊的基因组组装草案，为摩佛伦羊基因组的基因功能注释，揭示其进化状态和比较基因组学奠定基础，并促进未来摩佛伦羊的保护和绵羊属的育种。研究人员对摩佛伦羊基因组进行测序，使用下一代测序技术组装了基于Illumina HiSeq平台的高度杂合的摩佛伦羊基因组。最后，该基因组约为2.69Gb（42.15%GC），而N50的重叠群和Scaffold分别为110.1kb和10.4Mb。进一步的分析预测了摩佛伦羊基因组中包含有20814个蛋白质编码基因。摩佛伦羊基因组组装草案将为未来对绵羊属物种的各种研究提供数据支持和理论依据[10]。

# 四、绵羊起源进化与遗传多样性概述及应用

遗传多样性体现在不同种群及个体之间基因组的差异，是生物进化、适应环境的基础，品种内的遗传多样性越丰富，该物种适应环境变化的能力就越强，杂交育种潜力也就越大。绵羊遗传多样性的研究不仅对于了解绵羊的起源、进化、迁移、品种分化及绵羊的遗传育种具有重要意义，还可以为生物多样性保护、生物资源可持续利用提供依据。遗传多样性的研究方法随着生命科学各领域的发展，已从传统的形态标记、染色体标记以及生化标记等发展到分子水平遗传标记的研究。传统研究方法受基因表达和环境共同影响，相比之下分子标记可以直接反映核酸水平的遗传变异。近年来绵羊起源、进化及其遗传多样性方面的研究，为地方绵羊品种的选育及保护利用提供了科学依据，对揭示地方绵羊品种种质特性、遗传资源保护具有重大意义，近年来人们主要通过结合多种分子标记，加大样本覆盖范围，涵盖现代、古代家养绵羊以及野生绵羊样本数据，充分利用先进的测序技术对mtDNA、Y染色体和古DNA样本进行大规模的数据挖掘进而去挖掘地方品种绵羊的遗传多样性。

应用一：查卡羊全基因组测序揭示的种群结构、遗传多样性和选择性特征

茶卡羊，以茶卡盐湖命名，适应恶劣的高盐环境。它们以高品质的羊肉而闻名，是中国宝贵的遗传资源。此外，2013年4月15日，中华人民共和国农业部正式批准对"乌兰茶卡羊"实施农产品地理标志登记保护。有研究采用NGS测序技术对10只查卡羊的基因组进行测序，并与其他中国绵羊品种（蒙古羊、巴音布鲁克羊、滩羊、藏羊、欧拉型羊）的基因组进行比较，探索其种群结构、遗传多样性和正选择特征。主成分分析和邻接树分析表明，查卡羊与巴音布鲁克羊、滩羊羊和欧拉型羊存在显著差异。此外，根据种群结构分析发现，它们具有独特的祖先（$K=2$和$K=3$）。查卡羊基因组分析发现其与其他三个品种存在一定的遗传多样性，表现为杂合性（Ho）、预期杂合性（He）、纯合性片段（ROH）、连锁不平衡（LD）衰退。富集分析显示，与蒙古或藏系绵羊相比，查卡羊特异性错义突变注释的基因富集在肌肉结构发育（GO：0061061）因子，包括胰岛素样生长因子1（IGF1）、生长分化因子3（GDF3）、组蛋白脱乙酰基酶9（HDAC9）、转化生长因子β受体2（TGFBR2）以及calpain 3（CAPN3）等。使用Fst和XP-CLR进行的全基因组扫描揭示了一系列肌肉相关基因，包括神经纤维蛋白1（NF1）和肌丝蛋白1（MYOM1）。与其他品种相比，查卡羊存在潜在的选择。全基因组特征的全面揭示为茶卡羊的育种和管理提供了基础理论，并证实了其是独特的绵羊遗传资源。该研究对查卡羊的遗传多样性、群体结构和选择性特征提供了新的认识，为查卡羊的遗传资源保护提供新的思路[11]。

应用二：澳大利亚家羊5个种群的全基因组连锁不平衡和遗传多样性

家畜物种的遗传结构和总体多样性知识对于最大化全基因组关联研究和基因组预测的潜力非常重要。连锁不平衡（LD）、有效群体大小（Ne）、杂合度、固定指数（FST）和纯合度（ROH）等常用指标被广泛应用，有助于提高对动物群体遗传多样性的认识。高密度单核苷酸多态性（SNP）阵列的发展以及对大量动物的基因分型极大地提高了对这些基础种群估计的准确性。

有研究使用Illumina OvineSNP50 BeadChip芯片对5个澳大利亚绵羊群体（3个纯种：美利奴、边区来斯特羊和无角道赛特；2个纯种：这3个纯种的两个杂交群体：美利奴和边区来斯特羊的二元杂交、美利奴、边区来斯特羊和无角道赛特的三元杂交）进行连锁不平衡（LD）、基因多样性（He）、固定指数（FST）等遗传多样性参数进行了估计和比较。结果发现相对于其他物种，有研究分析的绵羊群体具有较低的连锁不平衡（LD）和较高的遗传多样性。对于10kb以下的短距离片段，边区来斯特羊的LD水平高于美利奴。同样发现边区来斯特羊和无角道赛特的Ne比美利奴小。纯种的观察杂合度范围为0.3（边区来斯特羊）～ 0.38（美利奴）。相对于其他畜种，品种间遗传距离较适中（最高Fst = 0.063），但品种间遗传多样性较高。纯合度显示了两个染色体区域存在较强的选择。这项研究表明，澳大利亚绵羊品种，尤其是美利奴羊的基因组多样性范围很大。观察到的多样性范围将影响全基因组关联研究的设计以及从中获得的结果。这些知识也将有助于设计绵羊育种值基因组预测的参考群体。这项研究表明，澳大利亚绵羊品种，尤其是美利奴羊的基因组多样性范围很大。这将对绵羊育种值基因组预测的参考群体的设计具有一定的指导作用[12]。

应用三：利用全基因组单核苷酸多态性研究兰坪黑骨羊遗传多样性及遗传起源

兰坪黑骨羊最早于20世纪50年代在中国兰坪发现，其特点是皮肤和内脏呈黑色。由于兰坪黑骨羊独具特色，其遗传背景备受关注。该研究利用Illumina OvineSNP50 芯片对兰坪黑骨羊和兰坪正常羊的全基因组SNPs（单核苷酸多态性）进行基因分型，探讨兰坪黑骨羊的遗传多样性和遗传起源。

有研究从国际绵羊基因组学联盟（ISGC）下载了两个藏系绵羊品种和其他4个品种的SNP数据集，作为研究的参考对象。与其他7个绵羊品种相比，兰坪黑骨羊的遗传多样性水平较低。主成分分析（PCA）结果表明，兰坪黑骨羊与兰坪正常羊属于亚洲类群，但两个品种之间没有明显的区分。结构分析表明，兰坪黑骨羊和兰坪正常羊存在一个高的共祖系数。然而，邻接树分析发现了这两个种群被分成了两个不同的分支。进一步利用群体Fst评估了遗传多样性，结果表明，兰坪黑骨羊与兰坪普通羊之间的遗传分化程度高于藏系绵羊与长塘羊之间的遗传分化程度。这表明从在遗传水平上讲，兰坪黑骨羊与兰坪普通羊属于不同品种。除此之外，结构分析和NJ树分析表明，兰坪黑骨羊与西藏羊的亲缘关系较近。该研究结果首次利用全基因组SNP数据估算了兰坪黑骨羊的遗传多样性和遗传起源。有研究的结果为进一步了解兰坪黑骨羊的遗传背景奠定了基础，并为研究兰坪黑骨羊独特的遗传资源保护和新品种形成机制提供了依据[13]。

# 五、全基因组重测序揭示重要经济性状的分子机制概述及应用

全基因组重测序是对已有参考基因组的物种进行不同个体的全基因组测序，通过将测序个体的序列与参考基因组进行比对，获得测序个体的单核苷酸多态性位点（SNP）、插入缺失位点（Indel）、结构变异位点（SV）和拷贝数变异位点（CNV），获得个体或群体分子遗传特征，进行动物重要经济性状候选基因预测及遗传进化分析。近年来，全基因组重测序在检测遗传变异、群体进化与适应性研究、功能基因定位及遗传图谱构建等方面的研究在动植物上得到广泛应用并取得了重要成果。随着测序成本的降低，越来越多的研究人员开始利用全基因组重测序进行绵羊重要性状相关功能基因的鉴定。将全基因组重测序应用于绵羊的群体进化及适应性的研究，取得了重要成果。

应用一：本地绵羊的全基因组测序提供了对极端环境快速适应的见解

全球气候变化对极端环境和物种生存均具有重要的影响。然而，人们对全基因组模式下家畜在短时间内适应极端环境的研究较少。绵羊（Ovis aries）在驯化后的迁移和分化过程中，已经很好地适应了各种不同的农业生态区域，包括某些极端环境，像如高原和沙漠的环境。有研究对77只本地绵羊进行全基因组重测序，平均有效测序深度为75个样本5达到5X，2个样本42X。选择高原（>海拔4000m）与低地（<100m）、高海拔地区（>1500m）

与低海拔地区（<1300m）、沙漠（<10mm平均年降水量）与高湿地区（>600mm）、干旱区（<400mm）与湿润区（>400mm），在极端环境下进行绵羊比较基因组分析，检测到一组新的候选基因以及可能与高海拔缺氧反应和干旱环境中水重吸收相关的通路。此外，还发现了与能量代谢和体型变化功能相关的候选基因和通路。该研究为绵羊和其他动物快速适应极端环境提供了新的见解，并为未来应对气候变化的家畜育种研究提供了宝贵的资源[14]。

应用二：全基因组重新测序鉴定与湖羊肋骨数显著相关的候选基因

肋骨数作为肉羊产业的一个重要经济性状，然而调解肋骨数的遗传机制尚不清楚，有研究旨在确定影响绵羊肋骨数量增加的重要候选基因。选择肋骨数量增加的36只湖羊（R14）和肋骨正常的36只湖羊（R13）进行重测序，使用三种方法[固定指数（FST）、Fisher精确检验和卡方检验]进行分析，试验表明，三种方法的结果中有219个单核苷酸多态性位点重叠，包含206个基因。GO和KEGG分析表明，这些基因主要参与发育过程的调节、无机阴离子运输、细胞生物合成过程、紧密连接、催产素信号通路和致心律失常性右室心肌病。根据显著选择的基因组区域选择了四个突变进行基因分型和关联分析。结果表明，三个同义词突变与肋骨数量显著相关。重要的是，该实验揭示了CPOX（编码粪卟啉原氧化酶）、KCNH1（编码钾电压门控通道亚家族H成员1）和编码羧肽酶Q的基因对湖羊肋骨数量有联合影响。我们的结果确定了绵羊育种中肋骨数量的候选分子标记，用于保护地方品种，提高经济效益[15]。

应用三：野生羊与家羊全基因组重测序鉴定与农业性状相关的候选基因

绵羊（Ovis aries）作为一个重要的草食家畜物种，自新石器时代以来就为人类提供了肉、毛、皮和奶。全基因组序列变异和表型相关功能变异的鉴定是近期指导全基因组辅助育种的关键步骤。了解绵羊表型变异背后的遗传变化可能有助于进一步实现遗传改良。有研究对来自36个地方品种的172只绵羊和来自6个改良品种的60只绵羊的基因组进行了重测序，测序深度约为25.7X。利用选择性扫描和全基因组关联研究（GWAS）确定了一些与农业性状显著相关的基因区域，这些区域和基因可能受到驯化的影响。此外，在一些候选基因中发现了非同义突变，并且在品种间等位基因频率分布上存在显著差异。进一步通过转录组、RT-PCR、qPCR和Western blot分析确定PDGFD可能是绵羊尾部脂肪沉积的关键基因。这将为深入了解绵羊的进化历史提供了宝贵的遗传资源，为未来的遗传研究和改良绵羊和其他家畜的基因组辅助育种提供了宝贵的遗传资源[16]。

应用四：全基因组重测序揭示与绵羊胸椎数量相关的基因座

哺乳动物脊柱沿头尾轴根据形态和功能划分为不同的椎体区域，这些区域包括颈椎（C）、胸椎（T）、腰椎（L）、骶椎（S）和尾椎（Cd）区域。椎骨数是影响动物胴体长度和肉产量的重要经济性状，尤其是胸椎数。在一个特定的物种中，椎骨的数量和形态通常是保持不变的。然而，在人类、猪和小鼠中已经观察到胸腰椎区域数量的变化。胸腰区变异已被报道用于猪育种的商业选择，对这种变异的选择成功地提高了培根猪的脊椎数和产肉量。此外，椎骨的数量与乳头的数量有一定的遗传相关，有助于提高牲畜的母性能力。然而，绵羊椎骨数量的遗传基础仍然知之甚少。为了检测椎骨数量的候选基因，有研究采集了400只胸椎（T14L6）和200只正常（T13L6）的哈萨克绵羊。生成并测序了60个基因组DNA库（每个库由10只胸廓特征相同的绵羊基因组DNA混合而成），平均覆盖深度为25.65X。共鉴定了42075402个SNPs和11个确定的基因组区域，包括*VRTN*基因和调控椎体发育的HoxA基因家族。选择性消除最显著的区域位于7号染色体，包括调节脊柱发育和形态的*VRTN*。进一步的研究表明，在胎儿发育过程中，胸椎数量多的羊*VRTN*基因的表达水平显著高于胸椎数量正常的羊。通过对胸椎数增加羊和胸椎数正常羊的全基因组比较，表明*VRTN*基因是绵羊胸椎数的主要选择位点，在未来的绵羊育种中具有应用潜力。该研究结果与之前在猪上的研究一致，均证明*VRTN*基因与胸椎的数量有关，说明*VRTN*基因可能是培育胸椎多的绵羊的新候选基因[17]。

应用五：埃塞俄比亚本土绵羊种群的全基因组分析揭示与尾巴形态和系统地理相关的种群结构

埃塞俄比亚靠近阿拉伯半岛，被认为是向非洲大陆引入包括绵羊在内的牲畜物种的走廊。羊及其产品在埃塞俄比亚数百万农牧民的生计中发挥着关键作用，对国家经济发展也很重要。埃塞俄比亚拥有高度分化的土著绵羊种群，适应高度多样化的农业生态，大约有2933万头羊被表型识别为14个种群。然而，由于缺乏有效的长期绵羊遗传改良、繁殖和环境和社会经济因素，生产力低的当地绵羊种群主导着小农生产系统。另一方面，由于人口增长和城市化，对绵羊产品的需求也在不断增加。因此，迫切需要提高生产力，以满足人口增长和国民经济的需求。埃塞俄比亚当地的绵羊种群主要以地理位置或种族命名，基于基因型特征的差异，会导致将基因相似的群体表现为不同的表型。先前的研究表明，埃塞俄比亚本土羊根据地理分布和尾巴的表现有明显的区分，研究遗传多样性和了解种群结构是制定可持续品种改良策略和了解对极端环境适应性的一个重要途径。

生活在不同气候带、形态迥异的埃塞俄比亚绵羊，是分子遗传学研究中非常有价值的课题，阐明它们的遗传多样性和群体结构对设计合适的育种和保护策略至关重要。该研究调查了八个埃塞俄比亚绵羊种群的全基因组遗传多样性和种群结构。从四个埃塞俄比亚绵羊种群共采集了115份血液样本，包括Washera、Farta和Wollo（短胖尾）和Horro（长胖尾），使用Quick-DNA Miniprep plus试剂盒提取DNA，所有DNA样本使用Ovine 50k SNP BeadChip进行基因分型。为了推断埃塞俄比亚绵羊在国家、大陆和全球水平上的遗传关系，有研究纳入了四只埃塞俄比亚绵羊（Adilo、Arsi Bale、Menz和Black Head Somalia）以及来自东非、北非、南非、中东和亚洲的绵羊的基因型数据作为参考。埃塞俄比亚绵羊群体的平均遗传多样性范围从Horro的0.352 ± 0.14到Arsi-Bale绵羊的0.379 ± 0.14。对8只埃塞俄比亚本土绵羊的种群结构进行主成分分析表明，根据其尾部表型和地理分布，有四个不同的遗传聚类群，短肥尾羊不代表一个遗传聚类群。埃塞俄比亚肥臀羊和肯尼亚肥尾羊有着共同的遗传背景。全球绵羊种群的主成分和种群结构分析表明，瘦尾羊是独立引种的，而肥尾羊和肥臀羊是依赖引种而分散的。全球绵羊种群的主成分和系统发育分析结果与肥尾羊通过两条独立的途径引入非洲。

该研究结果表明，其主成分分析和种群结构具有明显的尾巴形态和系统地理特征。被研究的埃塞俄比亚绵羊种群中有明显的混合迹象，这可能是由于某种程度的混合导致了绵羊群体间的低变异，但群体内的变异很大[18]。

### 应用六：新生绵羊体重与体尺性状的全基因组关联研究

绵羊是肉类、乳制品和羊毛的重要来源，在全球农业经济中占有重要地位。体重和体尺是重要的经济性状，是绵羊贸易和育种目标的主要指标。然而，绵羊初生重是一个复杂的性状，由许多因素控制，如母羊的特征（体重、不孕症、胎次、产仔数），羔羊性别和出生年份。体重和体尺都关系生长性能和繁殖能力，在这种情况下，体重和体尺属于复杂的经济性状。因此，了解绵羊体重和体尺性状的遗传背景对提高遗传水平具有重要意义。然而，人们对其潜在的遗传机制知之甚少。之前的GWASs已经鉴定了一些绵羊体重的一些候选基因，然而未能识别任何初生重显著相关的标记。

有研究使用高通量芯片（630K）进行个体基因分型，进一步对绵羊的出生体重（BW）和体尺特征进行全基因组关联分析。在质量控制后，使用gemma软件在混合线性模型中分析了277只绵羊个体和518203个SNP，共获得48个全基因组提示性SNP，其中4个与体重相关，4个与肩高相关，11个与体长相关，29个与胸围相关。通过与绵羊基因组（Ovis aries_v4.0）比对，共鉴定出39个与体重和体尺特征相关的基因，其中大部分基因参与细胞周期和身体发育。发现的重要候选基因包括：初生重的FOS 2或AP-1转录因子亚单位（FOSL2）；肩高的钾电压门控通道亚家族D成员2（KCND2）；体长的跨膜蛋白117（TMEM117）、转化生长因子β诱导（TGFBI）和白细胞源性趋化因子2（LETC2）；CG的运输驱动蛋白1（TRAK1）和LOC101102529。这些结果为揭示绵羊身体发育的遗传机制的类似研究以及专注于体重和体尺特征的标记辅助选择提供了线索[19]。

## 六、其他应用

### 应用一：绵羊基因组揭示了瘤胃和脂质代谢的生物学特性

绵羊和山羊被认为是最早被驯化的牲畜物种，是畜牧业的重要组成部分。绵羊作为一种重要的反刍动物，为人类提供了肉类、牛奶和羊毛纤维，它们有一个专门的消化器官，即瘤胃，利用微生物菌群发酵饲料，促进转化丰富的木质纤维素植物材料。瘤胃被认为是在大约3500～4000万年前进化而来的，与草原的出现同时发生，当时的气候十分凉爽，二氧化碳含量很低。反刍动物现在是占主导地位的陆地食草动物，执行对植物物质的最初消化。有研究利用两个特克塞尔羊组装了高质量的参考基因组（Oar v3.1），contig N50的长度为40kb，绵羊的基因组总长为2.61Gb，由于在特可赛尔羊品种中选择了有益的肌肉肥大型个体，两个个体在*MSTN*基因上具有长期的纯合性，SNP能够识别等位基因特异性基因表达。同时在绵羊中发现了片段重复，并比较了绵羊、山羊和牛的基因组组装情况，确定了绵羊和牛之间的141个断点。我们比较了绵羊、山羊、牛、牦牛、猪、骆驼、马、狗、小鼠、负鼠和人类的蛋白质结构，共鉴定了4850个单拷贝同源基因，进一步构建了一个系统发育树。利用40个组织的94个样本进行RNA测序，获得转录组数据。蛋白质聚类分析这11种哺乳动物在反刍动物分支中鉴定出321个扩展亚科，其中73种是反刍动物特有的。有研究鉴定出绵羊的基因表现出拷贝数的变化（例如溶菌酶C相关蛋白、催乳素相关蛋白、妊娠相关糖蛋白。RNASE1、ASIP、MOGAT2、MOGAT3）和基因表达的组织特异性（例如MOGAT2、MOGAT3、FABP9）。

绵羊皮肤中MOGAT2和MOGAT3的存在表明可能存在DAG合成的替代途径，可以是从动员储存在细胞内的TAG生成脂肪酸以并入其他细胞产品，或来自外部MAG来源。MOGAT通道没有生成甘油，需要在肝脏中磷酸化，然后再用于TAG，通过甘油-3-磷酸（G3P）途径在皮肤中合成，可能提高绵羊皮肤中甘油主干的再循环效率。MOGAT该途径还绕过1-酰基溶血磷脂酸（LPA）和磷脂酸（PA）合成。皮肤产生一种脂肪酶（LIPH），将PA分解为2-酰基LPA，其具有控制毛囊发育的作用。几种哺乳动物的LIPH突变由于毛囊形状的变化，物种会产生类似羊毛的毛发（23）。因此，MOGAT绵羊皮肤中的通路也可能减少TAG和PA合成之间的耦合屏障脂质合成和卵泡发育信号，促进羊毛生产。反刍动物的肝脏主要是一个糖异生器官，利用丙酸（VFA）作为碳的来源，它对脂质的合成或脂质的摄取几乎没有贡献。反刍动物与非反刍动物脂肪酸代谢的比较发现，表观损失MOGAT3在肠道中的表达以及MOGAT2和MOGAT3在肝脏中的表达可能会反映出心室颤动的重要性更高，而肝脏在长链中的重要性降低。

该研究鉴定了反刍动物饮食、消化系统和代谢之间相互作用的主要基因组特征。这包括人类已经广泛利用的生物化学能力的两个扩展：绵羊生产羊毛和一个器官的进化，该器官容纳了多种微生物群落，使植物能够有效消化[20]。

### 应用二：将全基因组cnv整合到qtl和高置信度GWAScore区域鉴定绵羊经济性状的重要候选位点

茶卡羊又名青海高原半细毛羊，被农业部列为农产品的地理标志。茶卡羊以其优良的羊肉品质而闻名，因此也被称为古代的支流羊。此外，它还被用于生产羊毛衫。因此，茶卡羊被作为一个多用途的绵羊品种饲养。湖羊是我国羔皮生产的主要品种之一，而小尾寒羊生长速度快，抗逆性好，已经进行了大量的研究。拷贝数变异是遗传变异的重要来源，它通过多种机制影响不同的经济性状。此外，基因组扫描可以识别经济性状的许多数量性状位点（qtl），而全基因组关联研究（GWAS）可以定位与表型变异相关的遗传变异。近年来，拷贝数变异（CNVs）已成为遗传分化的潜在来源，但迄今为止，对拷贝数变异的研究还不全面。CNV被定义为大小为50bp或更大的DNA片段，与参考基因组相比存在亚微观拷贝数变化，包括缺失、插入、重复和复杂的多位点变异。目前，为了检测基因组中的CNVs，已经开发了各种全基因组平台，包括SNP基因分型平台、阵列比较基因组杂交和下一代测序（NGS）。对于绵羊来说，SNP阵列和CGH阵列是常规使用的，在各种研究中已经对它们在绵羊CNV检测中的表现进行了综述。这些方法在检测重复区域方面的能力有所减弱，这已经被证明是受重复序列的交叉杂交和低探针密度的影响，NGS在CNV的全基因组鉴定中被广泛接受。

数量性状位点（qtl）是胴体肌肉重、体重、乳蛋白率等经济性状的遗传基础。然而，这些特征大多是基于多个基因组变异。由于基因是一因多效的，多性状GWAScore可以提高关键基因变异的置信度。候选基因法是识别重要基因的传统方法之一，该方法易于使用，并且可以根据模型动物中已知的功能基因推断候选基因对家畜表型的影响。然而，对于功能未知的基因，该方法不能得到可靠的结果。目前，3D基因组学是识别关键CNV影响表型的有力方法。然而，NGS和下游分析的成本非常高，利用重测序数据识别CNV，然后结合现有的全基因组关联研究（GWAS）和QTL数据。基于CNVs整合绵羊GWAS数据的报道甚少。

有研究开发了一种名为GWAScore的方法，该方法收集GWAS汇总数据来识别潜在的候选基因，并将CNV整合到qtl和高置信GWAScore区域中，以检测绵羊生长性状的关键CNV标记，发现197个候选基因与候选拷贝数重叠。部分关键基因（*MYLK3*、*TTC29*、*HERC6*、*ABCG2*、*RUNX1*等）的GWAScore峰明显高于其他候选基因。有研究发现的GWAScore方法来挖掘候选基因对于绵羊分子育种的研究具有潜在的价值[21]。


## 应用三：绵羊基因组的可编程碱基编辑显示全基因组无脱靶突变

CRISPR/CRISPR9被广泛用于建立位点特异性基因组编辑的细胞系和动物模型。Cas9蛋白在单导RNA（sg）的引导下，在基因组的特定序列位点切割DNA并产生双链断裂（DSB）。为了响应DSB，细胞DNA修复途径通过非同源端连接（NHEJ）产生的插入和删除（indels）比同源定向修复（HDR）介导的基因校正。因此，开发替代方法来纠正不需要dsb的点突变是高度期望的。据报道，与nCas9相连接的大鼠胞苷脱氨酶（rAPOBEC1）可在靶点有效转化C→T，在不引入dsb的情况下在靶位点有效转化C→T。经过几代的修饰，开发了包括rAPOBEC1、nCas9（A840H）和尿嘧啶DNA糖化酶抑制剂（UGI）在内的碱基编辑器3（BE3）；在哺乳动物细胞中突变效率高达74.9%。为了进一步优化BE3，以提高靶标特异性、编辑效率和产品纯度、扩大基因组靶向范围和减少脱靶效应。为了证明BE3能够高效地将C：G转化为T：a碱基对，一些研究小组已经使用BE3通过引入无义突变来沉默基因。

绵羊是一种表型多样的家畜物种，在全球范围内被饲养用于肉类、牛奶和纤维生产。SOCS2抑制因子是SOCS蛋白家族的成员之一，是由多种细胞因子介导的生物过程的负调控因子，如代谢、骨骼肌发育和对感染的反应。这些过程中最重要的是生长和发育过程中ghsignaling的调控。SOCS2是促进小鼠骨发育的主要基因，在骨量和体重的控制中起着至关重要的作用。SOCS2中的一个点突变g.C1901T（p.R96C）完全取消了SOCS2与生长激素受体（GHR）磷酸肽的结合亲和性，这与绵羊体重和体型的增加高度相关。最近报道了使用BE3系统诱导山羊FGF5基因无义突变，以产生具有更长的毛发纤维的动物。有研究通过共注射BE3 mRNA和靶向SOCS2中的p.R96C变体的引导RNA获得了BE3介导的羔羊。此外，使用了父母–后代全基因组测序（WGS）方法，表明没有检测到脱靶突变，突变频率在编辑动物与对照组相同。新生动物单核苷酸交换的观察效率高达25%。通过对编辑组绵羊的体型和体重的观察发现，基因修饰有助于提高绵羊的生长性状。此外，靶向深度测序和无偏见的基于家族的全基因组测序显示，在编辑的动物中无法检测到脱靶突变。

综上所述，利用可编程脱氨酶BE3成功地产生了一只携带SOCS2 p.R96C突变的绵羊。证明BE3在全基因组范围内没有引起非预期的脱靶突变，并且在be介导的动物中突变频率与cas9编辑的动物和自然种群中相同，这将有助于大型动物单碱基突变引起的基因校正和遗传改良[22]。

# 第三节  绵羊的转录组学研究

随着组学技术的快速发展，转录组学作为一种强大的组学工具被广泛应用于家畜育种研究工作中，用于识别潜在的生物标志物、阐明性状的复杂生物学机制。高通量转录组学能够识别重要的生物途径和分子相互作用，解析基因的差异表达水平。

转录组（transcriptome）的概念最早在1997年由Victor E. Velculescu等人提出，并解释转录组是生物组织或体细胞在特定条件下转录出来的所有RNA的总和。因此转录组具有时空特异性，在不同组织或者不同时间条件下，基因的表达量是存在差异的。广义上转录组包括特定环境条件下所有RNA的总和，包括编码RNA（mRNA）和非编码RNA（none-coding RNA，ncRNA），ncRNA包括microRNA、lncRNA、circRNA等；而狭义上仅指特定环境条件下所有mRNA的集合。

目前转录组学主要研究技术手段包括基于杂交技术的DNA微阵列技术（DNA microarray）与基于测序技术的转录测序技术（RNA-seq）两种。其中RNA-seq技术是通过对特定条件下机体的组织或细胞进行转录组测序，将该状态下所有RNA全部测出来，进而分析揭示特定生物学过程中的分子机理。它为研究者探究时间与空间上的基因表达水平以及转录本结构、发现未知转录本和稀有转录本、识别可变剪切位点等方面提供研究思路与方法，更为全面地丰富了转录组信息，是近十年发展起来的深度测序技术。RNA-seq在2008年首次提出并应用于酵母基因组的高分辨率转录组图谱，证明大多数的酵母（74.5%）基因组的非重复序列被转录，并发现酵母的转录组比以前的认识更为复杂。第二代测序技术（next generation sequencing，NGS）也称为下一代测序技术，由于具有较高的测序通量或测序深度，因此也称为高通量测序，随着第二代测序技术市场商业化的广泛应用，RNA-seq为科学家提供了新的探索生命奥秘的研究方式与思维方式。目前，Illumina公司的高通量测序平台使用最为广泛，其测序系统由Genome Analyzer（GA）逐渐升级到HiSeq 2000、HiSeq 4000，同时也衍生出HiSeq X与MiSeq系列测序系统。高通量测序技术普遍采用边合成边测序原理，即在测序过程中加入脱氧核糖核苷三磷酸。

# 一、绵羊营养与肠道概述及应用

家畜的饮食结构，像饮食中各种营养物质的含量，对动物机体平衡有重要影响，而且对最终动物生产的产品也至关重要。然而，动物的大多数饲料是由植物组成，没有足够的微量元素来满足动物的营养需要。因此，在动物的饮食中补充外源矿物质是一种常见的、可取的做法。

大肠被称为后肠，是动物消化系统的重要组成部分。虽然大肠对消化道营养物质消化的贡献远低于瘤胃，但大肠代谢影响动物的生产和健康。迄今为止，绵羊大肠代谢的实验研究主要集中在盲肠和结肠。盲肠和近端结肠是绵羊大肠的主要消化区域，负责控制食糜的传送。绵羊大肠食糜总量为700～1200g，相当于瘤胃总含量的15%～26%。绵羊和牛的一些研究报道表明，食糜在大肠中的滞留时间比在瘤胃中的滞留时间短。然而，大肠段又长又窄，单位体积的吸收能力超过其他肠段。几项研究报道表明，在瘤胃和大肠中，碳水化合物将以一定的速率发酵成挥发性短链脂肪酸（SCFAs）和气体。反刍动物从消化道吸收的短链脂肪酸中，其中大肠占8%～17%，这些脂肪酸为绵羊提供了5%的消化能，占总能量的10%。盲肠的食糜有较强的蛋白质水解、脱氨酶和脲酶活性，盲肠中异丁酸与异戊酸的比值通常高于瘤胃。此外，二氨基庚酸和壁酸在大肠中容易被分解，而在小肠中不能被消化。综上所述，大肠在绵羊体内对淀粉、纤维素、碳水化合物和脂肪酸（主要是短链脂肪酸）的消化和吸收中起着重要作用。因此在转录组水平对绵羊的大肠进行研究，对确定影响绵羊营养水平、肠道的生理机制及了解代谢机制具有重要意义。相关应用可总结归纳为以下几个方面。

## 应用一：日粮补充碘对绵羊生长性能和相关生产性状的影响

在过去的几年里，不同的矿物元素补充对动物饮食的影响引起了广泛的关注，其中，碘作为人类和动物都必需的微量元素，尤其值得人们高度关注。碘是甲状腺激素的重要组成部分，在动物机体中具有重要的作用，在过去几年已经进行了大量的研究，然而对碘诱导动物发生的表达调控机制知之甚少。因此，了解家畜日粮补充碘背后的生物学途径，将对碘影响动物生长和生产力提供新的见解。

研究人员通过全转录组测序技术研究了添加高碘的饲料对泌乳母羊的影响。研究选取15头泌乳后期杂交母羊（3～4岁，体重55～65kg）。所有动物均经过2周的预饲期，食用基础饲粮，即动物每天以碘酸钙（CaI）的形式饲喂2mg碘。进入正式实验时期，母羊被随机分为两组：对照组（$n=5$）饲喂基础日粮；实验组（碘化钾，$n=10$）动物每天饲喂含有高碘的日粮（30mg/天），持续40天。在开始（T0）和补充40天（T40）后分别采集母羊的血液和羊乳。对血清和羊奶样品中的含碘量进行评估。进一步对血液提取DNA进行全转录组定量分析。在高碘组（T40 v. T0）中鉴定了250个差异表达基因，发现了高碘日粮中存在与细胞生长调节显著关联的候选基因，确定了IGF结合蛋白（IGFBPs）是富集最为明显的生物簇。在数据集中，IGFBP-2、IGFBP-3和IGFBP-4基因均表达上调，这些基因属于一个蛋白家族（IGFBP-1-6），是IGF-1的载体蛋白。进一步对富集生物过程的数据进行分析，发现细胞生长调节是四种具有统计学意义的富集途径之一，富集的生物过程为亚油酸代谢过程。该研究结果发现，日粮中碘的补充对绵羊的生长性能和生产相关性状具有潜在的影响，这有助于反刍动物营养基因组学领域的发展[23]。

### 应用二：湖羊饲料转化率相关候选基因和调控通路的挖掘

在舍饲绵羊的生产系统，饲料成本占生产的65%～70%。通常情况下，剩余采食量和饲料转化率是衡量饲料效率的两个常用指标。饲料转化率定义为特定时间内的增重与采食量的比值，而剩余采食量是根据每个动物的体型和生产性能调整后的预测和实际采食量之间的差异。家畜具有较低的剩余采食量，其产生的污染物更少，产生的废物也更少，但对动物的体型、产量和体重没有显著影响。相对低的剩余采食量，不仅可以达到保护环境的目的，而且可以降低饲料成本，因此剩余采食量是一种重要的经济性状。研究剩余采食量的分子机制将有助于培育嵌合可持续发展和高效经济的动物。肝脏是新陈代谢和能量平衡的中央控制器，也是家畜耗氧量的主要驱动因素，在控制饲料效率变化方面也具有潜在作用。影响剩余采食量的因素包括营养物质的消化代谢、机体组成、活动量、能量输出和体温调节等。其中，能量代谢是一个重要的因素，控制能量代谢的基因通过调节机体的能量代谢来影响动物的饲料转化率。近年来，剩余采食量候选基因的研究主要集中在猪、牛和家禽上。在绵羊中，剩余采食量的基因调控机制尚不清楚。

该研究测定了137只湖羊公羔的饲料效率的表型，选取高、低两种剩余采食量的6只羔羊（对照组和实验组各3只）的肝脏进行转录组分析，共鉴定出101个差异表达基因，与高剩余采食量组相比，低剩余采食量组中有40个基因表达上调，61个基因表达下调。下调基因主要集中在免疫功能途径，上调基因主要参与能量代谢途径。最关键的是，在差异表达基因中筛选得到的ADAR2A和RYR2两个基因的多态性与饲料转化率显著相关。这些结果对调控绵羊饲料转化率的分子机制提供了新的认识，并为标记辅助选择提高绵羊饲料转换率提供了有价值的候选基因和遗传变异[24]。

### 应用三：过度放牧对绵羊肝脏转录组的影响

内蒙古自治区作为中国著名的草原分布区域，主要饲养了大量的牛、羊、骆驼等草食动物。近几十年来，过度放牧对草场有了一定的破坏，使得牧草产量降低、营养成分失衡，进而降低动物个体的生长性能。放牧率的增加，使得草地植物积累了大量的挥发性有机化合物，改变了牧草的形态。多年的研究表明，过度放牧对绵羊的增重具有显著的影响。由于牧草的缺乏，羊的体型变小，羊肉和羊绒的产量大大减少，每年造成巨大的经济损失。肝脏是哺乳动物的主要代谢器官，也是动物能量供应和代谢产物解毒的关键来源，与动物的生长发育有着密切的关系。然而，迄今为止，由于过度放牧（特别是牧草利用率和质量较低）的后果，有关绵羊生长相关的肝脏反应的数据很少。因此，过度放牧对绵羊的影响，特别是与肝脏相关的分子机制和相关代谢途径的研究尚不明确，极大地影响了最佳放牧强度的确定和动物生产性能的改善。

研究人员采用完全随机试验设计，选择48只成年乌珠穆沁羊[24个月龄；初始活重：（33.2±3.9）kg]，根据重复和随机化原则，将其随机分配到轻度放牧（4只羊/地块）和过度放牧（12只羊/地块）两个试验组。试验地点共有6块地（1.33公顷/地块，每组3个地块），因此，形成了两种不同的放养率：3.0羊/公顷（轻度放牧组）和9.0羊/公顷（过度放牧）。整个试验持续90天，饲养试验结束后立即屠宰，采集两组乌珠穆沁羊的肝脏进行转录组测序分析，结果显示过度放牧组绵羊的日增重、免疫器官指数（肝脏和脾脏）与免疫应答、蛋白质合成和能量供应相关的血清参数（IgG、白蛋白、葡萄糖和非酯化脂肪酸）显著降低；过度放牧组的其他血清参数，包括丙氨酸转氨酶、天冬氨酸转氨酶、碱性磷酸酶、总胆红素、血尿素氮和白细胞介素–6显著高于过度放牧组。对于RNA–Seq结果，筛选得到50个差异表达基因（过度放牧组vs轻度放牧组），其中25个表达上调，25个表达下调。生物信息学分析发现了两条丰富的KEGG通路，包括过氧化物酶体增殖物激活受体（PPAR）信号通路（与脂质代谢相关）和ECM受体相互作用信号通路（与肝损伤和凋亡相关）。此外，一些下调的基因与解毒和免疫反应有关。

　　总的来说，基于高通量RNA测序谱结合血清生化分析结果，过度放牧条件下较低的饲料可用性和较差的质量，导致参与能量代谢（特别是脂质代谢）、解毒和免疫反应的基因表达水平改变，导致脂质分解和健康状况受损，这可能是绵羊生长性能下降的主要原因。该研究为绵羊–肝基因互作网络的发展提供了基础，同时可以为提高放牧条件下绵羊生长性能的营养策略奠定了基础[25]。

　　应用四：绵羊肠道3个区域的转录组分析揭示大肠脂质代谢的关键通路和调控基因

　　近年来有关反刍动物消化系统发育的研究主要集中在瘤胃和小肠，但绵羊大肠的代谢分子机制仍不清楚。为了识别与肠道代谢相关的基因并揭示其分子调控机制，研究人员对小尾寒羊的盲肠、近端结肠和十二指肠黏膜上皮组织的转录组进行了测序和比较。结果显示3254个基因的共4221个转录本被鉴定为差异表达转录本。在大肠和十二指肠之间，发现差异表达的转录本在6个代谢相关通路中显著富集，其中PPAR信号通路可能是绵羊大肠和十二指肠代谢差异的关键驱动因素。大肠高表达枢纽基因CPT1A、LPL和PCK1可能通过PPAR信号通路在肠道代谢中发挥重要调控作用。该研究还揭示了绵羊盲肠和结肠脂质代谢的差异可能是由于在甘油磷脂代谢、脂肪消化吸收、亚油酸代谢、乙醚脂质代谢和α–亚麻酸代谢途径中的基因表达差异造成的，两个枢纽基因CEPT1和MBOAT1可能在大肠脂质代谢调控中发挥重要作用。该研究对绵羊肠道基因表达的研究具有重要意义，也为调控绵羊肠道代谢提供了新的分子机制[26]。

## 二、绵羊繁殖性状概述及应用

　　动物个体的繁殖是一个复杂而重要的生理过程，是影响绵羊产业发展的重要因素之一。生殖的成功主要依赖于激素的释放，包括下丘脑释放的促性腺激素释放激素（gonadotropin–releasing hormone，GnRH）、促卵泡激素（follicalstimulating hormone，FSH）

和促黄体生成素（luteinizing hormone，LH），它们都是垂体分泌的。随着荷尔蒙的释放，一系列与生殖有关的事件，如排卵和受精，就会发生。众所周知，繁殖性状，如窝产仔数，是由小的多基因控制的。正因为繁殖是一个极其复杂的过程，因此，转录组测序技术手段可以提高我们对绵羊繁殖性能的育种进程。

### 应用一：绵羊卵泡发育早期颗粒细胞和卵母细胞的转录组分析

成功实现早期卵泡发育对母畜生殖功能至关重要，这一过程受到细胞间的相互作用以及卵母细胞和颗粒细胞中基因协同表达的精细调控。尽管进行了大量的相关报道，但对于驱动早期卵泡发生的细胞特异性基因表达知之甚少。由于这些卵泡体积非常小，且发育中的卵巢存在多种类型，这使得对卵泡成分的实验研究非常困难。因此研究人员利用最近发明的激光捕获显微切割（LCM）技术与微阵列技术相结合，用以解决纯细胞群体分子特征的识别。然而，一个主要的挑战是在分离单个细胞或细胞组的过程中需要保持RNA的质量，并需要获得足够数量的RNA。

人员开发了一种新的组织固定方法，确保在显微切割过程中有效捕获单个细胞和RNA完整性的基础上，对绵羊卵泡发育第一阶段卵母细胞和卵泡细胞的转录组基因表达谱进行研究。通过对已知6个卵母细胞特异性基因（SOHLH2、MAEL、MATER、VASA、GDF9、BMP15）和3个颗粒细胞特异性基因（KL、GATA4、AMH）进行验证。首次使用Affymetrix芯片确定了早期发育阶段每个卵泡室的整体基因表达谱。最值得注意的是，获得了迄今为止唯一的颗粒细胞数据集。对卵母细胞和卵泡细胞转录组的比较发现，1050个转录组特异于颗粒细胞，759个转录组特异于卵母细胞。功能分析可以描述参与早期卵泡发生的三个主要细胞事件，并证实LCM衍生RNA的相关性和潜力。

卵巢是不同细胞类型的复杂混合物。因此，需要对不同的细胞群进行分析，以便更好地了解它们的潜在相互作用。LCM和微阵列分析使我们能够识别不同阶段卵泡细胞和卵母细胞群中的新基因表达模式[27]。

### 应用二：日粮添加维生素E对滩羊睾丸抗氧化酶相关基因和蛋白质表达水平的影响

维生素E最早被认为是家畜繁殖过程中的一种必需营养素，现在普遍被认为是一种非常有效的脂溶性断链抗氧化剂，可以保护细胞膜免受氧化损伤。近年来，维生素E也被证明具有一定的非抗氧化作用。自1922年维生素E被发现以来，人们已经认识到它是繁殖所必需的一种营养物质，然而对绵羊睾丸中维生素E敏感的基因还没有被系统地研究过。

在前人研究的基础上，利用基因芯片技术研究了日粮维生素E对绵羊睾丸基因表达的影响。将35只体重相近的滩羊公羊（断奶后20～30天）随机分为5组，在绵羊饲料中分别添加0、20、100、200和2000IU的维生素E（处理分别表示为E0、E20、E100、E200和E2000），进行为期120天的饲养实验。饲养结束后屠宰绵羊，立即收集睾丸样本并储存在液氮中。研究人员使用affymetrixgene chip技术获得了绵羊测试中的转录组基因表达谱。结果表明，饲粮中添加维生素E可调节睾丸基因表达。饲料中添加维生素E可增加抗氧化酶

相关基因 *GSTA1*、*GPx3* 的 mRNA 和蛋白表达，从而提高抗氧化酶活性。这可能是维生素E能提高睾丸繁殖性能的主要原因。基于GO富集分析和KEGG数据库评估基因表达数据，我们发现维生素E可能通过调节氧化水平、影响生物途径中各种受体和转录因子的表达以及调节代谢相关基因的表达来影响睾丸中的基因。通过实时定量PCR（qRT-PCR）和westernblot检测补充维生素E对氧化酶相关基因表达的影响。结果表明，不同剂量的维生素E能显著增加（*P*<0.05）谷胱甘肽过氧化物酶3和谷胱甘肽S-转移酶α1的mRNA和蛋白表达。此外，抗氧化酶基因的qRT PCR结果与基因芯片芯片分析结果一致。总之，膳食维生素E处理改变了绵羊睾丸中许多基因的表达。抗氧化酶基因的mRNA和蛋白质水平的增加，加上抗氧化酶活性的提高，是饮食维生素E促进繁殖性能提高的主要原因[28]。

### 应用三：整合下丘脑转录组分析揭示mRNA和miRNAs在绵羊中的生殖作用

研究人员发现了几个主要的影响绵羊繁殖能力的基因，如骨形态发生蛋白受体IB（BMPRIB）、骨形态发生蛋白15（BMP15）和生长分化因子9（GDF9），其中FecB是BMPRIB中发生在746碱基从a到g的突变，导致关键氨基酸从谷氨酰胺转变为精氨酸，即该碱基的变化进一步导致蛋白质功能的变化。随着测序技术的进步，转录组测序在动物（包括绵羊）中的应用使得我们可以对mRNA和miRNAs表达谱进行整体分析。在miRNA的生成方面，前体miRNA主要由RNA聚合酶II转录，然后加工成成熟的miRNA，早期的研究提供了大量有关miRNA功能的信息，然而，关于它们在参与绵羊繁殖的下丘脑中的功能知之甚少。

研究人员为探讨下丘脑mRNAs和miRNAs在未发生FecB突变的绵羊中的潜在作用，对处于黄体期多胎羊与黄体期单胎羊的进行转录组测序研究。在卵泡期多胎绵羊与卵泡期单胎绵羊中共鉴定了172个和235个差异表达基因以及42个和79个差异表达miRNAs。并通过功能富集分析鉴定了几个关键的mRNAs（如POMC、GNRH1、PRL、GH、TRH和TTR）和mRNA-miRNAs对（如由oar-miR-379-5p共同调节的TRH、oar-miR-30b、oar-miR-152、oar-miR-495-3p、oar-miR-143、oar-miR-106b、oar-miR-218a、oar-miR-148a和oar-432调节的PRL）。这些已鉴定的mRNAs和miRNAs可能通过直接和间接方式影响与生殖激素释放相关的促性腺激素释放激素（GnRH）活性和神经细胞存活而发挥作用[29]。

### 应用四：整合的卵巢mRNA和miRNA转录组数据分析揭示绵羊生殖力性状的遗传基础

在生殖过程中，排卵和卵泡数量受下丘脑-垂体-性腺轴（hpg-轴）调节，并涉及一系列内分泌事件，包括孕酮、促卵泡激素和黄体生成素水平的变化。营养是影响绵羊繁殖性能的重要环境因素之一。然而，这种影响的遗传学和生理机制尚未被很好地阐明。因此，深入了解营养如何影响卵泡发育和排卵率，对于促进针对性营养和提高绵羊整体繁育性能至关重要。早期的研究表明，绵羊繁育性状可以由具有主要效应的个体遗传标记调控，也可以由多基因效应调控，特别是在多品种中，主要功能基因GDF9、BMP15、BMPR1B和B4GALNT2的一些突变控制着绵羊的排卵率和产仔数。

为了提高我们对绵羊多产特性的认识，研究人员对两个纯种芬兰绵羊和德克赛尔羊及其杂交F1代的卵巢组织进行了mRNA-miRNA整合分析。结果表明CST6、MEPE和HBB三个基因在正常饲养的芬兰绵羊和特克塞尔母羊之间存在差异表达，推测可能是绵羊多产性状的关键候选基因。筛选和鉴定纯种间差异表达的miRNA有助于理解这些品种中miRNA在卵泡发育过程中的调节作用。未来对其他物种重要生殖组织的研究，如来自同一个体但处于发情周期不同阶段的子宫内膜和黄体，也提供了理论支撑之用[30]。

### 应用五：绵羊乏情期和发情期垂体miRNA的鉴定与分析

垂体可被认为是动物体内的主要内分泌器官，在动物生长、骨代谢和细胞生成周期中起着中枢内分泌调节作用，特别是垂体前叶在脊椎动物的稳态调节中起着重要的作用。它通过五种类型的细胞释放各种激素来执行其活动，其中黄体生成素和卵泡刺激素在此时动物的发情和不发情状态中起重要作用。近年来，对垂体前叶发育所必需的miRNA的研究逐步深入。miRNA可能是绵羊垂体激素分泌的重要调节因子，然而其在调节绵羊发情中的表达和作用机制仍不清楚。

研究人员使用Illumina HiSeq技术研究了绵羊垂体前叶miRNA在发情和乏情两种状态下的表达谱，鉴定了共199个miRNA和25个差异表达的miRNA。逆转录定量PCR（RT-qPCR）分析显示，在发情和乏情状态下，miR-143、miR-199a、miR-181a、miR-200a、miR-218和miR-221共有六种差异表达的miRNA（$P<0.05$）。使用GO和KEGG的富集分析发现含有丰富的与发情相关基因和调控miRNA的通路。此外，可以考虑构建miRNA-mRNA相互作用的调控网络，以了解参与垂体调节网络的miRNA的功能。总之，绵羊乏情期和发情期垂体中miRNA的表达谱为绵羊垂体生物学的研究提供了理论基础[31]。

### 应用六：小尾寒羊与泗水裘皮羊的全基因组转录组分析

改良绵羊的繁殖力性状是育种的重要目标之一。大部分绵羊品种产单羔，少数品种产双羔，极大地影响了绵羊的经济效益。由于绵羊产羔数的遗传力较低（仅在0.03～0.1），通过传统选择难以达到快速改良。因此，育种学家更加关注于寻找与排卵率和多胎相关的候选基因或突变。高繁殖力是一个复杂的性状，利用单分子生物学技术很难彻底鉴定与该性状相关的候选基因，它受基因、年龄、季节、营养等因素的影响，其中遗传是最重要的因素。小尾寒羊和泗水裘皮羊是我国北方山东省的两个地方品种。前者是高繁殖力品种，平均产仔数为2.61，平均产羔率为286.5%；后者是低繁殖力品种，平均产羔率为121%。这两个品种之间存在着显著的遗传差异，为鉴定和利用这些绵羊的主要繁殖基因提供了宝贵的研究材料。

研究人员为了更好地了解高繁殖力和低繁殖力绵羊高繁殖力候选基因的分子机制，对小尾寒羊和泗水裘皮羊进行转录组测序，共获得1.8Gb测序序列，获得20000多个contigs，平均长度为300bp。通过实时定量RT-PCR进一步验证10个差异表达基因，确定了RNA-seq结果的可靠性，为后续的绵羊繁殖研究提供基础[32]。

应用七：挖掘道赛特羊和小尾寒羊的繁殖力调控因素

绵羊作为全球农业经济的重要物种，繁殖力差异明显。基因和突变被认为是影响排卵率的必要因素。为了揭示潜在的生殖调节因子，我们对多赛特羊（Dorset）、小尾寒羊FecB（B）FecB（B）基因型（Han BB）和小尾寒羊FecB（+）FecB（+）基因型（Han++）的mRNA和miRNA进行了全基因组分析。在这里，我们在mRNA和miRNA水平上进行了详细的分析，以帮助识别可能调节生殖力的候选基因。我们发现每个组之间存在差异表达的基因，这些基因参与各种细胞活动，如代谢级联、催化功能和信号转导。此外，miRNA分析确定了每组绵羊特有的特异性miRNA，这可能在控制繁殖力差异中发挥作用。通过探索不同绵羊物种中miRNA调控的基因表达网络，我们可以创建一个更强大的繁殖调控图谱。此外，定量实时PCR验证了RNA-Seq数据的可靠性。据我们所知，这是首次对该地区任何物种的种内和种间分析。综上所述，这项对绵羊中mRNAs和miRNAs的全基因组分析将有助于识别不同绵羊物种之间的生殖调节因子。

人们希望找到准确、有效和经济的方法来选择能产生具有理想表型的后代的动物，包括高增殖率的动物。在对绵羊的FecB及其与繁殖力的关系进行鉴定后，通过标记选择已经获得了超过1000个标记。研究人员采用二代测序技术对道赛特、小尾寒羊（FecB，BB基因型）和小尾寒羊（FecB，++基因型）三个类群的mRNA和miRNA进行全转录组分析，其中所用道赛特羊被认为是繁殖力较低类群，小尾寒羊的两个基因型类群均被认为是高繁殖力群体。测序结果显示，3种绵羊在转录水平上存在差异，FecB突变的存在或缺失以及基因型可能调控不同的途径，如代谢和信号级联[33]。

应用八：小尾寒羊卵巢的卵泡期和黄体期全转录组分析

卵巢功能是维持绵羊生殖效率的关键，其主要由下丘脑-垂体-卵巢轴调控。在哺乳动物的生殖过程中，卵泡发育、排卵和黄体形成和消退的过程反复发生。简言之下丘脑产生促性腺激素释放激素，垂体分泌促卵泡素和促黄体素，在排卵前达到峰值。在发情周期的卵泡期，由黄体分泌的孕酮减少和雌二醇分泌的增加引起并维持。绵羊的发情周期为16～17天，可分为卵泡期和黄体期。

因此，研究人员为了解高产绵羊卵泡期到黄体期转变的调控机制，利用全转录组测序技术检测了小尾寒羊卵巢组织中miRNA和基因在卵泡期和黄体期的基因表达模式。鉴定出差异表达基因（n = 450），在两个文库中共鉴定出139个已知miRNA和72个新miRNA。进一步挖掘出miR-200a、200b和200c的差异丰度可能在卵泡-黄体转化中发挥重要作用[34]。

应用九：滩羊不同FecB基因型和繁殖率其生殖轴的转录组比较研究

对于滩羊来说，FecB基因的B+基因型产仔数为2个，B++基因型个体的产仔数为1个。因此研究人员分别对B+基因型和B++基因型的滩羊的卵巢、垂体和下丘脑进行转录组测序分析。结果表明，卵巢激素生成信号蛋白、下丘脑TGF-β信号转导、垂体camp-信号转导和多巴胺能-突触通路编码基因的mRNA转录丰度同步且差异较大。这些可能与滩羊的平均繁殖能力有关。此外，对FecB基因型特异性共表达模块分析结果表明，CYP17是连接FecB+基因型母羊卵泡发生和排卵调控通路的枢纽基因[35]。

应用十：绵羊妊娠期孕体着床期子宫上皮细胞转录组和腔液蛋白组分析

绵羊的桑葚胚在怀孕4～5天进入子宫，然后形成一个囊胚，囊胚包含一个内细胞团和中央腔，由单层滋养外胚层包围。透明带孵化8～10天后，孵化出的囊胚慢慢长成管状或卵形，形成孕体。孕体在第11天大约0.5～1cm，卵形胎体在第12天开始快速伸长，第14天形成10～15cm或以上的丝状胎体，占据与黄体同侧子宫角的整个长度。研究子宫上皮及其分泌物对孕体存活、伸长和着床中具有重要生物学作用。

研究人员对妊娠着床期子宫管腔上皮和腺上皮及孕体、子宫管腔液进行了转录组和蛋白质组分析。采用激光捕获显微解剖技术对妊娠第10、12、14、16和20天母羊的子宫管腔上皮和腺上皮进行转录组测序分析。结果显示，在子宫管腔上皮中，表达基因总数在第10～20天增加，而腺上皮中表达基因在第10～14天增加，然后在第20天减少。子宫管腔上皮和腺上皮在第10～14天表达的基因主要参与细胞存活和生长，而在第16天和第20天基因主要参与细胞组织和蛋白质合成。在延长期孕体中大量表达的基因包括*IFNT*、*PTGS2*、*MGST1*、*FADS1*和*FADS2*，而*SERPINA1*、*CSH1*和*PLET1*在第20天孕体表达最多。这些结果支持了孕体的延长和植入是由外在和内在因素共同调节的观点。为发现反刍动物的子宫感受性、胎体伸长、滋养外胚层分化、胎体子宫内膜相互作用和妊娠建立的新的调控途径奠定基础[36]。

应用十一：母羊妊娠期营养不良对其子宫胚胎转录组表达的影响

在营养限制的情况下，代谢平衡被破坏，反刍动物对营养限制时期的适应性取决于其内分泌和代谢机制维持体内平衡的能力。众所周知，营养不良影响动物个体的生殖性能和不同解剖部位的生殖轴。营养分配由内分泌信号调节，而内分泌信号又相应地调节生殖功能。虽然着床前胚胎在一定程度上具有自主代谢能力，但母亲在妊娠开始时的代谢状态对于为胚胎早期发育提供一个合适的环境至关重要。在第14天怀孕的母羊中，有研究报道营养不良对参与母体妊娠识别机制的候选基因的子宫内膜间表达没有影响。

为了进一步研究母羊妊娠期营养不良对子宫内胚胎影响的潜在机制，研究人员以成年Rasa Aragonesa母羊为研究对象通过合理的试验设计，获取营养不良状态下的妊娠母羊和正常饲养状态下的妊娠母羊，在发情或妊娠第14天屠宰时采集子宫组织的RNA，利用安捷伦15K芯片进行转录组数据分析。结果表明，无论营养水平如何，胚胎中编码肽和单羧酸转运体的基因表达均上调，营养不良的母羊中基因表达程度较低。参与糖酵解的基因编码酶在妊娠对照组和营养不良的母羊中均下调，这可能是增加葡萄糖运输到子宫的一种补偿机制。与对照组循环母羊相比，对照组妊娠母羊有更多的脂肪酸氧化相关基因的表达，表明子宫能量需求增加。与营养不良的循环母羊相比，这在营养不良的怀孕动物中没有观察到；然而，这些动物参与脂肪酸生物合成的酶的子宫表达较低。胚胎中参与电子传递的基因上调可能是由于怀孕时能量需求增加的结果。总的来说，根据母羊的营养状况，妊娠改变了子宫中与能量产生相关的代谢途径的基因表达。母羊子宫内营养物质运输和代谢的障碍可以解释营养不良导致较高胚胎死亡率的原因[37]。

## 三、绵羊的肌肉与肉质性状概述及应用

羊肉是人类重要的蛋白质来源，在中国肉类消费中占很大比例。随着人类生活水平的提高，对高质量肉类和营养的需求也在增加。近年来，我国羊肉产量稳步增长，但对优质羊肉的需求仍未得到满足。因此，提高绵羊品种的生产性能，改善肉质是迫在眉睫的问题。羊肉中含有多种矿物质和维生素，如钙、铁、磷、维生素B1、维生素B2、烟酸等。在屠宰后，肌肉会产生各种生化和生理变化，从而影响羊肉的品质，肉品质受到多种因素的影响，包括纤维总量、纤维大小、生长发育、脂肪水平、品种、加工方式、贮藏方式、添加剂及饲料等等。常规实验方法从物理和化学指标角度，研究绵羊肉品质与饲养方式、饲料原料的关系，而通过标记定量等蛋白质组学的方法，可以有效研究羊肉不同质量性状的变化，如嫩度、颜色、失水力和持水能力等，确定影响肉品质的生物化学机制，相关的应用已经进行了大量的报道。

### 应用一：不同品种绵羊的肌肉转录组水平的比较分析

印度拥有全世界6%的绵羊种群，由于缺乏对其遗传特征的了解，绵羊生物多样性的经济潜力没有得到充分利用。班杜尔羊是印度著名的肉羊品种，受到消费者广泛青睐，其肉质柔软，背膘厚高于其他地方品种绵羊。班杜尔羊是由本地绵羊群体的遗传改良而培育形成的。尽管它在当地很受欢迎，市场潜力巨大，但没有关于它的肉品质或肌肉特征的独特性的科学信息，仍缺乏相应的遗传分析。因此，为了进一步阐明班杜尔羊与印度本地绵羊品种在肉品质上的区别，研究人员对两种绵羊的胸最长肌进行转录组学研究。两组实验动物选用年龄一致、饲养环境和管理条件相似的尚未阉割公羊，利用转录组测序技术，比较班杜尔羊与未注册、性状表现不佳的本地绵羊的肌肉纤维组织，获得了班杜尔羊和本地羊的胸最长肌转录组图谱。研究者在两组羊群中共鉴定出568个显著上调基因和538个显著下调基因（$P<0.05$），其中班杜尔羊中有181个基因表达上调，142个基因表达下调，差异倍数≥1.5。对班杜尔羊中重要的上调基因进行GO富集分析发现，其主要包括参与转运蛋白活性、底物特异性跨膜、脂质和脂肪酸结合等；对班杜尔羊中重要的下调基因进行GO富集分析发现，其主要与RNA降解、ERK1和ERK2级联反应的调节以及先天免疫反应有关。通过KEGG信号通路富集分析发现，班杜尔羊的差异表达基因主要富集在MAPK信号通路、脂肪细胞因子信号通路和PPAR信号通路。网络分析鉴定出的高连接基因为 *CNOT2*、*CNOT6*、*HSPB1*、*HSPA6*、*MAP3K14*和*PPARD*，可能是骨骼肌能量代谢、细胞应激和脂肪酸代谢的重要调控基因。这些关键基因影响CCR4-NOT复合体、PPAR和MAPK信号通路。研究中发现的高度连接基因，为进一步研究班杜尔羊的肌肉性状形成了有趣的候选基因[38]。

中国的羊肉占肉类消费的很大比例，不断增长的市场需求推动了绵羊和山羊养殖量的不断扩大。杜泊羊是一种肌肉生长相对较为迅速的引进品种，然而中国本土品种小尾寒羊的肌肉生长速度相对较慢。因此，为了了解肌肉生长背后的遗传原理，丰富绵羊的基因组，为以后绵羊的分子遗传学和功能基因组学分析提供理论基础，有助于促进绵羊的群体繁育。研究者采用从头组装的方法对杜泊羊和小尾寒羊的骨骼肌组织进行转录组测序。结果显示共有145524个unigenes被注释到，其中5718个unigenes在两个转录组间表达差异，7437个编码SSRs。经过进一步组装，共鉴定出70348个all-unigenes，平均长度为863bp，它们与蛋白质和氨基酸新陈代谢通路密切相关。通过比较两个转录组间差异表达的unigenes，鉴定出一些与肌肉生长密切相关的基因。这些分析和cSSRs将为发现新基因和标记辅助选择育种提供有价值的资源[39]。

小尾寒羊和蒙古羊是我国西北地区广泛养殖的两种肉质优良、适应性强的本土绵羊品种。与地方品种绵羊相比，杂交绵羊具有许多突出的特点，如优良的生产性能和优质的肉质。然而，与这些特征相关的遗传分子标记尚不清楚。研究人员选用蒙古羊与小尾寒羊杂交个体和小尾寒羊纯种个体进行生产性能和肉品质的测定。选择14项生产性能和肉品质的指标，发现杂交群体与小尾寒羊纯种之间存在显著差异。随后，对2个绵羊品种的背最长肌进行了转录组学比较分析，共鉴定出874个差异表达基因。通过相关分析，筛选出6个与生产性能相关和30个与肉质相关的差异表达基因，包括SPARC、ACVRL1、FNDC5和FREM1。结合这两个品种羊的生产性能和肉品质，通过了解蒙古羊与小尾寒羊杂交个体和小尾寒羊纯种羊的遗传和表型差异，精确识别了杂交个体和纯种个体的标记，扩展建立了分子育种标记的知识库，为未来优化绵羊生产和肉质性状的遗传和分子研究提供新的候选调控因子[40]。

乾华肉用美利奴羊是一种既可食用肉又可食用羊毛的绵羊新品种。它是近年来通过南非美利奴羊（父本）和中国东北细毛羊（母本）的级进杂交人工选育而成。与南非美利奴羊和东北细毛羊相比，该新品种具有较强的抗逆性和粗饲料抗性的遗传特征，具有较好的肉用性能。研究人员利用转录组测序技术和生物信息学分析方法，对乾华肉用美利奴羊和小尾寒羊的背最长肌进行了转录组测序分析，测序共获得960个差异表达基因（405个基因上调，555个基因下调）。其中，463个差异表达基因可能与肌肉生长发育有关，并参与骨骼肌组织发育和肌肉细胞分化等生物学过程、催化活性和氧化还原酶活性等分子功能、线粒体和肌浆网等细胞成分，以及代谢途径和柠檬酸循环等途径。一些差异表达基因，包括MRFs、GXP1和STAC3，在肌肉生长发育过程中起着至关重要的作用。该研究获得的差异表达基因将有助于进一步研究绵羊肌肉生长发育机制，并为肉用绵羊育种提供依据[41]。


应用二：沙葱提取物诱导绵羊脂肪和肌肉中lncRNAs和甲基化的组织特异性调节机制


作为人类饮食中独特而必要的食物来源，羊肉含有丰富的营养成分，如铁、锌、硒、脂肪酸和维生素。羊肉膻味来源于两种支链脂肪酸（BCFAs）：存在于所有脂肪组织中的4-甲基壬酸（MNA）和4-乙酸（EOA）；3-甲基吲哚（MI）、skatole或吲哚来源于畜牧饲草料。蒙古沙葱（Allium mongolicum Regel，a. mongolicum）是一种生长于高海拔荒漠草原和荒漠地区的多年生旱生百合科葱属植物。绵羊饲喂沙葱可显著降低羊肉的膻味，提高羊肉品质。但沙葱对绵羊肉品质提高的影响作用机制尚不明确。

　　研究人员系统研究了沙葱提取物诱导绵羊脂肪和肌肉中lncRNAs和甲基化的组织特异性表观遗传机制，进一步验证了沙葱作为一种独特的绵羊饲料，对改善羊肉品质具有重要意义。试验分别采用转录组与和全基因组重亚硫酸盐测序技术分析蒙古沙葱水提物（WEA）对绵羊肌肉和脂肪的表观遗传调控机制。研究结果表明，饲喂沙葱提取物组的绵羊其肌肉与脂肪两个组织间的差异表达基因和lncRNA有减少，但差异甲基化区域（DMRs）增加。LncRNA和DMR靶点均出现ATP结合、泛素化水解酶、蛋白激酶结合、细胞增殖调控及相关信号通路，且不包含不饱和脂肪酸代谢通路。此外，组织特异性功能富集涉及到多种不同的功能注释，如肌肉的lncRNA结果显示其单独注释在高尔基膜和内质网，脂肪的lncRNA结果显示其单独注释在氧化磷酸化代谢，肌肉的DMRs结果显示其单独注释在dsRNA结合上。表观遗传调控网络还发现了重要的共调控模块，如脂肪中共调控胰岛素分泌模块（PDPK1、ATP1A2、CACNA1S和CAMK2D）。以上结果进一步表明，WEA诱导绵羊肌肉和脂肪的不同表观遗传调节机制，以减少组织间的转录组差异，阐述沙葱对羊肉肉品质影响的生物学功能、组织的相似性和特异性以及羊肉气味的调节机制[42]。

### 应用三：RNA序列分析揭示绵羊骨骼肌在营养缺乏应激下的代谢调控机制

　　高等哺乳动物有一种特殊的机制来感知脂质、氨基酸和葡萄糖的丰度，以满足它们的生理需求。当能量充足时，这些营养感应途径刺激身体合成代谢和储存，而缺乏诱导内部能量储存的动员。当一种或几种营养素处于缺乏状态并达到阈值时，就会发生应激反应，引发代谢途径和细胞过程的强烈变化。骨骼肌是主要的运动器官和关键的代谢部位，在影响全身的代谢中发挥着重要作用，这意味着骨骼肌是参与应激反应的主要器官之一。正常的代谢和肌肉的良好发育对家畜健康至关重要，而各种应激，包括营养应激，将会影响肌肉的代谢和性能。

　　研究人员采用转录组测序技术筛选营养不良应激状态下绵羊肌肉的转录组变化，挖掘代谢相关差异表达基因注释及其功能，验证后对部分差异基因的蛋白相互作用（PPI）和表达相关性进行了分析。选取10只年龄、体重相近的健康成年雌性小尾寒羊，随机分为对照组和禁食组。3天后每组随机选取3只羊，屠宰后对半腱肌样品进行RNA-seq及一系列生物信息学分析与验证，确定营养不良应激条件下与代谢相关差异表达基因。结果表明，与对照组相比，在体重明显减轻的禁食组中共获得391个差异表达基因，其中278个表达下调，113个表达上调。基因功能富集注释，发现参与代谢过程的有228个差异表达基因，其中11个为新基因，只有Sheep newGene 4578被 KEGG信号通路注释。GO功能富集分析结果显示，分别有11个、9个、4个DEGs在脂质运输与代谢、氨基酸运输与代谢、碳水化合物运输与代谢中被注释到。此外，KEGG富集分析表明，除了蛋白质消化吸收通路、脂肪酸代谢通路、不饱和脂肪酸生物合成通路等与代谢直接相关的通路外，还存在PI3K-AKT、AMPK、MAPK、FoxO等信号通路对代谢起重要作用。蛋白质互作MCODE分析结果表明，两个鉴定的得分最高的亚网络与代谢密切相关。相关分析表明，在两个亚网络中与代谢相关的大多数差异表达基因的mRNA水平均显著相关，其中包括Sheep newGene 4578在内的10个代谢相关的差异表达基因的mRNA水平均显著相关。该研究在转录组水平上对营养不良应激下骨骼肌代谢变化的机制提供了有价值的理解[43]。

应用四：妊娠后期胎儿肌纤维增生的组织学和转录组水平特征的研究

德克赛尔羊是一种典型的双肌臀品种，由于GDF8突变，目前在世界各地进行商业生产，通过肉质的客观评估未发现不良影响。与德克赛尔羊相比，没有GDF8突变的乌珠穆沁羊，其肌肉较少，脂肪含量较高，但肉质较优。因此，这两个绵羊品种为研究肌肉和脂肪的发育以及鉴定肌肉生长抑制素基因提供了一个很好的模型。产前骨骼肌发育是肌肉发育和肉质发育的重要决定因素。在大型早熟物种，如绵羊和牛，肌肉的最大肌纤维补体在出生之前就达到了。绵羊中出现三波以上的肌源性细胞，大多数肌纤维形成于妊娠后半期。然而，在绵羊胎儿期阶段，肌纤维是在某些发育阶段以脉冲波模式增加，还是在各个发育阶段均匀增加，目前尚不清楚。

因此，研究人员利用首个专门化的全转录组绵羊寡聚DNA芯片和组织学方法，以德克赛尔羊（高肌肉和低脂肪）和乌珠穆沁羊（低肌肉高脂肪）作为肌肉生长抑制素基因的自然突变模型，对胎儿最长肌的基因表达谱和组织学特征进行了分析研究。研究人员分别于母羊妊娠第70天、第85天、第100天、第120天和第135天取样胎儿的骨骼肌样品，结果发现，胎羊的肌纤维数量在某些发育阶段以脉冲波方式急剧增加，但在各个发育阶段增加不均匀。德克赛尔羊的肌纤维在胎儿第85天和第120天时出现激增现象，而乌珠穆沁羊的肌纤维在胎儿第100天时出现较为独特的激增现象天。微阵列分析表明，在肌肉发育过程中免疫和血液系统的发育与功能、脂质代谢和细胞是德克赛尔羊和乌珠穆沁羊差异最大的生物学功能。与肌肉发生和肌细胞增殖相关的信号通路，如钙离子信号通路、趋化因子（C–X–C motif）受体4信号通路、血管内皮生长因子信号通路等，在特定的胎儿阶段具有显著影响。研究还发现了一种肌生长抑制素的突变改变了产前骨骼肌的基因表达谱，特别是在某些发育阶段扰乱了控制肌肉发育和功能的一些关键信号通路，这种现象进一步表明，德克赛尔羊和乌珠穆沁羊的肌纤维表型具有较大差异[44]。

应用五：胎羊骨骼肌中lncRNA和miRNA的动态广泛表达分析

在现代畜牧业中，从经济角度分析，骨骼肌是动物身体中最重要的部分。哺乳动物肌肉发育的前三个阶段在胚胎阶段完成，肌肉纤维的数量一般在出生后没有明显变化。产后肌肉生长主要是由肌纤维肥大和肌间脂肪增加引起的。骨骼肌的产量和质量是由动物的肌肉纤维类型、代谢和生理特性决定的。虽然在骨骼肌细胞中进行了特异性miRNA和lncRNA靶点的鉴定和验证，以及许多miRNA和lncRNA在骨骼肌中的功能机制的阐明方面已经取得了进展，但miRNA、lncRNA与各种肌肉发育之间的相关性尚未充分探索。目前尚不清楚在绵羊胚胎发育过程中lncRNA是如何与miRNA相互作用调节骨骼肌形成的，也不清楚在不同的胚胎阶段，有哪些功能性lncRNA和miRNA的表达存在差异。为了解决这些知识上的空白，研究人员检测了妊娠第60天、第90天和第120天以及出生后第0天和第360天绵羊背最长肌lncRNAs和miRNAs的时间表达谱。通过转录组测序共获得了694种不同的lncRNA；并且在701个已知绵羊miRNA中，miR-2387、miR-105、miR-767、miR-432和miR-433在胚胎阶段广泛表达。研究人员描述了一组与LD肌肉生长相关的lncrna、mirna和基因，横跨五个发育阶段。提供了四个可视的lncRNA基因调控网络，可以用于进一步探索lncRNA在绵羊中的功能。描述几种与miRNA相互作用调节成肌分化的lncRNA。该研究成果对今后lncRNA和miRNA生物学的研究，特别是绵羊肌肉的研究具有重要的参考价值，有助于理解lncRNA和miRNA在绵羊中的功能。整合已发表的关于lncRNA和miRNA及其对山羊和绵羊骨骼肌发育的影响的数据，是建立相关数据库的关键一步[45]。

# 四、绵羊乳腺与奶品质性状概述及应用

奶是哺乳动物婴儿和哺乳动物在哺乳期的绝佳食物，是一种富含营养的白色液体食物。哺乳期可分为三个阶段；早期、中期和晚期。人奶、牛奶和羊奶在物理化学特征上有显著差异，不同阶段的泌乳过程也有很大的差异。几个世纪以来，人类需要大的牛奶和奶制品均来自家畜。羊奶是目前重要的收入来源，2013年全球牛奶产量排名第四（http://faostat.fao.org/），奶羊业主要集中在欧洲和地中海附近的国家。绵羊奶的脂肪和蛋白质含量高于山羊奶和牛奶。此外，与奶牛、水牛相比，羊奶的乳糖含量较高。羊奶中含有不同比例的脂肪、蛋白质、乳糖、酪蛋白和乳清蛋白，绵羊奶的这些特性使其适合于制作酸奶和奶酪等乳制品。有报道称，免疫和应激反应基因是哺乳过程中的重要途径。绵羊奶主要用于奶酪生产，其质量直接影响奶制品的质量。近年来，羊奶及相关产品在世界各地越来越受欢迎。然而，绵羊奶业受到低产奶量的限制，而且绵羊泌乳的分子调节剂仍然在很大程度上不为人所知。

羊奶生产是一个复杂的性状，受多个生物学过程的调控，并显示出适度的遗传力。因此，利用基因组选择技术来提高羊乳性状的选择，对于羊乳行业来说变得越来越重要。转录组测序分析技术，如cDNA文库、微阵列和RNA测序，已经用于乳消化过程的分析、乳腺活检、乳脂肪球细胞和乳房体细胞中。其中，乳脂肪球细胞的转录组可反映乳腺上皮细胞和乳腺的RNA图谱。确定影响绵羊产奶性状以及乳腺的生理机制，其应用主要有以下几个方面。

应用一：不同哺乳期羊奶的转录组学比较分析

Ghezel羊原产于伊朗西北部省份（东阿塞拜疆和西阿塞拜疆）和图尔基西部，耐干燥和寒冷。Ghezel羊因其乳制品而被广泛使用，其所产绵羊奶制成的Lighvan奶酪，是由位于伊朗西北部、东阿塞拜疆省的Lighvan村制成，生产世界著名的传统奶酪。因此，Ghezel羊是研究产奶机理的理想模式品种。研究人员利用转录组测序技术研究Ghezel羊泌乳高峰前后两个不同阶段的标记及其潜在的潜在分子机制。Ghezel羊泌乳性能相关基因的表达情况及其在泌乳过程中的调控机制尚不清楚。

为了探讨乳腺泌乳过程的分子机制，研究人员对伊朗Ghezel羊产乳前期和泌乳高峰后期两个阶段的乳汁进行了转录组分析。在两个时期共检测到75个差异表达基因，通过GO和蛋白-蛋白相互作用网络分析方法研究了差异表达基因在泌乳前期和泌乳高峰后期两个阶段之间的基因功能影响，主要集中于代谢过程和氧化磷酸化上。蛋白-蛋白互作网络分析还强调了过氧化物酶体增殖物激活受体（PPAR）信号、氧化磷酸化和代谢途径在泌乳过程中的作用。有趣的是，参与脂肪代谢的基因在泌乳高峰后期阶段主要下调。参与能量产生、发育和免疫系统激活的基因是Ghezel羊MFGs泌乳过程的转录组标记。该发现为揭示泌乳过程的转录组机制提供了新的途径，并为今后的研究提供了一些理论依据与参考[46]。

## 应用二：不同养殖场间的羊奶转录组学比较分析

2012年，西班牙是世界第七大羊奶生产国（http://faostat.fao.org/），70%的羊奶生产集中在卡斯蒂利亚和莱昂社区（2012年为3.6653亿升）（http://www.magrama.gob.es/es /）。Assaf羊和Churra羊是该地区最重要的奶绵羊品种，2014年分别有77896只和35094只泌乳母羊。Churra羊是西班牙本土品种，可以很好地适应其生产区域的主要恶劣环境。Assaf羊是Awassi羊（5/8）和Milschchaf羊（3/8）两个品种杂交而成的一种乳用专用品种。自1977年西班牙引进了Assaf羊后，由于其具有的高生产潜力和对当地条件的有效适应，群体数量持续增长。Churra羊哺乳期正常为120天，在Assaf羊哺乳期可达150天。Assaf的产奶量（400公斤）是Churra羊（117公斤）产奶量的两倍多，Assaf羊奶的脂肪含量（6.65比7.01）和蛋白质含量（5.40比5.79）较低。因此在品质方面，Churra羊奶制作出的成熟奶酪口感更佳。

研究人员分别在Assaf羊和Churra羊产羔后第10天、50天、120天和150天，对从母羊乳体细胞中提取的总RNA进行转录组测序。羊乳体细胞中将近有67%的表达基因注释在参考基因组（Oar_v3.1）中。对于这两个品种和研究的四个哺乳期，表达最高的基因编码酪蛋白和乳清蛋白。检测到573个差异表达基因跨越哺乳期，其中最大的差异出现在第10天和第150天之间。哺乳后期GO表达上调主要与细胞外基质重塑相关的发育过程有关。在Assaf羊和Churra羊的比较中，共检测到256个带注释的差异表达基因。根据GO分析的结果，这些差异表达基因主要富集在内肽酶和通道活性上，且Churra羊中的一些基因选择性上调。因此认为这些基因可能与该品种较高的奶酪产量有关。这项工作为进一步研究泌乳相关的特异途径以及发现新基因的功能注释提供了理论[47]。

## 应用三：不同泌乳时期绵羊乳腺的转录学分析

小尾寒羊以高繁殖力闻名，但羊羔的生存受到影响，部分原因是母羊的产奶量不足导致饥饿引起的。在哺乳期的前3周，其他绵羊品种有报道称多胎羊羔经常出现面对奶水不足的情况和饥饿母羊泌乳不足的结果，可能导致羊羔出生死亡率高达41.7%。母羊的乳汁供应也可能影响羔羊的发育、断奶前生长速度和羔羊未来的生产性能。因此，小尾寒羊等多羔品种调节乳腺发育和泌乳的生物学机制越来越受到饲养者的关注。它对中国乃至全球的绵羊生产也具有重要的经济意义。因此研究者通过转录组测序技术对泌乳和非泌乳的小尾寒羊母羊乳腺转录组图谱进行研究。平均有14447个基因在STH羊泌乳高峰期表达，而15146个基因在非泌乳母羊中表达。共鉴定到差异表达基因4003个。GO和KEGG分析表明，差异表达基因与结合活性、细胞结构和免疫反应等有关。泌乳高峰期高表达的基因主要包括CSN2、LGB、LALBA、CSN1S1、CSN1S2和CSN3，非哺乳期母羊乳腺中表达水平最高的基因包括IgG、THYMB4X、EEF1A1、IgA和APOE。这说明在哺乳期间，绵羊乳腺的乳蛋白合成基础和蛋白质运输的促进有了很大的发展。免疫防御的发展似乎是非泌乳期的一个标志，而泌乳高峰期的一个标志可能是与羊奶蛋白合成相关基因的表达量大量增加[48]。

长链非编码RNA（lncRNA）是一种长度为200个核苷酸的非编码RNA。一些lncRNA已经被证明在哺乳动物的许多生物学过程中具有明确的调节功能。湖羊是中国本土绵羊品种，因其优良的泌乳性能和高产而备受关注（每年产两胎，每胎2~3只羊羔）。因此，湖羊为奶绵羊育种提供了一种理想的动物模型。然而，绵羊泌乳的分子机制仍然是未知的，但阐明这一分子机制对于增加我们对绵羊泌乳的认识是很重要的。关于lncRNA与mRNA在绵羊泌乳中的比较研究较少，lncRNA和mRNA在绵羊哺乳过程中如何相互作用尚不清楚。因此考虑到乳腺在哺乳过程中发挥的重要作用，研究人员在湖羊泌乳三个关键时间点：产前5天围产期（PP）、产后6天早期泌乳（EL）、产后25天泌乳高峰（PL）对其乳腺进行活检，并使用RNA-Seq研究lncRNA和mRNA的表达谱。在EL与PP、PL与PP、PL与EL的比较中，分别检测到1111个、688个、54个差异表达lncRNA以及1360个、660个和17个差异表达mRNA，包括几个显著的mRNA（如CSN1S1、CSN1S2、PAEP、CSN2、CSN3、COL3A1）和lncRNA（如LNC_018483、LNC_005678、LNC_012936、LNC_004856）。功能富集分析显示，多种差异表达mRNA和差异表达lncRNA的靶基因参与了泌乳相关通路，如MAPK、PPAR、ECM受体相互作用等。该研究提高了我们对lncRNA和mRNA在泌乳过程中的潜在作用的认识，并有望有助于对奶羊育种进行更深入的研究[49]。

### 应用四：两个不同乳型绵羊的乳腺lncRNA转录组水平研究

小尾寒羊和甘肃高山美利奴羊是我国著名的地方品种，分布广泛，这两种羊在它们的饲养地具有重要的经济意义。但是，这两个绵羊品种的产奶性能差异显著，相对来说，小尾寒羊产奶量更高一些。小尾寒羊产后30天的平均产奶量为1357g/d。同期甘肃高山美利奴羊的产奶量为853g/d。虽然lncRNA在乳腺发育和哺乳中的重要性在其他家畜中已经得到了很好的研究，但迄今为止，没有任何关于绵羊品种乳腺组织中lncRNA表达谱的研究报道。

因此，研究人员利用RNA-Seq技术研究了泌乳期甘肃高山美利奴羊母羊和小尾寒羊母羊乳腺组织中lncRNA的表达谱，发现共表达了1894个lncRNA。与甘肃高山美利奴羊母羊相比，母羊乳腺组织中有31个lncRNA表达水平显著上调，37个lncRNA表达水平显著下调。通过GO富集和KEGG分析结果表明，差异lncRNA的靶基因在乳腺上皮细胞的发育和增殖、乳腺形态发生、ErbB信号通路和Wnt信号通路中富集。在一个lncRNA-miRNA网络中发现了一些差异表达的lncRNA的miRNA受体，据报道与哺乳和乳腺形态发生有关。该研究揭示了lncRNA在绵羊乳腺组织中的表达谱，从而进一步了解lncRNA在绵羊泌乳和乳腺发育中的作用。研究结果将有助于更好地了解lncRNA在绵羊乳腺发育和泌乳中的作用[50]。

## 五、绵羊皮肤与毛品质性状的概述及应用

羊毛生产是世界上主要的农业产业，最重要的羊毛生产国是澳大利亚、中国、新西

兰、南非和南美洲的一些国家。例如，中国作为世界第二大羊毛生产国，占世界羊毛产量的10%（即1200万吨）（FAO，2012）。然而，中国无法生产足够的羊毛来满足加工商的需求，导致进口量增加，2009年中国羊毛进口总量达到32.7万吨，占世界羊毛产量的33%。因此，迫切需要通过遗传学理论来提高羊毛的数量和质量。在绵羊育种中，羊毛长度和细度结合其他指标是纺织行业衡量羊毛质量的重要标准。其品质的细化，特别是纤维直径的细化，与毛囊发育高度相关，可以提高毛用羊养殖的经济效益。哺乳动物毛发的质量和产量是由毛囊的特征和结构决定的。羊毛具有良好的纺织工艺性能，羊毛细度约为22μm，长度超过9cm。它是生产优质纺织品的优良原料，具有很高的经济价值。绵羊皮肤由表皮层和真皮层以及皮下脂肪组织组成，毛囊的结构包括结缔组织鞘、内根鞘、外根鞘、毛球和毛干。

毛囊的形态结构和发展对羊毛的性能有重要影响。毛囊结构复杂，根据其结构特征和发育阶段可分为初级毛囊和次级毛囊。与次级毛囊相比，初级毛囊毛球的直径较大，且均有完整的皮脂腺。次级毛囊发育晚于初级毛囊，毛囊和毛球的直径较小，只有少数次级毛囊有一单一的皮脂腺。在绵羊中，毛囊形态发生始于胚胎阶段，它受毛囊外宏观环境因素的调控，需要多种信号的协调和沟通来调节其生长。早在20世纪50年代就有关于绵羊毛囊生长和特性的研究报道，在细胞水平上对毛囊的发展已经有了很好的了解。羊毛毛囊的发育包括在绵羊胎儿皮肤中从大约E55到E65的初级羊毛毛囊开始发育，从大约E75到E85的次级羊毛毛囊发育，以及从大约E95到E105的次级衍生羊毛毛囊开始发育。在绵羊育种中，通过研究毛囊发育的调控基因，可以提高绵羊羊毛的品质和产量。考虑到毛囊的复杂性，对绵羊胎儿皮肤的转录组进行研究，对于鉴定影响毛囊发育调控的差异表达基因是有价值的。虽然已经确定了与毛囊形成相关的多种遗传决定因素，但在毛羊中负责毛囊独立的形态发生和发展的分子仍然不清楚。对毛囊发育调控基因的研究，可以为改善羊毛质量和增加羊毛产量的奠定坚实的基础。在确定影响绵羊皮肤与毛品质的生理机制方面主要应用如下：

### 应用一：lncRNA miRNA mRNA网络在敖汉细毛羊皮肤毛囊诱导中的作用

哺乳动物毛发的质量和产量是由毛囊的特征和结构决定的。敖汉细毛羊起源于中国东北地区，该品种遗传性能稳定，适应性强，适合在干旱地区育种。在细毛羊中，纤维长度决定细毛产量，对纤维直径有重要影响。研究调控敖汉细毛羊次级毛囊形态发生的分子机制，寻找特异性调控次级毛囊生长发育的调控因子和功能基因，将为利用分子育种技术提高羊毛品质提供可靠的科学依据。lncRNA和miRNA是新发现的一类ncRNA，它们不翻译成蛋白质，但调节各种细胞和生物过程。然而，关于羊毛中lncRNA、miRNA和mRNA网络调控机制的相关报道较少。

为了研究ceRNA对敖汉细毛羊的皮肤毛囊发育调控作用，研究人员采用RNA-seq方法对其胚胎第90天（E90d）、胚胎第120天（E120d）和出生时（birth）皮肤组织的lncRNA、mRNA和miRNA的表达谱进行了研究。结果显示，在毛囊发育的三个阶段中，共发现了461个lncRNAs、106个miRNAs和1009个mRNA差异表达。lncRNA（MSTRG.223165）被发现作为ceRNA，可能通过作为miR-21参与羊毛毛囊发育。网络预测表明MSTRG.223165-miR-21-SOX6轴与毛囊发育有关。双荧光素酶实验验证了miR-21与SOX6和

MSTRG.223165的靶向关系。这是在敖汉细毛羊中首次发现lncRNA、miRNA和mRNA网络与毛囊发育相关的报道，该研究对毛囊生长发育的调控提供了新的理论指导，为毛用羊育种奠定了坚实的基础[51]。

### 应用二：基于转录组学挖掘地毯毛羊胎儿皮肤中与初级毛囊相关的长链lncRNA和mRNA

在转基因小鼠模型中观察到小鼠初级毛囊诱导是由间充质细胞和上皮细胞之间的交互作用驱动的，主要受信号通路控制，包括无翼状相关整合位点（WNT）、外胚层发育不良蛋白A受体（EDAR）、骨形态发生蛋白（BMP）和成纤维细胞生长因子（FGF）。由于皮肤中汗腺与毛囊共存，且毛囊生长模式与人的头发毛囊不同步，因此绵羊皮肤可作为一种有价值的毛发研究系统。然而，绵羊的毛囊发育机制仍然不清楚。

为进一步了解lncRNAs和mRNA在地毯毛羊初级毛囊诱导中的作用，研究人员进行了高通量转录组测序，发现了lncRNAs（36个上调，26个下调），mRNA（228个上调，225个下调）以及80个差异表达的新转录本。WNT（WNT2B和WNT16）、BMP（BMP3、BMP4和BMP7）、EDAR（EDAR和EDARADD）和FGF（FGFR2和FGF20）通路中的几个关键信号，以及一系列lncRNA，包括XLOC_539599、XLOC_556463、XLOC_015081、XLOC_1285606、XLOC_297809和XLOC_764219，被证明在初级毛囊诱导中具有潜在的重要作用。GO和KEGG分析差异表达的mRNA和改变的lncRNA的潜在靶点在形态发生的生物学过程和转化生长因子-β、Hedgehog和PI3K-Akt信号通路，以及聚焦黏附和细胞外基质受体相互作用中都显著富集。对mRNA-mRNA和lncRNA-mRNA相互作用网络的预测进一步揭示了可能参与初级毛囊诱导的转录本。通过原位杂交检测XLOC_297809和XLOC_764219在基板和皮肤冷凝中的定位，说明lncRNA在初级毛囊诱导和皮肤发育中发挥重要作用。该研究建立的初级毛囊早期发育的基础理论体系，不仅提高了对毛囊和皮肤发育以及羊毛品质潜在改善的认识，而且有助于将羊毛毛囊作为辅助人类皮肤健康和护理的附加系统。粗毛羊和细毛羊初生毛囊发育出的羊毛纤维厚度差异明显。前者长而厚，而后者短而薄。进一步阐明粗、细羊毛差异的机理，有助于毛羊的选育，特别是纤维厚度的选育[52]。

### 应用三：鉴定绵羊胎儿和出生后毛囊发育过程中表达的lncRNA

苏博美利奴羊是2014年培育的中国优良毛羊品种。这个品种以其优质高产的羊毛而闻名。羊毛是绵羊最珍贵的产品之一，是纺织工业的重要原料。羊毛质量的改善将使其经济价值显著提高。生物标记在各种畜种的应用（人类、绵羊等）中比蛋白编码基因表现出更高的特异性。在这些lncRNA中，一部分由绵羊基因组编码的lncRNA已经被注释，但仍有许多，包括高度组织特异性的，尚未被完全描述。lncRNA长度通常为200nt，从哺乳动物基因组中转录而来。它们在各种生物过程中发挥重要的调节作用。然而，lncRNA在调节绵羊胎儿和出生后毛囊发育阶段中的作用尚未被描述。

为了进一步分析挖掘lncRNA和mRNA调节毛囊发育的重要角色，研究人员针对

lncRNA和mRNA表达谱的苏博美利奴羊在多个胚胎天数（包括E65、E85、E105和E135）和羔羊出生后一周（D7）和一个月（D30）这几个阶段使用转录组测序技术进行了全面研究。结果显示预测的差异lncRNA有471个，12812个mRNAs。通过K-means聚类，将差异表达的lncRNA根据表达模式分为10个簇。此外，GO基因富集和KEGG通路分析表明，一些差异表达mRNA，如DKK1、DSG4、FOXE1、Hoxc13、SFRP1、SFRP2和Wnt10A与lncRNA靶向重叠，并在重要的毛囊发育通路（包括Wnt、TNF、Wnt10A、MAPK）中富集。该研究有助于丰富绵羊的lncRNA数据库，提供完整的胎儿和出生后绵羊皮肤的lncRNA转录组图谱，为进一步研究lncRNA在绵羊毛发生长调控中的作用奠定了基础。这些结果将是非常有用的遗传息资源，可以提高我们对lncRNA参与皮肤毛囊发展的作用机制的理解[52]。

应用四：营养限制对中国美利奴羊毛囊发育和皮肤转录组的影响

中国美利奴羊是1985年培育形成的品种，体形大，密度高，毛细度（直径）为18～25μm。羊毛产量是细毛羊最重要的经济驱动力，受多种因素的影响。毛囊的密度影响羊毛产量，毛囊直径决定羊毛价值。在卵泡发育过程中，第一个形成的卵泡是发生在妊娠第70天左右的初级毛囊，接着是发生在妊娠第85天左右的次级毛囊，继发毛囊大约在妊娠第105天开始形成。根据以往的研究，营养对毛囊的形态发生和发育至关重要，营养不良直接影响毛囊的密度。母羊在妊娠期第85～135天适当的营养限制会影响毛囊的形态发生和分支，导致毛囊成熟缓慢，次级与初级毛囊（S/P）比例降低。目前，许多与绵羊经济性状相关的候选基因已经被讨论。然而，与羊毛品质和产量有关的基因仍需进一步研究。毛囊的形态发生和发育涉及一个复杂的过程，它依赖于许多基因和信号通路。美利奴绵羊的毛囊形态发生与绒山羊相似。在对绒山羊毛囊循环和毛囊发育的研究中已鉴定出大量与毛囊和纤维发育相关的基因，并利用高通量RNA测序方法阐明了毛囊发育的机制。然而，美利奴羊胚胎次级毛囊发育和形态发生的候选基因以及信号通路仍需进一步研究。次级毛囊密度和次级毛囊与初级毛囊的比值均降低。差异表达基因富集在结合单生物过程、细胞过程、细胞和细胞部分基因本体论功能分类及代谢、凋亡和核糖体途径中。挖掘到4个候选基因SFRP4、PITX1、BAMBI和KRT16参与了羊毛毛囊的发生和发育。该研究结果表明，在维持营养水平的基础上，对妊娠母羊进行营养干预可为研究毛囊发育提供策略，全面了解与次级毛囊发育相关的基因表达可以为研究美利奴羊次级毛囊发生发育的潜在机制提供理论基础[53]。

应用五：利用RNAseq对绵羊皮肤转录组进行从头组装和鉴定

绵羊毛是由绵羊皮肤中的毛囊发育而形成，目前，新一代测序技术，即转录组测序的发展为阐明毛囊发育的分子调控机制提供了新的途径。在缺乏全面基因组或转录组信息的生物体中进行基因组规模研究打开了大门，使得在单个实验中组装新的转录本和识别差异调控基因成为了可能。

研究人员使用Illumina Hiseq 2000测序系统对绵羊（Ovis aries）的皮肤进行从头转录组测序。转录组从头组装通过短读序列组装进行的，包括SOAPdenovo和ESTScan。通过

BLASTx、BLAST2GO和ESTScan对unigenes的蛋白功能、同源群功能簇、GO、KEGG、蛋白编码区预测进行注释。收集到26266670条clean reads，组装成79741条unigene序列，最终组装成长度为35447962个核苷酸的转录组，共注释了22164条unigenes，占unigenes总数的36.27%，被划分为25个类，隶属于218条信号通路。其中，与毛囊发育相关的信号通路有17条。基于RNA-Seq获得的大量皮肤毛囊转录组测序数据，鉴定和注释了许多新的unigenes，为未来绵羊遗传和功能基因组研究提供了良好的平台。这些数据可用于提高羊毛质量，并可作为人类毛囊发育或疾病预防的模型[54]。

# 六、绵羊的脂肪组织概述及应用

脂肪组织是调节家畜脂肪发育和脂质代谢的重要组织之一。目前关于绵羊脂肪相关的研究，主要集中在尾部脂肪。根据考古学和基因组发现，现代绵羊品种大约9000年前在伊拉克新月沃土地区被驯化。由于对各种地理和社会文化环境的进化反应，已培育出多达1400个绵羊品种，与它们的亚洲祖先摩佛伦羊相似，现代绵羊品种在早期阶段是薄尾的。在适应当地恶劣气候条件的漫长进化过程中，脂尾羊在5000年前经过长期的人工和自然选择而出现。每种绵羊都有其独特的形态，在这些种群中，超过四分之一的是脂尾羊，它们的尾巴以脂肪的形式储存大量的能量。从进化的角度来看，脂尾羊最初是从细尾羊进化而来的，这反映在恶劣环境中需要储存一定的能量。脂尾羊可以在迁徙期间以及牧草处于休眠状态下获得的干物质量提供能量，因此脂尾是绵羊在恶劣环境中生存所必需的特征。此外，羊尾脂肪可被人类用作膳食脂肪的重要来源。因此，尾部脂肪沉积的机制值得研究。

然而，今天的集约化生产系统对脂尾羊的需求量明显降低，因为脂肪沉积比增加等量的瘦肉组织需要更大的能量成本。脂尾绵羊中尾巴占胴体重的20%，造成其胴体经济价值显著降低。由于上述原因，肥尾羊品种逐渐不受生产者和消费者的青睐，而小尾羊品种则更受欢迎。因此，研究调控羊尾脂肪沉积和分解的关键基因和控制脂肪代谢的分子机制，将大大加快瘦尾羊的育种进程，生产出更健康的羊肉推向市场。绵羊的尾巴脂肪沉积能力是一个复杂的数量性状，受多个基因调控，尾部脂肪沉积的分子机制尚不清楚。由于脂肪组织具有多种功能，动物体内的脂肪沉积最可能受到环境温度、食物、品种等多种因素的影响。因此，要系统地研究绵羊脂肪沉积能力与遗传差异之间的关系，必须考虑这些影响因素。育种学家需要找到控制尾巴脂肪发育的基因及其调控机制，以便设计合理的降低尾巴大小的育种方案。确定影响绵羊脂肪的生理机制，其应用可总结归纳为以下几个方面。

应用一：脂尾羊和短尾羊的尾部脂肪组织转录组分析

脂尾羊以其独特的大尾巴和后躯而闻名，主要分布在非洲北部、中东、中亚和中国西部。肥尾羊约占世界绵羊总数的25%，虽然它们对当地人来说是各种产品（牛奶、肉类和脂肪，但也包括皮革和毛发）的来源，但它们独特的脂尾特征及贡献长期以来一直被研究人员忽视。这些羊的脂尾特征被认为是对沙漠生活的严酷挑战的适应性反应，是羊在迁徙和冬季草场匮乏时的宝贵储备。尾巴作为一种食物来源，是当地居民膳食能量的相当大的一部分。此外，在某些地区，肥尾羊品种因其瘦肉质量较好，肌肉间脂肪较低而受到赞赏。相比之下，短而小的脂肪尾通过较高的皮下和肌内脂肪沉积率进行补偿。羊的尾巴大小在不同品种之间是不同的。

为了进一步探究尾部脂肪的表达水平情况，研究者采用从头转录组测序技术对脂尾品种（哈萨克羊）和短尾羊（西藏羊）两种绵羊的尾部脂肪进行分析研究。结果显示，两组之间有646个差异表达基因，包括280个上调基因和366个下调基因。我们在脂肪组织中发现了与脂肪代谢相关的基因，包括两个变化最大的基因为NELL1和FMO3。通路富集分析显示，哈萨克羊和西藏羊间差异表达的基因主要富集在脂肪酸代谢相关途径（如脂肪消化吸收、甘氨酸、丝氨酸和苏氨酸代谢）和细胞连接相关途径（如细胞黏附分子），这些途径均会促进脂肪的沉积。这些差异基因对了解绵羊脂肪沉积的分子基础和脂肪酸代谢的调控具有重要意义[55]。

### 应用二：使用转录组测序技术对不同尾巴大小的绵羊进行已知SNP基因分型

羊尾脂肪沉积的遗传基础尚未完全阐明。了解控制脂尾大小的遗传机制可以改进育种策略，以调节脂肪沉积。因此，研究人员为了识别对描述绵羊不同肥尾表型非常重要的遗传变异，对两个伊朗绵羊品种（Lori-Bakhtiari羊，脂尾；Zel羊，细尾）各四只进行转录组测序，对112344个已知SNPs进行了基因分型。结果表明其中30550个和42906个SNPs分别由至少两个Lori-Bakhtiari羊和Zel羊共享。比较这些SNPs，在Lori Bakhtiari和Zel绵羊中分别显示2774个（包括209个错义SNPs和25个有害SNPs）和10470个（包括1054个错义SNPs和116个有害SNPs）品种特异性SNPs。通过考虑位于与肥胖相关的QTL区域或在先前类似研究中报告为重要候选基因的SNP，可以检测到潜在的品种特异性SNP。在品种特异性SNP中，724和2905位于QTL区域。对受影响基因的功能富集分析揭示了几种与脂肪代谢相关的富集基因本体和KEGG途径。基于这些结果，一些受影响的基因被认为与脂肪沉积密切相关，如*DGAT2*、*ACSL1*、*ACACA*、*ADIOQ*、*ACLY*、*FASN*、*CPT2*、*SCD*、*ADCY6*、*PER3*、*CSF1R*、*SLC22A4*、*GFPT1*、*CDS2*、*BMP6*、*ACSS2*、*ELOVL6*、*HOXA10*和*FABP4*。此外，在与脂肪酸氧化相关的候选基因中发现了几个SNP，这些SNPs被认为是导致Zel羊尾部脂肪含量较低的候选基因。该研究的发现为绵羊脂肪沉积的遗传机制提供了新的见解，可用于设计合适的育种方案[56]。

### 应用三：绵羊尾部脂肪组织相关mRNA和lncRNA的转录组比较分析

兰州脂尾羊、小尾寒羊和西藏羊是我国著名的绵羊品种。兰州脂尾羊是中国四大绵羊品种之一，主要饲养在中国西北地区，该地区地势干燥，海拔高。然而，兰州脂尾羊最著名的表型特点是它们的脂尾可以下垂到飞节，积累大量脂肪。近年来，脂尾羊的数量急剧下降，兰州脂尾羊尤其明显。与兰州脂尾羊相比，小尾寒羊尾部较少，脂肪积累量也较低，具有生殖能力强、产仔数高等特点，生长迅速，可能在所有季节都处于发情期。西藏羊生长在青藏高原的山区，平均海拔3500m。与兰州脂尾羊和小尾寒羊相比，西藏羊尾部最小。然而，到目前为止，还没有关于绵羊脂肪尾长lncRNAs的报道。此外，与尾部脂肪发育相关的更复杂的基因网络和分子决定因素尚不清楚。

为了研究绵羊尾脂肪中mRNA和lncRNA的表达谱，研究人员探索了兰州脂尾羊、小尾寒羊和西藏羊之间的转录组差异，并阐明了尾脂肪沉积的分子机制。研究结果显示，在兰州脂尾羊、小尾寒羊和西藏羊尾部脂肪组织之间共鉴定出407个差异表达基因和68个差异lncRNA，其中可能与尾部脂肪组织增大有关。脂肪酸代谢和脂肪酸延长相关通路富集导致脂肪沉积。部分差异表达的lncRNA（tcon_00372767、tcon_00171926、tcon_00054953、tcon_00373007）可能作为核心lncRNA在尾脂肪沉积过程中发挥重要作用。这些发现有助于更好地理解脂肪沉积在调节区域脂肪分布中的作用，以及肥尾羊品种中不同的尾部类型[57]。

应用四：两种不同尾部表型绵羊对脂肪沉积反应的关键基因和激活通路的比较转录组分析

阿勒泰羊和新疆细毛羊在我国新疆省分布历史悠久，其尾部脂肪沉积能力极为明显。阿勒泰羊是最受欢迎的脂尾品种之一。它们的尾巴和臀部是融合在一起的，它们的特点是能够沉积臀部脂肪。我们的研究表明，在秋季，成年阿勒泰公羊的臀脂重平均约占胴体重的25%。相比之下，新疆细毛羊是典型的短尾羊品种，尾巴上几乎没有脂肪组织。因此，这两个具有不同尾部脂肪特征的绵羊品种代表了研究差异表达基因参与调控尾部脂肪沉积的良好模型。

因此，研究人员采用转录组测序方法，对具有极端脂肪尾表型差异的两个中国绵羊品种——阿勒泰羊和新疆细毛羊的尾部脂肪组织进行转录组分析。测序共检测到21527个基因，其中3965个基因共同存在于两个品种中，包括上调基因707个，下调基因3258个。GO分析显示，198个差异表达基因与脂肪代谢相关。KEGG通路分析显示大多数差异表达基因在脂肪细胞因子信号、PPAR信号和代谢通路中。在198个差异表达基因中，有22个基因在阿勒泰羊的尾部脂肪组织中表达显著上调或下调，说明这些基因可能与该品种的尾部脂肪性状密切相关。从阿勒泰羊和新疆细毛羊的尾脂肪组织转录组数据中分别检测到41724个和42193个SNPs。在3个不同尾部表型的绵羊群体中，进一步研究了22个候选基因编码区中7个SNPs的分布。其中，ATP结合盒转运体ABCA1基因的g.18167532T/C（Oar_v3.1）突变和SLC27A2基因的g.57036072G/T（Oar_v3.1）突变的分布差异显著，且与尾表型密切相关。该研究提供了转录组学证据来解释肥尾羊和瘦尾羊的差异，并揭示了大量与尾表型相关的差异表达基因和SNPs。研究结果为瘦尾羊品种的选择提供了有价值的理论依据[58]。

# 七、绵羊的疾病概述及应用

蓝舌（BT）是一种重要的、非传染性的病毒性疾病。BT是由BT病毒（BTV）引起的，属于球形病毒属和呼肠孤病毒科。BTV由中部库蚊传播，可引起绵羊、白尾鹿、叉角羚、大角绵羊的临床疾病，以及牛、山羊和骆驼的亚临床表现。BT是世界动物健康组织（OIE）列出的多物种疾病，并造成了巨大的社会经济损失。到目前为止，全球范围内已经报道了28种BTV血清型，而印度已经报道了23种血清型。经胎盘传播和采用BTV减毒活疫苗株细胞培养的反刍动物（TPT）和胎儿异常。然而，2006年在欧洲出现了BTV-8，证实了BTV野生型/田间菌株的TPT。BT的诊断对于疾病的控制和确保动物及其产品的无BTV贸易更为重要。逆转录聚合酶链反应、琼脂凝胶免疫扩散试验和竞争性酶联免疫吸附试验是敏感的，OIE推荐用于国际贸易BTV诊断试验。控制措施包括大规模疫苗接种（最有效的方法）、血清学和昆虫学监测、形成限制区和哨点项目。在印度，BT控制的主要障碍是存在多种BTV血清型、高密度的反刍动物和载体种群。目前，印度正在使用一种五价灭活佐剂疫苗来控制BT。迫切需要具有DIVA策略的重组疫苗来对抗这种疾病。

羊的痒痒有两种形式。经典的痒病，以及鹿的慢性消耗性疾病，与所有其他朊病毒疾病不同于具有传染性和传播的流行病。相比之下，非典型痒病是偶发的，像大多数其他朊病毒疾病一样，如人类的克鲁氏雅各病，在自然条件下被认为是非传染性。这种差异激发了研究的动机，该研究利用进化生物学的角度来探索当适当的进化力量发挥作用时，非典型或非传染性痒病是否可以转化为经典或传染性痒病。有研究首先解释了相关的进化概念，如进化能力和选择对象，并提出了一些关键术语的明确定义，如变异、复制、遗传力和菌株。对绵羊、山羊和小鼠连续传代过程中痒病菌株行为的观察将变异、复制和遗传力的功能分配给痒病病原体，并将其确定为具有进化能力的选择对象。

应用一：转录组分析揭示蓝舌病病毒血清型16（BTV-16）感染绵羊和山羊外周血单个核细胞（PBMC）的共同差异和整体基因表达谱

蓝舌病是由蓝舌病毒引起的绵羊、牛、山羊和野生动物中传播的一种影响家畜重要经济性状的传染病，绵羊被认为是最易感染的宿主。其特征是家畜体温升高，伴流涎、起泡、舌和唇肿胀、口腔黏膜瘀点出血和冠状动脉带炎症反应。蓝舌病造成严重的经济损失主要包括发病率、死亡率、产量、再生产以及与动物相关的贸易等。它主要通过蠓科库蠓属的咬人蠓传播的。因此，考虑到蓝舌病对小反刍动物的经济影响，世界动物卫生组织（原国际兽疫局）将蓝舌病列为应报告的疾病。它是影响发展中国家小反刍动物种群的主要疾病之一。BTV原型是一种非包膜、二十面体、双链RNA病毒，其基因组中有10个片段，编码7个结构蛋白（VP1到VP7）和4个非结构蛋白（NS1、NS2、NS3、NS3a）。蓝舌病毒核心由两个主要蛋白（VP3和VP7）和三个次要蛋白（VP1、VP4和VP6）组成。外衣壳（VP2和VP5）包围着核心，但在细胞进入时被移除。目前世界上共有27种血清型蓝舌病毒报道，蓝舌病毒感染淋巴细胞的机会尚不清楚。有实验证据表明，不同的亚群存在可溶性感染或非溶性感染。总的来说，有几个白细胞亚群可能支持蓝舌病毒复制，参与反刍动物宿主的病毒传播。然而，目前尚不清楚感染的白细胞是溶解性感染还是非溶解性感染，以及是否在体内被免疫系统清除。此外，蓝舌病毒导致不同宿主之间存在或不存在临床疾病的病毒致病机理尚不清楚，病毒和宿主物种被认为是重要的。

研究人员对感染BTV-16的绵羊和山羊外周血单个核细胞的转录组进行了研究。在免疫系统过程中发现差异表达基因显著富集，包括NFκB信号通路、MAPK信号通路、Ras信号通路、NOD信号通路、RIG信号通路、TNF信号通路、TLR信号通路、JAK–STAT信号通路和VEGF信号通路。与绵羊相比，山羊体内参与免疫系统过程的差异表达基因数量更多。有趣的是，差异表达高的基因网络在山羊中比在绵羊中更密集。该网络中的大部分差异表达基因在山羊中表达上调，而在绵羊中表达下调。免疫基因与其他基因的差异表达网络进一步证实了这些发现。干扰素刺激基因IFIT1（ISG56）、IFIT2（ISG54）和IFIT3（ISG60）在宿主中被发现表达上调。STAT2通常被认为是协同调控差异表达的核心基因，结果显示其在绵羊中下调，而在山羊中上调。在有研究中，基因的不同表达和网络的干扰表明宿主的变异性，山羊对蓝舌病毒的免疫反应比绵羊敏感[59]。

应用二：转录组分析揭示湖羊热应激相关基因和关键通路

绵羊产业的发展受到多种因素的影响，包括不同品种的选育、选育模式的选择、气候和环境的影响、高温胁迫等，这些因素对绵羊畜牧业有着重要的影响。随着全球变暖的加剧，热应激继续阻碍动物的性状表现并造成经济损失。据认为，高温压力对全球畜牧业生产的经济影响超过12亿美元。在过去的几年里，一些研究人员专注于热应激对各种家畜的不利影响。热应激对动物的健康有严重的影响，并损害免疫功能。它会降低家畜的产量和繁殖效率，并最终导致多器官衰竭和死亡。热应激对饲料消耗、单位饲料能量产奶量或增重的生产效率、生长率、产蛋量和繁殖效率的影响非常明显。此外，热应激导致绵羊初生重下降，直肠温度升高，呼吸频率升高，体重、平均日增重、生长速率降低。在热应激条件下，绵羊可以激活相应的机制，如减少干物质消耗，增加呼吸频率和水分消耗。为了避免家畜产生热应激，研究人员使用了多种指标，如监测各种生理指标、候选基因的表达和基因变异等来衡量热应激对绵羊的影响。然而，热应激对绵羊整个转录表达谱的影响迄今尚未见报道。鉴于全球变暖，了解动物适应热应激的调节机制至关重要。

因此研究人员为了进一步探讨绵羊热应激相关基因及其途径，利用转录组测序分析来了解热应激的分子反应，从而确定保护绵羊免受热休克的方法。为了解热应激对绵羊的影响，使用湖羊下丘脑进行转录组测序，并鉴定了差异表达基因。结果共鉴定出1423个差异表达基因（1122个上调，301个下调），并表现出热应激引发了湖羊下丘脑基因表达的复杂变化。我们假设热应激诱导细胞和重要器官的凋亡和功能障碍，并通过钙信号通路影响生长、发育、生殖和昼夜节奏，从而影响核糖体的组装和功能。进一步对急性热应激后调控重要生物学功能或表达谱发生显著变化的基因的表达情况进行验证后，发现这些基因的表达模式与转录组测序结果一致。说明了测序结果的可信度。结果表明，热应激诱导钙平衡失调，生物发生受阻，引起ROS积累，破坏抗氧化系统和先天性防御，并通过pe3激活的P53信号通路诱导细胞凋亡，降低生长发育，增强器官损伤。这些结果为进一步了解热胁迫的分子机制提供了理论依据，可能为保护绵羊免受热胁迫提供相应的保护措施，如保持钙稳态、保护生物发生、增加抗氧化防御和先天防御能力等等[60]。

还有研究人员采用转录组测序技术研究了热应激前后湖羊肝脏转录组的变化，分别检测到520个和22个差异表达的mRNA和lncRNA。差异表达的mRNA主要与代谢过程、生物合成过程的调控和糖皮质激素的调控有关。此外，它们在热应激相关途径，包括碳代谢、PPAR信号通路和维生素消化吸收中显著富集。共定位差异表达的lncRNA Lnc_001782可能正向影响相应基因APOA4和APOA5的表达，对肝功能产生协同调节作用。因此，我们假设Lnc_001782、APOA4和APOA5可能协同调节湖羊的抗热应激能力。该研究有助于为分子水平阐明湖羊热应激调控的相关机制提供基础信息[61]。

应用三：转录组分析揭示绵羊对环纹背带线虫感染的抗性机制

西班牙本地的绵羊品种主要依赖于放牧，在这种系统中，胃肠道线虫感染对成年母羊造成重大健康问题，并造成重大经济损失。绵羊对胃肠道线虫感染的抗性是一个非常复杂的过程，鉴定影响胃肠道线虫感染抗性的基因将有助于利用分子信息提高商品羊群的选择效率。一些研究试图鉴定影响胃肠道线虫感染指标性状的QTL，如粪便卵数（FEC）、血清IgA水平和胃蛋白酶原水平。作为一种识别与胃肠道线虫抗性相关基因的替代方法，基于基因表达分析的研究可以识别那些可能与抗感染状态激活的基因相关通路之间存在差异的基因。在感染胃肠道线虫的绵羊中，这些基于特定候选基因的RT-PCR表达分析、微阵列技术或转录组测序技术的研究主要集中在幼畜。

为了进一步了解胃肠道线虫感染有抗性和易感的成年绵羊中不同基因的表达反应，研究人员利用转录组测序技术分析两组Churra绵羊成年母羊受环纹背带线虫感染的靶组织的转录组，这两组母羊对胃肠道线虫感染表现出不同的状态，目的是鉴定与绵羊胃肠道线虫感染抗性相关的基因。根据18只成年Churra母羊首次实验感染环纹背带线虫的累积粪便卵数，6只母羊被归类为抗感染母羊，另外6只母羊被归类为易感染母羊。然后将这12只动物再次感染环纹背带线虫7天后，采集两组成年Churra绵羊的皱胃黏膜和皱胃淋巴结样本进行转录组测序。只在易感胃肠道线虫的淋巴结样本中发现了常见差异表达基因，共106个。对这些易感胃肠道线虫的基因进行富集分析，发现了一些与细胞因子介导的免疫反应相关的途径和PPAR信号通路以及与炎症和胃肠道疾病相关的疾病术语。通过与以往研究结果的系统比较，证实了ITLN2、CLAC1和galectins等基因参与了抗环纹背带线虫的免疫机制。RNA-Seq技术为研究成年绵羊对线虫感染免疫反应的分子机制提供了一个合适的平台。后续研究将集中在这里报道的胃肠道线虫激活基因的遗传变异，识别潜在的候选突变，以增加商业绵羊群体的胃肠道线虫抗性[62]。

# 第四节　绵羊的蛋白组学研究

蛋白质组学是以蛋白质组为研究对象，在研究细胞、组织或生物体蛋白质组成及其变化规律的科学。最早由Marc Wikins提出。意指"一种基因组所表达的全套蛋白质"，即包括一种细胞乃至一种生物所表达的全部蛋白质。其本质上指的是在大规模水平上研究蛋白质的特征，包括蛋白质的表达水平，翻译后的修饰，单子与蛋白相互作用等，由此获得蛋白质水平上的过于疾病发生，细胞代谢等过程的整体而全面的认识。

蛋白质组的研究不仅能为生命活动规律提供物质基础，也能为众多种疾病机理的阐明及攻克提供理论根据和解决途径。通过对正常个体及病理个体间的蛋白质组比较分析，可以找到某些"疾病特异性的蛋白质分子"，它们可成为新药物设计的分子靶点，或者也会为疾病的早起诊断提供分子标志。因此，蛋白质组学的研究不仅是探索生命奥秘的必需工作，也能为人类健康事业带来巨大的利益。蛋白质组学的研究是生命科学进入后基因时代的特征。而蛋白质在绵羊上的应用是多样的，如血清、疾病、病毒、脂肪、肌肉以及其他等方面。

# 一、蛋白质组学在血清蛋白上的应用

应用一：基于LC-MS/MS的血清蛋白质组学分析研究健康绵羊循环非细胞蛋白质组

绵羊是一种主要的生产物种，提供肉类和羊毛，此外还被用于一系列生物技术和翻译研究。尽管如此，目前对绵羊对一系列生理和病理事件的反应了解相对较少，包括这些反应中的品种差异的影响。目前还没有公开的基于参考质谱的绵羊循环非细胞蛋白质组数据。然而，明确的人类血清蛋白质组允许分析和解释一系列生理变化和疾病状态。迄今为止，绵羊的血清蛋白质组主要是从牛中推断出来的，尽管蛋白质编码序列和驱动表达的不同启动子有97%的相似性，但这可能是不准确的关于特异性蛋白的。因此，对绵羊血清蛋白质组的表征将有助于量化该物种的疾病。

研究人员采用纳米液相色谱法-纳米电喷雾电离串联质谱（nanolc-nanoESI-MS/MS）对健康绵羊血清样本进行散弹枪蛋白质组学分析一种四极子飞行时间仪器（TripleTOF®5600+，SCIEX）。蛋白质的鉴定使用蛋白质试点™（SCIEX）和吉祥物（矩阵科学）软件，基于至少两个未修饰的高度，通过搜索通用蛋白质资源知识库（UniProtKB）——数据库（http://www.uniprot.org）的一个子集，以1%软件的错误发现率（FDR）对每个蛋白质的唯一多肽进行评分。肽休克器（成分组学，VIB-UGent）搜索用于验证来自蛋白试点™和吉祥物的蛋白质鉴定。

有研究首次证明，利用nanolc-nanoESI-MS/MS鉴定数百种绵羊血清蛋白是可行的。通过使用黑豹工具，这个血清来源的原始细胞——羊循环非细胞蛋白质组的类型显示了349个基因与127个蛋白质通路命中的关联。当与蛋白质定量数据一起使用时，这些发现有可能被作为建立基线正常羊血清蛋白质组的基础，可用于与病羊样本进行比较。这里的肽谱数据也是对一个可以应用于靶向蛋白质组学方法的文库的贡献，如连续获取所有理论芳香质谱（swath）-质谱，以完成未来对绵羊的蛋白质基因组学研究工作[63]。

应用二：绵羊血清蛋白的蛋白质组学评价

蛋白质组学策略在绵羊医学上的应用仍然有限。血清蛋白质组的定义可能是一个很好的工具，以识别有用的蛋白质生物标记物，识别亚临床条件和显性疾病的绵羊。从牛种中发现的结果通常直接用于羊的医学。为了描述正常蛋白质模式和提高对分子物种特异性特征的认识，研究人员生成了绵羊血清的二维参考图。通过分析患有轻度支气管肺病的母羊的血清蛋白模式，验证了这种方法的可行性。轻度支气管肺病在绵羊中很常见，而且发生在压力大、传染性和寄生虫病发病率高的围产期。

有研究首次建立了绵羊血清参考2–DE图谱。总共分析了250个蛋白点，鉴定了138个。与健康绵羊相比，鼻–气管–支气管炎动物血清蛋白谱显示转甲状腺素、载脂蛋白A1蛋白斑点显著减少，触珠蛋白、内啡肽1b和 $\alpha$ 1b糖蛋白斑点显著增加。围生期触珠蛋白、–1–酸性糖蛋白、载脂蛋白A1水平升高，转甲状腺素含量下降。有研究描述了蛋白质组学在发现用于早期诊断的假定生物标志物以及监测对绵羊福利至关重要的生理和代谢情况方面的应用。

蛋白质组学帮助发现了许多人类疾病的生物标志物。它很少在绵羊中使用，但可以作为一种工具来识别蛋白质生物标记物，这可能对识别亚临床和病理状况、证明绵羊产品的福利和质量/安全有用。在有研究中，基于2–DE结合MS的蛋白质组学方法揭示了绵羊血清蛋白模式，并鉴定了42个中–高丰度蛋白，这些蛋白可能作为生物标志物用于早期诊断和监测绵羊生理和代谢。大多数是急性期蛋白，尽管它们在血液中充当运输蛋白、结合激素、细胞因子和其他重要的生理化合物，或由死亡或受损的细胞释放。因此，这项研究为蛋白质组学在绵羊医学中的应用提供了必要条件，并为未来专门评估生理和病理条件下蛋白质变异的研究奠定了基础。

研究人员的蛋白质组学方法的潜在应用是在轻度疾病和围产期母羊中发现的蛋白质变异。以蛋白质组学为基础的绵羊诊断测试的道路仍很漫长。在此步骤之后必须有其他阶段和标记物，在使用不同的诊断方法评估疗效之前，需要在适当的验证后测试和建立敏感性和特异性[64]。

# 二、蛋白质组学在绵羊疾病上的应用

应用一：绵羊溶血性曼海氏乳腺炎差异定量蛋白质组学研究

乳腺炎是绵羊的一种重要疾病。一段时间前，欧洲食品安全管理局将乳腺炎描述为影响羊福利最严重的疾病。曼海姆溶血性炎是乳腺炎的常见病原，主要在哺乳羔羊中。溶血性支原体相关乳腺炎的临床体征包括全身性体征（例如，直肠温度升高，呼吸频率增加、厌食症、抑郁）和各种乳腺体征（如乳汁外观的变化、乳房增大、乳腺硬化、疼痛、乳房皮下水肿、乳房皮肤变色）。这些症状在实验性乳腺内接种后的12小时内（c.f.u.）内变得明显。病理表现包括瘀点和乳糜外出血，疾病早期有中性粒细胞浸润，伴有高血症、出血、静脉血栓形成和坏死后期的实质；产乳管中充满了纤维蛋白、牛奶凝块和炎症渗出物。目前尚无详细描述溶血性支原体相关绵羊乳腺炎的蛋白质组学研究。

对溶血性曼海米菌引起的羊乳腺炎进行差异定量蛋白质组学研究，采用临床、微生物学、细胞学和组织病理学方法确认和监控。在本试验中的所有样品均采用二维凝胶电泳（2–DE）分离蛋白质，并通过质谱鉴定出差异丰富的蛋白质；比较采用接种前（血液、牛奶）和（对侧腺奶）。动物发生了乳腺炎，通过分离挑战菌株和增加中性粒细胞得到证实在牛奶中和组织病理学证据。在血浆中，发现了33个差异丰富的蛋白质（与挑战前的研究结果相比）：6个有减少，13个有新的外观和丰度不同的有14个。在刺激后的牛奶乳清蛋白参考图中，鉴定出65个蛋白；肌动蛋白细胞质1、乳球蛋白1/B、抗菌肽1为主。此外，89个错误丰富的蛋白质（与挑战前的发现相比）：18个减少，53个新外观，3个增加，15个丰度不同；15个蛋白质显示状态血浆和乳汁乳清的变化。与接种的和对侧腺体的不同丰度显示，74个蛋白质只有从接种的腺体。乳清中大多数差异丰富的蛋白质参与细胞组织和生物发生（n=17）或炎症和防御反应（n=13）。

整个蛋白质组学的研究结果表明，受影响的母羊的防御反应是由许多蛋白质和各种途径调节的防御反应组成；这些关系在不同的论点上都是相互依赖的。结果表明，在细菌沉积到睾丸管中的12小时后，许多蛋白质的新外观和/或明显增加在牛奶中、在血液中。在乳清新外观或增加的蛋白质中，有些是血液来源，有些是由进入乳腺的血液成分（如中性粒细胞）释放的，有些是局部合成的。它可以假定，母羊试图继续合成和生产牛奶，并适应不断增加的白细胞活性的需求。将研究结果与其他相关研究的结果进行比较，支持了与母羊炎症和防御反应相关的蛋白将是更适合用于乳腺炎的潜在指标[65]。

## 应用二：牛白血病病毒诱发白血病过程中绵羊B淋巴细胞的蛋白质组学分析

牛地方性白血病（EBL）虽然在大多数欧洲国家已被根除，但在世界许多地区仍然是一个问题。EBL在牛中自然发生，但这种疾病可以在绵羊中实验诱导。其病原是牛白血病病毒（BLV），属于逆转录病毒属，该属也包括相关的人T淋巴病毒1型（HTLV–1）。一旦病毒整合到宿主细胞的基因组中，它就会以无症状、持续感染的形式与宿主产生终身关联，并且只会在一小部分受感染的动物中诱发致命的淋巴瘤或白血病。这种病毒与宿主的相互作用是潜伏期和转录活跃期之间的一种平衡，可能是与遗传不稳定性相关的体细胞突变促使转化细胞克隆扩增，从而导致白血病。1BLV的天然宿主是牛，但实验感染绵羊的肿瘤发生频率远高于牛，潜伏期也较短。本书介绍了牛白血病病毒诱导的实验绵羊白血病过程中不同蛋白表达模式的研究结果，并讨论了如何获得的数据可能有助于更好地了解疾病的发病机制、诊断、以及可能的治疗靶点的选择。

在牛上，这种疾病的特征是终生持续的淋巴细胞增多，导致约5%的受感染动物发生白血病/淋巴瘤。与牛不同，羊的病程总是致命的，临床症状通常在感染后三年内出现。因此，绵羊是逆转录病毒诱导白血病的一个极好的实验模型。该模型可用于人类病理学，因为牛白血病病毒与人类T淋巴病毒1型密切相关。本书提供的数据为牛白血病病毒致瘤过程的分子机制提供了新的见解，并指出了潜在的标志物蛋白，既可以监测疾病的进展，也可以作为药物干预的可能靶点。对4只白血病绵羊B淋巴细胞的蛋白质组研究发现有11个蛋白表达发生改变。其中以细胞骨架蛋白和中间丝蛋白最为丰富，但也有属于其他功能基团的蛋白，如酶、调节蛋白和转录因子。

结果发现胰蛋白酶抑制剂、血小板因子4、血小板反应蛋白1、血管扩张剂刺激的磷蛋白、纤维蛋白原α链、粘蛋白、丝氨酸a和维生素D结合蛋白下调，而切割和聚腺苷酸化特异性因子5、非pou结构域的八聚体结合蛋白和小的富含谷氨酰胺的四三肽重复蛋白上调[66]。

### 应用三：羊原代睾丸细胞感染蓝舌病毒的蛋白质组学分析

蓝舌病（BT）是一种非传染性、节肢动物传播的野生和家养反刍动物疾病，如绵羊、山羊、牛、水牛、骆驼和鹿。BT已被国际兽疫局（OIE）列为须呈报的疾病。引起蓝舌病的病毒属于呼肠孤病毒科中最大的属或双病毒的原型种蓝舌病病毒（BTV）。BTV的基因组由10个双链RNA片段组成，编码7个结构蛋白（VP1～VP7）和4个非结构蛋白（NS1～NS4）。BTV通常导致反刍动物严重出血和黏膜溃疡，并伴有发热、跛足、冠状炎、肺水肿、头部（特别是嘴唇和舌头）肿胀和死亡。虽然BTV的作用机制已经阐明，但病毒与宿主细胞之间的相互作用目前尚未完全了解。蛋白质组学方法通过检测蛋白表达的相对变化，为全面分析病毒与宿主的相互作用以及鉴定直接或间接参与病毒感染的细胞蛋白提供了有效的工具。但是BTV的发病机制和免疫调节机制尚未明确。

与传统的蛋白质组学方法（2DE，MALDI-TOF/MS和SILAC）相比，iTRAQ是一种更灵敏和准确的定量低丰度蛋白的技术。有研究采用iTRAQ标记结合LC-MS/MS对btv感染绵羊睾丸（ST）细胞中差异表达蛋白进行定量鉴定。在BTV-和mock感染的ST细胞中获得了4455个蛋白的相对定量数据，其中101个和479个蛋白在感染后24h和48h分别有差异表达，说明在感染后期蛋白质组发生进一步变化。通过real-time RT-PCR对差异蛋白的10个相应基因进行验证。westernblotanalysis进一步证实了三个代表性蛋白eIF4a1、STAT1和HSP27的表达水平。生物信息学分析表明，差异表达蛋白主要参与先天性免疫反应、信号转导、核质运输、转录和凋亡等相关生物学过程。几个上调的蛋白与rig-i样受体信号通路和内吞作用有关。

据研究人员所知，有研究首次尝试借助定量蛋白质组学研究BTV感染细胞的蛋白质组范围失调。研究人员的研究结果不仅增进了对宿主对BTV感染应答的了解，而且还突出了开发抗病毒药物的多个潜在靶点[67]。

# 三、蛋白质组学在羊乳上的应用

### 应用一：使用iTRAQ方法探索产后发育过程中的羊乳乳清蛋白质组

羊奶是一种丰富的生物活性蛋白来源，支持新生羔羊的早期生长和发育。羊奶中含有多种蛋白质，包括高丰度蛋白αs1-酪蛋白（αs1-CN）、αs2-酪蛋白（αs2-CN）、β-酪蛋白（β-CN）、κ-酪蛋白（κ-CN）、β-乳球蛋白（β-Lg）和α-乳球蛋白（α-Lac；Gidlund等，2015）和低丰度蛋白，如免疫球蛋白、乳铁蛋白、激素和酶（Le等，2011）。近年来，大量的研究都是针对羊乳脂球状膜蛋白（MFGMPs）、酪蛋白（CNs）、乳腺炎乳蛋白，但乳汁乳清蛋白在出生后发育过程中的动态变化趋势受到的关注有限。有研究旨在探讨羊乳中乳清蛋白分娩后的动态变化，并探讨乳清蛋白在新生儿早期发育中的作用。

分别在分娩后第0天、第3天、第7天、第14天、第28天和第56天，采用人工挤奶方式采集6人的胡羊奶样本。采用等压标签进行相对和绝对定量（iTRAQ），结合液相色谱（LC）–电喷雾电离（ESI）串联MS（MS/MS）方法进行鉴定和定量。此外，通过基因本体论（GO）注释和京都基因和基因组百科全书（KEGG）通路富集法对差异表达蛋白（DEPs）的生物学功能进行了注释裂解。结果共鉴定出310个蛋白，其中121个有差异表达。具体来说，30个（10个上调，20个下调），22个（11个上调，11个下调），11个（f研究人员的上调和7个下调）、7d、11（8个上调和3个下调）在3d、0d、7d、6个上调和4个下调）d、28dvs. 14 d、56dvs、28d对照组。氧化石墨烯注释分析显示，生物过程主要涉及代谢和生物调控，主要的细胞位置为细胞器、细胞和细胞外区域e的分子功能主要是结合活性和催化活性。

有研究首次探讨了胡羊乳乳清蛋白分娩后的动态变化趋势。采用iTRAQ蛋白质组学技术结合LC-MS/MS方法，共计310种乳清鉴定出了蛋白，发现了121个DEPs。氧化石墨烯注释分析显示，该蛋白的生物学功能在初乳中最为丰富，并在后续分析中逐渐丢失。有研究的结果丰富了绵羊乳汁乳清的蛋白质组学数据库，并有望为羔羊的早期断奶提供潜在的指导[68]。

### 应用二：山羊、羊乳和绵羊奶酪蛋白质组中抗菌肽的硅质鉴定

牛奶和乳制品由于其营养价值和生物活性"负荷"，是一个日益具有科学和商业兴趣的主要功能食品群。后者的主要部分归因于牛奶丰富的蛋白质含量及其在消化过程中自然发生的生物功能肽。越来越多的证据表明，牛奶和乳制品除了具有高营养含量外，还有独特的代谢、信号传导和抗菌作用。这种生物活性主要是介导的d通过胃肠道蛋白酶消化过程中自然产生的肽。

基于已鉴定的绵羊和山羊树的乳清蛋白质组数据集，在之前的工作中，研究人员应用了一个硅质工作流程来预测和表征这些蛋白质组的抗菌肽含量。研究人员使用现有工具用于预测具有抗菌特性的肽序列，并辅以硅蛋白裂解模型，以识别胃肠道中经常发生的抗菌肽（AMPs）（GI）人类的领地。最终评估了感兴趣的肽对胃肠道表达的内源性蛋白酶裂解敏感性的稳定性。关于它们的抗菌药物和稳定性评分。

在AMPA中运行所示的所有5个蛋白质组（总计1665个独特的蛋白质序列），总共返回了3285个具有预测抗菌特性的延伸，其中2506个在所有蛋白质组中都是独特的。正如预期的那样，来自芯片和棱藻的乳汁乳清蛋白蛋白质组返回的预测amp数量最高（～1300），因为它们的蛋白质组具有高度已鉴定的蛋白质数量。相反，feta蛋白质组返回了最小的集合，由861个amp组成。总的来说，大约80%的AMPA预测的amp被拒绝，因为胃蛋白酶裂解位点发现在目标序列的2a.a.上游和/或下游。se 来自胃蛋白酶消化的1327个amp集包含83个精确匹配，即胃蛋白酶裂解位置与AMPA预测的起始和结束a.a.残基匹配，而其他剩下的集合在起始或结束位置的一到两个残基上被切割[69]。

应用三：绵羊乳清蛋白组的深度表征及与奶牛的比较

牛奶蛋白被广泛认为是一种具有多种营养和促进健康功效的功能食品。在世界范围内，绵羊和山羊等小型反刍动物的牛奶产量与牛奶相比微不足道。然而，在一些国家，如地中海地区的气候和环境更适合小型反刍动物而不是奶牛，小型反刍动物的牛奶产量是显著的。在一些地区羊奶蛋白质含量相对较高，常用于特殊奶酪的生产。牛奶和乳清的蛋白质组吸引了广泛的研究，而绵羊乳清蛋白质组的知识相比是相当有限的。绵羊乳清蛋白自身的生物活性和促进健康的作用越来越被人们所认识，如免疫调节、抗菌和转移被动免疫活性。此外，绵羊乳清蛋白在胃肠道中自然消化可产生具有多种生物活性的多肽，如抗高血压、阿片类、抗菌、抗氧化和免疫调节等。以往对乳清蛋白组的研究主要集中在多种方法上，包括电营养电泳（尤其是2D-PAGE）、多维液相色谱和质谱工作流程。利用这些方法进行蛋白质组学分析的深度受到了乳清中蛋白质丰度的广泛动态范围的限制。因此，深入鉴定乳清蛋白质组中的蛋白质成分，对于更详细地了解乳清在牛奶生产中的生物学意义，以及比较不同物种之间的差异是很重要的。

在本次试验中使用组合肽配体库试剂盒（ProteoMiner）对绵羊乳清蛋白组中的蛋白质丰度进行标准化，然后进行凝胶内消化（1D-PAGE显示）和溶液内消化（OFFGEL等电聚焦分馏）。所得肽段经LC-MS/MS分析。这使得在绵羊乳清中鉴定出669种蛋白质，据所知，这是迄今为止鉴定出的最大的绵羊乳清蛋白质库存。将目前文献中可获得的奶牛乳清蛋白（783个来自独特基因）的综合列表进行了组装，并与有研究获得的绵羊乳清蛋白组数据（606个来自独特基因）进行了比较。

结果表明，在基因本体论分析中，这两个物种共有的233个蛋白在免疫和炎症反应中显著富集，而有研究中仅在绵羊乳清中发现的蛋白同时参与了细胞发育和免疫反应。有研究中所得肽段经LC-MS/MS分析使得在绵羊乳清中鉴定出669种蛋白质，据所知，这是迄今为止鉴定出的最大的绵羊乳清蛋白质库存。将目前文献中可获得的奶牛乳清蛋白（783个来自独特基因）的综合列表进行了组装，并与有研究获得的绵羊乳清蛋白组数据（606个来自独特基因）进行了比较。而有研究中仅在乳清中发现的蛋白质被鉴定为与新陈代谢和细胞生长有关[70]。

应用四：希腊绵羊和山羊品种的牛奶：通过蛋白质组学进行表征

近年来，蛋白质组学通过先进技术的应用和整合，深入研究食品和营养特性，旨在改善消费者的福祉、健康和知识。最先进的蛋白质组学/食物组学方法，现在越来越多地应用于动物源性食品，最常用来分析食品质量和成分、认证和可追溯性、过敏原的鉴定、毒素的存在，以改善人类营养。由于其稀有和独特的生物学特性，以及其不断增长的经济价值，希腊奶牛场动物牛奶不断吸引着科学界和产业界的兴趣。希腊的绵羊和山羊奶是独家乳制品的原料，如羊乳酪或希腊酸奶，仅在希腊生产，并出口到世界各地（原产地指定保护产品）。然而，虽然人类和牛奶的蛋白质组迄今受到了巨大的科学关注，但对绵羊和山羊的蛋白质组知之甚少，对希腊绵羊和山羊的牛奶更是如此。

在有研究中，研究人员采用前沿的蛋白质组学方法，深入调查和特征，从所有纯种希腊绵羊和山羊的乳清蛋白质组。从每种动物的每种品种的乳清中平均鉴定出了N500蛋白质组。总的来说，山羊之间的图像轮廓差异是明显的，但很小。乳清的2–DE蛋白质组学分析表明酪蛋白和乳球蛋白的丰度高且定性恒定。在每个牛奶样品中检测到的斑点数量各不相同，平均每个凝胶有450个斑点。乳清蛋白斑点主要分布在凝胶的酸性区域及其低分子量部分。分析表明，对于羊奶，总体上有158个蛋白质组在所有三个品种的分析中普遍存在。此外，249个蛋白质组只存在于Mpoutsko牛奶中，231个乳蛋白组只存在于Karagouniko牛奶中，虽然462 milkprotein组是唯一出现在希俄斯岛牛奶。至于羊奶，257蛋白质组都一致表示在牛奶品种，而229蛋白质组中所牛奶和338年拉·卡普拉牛奶蛋白质组。

在有研究中，采用先进的蛋白质组学方法，深入研究和炭化来自所有纯种希腊绵羊和山羊的牛奶的蛋白质组。从每种动物的每种品种的乳清中平均鉴定出了N500蛋白组，首次报告了这种珍贵生物材料的蛋白质组数据集[71]。

## 应用五：Polyphemus, Odysseus和羊奶蛋白质组

在过去的几年里，羊奶的产量一直在逐步增加，主要用于制作各种不同的独家乳制品，通常被归类为美食。在许多现代和发达的西方国家，小反刍动物的奶，如山羊和绵羊的奶，主要用于生产被归类为原产地保护指定（PDO）的传统奶酪。以至于在过去的十年中，研究人员对非牛牛奶的兴趣有所增加，并发表了许多研究报告。特别是蛋白质组学方法的不断快速发展，为大规模蛋白质分析提供了一个高效的平台。这些试验主要旨在提高乳制品产量，有助于保护乳制品动物多样性，检测这些产品的欺骗性掺假，但也用于确定CM的低过敏性替代品来源。

目前对乳蛋白成分的深入鉴定对于更详细地理解乳清的生物学意义、设计新型产品以及比较物种间的差异具有重要意义。在这方面，在目前的工作中报道了绵羊奶蛋白质组组成的深入表征的结果，绵羊奶是世界上仅次于奶牛的最重要的乳制品物种，特别是在地中海地区。利用组合肽配体库（CPLL）技术，在三种不同pH下，通过SDS–PAGE、高分辨率UPLC–nESI MS/MS、数据库搜索和基因本体（GO）分类，对绵羊奶（SM）蛋白质组进行了广泛的研究。这种方法可以鉴定718种不同的蛋白质成分，其中644种来自独特的基因。特别是，这项鉴定增加了193个以前未检测到的新蛋白的文献数据，其中许多蛋白涉及防御/免疫机制或营养传递系统。

结果表明，结果使迄今鉴定的绵羊乳清蛋白的库存增加了193个新蛋白。其中一些新的基因产物在防御/免疫机制或营养传递系统中发挥生理作用。另一方面，SM蛋白质组的比较分析，通过合并研究人员的结果与先前报道，与基因的库存产品中发现的年代牛奶乳清。SM迄今已知蛋白质组的比较分析与年代牛奶蛋白质组，证明虽然大约29%的SM蛋白也存在于厘米，71%的确定组件似乎是唯一的SM蛋白质组，包括组件的异质群体似乎有促进健康的好处。数据存储到标识符<PXD004556>的ProteomeXchange中[72]。

## 应用六：绵羊乳脂球膜蛋白组

乳脂球膜（MFGM）是包围脂肪滴的三层结构，由内质网起源的内部单层膜和由泌乳细胞顶膜起源的双层膜组成。MFGM是包围牛奶中每个脂肪滴的包膜。它被组织成一个

三层结构（内部的脂质单层和外部的脂质双层），由蛋白质、糖蛋白、酶、中性脂质和极性脂质（如磷脂和鞘糖脂）的复杂混合物组成。MFGM由蛋白质和脂质以1∶1的重量比组成。这种膜部分来源于根尖质膜、内质网和乳腺上皮细胞的其他细胞内室。

羊奶中MFGM蛋白的特性非常重要，特别是考虑到直接从未经加工的牛奶中生产的传统羊乳制品通常具有较高的经济价值。另一方面，一些研究人员报道了MFGM蛋白与疾病（多发性硬化、自闭症和冠心病）之间的联系。乳汁生产和MFG分泌各方面相关蛋白的鉴定也可为哺乳生物学研究和动物乳房健康监测提供基础信息。MFGM的蛋白质组学分析有可能揭示乳腺所使用的许多可能的信号和分泌途径。mfgmp占牛奶总蛋白质含量的12%，受到越来越多的关注，但其功能尚未完全阐明。

有研究将优化后的蛋白提取方法应用于绵羊MFGM中，提取液经SDS-PAGE分离，然后用猎枪LC串联质谱（GeLC-MS/MS）对其进行鉴定和表征。共鉴定出140个独特的绵羊MFGM蛋白。对所有蛋白鉴定数据进行基因本体（GO）分类，进行定位和功能分析。利用归一化谱丰度因子（NSAF）方法估计了所有识别出的mfgmp的相对丰度，得到了GO丰度类。综上所述，有研究为羊MFGM蛋白组的优化纯化方法及定性定量鉴定提供了依据。有研究收集的数据提供了对这一重要乳组分的全面认识，为今后研究绵羊泌乳生理和监测其病理变化奠定了基础[73]。

### 应用七：Zeus, Aesculapius, Amalthea和羊奶的蛋白质组

牛奶（CM）对人类的营养和经济意义重大，尽管在蛋白质组学之前，它的低丰度蛋白质库还没有被大量披露。一个重要的进展发生在2009年，当D Amato等人首次报道了总计149个独特基因产物的存在。此后，对全球乳清成分的研究呈指数级增长。因此，2011年Hettinga等报道了多达192个蛋白质，Le 等通过各种预分选技术列出了多达293个独特物种。尽管作出了许多努力，但到目前为止，对牛奶蛋白质的组成和功能的完整认识一直受到牛奶蛋白质组部分特性的阻碍。至于山羊，人们对这种农场动物的牛奶中的低丰度蛋白质所知不多。

研究人员通过组合肽配体库（CPLL）在三种不同pH下的捕获，对山羊乳清蛋白质组进行了深入研究。总共有452个独特的物种被制成了表格，这是迄今为止对任何哺乳动物的乳汁进行的任何单一的其他调查中都无法比拟的蛋白质组发现。这一重大发现可能与以下因素有关：（1）CPLL颗粒上的蛋白质负荷非常大（即每捕获一次pH为2g），而颗粒仅为100μL；（2）质谱数据的高分辨率/高质量精度；（3）使用两个互补的工具和山峰，每一个贡献一套独特的蛋白质id。由于山羊可用的蛋白质注释相对较少，鉴定的蛋白质中只有10%属于capra，而52%属于绵羊，37%与牛乳同源。

对羊奶和牛奶蛋白质组的定性组成进行初步比较发现，羊奶和牛奶的蛋白质组分约有45%相同，包括主要的过敏原，但也包括具有潜在有益特性的蛋白质。另外的55%似乎不含羊奶，由一组异质蛋白质组成，其中大部分都是来自血液、体细胞或表皮细胞，而不是乳腺。这项工作报告了迄今为止对羊奶蛋白质组的最大描述，并将其与牛奶蛋白质组进行了比较，从而有助于理解低丰度蛋白质对这种营养物质的独特生物学特性的重要性[74]。

# 四、蛋白质组学在生殖层面上的应用

## 应用一：绵羊胚胎骨骼肌的蛋白质组学分析

近年来，胚胎骨骼肌形成或肌发生的研究受到越来越多的关注。不同胚胎阶段骨骼肌的生长和发育是肉质量的主要贡献者，因此直接与肉类生产有关。脊椎动物的胚胎骨骼肌起源于体节并迁移到四肢的祖细胞，那里的细胞增多并分解成不同类型的细胞：肌肉或内皮细胞。成熟骨骼肌的结构是在胚胎发生过程中确定的，胚胎发生是骨骼肌发育的一个重要过程，参与机体的多种代谢功能。骨骼肌的发育过程可分为两个不同的阶段。在第一阶段，骨骼肌细胞的数量在胚胎早期逐渐增加。第二阶段，后期的细胞肥厚性生长和细胞的数量设置阶段的细胞增生。胚胎骨骼肌的生长发育在绵羊肌肉质量中起着至关重要的作用。但绵羊胚胎骨骼发育的蛋白质组学分析在过去的研究中很少涉及。

利用TMT技术研究了中国美利奴羊胚胎龄Day85（D85N）、Day105（D105N）和Day135（D135N）背最长肌发育过程中蛋白质丰度的差异，并进行了蛋白质谱分析。从绵羊胚胎骨骼肌中鉴定出5520个蛋白质，其中1316个蛋白质具有差异丰度（fold change≥1.5and p-value＜0.05）。KEGG富集分析后，这些差异丰度蛋白在蛋白结合、肌肉收缩和能量代谢途径中显著富集。经平行反应监测（parallel reaction monitoring, PRM）蛋白定量验证后，验证了41%（16/39）显著丰度蛋白，与TMT蛋白定量结果相似。

结果表明，D85N～D105N为胚胎肌纤维增殖阶段，D105N～D135N为胚胎肌纤维肥大阶段。这些发现为进一步了解蛋白质在绵羊胚胎骨骼肌生长发育不同阶段的功能和规律提供了依据[75]。

## 应用二：比较蛋白质组学鉴定绵羊（卵巢）下丘脑蛋白质相关差异表达蛋白

绵羊是现代农业非常重要的物种，因为生产日常生活所必需的肉类、羊毛和牛奶。小尾汉（STH）绵羊是一种优秀的多年生发情品种，主要繁殖在中国北方，它的多产性引起了人们的广泛关注。作为一种著名的本土物种，STH绵羊多年来已经得到了广泛的研究，特别是由于其生殖特性。而生殖的实现是一个重要但复杂的过程，涉及中枢神经系统和内分泌活动，特别是那些涉及从下丘脑–垂体–性腺轴释放的激素。大量的研究涉及GnRH和一些神经内分泌因素，如基肽和神经激肽B，已知与GnRH释放有关。已被广泛研究的下丘脑作为这个轴上的一个关键器官。近年来，RNA测序（RNA-seq）和生物信息学分析等先进方法大大拓宽了研究人员对下丘脑功能的知识和理解。最近已经进行了蛋白质组学分析来解决基因和基因组问题。

在目前的研究中，使用基于TMT的定量蛋白质组学分析，使用具有高准确性和高分辨率的q-提取质谱仪来识别PF与MF和PL与M中的DEPs下丘脑取样后，基于TMT的卵泡期多卵羊（PF）、卵体期多卵泡羊（PL）、卵泡期单卵羊[而黄体期（ML）的单胎绵羊]。基于串联质量标签（TMT）的定量蛋白质组学分析使用同位素试剂标记多肽的末端氨基或赖氨酸侧链的末端氨基，然后分析蛋白质。通过高分辨率质谱同时测定多达10个样品的表达水平。应用基于TMT的定量蛋白质组学分析揭示绵羊下丘脑的生殖功能。这为了解缺乏FecB

突变的绵羊的高繁殖力提供了一个新的见解[76]。


应用三：用卵泡期和黄体期卵巢的蛋白质组学比较研究小尾寒羊高产的遗传机制

产仔数直接决定绵羊生产效益。绵羊品种多为单纯性，如何有效地提高羊的柔韧性是一个迫切需要解决的问题。它受多种因素的影响，包括品种、营养、年龄和遗传。遗传因素是一个内在因素。通过对绵羊高育性遗传机制的深入研究，发现了许多与绵羊繁殖性状相关的候选基因。卵巢产生卵母细胞并分泌激素，是雌性动物重要的生殖器官。了解相关基因或蛋白质的变化有助于研究整个发情周期的卵巢功能。

采用串联质谱技术对骨形态发生蛋白受体1B基因未发生FecB突变的STH羊卵巢蛋白质组进行分析。平行反应监测（Parallel Reaction Monitoring，PRM）用于验证靶蛋白差异丰度（DAPs）。结果显示，共检测到34037个肽段，鉴定出5074个蛋白。揭示了基于TMT蛋白质组学技术的STH羊不同繁殖力的分子遗传机制。功能注释表明所鉴定的DAPs具有多种功能，包括氧化还原过程、代谢过程、生物过程调控、催化活性和结合等。筛选到的与能量代谢、激素合成、卵巢功能密切相关的DAPs在氧化磷酸化（COX7A、ND5和UQCR10）、卵巢甾体生成（StAR和HSD3B）、牛磺酸和次牛磺酸代谢（CSAD）、糖胺聚糖生物合成–硫酸肝素/肝素（GLCE）、坏死（H2AX、HSD3B）等方面显著富集。AIFM1和FTH1、蛋白质消化吸收（COL4A1和COL4A5）和糖胺聚糖降解（HYAL2和HEXB）途径。这些分析表明，绵羊的繁殖性能受到不同途径的调控。这些结果为进一步研究绵羊高繁殖力性状的遗传机制提供了重要资源，并可进一步研究这些DAPs作为预测绵羊繁殖力的候选标记[77]。


应用四：妊娠早期绵羊子宫内膜的蛋白质组变化

在绵羊、山羊和牛中，成功的胚胎（胚胎和相关的胚胎外膜）植入依赖于复杂的细胞，胚胎外膜和接受性子宫内膜组织之间的生化和分子交流，确保黄体酮（CL）的产生和最佳着床后的受孕发育和生存。之前的研究表明几种具有不同功能的子宫内膜蛋白，包括蛋白质合成和降解、抗氧化防御、细胞结构完整性、黏附和信号转导，在绵羊早期妊娠的建立中发挥重要作用。虽然在胚胎着床期和着床后的胚胎外膜–子宫内膜串扰中有大量的分子途径已经通过基因表达的研究被确定，目前对许多子宫内膜蛋白表达的变化缺乏全面的了解。功能蛋白在子宫内膜的阶段特异性表达，以及其受受孕信号的调控，对受孕发育和成功受孕至关重要。准确了解子宫内膜–受孕间的相互作用是制定有效策略以提高自然受孕和/或辅助生殖技术后受孕着床率的关键。

单胎妊娠母羊为研究着床期有无妊娠子宫内膜功能提供了一个强有力的实验模型。二维凝胶电泳和大规模spectrometry–based蛋白质组学被用来比较和识别差异表达蛋白质caruncular子宫内膜col –选从妊娠子宫角和non–gravid子宫角的孕体附件（怀孕16天）和早期post–implantation月经期（怀孕第20天）。妊娠第16天妊娠角蛋白表达上调57个，妊娠第20天妊娠角蛋白表达上调27个。鉴定出16种具有蛋白质代谢、胆甾醇、离子转运和细胞黏附等功能的蛋白质。综上所述，单侧妊娠母羊模型的使用提供了证据，表明着床早期和着床后的概念衍生信号上调了肉瘤子宫内膜蛋白，包括碳酐酶2（CA-II）和载脂蛋白A-1（APOA1），下调了肉瘤子宫内膜蛋白，包括腺苷同型半胱氨酸酶（AHCY）和热休克60kda蛋白1（HSP60）。这些调控蛋白可能参与了提供合适的子宫内环境所需的概念附着，着床，着床后早期发育和成功建立妊娠羊[78]。

## 应用四：藏羊不同成熟阶段间质细胞中GLOD4的特性研究

藏羊是中国本土主要的小型反刍动物之一，它们有多样性，主要分布在青藏高原及其周边地区，环境恶劣，海拔较高，温度寒冷，空气较薄。目前，藏羊是青藏高原上数量最多的牲畜（>5000万），为青藏牧民提供了重要的生计和收入。而睾丸是雄性性腺，它具有产生精子和分泌雄激素（如睾酮）的功能。睾酮是精子发生的启动子，起着重要作用。维持雄性生殖功能，促进雄性次生性特征。精子发生是一个复杂的发育过程，发生在睾丸的生精小管内，其中生精细胞经历一系列的变化：精原细胞的增殖和分化、精母细胞的减数分裂以及精子细胞的变形，最终产生成熟的精子。藏羊性成熟期较晚（1岁左右），两岁左右开始交配。有研究旨在了解藏羊GLOD4基因的序列特征及其在睾丸发育过程中的表达模式和潜在功能。

藏产绵羊GLOD4的cDNA序列采用RT-PCR方法克隆基因，使用相关生物信息学软件分析ProtParam、TMHMM、SignalP4.1、SOPMA和门2。研究了3个月龄（3M）、1岁（1Y）和3岁（3Y）藏羊发育性睾丸中GLOD4的表达模式和免疫定位实时荧光定量PCR（qRT-PCR）、Western印迹、免疫组化和免疫荧光染色。序列分析显示，GLOD4基因的编码序列（CDS）区域为729bp的长度和编码242个氨基酸。生物信息学分析发现，藏产绵羊GLOD4的核苷酸和氨基酸序列与山羊和辣椒的序列相似性最高。相比之下，最少的锯齿鳗鱼。1Y组和3Y组的睾丸中GLOD4在mRNA和蛋白水平上的表达均显著高于3Mg组（P<0.01）。免疫组化和免疫荧光结果表明，GLOD4蛋白主要定位于藏羊睾丸间质细胞的细胞质中的选择阶段。综上所述，GLOD4基因可能与藏绵羊不同成熟阶段间质细胞的发育有关[79]。

## 应用六：比较蛋白质蜘蛛侠揭示了细毛绵羊胎儿期继发性毛囊发育的遗传机制

细羊毛羊以其天然纤维羊毛而闻名，用于纺织工业，是一种重要的农产品。所生产的羊毛的质量和产量取决于卵泡（HF）的发育，这是一个复杂的生物过程，涉及许多不同的蛋白质。HF的形态发生和循环是一系列有序的间充质-上皮细胞相互作用，对毛泡循环相关基因和蛋白进行了研究。HF可以成功地作为广泛研究形态发生机制的模型，干细胞行为，细胞分化和凋亡。以往的研究发现了一些参与山羊次生卵泡（SFs）发育和羊毛生长的基因和蛋白质；然而，这样的研究很少在绵羊身上进行。

在妊娠期的四个阶段（第87天、第96天、第102天和第138天）采集样本，每并对每两个连续的阶段进行一次统计学比较（第87天对第96天、第96天对第102天、第102天对第138天）。研究人员在绵羊蛋白质组中鉴定了227个四个阶段存在的特异性蛋白，以及123

个差异蛋白含量丰富的蛋白质（DAPs）。研究人员还观察到，在胎儿皮肤毛囊的发育过程中，次级毛囊的微结构发生了显著的变化。筛选出的dap为s，与代谢和皮肤发育途径密切相关，并与糖酵解/糖异生等途径相关。

研究人员观察到，在胎儿皮肤毛囊的发育过程中，次级毛囊的微结构发生了显著的变化。筛选出的dap为s，与代谢和皮肤发育途径密切相关，并与糖酵解/糖异生等途径相关。这些分析表明，细棉的生产eep通过多种途径进行调控。这些发现为今后研究细羊毛绵羊羊毛性状的遗传机制提供了重要的资源，发现DAPs作为预测绵羊羊毛性状的候选标记有待进一步研究[80]。

应用七：同步发情和超排卵改变母羊宫颈阴道黏液蛋白质组

黏液是一种复杂的非牛顿生物液体，存在于人体的许多器官中，对器官的维护、保护和整体功能起着至关重要的作用。在整个生殖道中都能发现黏液，黏液作为正常器官功能的润滑剂和作为感染的保护性屏障发挥着动态作用。黏液在雌性和绵羊的生殖道中不断产生，并随着激素（内源性和外源性）波动而变化。虽然对于人工授精（AI）和MOET（多次排卵和胚胎移植）至关重要，但发情同步和超排卵与女性生殖道粘液产生增加和精子运输改变有关。这种育种方法对绵羊宫颈阴道（CV）黏液蛋白质组的影响尚未详细说明。

通过定性和定量地研究美利奴CV黏液蛋白组在发情期和黄体中期自然循环（NAT）母羊，定量比较NAT，黄体酮同步（P4）和超排卵（SOV）母羊的CV发情浆黏液蛋白质组。定量分析显示，60种蛋白质在发情期更丰富，127种蛋白质在黄体期更丰富，27种发情特异性和40种黄体特异性蛋白质被鉴定出来。与黄体中期相比，发情蛋白丰度最大的是铜蓝蛋白（CP），几丁质酶-3样蛋白1（CHI3L1），聚类蛋白（CLU），碱性磷酸酶（ALPL）和黏蛋白-16（MUC16）。与NAT黏液相比，P4和SOV黏液中的外源性激素分别以51和32种蛋白质更丰富，98和53种蛋白质的丰度降低，极大地改变了蛋白质组。

结果显示研究这些蛋白质组学变化对黏液内精子活力和寿命的影响可能有助于改善宫颈AI后的精子运输和生育能力[81]。

# 五、蛋白质组学在绵羊肝脏上的应用

应用一：过度放牧诱导绵羊肝脏蛋白质组到的改变：基于ITRAQ的定量蛋白质组分析

内蒙古草原是我国最重要的羊奶产区。然而，近几十年来，由于过度放牧，这片天然草地遭到了严重的破坏。由于过度放牧导致的内蒙古草原退化也破坏了生态系统，严重降低了草原的产量。越来越多的证据表明，过度放牧大大降低了牧草的数量、质量和绵羊的生长，每年造成巨大的经济损失。肝脏是一个重要的器官，在营养代谢、免疫等多种功能中发挥着非常重要的作用，这些功能与动物的生长密切相关。一项研究显示，在天然草地上，高或低放牧量的牧草对肉牛有显著的肝脏反应，包括与糖发生、脂肪酸氧化、细胞生长、DNA复制和转录相关的基因。研究表明，由于RNA编辑和翻译后修饰，mRNA和蛋白质表达丰度之间缺乏相关性。因此，蛋白表达的阐明势在必行。既往研究表明，动物生长性能的变化与肝组织蛋白表达的改变密切相关。然而，据研究人员所知，没有详细的研究评估过度放牧对绵羊肝脏代谢的适应性。造成这些影响的分子机制仍不清楚。

在有研究中，应用了基于iTRAQ的相对和绝对定量等压标签定量蛋白质组学分析，研究了当过度放牧导致营养减少（12.0只羊/公顷）时，绵羊肝脏组织的蛋白质谱的变化。目的是研究过度放牧条件下绵羊肝脏代谢适应的分子机制。这些改变蛋白的功能分组主要与蛋白质代谢、转录和翻译调节以及免疫反应有关。其他一些蛋白质参与营养代谢（能量和脂质代谢）、应激反应和细胞功能（细胞骨架、细胞生长和增殖）。此外，生化和免疫分析提供了充分的生理证据。有研究结果表明，过度放牧导致能量来源由碳水化合物向蛋白质转移，导致营养物质代谢（蛋白质和脂类）和免疫功能受损，这可能是导致绵羊生长减缓的原因[82]。

应用二：绵羊肝脏蛋白质组：评估美利奴羊和达马拉羊的季节性减重耐受机制

热带和地中海气候有两个特点：雨季牧场丰富，旱季牧场贫瘠。在这样的气候下，食草动物在旱季会损失多达30%的活重。这给这些地区农民的收入和生活带来了严重后果。这种营养压力被称为季节性体重下降（SWL）。在SWL普遍存在的地区，农民通常采用商业饲料和饲料喂养，以满足食用动物的营养需求。这些补品既昂贵又难以实施，因此作为长期解决方案是不切实际的。因此，为了帮助这些地区的农民，对营养压力的特定代谢适应需要进一步研究。特别需要了解耐SWL绵羊品种的代谢反应。这些研究最终可以确定SWL耐受性的具体指标，可用于选择培育适应SWL的动物。

达马拉羊是一种肥尾羊，有一种天生的能力，能够承受季节性体重下降造成的营养压力，这是由于在易于SWL和广泛干旱的半干旱环境中进行选择过程造成的。与美利奴羊相比，达马拉羊在减重后表现出结构蛋白的差异，显示出一种称为desmin的结构蛋白的总体水平较低，但在SWL期间desmin的丰度增加。当比较不同的饮食时，damara的肌肉代谢组差异较小，表明对季节性减重的反应不那么极端。此外，最近在肌肉水平上进行的蛋白质组学研究证实了该品种中存在这种独特的脂质代谢。考虑到肝脏是脂质代谢的中心，分析达马拉和美利奴犬模拟季节性体重下降时的肝脏蛋白质组反应对于识别不同品种之间的特定代谢差异具有非常宝贵的价值。

利用WebGestalt工具对与重要蛋白相关的基因本体术语进行过表示富集分析（ORA）。使用基于选择性反应监测（SRM）的靶向蛋白质组学方法进一步验证了散弹蛋白质组学的发现，在一个独立的动物队列中获得了相关蛋白质子集的类似调控趋势。结果证实，达马拉通过调动脂肪组织中储存的脂肪酸并将其转化为能量，比美利奴更有效地适应了营养压力。这一过程在达马拉斯较少下调，使他们容易利用位于其尾巴内的脂肪储备。结果也对达马拉体内观察到的生长模式提供了解释，但他们需要进一步在脂肪尾水平上的研究来进一步阐明这方面。这些数据所揭示的耐减重机制需要在重生长时期大量的脂肪沉积，导致代谢能用于脂肪合成，为旱季做准备。美利奴羊毛显示出更多与肌肉沉积和蛋白质合成有关的蛋白质，而不是脂肪沉积。尽管达马拉似乎比美利诺更能忍受SWL，但在营养压力下，不同品种的减重率是相似的[83]。

应用三：绵羊肝脏线粒体蛋白质组：了解两个不同品种的季节性减重耐受性

热带和地中海气候以其干湿季节而闻名。干旱季节导致放牧动物的牧草质量较差，从而导致季节性体重下降。SWL代表了这些地区动物生产的重大倒退，对农民的收入造成严重影响。目前在这些地区饲养的许多品种是欧洲的ori– gin，对食物短缺的适应很差。虽然这些品种的产量通常很高，但它们在牧草稀少的情况下受到影响，应当仔细考虑它们对干旱条件的不良适应的生产成本。这项研究利用了达马拉羊，一种在非洲西南部（纳米比亚和南非）卡拉哈里沙漠边缘进化的肥尾羊。由于在半干旱的环境中进化，达马拉斯已经发展出一种天生的能力来承受季节性的体重下降，这种环境容易发生年度干旱循环。而肝脏是新陈代谢的中心，特别是在能量节约和消耗机制方面。此外，肝线粒体是独特的，因为它们在碳水化合物、脂质和蛋白质代谢中发挥关键的关键作用。肝脏是新陈代谢的中心，特别是在能量节约和消耗机制方面。此外，肝线粒体是独特的，因为它们在碳水化合物、脂质和蛋白质代谢中发挥关键的关键作用。

以往的研究认为SWL的适应机制之一是特定的脂肪酸代谢。据此，比较了两个不同品种（美利奴绵羊共24只，$n = 12$只，达马拉绵羊，$n = 12$只）和两种不同饲粮（限制与不限制饲粮，每个品种6只，每个饲粮，共24只）的肝–线粒体蛋白质组。采用蓝色原生PAGE / 2d电泳技术分离线粒体蛋白并进行相对分析，然后进行质谱分析。ReviGO工具总结了蛋白质组基因本体论术语。共鉴定出50个蛋白，其中7个蛋白丰度发生显著变化（方差分析 p-value&lt; 0.05）。皮质类固醇和炎症反应相关蛋白（如膜联蛋白和谷氨酸脱氢酶）的特定丰度模式表明，Damara除了其独特的代谢外，在遭受SWL时还具有不寻常的炎症反应。所有显著蛋白都需要进一步研究；尤其值得一提的是，膜联蛋白有望成为一种潜在的有用生物标志物[84]。

# 六、其他应用

应用一：比较蛋白质组学分析显示，脂质代谢相关的蛋白质网络对臀部脂肪动员的反应

阿勒泰是一种典型的脂尾绵羊品种，具有独特的快速动员脂肪的能力，对维持正常的代谢代谢，促进其长期生存至关重要。肥尾是绵羊的一种抗胁迫性特征。肥尾是在崎岖的生活环境中，品种的长期进化和自然选择的结果。在茂盛生长的温暖时期，脂肪组织沉积的臀部羊，脂肪组织不仅是胴体的重要组成部分，而且还参与了动物体内的许多生理和生化反应，为生命活动提供能量。相对或绝对定量的等压标签（iTRAQ）是一种高通量蛋白质组学技术，允许对蛋白质丰度进行定量比较。到目前为止，目前应用的研究还很有限，

diTRAQ技术评估阿勒泰绵羊蛋白的价值。然而，迄今为止，关于与脂肪沉积相关的蛋白质以及动员相关基因和信号通路的研究有限。

在有研究中，监测臀部脂肪细胞盘的大小。结果表明，细胞大小与脂肪沉积能力呈正相关。此外，研究人员让绵羊遭受持续饥饿，以模拟触发臀部脂肪动员的条件，并使用等巴肽实验室筛选了112个差异表达蛋白的引线方法。值得注意的是，在持续的饥饿条件下，瘦素和脂联素的分泌量增加激活了关键的脂肪动员信号通路。此外，抵抗素（RETN）的上调，热休克蛋白72（HSP72）和补体因子D（CFD）促进了脂解，而细胞死亡诱导的DFFA样效应因子C（CIDEC）的下调则抑制了脂滴融合HSP72和载脂蛋白AI（Apo-AI）水平的增加激活了身体的应激机制。上述激素、基因和信号通路的协同作用形成了一个分子网络，可以提高阿勒泰绵羊对极端环境的适应性。qPCR结果揭示了这些基因一致的mRNA和蛋白表达模式，支持了研究人员的itraq衍生的蛋白质组学数据的准确性。研究结果表明，转录组团和蛋白质组学组团都参与了两种极端状态下尾部脂肪沉积和动员的脂肪生物学过程，为阐明臀部脂肪动员的复杂分子机制提供了参考[85]。

应用二：绵羊（Ovis aries）肌肉蛋白质组：使用无标记蛋白质组破译季节性减重耐受机制

季节性体重下降（SWL）是热带和地中海地区动物生产中最紧迫的问题之一。应对SWL，农民使用补充商业提要，一个昂贵和难以实现的工具或使用动物品种，有一种天然的能力承受SWL，特别是脂肪尾随绵羊品种如达马拉人，在严酷的进化在西南非洲喀拉哈里沙漠。但是使用蛋白质组学鉴定SWL耐受性的生化途径所涉及的蛋白质，将会提高与动物生产相关的家畜生产力，特别是如果在肌肉水平上鉴定，这是在肉类生产中具有经济重要性的组织。肌肉和肉类本质上是蛋白质产品，蛋白质组学对于阐明与肌肉和肉类科学（包括SWL）各方面相关的重要生理和生化机制至关重要。

研究人员比较了三个品种：澳大利亚美利奴（SWL易感），达马拉（SWL耐）和杜尔（SWL中度耐）。鉴定了绵羊蛋白质组中的668个蛋白，其中95个具有差异调控。还观察到，一个品种越容易受到SWL的影响，研究人员发现的差异丰度蛋白就越多。蛋白质结合是发现的最常见的改变分子功能。研究人员提出了6种独立于品种的限制性营养条件推定标记：铁蛋白重链，免疫球蛋白V lambda链，transgelin，脂肪酸合酶，谷胱甘肽S-transferase A2，dihydrodiol脱氢酶存在。此外，研究人员建议与SWL耐受性相关的有S100-A10 Serpin A3-5-like和过氧化氢酶，但需要进行必要的验证试验。

结果表明，同一物种不同品种在蛋白质水平上的差异，通常生活在不同的生态条件下，是表型可塑性的一个指标。结果还表明，耐SWL品种似乎更好地应对氧化应激，与美利奴羊毛相反。六种蛋白质的丰度似乎直接受到限制的营养条件的影响，而与品种无关：铁蛋白重链，免疫球蛋白V lambda链，transgelin，脂肪酸合酶，谷胱甘肽S-transferase A2，dihydrodiol脱氢酶存在。使用蛋白质组学鉴定SWL耐受性相关蛋白将导致家畜生产力的提高，对动物生产有重要意义，特别是如果在肌肉水平鉴定，在肉类生产中具有经济重要性的组织[86]。

应用三：使用高分辨率定量蛋白质组学技术鉴定绵羊可能的唾液生物标志物

近年来，人们对在唾液中的生物标志物来监测动物福利越来越感兴趣。唾液取样是一种无创和无压力的程序，采血的替代方法，已被证明是动物压力研究中的一个混杂因素。尽管缺乏已发表的研究，但在过去的几年里，人们对测量唾液生物标志物来评估绵羊的压力和分析物越来越感兴趣。对醇、甲酰化酶和脂肪酶进行了检测，以确定它们在不同应激刺激后的浓度的增加。对压力诱导的唾液中各种生物途径的深入了解，以及识别可以在压力情况下发生变化的新蛋白质，可以帮助研究人员获得相关知识。唾液分泌蛋白质组成分的状态，并识别新的可能的生物标志物，可能有助于预防或检测应激情况。

唾液对8只绵羊的样本进行了配对。对应用基于剪切的应力模型进行了分析。TMT分析允许识别新的与应激相关的代谢途径和揭示了13种蛋白质，在绵羊的唾液中从未描述过的，在压力前后有差异表达。其中6种蛋白质涉及四种主要的代谢途径的影响，即：典型的糖酵解、氧转运、神经核发育和肌动蛋白细胞骨架重组的调控。其余的蛋白质是未定位的原始蛋白，如酰基-c酶a结合蛋白、补体C3、阿尔法-2-大球蛋白亚型X1、II型富脯氨酸蛋白、乳铁蛋白、分泌球蛋白家族1D成员和角蛋白，II型细胞骨架6。在这些蛋白中，根据其生物学意义和特异性免疫分析的可用性，研究人员选择了乳铁蛋白进行进一步验证。免疫分析的分析内和分析间系数变异率低于13%。

该方法在稀释和回收条件下具有良好的线性性，检测限足够低，足以检测唾液乳铁蛋白水平。唾液乳铁蛋白显著降低（$P<0.01$）应用应激模型后观察到绵羊的浓度，表明该蛋白可能是绵羊应激情况的潜在唾液生物标志物[87]。

应用四：sarda羊宿主粪便蛋白质组

通过粪便宿主肠道蛋白质组的分析蛋白质组学已成为一个有价值的和简单的方法来监测肠道免疫和炎症反应和host-microbiota交互，除了一个有用的方法来寻求各种疾病的生物标记物影响胃肠道系统。最近，研究人员首次报道了绵羊粪便微生物区系的特征，这是通过多元组方法获得的。为了深入了解健康绵羊的宿主粪便蛋白质组，研究人员使用宿主特异性数据库对该研究中生成的质谱进行了重新分析。这两项研究提供的数据将为进一步阐明微生物-宿主相互作用对动物生产和健康的影响的研究奠定基础。

在此研究中，利用宿主特异性数据库对单次LC/高分辨率MS生成的质谱进行了重新分析，以便首次深入了解健康Sarda羊的宿主粪便蛋白质组。共鉴定出5349条非冗余胰蛋白酶肽序列，分别属于1046个不同的蛋白质。核心粪便蛋白质组（所有动物都有）由431个蛋白质组成，主要与免疫反应和蛋白质水解等生物过程有关。专门研究了参与免疫/炎症反应和肽酶的蛋白质。这个数据集提供了新颖的见解的蛋白分泌的绵羊肠道流明，和构成的基础，未来的猎枪和有针对性的蛋白质组学研究旨在监测绵羊粪便蛋白质组的变化，以应对生产变量，感染/炎症状态和肠道微生物群的变化。数据可通过标识符PXD006145的ProteomeXchange获得。

这些结果为深入了解绵羊肠腔分泌的蛋白质库，并参与多个关键过程，包括免疫/炎症反应和宿主-微生物相互作用。从这个角度来看，该数据集可能构成未来shotgun和

targeted蛋白质组学研究的基础，这些研究旨在监测绵羊粪便蛋白质组的变化对饮食、泌乳周期和其他生产变量的响应，以及对感染/炎症状态或肠道微生物群变化的响应，它们可以反过来作为肠道健康的有用指标[88]。

### 应用五：阐明羊毛的蛋白质组：羊毛品质性状的标记

羊毛加工和制造行业对羊毛质量的一些特性特别感兴趣，特别是短纤维的韧性（纵向强度）和纤维曲率。短纤维强度是决定羊毛纺丝和羊毛最终价值的主要因素之一。羊毛中蛋白质的特征是确定蛋白质表达和羊毛品质性状之间潜在关系的必要前提。当蛋白质组学技术应用于寻找羊毛品质性状的标记时，无论是凝胶法还是非凝胶法都存在同样的问题。对于角蛋白和KAPs来说，一个主要问题是在每个家族中发现的高度同源性。然而，研究已经提供了证据，在品种内部和之间，这些蛋白质的独特变异。因此，这两者和观察到的多态性为寻找特定羊毛品质性状的基因/蛋白质标记提供了一些前景。

需要通过凝胶和非凝胶技术绘制羊毛蛋白质组图，并开发出可靠的蛋白质表达定量方法。然而，要实现这一目标，有无数的挑战要面对与羊毛蛋白质组学的应用，包括羊毛的相对缺乏蛋白质序列信息的公开访问数据库、各种蛋白质的羊毛纤维，高在I型和II型角蛋白同源性，单个角蛋白相关蛋白家族的高度同源性和多态性，羊毛中角蛋白相对于其他蛋白的显性，以及角蛋白及其相关蛋白中发现的特殊化学成分。

在过去，由于缺乏对羊毛纤维中大量蛋白质的序列信息和它们高度的序列同源性，应用蛋白质组学研究羊毛品质性状一直受到阻碍。AgResearch的绵羊序列信息，加上最近的非凝胶前染色体组研究，已经将该数据库扩展到足以与人类角蛋白数据库的蛋白质家族和个体序列数量相媲美的程度[89]。

# 第五节　绵羊的甲基化研究

DNA甲基化是最早被发现且用于研究表观遗传调控机制的一项技术。DNA甲基化（DNA methylation）为DNA化学修饰的一种形式，能够在不改变DNA序列的前提下，改变遗传表现。所谓DNA甲基化是指在DNA甲基化转移酶的作用下，在基因组CpG二核苷酸的胞嘧啶5号碳位共价键结合一个甲基基团。大量研究表明，DNA甲基化能引起染色质结构、DNA构象、DNA稳定性及DNA与蛋白质相互作用方式的改变，从而控制基因表达。

基因组中DNA的甲基化模式是通过DNA甲基转移酶实现的。DNA甲基化酶分为2类，即维持DNA甲基化转移酶（Dnmtl或维持甲基化酶）和从头甲基化酶。根据序列的同源性和功能，真核生物DNA甲基化转移酶又分为4类：Dnmtl/METl、Dnmt2、CMTs和Dn-mt3。DnmtliiMETl类酶参与CG序列甲基化的维持。CMTs类酶仅发现在植物中，主要特征是它的催化区T和Ⅳ包埋染色体的主区，并且特异性地维持CG序列的甲基化。Dnmt：3类酶在小鼠、人类和斑马鱼中得到鉴定。Dnmt3a和Dnmt3b在未分化的胚胎干细胞中高度表达，但在体细胞中表达水平很低。它们的主要作用是从头甲基化，但对维持甲基化也起到一定的作用，并且负责重复序列的甲基化。根据DNA甲基化酶的种类不同，DNA甲基化反应分为2种类型：一种是2条链均未甲基化的DNA被甲基化，称为从头甲基化（denovo methylation）；另一种是双链DNA的其中一条链已存在甲基化，另一条未甲基化的链被甲基化，这种类型称为保留甲基化（maintenance methylation）。

DNA甲基化（methylation）是真核细胞正常而普遍的修饰方式，也是哺乳动物基因表达调控的主要表观遗传学形式。DNA甲基化后核苷酸顺序及其组成虽未发生改变，但基因表达受影响。尽管甲基化修饰有多种方式，分别由不同的DNA甲基化酶催化，大多发生在基因启动子区CpG岛上。同时，甲基化的DNA可以发生去甲基化，DNA的去甲基化则由基因内部的片段及与其结合的因子所调控。

细胞发育过程中，各种表观遗传学现象之间不是孤立存在而是密切联系的。DNA甲基化同组蛋白甲基化共同调控基因表达的现象最早在链孢霉（Neurospora crassa）中得到证实，进一步的生化研究结果表明，DNA甲基化是受组蛋白甲基化调节的。对哺乳动物的研究发现，DNA甲基化是建立和维持其他表观遗传学现象的基础，比如DNA甲基化位点可以募集诸如组蛋白去乙酰化酶等具有抑制功能的复合物，同时除掉该位点附近的组蛋白乙酰化标记。也有研究认为，DNA甲基化是受组蛋白修饰调控的，有报道称组蛋白修饰H3K9me能够促进DNA甲基化的进程。

# 一、甲基化在绵羊生殖上的应用

应用一：绵羊妊娠早期的胎盘发育：细胞增殖、全球甲基化和胎儿胎盘的血管生成

胎盘是胎儿和母体组织之间所有呼吸气体、营养物质和废物的交换器官。因此，胎盘发育对于通过经胎盘交换向胎儿提供代谢底物至关重要。胎盘功能的许多方面在胎儿组织生长中发挥着重要作用，包括特定基因的表达、甲基化模式、血管生成、激素的产生和其他过程。由DNA甲基转移酶（DNMTs）催化的DNA甲基化，通常与转录沉默和印迹有关，发生于位于二核苷酸CpG位点的胞因酸残基，是哺乳动物特征最广泛的表观遗传标记。

虽然DNA甲基化是最常见的表达遗传调控模式，但甲基化/去甲基化或促进甲基化酶的表达还没有进入胎盘。一些试验结果证明DNA甲基化在胚胎和病理生理和胎盘发育中起着重要作用。然而，人们对任何物种怀孕早期胎盘发育组织中全球甲基化和DNMT的表达知之甚少。研究人员假设本试验中细胞增殖模式、DNA的全球甲基化、几种DNMT的表达、血管发育和参与血管调节的因素的表达FM的发生将随着怀孕早期的进展而改变。

为了描述胎儿胎盘发育的早期特征，从交配后的第16天至第30天，每天从怀孕的母

羊身上收集腹膜子宫组织。（1）基于Ki67蛋白免疫进行细胞增殖的测定；（2）基于5-甲基胞嘧啶（5mC）表达和DNA甲基转移酶的mRNA表达进行甲基化研究；（3）基于平滑肌细胞肌动蛋白免疫定位和参与调节胎儿记忆血管生成的几个因素的mRNA表达（FMs）研究。结果显示在妊娠早期，标记指数（增殖细胞比例）非常高（21%），并且没有变化。DNMT3b的5mC和mRNA表达下降，但DNMT1和3a的mRNA表达增加。在怀孕第18～30天FM检测到血管，每个组织面积的数量没有变化。胎盘生长因子、血管内皮生长因子及其受体FLT1和KDR、血管生成素1和2及其受体TEK的mRNA的表达模式、内皮性一氧化氮合酶和NO受体GUCY13B、和缺氧诱导因子1a在妊娠早期的FM中发生了变化。这些数据显示了很高的细胞增殖率，以及参与调控DNA甲基化和血管生成因子的全球甲基化和mRNA表达的变化在FM中妊娠早期。这种对妊娠早期FM细胞和分子变化的描述将为确定受损害的妊娠中胎盘发育改变的基础提供基础精神因素、遗传因素或其他因素。对为了确定胎盘发育改变的基础在受到环境、遗传或其他因素影响的妊娠早期FM的细胞和分子变化的描述将提供基础[90]。

应用二：绵羊孕早期胎盘发育：胚胎起源对胎儿和胎盘生长及全球甲基化的影响

胚胎的起源，包括通过辅助生殖技术（ART）产生的胚胎，可能对胎盘和胎儿的发育产生深远影响，可能导致妊娠受损与胎盘发育不良有关。而早期妊娠是一个关键时期，该时期是胎儿的重要发育时间，包括胚胎器官的发生和胎盘的形成，这一过程表现为细胞增值和血管发育增强。绵羊自然繁殖后妊娠早期胎盘和胎儿生长模式。自然妊娠中胎盘发育的比较，通过各种辅助生殖技术（ART）实现的妊娠，如体外受精胚胎移植后，已经证明了胎盘和胎儿生长的差异。最近的观察表明，胎儿发育障碍不仅影响新生儿期，也影响终身健康以及人类和其他哺乳动物物种的生产力。由DNA甲基转移酶（DNMT）和其他因素调节的DNA甲基化，通过调节基因表达在胎儿和胎盘发育过程中发挥作用，通常涉及甲基化位于基因调控和编码区的"CG岛"中的胞嘧啶残基形成5-甲基胞嘧啶。在受损的妊娠中，DNA发生了改变，胎盘中的甲基化可能导致胚胎/胎儿丢失或胎儿生长受损。然而，对于任何物种正常或损害妊娠早期胎盘组织的DNA甲基化过程知之甚少。

研究人员假设胎儿和胎盘的生长和整体甲基化在妊娠早期通过转移从不同来源产生的胚胎而发生改变，包括抗逆转录病毒治疗于自然妊娠的患者相比。因此为了确定胚胎起源对胎儿大小、母体和胎儿胎盘细胞增殖和全球甲基化的影响，怀孕是通过自然交配（NAT）或通过体内（NAT-ET）、体外受精或体外激活（IVA）产生的胚胎转移实现。在妊娠第22天，测量胎儿和胎盘组织收集免疫检测基i67（增殖细胞的标记）和5-甲基胞嘧啶（5mC），然后进行图像分析。测定三种DNA甲基转移酶（DN）的mRNA表达。在NAT-ET、IVF和IVA中，母体肉阜（母体胎盘）和胎膜（胎儿胎盘）中的胎儿长度和标记指数（增殖细胞比例）小于NAT（P<0.001）。在胎膜中，5-甲基胞嘧啶在IVF和IVA中的表达高于NAT（P<0.02）。在母体肉阜中，与其他组相比，IVA中DNMT1的mRNA表达更高（P<0.01），而NAT-ET和IVA中DNMT3A的表达低于NAT（P<0.05）。在胎膜中，与其他组相比，IVA组DNMT3A mRNA的表达更高（P<0.01），NAT、NAT-ET和IVF组相似。

因此，胚胎起源可能通过调节组织生长、DNA甲基化和可能的其他机制对绵羊子宫胎盘和胎儿组织的生长和功能产生特定影响。这些数据为确定正常和受损妊娠（包括通过辅助生殖技术实现的妊娠）中调节胎盘和胎儿组织生长和功能的特定因子的表达提供了基础[91]。

#### 应用三：妊娠期母羊饮食可导致胎儿组织的基因表达和DNA甲基化变化

越来越多的证据表明，母亲在怀孕不同阶段的饮食可以诱导不同物种胎儿组织的生理和表观遗传变化，反过来可能在出生后就会产生严重的影响。对妊娠期间营养不良对荷兰饥荒（1944—1945年）期间怀孕的婴儿的影响的研究表明，营养限制可以永久地损害成人健康状况。同样，研究在绵羊和牛中已经表明，孕晚期产妇的营养会影响产后后代的身体组成、胰岛素敏感性和生长速度。但有趣的是，孕妇的营养可以改变表观遗传标记，如DNA甲基化，这反过来又不改变DNA序列而改变后代的基因表达。而表观遗传修饰，如DNA甲基化和乙酰化，是以一种亲本起源的方式调节印迹基因的表达，从而使从一个亲本遗传的等位基因得到表达，而从另一亲本遗传的等位基因被沉默。通过对大鼠和小鼠的研究已经证实，母体营养诱导表观遗传修饰，有时永久地改变胎儿的基因表达，进而导致表型的更改。然而，关于母本饮食对绵羊表观遗传修饰和基因表达的影响数据有限。

将母羊与公羊自然交配繁殖，从妊娠的（67±3）天到尸检（130±1）天，它们被喂食苜蓿草料（HY；纤维）、玉米（CN；淀粉）或干玉米酒糟（DG；纤维+蛋白质+脂肪）三种饲料中的一种。共从母体中取出26个胎儿，收集背最长肌、半腱肌、肾周脂肪库和皮下脂肪库组织进行表达和DNA甲基化分析。对9个印记基因和3个DNA甲基转移酶（DNMTs）基因的表达分析表明，不同的母体饮食对这些基因的表达有显著影响。HY和DG中IGF2R和H19的CpG岛甲基化水平高于雄性和雌性的CN胎儿。与HY和DG饮食相比，这一结果与CN饮食（甲基供体的来源）的低氨基酸含量一致。因此，有研究结果提供了怀孕期间母亲营养与胎儿组织中印记基因和DNMT的转录组学和表观基因组改变之间的相关性证据[92]。

#### 应用四：全基因组亚硫酸氢盐测序分析绵羊卵巢DNA甲基化谱与多产的关系

排卵率和产仔数是绵羊的重要生殖性状，具有较高的经济价值。最近的研究揭示了DNA甲基化和多产之间的潜在联系。DNA甲基化是一种表观遗传调控机制，在介导基因表达、基因组印迹、细胞分化和胚胎基因等生物学过程中起着重要作用，以及在决定生物体的表型可塑性方面均有影响。DNA甲基化发生在CpG二核苷酸的胞嘧啶残基上，这些残基在整个基因组中分布不均匀。利用先进的高通量测序技术，在哺乳动物中涉及重要生物学功能的基因的全基因组甲基化进行了广泛的研究。四种DNA甲基化测序技术：甲基化DNA结合域测序、甲基化DNA免疫沉淀测序、代表亚硫酸氢盐测序（RRBS）和全基因组亚硫酸氢盐测序（WGBS），WGBS与全基因组测序相似。它通过亚硫酸氢盐转换实现单碱基分辨率，并且没有碱基偏好，获得几乎完整的甲基胞嘧啶信息，具有极好的特异性和非敏感性。因此，WGBS是现有方法中最为推广的一种。

然而，一项试图识别绵羊产量的潜在DNA甲基化位点的全基因组研究表明，DNA甲基化和多产之间的潜在联系仍是未知的。在这里,研究人员通过比较高产量组(HP,连续产3次)和低产量组卵巢的全基因组DNA甲基化谱,使用深度全基因组亚硫酸氢盐测序(WGBS)测序。结果显示,HP组的卵巢中DNA甲基转移酶(DNMT)基因的表达水平低于LP组的卵巢。两组结果显示simi CpG位点甲基化的比例不同,而非CpG位点甲基化的比例不同。随后,研究人员鉴定了70899个差异甲基化区域(DMRs)、CHG的16个DMRs、CHH的356个DMRs和12832个DMR相关基因(DMGs)。GO分析显示,一些DMGs参与了调节雌性性腺发育和卵泡发育。最后,研究人员发现了10个DMGs,包括BMP7、BMPR1B、CTNNB1、FST、FSHR、LHCGR、TGFB2和TGFB3,可能与湖羊的产量有关。

有研究揭示了羊卵巢高产组的整体DNA甲基化模式,这可能有助于更好地理解表观遗传学对绵羊繁殖能力的调节[93]。

## 二、甲基化在绵羊肌肉组织上的应用

### 应用一:绵羊肌肉全基因组DNA甲基化模式及转录组分析

在过去的20年里,DNA测序技术的快速进展导致了全基因组选择成为农业动物的重要育种手段,这使得动物育种能够显著提高遗传改良的速度。而表观遗传学是研究潜在DNA序列变化以外的机制引起的表型变化。表观遗传机制包括但不限于:DNA甲基化、乙酰化结合和稳定DNA以及非编码RNA分子的组蛋白的生成和甲基化。目前DNA甲基化通过调节基因表达在哺乳动物生长发育的许多方面中起着核心作用。下一代测序技术为还原表示亚硫酸氢盐测序(RRBS)的方法用于全基因组高分辨率分析奠定了基础。而RRBS已经被证明在理解人类、小鼠和大鼠的DNA甲基化景观方面是有效的。这些表观遗传过程以一种相互关联的方式发挥作用,以调节基因表达。一个是哺乳动物基因表达控制的关键决定因素,和最常见的真核生物中DNA的共价修饰,是CpG二核苷酸上的胞嘧啶甲基化。但是目前尚不清楚的是如何对这些变异进行排序,特别是那些改变基因表达而不是氨基酸序列的变异。为了继续进行基因分析,研究人员还需要了解表观遗传学是如何影响基因表达和最终影响表型的。迄今为止,很少有研究使用这种强大的方法来研究农业动物的DNA甲基化。

研究人员在这里利用RRBS研究绵羊背最长肌的DNA甲基化。RRBS分析显示,1%的背最长肌基因组提供了适当的高prec的数据 DNA甲基化分析的准确性,在全基因组到单个核苷酸的所有分辨率。结合RRBS数据与mRNA-seq数据,允许绵羊背最长肌甲基组将与其他物种的甲基组进行比较。虽然发现了一些物种差异,但在羊的DNA甲基化模式之间观察到许多相似之处。这里提供的RRBS数据强调了基因表观遗传调控的复杂性。然而,在不同物种间观察到的相似性是很有前途的,从人类和小鼠的表观遗传学研究中得出,可以谨慎应用于农业物种。准确测量农业动物DNA甲基化的能力将有助于目前基因分析的信息层被用于最大限度地提高这些物种的生产收益[94]。

应用二：利用全基因组亚硫酸氢盐测序分析绵羊骨骼肌发育过程中的DNA甲基化谱

羊肉因其低胆固醇、低脂肪和高蛋白质含量，是全球很受欢迎的肉类。然而，许多国家的绵羊生长速度慢、屠宰率低、产肉量低，这是提高大规模羊肉生产效率所必须解决的一个重要瓶颈。骨骼肌的发育与动物的肉类产量和质量密切相关。肌肉的发育和生长涉及到其增殖、融合和分化成肌细胞进入肌纤维。这些过程不仅受基因型的影响，而且还受一组复杂的表观遗传调控，包括DNA甲基化。DNA甲基化是一种典型的表观遗传调控形式，在调控基因表达和组织发育中发挥着重要作用，它介导了许多生物过程，如生长、发育和基因组印迹。然而，DNA甲基化调控因子也涉及到其中，对绵羊肌肉的发育尚不清楚。为了探讨基因组规模的DNA甲基化在绵羊肌肉生长过程中功能的重要性，有研究对全基因组DNA进行了系统的研究。利用深度全基因组亚硫酸氢盐测序（WGBS）在绵羊发育（胎儿和成年）关键阶段的甲基化谱。

研究人员的研究发现，胎儿肌肉中DNA甲基转移酶（DNMT）相关基因的表达水平低于成年肌肉。CG环境的甲基化水平高于CHG和CHH，内含子的甲基化水平最高，其次是外显子和下游区域。随后，研究人员在CG、CHG和CHH序列环境中鉴定了48491个、17个和135个差异甲基化区域（DMRs）和11522个差异甲基化基因（DMGs）。亚硫酸氢盐测序PCR（BSP）结果与WGBS-Seq相关性较好。此外，GO和KEGG功能注释分析显示，一些DMGs参与了骨骼肌发育的调控和脂肪酸代谢。结合WGBS-Seq和之前的RNA-Seq数据，共获得了差异表达基因（DEGs）和DMGs（FPKM>10和fold变化>4）之间的159个重叠基因。最后，研究人员选择了其中9个DMGs，证明了可能参与绵羊的肌肉生长和代谢。

研究人员首次提供了对绵羊肌肉在胎儿和成年阶段的全基因组DNA甲基化模式的系统描述，研究了几种新而重要的DMRs及其与绵羊肌肉发育相关的途径。这些结果为进一步理解其表观遗传机制提供了有价值的参考，可用于标记促进羊骨骼肌生长的辅助选择程序[95]。

# 三、其他应用

应用一：绵羊全球DNA甲基化存在遗传决定论

最近，一些家畜物种的遗传进展到包括遗传DNA多态性（即基因组选择），以改善生产性状。然而，最近的研究也表明，导致动物之间表型差异的非遗传信息也可以跨代遗传。其中一种非遗传性信息关注表观遗传标记。表观遗传修饰包括DNA的生化修饰（甲基化）或与DNA相关的蛋白质（组蛋白的甲基化和乙酰化）。哺乳动物中基因表达调控的关键机制之一是CpG二核苷酸上的胞嘧啶甲基化，这是真核生物中最常见的DNA修饰。先前的研究表明，DNA甲基化具有有丝分裂和减数分裂稳定的潜力，而组蛋白修饰参与了环境诱导的表观遗传调控，这可能是可逆的。最近的研究表明，表观遗传标记，包括DNA甲基化，影响动植物的生产和适应性性状。到目前为止，大多数研究涉及遗传学和表观遗传学的缺点理想的DNA甲基化位点独立。然而，全球DNA甲基化率（GDMR）的遗传基础仍然未知。

有研究的主要目的是研究遗传发育绵羊体内GDMR的蠕虫病。该实验在分配到10个半同胞科的1047只罗马羊上进行。断奶后，对所有羔羊进行血液中整体GDMR以及生产和适应性状的表型分析。采用焦磷酸测序方法进行荧光度甲基化分析（LUMA）测定GDMR。对部分羔羊（$n$=775）基因型进行了关联分析。利用IlluminaOvineSNP50珠芯片对部分羔羊（$n$=775）进行了关联分析。不同动物的血液GDMR存在差异[平均（70.7±6.0）%]。雌羊的GDMR明显高于雄羊。血液GDMR的个体间变异性具有加性遗传成分，遗传力中等（$h_2$=0.20±0.05）。GDMR与生长或胴体性状、生外套或社会之间没有显著的遗传相关性行为。关联分析显示有28个qtl与血液GDMR相关。染色体1、5、11、17、24和26号染色体上的7个基因组区域是最感兴趣的，因为两者都具有高度显著的关联，与GDMR或位于qtl附近的基因的相关性，QTL效应为中度。与GDMR相关的基因组区域包含了几个尚未被描述为参与DN的基因甲基化，但有一些已经已知在基因表达中发挥了积极的作用。此外，一些候选基因，如CHD1、NCO3A、KDM8、KAT7和KAT6A，先前已被描述为参与了表观遗传修饰。

综上所述，有研究结果表明，家养绵羊血液GDMR受多基因影响，为DNA甲基化遗传决定论提供了新的见解[96]。

### 应用二：绵羊克隆组织中的DNA甲基化状态

体细胞核转移（SCNT）已成功应用于许多哺乳动物，如绵羊、猪、山羊、狗、马、小鼠和奶牛。尽管取得了一系列研究成果，但这项有价值的技术还是提出了许多问题，如增加流产率、围产期死亡率、低妊娠率、增加胎儿和生育率基本异常。然而，其主要原因尚不清楚。最近，异常的表观遗传修饰，如DNA甲基化、组蛋白修饰、microRNA和染色质重建，已在一些克隆物种中被报道。基因组印迹和DNA甲基化在哺乳动物的发育中起着重要作用。作为一种主要的表观遗传修饰，DNA甲基化主要发生在哺乳动物的CpG二核苷酸上。许多克隆的动物显示出异质性的DNA甲基化谱。然而，关于克隆的报道较少，因为缺乏基因组印记信息。为了研究SCNT产生的绵羊的DNA甲基化重编程，研究人员选择了4个印迹相关基因相同的DNA位点，以3日龄克隆绵羊为实验组，设置对照组用于DNA甲基化研究。

在有研究中，探讨了克隆羊中CpG岛和推测印记基因Peg10和印记基因Dlk1、Igf2R和H19的差异甲基化区域的DNA甲基化模式。研究了两只克隆羔羊的五个器官在出生后不久死亡，以及两个正常对照。在克隆羊中观察到正常的DNA甲基化谱。两只克隆羊的肝脏、肾脏、心脏、肌肉和肺中的印记基因Dlk1、Igf2R和H19显示出相对正常的DNA甲基化，但Peg10显示出对照羊和克隆羊之间的一些差异。结果表明，体细胞核移植产生的绵羊表现出相对正常的DNA甲基化模式，并在印记位点经历了正常的DNA甲基化重编程[97]。

### 应用三：绵羊体型变异的DNA甲基化图谱

中国蒙古绵羊的亚种群在体重上表现出显著差异。在有研究中，我们通过甲基化DNA

免疫沉淀测序方法对这些品种的全基因组DNA甲基化进行测序，以检测DNA甲基化是否在确定绵羊体重中发挥作用。有研究获得了高质量的中国蒙古羊甲基化图谱。我们在93个人类直系同源基因中鉴定了399个不同的甲基化区域，这些区域以前在人类基因组关联研究中被报道为与体型相关的基因。我们测试了LTBP1中的三个区域，两个CpG位点的DNA甲基化与其RNA表达显著相关。此外，在"发育过程"（GO：0032502）中富集的一组特定差异甲基化窗口被确定为与体重变化相关的潜在候选。接下来，在5个基因中验证了这些窗口的一小部分；SMAD1、TSC1和AKT1的DNA甲基化在不同品种间表现出显著差异，六种CpG与RNA表达显著相关。有趣的是，两个CpG位点与TSC1蛋白表达显著相关。有研究从表观遗传学角度对绵羊的体型变化进行了深入了解[98]。

# 第六节　绵羊的代谢组学研究

## 一、羊奶概述及应用

在1917年至2017年间的一个世纪的研究中，奶山羊已从简单的奶牛替代品转变为人类酶的转基因载体。数千年来，山羊奶一直是人类营养的重要组成部分，部分原因是山羊奶与母乳的相似性更大，凝乳更软，小乳脂肪球比例更高，与牛奶相比具有不同的过敏特性；然而，关键的营养缺陷限制了其对婴儿的适用性。人们不仅关注山羊奶和牛奶之间的蛋白质差异，还关注脂肪和酶的差异，以及它们对山羊奶和奶制品的物理和感官特性的影响。不同物种之间的生理差异需要不同的技术来分析体细胞计数，山羊奶中的体细胞计数自然较高。全世界山羊奶的高价值促使人们需要各种技术来检测山羊奶制品与牛奶的掺假。

应用一：通过元素代谢组学对认证、安全和营养的影响来评估希腊格拉维拉奶酪

随着消费者对准确的食品标识的关注，生产企业和流通企业也纷纷效仿，食品认证的重要性也越来越大。监管机构对食品真实性分析方法感兴趣，以支持执法。乳制品在营养均衡的饮食中发挥着核心作用，由于其蛋白质、必需脂肪酸和矿物质的高含量，乳制品的消费与几项健康益处有关。希腊格拉维拉奶酪是一种硬奶酪，在希腊乳制品产量中位居第二，仅次于菲达奶酪。它主要是由绵羊和山羊奶混合制成的，但也可以由绵羊、山羊奶

或奶牛或这三种牛奶的混合物制成的。希腊有700家制酪场，大部分都是中小型的，牛奶收集半径在30km左右，但很少有牛奶收集距离远得多的。大多数奶羊和山羊农场也是小型到中型的，在农场附近放牧。大多数Graviera都以地理名称商业化，但只有三种Graviera Agrafon、Graviera Kritis和Graviera Naxou是在欧盟原产地名称保护计划下注册的。然而，当地气候的多样性，当地植物的高度丰富的植物区系，占优势的微生物区系，以及牛奶的加工和传统的奶酪制作实践，是格拉维亚拉的品质特征的关键。乳制品的真实性可以评估各种分析技术如分子、色谱、振动和荧光光谱、元素指纹、同位素、non-chromatographic质谱和核磁共振（NMR）。一些文章强调了通过元素指纹进行奶酪认证。然而，这些出版物没有考虑元素代谢组学提出的综合元素剖面，包括稀土元素（REE）和贵金属。早期研究的结果揭示了土壤元素剖面与衍生食品之间的关系。动物产品的元素含量除了取决于饲料和植被摄入外，还取决于各种因素，如动物种类（如牛、绵羊或山羊），矿物质补充，饮用水和生产实践。此外，土壤和矿物污染的元素剖面与每个特定的地理区域相关，并表征其成因。沿着食物链的元素转移是一个复杂的过程，也是特定元素的。食物链第一部分（即植物）的元素指纹可能与食物链最后一部分（即牛奶、肉类或奶酪）的元素指纹有本质上的不同。这是由于上述因素的影响，所有的代谢过程和不同的吸收速率在不同的生物体。在这方面，稀土指纹图谱与区域地质直接相关，受其他因素影响较小。REEs已被证明在各种产品中是非常可靠和可信的标记，如裂开豌豆、葡萄酒和野味肉，并且受收获变异的影响很小。元素代谢组学是一门新兴技术，应用于营养、农业等多个领域，将食品科学与健康联系起来。电感耦合等离子体质谱仪（ICP-MS）具有快速测定超痕量多元素的能力，是主要的选择。元素代谢组学的基本原则包括但不限于元素分析的适当样品制备、ICP-MS分析过程中标准参考物质的使用以及适当的数据处理、统计分析和报告。该研究通过ICP-MS分析，确定了希腊格拉维拉奶酪中61种元素的元素特征，旨在探讨元素代谢组对希腊格拉维拉奶酪产地、安全性和营养质量评价的作用。该研究使用105个样品来自9个不同的地理区域，由绵羊、山羊和牛奶及其混合物生产。研究了61种元素的元素特征，以确定其地理来源和乳型。通过线性判别分析进行的区域和牛奶类型分类几乎对所有病例都是成功的，交叉验证则显示分类率较低。这表明需要进一步的研究，使用更大的样本集，同时利用正在开发的生物信息学工具。这是首次报告乳制品中61种元素的特征，包括全部16种稀土元素和全部7种贵金属。对有毒和营养元素的安全性和质量进行了评估。根据欧盟和美国的法规和指令，格拉维耶拉是一种微量元素和宏元素的营养来源，有毒元素水平低。

该研究首次报道包括稀土元素和奶酪中所有贵重金属在内的61种元素的特征。结果表明，元素代谢组学可用于区分不同地理区域和牛奶类型的奶酪。该方法需要生物信息学工具的进一步改进，以实现人工数据清理的自动化。与分子分析相比，元素代谢组学简单方便。第一步是在有盖的聚丙烯管中准确称量样品，以便分析何时方便，何时收集到足够的样品，何时有仪器可用。没有关于温度、时间或任何其他储存条件的要求，唯一的要求是为食品认证、质量和安全建立全面的元素代谢组数据库。通过降低ICP-MS的购买成本和增加干扰的能力，元素代谢组学变得越来越便宜。该研究在代谢组学层面改善畜产品以改善人类营养和健康[99]。

应用二：绵羊奶与山羊奶的代谢组学比较

如今，人们对更健康产品的需求不断增加，对绵羊和山羊等不同品种的牛奶产生了新的兴趣。在世界其他地区，牛奶代表了最合适的奶制品来源，与之相比，地中海地区的特点是有大量的山羊和绵羊群被指定用于挤奶，而不是肉类生产。为此，欧洲共同体决定保护山羊和绵羊奶牛场的独特性。撒丁岛（意大利）是产山羊奶和羊奶最多的地中海地区。在该地区，绵羊和山羊奶的产量和组成受到当地天然植物区系牧草影响。大量研究表明，绵羊奶和山羊奶的总体组成有很大的不同，前者的蛋白质、脂肪和乳糖含量较高。尽管一些研究广泛研究了小反刍动物乳制品的不同方面，在文献中仍有少量关于牛奶代谢物概况的信息。牛奶和奶制品中的低分子量代谢物库代表了哺乳期间和多个代谢途径中基因表达的最终点。对这些化合物水平的研究对于理解牛奶的代谢途径和特性非常有用。此外，代谢物和牛奶成分特征之间的相关性分析有助于理解牛奶的生化和技术特征，突出那些可以作为生物标志物的分子特征。代谢组学是研究生物系统中代谢物概况最有价值的方法之一。这种技术允许测定生物基质中低浓度的代谢物。GC-MS代谢组学在研究不同物种牛奶的代谢物谱方面的能力已经得到了充分的证明。在这项研究中，通过代谢组学方法，牛奶代谢物的绵羊和山羊饲养在撒丁岛进行调查与测量主要牛奶等品质的内容脂肪、蛋白质、乳糖——酪蛋白和尿素，加上冰点，pH和体细胞计数（SCC）。研究结果表明，羊奶的代谢物中阿拉伯糖醇、柠檬酸、α酮戊二酸、甘油酸、肌醇和甘氨酸含量较高，而羊奶中甘露糖6磷酸、异麦芽糖、缬氨酸、焦谷氨酸、亮氨酸和异麦芽糖含量较高。代谢产物谱和乳成分特征之间也有关联。统计模型的预测能力表明，代谢产物谱与羊奶中的蛋白质含量和羊奶中的脂肪含量之间有很好的相关性。

尽管没有考虑到牛奶代谢物水平的季节变化的影响，该研究对理解小反刍动物的乳代谢物及其在评价乳特性中的作用作出贡献[100]。

# 二、血清的性状概述及应用

绵羊血清是经无菌采集、批量混合，最终过3次0.1μm过滤分装而成。促细胞生长繁殖的三大指标超过国家标准。绵羊血清适合于单抗研制、较常规的原代和传代细胞培养、规模化培养的疫苗生产。

正常血清是用来描述来自没有用特异抗原进行免疫产生抗体的动物的血清。因此，正常血清与抗血清相对。正常血清包含血清蛋白的一般补体，包括存在于特定物种健康动物体内的不同种类的免疫球蛋白。提供的正常血清产品经过脂类抽提以提高透明度，经去盐和透析处理以去除包含叠氮化钠的磷酸缓冲液，并最后冻干以获得冻干粉末。正常血清非常适用于作为封闭试剂去除非特异性杂交。正常血清在检测一般或特异抗体纯化方法的时候也经常作为对照使用。

应用一：过度放牧和轻牧条件下绵羊血清变化的比较代谢组分析

过度放牧是内蒙古典型草原最严重的威胁。近几十年来，由于过度放牧，草地生态系统和羊奶生产遭到了严重破坏。载畜率的增加导致草地植物挥发性有机物的积累和形态的改变。多年或单年的研究表明，在放牧季节（6月至9月），过度放牧显著降低了每公顷或单个绵羊（15个月大的雌性）的活体增重。其原因是过度放牧严重破坏了这片天然草地，使牧草的正常形态退化（牧草产量降低，营养成分失衡），导致动物个体生长性能下降。随着人们对放牧动物福利的日益重视，放牧强度的增加，特别是在过度放牧条件下，放牧绵羊的健康状况和营养物质代谢可能发生的变化受到越来越多的关注。对于过度放牧引起的营养不良，动物的长期反应表现为营养物质的调动（能量、蛋白质等），引起组织肿物的减少，特别是脂肪和肌肉组织。这可能是过度放牧绵羊生长性能下降的主要原因。有研究通过超高效液相色谱结合四极杆飞行时间质谱（UHPLC-Q-TOF/MS）对过度放牧和轻度放牧条件下的绵羊血清进行非靶向代谢组学分析，以确定过度放牧对代谢的干扰。由于过度放牧，绵羊肝脏蛋白质组中与免疫应答相关的多种蛋白表达下调。过度放牧导致的牧草降解和动物生长性能的降低可能会改变绵羊免疫和营养代谢相关的一些代谢物。然而，关于过度放牧条件下绵羊代谢谱变化的定量数据很少。近年来，代谢组学已成为一种强大的高通量生物分析方法，用于检测反刍动物在不同饲粮或环境胁迫下的重要代谢生物标志物。在之前的一项代谢组学研究中，通过核磁共振（NMR）光谱分析绵羊在道路运输12小时和48小时后的血清和尿液样本，发现过氧化物酶体脂肪酸氧化是运输诱导应激的一种代谢反应。研究结果表明，饲喂高精料饲粮的奶牛瘤胃液中瘤胃代谢产物（细菌降解产物、有毒化合物和氨基酸）的浓度发生了变化，代谢模式也发生了变化。采用液相色谱/质谱联用（LC/MS）技术对受控热应激下泌乳奶牛血清样品进行分析，发现13个潜在的生物标志物与碳、氨基酸、脂类或肠道微生物源代谢有关，表明热应激影响了泌乳奶牛代谢途径。目前，对反刍动物的代谢组学研究大多集中在零放牧系统上。然而，这种先进的生物分析方法尚未广泛应用于评价过度放牧条件下动物健康状况和营养代谢的变化。该研究识别和表征绵羊血清中与过度放牧后果相关的潜在生物标志物。与轻牧相比，过度放牧显著降低了绵羊增重以及与免疫反应和营养代谢相关的血清生化指标（免疫球蛋白G、白蛋白、葡萄糖和非酯化脂肪酸）。与此相反，其他血清指标如丙氨酸和天冬氨酸转氨酶、碱性磷酸酶、总胆红素、血尿素氮和白细胞介素-8在过度放牧组显著升高。主成分分析区分了轻度放牧组和过度放牧组的代谢组。多变量和单变量分析显示，过度放牧组血清中15种代谢物的浓度发生了变化（9种代谢物显著升高，6种代谢物显著降低）。过度放牧组绵羊生长性能显著降低，血清生化指标变化明显。同时，使用UHPLC-Q-TOF/MS的非靶向代谢组学也鉴定了血清代谢物的变化，从而提供了一个关于og触发的细胞代谢产物变化的独特视角。过度放牧条件下，绵羊血清中检测到15种代谢物（6种代谢物浓度显著升高，9种代谢产物浓度显著降低）的变化，主要参与脂肪酸氧化、胆酸生物合成和嘌呤和蛋白质代谢。这些代谢产物的靶点的鉴定提高了我们对该条件下绵羊生长性能下降的分子机制的理解[101]。

应用二：壳聚糖饲喂羔羊血清代谢指纹图谱及其与生产性能和肉质性状的关系

壳聚糖（CHI）是一种天然生物聚合物，具有抗菌、抗炎、抗氧化和消化调节作用，可用于反刍动物饮食中以代替抗生素。该研究旨在评估CHI对羔羊生长性状、营养物质消化率、肌肉和脂肪沉积、肉脂肪酸（FA）谱、肉质性状和血清代谢组的影响。该研究使用30只30个月大的雄性羔羊，一半是萨福克，一半是多珀，平均BW为（21.65±0.86）kg，在饲养场系统中喂养，总共70天。根据饮食将羔羊分为两组：接受基础日粮的对照组（CON）组和接受基础日粮的CHI组，在日粮中加入CHI作为2g/kg的DM。补充CHI的羔羊的最终BW、DM摄入量，最终体代谢体重（$P<0.05$）和残留饲料摄入量高于CON组（$P<0.05$）。喂养CHI的动物在第14天和第28天时具有更高的淀粉消化率（$P<0.05$），在第14天，第42天和56天时平均日增加，在第28天时具有更高的饲料效率，在饲养场中具有第14天和第42天的饲料对话。大多数胴体性状不受处理影响（$P>0.05$）；然而，CHI补充剂改善了（$P<0.05$）敷料和长肌面积。处理对肉的颜色和其他质量测量没有影响（$P>0.05$）。来自CHI喂养的羔羊的有较高浓度的油酸顺式9酸，亚油酸，亚麻酸–反式–6酸，花生四烯酸和二十碳五烯酸。根据预测评分的可变重要性，区分CON组和CHI组最重要的代谢物是马尿酸盐、乙酸盐、次黄嘌呤、精氨酸、丙二酸、肌酸、肌酸、2-氧代戊二酸、丙氨酸、甘油、肌肽、组氨酸、谷氨酸和3-羟基异丁酸酯。同样，折叠变化（FC）分析突出了琥珀酸盐（FC=1.53），精氨酸（FC=1.51），马粪酸盐（FC=0.68），肌醇（FC=1.48），次黄嘌呤（FC=1.45），乙酸盐（FC=0.73）和丙二酸盐（FC=1.35）作为代谢物在组间显著差异。综上所述，该研究结果表明，CHI改变肌肉代谢，改善肌肉质量沉积，羔羊的性能和胴体敷料。此外，CHI导致FA代谢的改变，肉类FA特征的变化和肉类质量的改善[102]。

应用三：膳食补充α-硫辛酸对夏季绵羊表观消化率及血清代谢组改变的影响

为了研究α-硫辛酸（LA）对夏季绵羊（36.72±1.44）kg营养代谢的影响，将21只绵羊随机分配到三种处理中，以解决LA补充剂：每天0.00（CTL），600（LA-L）和900（LA-H）mg/kg干物质（DM）。使用全粪便和尿液收集方法分析表观消化率；ELISA试剂盒，用于确定血液中的激素，抗氧化剂和免疫参数；和血清代谢组学来检测和分析小分子物质。结果表明，与CTL组相比，LA-L组和LA-H组的DM摄入量分别显著增加8.22%和8.02%，对日均增重、饲料转化率、氮素消化率、钙消化率和磷消化率均无显著影响。在激素、抗氧化和免疫指标方面，LA补充后，三碘甲状腺原氨酸、超氧化物歧化酶、谷胱甘肽还原酶、HSP70和IgA的浓度显著升高，肾上腺素和丙二醛水平显著下降。通过对三组进行成对比较，代谢组学分析分别确定了22种阳性/阴性模式的差异代谢物，这表明补充LA可以显著影响绵羊的脂质，氨基酸和核酸代谢。此外，3-吲哚丙酸、肉桂酰甘氨酸、丁酸、十二烷二酸、硫酸吲哚氧基酯和泛酸是LA补充后浓度较高的常见差异代谢物。总之，膳食补充LA可以增加绵羊的DMI，能量消化率，抗氧化能力和免疫力。这些变化为支持在牲畜中使用LA补充剂提供了证据[103]。

# 三、批次效应概述及应用

批次效应往往是研究中人为划分的测量批次，与研究中的生物或科学变量无关。列举几种会产生批次效应的情况：（1）肿瘤样本都在周一测序，正常组织样本都在周二测序；（2）两名技术人员负责不同的实验子集；（3）使用了两批不同的试剂、芯片或仪器；（4）还有就是做数据挖掘时尝试合并两个不同来源的数据集，如TCGA和GTEx的正常组织数据时。批次效应对高通量测序中的影响显著，对低维分子测量如 Western Blot 或 qPCR 中往往影响较小。

标准化是一种数据分析技术，用于调整单个样本测量值的全局属性，以便能够更恰当地对所有样本进行比较。传统观念往往认为通过标准化可以去除批次效应，但事实上标准化并不能消除批量效应，甚至可能会加剧高通量测量中的技术伪影，因为批量效应违反了标准化方法的假设。

简而言之，批次效应是不同时间、不同操作者、不同试剂、不同仪器导致的实验误差；与实验的处理因素无关；对高通量测序中的影响显著；无法被标准化去除。

直接输液质谱代谢组学数据集：数据处理和质量控制的基准。

背景与摘要：基于质谱的代谢组学越来越多地被用于流行病学和分层医学的生物标志物发现工具，例如识别具有不同疾病机制或对药物反应的患者亚组。这样的调查通常需要大规模的研究设计，以适当地加强统计分析。因此，代谢组学测量必须随着时间的推移而延长，通常需要多批次的实验设计。这大大增加了质谱测量产生的分析（或技术）变化的不利影响。数据处理算法的改进，以纠正这种变异，更普遍地产生高重复性和稳健的质谱代谢组学数据，代表了代谢组学的一个高度活跃的研究领域。这个数据集是在一项研究中收集的，该研究旨在衡量科学的有效性和实验的可重复性，哺乳动物心脏组织提取物的多批次直接输液质谱（DIMS）代谢组学研究（数据引证1）。该实验设计的优势在于使用了均匀分散在多个批次的混合质量控制（QC）样品，从而能够使用软件校正批内和批间差异质量控制——稳健样条校正（QC-rsc）算法，旨在映射生物相同的QC响应中的线性和非线性时间变化，这种校正的有效性可以通过检查对多个生物样本重复测量的影响来独立评估。具体来说，有研究包括三种样本类型：生物样本、QC样本和空白样本。这20个生物样品由溶剂从10只绵羊和10只牛的心脏组织中提取的极性代谢物组成，共代表一个分析批次。每一批20个生物样品，连同QC样品和空白，使用纳米电喷雾直接灌注傅里叶变换-离子回旋共振（FT-ICR）质谱反复分析，第1天4次，第2天2次，第7天2次，因此每个生物样品都是八元组测量。分析和计算方法用于收集和处理这些数据集作为基准为dim代谢组学研究中，已经开发和优化在过去的八年里。Nanoelectrospray dim越来越多利用代谢组学和lipidomics，受益于快速分析时间，高技术重现性，可与液相色谱-质谱（LC-MS）相媲美的预测能力，并且需要最小的样品生物量。已知的缺点主要是由于缺乏色谱法，包括离子抑制代谢物进入质谱仪的共洗脱，以及产生只产生质量电荷比（*m/z*）和强度值的复杂光谱，使代谢物鉴定至多局限于假定的注释。在这里，瞬态（时域）数据和元数据的收集和处理使用选择离子监测（SIM）-拼接方法，包括傅里叶变换，内部质量校准和光谱拼接（数据集）。接下来，几个处理步骤进行检测，然后仅保留高质量的峰值出现在大多数的样本，包括去除峰值检测的空白样品，和额外的步骤确保行为不良样品，例如高百分比的失踪的山峰，被移除（数据）。工作流的最后阶段包括数据标准化、批校正、缺失值归并和广义对数转换（数据集），为统计分析准备质谱数据。我们有包括这个宽度最大化重用潜力的数据尽可能广泛的用户，承认的原始和最小加工数据将最大价值在质谱分析，包括数据集1：仪表.RAW文件，数据集2：平均瞬变（在），数据集3：频谱（FS）和数据集5：缝合峰列表（SPL）。所有数据集都存储在MetaboLights开放访问数据存储库中。虽然代谢组学数据的质量保证和质量控制有许多方法，但它们的使用还不广泛，也没有发展成为科学界的正式推荐方法。在这里，我们提出了DIMS代谢组学研究的一些最佳实践程序，以评估产生的数据的最终质量，包括分析精度的质量评估6和使用QC样本的多元质量评估。此外，我们对该数据集的描述采用了代谢组学标准倡议20的建议草案。除了它作为DIMS代谢组学基准数据集的价值之外，它还具有相当大的重用潜力。这部分源于不寻常的实验设计，即每个生物样品的高水平重复测量（$n=8$），每组生物样品的重复水平（$n=10$），以及在整个研究过程中对一个汇集的QC溶液进行多次分析。虽然我们已经使用这种设计来允许对批处理校正算法的好处进行健壮的检验，其他人可能希望探索开发附加或替代信号处理算法，对QC样品应用任何滤波或校正，然后独立测量对重复测量的生物样品重现性的影响。此外，通过在整个工作流中包含所有相关数据集，其他人可以在数据处理的任何阶段轻松地研究新的信号处理算法[104]。

# 四、营养概述及应用

羊所需要的营养物质包括蛋白质、碳水化合物、脂肪、矿物质、维生素和水。蛋白质是羊体生长和组织修复的主要原料，也提供部分能量；蛋白质是由氨基酸组成的含氮化合物，是羊体组织生长和修复的重要原料。同时，羊体内的各种酶、内分泌、色素和抗体等大多是氨基酸的衍生物，离开了蛋白质，生命就无法维持。在维持条件下，蛋白质主要用于满足组织新陈代谢和维持正常生理机能的需要；碳水化合物和脂肪主要为羊提供生存和生产所必需的能量，碳水化合物包括淀粉、糖类、半纤维素、纤维素和木质素等，是组成羊饲料的主体；矿物质、维生素和水，在调节羊的生理机能、保障营养物质和代谢产物的传输方面，具有重要作用。羊即使处于完全饥饿的状态下，为维持正常的代谢活动，仍需消耗一定的矿物质。所以，在维持饲养时必须保证一定水平的矿物质量。羊最易缺乏的矿物质是钙、磷和食盐，其中钙、磷是组成牙齿和骨骼的主要成分。此外，还应补充必要的矿物质微量元素，羊在维持生命时也要消耗一定的维生素，必须由饲料来补充，特别是维生素A和维生素D。在羊的冬季日粮中搭配一些胡萝卜或青贮饲料，能保证羊的维生素需要；水对人、畜都是不可缺少的营养成分之一，是动物机体的主要组成成分，体内各种养分的吸收、转运代谢及废物的排出必须先溶于水后才能进行，水的溶解力很强，是最好的溶剂，水的比热大，导热性好，能很好地调节体温，水同时是动物体内化学反应的介质，所以要为羊提供充足、卫生的饮水，这是羊只保健的重要环节。

## 应用一：妊娠母羊对严重限饲的血浆代谢组动态变化

以往的研究表明，脂肪组织中以甘油三酯形式储存的脂肪酸被释放并运输到线粒体中进行β-氧化生成乙酰辅酶a。然而，β-氧化脂肪酸产生的乙酰辅酶a产生大量的酮体，在高浓度时可产生细胞毒性。前期研究结果表明，严重限饲（FR）显著降低了母羊的血糖水平，提高了血液β-羟基丁酸（BHBA）水平。此外，肝脏代谢谱结果提示重度FR可引起肝脏脂质代谢紊乱和肝脏代谢功能受损。鉴于识别早期的步骤在脂肪肝的发展是重要的早期指标的开发和使用期间脂肪肝的营养不良、代谢紊乱的潜在生物标记物的理解不足造成的能源具有重要意义，特别是对怀孕动物。此外，以往的研究主要集中于母体能量不足对后代的影响，而对母体体内代谢紊乱的机制及发病机制的研究较少。动物模型已被用于填补母亲饮食和成人疾病之间的知识空白，并具有明确的机制细节。以前的研究表明，多胎绵羊在怀孕期间很容易产生负能量平衡，从而导致妊娠毒血症。以往的研究已经成功地探讨了母性饮食与绵羊成体疾病之间的关系。因此，这只羊可以作为研究孕期营养不良引起的母体代谢紊乱的合适模型。代谢组学是对生物体内所有相对分子质量小于1000的小分子代谢物进行定量分析，探讨代谢物与生理病理变化之间关系的研究方法。因此，代谢组学可以全面揭示营养不良引起的代谢紊乱的整体变化。在该研究中，研究人员假设持续检测血液代谢物可以揭示FR引起的代谢紊乱的整个代谢变化。20只妊娠湖羊分别饲喂基础饲粮和70%限制基础饲粮。采用HPLC-MS平台对血液代谢物进行鉴定。基于代谢谱的血液样本主成分分析表明，限饲组血液样本在处理后存在差异。其中，在第5天、第10天和第114天，两组差异代谢物分别为120、129和114。富集分析结果表明，在第5天有4个代谢途径（甘油磷脂代谢、亚油酸代谢、精氨酸和脯氨酸代谢、氨酰基-trna生物合成），第10天有4个代谢途径（氨酰基-trna生物合成、氨酰基-trna生物合成、甘油磷脂代谢、柠檬酸循环）。9种代谢途径（氨基酰-trna生物合成、酮体的合成和降解、甘油磷脂代谢、丁酸代谢、亚油酸代谢、柠檬酸循环、丙氨酸、天冬氨酸和谷氨酸代谢、缬氨酸、亮氨酸和异亮氨酸生物合成、和脯氨酸和精氨酸代谢）在第15天显著增加。这些发现揭示了妊娠母羊因严重限饲引起的代谢紊乱的时间变化，该研究结果为缓解措施提供了见解[105]。

## 应用二：代谢组学分析无刺仙人掌对围产期母羊的影响

小型反刍动物作为干旱或半干旱地区农民的主要经济来源有着重要意义。这些地区的特点往往是过度放牧，土壤质量差，年降雨量低，每年也变化很大。因此，饲料供应模式每年都有所不同，作物生产不可靠。随着气候变化，在这些条件下饲养的动物通常很难补充营养。因此需要创新和多功能的畜牧生产选择，以最大限度地提高生产力并改善生态系统健康。显然需要丰富、低成本的替代饲料补充剂，以提高在这些困难条件下饲养的动物的生产效率。以往的研究已经提出各种替代补充剂，如β-胡萝卜素和球苔（Tillandsia recurvata）对于干旱和半干旱地区，对仙人掌属有相当大的兴趣，这是一种丰富的植物，可以用作饲料补充剂，似乎也为小反刍动物的繁殖带来了好处。作为一种多肉植物，仙人掌属可以承受缺水和高温，并且它们很容易适应贫瘠的土壤，可以低成本种植。并且仙人掌的分布包括拉丁美洲、南非和地中海地区。

该研究测试了仙人掌包层的围孕营养，有或没有蛋白质富集，是否改善了成年雌性绵羊的代谢组学特征和生殖结果。将60只体重相似的朗布依埃母羊随机分配到育种期间（34天）喂养的三种营养处理中：对照组（对照；$n = 20$），普通的仙人掌组和富含蛋白质的仙人掌（E-Opuntia；$n = 20$）。对尿液样本的评估表明，对于76种代谢物，对照组和仙人掌组完全不同（$P<0.05$），而对照组和E-Opuntia组之间存在重叠。结果表明在Opuntia喂养和对照喂养的绵羊中，不同的功能群被激活，导致葡萄糖，酪氨酸，甲烷和甘油脂的代谢发生变化。Opuntia组（70%和95%）和E-Opuntia组（90%和110%）的生育率和繁殖率往往高于对照组（55%和65%），正交对比显示对照组和Opuntia之间的差异对于两个生殖变量均显著（$P <0.05$）。用仙人掌的营养补充剂，无论是否富含蛋白质，都增加了雌性绵羊的生育率和繁殖率，而不会伴随体重增加。该研究结果表明对仙人掌的生殖反应并不仅仅反映了对良好营养的反应，还可能是由特定的代谢物/代谢组学途径引起的，可能是由葡萄糖、甲烷、酪氨酸和甘油脂代谢的激活引起的。将代谢组学化合物与绵羊的新陈代谢联系起来。该研究的新颖性表明需要进一步研究营养影响生殖系统的机制[106]。

### 应用三：耳垢代谢组学评估围产期母羊的代谢变化

耳垢是人类和其他哺乳动物耳道中耵聍腺分泌的蜡质物质，是特殊汗腺分泌物和皮脂腺脂肪物质的混合物。在化学上，它由蛋白质、脂质、糖肽、氨基酸（AA）、短链和长链脂肪酸（饱和和不饱和）、芳香族和长链碳氢化合物、类固醇、挥发性有机化合物（VOC）和矿物质组成，除了一些环境污染物我们将耳垢作为替代生物基质，用于使用靶向和非靶向代谢组学监测围产期各种代谢物的定量谱的变化。这有助于更好地了解这一重要时期发生的代谢变化。使用母羊耳垢样本分析来评估母羊在妊娠晚期和哺乳期的代谢特征。该实验从28只健康的巴西SantaInês母羊中收集了耳垢样本，分为3个亚组：9只非怀孕母羊，6只妊娠最后30天的怀孕母羊和13只哺乳期母羊≤产后30天。然后，分别采用顶空气相色谱/质谱法、高效液相色谱/串联质谱法和电感耦合等离子体–光学发射光谱法，对样品中包括挥发性有机化合物（VOC）、氨基酸（AA）和矿物质在内的一系列代谢物进行表征和定量。在研究组之间，耳垢的代谢物谱观察到显著变化，其中从怀孕和哺乳期母羊获得的样品的VOC谱中检测到非酯化脂肪酸、醇类、酮类和羟基尿素的水平显著升高。同时，检测到9种矿物质和14种AA的水平显著下降，包括必需AA（亮氨酸、苯基丙氨酸、赖氨酸、异亮氨酸、苏氨酸、缬氨酸），条件必需AA（精氨酸、甘氨酸、酪氨酸、脯氨酸、丝氨酸）和非必需AA（丙氨酸）。使用稳健的主成分分析和分层聚类分析的多变量分析成功地应用于使用两种应激状态（怀孕和哺乳期）代谢物的变化与健康的非应激状态来区分三个研究组。该研究成功地使用耳垢评估产前和产后代谢变化，并且可以在未来用于识别诊断，预防和干预母羊妊娠并发症的标志物[107]。

## 五、疾病概述及应用

随着我国社会经济不断发展，促使人们的生活水平不断提高，人们对于餐桌上的食品安全更加重视，羊肉是人们喜爱的餐桌美食，羊不仅用于食用，其使用价值也非常高，羊肉能够食用，羊皮能做药材和饰品等。在养殖过程中经常会出现疾病，为养殖户带来损失，给人们的食品安全带来威胁。

我国养羊业近年来取得了瞩目的成绩，羊只养殖数量早已超过了澳大利亚等国，但是养殖技术却比澳大利亚等发达国家相去甚远，在羊疾病的预防和防治方面也存在一定的差距。因此，了解羊疾病发生的原因和采取一定的预防措施对养羊业的发展非常有帮助。

## 应用一：症状前亨廷顿病绵羊的代谢谱揭示了新的生物标志物

亨廷顿舞蹈病（HD）是由HTT 1不稳定的CAG重复突变引起的遗传性神经退行性疾病。该疾病是致命的，而且目前还没有针对这种疾病的分子病因的治疗方法。虽然HD是通过舞蹈病的存在来诊断的，但人们HD不仅仅是一种运动障碍、精神障碍、认知能力下降和睡眠/昼夜节律异常均可导致HD患者隐匿性下降。此外，虽然大脑进行性神经退行性变是HD的最佳病理特征，但最近的研究也确定了周围病理可能是HD发病机制的重要组成部分。这些疾病包括心肌病和骨骼肌萎缩，即恶病质。事实上，恶病质是最容易被识别的HD症状之一，并且在HD患者的疾病末期是不可避免的。

大量研究表明，HD患者的体重减轻并非由营养不良引起的，因为HD患者的卡路里摄入量正常，甚至高于对照组。由恶病质和运动控制丧失引起的骨骼肌功能障碍可引起运动症状，包括构音障碍（不能说话）和吞咽困难（吞咽困难）。吞咽困难引起吸入性肺炎，是HD患者发病的主要原因之一。20世纪60年代，HD中舞蹈病和恶病质的双重存在刺激了对HD代谢的首次研究。最初人们认为舞蹈病是由于消耗过多的能量而引起恶病质的。目前已知，CAG重复次数较多的患者体重下降更快，恶病质伴随基因表达和代谢的变化，可能影响全身代谢和功能。恶病质是老年化和阿尔茨海默病、癌症等其他重要疾病的显著特征。恶病质在所有疾病中的潜在机制是肌肉蛋白质分解增加，再加上蛋白质合成减少，导致整体肌肉损失。这些通路在HD中可能被破坏，但其破坏的确切机制和时间进程尚不清楚。HD的代谢研究的结果是非常多变的，而且大部分是不实质性的。在早期的研究中，特别关注脂质和蛋白质的代谢物，虽然发现了一些变化，但都不能解释HD患者显著的消瘦。随后，对HD患者和HD小鼠的线粒体功能进行了直接研究，以及大规模的代谢组学研究。线粒体异常与代谢变化有关，在HD患者淋巴细胞和HD小鼠模型中均发现线粒体功能下降。一些使用人类和HD啮齿动物模型的非靶向代谢组学研究给出了瞩目的结果，暗示但不总是揭示HD代谢途径的实质性变化。

另一些研究发现，能量代谢和碳水化合物、蛋白质或脂质代谢标志物的变化都没有，而这些标志物可以区分健康对照组、早期表现和II/III期HD受试者。然而，最近发现了HD患者血浆代谢谱的一些变化，Graham等人使用核磁共振波谱鉴定了HD的代谢特征，Patassini等人揭示了死后人类大脑的显著代谢变化。这些最新的研究强烈支持HD的代谢紊乱的观点，尽管没有显示出相同的变化，有些发现相互冲突。例如，Patassini等人显示大脑尿素水平显著增加，Graham等人发现它们下降。每个研究之间的差异说明了控制人类先天代谢变异的困难。然而，在所有这些研究中，都有一个一致的代谢失调主题，特别是在线粒体功能、氮代谢和脂代谢方面。研究之间不一致的部分问题在于，在测量人体新陈代谢方面存在相当大的挑战。饮食、光照条件、睡眠/觉醒状态和一天的采样时间都对代谢谱有深刻的影响。饮食和光照条件可以控制，对病人来说很难，但在动物模型中更容易控制。然而，内源性昼夜节律变化在代谢研究中更成问题，因为这需要高度控制的实验室条件——所谓的恒定常规方案——以最小化外源性因素对昼夜节律的影响。有明确的证据表明，HD患者，小鼠和绵羊的昼夜节律被打乱，HD小鼠肝脏代谢产物的昼夜节律调节异常。因此，有昼夜节律缺陷的受试者的样本中，如果不24小时采集样本，可能会遗漏或掩盖代谢物的差异，特别是那些受昼夜节律调节的代谢物。理想的采样方式是在昏暗的灯光下，在24小时的时间内，对饮食摄入受控的受试者至少每小时取样2次。然而，在HD患者中进行这样的采样是困难和昂贵的，在小鼠中几乎是不可能的。该研究使用HD转基因绵羊模型，因为绵羊的饲养和饲养条件可以很好地控制，而且它们足够大和健壮，能够耐受24小时的多次采血。

代谢组学是对小分子代谢物的分析。它不仅为研究体内平衡调节提供了希望，也为研究由基因变化、微生物和疾病引起的系统扰动提供了希望。与其他组学技术相比，代谢组学具有优势，因为它直接评估生物体的代谢变化，比基因、转录本和蛋白质水平的变化更能反映功能表型。因此，代谢谱有潜力识别新的生物标志物，可作为疾病进展或治疗反应的诊断工具。代谢组学的主要方法包括核磁共振（NMR）和基于质谱（MS）的技术（即液相色谱（LC）/质谱和气相色谱（GC）/质谱，其中LC/MS是最敏感的）。使用稳定同位素标记标准的靶向代谢组学方法比非靶向代谢组学方法更有优势，允许研究人员量化代谢物的选择类别，从而可以确定代谢功能的变化。与HD进展相关的代谢生物标志物和代谢途径的鉴定将有助于了解疾病的病理生理机制，并通过提供疾病进展的敏感指标来促进有效疗法的发展。随着新疗法在HD中的治疗试验的快速开始，对一个强大的生物标志物的需求从未像现在这样迫切。通过权利，在研究两个人（和他们的生活方式抑制，调节新陈代谢）和小鼠（快速啮齿动物的新陈代谢和小血容量重复抽样）将大大缓解如果可以使用类似的大型动物模型与新陈代谢可以测试的人类控制环境。最近开发的HD绵羊模型（OVT73）提供了这样一个机会。这只羊携带一个全长人类cDNA转基因的CAG重复扩增值缺乏公开的行为异常和没有大脑的结构变化，结合40只微妙的神经病理学和次要sex-dependent事后剖析小脑和肝脏代谢的变化表明，在5岁的时候，这条线的羊还是高清的阶段发生前症状。

该研究使用靶向LC/MS代谢组学策略来评估症状前HD羊（以下简称HD羊）的生化改变和识别潜在的生物标志物。研究人员对症状前HD转基因绵羊和对照绵羊的血浆进行了代谢分析。使用靶向LC/MS代谢组学方法对25小时内连续采集的血浆样品中的代谢物进行定量。在89/130种已鉴定的代谢物中，包括鞘脂、生物胺、氨基酸和尿素，基因型发生了显著变化。与对照组相比，HD组的瓜氨酸和精氨酸显著升高。症状前HD羊的其他10种氨基酸减少，包括支链氨基酸（异亮氨酸、亮氨酸和缬氨酸），这些先前被确定为HD的潜在生物标志物。尿素、精氨酸、瓜氨酸、不对称和对称二甲基精氨酸显著增加，鞘脂减少，表明在HD早期，尿素循环和一氧化氮途径都是失调的。Logistic预测模型确定了一组8个生物标志物，可识别80%的症状前HD羊为转基因，准确率为90%。症状前HD绵羊的代谢谱显示出明显的尿素循环和NO系统紊乱。提出了一个由8个生物标志物组成的小组，可以检测出症状前HD羊的疾病。该研究找到一种可以用来确定疾病阶段或追踪疾病进展的生物标志物对于评估HD的治疗效果是非常宝贵的[108]。

应用二：短期和长期糖皮质激素诱导的骨质疏松症对去卵巢绵羊血浆代谢组和脂质组的影响

目前，骨质疏松症的诊断主要通过测量骨密度（BMD）和测量骨翻转生物标志物来进行。虽然骨成像扫描被认为是一种非侵入性的方法，但骨密度的变化只能通过这种方法在一段时间内检测到。因此，需要发展一种快速和简单的预后方法，通过检测骨质疏松症的早期生物标志物来诊断或预测骨质疏松症。代谢组学是研究多种疾病的新兴工具，包括癌症、糖尿病、阿尔茨海默病和骨关节炎。代谢组学允许测量和表征小分子，如或有机和氨基酸、糖类、脂类和生物系统中的其他生物标志物。代谢组是高度动态的，在对生理条件或治疗的反应中可以迅速发生变化。这些代谢改变可能有助于早期发现代谢途径的变化，并发现与人类疾病相关的新的生物标志物。脂质组学是代谢组学的一个分支，研究脂质分子物种的特征。骨中脂质代谢的改变，特别是骨髓中脂肪细胞生成和成骨细胞生成之间的细胞平衡，是由许多因素控制的。代谢组学和脂质组学已用于动物模型和绝经后低骨密度或骨质疏松的妇女。有证据表明，雌激素缺乏引起的代谢途径（如TCA循环、谷氨酰胺代谢、氨基酸代谢和脂肪酸代谢）的干扰可能影响去卵巢（OVX）大鼠和小鼠的骨重塑。绵羊被公认为骨质疏松症的大型动物模型之一。大多数临床前和转译研究已经报道了通过OVX单独或通过OVX、缺乏钙和维生素D的饮食和糖皮质激素治疗联合治疗羊骨丢失的有效方法。糖皮质激素通过诱导破骨细胞骨吸收增加和减少成骨细胞的形成来影响骨重塑；它们还通过抑制钙的吸收扰乱钙的代谢，从而导致钙缺乏和矿物质代谢的改变。以往对绵羊的研究已经证实了绝经后骨质疏松症中骨丢失的机制，但没有研究评估OVX单独或联合糖皮质激素干预是否会影响OVX羊的血浆代谢产物和脂质谱。该研究采用液相色谱质谱（LC－MS）代谢组学方法，研究雌激素缺乏和糖皮质激素干预对人骨质疏松动物模型OVX羊血浆代谢的短期和长期影响。28只老年母羊随机分为4组：OVX组、OVX联合糖皮质激素2个月（OVXG2）、OVX联合5剂糖皮质激素（OVXG5）诱导骨丢失组和对照组。应用液相色谱–质谱法对每月的血浆样本进行非靶向代谢组学分析，以跟踪骨质疏松症5个月的进展。单因素分析显示，OVX绵羊和OVXG的血浆代谢组与对照组相比存在显著差异。5–甲氧基色氨酸、缬氨酸、蛋氨酸、色氨酸、戊二酸、2–吡咯烷酮–5–羧酸、吲哚–3–羧醛、5–羟赖氨酸和苹果酸等9个代谢物发生了改变。同样地，15种脂质由多种脂类如溶血磷脂、磷脂和神经酰胺扰乱。

该研究结果强调，OVX单独或联合糖皮质激素治疗改变了绵羊的血浆代谢物和脂质谱。结果提示，苯兰氨酸、酪氨酸和色氨酸的生物合成以及半胱氨酸、蛋氨酸和支链氨基酸、缬氨酸、亮氨酸和异亮氨酸的代谢可能是影响OVX羊骨丢失的主要代谢途径。在OVX后观察到的脂类CL、PI、PA和PS的相对强度差异与甘油磷脂和磷脂酰肌醇途径的干扰有关。循环代谢物和脂质变化的测量可能具有潜在的意义，以确定与雌激素戒除有关的进一步危险因素，可能导致骨密度下降。这些发现为研究OVX羊骨丢失机制提供了新的方向，并表明这些特定的me–tabolites可能作为人类骨质疏松的预后生物标志物有价值[109]。

应用三：妊娠长期低氧诱导胎儿羊肺动脉代谢组学重编程和表型转换

妊娠期长期缺氧（LTH）是一种胎儿应激，是新生儿持续性肺动脉高压和其他后遗症的重要因素。这是一个重大问题，因为全世界有超过1.4亿人生活在高海拔地区（>2500m），因此许多发育中的胎儿面临疾病风险。长期（约110天），妊娠期间高海拔（3801m）缺氧已被证明会通过损害肺血管发育来显著影响心肺生理学，从而导致新生儿肺动脉高压的发展。肺动脉高压是一种无法治愈的疾病，大大增加了右心室功能不全和死亡的风险。肺动脉高压通常在晚期新生儿中与右心室功能障碍一起被发现，因此，了解该疾病的潜在机制并确定该疾病的生物标志物非常重要。妊娠期长期缺氧会增加婴儿患多种疾病的风险，包括持续性肺动脉高压。与人类类似，胎儿羔羊肺发育容易出现长期宫内缺氧，其结构和功能变化与肺动脉高压的发展有关，包括肺动脉内壁增厚和动脉反应性失调，最终导致右心室输出量减少。为了进一步探索与胎儿绵羊肺缺氧诱导的畸变相关的机制，该研究以代谢组学变化和功能表型转变的前提，这些代谢组学变化和功能表型转变是由于宫内长期缺氧引起的。研究人员对从近期胎儿羔羊中分离出来的肺动脉进行了电子显微镜检查，蛋白质免疫印迹，钙成像和代谢组学分析，这些肺动脉在妊娠后110天以上暴露于低海拔（3801m）缺氧。结果表明，缺氧组的肌质网肿胀，腔宽高，与质膜的距离较远。缺氧动物表现出较高的内质网应激和抑制钙储存。在代谢方面，缺氧与较低水平的多种 ω–3 多不饱和脂肪酸和衍生的脂质介质（例如，二十碳五烯酸、二十二碳六烯酸、α–亚麻酸、5–羟基二十二碳五烯酸（5-HEPE）、12-HEPE、15-HEPE、前列腺素E3和19（20）–环氧二十二碳五烯酸）和一些 ω–6 代谢物（$P < 0.02$）包括15-酮前列腺素E2和亚油酰甘油。该实验结果揭示了长期缺氧诱导的代谢重编程和胎儿绵羊肺动脉表型转变的广泛证据，这些疾病可能导致持续性肺动脉高压的发展[110]。

# 六、肠道性状概述及应用

羊的肠道由小肠和大肠构成。羊的小肠细长曲折，长约 25m，小肠的功能是再消化和营养吸收。经胃消化过的食糜进入小肠后，在各种消化酶的作用下被消化分解，消化分解后的营养物质在小肠内被吸收，未被消化吸收的食糜随小肠的蠕动被推入大肠。羊的大肠比小肠粗，长约8.5m。大肠的主要功能是吸收水分和形成粪便。食糜进入大肠后，在大肠微生物和由小肠带入的各种消化酶作用下，继续消化吸收，余下部分排出体外。

利用绵羊代谢组和微生物组数据改进了肠道甲烷生产的基因组预测绵羊、牛和山羊等反刍家畜是世界范围内动物蛋白质的重要来源。这是因为它们具有利用瘤胃发酵将低营养植物物质有效转化为高质量动物产品的能力。这一过程的副产品是产甲烷微生物在瘤胃中通过产生甲烷。甲烷主要由动物打嗝排出，占澳大利亚农业部门温室气体排放的约71%。牛和羊个体产生的甲烷数量的遗传组成部分已经确定，认为基因组选择是缓解肠道甲烷的潜在途径。从大量的遗传标记中实现表型预测主要有两种方法。标记辅助选择采用GWAS方法识别少量高度显著的位点，然后在目标群体中进行检测；相反，基因组预测通常使用所有可用的基因组信息来预测表型，而不涉及特定的因果位点的鉴定。基因组预测最简单的实现是基因组最佳线性无偏预测（gBLUP），它比较样本之间的基因组关系，然后使用这些关系来预测一组未知样本的表型。由于gBLUP使用的方法，避免了GWAS的多重测试挑战（涉及数千甚至数百万的统计测试），所需的动物数量也低得多。在考虑甲烷生产的基因组选择时，一个重要的问题是，许多常见的甲烷性状（例如每公斤DMI的甲烷含量）在表型和遗传学上都与高度遗传性状相关。克服这一问题的一种方法是使用表型校正的残留方法，其中甲烷表型是预期和观察到的差异。多篇已发表的研究使用了残差法，因为它可以避免与高遗传性状相关性带来的混杂效应。利用瘤胃微生物组预测甲烷表型的假设是，当两只动物有高度相似的微生物群时，这些微生物群产生的甲烷是相似的。利用基于瘤胃微生物区系与动物基因组关系的关系矩阵，提高了饲料转化效率的预测精度，饲料转化效率与甲烷产量呈良好的表型相关。虽然到目前为止，瘤胃代谢组尚未被用于这种直接的表型预测应用，但在家畜之外，包括代谢组数据在内的–组学数据正在被用于预测植物的表型，其准确性超过了使用基因组预测获得的一些低遗传性状。2012—2014年，对结构化羊群（绵羊）的三个生命阶段、生长、怀孕和产后的甲烷产量进行了纵向研究。利用残余甲烷表型对99只绵羊在三年内的甲烷产量进行了基因组预测，该表型是根据活重、瘤胃体积和采食量校正的甲烷产量。利用基因组关系，根据预测的时间点，预测精度（由预测和观测的剩余甲烷产量之间的相关性决定）为0.058～0.220。然后将最佳线性无偏预测算法应用于建立在瘤胃代谢组与微生物组之间的关系。基于代谢组关系的两个可用时间点的预测精度分别为0.254和0.132；第一个微生物组时间点的预测精度为0.142；第二微生物组时间点不能成功预测残余甲烷产量。当代谢组关系添加到基因组关系时，两个时间点的预测准确率分别从仅使用基因组关系时的0.201和0.158（仅使用基因组关系时的0.081）提高到0.274。当将第一个时间点的微生物组关系添加到基因组关系时，通过赋予基因组关系比微生物组关系多10倍的权重，最大预测精度由仅使用基因组关系时的0.216提高到0.247。

　　该研究开始将组学数据整合到预测方法中，并将其预测能力应用于提高对反刍动物甲烷产量的理解。综合基因组学、代谢组学和微生物组学的关系来预测残余肠道甲烷产量比单独使用任何一种方法都具有更高的准确性。此外，在校正了一些协变量后，丙酸和甲烷之间存在高度显著的关系，以及与其他四种瘤胃代谢物的关联[111]。

# 七、肌肉性状概述及应用

　　在生长期内，肌肉、骨骼和脂肪这3种体内主要组织的比例有相当大的变化。肌肉生长强度与不同部位的功能有关。羔羊出生后要行走活动，腿部肌肉的生长强度大于其他部位的肌肉。胃肌在羔羊采食后才有较快的生长速度。头部、颈部肌肉比背腰部肌肉生长要早。总的来看，羔羊体重达到出生重4倍时，主要肌肉的生长过程已超过50%，断奶时羔羊各部位的肌肉重量分布也近似于成年羊，所不同的只是绝对量小，肌肉占躯体重的比例约为30%。

　　应用一：体重减轻对绵羊肝脏和骨骼肌代谢组的影响：使用NMR –代谢组学对三个绵羊品种的研究

　　羊是生产肉类和羊毛的宝贵资源。在干燥的夏季，牧场稀缺，动物面临季节性体重下降（SWL），这降低了产量。研究耐SWL品种对了解耐营养缺乏的生理机制、确定育种策略具有重要意义。美利奴羊、达马拉羊和杜珀羊品种被描述为对SWL有不同程度的耐受性。在这项工作中，我们评估了它们的肝脏和肌肉代谢组，并比较了对限食的反应。将每个品种的公羊分为生长限制组和限饲组，限饲期42天以上。用$^1$H-NMR检测组织代谢组。杜珀限制组两种组织几乎没有变化，表明对营养缺乏有较高的耐受性。美利奴羊毛在治疗组之间表现出更多的差异。主要差异与脂肪和蛋白质动员及抗氧化活性有关。在达马拉组之间，主要的差异是肌肉中的氨基酸组成和肝脏中的能量相关通路。结合目前的研究结果和之前对同一动物的研究数据，我们认为杜珀和达马拉品种对SWL的耐受力更强，因此更适合恶劣的环境条件。

绵羊和山羊等小型反刍动物在热带和地中海地区尤其重要，是小规模自给农业系统的主要收入和粮食来源。此外，在南半球的一些国家，如澳大利亚、新西兰、阿根廷或南非，羊的生产，特别是羊毛的生产，是主要的商业产品之一，历史上在这些经济体中扮演着重要的角色。动物生产热带地区和地中海强烈影响牧草短缺和质量在干燥的夏季和秋季月，导致季节性减肥（SWL）为了抵消水汩水的影响，农民使用补充剂来平衡动物的营养需求。在发展中国家或偏远地区的广泛生产系统中，补充是昂贵且难以实施的。解决SWL影响的另一种方法是使用自然适应这一限制、能够在这种困难环境中苗壮成长和更有效生产的绵羊品种。因此，了解这些品种能够应对SWL的生化和生理机制是非常重要的。澳大利亚美利奴是该国羊毛、羊肉和活体动物出口市场的基础品种。澳大利亚美利奴有着悠久的历史，在1797年被引入之后，但在过去的二十年里，市场变化和动物福利政策已导致增加对品种和其他特点，抽搐，尤其是没有羊毛（脱落的头发羊），耐热性和自然适应SWL。最近，两个来自南非的品种，达马拉和杜珀，已经被引入澳大利亚。达马拉羊是一种大型肥尾羊，原产于纳米比亚和南非的卡拉哈里沙漠边缘。这个品种很好地适应干旱的气候条件和缺水。杜珀羊也是一种原产于南非的毛羊品种。结合黑头波斯土种的耐寒性和英国多塞特角2号品种的胴体和肉质性状选出。在之前的工作中，对这些品种及其对SWL的反应进行了卓有成效的表征。然而，还没有对这三个品种的肌肉和肝脏代谢组进行广泛的表征。该研究使用核磁共振（NMR）来描述山羊在swl16下的乳腺和乳代谢物。这项研究证明了这种方法有助于建立更系统的代谢组分析的潜力。其他最近在农场动物中的研究证实了核磁共振技术在代谢组学方法中的潜力。该研究旨在研究美利奴羊、达马拉羊和杜泊羊的肌肉和肝脏的代谢组特征，并研究限饲对这些组织的影响，这从生产和代谢的角度都具有重要意义。实验结果表明使用基于核磁共振代谢组学的方法，杜珀品种更适应SWL，当受到饲料限制时，两种组织都没有什么变化。这种耐受性可能是育种历史的结果。美利奴羊，可能是由于其选择羊毛生产，显示了更明显的组织变化，SWL适应性较差。达马拉表现出一套特定的适应，反映了它的主要身体特征——肥尾的生理特性。在选择耐SWL品种的背景下，结果证实杜泊和达马拉品种在SWL条件下表现更好。它们的适应似乎与更有效的代谢适应饲料限制有关，这改变了营养能量来源，而不损害整体肌肉结构。由于这些品种在瘤胃水平上出现了一些与瘤胃菌群组成和活性有关的变化，因此还应考虑在瘤胃水平上的可能适应。该研究结果将对了解哪些生化途径与绵羊的SWL耐受性有关以及可能有利于育种计划具有重要意义[112]。

应用二：综合脂质组学和靶向代谢组学分析揭示了去势羔羊腰肌主要肌肉中风味前体的变化

食用质量，包括味道，是决定消费者购买肉类决定的主要属性之一。肉类风味归因于一些挥发性化合物，这些化合物是在烹饪过程中脂类和低分子量水溶性化合物反应产生的。研究报告称，生肉气味和熟肉风味与由于脂质氧化而存在于生肉中的脂质衍生化合物密切相关。生牛肉的异味强度随着脂质氧化程度的增加而增加。大理石纹水平和挥发性脂肪溶解度影响烧烤牛肉中挥发性化合物浓度以及吞咽前和吞咽后挥发性释放概况。此外，低肌内脂肪（IMF）导致羊肉风味前体的减少。磷脂酰胆碱（PC）、磷脂酰乙醇胺（PE）和甘油三酯（TG）及其与sn-1位点饱和脂肪酸（SFAs）和sn-2位点不饱和脂肪酸（UFAs）的结构对甘油链类脂的热氧化能力至关重要。此外，这些脂质可能会影响脂质氧化形成挥发性化合物。尽管脂质氧化在风味形成中起着关键作用，但低分子量的水溶性化合物在通过美拉德反应、斯特莱克反应和硫胺素降解产生挥发性化合物中是重要的。n端含有Leu的二肽（例如Leu-cys）表现出很高的美拉德反应活性，在pH 5.5的美拉德反应体系中生成肽特有的芳香化合物。葡萄糖或葡萄糖6-磷酸的添加增加了熟猪肉中挥发性化合物的浓度，相对而言，磷酸化的单糖具有更高的产香潜力。半胱氨酸和核糖影响脂质氧化，导致形成醇和烷基呋喃，而不是饱和和不饱和醛。有报道称，低IMF降低了美拉德反应中的挥发性化合物和熟腌猪肉火腿宜人的香气属性。因此，前体对于生肉或熟肉的风味形成非常重要。生肉中的这些前体受到动物品种、物种、性别、饲养系统、饲料、活重、屠宰后老化及其相互作用的影响。阉割是大多数国家的传统做法，是为了改善肉质，减少牲畜的攻击行为。此前的研究表明，阉割会改变反刍动物的脂质积累，并改变挥发性化合物的分布。脂肪酸是肉类风味的重要组成部分。很少有研究评估阉割对生羊肉脂质、亲水代谢物和挥发性化合物谱的影响。

脂质组学，使脂质的大规模和全面的研究成为可能，已被广泛应用于不同目的的食品科学研究，包括不同生物资源的脂质组成、食品鉴别。脂质组学方法包括核磁共振谱（NMR）、气相色谱质谱（GC-MS）和液相色谱质谱。与NMR和GC-MS相比，LC-MS提供了丰富的同时定量分子鉴定。然而，这种方法很少用于评估羔羊阉割后的脂质谱。该研究采用脂质组学和靶向代谢组学方法对羔羊去势后的脂质和亲水性代谢谱进行了研究，并对羔羊去势后的生肉和完整羊的挥发性化合物进行了研究。有研究旨在：（1）评价阉割对风味前体（包括疏水和亲水代谢物）的影响；（2）测定阉割和未阉割绵羊生肉中挥发性化合物的差异；（3）解释生羊肉中脂类与挥发性化合物的关系。阉割后，PC、PE、TG、SM、Cer、CL、Co、FFA、DG、PI、AcCa、PS、LPC、PG等14种脂类和224个脂类分子均增加。去势对18种亲水性代谢物均有影响，但只有次黄嘌呤在去势组显著升高。在45种挥发性化合物中，1-辛烯-3-醇和己醛在去势绵羊中的含量显著高于完整绵羊。该研究结果为了解阉割对生羔羊风味前体和挥发性化合物的影响提供了全面的知识，有助于肉质的改善[113]。

## 八、瘤胃性状概述及应用

瘤胃，是四个胃中最大的，其功能是容纳采食的食物，作为临时贮存和发酵罐。羊与牛等反刍动物在消化生理方面有别于其他动物的最显著的特点在于瘤胃的消化功能。瘤胃约占4个胃总容积的80%，可大量容纳草料。瘤胃中容有大量细菌和纤毛虫，其中的纤维分解菌可分泌纤维分解酶，将草料中粗纤维分解为易消化吸收的碳水化合物供瘤胃壁直接吸收利用。瘤胃细菌的蛋白质分解酶可将非蛋白氮（如尿素、碳铵等）分解为氨，再利用氨合成菌体蛋白，成为羊所需蛋白质来源；此外，瘤胃微生物还可合成B族维生素、维生素C和维生素K等。

山羊的瘤胃是4个胃中最大的一个，在腹腔的左半部，占整个胃容积的80%。瘤胃虽然不能分泌消化液，但胃壁有强大的纵形肌肉环，能强有力地收缩和松弛，有节律地动，以搅拌食物。胃黏膜上有许多乳头状突起，对食物起到揉磨的作用。瘤胃的最大特点是胃中有大量的微生物和纤毛虫，其对食物的分解、转化和营养物质的合成起到重大作用。瘤胃内的微生物对食物进行发酵、分解、合成，从而使瘤胃成为羊体内庞大的、高度自动化的"饲料加工厂"。

瘤胃内的微生物和纤毛虫，它们形成了瘤胃内极为复杂的微生物区系。1g瘤胃内容物约有细菌150～250亿个，绝大多数为嫌气性细菌，而好气性细菌只有100万个左右；另外，纤毛虫约有60～100万个。细菌形态多样，有杆状、球状、梭状和螺旋状，其作用可分为发酵糖类、分解乳酸、分解粗纤维素、分解蛋白类、合成蛋白质类、合成维生素类。这些细菌均靠自身分泌的有关酶来完成对饲料的分解和合成。瘤胃中好气菌的作用主要是消耗氧，以促使嫌气菌的生长和繁殖。嫌气菌和纤毛虫具有分解饲料中的纤维素、糖类和合成蛋白质及其他营养物质的能力。同时，细菌和纤毛虫也存在共生关系。纤毛虫能利用细菌的分解产物和吞噬细菌，纤毛虫分泌的刺激素又能提高细菌分解纤维素的能力。瘤胃微生物的这种共生关系，对粗纤维的分解极为重要，因此瘤胃的消化功能有特别重要的意义。

应用一：藏羊瘤胃微生物组和代谢组反映了动物日龄和营养需求

瘤胃微生物区系在动物功能属性中起着重要作用。这些微生物对瘤胃的正常生理发育是必不可少的，也可能将植物多糖从草转化为可用的牛奶和肉类，使其对人类具有很高的价值。研究不同发育阶段瘤胃微生物组成和代谢产物对了解反刍动物的营养和代谢具有重要意义。然而，研究反刍动物各发育阶段微生物组和代谢产物的报道相对较少。该研究采用16S rRNA基因测序、代谢组学和高效液相色谱技术，对青藏高原地区羔羊和亚成年藏羊瘤胃微生物区系、代谢产物和短链脂肪酸（SCFAs）进行了比较。拟杆菌门和螺旋体门在亚成体羊中富集，厚壁菌门和柔壁菌门在幼羊中富集。亚成年个体的alpha多样性值高于幼羊。代谢组学分析表明，羔羊和亚成虫群体瘤胃必需氨基酸含量及相关基因功能通路存在差异。参与缬氨酸、亮氨酸和异亮氨酸生物合成的L-亮氨酸在羔羊中丰富，参与苯丙氨酸代谢的苯乙胺在亚成虫中丰富。瘤胃微生物群落结构和代谢产物谱均受日龄影响，但瘤胃短链脂肪酸浓度在不同日龄间相对稳定。某些特定微生物（如梭状芽胞杆菌和瘤胃球菌科）与L-亮氨酸正相关，与苯乙胺负相关，说明瘤胃微生物在不同龄期代谢产物的产生中可能发挥不同的作用。Mantel试验分析表明，瘤胃微生物区系与代谢组学和短链脂肪酸谱显著相关。有研究结果表明了反刍动物微生物组成与代谢产物之间的密切关系，揭示了不同年龄反刍动物的营养需求不同，从而对通过微生物组干预调节动物营养和代谢具有重要意义[114]。

# 第七节　绵羊的宏基因组学研究

## 一、肠道概述及应用

绵羊的大肠被称为后肠，是动物消化系统的重要组成部分。绵羊的肠道内栖息着庞大复杂的微生物群体，是由数万亿微生物细胞组成的多样化生态系统。其微生物群体与宿主的消化吸收、物质的营养代谢和免疫功能密切相关，是影响机体健康的重要因素之一。

消化道微生物群赋予了绵羊本身不具备的消化能力。绵羊自身可消化物质仅限于淀粉、蔗糖和乳糖。而消化道微生物群的关键作用之一是帮助宿主消化食物，尤其是哺乳动物饮食中大量的复杂碳水化合物。

以往的研究主要集中于绵羊的胃部，多项研究表明胃部是主要的粗饲料分解消化场所。绵羊大肠代谢的实验研究主要集中在盲肠和结肠。盲肠和近端结肠是绵羊大肠的主要消化区域，负责控制食糜的传送。

最近，宏基因组学技术的出现可以细化研究绵羊肠道各个部位的微生物具体作用，如小肠、中结肠、盲肠等。对绵羊远端肠道的研究主要是利用粪便进行的。为了评估下游绵羊肠的具体消化作用，以宏基因组学对绵羊肠道微生物进行研究，对确定影响绵羊营养水平、肠道的生理机制及了解其代谢机制具有重要意义。

*应用一：沙特绵羊胃肠道碳水化合物活性酶的宏基因组学研究*

研究人员通过宏基因组学研究绵羊肠道微生物消化的特殊功能。为了评估绵羊肠道的具体消化作用，研究人员对三个GIT亚位点（小肠、中结肠和直肠）的微生物群进行检验，并深入分析微生物群编码的碳水化合物活性酶基因，以评估上述三个亚位点的木质纤维素分解潜力和比较不同品种三个子位点的微生物群和碳水化合物活性酶谱。

研究人员使用QIAamp DNA粪便迷你试剂盒提取纯化细菌DNA。研究表明，细菌群落主要由厚壁菌（占总序列的42.5%和72%OTU）为主，其次是拟杆菌（21.5%序列和13.9%OTU）、变形杆菌（占总序列的11.5%和OTU的2.6%）和放线菌（占总序列的2.5%和2.8%的OTU）。其中大肠和直肠微生物多样性最高，小肠类杆菌丰度很低。除此以外还有约8%的细菌没有分类。各种肠道亚基中编码的纤维素酶和木聚糖酶的数量非常低，这表明大部分纤维消化是在瘤胃上游进行的，并且肠道菌落的碳源可能由在肠道中通过的瘤胃真菌和细菌构成。

与牛瘤胃的宏基因组学研究相比，在绵羊远端肠道部位发现的纤维素和木聚糖的酶家族数量较少。相反，与肽聚糖（如GH25）和真菌多糖（如GH16、GH20）相关的酶家族相比瘤胃较多。研究表明，大部分纤维素的分解是在胃肠道的上部进行，远端肠道菌群的碳源可能包括从瘤胃进入肠道的真菌和细菌细胞，以及一部分残留的纤维。该研究通过宏基因组学研究绵羊肠道不同部位的细菌差异揭示不同部位的功能区别[115]。

### 应用二：不同的饲养条件绵羊大肠微生物区系分析及免疫调节作用

越来越多的研究表明，绵羊的肠道微生物组成会由于应激反应而改变，如母体分离，过度拥挤等。研究人员通过测试绵羊粪便中的微生物组成来验证肠道微生物组的构成，并通过观察不同环境压力下绵羊毛发中皮质醇的变化来探究不同的饲养条件是否影响改变后的肠微生物组的组成和多样性。

该研究选择了10只未哺乳、非妊娠的6个月龄萨能母羊。所有绵羊都来自同一羊群，在20天的适应性饲养后，被分成两组，分别是隔离组（每天单独隔离3小时）和对照组（整个实验期间都在羊场饲养）。

实验结果表明两组实验动物的毛发中的皮质醇含量没有显著差异。基因的NGS分析结果表明，绵羊的核心肠微生物群OTU组成如下：厚壁类占后肠微生物组的43.6%，其次是拟杆菌（30.38%）、变形杆菌（10.14%）和疣状体（7.55%）。在两组对照差异细菌比较方面：纤维杆菌门是唯一差异表达显著的门类（$P = 0.0293$）。除此以外，观察到的OTU的平均数量相似。Chao1、Fisher $\alpha$ 指数和基于丰富度的覆盖率估计器（ACE）均未显示组间差异。

综上所述，该项研究并未发现应激饲养条件对绵羊核心微生物群结果的影响，但并不代表应激饲养条件对微生物组成没有影响。该研究从宏基因组学的角度对动物生产和动物福利作出了一定贡献[116]。

### 应用三：藏羊瘤胃微生物组和代谢组反映了动物的年龄和营养需求

瘤胃微生物群对于瘤胃的正常生理发育起着重要的作用，它们可以将草中的植物多糖转化为可用的牛奶和肉等畜产品，对人类具有极高的价值。探索不同发育阶段瘤胃的微生物组成和代谢产物，对于了解反刍动物的营养和代谢具有重要意义。然而，研究反刍动物不同发育阶段的微生物组和代谢物的报道相对较少。

该研究利用16S rRNA基因测序、代谢组学和高效液相色谱技术，比较了青藏高原绵羊和亚成年藏羊瘤胃微生物群、代谢产物和短链脂肪酸（SCFA）。结果表明拟杆菌和螺旋体在育成年绵羊中富集，而厚壁菌和柔嫩菌在育成个体中更为丰富，育成年个体的 $\alpha$ 多样性值高于幼羊；代谢组学分析表明，羔羊和育成群体瘤胃必需氨基酸含量及相关基因功能途径存在差异：参与缬氨酸、亮氨酸和异亮氨酸生物合成的L-亮氨酸在羔羊中更丰富，而参与苯丙氨酸代谢的苯乙胺在育成年羊中更丰富。

瘤胃微生物群落结构和代谢产物谱均受年龄的影响，但瘤胃SCFA浓度在不同年龄段之间相对稳定。一些特定微生物（如梭状芽孢杆菌和瘤胃球菌科）与L-亮氨酸呈正相关，但与苯乙胺呈负相关，这意味着瘤胃微生物可能在不同年龄段的代谢产物产生中发挥不同的作用。几项试验分析表明，瘤胃微生物群与代谢组学和SCFA谱显著相关。

该研究结果表明，反刍动物的微生物组成与代谢产物之间存在着密切的关系，也揭示了反刍动物对不同年龄段的营养需求不同，通过微生物组干预来调节动物的营养和代谢具有重要意义[114]。

# 二、疾病病毒及概述

动物疾病防治是动物生长生产过程中的重要环节，是影响绵羊产业发展的重要因素。若动物疾病预防不严格，则对企业产生极大的负面效益。对疾病的防治不仅要防止病毒传播，也应对病毒的作用机理和治疗手段进行充足研究，来确保动物感染后的及时治疗。因此，研究动物病毒对动物的健康具有重要意义。

## 应用一：匈牙利家羊体内一种新型星形病毒的鉴定

星状病毒科由阿瓦斯特病毒属和母氏病毒属组成，其成员分别与鸟类和哺乳动物宿主的胃肠炎有关。研究人员在对绵羊的病毒宏基因组研究中发现了星状病毒。随后对这种星状病毒进行了物种鉴定和遗传特征研究。2009年3月和2010年4月，研究人员分别从匈牙利中部的一个农场采集了8只和9只年龄不到3周的健康家养绵羊的粪便样本。

匈牙利羊星状病毒株/2009是在人类（MLB-1株）、大鼠、猪和鹿中鉴定的星状病毒株的系统发育基础。对2009年3月收集的一份粪便样本（TB3）进行病毒宏基因组分析，经系统发育分析证实，绵羊星形病毒匈牙利/2009株形成了一个不同于先前报道的绵羊星形病毒衣壳序列的遗传谱系，随后匈牙利/2009号羊星状病毒株被临时命名为2型羊星状病毒（OAstV-2）。从同一农场收集的其他16只小于3周龄的家养绵羊粪便样本中，使用特定的OAstV-2星状病毒引物对，通过RT-PCR未检测到OAstV-2。表明家养绵羊中也存在遗传上差异的星状病毒谱系。

该研究以及相关的诸多研究证实星状病毒具有更广泛的宿主物种谱以及更高的遗传和抗原多样性。此外，多个星状病毒物种的成员可以存在于同一宿主物种中。该研究发现了不同宿主物种中的星状病毒多样性，将有助于了解其起源以及其可能的跨物种传播[117]。

## 应用二：羔羊和儿童的肠内病毒感染

羔羊和儿童腹泻通常是一种复杂的多因素综合征。羔羊和儿童在出生后第一个月内的腹泻常见传染源是细菌或寄生虫。尽管在过去几十年中，对于腹泻的预防和治疗策略有了明显的改进，但它仍然是影响新生小型反刍动物的常见综合征。随着肠道环境的诊断学和宏基因组学的深入研究，发现了许多新病毒，但其病理生物学特性仍然未知，因此，更深入地评估这些病毒对家畜的健康和生产的影响是必要的。

研究人员通过宏基因组学调查发现了腺病毒、布尼亚病毒、星状病毒、卡利西病毒、冠状病毒等病毒，在小型反刍动物中，这些病毒与各种严重程度的肠道和呼吸系统体征有关，也与呼吸系统疾病、心脏疾病、肝脏疾病、神经系统疾病、皮肤黏膜疾病和全身性疾病有关。

病毒学和血清学调查显示，腺病毒在全世界的小型反刍动物种群中很常见，并且各种绵羊腺病毒类型的抗体的患病率很高。腺病毒感染通常在2～12周龄的羔羊中发现。感染后一周，该疾病以持续近一周的肠道体征开始，然后呼吸系统体征在肠道体征发作后2～3天出现，具体症状为打喷嚏、鼻涕、结膜炎和呼吸的改变。在动物中也观察到发热反应。

通过宏基因组学研究发现新的病毒，收集重要的流行病学数据，开发有效的诊断工具和提高病毒性肠炎的诊断效率，将有助于填补现有的知识空白[118]。

应用三：一种与绵羊脑炎和神经节炎相关的新型星状病毒

在2013年6月和2014年3月，研究人员分别观察到一只4岁的威尔士山区母羊和一只10日龄的同品种、同一群羔羊表现出了性神经症状，包括感觉障碍、震颤和异常行为。对大脑和脊髓的神经病理学检查发现，个体均患有非化脓性脊髓灰质炎和背根神经炎，病毒具有嗜神经病毒因子的特征。

对有临床症状的羊进行安乐死，分别从含有大脑、脊髓和脾脏材料的器官池中提取每只动物的RNA，进行测序。随后进行宏基因组学与序列组装。使用特定的RT-qPCR对每只动物器官组织中的病毒载体进行量化。

在致死性脑炎病例的大脑中鉴定出两种几乎相同的星形病毒，使用RT-qPCR估计了不同器官的病毒载量，发现在中枢神经系统达到峰值。该研究首次报道嗜神经性OvAstV，提供了完整的基因组序列和大量的临床元数据。这一结果表明除了节肢动物传播的病毒，如Louping ill病毒，OvAstV在家养绵羊脑炎和神经节炎的鉴别诊断中也需要重点关注[119]。

# 三、瘤胃概述及应用

瘤胃中栖息着大量微生物，种类繁多，数量巨大，包含细菌、各种厌氧原虫、古菌和真菌等，其中细菌占主导地位。厌氧真菌是重要的瘤胃微生物组的主要成员，利用酶和物理手段破坏植物结构屏障而降解纤维。除此之外，有利于提高饲料效率、增长率、动物的采食量和产奶量。厌氧真菌的存在表明，真菌病毒也可能存在于瘤胃内，和真菌共存并可能对瘤胃厌氧真菌的活性和数量产生不利影响。

过去常采用传统的培养方法研究肠道微生物，由于瘤胃微生物纯培养困难及体系复杂，对瘤胃微生物的了解和取得的成果非常有限，目前通过纯培养技术分离的微生物种类仅占瘤胃微生物总数的11%左右，取得新的成果较少。宏基因组学避开了微生物分离培养的问题，极大地扩展了微生物资源的利用空间，为研究瘤胃微生物菌群结构、发现新的功能基因及生物催化剂提供了新的研究策略，也极大地促进了环境样本中真菌病毒的检测。

另外产甲烷（$CH_4$）古菌（称为产甲烷菌）在瘤胃中作为饲料发酵副产物可以形成甲烷（$CH_4$），甲烷（$CH_4$）占全球温室气体排放总量的14%，是全球变暖的第二大原因。由于全球对肉类、牛奶和其他动物产品的需求增加，预计这种影响将进一步增加。研究厌氧环境下生产甲烷的复杂微生物生化过程及其产量具有重要意义。

### 应用一：藏羊通过改变瘤胃微生物群落结构和功能适应高寒草甸植物物候期

在牧草生长期，天然牧草丰富，品质优良，蛋白质和碳水化合物含量高，因此，家畜通常在天然牧场上吃草。然而，在植物返青和枯萎期，尽管一些牧民将牲畜放在温暖的牛棚中补充喂养，但传统的游牧生活方式仍然占主导地位，许多牲畜在天然牧场上保持完全放牧，这导致藏羊和牦牛体重显著下降。由于在不同物候期在天然草地上放牧，藏羊的生长发生了变化，因此研究瘤胃微生物群是否发生变化有助于改善藏羊生长发育。

研究人员使用16S rRNA和宏基因组测序技术来表征瘤胃微生物组成和功能，并研究藏羊在全放牧条件下不同物候期的适应性。假定由于饲料营养的季节性变化，瘤胃微生物的组成和功能会发生变化，并且在不同的物候期，全放牧藏羊中的微生物会有不同的适应机制。

结果表明，牧草的营养品质，特别是其中的粗蛋白含量，是决定瘤胃微生物组成的关键因素。放牧牛羊瘤胃微生物在不同物候期具有不同的适应机制，在青草时期，拟杆菌、厚壁菌和普氏菌相对丰度较高，促进了牧草发酵产生高浓度的$NH_3-N$和TVFAs，而一些主要参与纤维素分解的功能菌群显著富集，可能增加植物生物量的分解从而改善藏羊的生长；在枯萎期，高丰度的纤维素降解酶基因、微生物之间更多的合作以及更高的代谢途径富集可以使藏羊在冬季最大限度地利用减少的牧草资源。该研究探讨瘤胃微生物群在不同物候学阶段对饲料的适应性。其结果对于理解藏羊在青藏高原上的生存适应性具有重要意义[120]。

### 应用二：绵羊瘤胃微生物组甲烷产量表型与差异基因表达的关联

使用示踪气体技术和开路呼吸室进行研究绵羊$CH_4$排放量自然变化的实验，试验结果表明：个体动物之间$CH_4$排放量存在可重复和可遗传的变化。

本试验共测量了22只绵羊的甲烷产量，得出甲烷产量是一种可重复的数量性状。深度宏基因组和亚转录组测序表明，在高甲烷排放者和低甲烷排放者中，产甲烷菌和产甲烷途径基因的丰度相似。然而，在甲烷产量高的绵羊中，产甲烷途径基因的转录显著增加。这些结果确定了一组离散的瘤胃产甲烷菌，其产甲烷途径转录谱与甲烷产量相关，并在微生物群组成和转录调控水平上为$CH_4$缓解提供了新的靶点。

该实验对编码与绵羊高$CH_4$产量相关的上调产甲烷基因的特定产甲烷菌群进行了鉴定，并为反刍动物$CH_4$缓解技术提供了新的微生物和途径目标[121]。

### 应用三：宏转录组学揭示绵羊瘤胃中的真菌病毒种群

瘤胃含有基于DNA的病毒，但对瘤胃中是否含有基于RNA的病毒还不清楚。有研究通过通过对绵羊瘤胃样本（n=20）中获得的瘤胃转录组序列数据进行分析，评估绵羊瘤胃内是否存在基于RNA的真菌病毒。

10只公羊两天内喂饲苜蓿颗粒饲料后,对其瘤胃中分离的RNA进行转录组测序。从30种真菌病毒中,在组合转录组数据中共识别出9个病毒家族,其中分体病毒科是观察最一致的真菌病毒家族。每种真菌病毒丰度的高度差异表明,不同绵羊的瘤胃真菌病毒数量种类差异很大。对组装的分枝病毒重叠群内基因的功能分析表明,检测到的分枝病毒具有简单的基因组,即只有复制的机制。使用相同样本的宏基因组学数据对绵羊瘤胃的真菌种群进行评估,结果发现子囊菌门和担子菌门占总含量的绝大多数。所有样本中都存在严格厌氧的新假丝酵母门,但丰度较低。

该研究证明了瘤胃中存在具有RNA基因组的真菌病毒,为深入研究来描述这种真菌病毒群落的特征,并确定其在瘤胃中的作用作出了一定的贡献,也为绵羊瘤胃中存在的真菌病毒及其类型提供了新的见解[122]。


应用四:瘤胃微生物组中细菌III型分泌系统的基因和转录本的丰度与绵羊的甲烷产量的关联性

通过基因富集分析、最小二乘回归和威尔科克森秩和检验分析瘤胃微生物组宏基因组和宏转录组数据,评估绵羊特定KEGG细菌途径/基因与高甲烷产量之间的相关性。

从原始读数和现有的重叠群中重新组装高甲烷产量绵羊中富集的KEGG基因,并由MEGAN进行分析,以预测其系统发育起源。使用Efective DB分析琥珀酰葡萄糖醇菌株的蛋白质编码序列,以预测细菌III型分泌蛋白。采用共培养法研究了右旋溶链球菌H5菌株对瘤胃产甲烷菌产甲烷的影响。结果对高甲烷产量绵羊瘤胃微生物组的详细分析表明,细菌III型分泌系统基因的基因和转录物丰度与绵羊甲烷产量呈正相关。在共培养实验中,S.dextrinosolvens菌株H5显示出对属于甲烷藻目的产甲烷菌的生长促进作用,并抑制了具有代表性的甲烷杆菌gottschalkii分支。证明细菌III型分泌系统基因与反刍动物高甲烷排放有关,并确定这些分泌系统为甲烷缓解研究的潜在新靶点。在共培养中,右旋溶链球菌对瘤胃产甲烷菌生长的影响表明,细菌与产甲烷菌的相互作用是反刍动物产甲烷的重要调节因子。

该研究减少反刍动物甲烷排放的方法,对饲料利用率的提高及其环境保护有重要的意义[123]。


应用五:对绵羊瘤胃碳水化合物反应酶微生物群的探索

瘤胃中富含在动物消化过程中能够降解生物质的微生物。为了克服生物燃料工业生产中低效酶对植物破坏,从绵羊瘤胃内提取酶是一个有前景的策略。

在此背景下,研究人员使用Ion Torrent(PGM)平台收集了四只喂养基础日粮的绵羊的瘤胃微生物组。为了描述绵羊瘤胃中的微生物群落并探索发现碳水化合物活性基因的可能性,使用16S rRNA基因标签测序来访问细菌群落,然后进行鸟枪宏基因组测序。

最终确定了59个假定的水化合物反应酶(CAE),占在绵羊瘤胃微生物组中发现的总蛋白质的2%,这些CAE分为三组:28个木质纤维素酶、22个淀粉酶和9个其他水化合物反应酶（CAE）。此外，使用Pfam数据库搜索检测到12个与水化合物反应酶（CAE）相关的糖基水解酶家族。

该结果表明，绵羊瘤胃环境是一个有希望的新CAE来源。使用此方法为探索绵羊瘤胃作为新的碳水化合物反应酶来源提供了依据[124]。

### 应用六：利用瘤胃酸中毒绵羊模型分析瘤胃液体移植后瘤胃发酵和细菌群落的动态变化对反刍动物瘤胃健康的影响

瘤胃酸中毒是反刍动物常见的代谢性疾病，给反刍动物带来了巨大的经济损失，对反刍动物产业的可持续发展产生了负面影响。瘤胃液体移植（RT）已成功应用于治疗反刍动物急性瘤胃酸中毒，但其在瘤胃微生物稳态和宿主功能中的作用仍不清楚。

该研究中假设瘤胃液体移植（RT）可以加速受损的瘤胃微生物稳态的恢复，有助于减轻患有瘤胃酸中毒的绵羊瘤胃上皮形态和功能的损害。研究人员利用测序技术研究了瘤胃液体移植（RT）后瘤胃酸中毒绵羊瘤胃微生物群多样性和组成的动态变化和瘤胃液体移植（RT）对瘤胃酸化绵羊瘤胃发酵、瘤胃乳头形态以及与免疫和屏障功能相关基因mRNA表达的影响。

结果表明，瘤胃液体移植（RT）导致瘤胃发酵的动态变化，增加总VFA、醋酸盐、丙酸盐和丁酸盐的浓度，同时降低瘤胃液中的乳酸水平。这些变化可能与瘤胃液体移植（RT）组较高的采食量有关。此外，瘤胃液体移植（RT）还加速了瘤胃细菌宏基因组功能的恢复。瘤胃乳头形态学结果表明，瘤胃液体移植（RT）可减轻急性瘤胃酸中毒引起的瘤胃上皮细胞损伤，增加瘤胃乳头长度。实时PCR结果显示瘤胃液体移植（RT）调节了瘤胃上皮细胞因子和紧密连接相关基因的mRNA表达。瘤胃液体移植（RT）加速了急性瘤胃酸中毒绵羊瘤胃细菌稳态的恢复，并调节了患有瘤胃酸中毒的绵羊的瘤胃上皮的形态和功能[125]。

### 应用七：具有增强生物降解特性的一种新的宏基因组衍生的耐热性家禽饲料兼容的α-淀粉酶

在饲料加工业中有许多以酶为原料制作的产品。淀粉酶是一类广泛的水解酶，占酶市场总销售额的25%，这类酶的关键成员之一是α-淀粉酶。这些淀粉酶在制药业、纺织业、造纸业、酒精生产和淀粉加工等行业展现出具有添加剂和补充物的巨大潜力。

在该研究中，研究人员对绵羊瘤胃宏基因组数据进行了计算筛选，以找到合适的酸性、耐热淀粉酶候选酶，并克隆、表达和纯化了PersiAmy3。该酶独特的酶学性质表明，它可以降解家禽饲料的生玉米淀粉，可用于饲料工业。利用计算机筛选技术探索绵羊瘤胃的宏基因组，发现一种新的酸性耐热淀粉酶。在50℃下储存14天后，PersiAmy3能够保持其最大活性的64%以上，并且在pH 6、50℃下具有最佳活性。在几种添加剂和各种底物存在下，酶可以保证一定的活性，这证实了淀粉酶的高度稳定性

该研究提出的计算方法的主要优点是代替功能性宏基因组筛选方法，采用多步法来提炼大量潜在的淀粉酶，并将候选酶的范围缩小到一小部分具有优异性能的酶。该研究找到

的PersiAmy3可以作为一种有效的替代品用于淀粉酶补充饲料工业[126]。

应用八：利用新型的高性能芯片筛选瘤胃宏基因组衍生的用于恶劣条件下木质纤维素生物质水解碱热稳定内切-β-1,4-葡聚糖酶

木质纤维素是生物质的主要组成部分，是最丰富的生物可再生有机资源之一，由半纤维素、纤维素和木质素三种生物聚合物组成。稻草、麦秸、玉米秸和甘蔗渣是可利用的主要农业废弃物，其中稻草（RS）在世界上最为丰富，这一巨大资源由于消化率低，只有一小部分被用作动物饲料，其余的通常被焚烧而造成环境危害。因此寻找新的有效酶来提高木质纤维素的利用率，其中具有高pH性能的耐热耐盐纤维素酶不容忽视。

该研究从绵羊瘤胃宏基因组数据中挖掘一种新的耐热碱性内切-β-1，4-葡聚糖酶（PersiCel4）。在克隆、表达和纯化该酶后，通过测量最佳活性条件以及不同极端条件（如金属离子的存在、不同浓度的盐），分析了不同温度和pH对酶活性的影响。然后利用PERSCEL4提高了预处理稻草的水解，并显著提高还原糖产量。最终，通过多次实验对PERSCEL4进行了鉴定、分离和表征，成功证明了PERSCEL4在极端温度和pH条件下可成功用于高压釜预处理的稻草（RS）水解。该研究表明PERSCEL4可以克服恶劣条件，增加稻草利用量从而改善焚烧稻草对环境的影响[127]。

# 四、营养概述及应用

营养是有机体消化吸收食物并利用食物中的有效成分来维持生命活动，修补体组织，促进机体生长发育的全部过程。反刍动物的消化特点是前胃微生物消化为主，主要在瘤胃中进行，而皱胃和小肠的消化主要是酶的消化，这与非反刍动物类似。

反刍动物采食的饲料不经充分咀嚼就匆匆咽入瘤胃，经唾液和瘤胃水分浸润软化后，在休息时又返回到口腔仔细咀嚼，再吞咽入瘤胃。这是反刍动物消化过程中特有的现象。饲料在瘤胃内经微生物充分发酵，其中70%～85%的干物质和50%的粗纤维被消化。瘤胃微生物在反刍动物的整个消化过程中，具有两大优点：一是借助微生物产生的β-糖苷酶，消化宿主动物不能消化的纤维素、半纤维素等物质，显著增加饲料总能（GE），提高动物对饲料中营养物质的消化率；二是微生物能合成必需氨基酸、必需脂肪酸和B族维生素等营养物质，以供宿主利用。研究绵羊获取营养过程中相关的细菌的宏基因组有利于绵羊的生产实践。

应用一：绵羊瘤胃微生物组成对饲料利用率的影响

反刍动物的瘤胃微生物的组成和功能会极大影响饲料效率。为了验证这一观点，研究人员比较了不同羊的瘤胃细菌和古菌种群（以及预测的代谢过程）的饲料效率性状与饲料

转化率性状（FCR）。

从 200 只羊羔的群体中选择了50只特克塞尔杂交苏格兰黑脸（TXSB）的公羊羔羊。根据它们的极端饲料转化率（高饲料效率，HFE = 13；低饲料效率，LFE = 13），进一步选择了 26 个进行实验。超过36天饲喂 95% 浓缩饲料并进行16S rRNA 扩增子测序用于研究不同 FCR 的羊的液体和固体瘤胃部分中的瘤胃细菌和古菌群落。

饲料转化率低的群体中观察到更大的变化——这一部分个体表现出更大的香农和辛普森多样性指数。甲基紫赤杆菌和甲基紫赤霉菌差异丰富，在LFE队列中增加。而饲料转化率高的群体中的甲氧杂纤杆菌较高。这表明可能是甲氧杂纤杆菌可能是饲料转化率低的群体潜在能量损失的原因。细菌群落组成和多样性不受FCR表型的影响。只有普雷沃菌属1在两个群体之间差异显著。虽然在饲料效率较高的群体中未发现细菌种群的主要组成变化，但相关性分析确定了瘤胃菌科UCG-014和Olsenella与FCR显示显著负相关，双歧杆菌和巨球菌与ADG呈显著正相关，主要的纤维素分解细菌纤维杆菌和瘤胃球菌1与 FCR 呈正相关。该研究表明绵羊的饲料效率可能受到古细菌群落组成变化和特定细菌丰度变化的影响，不受是瘤胃微生物群内整体变化的影响[128]。

### 应用二：瘤胃微生物群落代谢网络的结构异常与绵羊饲料效率低的联系

反刍动物与其瘤胃微生物群有共生关系，微生物可以降解大多数动物无法消化的复杂多糖。一些研究已经发现某些细菌谱系的存在与反刍动物个体饲料效率的差异之间存在联系。饲料效率的提高将减少畜牧业对环境的危害，同时提高了经济效率。因此，改变瘤胃微生物群有望成为一种潜在的改善畜牧业发展的措施。

研究人员对8只被判定为饲料使用效率高（低RFI）的动物和8只被判定为饲料使用效率低（高RFI）的动物的瘤胃中采集微生物的DNA，然后使用Illumina HiSeq 2500试剂盒进行测序。利用代谢网络方法，比较了饲料效率高和饲料效率低母羊瘤胃微生物组中发现的酶。

结果表明，两组之间的单一代谢反应的丰度没有显著差异。通过分析群落代谢网络能够证明低剩余采食量动物使用的反应比高残留采食量动物更接近宿主网络，可以更有效地提取前者的代谢物。此外，低剩余采食量动物的代谢网络具有更大的平均香农熵，增加了网络的复杂性，这可能使它们能够利用更大比例的代谢产物。因此，对瘤胃微生物组的系统方法确定了微生物群落代谢网络结构中的饲料效率差异，但这些差异在单个微生物分类群或反应水平上未被检测到[129]。

### 应用三：妊娠绵羊系统性瘤胃微生物群–宿主相互作用中的营养不良对瘤胃内稳态的破坏

研究人员假设严重限饲（SFR）引起的营养不良会影响瘤胃细菌群落的结构和功能。微生物的产物可能通过调节瘤胃上皮中的关键信号通路来控制其代谢和增殖，而机体营养不良可能破坏瘤胃的止血作用。

研究人员将16只怀孕的母羊（妊娠115天）随机平均分配到对照组（CON）和严重限

饲组（SFR）。严重限饲组（SFR）处理的母羊只提供约为正常自由采食量的30%，而对照组正常饲喂。15天后，屠宰所有母羊，收集瘤胃消化液进行16S rRNA基因和宏基因组测序，并收集瘤胃上皮进行转录组测序。

测序结果表明，严重限饲组（SFR）降低了瘤胃挥发性脂肪酸和微生物蛋白水平，抑制了瘤胃乳头的长度、宽度和表面积。16S rRNA基因分析表明，严重限饲组（SFR）改变了瘤胃细菌群落的相对丰度，其中糖类降解细菌（糖化杆菌和瘤胃球菌）和丙酸生成细菌（琥珀酸杆菌）减少，但丁酸产生菌（假丁酸杆菌和乳头状杆菌）增加。宏基因组分析显示，严重限饲组（SFR）下调了与氨基酸代谢、乙酸生成和琥珀酸途径丙酸生成相关的基因，与丁酸、甲烷生成和丙烯酸途径丙酸生成相关的基因上调。对瘤胃上皮的转录组和实时PCR分析表明，严重限饲组（SFR）下调胶原合成降低了细胞外基质受体相互作用，使JAK3-STAT2信号通路失活，并抑制DNA复制和细胞周期。

以上结果表明营养不良可能改变瘤胃细菌群落和功能，降低了瘤胃能量存留，促进了上皮葡萄糖和脂肪酸分解代谢，提高了能量供应，抑制了瘤胃上皮细胞的增殖。该研究结果首次揭示了在营养不良模式下参与破坏瘤胃内稳态的系统微生物群-宿主相互作用。该研究探索瘤胃微生物群和上皮细胞对营养不良的反应机制，以了解营养在维持妊娠绵羊模型瘤胃内稳态中的作用。这些发现为在营养不良模式下破坏瘤胃内稳态的系统微生物群-宿主相互作用提供了新的见解，有助于进一步制定营养调控策略，以缓解反刍动物妊娠后期的能量短缺[130]。

应用四：利用宏基因组分析饲喂低氮日粮和增加尿素补充量的绵羊瘤胃中的微生物组和代谢产物差异

粗蛋白质（CP）是影响肉类和牛奶产量的重要因素，CP在瘤胃中降解为氨，然后用于微生物蛋白质合成，由于其高消化率和良好的氨基酸组成，被认为是奶牛的优质蛋白质。此外，瘤胃中释放的氨可以通过上皮吸收到肝脏中，然后用尿素解毒，然后在瘤胃中循环并快速水解为氨，通过这一过程提高了氮的利用率。尿素是日粮中的非蛋白氮源，因此了解瘤胃中尿素代谢和利用的相关途径将有助于进一步了解氮的利用效率。反刍动物的瘤胃其中含有多种微生物群，有研究表明瘤胃微生物群落的活动和尿素代谢之间存在联系。但大部分研究只关注瘤胃微生物群落的组成，有关微生物代谢功能的信息却研究甚少。

研究人员用宏基因组学方法检测研究在瘤胃中的粗蛋白含量如何影响微生物组成和功能变化，丁酸代谢途径是如何变化的。结果表明，低尿素（LU，10g/kg DM）处理增加了普雷沃菌、琥珀酸菌、琥珀酸单胞菌、奥尔塞内拉菌和巨球菌属成员的丰度，而不含尿素的低氮基础日粮）和高尿素（HU，30g/kg DM）处理富集了梭菌属、瘤胃球菌属和丁酸菌属。功能特性的比较也表明，三种处理之间的氨基酸代谢以及果糖和磷酸戊糖代谢途径存在显著差异。这些群落和功能差异也与低尿素（LU，10g/kg DM）和高尿素（HU，30kg DM）处理之间绵羊瘤胃中的丁酸生产有关。

研究结果提供了对不同氮浓度下瘤胃代谢的理解，并强调了瘤胃微生物功能在改善营养利用和生长性能方面的可能作用。从环境和经济的角度来看，提高粗蛋白利用率的营养策略对反刍畜牧业非常重要[131]。

# 五、粪便概述及应用

除了瘤胃，反刍动物的肠道微生物群落同样值得关注，尤其是粪便微生物，往往认为与宿主的营养和健康密切相关。许强等通过限制性片段长度多态性技术（Restricted fragment length polymorphisms，RFLP）分别分析了腹泻和健康状态下荷斯坦犊牛直肠粪便中的微生物群落，发现直肠形成了独特且复杂多样的微生物群落环境，且腹泻时其中的肠球菌属、乳杆菌属等显著增加。Li等通过对不同程度腹泻林麝的粪便微生物进行检测，发现与健康状态下的微生物区系存在显著差异。现有研究认为，对粪便样品化学成分的测定，有助于了解宿主对所摄入营养物质的表观消化情况，而对其中微生物群落结构的分析，则可以了解宿主的生理健康状况。

应用一：野生蓝羊微生物群的季节性变化和性别二态性的研究

由于不同性别选择不同饮食和饲养策略，野生蓝羊的微生物群呈现出季节性变化并且受食物资源的变化影响。了解食物资源和季节的联系，特别是微生物群改变如何导致饮食选择改变，能够更科学地为所家畜调整饲养策略，优化保护措施。根据以往研究得知季节性饮食变化导致宿主肠道微生物的重组，肠道微生物群中也存在个体差异，特别是在非繁殖期不同性别需求引起的饮食选择可能会产生显著的差异，性别是否与与季节性饮食变化有关也有待研究。

研究人员根据野生蓝羊粪便中的物质采用16S rRNA和宏基因组分析了肠道微生物群的变化，旨在探索季节性和性别差异。这项研究表明，由于夏季不同的饮食选择和喂养策略，蓝羊的肠道微生物群具有显著的性别差异，优势厚壁菌在夏季的丰度显著高于冬季。次级拟杆菌在两个季节之间没有季节性差异。与冬季组相比，夏季组具有丰富的酶消化纤维素并生成短链脂肪酸（SCFA），如用于纤维素消化的β-葡萄糖苷酶和丁酸代谢中的丁酸激酶。该研究结果表明肠道菌群组成的变化使绵羊通过交替的微生物功能来适应季节化的饮食选择，以达到促进能量收集效率的效果。它们的季节性饮食选择导致肠道微生物群的显著差异——夏季菌群帮助宿主特异性降解纤维并产生更多的短链脂肪酸和能量。

这种自然选择和环境适应的机制，让野生蓝羊囤积了很多能量，为冬季的繁殖季节做好准备。该研究为论证自然选择和环境适应的规律提供了一个范例[132]。

应用二：绵羊粪便微生物群的多样性和功能：多组学特征

绵羊大肠在代谢、生理学和免疫方面起着关键作用。而目前关于反刍动物体内微生物群主要研究集中在瘤胃，对绵羊大肠定植的微生物种群知之甚少。

为了探究绵羊大肠在代谢、营养方面的作用，研究人员从绵羊粪便中提取绵羊大肠末段相关的微生物种群。该研究采用整合的多组学策略，包括16S rDNA和宏基因组测序，以揭示微生物群结构和遗传潜力，以及宏蛋白质组学，以确定和表征绵羊粪便微生物群落积极表达的功能和途径。该研究中的结果代表了迄今为止绵羊粪便微生物群的首个组学特征。应用多组学策略，包括V4-MG、S-MG和MP方法，能够全面了解绵羊消化系统远端微生物群落的分类结构和功能活性。从分类学的角度来看，以厚壁菌门为主要门，绵羊的微生物群与其他反刍动物的微生物群类似。在功能方面，发现绵羊粪便微生物群主要参与分解代谢，并负责碳水化合物运输和降解。并且一些微生物与生物途径有关：如Euryarchaeota的产甲烷和厚壁菌的产乙酰途径。此外，该研究提供了有关微生物群真核部分的信息（例如真菌和原生生物），揭示了绵羊远端肠道微生物群的结构和作用，有助于加深对小反刍动物大肠微生物群的组织和作用的理解，并为进一步研究肠道微生物群动态与绵羊养殖管理和饮食变量之间的关系铺平道路[133]。

# 六、比较宏基因组概述及应用

宏基因组学是一个强大的工具，它能够在不需要培养的情况下检查瘤胃微生物群的整个基因库，比较宏基因组学可以从序列组成水平（GC含量和基因组大小）和物种多样性及功能组成水平两方面对不同微生物群落进行研究。

应用一：有关牛、羊、驯鹿和马鹿瘤胃的宏基因组分析

瘤胃微生物群有专门降解植物饲料中复杂碳水化合物的微生物群落，这些微生物在反刍动物营养中起着非常重要的作用，也可以作为工业上有用的酶的来源。目前的代谢途径对饲料效率以及其他重要的生产性状（如产奶量和脂肪量）有很大影响。虽然以往研究已经在培养瘤胃微生物群方面取得了进展，但仍有许多菌类尚未确定其特征，以往研究利用宏基因组技术对奶牛和绵羊的瘤胃微生物群进行了检测，然而在描述其他反刍动物物种的微生物群方面研究较少，这些反刍动物物种可能在农业上不那么重要，但可能含有能够产生具有工业价值的多种生物化学酶库的微生物。

研究人员分析了四种反刍动物的瘤胃宏基因组数据：牛、羊、马鹿和驯鹿。该研究中，从奶牛、绵羊、马鹿和驯鹿的宏基因组数据中构建了391个瘤胃微生物基因组。鉴定了372个新菌株和279个新物种。这些微生物在分类上是多样的，属于15个门。结果表明，虽然反刍动物种间瘤胃中存在的微生物菌株和种类不同，但这些微生物具有相似的代谢作用。瘤胃微生物群在反刍动物有效消化饲料的能力中起着至关重要的作用，而瘤胃微生物群及其产品在各种工业应用中也具有潜在的用途。提供了四种反刍动物的微生物数据集，可作为未来宏基因组研究的参考数据集，并有助于在基于培养的研究中选择微生物[134]。

应用二：本地动物肠道微生物群对高海拔地区的适应

生活在青藏高原极端环境中的动物受到低压缺氧、低温和高强度紫外线辐射的影响。非本地动物在急性高海拔上升过程中会经历生理反应，这可能危及生命。关于肠道微生物

群在高海拔食草动物代谢中的作用，目前还知之甚少，在高海拔适应过程中肠道微生物群与宿主基因组之间的潜在协同进化尚未完全了解。

研究人员调查了三种典型的地方性食草动物的肠道微生物群：生活在海拔4300m以上的藏羚羊、西藏野驴和藏羊。调查了它们肠道微生物群的组成和多样性，以及它们在高原适应中的潜在功能。将结果与生活在低海拔地区的普通绵羊的结果进行了比较。宏基因组16S rRNA基因测序显示，在所有高海拔物种（藏羚羊、西藏野驴和藏羊）中，瘤胃球菌属（22.78%）、示波螺属（20.00%）和梭菌属（10.00%）是常见的分类群。瘤胃球菌科、梭状芽孢杆菌、梭状芽孢杆菌和厚壁菌在藏羚羊肠道微生物群中的富集程度高于低海拔绵羊的微生物群。与低海拔绵羊相比，藏羚羊肠道微生物群显示出较高的厚壁菌群与拟杆菌的比率。对高海拔藏羚羊和藏羊肠道宏基因组配对末端宏基因组序列的功能能力分析，注释京都基因和基因组数据库中80%以上的代谢特殊基因（碳水化合物代谢途径尤为突出）和遗传信息处理。研究结果表明，高海拔食草动物，如藏羚羊、西藏野驴和藏羊具有相似的肠道微生物组成，这可能使它们能够从食物中获得更多能量。藏羚羊和藏绵羊的肠道亚基因组中有五分之四的基因被注释为代谢和遗传信息处理该结果表明藏羚羊的肠道宏基因组可能与宿主基因组共同进化[135]。

应用三：高原哺乳动物瘤胃微生物群的趋同进化

遗传适应的研究是进化生物学的一个中心焦点，通常集中在某类动物的基因组上，而很少集中在其共同进化的微生物组上。青藏高原为哺乳动物物种的生存提供了最极端的环境之一，牦牛和藏羊已经适应了这种恶劣的高海拔环境，进化出适合生存的微生物群。

研究人员对两种典型的高海拔反刍动物牦牛和藏羊瘤胃微生物群在能量收集持续性方面的趋同进化进行研究。这两种反刍动物的甲烷含量和挥发性脂肪酸含量均显著低于同种类的低海拔牛和普通绵羊。超深宏基因组测序显示高海拔反刍动物瘤胃微生物基因的挥发性脂肪酸产生途径显著富集，而产甲烷途径显示在牛的宏基因组中富集。RNA转录组分析显示，在高海拔反刍动物的瘤胃上皮中，与挥发性脂肪酸转运和吸收相关的36个基因显著上调。该研究为微生物组对哺乳动物适应性进化的贡献提供了新的见解，并为家畜肠道发酵温室气体排放的生物控制提供了依据[136]。

# 参考文献

1. Wang W, Zhang X, Zhou X, et al. Deep Genome Resequencing Reveals Artificial and Natu-

ral Selection for Visual Deterioration, Plateau Adaptability and High Prolificacy in Chinese Domestic Sheep[J]. Front Genet, 2019,10: 300.

2. Rezvannejad E, Asadollahpour Nanaei H, Esmailizadeh A. Detection of candidate genes affecting milk production traits in sheep using whole-genome sequencing analysis[J]. Vet Med Sci, 2022, 8(3): 1197-1204.

3. Deniskova T E, Dotsev A V, Selionova M I, et al. Population structure and genetic diversity of 25 Russian sheep breeds based on whole-genome genotyping[J]. Genet Sel Evol, 2018,50(1): 29.

4. Yurchenko A A, Deniskova T.E, Yudin N S, et al. High-density genotyping reveals signatures of selection related to acclimation and economically important traits in 15 local sheep breeds from Russia[J]. BMC Genomics, 2019,20(Suppl 3): 294.

5. Qiao G, Zhang H, Zhu S, et al. The complete mitochondrial genome sequence and phylogenetic analysis of Alpine Merino sheep (Ovis aries) [J]. Mitochondrial DNA B Resour, 2020,5(1): 990-991.

6. Niu L, Chen X, Xiao P, et al. Detecting signatures of selection within the Tibetan sheep mitochondrial genome[J]. Mitochondrial DNA A DNA Mapp Seq Anal. 2017,28(6): 801-809.

7. Fan H, Zhao F, Zhu C, et al. Complete Mitochondrial Genome Sequences of Chinese Indigenous Sheep with Different Tail Types and an Analysis of Phylogenetic Evolution in Domestic Sheep[J]. Asian-Australas J Anim Sci, 2016, 29(5): 631-9.

8. Upadhyay M, Hauser A, Kunz E, et al. The First Draft Genome Assembly of Snow Sheep (Ovis nivicola) [J]. Genome Biol Evol, 2020, 12(8): 1330-1336.

9. Yang Y, Wang Y, Zhao Y, et al. Draft genome of the Marco Polo Sheep (Ovis ammon polii) [J]. Gigascience, 2017,6(12): 1-7.

10. Su R, Qiao X, Gao Y, et al. Draft Genome of the European Mouflon (Ovis orientalis musimon) [J]. Front Genet, 2020,11: 533611.

11. Cheng J, Zhao H, Chen N, et al. Population structure, genetic diversity, and selective signature of Chaka sheep revealed by whole genome sequencing[J]. BMC Genomics, 2020,21(1): 520.

12. Al-Mamun H A, Clark S A, Kwan P, et al. Genome-wide linkage disequilibrium and genetic diversity in five populations of Australian domestic sheep[J]. Genet Sel Evol, 2015, 47: 90.

13. Xiong H, He X, Li J, et al. Genetic diversity and genetic origin of Lanping black-boned sheep investigated by genome-wide single-nucleotide polymorphisms (SNPs) [J]. Arch Anim Breed, 2020, 63(1): 193-201.

14. Yang J, Li W R, Lv F H, et al: Whole-Genome Sequencing of Native Sheep Provides Insights into Rapid Adaptations to Extreme Environments[J]. Mol Biol Evol, 2016,33(10): 2576-2592.

15. Zhang D, Zhang X, Li F, et al. Whole-genome resequencing identified candidate genes associated with the number of ribs in Hu sheep[J]. Genomics, 2021,113(4): 2077-2084.

16. Li X, Yang J, Shen M, et al. Whole-genome resequencing of wild and domestic sheep identifies genes associated with morphological and agronomic traits[J]. Nat Commun, 2020,11(1): 2815.

17. Li C, Li M, Li X, et al. Whole-Genome Resequencing Reveals Loci Associated With Thoracic Vertebrae Number in Sheep[J]. Front Genet, 2019, 10: 674.

18. Amane A, Belay G, Nasser Y, et al. Genome-wide insights of Ethiopian indigenous sheep populations reveal the population structure related to tail morphology and phylogeography[J]. Genes Genomics, 2020,42(10): 1169-1178.

19. Tao L, He X Y, Pan L X, et al. Genome-wide association study of body weight and conformation traits in neonatal sheep[J]. Anim Genet, 2020,51(2): 336-340.

20. Jiang Y, Xie M, Chen W, et al. The sheep genome illuminates biology of the rumen and lipid metabolism[J]. Science, 2014, 344(6188): 1168-1173.

21. Cheng J, Cao X, Hanif Q, et al. Integrating Genome-Wide CNVs Into QTLs and High Confidence GWAScore Regions Identified Positional Candidates for Sheep Economic Traits[J]. Front Genet, 2020,11: 569.

22. Zhou S, Cai B, He C, et al. Programmable Base Editing of the Sheep Genome Revealed No Genome-Wide Off-Target Mutations[J]. Front Genet, 2019,10: 215.

23. Iannaccone M, Elgendy R, Ianni A, et al. Whole-transcriptome profiling of sheep fed with a high iodine-supplemented diet[J]. Animal. 2020,14(4): 745-752.

24. Zhang, D, Zhang X, Li F, et al. Transcriptome Analysis Identifies Candidate Genes and Pathways Associated With Feed Efficiency in Hu Sheep[J]. Front Genet, 2019,10: 1183.

25. Ren W, Badgery W, Ding Y, et al. Hepatic transcriptome profile of sheep (Ovis aries) in response to overgrazing: novel genes and pathways revealed[J]. BMC Genet, 2019,20(1): 54.

26. Chao T, Wang G, Ji Z, et al. Transcriptome Analysis of Three Sheep Intestinal Regions reveals Key Pathways and Hub Regulatory Genes of Large Intestinal Lipid Metabolism[J]. Sci Rep, 2017,7(1): 5345.

27. Bonnet A, Bevilacqua C, Benne F, et al. Transcriptome profiling of sheep granulosa cells and oocytes during early follicular development obtained by laser capture microdissection[J]. BMC Genomics, 2011,12: 417.

28. Xu C, Zuo Z, Liu K, et al. Transcriptome analysis of the Tan sheep testes: Differential expression of antioxidant enzyme-related genes and proteins in response to dietary vitamin E supplementation[J]. Gene, 2016,579(1): 47-51.

29. Zhang Z, Tang J, Di R, et al. Integrated Hypothalamic Transcriptome Profiling Reveals the Reproductive Roles of mRNAs and miRNAs in Sheep[J]. Front Genet, 2019,10: 1296.

30. Pokharel K, Peippo J, Honkatukia M, et al. Integrated ovarian mRNA and miRNA transcriptome profiling characterizes the genetic basis of prolificacy traits in sheep (Ovis aries) [J]. BMC Genomics, 2018, 19(1): 104.

31. Ullah Y, Li C, Li X, et al. Identification and Profiling of Pituitary microRNAs of Sheep during Anestrus and Estrus Stages[J]. Animals (Basel), 2020,10(3):402.

32. Miao X, Luo Q. Genome-wide transcriptome analysis between small-tail Han sheep and the Surabaya fur sheep using high-throughput RNA sequencing[J]. Reproduction, 2013, 145(6): 587-96.

33. Miao X, Qin Q L.Genome-wide transcriptome analysis of mRNAs and microRNAs in Dorset and Small Tail Han sheep to explore the regulation of fecundity[J]. Mol Cell Endocrinol,

2015, 402: 32-42.

34. Wang H, Li X, Zhou R, et al. Genome -wide transcriptome profiling in ovaries of small-tail Han sheep during the follicular and luteal phases of the oestrous cycle[J]. Anim Reprod Sci, 2018,197: 212-221.

35. Tian D, Liu S, Tian F, et al. Comparative transcriptome of reproductive axis in Chinese indigenous sheep with different FecB genotypes and prolificacies[J]. Anim Reprod Sci, 2020,223: 106624.

36. Brooks K, Burns G W, Moraes J G, et al. Analysis of the Uterine Epithelial and Conceptus Transcriptome and Luminal Fluid Proteome During the Peri-Implantation Period of Pregnancy in Sheep[J]. Biol Reprod, 2016, 95(4): 88.

37. de Brun V J,Loor J, Naya H, et al. The embryo affects day 14 uterine transcriptome depending on nutritional status in sheep. a. Metabolic adaptation to pregnancy in nourished and undernourished ewes[J]. Theriogenology, 2020,146: 14-19.

38. Arora R,N K S, S S, et al. Transcriptome profiling of longissimus thoracis muscles identifies highly connected differentially expressed genes in meat type sheep of India[J]. PLoS One, 2019,14(6): e0217461.

39. Zhang, C, Wang G, Hou L, et al. De novo assembly and characterization of the skeletal muscle transcriptome of sheep using Illumina paired-end sequencing[J]. Biotechnol Lett, 2015,37(9): 1747-56.

40. Cheng S, Wang X, Zhang Q, et al. Comparative Transcriptome Analysis Identifying the Different Molecular Genetic Markers Related to Production Performance and Meat Quality in Longissimus Dorsi Tissues of MG x STH and STH Sheep[J]. Genes (Basel), 2020,11(2):183.

41. Sun L, Bai M, Xiang L, et al. Comparative transcriptome profiling of longissimus muscle tissues from Qianhua Mutton Merino and Small Tail Han sheep[J]. Sci Rep, 2016,6: 33586.

42. Xue J, Lv Q, Khas E, et al. Tissue-specific regulatory mechanism of LncRNAs and methylation in sheep adipose and muscle induced by Allium mongolicum Regel extracts[J]. Sci Rep, 2021,11(1): 9186.

43. Qin J, Guo L R, Li J L, et al. RNA-sequencing reveals the metabolism regulation mechanism of sheep skeletal muscle under nutrition deprivation stress[J]. Animal. 2021,15(7): 100254.

44. Ren H, Li L, Su H, et al. Histological and transcriptome-wide level characteristics of fetal myofiber hyperplasia during the second half of gestation in Texel and Ujumqin sheep[J]. BMC Genomics, 2011,12: 411.

45. Yuan C, Zhang K, Yue Y, et al. Analysis of dynamic and widespread lncRNA and miRNA expression in fetal sheep skeletal muscle[J]. PeerJ, 2020,8: e9957.

46. Farhadian M,Rafat S A, Panahi B, et al. Transcriptome signature of two lactation stages in Ghezel sheep identifies using RNA-Sequencing[J]. Anim Biotechnol, 2022,33(2): 223-233.

47. Suarez-Vega A, Gutierrez-Gil B, Klopp C, et al. Characterization and Comparative Analysis of the Milk Transcriptome in Two Dairy Sheep Breeds using RNA Sequencing[J]. Sci Rep, 2015,5: 18399.

48. Wang J, Zhou H, Hickford J G H, et al. Comparison of the Transcriptome of the Ovine Mammary Gland in Lactating and Non-lactating Small-Tailed Han Sheep[J]. Front Genet, 2020,11: 472.

49. Chen W, Lv X, Wang Y, et al. Transcriptional Profiles of Long Non-coding RNA and mRNA in Sheep Mammary Gland During Lactation Period[J]. Front Genet, 2020,11: 946.

50. Hao Z, Luo Y, Wang J, et al. RNA-Seq Reveals the Expression Profiles of Long Non-Coding RNAs in Lactating Mammary Gland from Two Sheep Breeds with Divergent Milk Phenotype[J]. Animals (Basel), 2020, 10(9):1565.

51. Zhao R, Li J, Liu N, et al. Transcriptomic Analysis Reveals the Involvement of lncRNA-miRNA-mRNA Networks in Hair Follicle Induction in Aohan Fine Wool Sheep Skin[J]. Front Genet, 2020,11: 590.

52. Nie Y, Li S, Zheng X, et al. Transcriptome Reveals Long Non-coding RNAs and mRNAs Involved in Primary Wool Follicle Induction in Carpet Sheep Fetal Skin[J]. Front Physiol, 2018,9: 446.

53. Lv X, Chen L, He S, et al. Effect of Nutritional Restriction on the Hair Follicles Development and Skin Transcriptome of Chinese Merino Sheep[J]. Animals (Basel), 2020,10(6):1058.

54. Yue Y J, Liu J B, Yang M, et al. De novo assembly and characterization of skin transcriptome using RNAseq in sheep (Ovis aries). Genet Mol Res, 2015,14(1): 1371-1384.

55. Wang X, Zhou G, Xu X, et al. Transcriptome profile analysis of adipose tissues from fat and short-tailed sheep[J]. Gene, 2014,549(2): 252-257.

56. Bakhtiarizadeh M R, Alamouti A A. RNA-Seq based genetic variant discovery provides new insights into controlling fat deposition in the tail of sheep[J]. Sci Rep, 2020, 10(1): 13525.

57. Ma L, Zhang M, Jin Y, et al. Comparative Transcriptome Profiling of mRNA and lncRNA Related to Tail Adipose Tissues of Sheep[J]. Front Genet, 2018, 9: 365.

58. Zhang W, Xu M, Wang J, et al. Comparative Transcriptome Analysis of Key Genes and Pathways Activated in Response to Fat Deposition in Two Sheep Breeds With Distinct Tail Phenotype[J]. Front Genet, 2021,12: 639030.

59. Singh A, Prasad M, Mishra B, et al. Transcriptome analysis reveals common differential and global gene expression profiles in bluetongue virus serotype 16 (BTV-16) infected peripheral blood mononuclear cells (PBMCs) in sheep and goats[J]. Genom Data, 2017,11: 62-72.

60. Li Y X, Feng XP, Wang H L, et al. Transcriptome analysis reveals corresponding genes and key pathways involved in heat stress in Hu sheep[J]. Cell Stress Chaperones, 2019,24(6): 1045-1054.

61. Li Y, Kong L, Deng M, et al. Heat Stress-Responsive Transcriptome Analysis in the Liver Tissue of Hu Sheep[J]. Genes (Basel), 2019,10(5):395.

62. Chitneedi P K, Suarez-Vega A, Martinez-Valladares M, et al. Exploring the mechanisms of resistance to Teladorsagia circumcincta infection in sheep through transcriptome analysis of abomasal mucosa and abomasal lymph nodes[J]. Vet Res, 2018,49(1): 39.

63. Chemonges S, Gupta R, Mills P C, et al. Characterisation of the circulating acellular pro-

teome of healthy sheep using LC-MS/MS-based proteomics analysis of serum[J]. Proteome Sci, 2016, 15: 11.

64. Chiaradia E, Avellini L, Tartaglia M, et al. Proteomic evaluation of sheep serum proteins[J]. BMC Vet Res, 2012,8: 66.

65. Katsafadou A I, Tsangaris G T, Anagnostopoulos A K, et al. Differential quantitative proteomics study of experimental Mannheimia haemolytica mastitis in sheep[J]. J Proteomics, 2019, 205: 103393.

66. Reichert M.Proteome analysis of sheep B lymphocytes in the course of bovine leukemia virus-induced leukemia[J]. Exp Biol Med (Maywood), 2017,242(13): 1363-1375.

67. Du J, Xing S, Tian Z, et al. Proteomic analysis of sheep primary testicular cells infected with bluetongue virus[J]. Proteomics, 2016,16(10): 1499-1514.

68. Zhang X, Li F, Qin F, et al. Exploration of ovine milk whey proteome during postnatal development using an iTRAQ approach[J]. PeerJ, 2020, 8: e10105.

69. Tomazou M, Oulas A, Anagnostopoulos A K, et al. In Silico Identification of Antimicrobial Peptides in the Proteomes of Goat and Sheep Milk and Feta Cheese[J]. Proteomes, 2019, 7(4):32.

70. Ha M, Sabherwal M, Duncan E, et al. In-Depth Characterization of Sheep (Ovis aries) Milk Whey Proteome and Comparison with Cow (Bos taurus) [J]. PLoS One, 2015, 10(10): e0139774.

71. Anagnostopoulos A K, Katsafadou A. I, Pierros V, et al. Milk of Greek sheep and goat breeds；characterization by means of proteomics[J]. J Proteomics, 2016,147: 76-84.

72. Cunsolo V, Fasoli E, Di Francesco A, et al. Polyphemus, Odysseus and the ovine milk proteome[J]. J Proteomics, 2017,152: 58-74.

73. Pisanu S, Ghisaura S, Pagnozzi D, et al. The sheep milk fat globule membrane proteome[J]. J Proteomics, 2011, 74(3): 350-358.

74. Cunsolo V, Fasoli E, Saletti R, et al. Zeus, Aesculapius, Amalthea and the proteome of goat milk[J]. J Proteomics, 2015, 128: 69-82.

75. Wang X, Shi T, Zhao Z, et al. Proteomic analyses of sheep (ovis aries) embryonic skeletal muscle[J]. Sci Rep, 2020, 10(1): 1750.

76. Zhang Z, Tang J, Di R, et al. Identification of Prolificacy-Related Differentially Expressed Proteins from Sheep (Ovis aries) Hypothalamus by Comparative Proteomics. Proteomics, 2019, 19(14): e1900118.

77. Tang J, Hu W, Chen S, et al. The genetic mechanism of high prolificacy in small tail han sheep by comparative proteomics of ovaries in the follicular and luteal stages[J]. J Proteomics, 2019, 204: 103394.

78. Arianmanesh M, Fowler P A, Al-Gubory K H. The sheep conceptus modulates proteome profiles in caruncular endometrium during early pregnancy[J]. Anim Reprod Sci, 2016,175: 48-56.

79. Wang X, Li T, Liu N, et al. Characterization of GLOD4 in Leydig Cells of Tibetan Sheep During Different Stages of Maturity[J]. Genes (Basel), 2019,10(10):796.

80. Guo T, Han J, Yuan C, et al. Comparative proteomics reveals genetic mechanisms underly-

ing secondary hair follicle development in fine wool sheep during the fetal stage[J]. J Proteomics, 2020,223: 103827.

81. Maddison J W,Rickard J P, Bernecic N C, et al. Oestrus synchronisation and superovulation alter the cervicovaginal mucus proteome of the ewe[J]. J Proteomics, 2017, 155: 1-10.

82. Ren W, Hou X, Wang Y, et al. Overgrazing induces alterations in the hepatic proteome of sheep (Ovis aries): an iTRAQ-based quantitative proteomic analysis[J]. Proteome Sci, 2016,15: 2.

83. Miller B, Selevsek N, Grossmann J, et al. Ovine liver proteome: Assessing mechanisms of seasonal weight loss tolerance between Merino and Damara sheep[J]. J Proteomics, 2019, 191: 180-190.

84. Miller B A, Chapwanya A, Kilminster T, et al. The ovine hepatic mitochondrial proteome: Understanding seasonal weight loss tolerance in two distinct breeds[J]. PLoS One, 2019,14(2): e0212580.

85. Wang J, Xu M, Wang X, et al. Comparative Proteome Analysis Reveals Lipid Metabolism-Related Protein Networks in Response to Rump Fat Mobilization[J]. Int J Mol Sci, 2018,19(9).

86. Ferreira A M, Grossmann J, Fortes C, et al. The sheep (Ovis aries) muscle proteome: Decoding the mechanisms of tolerance to Seasonal Weight Loss using label-free proteomics[J]. J Proteomics, 2017,161: 57-67.

87. Escribano D, Horvatic A, Contreras-Aguilar M D, et al. Identification of possible new salivary biomarkers of stress in sheep using a high-resolution quantitative proteomic technique[J]. Res Vet Sci, 2019,124: 338-345.

88. Palomba A, Tanca A, Addis M F, et al. The Sarda Sheep Host Fecal Proteome[J]. Proteomics, 2018,18(3-4).

89. Plowman J E, Deb-Choudhury S, Clerens S, et al. Unravelling the proteome of wool: towards markers of wool quality traits[J]. J Proteomics, 2012,75(14): 4315-4324.

90. Grazul-Bilska A T, Johnson M L, Borowicz P P, et al. Placental development during early pregnancy in sheep: cell proliferation, global methylation, and angiogenesis in the fetal placenta[J]. Reproduction, 2011,141(4): 529-540.

91. Grazul-Bilska A T, Johnson M L, Borowicz P P, et al. Placental development during early pregnancy in sheep: effects of embryo origin on fetal and placental growth and global methylation[J]. Theriogenology, 2013,79(1): 94-102.

92. Lan X, Cretney E C, Kropp J, et al. Maternal Diet during Pregnancy Induces Gene Expression and DNA Methylation Changes in Fetal Tissues in Sheep[J]. Front Genet, 2013,4: 49.

93. Zhang Y, Li F, Feng X, et al. Genome-wide analysis of DNA Methylation profiles on sheep ovaries associated with prolificacy using whole-genome Bisulfite sequencing[J]. BMC Genomics, 2017,18(1): 759.

94. Couldrey C, Brauning R, Bracegirdle J, et al. Genome-wide DNA methylation patterns and transcription analysis in sheep muscle[J]. PLoS One, 2014,9(7): e101853.

95. Fan Y, Liang Y, Deng K, et al. Analysis of DNA methylation profiles during sheep skeletal muscle development using whole-genome bisulfite sequencing[J]. BMC Genomics,

2020,21(1): 327.

96. Hazard D, Plisson-Petit F, Moreno-Romieux C, et al. Genetic Determinism Exists for the Global DNA Methylation Rate in Sheep[J]. Front Genet, 2020, 11: 616960.

97. Zhao L X, Zhao G P, Guo R Q, et al. DNA methylation status in tissues of sheep clones[J]. Reprod Domest Anim, 2012,47(3): 504-512.

98. Cao J, Wei C, Liu D, et al. DNA methylation Landscape of body size variation in sheep[J]. Sci Rep, 2015, 5: 13950.

99. Danezis G, Theodorou C, Massouras T, et al. Greek Graviera Cheese Assessment through Elemental Metabolomics-Implications for Authentication, Safety and Nutrition[J]. Molecules, 2019, 24(4):670.

100. Caboni P, Murgia A, Porcu A, et al. A metabolomics comparison between sheep's and goat's milk[J]. Food Res Int, 2019,119: 869-875.

101. Zhang J, Gao Y, Guo H, et al. Comparative metabolome analysis of serum changes in sheep under overgrazing or light grazing conditions[J]. BMC Vet Res, 2019,15(1): 469.

102. Pereira T L, Fernandes A R M, Oliveira E R, et al. Serum metabolomic fingerprints of lambs fed chitosan and its association with performance and meat quality traits[J]. Animal. 2020, 14(9): 1987-1998.

103. Zhang H, Yang G, Li H, et al. Effects of dietary supplementation with alpha-lipoic acid on apparent digestibility and serum metabolome alterations of sheep in summer[J]. Trop Anim Health Prod, 2021,53(5): 505.

104. Kirwan J A, Weber R J, Broadhurst D I, et al. Direct infusion mass spectrometry metabolomics dataset: a benchmark for data processing and quality control[J]. Sci Data, 2014, 1: 140012.

105. Guo C, Xue Y, Seddik H E, et al. Dynamic Changes of Plasma Metabolome in Response to Severe Feed Restriction in Pregnant Ewes[J]. Metabolites, 2019, 9(6):112.

106. Rosales-Nieto C A, Rodriguez-Aguilar M, Santiago-Hernandez F, et al. Periconceptional nutrition with spineless cactus (Opuntia ficus-indica) improves metabolomic profiles and pregnancy outcomes in sheep[J]. Sci Rep, 2021,11(1): 7214.

107. Shokry E, Pereira J, Marques Junior J G, et al. Earwax metabolomics: An innovative pilot metabolic profiling study for assessing metabolic changes in ewes during periparturition period[J]. PLoS One, 2017,12(8): e0183538.

108. Skene D J, Middleton B, Fraser C K, et al. Metabolic profiling of presymptomatic Huntington's disease sheep reveals novel biomarkers[J]. Sci Rep, 2017, 7: 43030.

109. Cabrera D, Kruger M, Wolber F M, et al. Effects of short- and long-term glucocorticoid-induced osteoporosis on plasma metabolome and lipidome of ovariectomized sheep[J]. BMC Musculoskelet Disord, 2020,21(1): 349.

110. Leslie E, Lopez V, Anti N A O, et al. Gestational long-term hypoxia induces metabolomic reprogramming and phenotypic transformations in fetal sheep pulmonary arteries[J]. Am J Physiol Lung Cell Mol Physiol, 2021,320(5): 770-784.

111. Ross E M, Hayes B J, Tucker D, et al. Genomic predictions for enteric methane production are improved by metabolome and microbiome data in sheep (Ovis aries) [J]. J Anim Sci,

2020,98(10):skaa262.

112. Palma M, Scanlon T, Kilminster T, et al. The hepatic and skeletal muscle ovine metabolomes as affected by weight loss: a study in three sheep breeds using NMR-metabolomics[J]. Sci Rep, 2016,6: 39120.

113. Li J, Tang C, Zhao Q, et al. Integrated lipidomics and targeted metabolomics analyses reveal changes in flavor precursors in psoas major muscle of castrated lambs[J]. Food Chem, 2020,333: 127451.

114. Li H, Yu Q, Li T, et al. Rumen Microbiome and Metabolome of Tibetan Sheep (Ovis aries) Reflect Animal Age and Nutritional Requirement[J]. Front Vet Sci, 2020, 7: 609.

115. Al-Masaudi S, El Kaoutari A, Drula E, et al. A Metagenomics Investigation of Carbohydrate-Active Enzymes along the Gastrointestinal Tract of Saudi Sheep[J]. Front Microbiol, 2017, 8: 666.

116. Minozzi G, Biscarini F, Dalla Costa E, et al. Analysis of Hindgut Microbiome of Sheep and Effect of Different Husbandry Conditions[J]. Animals (Basel), 2020, 11(1):4.

117. Reuter G, Pankovics P, Delwart E, et al. Identification of a novel astrovirus in domestic sheep in Hungary[J]. Arch Virol, 2012, 157(2): 323-7.

118. Martella V, Decaro N, Buonavoglia C.Enteric viral infections in lambs or kids[J]. Vet Microbiol, 2015, 181(1-2): 154-160.

119. Pfaff F, Schlottau K, Scholes S, et al. A novel astrovirus associated with encephalitis and ganglionitis in domestic sheep[J]. Transbound Emerg Dis, 2017, 64(3): 677-682.

120. Liu H, Hu L, Han X, et al. Tibetan Sheep Adapt to Plant Phenology in Alpine Meadows by Changing Rumen Microbial Community Structure and Function[J]. Front Microbiol, 2020,11: 587558.

121. Shi W, Moon C D, Leahy S C, et al. Methane yield phenotypes linked to differential gene expression in the sheep rumen microbiome[J]. Genome Res, 2014, 24(9): 1517-25.

122. Hitch T C A, Edwards J E, Gilbert R A. Metatranscriptomics reveals mycoviral populations in the ovine rumen[J]. FEMS Microbiol Lett, 2019, 366(13):fnz161.

123. Kamke J, Soni P, Li Y, et al. Gene and transcript abundances of bacterial type III secretion systems from the rumen microbiome are correlated with methane yield in sheep[J]. BMC Res Notes, 2017. 10(1): 367.

124. Lopes L D, de Souza Lima A O, Taketani R G, et al. Exploring the sheep rumen microbiome for carbohydrate-active enzymes[J]. Antonie Van Leeuwenhoek, 2015, 108(1): 15-30.

125. Liu J, Li H, Zhu W, et al. Dynamic changes in rumen fermentation and bacterial community following rumen fluid transplantation in a sheep model of rumen acidosis: implications for rumen health in ruminants[J]. FASEB J, 2019, 33(7): 8453-8467.

126. Motahar S F S, Khatibi A, Salami M, et al. A novel metagenome-derived thermostable and poultry feed compatible alpha-amylase with enhanced biodegradation properties[J]. Int J Biol Macromol, 2020,164: 2124-2133.

127. Ariaeenejad S, Sheykh Abdollahzadeh Mamaghani A, Maleki M, et al. A novel high performance in-silico screened metagenome-derived alkali-thermostable endo-beta-1,4-glucanase for lignocellulosic biomass hydrolysis in the harsh conditions[J]. BMC Biotechnol, 2020,

20(1): 56.

128. McLoughlin S, Spillane C, Claffey N, et al. Rumen Microbiome Composition Is Altered in Sheep Divergent in Feed Efficiency[J]. Front Microbiol, 2020,11: 1981.

129. Wang X, Zeng H M, Wang Y, et al. The complete mitochondrial DNA sequence of Chuanbai Rex rabbit (Oryctolagus cuniculus) [J]. Mitochondrial DNA B Resour, 2021,6(1): 129-130.

130. Xue Y, Lin L, Hu F, et al. Disruption of ruminal homeostasis by malnutrition involved in systemic ruminal microbiota-host interactions in a pregnant sheep model[J]. Microbiome, 2020, 8(1): 138.

131. Li Z, Shen J, Xu Y, et al. Metagenomic analysis reveals significant differences in microbiome and metabolic profiles in the rumen of sheep fed low N diet with increased urea supplementation[J]. FEMS Microbiol Ecol, 2020, 96(10):fiaa117.

132. Zhu Z, Sun Y, Zhu F, et al. Seasonal Variation and Sexual Dimorphism of the Microbiota in Wild Blue Sheep (Pseudois nayaur) [J]. Front Microbiol, 2020, 11: 1260.

133. Tanca A, Fraumene C, Manghina V, et al. Diversity and functions of the sheep faecal microbiota: a multi-omic characterization[J]. Microb Biotechnol, 2017, 10(3): 541-554.

134. Glendinning L, Genc B, Wallace R J, et al. Metagenomic analysis of the cow, sheep, reindeer and red deer rumen[J]. Sci Rep, 2021,11(1): 1990.

135. Ma Y, Ma S, Chang L, et al. Gut microbiota adaptation to high altitude in indigenous animals[J]. Biochem Biophys Res Commun, 2019,516(1): 120-126.

136. Zhang Z, Xu D, Wang L, et al. Convergent Evolution of Rumen Microbiomes in High-Altitude Mammals[J]. Curr Biol, 2016, 26(14): 1873-1879.

# 第四章

## 骆驼生物信息学研究

# 第一节　概述

　　骆驼主要有两种类型：小型骆驼和大型骆驼，进一步细分为Camelus、Lama和Vicugna属。骆驼品种的形状大致相同，但在身体构造、大小和颜色上存在差异。大型骆驼包括两种家养骆驼：单峰骆驼和双峰骆驼。单峰骆驼也被称为阿拉伯骆驼，主要分布在亚洲东部和非洲北部之间炎热干旱的地区。单峰骆驼最早在5000或6000年前的阿拉伯地区被驯养。双峰驼生活在中亚的寒冷地区和沙漠中。小型骆驼包括美洲驼和羊驼，它们仅限在南美洲生存。

　　骆驼能在最恶劣的生态条件下长期忍受干渴和饥饿，正是由于这一特性，使它们能够在偏远地区，尤其在一些高山和干旱的土地上生存和生活。如今，随着对骆驼遗传信息的进一步研究，已经阐明了几个基因对它们适应沙漠环境的显著作用。

　　骆驼的数量和分布因地区而异，世界上超过80%的骆驼生活在非洲。除此之外，在土库曼斯坦、埃及、哈萨克斯坦、阿富汗、突尼斯、阿曼、沙特阿拉伯、尼日利亚、中国、蒙古、阿尔及利亚、厄立特里亚、印度、阿拉伯联合酋长国、也门和马里等国家，骆驼的数量从12万到99.8万头不等。

　　总之，骆驼在人类驯养的众多哺乳动物中具有特殊的地位，非常适应极端的沙漠生态系统，是一种多用途动物，用于乳品生产、比赛和运输。它们独特的基因组成和基因组的变异使它们能够在恶劣的环境下生存[1]。

# 第二节　骆驼的转录组学研究

## 一、转录组学概述

　　转录组学（transcriptomics），是指在整体水平上研究细胞中基因转录的情况及转录调控规律的学科。转录组学是从RNA水平研究基因表达的情况。转录组是一个活细胞所能转录出来的所有RNA的总和，是研究细胞表型和功能的一个重要手段。与基因组不同的是，转录组具有时空特异性。即同一细胞在不同的生长时期及生长环境下，其基因表达情况是不完全相同的。广义上转录组包括特定环境条件下所有RNA的总和，包括编码RNA （mRNA）和非编码RNA（none-coding RNA，ncRNA），ncRNA包括microRNA、lncRNA、circRNA等；而狭义上仅指特定环境条件下所有mRNA的集合。

## 二、转录组在骆驼研究中的应用

应用一：利用全基因组测序数据鉴定微卫星在骆驼基因组上的分布和转座因子

转座因子（tes）和简单序列重复序列（ssr）共同存在于真核生物基因组中，尤其是在哺乳动物中。重复序列约占骆驼类基因组的三分之一，因此对这部分基因组的研究有助于从基因组及其进化方面中获得更深入的信息。

为了提高对骆驼基因组结构的理解，有研究对两种单峰骆驼（亚兹迪骆驼和特罗迪骆驼）的全基因组进行了测序。共获得92GB和84.3GB的序列数据，并将其组装137772个和149997个序列，其N50长度分别为54626bp和54031bp。结果表明，tes覆盖了亚兹迪骆驼基因组的30.58%，特罗迪骆驼基因组的30.50%，与在牛、羊、马和猪基因组中观察到的结果相反。骆驼基因组中没有发现内源性逆转录病毒K（ERVK）成分。DNA转座子在单峰骆驼、双峰驼和黄牛基因组中的分布模式与直线、正弦和长末端重复（LTR）家族相似。牛羊基因组中属于品系家族的RTE-BovB等元素显著高于单峰骆驼基因组。然而，与L2家系相比，L1家系的基因组覆盖率（L1）更高。

此外，从亚兹迪骆驼和特罗迪骆驼的杂交后代中分别鉴定出540133个和539409个微卫星。在这两个样本中，双-（393196）和三-（65313）核苷酸重复序列约占42.5%。哺乳动物基因组的非重复性内容大致相似。结果表明，伊朗单峰骆驼基因组长度的9.1mb（占全基因组的0.47%）由ssr组成。对伊朗单峰骆驼基因组重复序列的注释表明，9068个和11544个基因分别含有不同类型的tes和ssr。此研究鉴定的SSR标记可作为骆驼遗传多样性研究和分子标记辅助选择（MAS）的宝贵资源[2]。

应用二：骆驼肾皮质盐和水胁迫的关键基因、差异表达和作用途径的研究

骆驼长期适应沙漠环境，具有耐盐、抗旱的特性。目前国内外对骆驼抗性的研究较少，尤其是有关肾皮质重吸收的研究。非编码RNA通常被认为是不被翻译成蛋白质的RNA分子，其作用主要是调控DNA到蛋白质的信息传递，进而影响机体的生命活动和疾病。

为了揭示ncRNAs在肾皮质转录后调控的作用机理，有研究设计并实施了骆驼盐胁迫和缺水胁迫实验。通过对阿拉善双峰驼（Camelus bactarianus）肾皮质RNA序列的分析，鉴定出盐胁迫下的4个lncRNAs，11个miRNA和13个mRNAs，水分胁迫下的10个lncRNAs，18个miRNA和14个mRNAs。通过数据分析，提出了盐胁迫和水分胁迫下转录后调控的反应途径，包括在与耐药相关的lncRNAs、miRNAs和mRNAs的作用下，通过miR-193b、miR-542-5p与slc6a19mrna相互作用补偿中性氨基酸，阻止钠进入细胞。

此研究首次在肾皮质ncRNAs调控水平上提出了骆驼对盐胁迫和水分胁迫的反应的转录后调控途径，以类似疾病的治疗，为人类高血压症提供相关的理论依据[3]。

应用三：基于转录组学的单峰骆驼蜱唾液腺成分的蛋白质组学研究

单峰骆驼蜱是对骆驼有害的体外寄生虫之一。因长期以吸血为生，蜱会受到宿主防御系统的屏障作用，会导致蜱不能吸食宿主血液，最终死亡。然而，他们的唾液中含有一种生物活性分子物质，使他们能够顺利吸血。最近的一项唾液转录组学研究揭示了骆驼蜱唾液成分的复杂性，并为蛋白质组学分析提供了数据库。有研究通过转录组学（PIT）进行了蛋白质组学研究，以研究不同性别骆驼蜱唾液腺中的蛋白质的差异性。

基于在骆驼蜱唾液腺中鉴定的1111个蛋白质阵列，实验数据表面，只有24%的蛋白质为两性所共有，并且与之前描述的唾液转录体复杂性一致。对两种性别的唾液腺进行的对比分析没有发现在表达其酶组成或功能分类的蛋白质数量或类别上有任何明显差异。事实上，整个蛋白质组中很少有蛋白质与转录组预测的蛋白质相匹配，而其他蛋白质则与其他蜱类的其他蛋白质相对应。

有研究首次对单峰骆驼蜱唾液腺进行蛋白质组学研究，揭示了雄性和雌性单峰骆驼蜱唾液腺组成的差异，从而使我们能够更好地理解不同性别吸食血液的特异性策略[4]。

# 第三节　骆驼的蛋白组学研究

## 一、蛋白组学概述

蛋白质组学是蛋白质与基因组两个词的组合，定义为"一种基因组所表达的全套蛋白质"，即包括一类细胞或者一种生物所表达的全部蛋白质。蛋白质组学本质上指的是在大规模水平上研究蛋白质的特征，包括蛋白质的表达水平，翻译后的修饰和蛋白与蛋白相互作用等，由此获得蛋白质水平上的关于疾病发生、细胞代谢等过程的整体而全面的认识。

骆驼奶是干旱和半干旱地区居民的重要营养来源。骆驼奶已被证明具有营养和治疗特性，在几个国家被广泛利用以促进人类健康。与其他种类的牛奶相比，它含有更多的必需脂肪酸和抗菌药物。骆驼奶中乳清蛋白的主要成分与牛奶中乳清蛋白的主要成分相似，除了缺乏 β–lg。目前，大多数骆驼奶是在新鲜状态下饮用的。因此，为了延长其保质期，可以对骆驼奶进行不同的热处理，如巴氏杀菌。在一些地区，主要是在海湾国家和中亚地区，热处理作为保存牛奶的一种手段被应用于骆驼奶。

泪膜中的蛋白质在眼表的维持中起着重要的作用，例如保护眼表免受潜在病原体的侵袭和调节伤口愈合过程。除此之外，泪液蛋白表达的改变与许多系统性和眼部疾病相关。因此，泪液分析可能为发现用于疾病诊断和预后的分子标记物提供一种独特的无创工具。据报道，在动物的泪液中有几种含量很高的蛋白质。在几种家畜（绵羊、山羊、大羊驼、牛、马、狗和兔子）的泪液中发现了溶菌酶。在大鼠、猪、狗、仓鼠和兔子中检测到同源的泪脂蛋白。据报道，只有人类和兔子的眼泪中才含有亲脂素。

单驼峰阿拉伯骆驼（Camelus dromedarius）对干旱和炎热的适应能力非常好，可以在其他家养动物无法忍受的条件下生存和繁殖。几千年来，骆驼对沙漠居民起着至关重要的作用，它提供了交通工具、宝贵的食物和天然药物。阿拉伯骆驼以其抵抗感染的能力而闻名，这表明它们存在强大的免疫系统。例如，单峰骆驼被证明对口蹄疫有抵抗力，而双峰骆驼则对这种病毒敏感。骆驼的血液中还含有一种不寻常的抗体——单畴重链抗体片段（Single-domain heavy chain antibody fragments，VHH），又称nanobodies，已经被开发出来，可能在癌症诊断和治疗以及生物传感器技术中有所应用。

## 二、蛋白组学在骆驼研究中的应用

应用一：分析和比较人、牛、羊和骆驼眼睛泪液的蛋白质组学特征

有研究以25名临床健康志愿者、50头母牛、25头绵羊和50头骆驼的泪液为研究对象，通过SDS-PAGE和二维电泳分离合并的眼泪蛋白样品，切下差异表达的蛋白质斑点，并通过基质辅助激光解吸/电离飞行时间/飞行时间质谱分析进行凝胶内消化和鉴定。由于母牛、绵羊和骆驼的基因组数据不完整，使用了从头测序和BLAST（最佳局部比对搜索工具）同源性搜索的组合策略来进行蛋白质鉴定，通过蛋白质印迹分析验证了差异表达的蛋白质。

结果表明，在三苯甲烷染料染色的凝胶中，与人的眼泪[（182±6）个斑点]相比，在牛、绵羊和骆驼眼泪分别检测到（223±8）个、（217±11）个和（241±3）个良好分辨的蛋白质斑点。在所有泪液中发现了相似的高峰度蛋白质（乳铁蛋白、溶菌酶等）。在牛和绵羊的眼泪中已鉴定出泪脂蛋白。BLAST搜索显示了一种21kDa的蛋白质，与骆驼眼中的人卵黄膜外层蛋白质1（VMO1）同源。Western印迹证实，VMO1同源物存在于骆驼和绵羊的眼泪中，但不存在于人和牛的眼泪中。这一研究首次报道了基于蛋白质组学分析下健康人、牛、绵羊和骆驼的眼泪的差异性。不同物种间泪液存在差异蛋白表达，为进一步研究泪液蛋白和相关眼病提供了有用的信息[5]。

应用二：伊朗单驼峰股二头肌蛋白质组的变化及其对肉质性状的影响

有研究测定了雄性和雌性伊朗单峰骆驼在冷藏14天期间的股二头肌和胸最长肌的理

化和品质特性。结果的方差分析表明，性别只影响剪切力和温度（$P<0.05$）。肌肉的解剖位置影响了肉的特性，但滴水损失除外（$P<0.05$）。此外，除蒸煮损失外，老化还会影响肉的理化和品质特性；在14天的贮藏期间，蛋白质水解导致$L^*$和$b^*$值、滴水损失和肌原纤维断裂指数增加，$a^*$值、表达汁、剪切力和肌节长度减少。研究了贮藏期间蛋白质组的变化（肌原纤维蛋白）。凝胶分析显示，在死后24小时、72小时和168小时内，19个蛋白质点发生显著变化。通过MALDI-TOF/TOF质谱仪鉴定出15个斑点。相关分析表明，肌动蛋白、肌钙蛋白T、盖蛋白、热休克蛋白和结蛋白与肉的理化性质和品质性状显著相关（$P<0.05$）。肌动蛋白可能是颜色、嫩度和持水能力的潜在蛋白质标记，HSP27和结蛋白分别是颜色和嫩度的良好候选标记[6]。

应用三：热处理下骆驼和牛乳蛋白质的蛋白质组学分析

在单向电泳后，使用LC/MS和LC-MS/MS对80℃热处理60min前后的牛乳和骆驼乳蛋白质进行鉴定。用于鉴定骆驼和奶牛蛋白质的数据库来自（http://www.uniprot.org/）所得结果表明，在80℃下加热骆驼乳60min后，未检测到骆驼α-乳清蛋白（α-la）和肽聚糖识别蛋白（PGRP），而骆驼血清白蛋白（CSA）显著降低。当牛乳在80℃加热60min时，α-乳清蛋白（α-la）和β-乳球蛋白（β-lg）的检测不显著。此外，分析了SDS-PAGE中的19条蛋白质条带，并通过LC-MS/MS鉴定了总共45种不同的蛋白质。在80℃的热处理下，骆驼和牛乳的酪蛋白部分在60min内保持完整。骆驼和牛乳清蛋白受到80℃热处理60min的影响[7]。

# 第四节　骆驼的宏基因组学研究

## 一、瘤胃概述

反刍动物消化道的瘤胃是一个扩大的发酵室，容纳了多种共生微生物，为宿主动物提供了消化植物木质纤维素材料的能力。瘤胃微生物群落的特性为提高动物食物的消化效率、减少甲烷排放以及开发高效的发酵系统以将植物生物量转化为生物燃料提供了机会。瘤胃微生物在反刍动物营养物质的消化吸收中起着重要作用，尤其在瘤胃调节、食品发酵和生物量利用等领域具有巨大的应用潜力。

# 二、宏基因组学在骆驼中的应用

应用一：骆驼瘤胃微生物组的宏基因组分析确定木质纤维素降解和发酵的主要微生物

反刍动物瘤胃中存在的多种微生物有助于植物纤维的消化。对骆驼瘤胃中黏附在植物纤维上的微生物进行了鸟枪式宏基因组分析，以确定有助于木质纤维素降解和短链挥发性脂肪酸（VFA）发酵的关键物种。

编码糖苷水解酶的元基因组中的基因密度估计为25/Mbp的组装DNA，这明显高于其他来源的元基因组中的报告，包括牛瘤胃。编码支架蛋白、dockerins和内聚蛋白的序列也有大量表达，表明纤维素体介导的木质纤维素降解的潜力。组装后的元基因组的分类使我们能够定义65个高质量的基因组分类箱，这些分类箱显示了木质纤维素降解酶的高度多样性。与拟杆菌相关的物种显示出高比例的脱支和低聚糖降解酶基因，而属于厚壁菌和纤维杆菌的物种富含纤维素酶和半纤维素酶，因此这些谱系可能是确保木质纤维素降解的关键。拟杆菌基因组中存在许多"多糖利用位点"（PUL），表明其广泛的底物特异性和高潜在的碳水化合物降解能力。对VFA生物合成途径的分析表明，除易溶微生物群和Euryarchaeota外，一系列物种中都存在合成醋酸盐所需的基因。丙酸的生产完全通过琥珀酸途径，由拟杆菌门、厚壁菌、螺旋体和纤维杆菌属的物种进行。丁酸是由拟杆菌和豆状芽孢杆菌通过丁酰辅酶A：醋酸盐辅酶A转移酶途径生成的，但通常由厚壁菌通过丁酸激酶途径生成。

分析证实，骆驼瘤胃的微生物群是一种密度高但基本上尚未开发的酶源，有可能用于一系列生物技术过程，包括生物燃料、精细化学品和食品加工行业[8]。

应用二：在高盐浓度下骆驼瘤胃基因组的极端嗜盐木聚糖酶的催化活性是否增强的研究

极端嗜盐性木聚糖酶，命名为XylCMS，其特征是克隆和表达来自骆驼瘤胃基因组的编码基因。XylCMS被证明是一种GH11木聚糖酶，分子量约为47kDa，与来自黄褐肉球菌的假定糖基水解酶具有高度同一性。XylCMS在pH 6和55℃下显示最大活性。NaCl在1~5 mol/L浓度下可以提高该酶的活性。

该酶的最适温度不受NaCl影响，但酶的Kcat在37℃时提高了2.7倍，在55℃时提高了1.2倍。在37℃的NaCl溶液下Km值降低4.3倍，在55℃的NaCl溶液下$K_m$值降低3.7倍，导致催化效率（$K_{cat}$ / $K_m$）在37℃时显著增加11.5倍，在55℃时增加4.4倍。热力学分析表明，NaCl将反应的活化能（$E_a$）和焓（$\Delta H$）分别降低了2.4倍和3倍。

从观察结果和荧光光谱的结果，高浓度的NaCl可以改善XylCMS的柔韧性和底物亲和力，高浓度的NaCl通过影响底物结合、产物释放和反应的能垒对催化活性至关重要。XylCMS是一种极端的嗜盐性木聚糖酶，在人工海水中具有刺激的活性，在低水活度条件下具有在工业生物技术中应用的潜力[9]。

应用三：木聚糖酶–纤维素酶嵌合体对水稻和大麦秸秆活性增强的作用机理的研究

骆驼瘤胃宏基因组是一种尚未开发的糖苷水解酶来源。从骆驼瘤胃基因组中分离出编码模块化木聚糖酶（XylC）和纤维素酶（CelC）的新基因，并在大肠杆菌BL21（DE3）中表达。1，4-内切木聚糖酶对燕麦型木聚糖具有显著的催化活性[$K_{cat}$ =（2919±57）s −1]。通过与CelC的截断和融合构建，分析了XylC的模块化结构对其高催化活性的启示意义。所得的融合蛋白（包括Cel-CBM，Cel-CBM-CE和Xyn-CBM-Cel）与使用CelC的相比，$K_{cat}$值分别为（742±12）s−1、（1289±34.5）s−1和（2799±51）s−1，CMCase活性显著增强。$K_{cat}$为（422±3.5）s−1。

结果表明，具有协同木聚糖酶/纤维素酶活性的双功能Xyn-CBM-Cel对水稻和大麦秸秆的水解效率优于XylC和CelC[10]。

应用四：利用18S rRNA扩增子测序对印度骆驼瘤胃真核生物多样性的研究

除厌氧和兼性厌氧细菌外，骆驼瘤胃还含有多种真核生物。使用18S rRNA扩增子测序来表征骆驼瘤胃的真核生物群落。从14种成年Bikaneri和Kachchhi骆驼品种的瘤胃样品中分离了宏基因组DNA，这些品种的骆驼饲喂了不同的饮食，包括Jowar、Bajra、Maize、Guar。Illumina测序产生了27161904个读数，对应于1543个总操作生物分类单位（OTU）。

对所有样本的群落宏基因组序列进行分类，发现存在属于16个不同分区的92个属，其中纤毛属（73%）、真菌（13%）和链霉菌属（9%）最占优势。其中，瓜尔豆饲料中纤毛菌丰度显著提高，玉米饲料中真菌显著高，说明饲料中纤维素和半纤维素含量对真核生物组成有一定的影响。结果表明，骆驼瘤胃真核生物是高度动态的，并取决于给予动物的饮食类型。皮尔逊（Pearson）的相关性分析表明，纤毛虫和真菌彼此呈负相关。这是首次表征骆驼瘤胃真核生物的系统研究，它提供了有关以不同饮食喂养的骆驼中真核生物多样性模式的最新信息[11]。

应用五：骆驼瘤胃中新型热稳定木聚糖酶的鉴定与表征

基于宏基因组学，可以从环境中未培养的微生物群中分离出新的酶。在这项研究中，从骆驼瘤胃获得的宏基因组学数据是在极端条件下具有适当活性的微生物木聚糖酶的潜在来源。收集宏基因组学数据，并将重叠群用于计算机热鉴定候选热稳定酶。在研究中鉴定了一种新型的热稳定的木聚糖酶，名为PersiXyn1，具有1146bp的全长基因，该基因编码381个氨基酸。使用从骆驼瘤胃宏基因组学样本中提取的DNA模板，候选酶基因被克隆并在适当的大肠杆菌菌株中表达。

系统发育分析表明，PersiXyn1在已知的热稳定木聚糖酶中的具有一定的进化位置。从CD分析和确定酶的二级结构的结果中，已经证实存在高百分比的β−折叠是嗜热木聚糖酶的重要特征。PersiXyn1在广泛的pH（6～11）和温度（25～90℃）范围内均具有活性。最佳pH和温度分别为8℃和40℃，该酶在pH 8和40℃下保持1h，最大活性为80%。经酶处理的纸浆的扫描电子显微镜（SEM）显微照片清楚地表明，在纤维分离中有效使用酶可以降低纸箱生产的成本。

该酶的新颖性在于它在广泛的pH和温度范围内具有很高的活性和稳定性。这项研究也强调了骆驼微生物组在发现新颖的热稳定酶及其在农业、工业中的应用中的潜在重要性[12]。

### 应用六：在分子水平上分析单峰骆驼前胃液细菌微生物组

为了研究骆驼瘤胃中的微生物组成，有研究采用非培养的方法深入研究了微生物多样性。包括将调查的瘤胃样本与其他现有的宏基因组进行比较，以揭示瘤胃微生物系统的潜在差异。

采用基于焦磷酸测序的宏基因组学，通过MG-RAST对系统发育和代谢谱进行分析。从骆驼瘤胃样本的测序中得到8979755个核苷酸，共41905个序列，平均读长度为214个核苷酸。宏基因组分类分析表明，拟杆菌门（55.5%）、厚壁菌门（22.7%）和变形菌门（9.2%）是骆驼瘤胃的主要分类群。在较精细的系统发育分辨率下，拟杆菌种主导了骆驼瘤胃宏基因组。功能分析表明，聚类分系统和碳水化合物代谢是最丰富的SEED子系统，分别占骆驼宏基因组的17%和13%。骆驼瘤胃在分类和功能上与牛宏基因组高度相似，因为两者都是哺乳类食草动物，消化道结构和功能相似。结合SEED数据库中提供的焦磷酸测序方法和基于子系统的注释，使我们能够了解这些微生物组的代谢潜力。

综上所述，这些数据表明，无论瘤胃类型如何，农业和畜牧业对瘤胃微生物群都具有潜在选择性。有研究为理解骆驼瘤胃微生物生态的复杂性提供了基础，同时也突出了与其他动物胃肠道环境的显著相似性和差异性[13]。

### 应用七：双峰驼奶对肠道微生物群的影响

有研究采用宏基因组法对16S rRNA基因V3和V4高变区进行测序，研究双峰驼乳对小鼠肠道菌群的影响。生物信息学分析表明，厚壁菌门，（Bacteroidetes）为主要菌门，占细菌总数的80%以上。在属水平上，白杆菌、阿克曼杆菌、龙杆菌、双歧杆菌和乳杆菌在肠道微生物群中最为丰富；其中，以白带属和阿克曼属为主，分别占所有细菌的40.42%和7.85%。结果表明：与对照组相比，骆驼乳肠道菌群、乳杆菌、杆菌和脱硫弧菌的相对丰度分别降低了50.88%、34.78%、26.67%和54.55%。然而，在骆驼乳的存在下，胃肠道菌群中的白链杆菌、双歧杆菌和等属大量增加；这些属与对生物体的有益作用有关。研究显示，在进行骆驼乳的功能研究时，应考虑肠道菌群，可以为进一步的研究提供有益的理论基础[14]。

### 应用八：埃塞俄比亚传统发酵骆驼乳中细菌群落的组成

有研究旨在评估Dhanaan（埃塞俄比亚传统发酵骆驼乳）的安全性和细菌特征。通过

16S rRNA基因扩增子测序的宏基因组方法分析了Dhanaan样品中微生物群落的组成。宏基因组分析在所分析的六个样本中鉴定出87种不同的细菌微生物。虽然Dhanaan样品中含有各种乳酸菌（LAB），但它们也都含有大量不良微生物。鉴定出以下实验室属：链球菌、乳球菌和魏氏菌。在所有Dhanaan样本中发现了一种以OTU-1（操作分类学单位）为代表的链球菌，六分之四的样本中发现了优势种。发现该常见分离物与黄体链球菌和婴儿链球菌密切相关。然而，来自大肠杆菌、克雷伯菌、肠杆菌、不动杆菌和梭菌等属的不良微生物在达南样本中也很常见，甚至占优势。因此，这就需要改变Dahnaan的生产实践，以改进和安全的生产系统。确定的链球菌、魏氏菌和乳球菌微生物可能会开发出适合Dhanaan生产的发酵剂。然而，在将OTU-1、OTU-2、OTU-3、OTU-8和OTU-35定义的菌株用作食品级发酵剂之前，需要对其进行进一步的安全性评估和技术表征[15]。

应用九：阿联酋单峰骆驼上呼吸道样本中不同病毒的鉴定

对来自阿拉伯联合酋长国阿布扎比市活体动物市场的108个MERS-CoV阳性单峰骆驼的鼻咽拭子样本进行了宏基因组测序分析。从这些鼻咽拭子样本中获得了高质量的8.472亿条reads，其中288万条（0.34%）与病毒序列相关，而512.63百万条（60.5%）和50.87百万条（6%）与细菌和真核生物序列匹配。

在病毒reads中，鉴定出冠状病毒科、奈病毒科、副病毒科、副粘病毒科、副病毒科、多瘤病毒科、乳头病毒科、小核糖核酸病毒科、痘病毒科和基因组病毒科。一些病毒序列属于已知的骆驼或人病毒，而其他病毒序列则来自潜在的新型骆驼病毒，与GenBank中的病毒序列仅具有有限的序列相似性。该研究总共鉴定出五个潜在的新型病毒种或株。

在该项研究中，在92.6%的骆驼中发现了至少两种最近鉴定出的骆驼冠状病毒的共感染。这项研究对与人类有广泛接触的骆驼上呼吸道样本的病毒群中的病毒进行了全面的调查[16]。

# 第五节　骆驼基因组学研究

## 一、基因组学概述

结构基因组学（structural genomics）是基因组学的一个重要组成部分和研究领域，它是通过基因作图、核苷酸序列分析以确定基因组成、基因定位的一门科学。功能基因组学

（functional genomics）是利用结构基因组学提供的信息和产物，发展和应用新的实验手段，通过在基因组或系统水平上全面分析基因的功能，使得生物学研究从对单一基因或蛋白质的研究转向多个基因或蛋白质同时进行系统的研究的一门科学。随着基因组学的发展，包括以全基因组测序为目标的结构基因组学和以基因功能鉴定为目标的功能基因组学的不断发展，为科研工作者深入了解骆驼科动物基因组、认识基因与性状之间的联系提供了有效的途径。为解决如何确定大量基因序列功能的问题，进而了解基因与基因之间通过其产物而形成的控制生物体代谢和发育的调节网络提供了一种有效的方法，更为双峰驼、单峰驼和羊驼育种工作提供了充足的基因资源。

## 二、基因组学在骆驼研究中的应用

### 应用一：利用全基因组测序数据分析三头单峰骆驼的遗传变异

骆驼遗传变异的全基因组鉴定和注释正处于起步阶段，有研究是利用三只单峰骆驼的全基因组测序数据，鉴定全基因组变异，对其进行功能注释，并对受影响的基因进行富集分析。两头主要用于生产肉和奶的伊朗雌性单峰骆驼的基因组测序覆盖率分别为41.9X和38.6X。通过将原始读数映射到单峰骆驼参考基因组，共发现4727238个单核苷酸多态性（SNP）和692908个indel（插入和删除）（GenBank登录号：GCA_000767585.1）。在研究样本中发现的变体的电子功能注释显示，大多数SNP（2305738；48.78%）和INDEL（339756；49.03%）位于基因间区域。将已识别的SNP与非洲骆驼的SNP进行比较（生物项目登录号：PRJNA269274）表明，它们有993474个共同的SNP。在三只骆驼的共享变体中发现了15168个非同义SNP，它们可能影响基因功能和蛋白质结构。结果表明，在亚兹德单峰驼、特罗德单峰驼和非洲单峰驼的特定基因集中，3436个、3058个和2882个基因中分别存在7085个、6271个和4688个非同义SNP。对不同个体中预测受非同义变体影响的基因列表进行GO富集分析[17]。

### 应用二：研究野生和家养双峰骆驼基因组序列

双峰驼是中国和蒙古寒冷沙漠地区的重要交通工具，展示了野生和家养双峰驼的2.01GB基因组草图，估计骆驼基因组为2.38GB，包含20821个蛋白质编码基因。

系统基因组学分析显示，大约5500万到6000万年前，骆驼与其他偶蹄有蹄类动物有着共同的祖先。骆驼谱系中快速进化的基因在代谢途径中显著丰富，这些变化可能是这些动物中常见的胰岛素抵抗的基础。

有研究估计野生和家养骆驼的全基因组杂合率为$1.0 \times 10^{-3}$。在家养骆驼中发现杂合性显著较低的基因组区域，然而，嗅觉受体在这些区域富集。比较基因组学分析也可能揭示骆驼非凡的耐盐性和不同寻常的免疫系统的遗传基础[18]。

应用三：首次分离并快速鉴定脱胎骆驼新城疫病毒

新城疫病毒（NDV）会导致全球野生鸟和家鸟的发病率和死亡率。对人类来说，暴露于受感染的鸟类可导致结膜炎和流感样症状。在哺乳动物中，NDV感染的报道很少。

在这项研究中，通过下一代测序，从迪拜一个流产的单峰胎鼻拭子接种的Vero细胞中鉴定并分离了一个NDV，在流产单峰骆驼胎儿母亲居住的奶牛场爆发NDV期间，骆驼农场有很多鸽子。基因组分析显示，其他NDVs的结构和功能重要特征也存在于该单峰状体NDV基因组中。基于融合蛋白（F）、血凝素神经氨酸酶蛋白（HN）和全多蛋白的核苷酸序列的系统发育分析表明，该病毒属于II类NDV亚型VIg，同年与埃及鸽子NDVs亲缘关系最为密切。

有研究首次证明在单峰骆驼中分离出NDV，NDV感染与流产之间的关系有待进一步研究[19]。

应用四：阿拉伯联合酋长国阿布扎比109头单峰骆驼中中东呼吸综合征冠状病毒的全基因组测序多样性

中东呼吸综合征冠状病毒（MERS-CoV）于2012年在阿拉伯半岛被发现，目前仍在中东地区引起病例和暴发。当MERS-CoV首次被发现时，最接近的相关病毒是在蝙蝠体内。

在阿联酋阿布扎比酋长国东部地区的一个活体动物市场上，共对376只骆驼进行了MERS-Cov的筛选。在第1周共检测到109只MERS-cov阳性骆驼，并在第3周至第6周再次采集一部分阳性骆驼。从139个样本中共获得126个全基因组和3个近全基因组。从其余10个样本中的5个样本中获得Spike基因序列。

骆驼MERS-CoV基因组代表了分支B中的3个已知谱系和2个潜在的新谱系。在谱系中，骆驼和人类MERS-CoV序列的多样性是混合的。对于样本中的10个重组事件，常见的重组断点是ORF1b和s之间的连接。有证据表明，人类的MERS-CoV感染是由于从骆驼中继续引入不同的MERS-CoV谱系。

骆驼MERS-CoV基因组测序支持了这一假设。与此同时，该研究拓展了在阿拉伯半岛上已知的骆驼MERS-cov病毒基因库[20]。

# 参考文献

1. Ali A, Baby B, Vijayan R. From Desert to Medicine: A Review of Camel Genomics and Therapeutic Products[J]. Front Genet, 2019,10: 17.

2. Khalkhali-Evrigh R, Hedayat-Evrigh N, Hafezian S.H, et al. Genome-Wide Identification of Microsatellites and Transposable Elements in the Dromedary Camel Genome Using Whole-Genome Sequencing Data[J]. Front Genet, 2019, 10: 692.

3. Cao Y, Zhang D, Zhou H. Key genes differential expressions and pathway involved in salt and water-deprivation stresses for renal cortex in camel[J]. BMC Mol Biol, 2019, 20(1): 11.

4. Bensaoud C, Aounallah H, Sciani J M, et al. Proteomic informed by transcriptomic for salivary glands components of the camel tick Hyalomma dromedarii[J]. BMC Genomics, 2019,20(1): 675.

5. Shamsi F A, Chen Z, Liang J, et al. Analysis and comparison of proteomic profiles of tear fluid from human, cow, sheep, and camel eyes[J]. Invest Ophthalmol Vis Sci, 2011, 52(12): 9156-9165.

6. Zahedi Y, Varidi M J, Varidi M. Proteome Changes in biceps femoris Muscle of Iranian-nOne-Humped Camel and Their Effect on Meat Quality Traits[J]. Food Technol Biotechnol, 2016, 54(3): 324-334.

7. Felfoul I, Jardin J, Gaucheron F, et al. Proteomic profiling of camel and cow milk proteins under heat treatment. Food Chem, 2017,216: 161-169.

8. Gharechahi J, Salekdeh G H.A metagenomic analysis of the camel rumen's microbiome identifies the major microbes responsible for lignocellulose degradation and fermenta-tion[J]. Biotechnol Biofuels, 2018,11: 216.

9. Ghadikolaei K K, Sangachini E D, Vahdatirad V, et al. An extreme halophilic xylanase from camel rumen metagenome with elevated catalytic activity in high salt concentrations[J]. AMB Express, 2019,9(1): 86.

10. Khalili Ghadikolaei K, Akbari Noghabi K, Shahbani Zahiri H. Development of a bifunc-tional xylanase-cellulase chimera with enhanced activity on rice and barley straws using a modular xylanase and an endoglucanase procured from camel rumen metagenome[J]. Appl Microbiol Biotechnol, 2017, 101(18): 6929-6939.

11. Mishra P, Tulsani N J, Jakhesara S J, et al. Exploring the eukaryotic diversity in rumen of Indian camel (Camelus dromedarius) using 18S rRNA amplicon sequencing[J]. Arch Mi-crobiol, 2020, 202(7): 1861-1872.

12. Ariaeenejad S, Hosseini E, Maleki M, et al. Identification and characterization of a novel thermostable xylanase from camel rumen metagenome[J]. Int J Biol Macromol, 2019, 126: 1295-1302.

13. Bhatt V D, Dande S S, Patil N V, et al. Molecular analysis of the bacterial microbiome in

the forestomach fluid from the dromedary camel (Camelus dromedarius) [J]. Mol Biol Rep, 2013,40(4): 3363-71.

14. Wang Z, Zhang W, Wang B, et al. Influence of Bactrian camel milk on the gut microbiota[J]. J Dairy Sci, 2018. 101(7): 5758-5769.

15. Berhe T, Ipsen R, Seifu E, et al. Metagenomic analysis of bacterial community composition in Dhanaan: Ethiopian traditional fermented camel milk[J]. FEMS Microbiol Lett, 2019, 366(11):fnz128.

16. Li Y, Khalafalla A I, Paden C R, et al. Identification of diverse viruses in upper respiratory samples in dromedary camels from United Arab Emirates[J]. PLoS One, 2017, 12(9): e0184718.

17. Khalkhali-Evrigh R, Hafezian S H, Hedayat-Evrigh N, et al. Genetic variants analysis of three dromedary camels using whole genome sequencing data[J]. PLoS One, 2018, 13(9): e0204028.

18. Bactrian Camels Genome, Analysis S C, Jirimutu, et al. Genome sequences of wild and domestic bactrian camels[J]. Nat Commun, 2012, 3: 1202.

19. Teng J L L, Wernery U, Lee H H, et al. First Isolation and Rapid Identification of Newcastle Disease Virus from Aborted Fetus of Dromedary Camel Using Next-Generation Sequencing[J]. Viruses, 2019, 11(9):810.

20. Yusof M F, Queen K, Eltahir Y M, et al. Diversity of Middle East respiratory syndrome coronaviruses in 109 dromedary camels based on full-genome sequencing, Abu Dhabi, United Arab Emirates[J]. Emerg Microbes Infect, 2017, 6(11): e101.

21. Yang J, Dou Z, Peng X, et al. Transcriptomics and proteomics analyses of anti-cancer mechanisms of TR35-An active fraction from Xinjiang Bactrian camel milk in esophageal carcinoma cell[J]. Clin Nutr, 2019, 38(5): 2349-2359.

22. Woo P C, Lau S K, Teng J L, et al. Metagenomic analysis of viromes of dromedary camel fecal samples reveals large number and high diversity of circoviruses and picobirnaviruses[J]. Virology, 2014, 471-473: 117-125.

# 第五章

---

# 马生物信息学研究

# 第一节　重要经济价值和地位

马在动物分类学中分类为脊椎动物亚门、哺乳纲、奇蹄目、马科、马属、马，是一种草食性动物，现存家马和普氏野马两个亚种。被人类驯化以来，在漫长的发展过程中，由于各地区自然环境的影响和不同时期社会经济发展的需要，马的用途经历了肉用、乳用、农业生产、交通运输、军事和运动娱乐等多个阶段交替或互相融合的过程。

通过化石研究已经证实，马属动物的祖先——始新马出现于5500万年前的北美，其身体如同狐狸样大小，以多汁嫩叶为食，前足有四指，后足有三趾。随后，自然界发生地形、气候及生态变化，出现了开阔的内陆平原，马的进化也逐渐适应了这些变化。马的进化经历了始马、中马、原马、上新马和真马等主要发展阶段。其主要进化特点是：体躯增大；体高增高，体高由原来的40cm增高至120cm以上；趾由三趾或四趾进化为单趾（单蹄），以利于奔跑；牙齿由低冠的阜头结构向高冠、齿质坚硬、齿面宽而多皱结构变化，以利于采食干草；脑容量增大。

始马：头颈均短，背部弯曲，体高约40cm，前足有四趾，后足仅三趾着地。前肢的尺骨、后肢的腓骨细长，但仍分开。臼齿短小，齿冠低而有阜状突起。生活于矮树林中，以鲜嫩多汁的树叶和软草为食。

中马：体型稍大，体高约50cm，前后肢都只有三趾，中趾特别发达，用以支持大部分体重。仍生活在森林中，并能在硬地上快速奔跑。

原马：是重要的中间过渡形态，生活环境转移至草原，以粗硬草为食。体型增大，牙齿更加坚硬，头骨容积增大，面部变长。每足仍有三趾，行走时仅中趾触地。

上新马：距今约1200万年，体高已有100cm左右。四肢仍各只有三趾，仅有中趾显露，两侧第二、四趾呈细枝状残余。

真马：最早出现于距今约100万年前。四肢已完全成为单蹄，但与现代家马相比仍有显著差异，如头骨大而狭长，齿面小而皱褶多，四肢骨细长，每足中趾发达，两侧还有退化趾骨可见。由真马进化出家马的四大祖先普氏野马、森林马、冻原马和鞑靼马。

通过与古DNA测序数据比较，发现普氏野马并非家马祖先，其分化时间是在3.8～7.2万年，远远早于家马被驯化时间；马属动物的祖先分化时间大约是在400～450万年间；在过去的200万年间马的种群有很大的波动；而且发现在马的进化过程中与免疫和嗅觉有关的通路受到了极大的选择。

据近几年发表在《Science》上关于哈萨克斯坦北部博泰（Botai）文化的大量证据表明：马至少是于距今5000年前的铜器时代在欧亚草原区被驯化。最早驯化马的目的可能有3个：一是存留多余的捕猎马作为食物来源；二是使役和射骑；三是用于祭祀或观赏。

马的体格匀称，四肢长，第三趾发达，具蹄，第二、四趾退化，仅余退化的掌骨和跖骨。四肢高度特化，肱骨和股骨很短，桡骨和胫骨很长，尺骨和腓骨均退缩。第三趾发育，掌骨非常长，而趾（指）骨则比较短，单蹄。颊齿高冠；上臼齿釉质层褶曲精细。

重型品种体重达1200kg，体高200cm；小型品种体重不到200kg，体高仅95cm，所谓袖珍矮马仅高60cm。头面平直而偏长，耳短。四肢长，骨骼坚实，肌腱和韧带发育良好，附有掌枕遗迹的附蝉（俗称夜眼），蹄质坚硬，能在坚硬地面上迅速奔驰。毛色复杂，以骝、栗、青和黑色居多；被毛春、秋季各脱换一次。汗腺发达，有利于调节体温，不畏严寒酷暑，容易适应新环境。胸廓深广，心肺发达，适于奔跑和强烈劳动。食道狭窄，单胃，大肠特别是盲肠异常发达，有助于消化吸收粗饲料。无胆囊，胆管发达。牙齿咀嚼力强，切齿与臼齿之间的空隙称为受衔部，装勒时放衔体，以便驾御。根据牙齿的数量、形状及其磨损程度可判定年龄，听觉和嗅觉敏锐。

两眼距离大，视野重叠部分仅有30%，因而对距离判断力差；同时眼的焦距调节力弱，对500m以外的物体只能形成模糊图像，而对近距离物体则能很好地辨别其形状和颜色，并且只有这一种动物可辨别颜色。头颈灵活，两眼可视面达330°～360°。眼底视网膜外层有一层照膜，感光力强，在夜间也能看到周围的物体。马易于调教。通过听、嗅和视等感觉器官，能形成牢固的记忆。平均寿命30～35岁，最长可达60余岁。使役年龄为3～15岁，有的可达20岁。

# 第二节　马基因组学研究

## 一、基因组学在马的肌肉中的应用

马肉，指食草动物马的肉，它肉质鲜嫩，脂肪较少，且含有独特的鲜香味道和丰富的营养价值，具有恢复肝脏机能，并有防止贫血，促进血液循环，预防动脉硬化，增强人体免疫力的效果，是欧洲、南美以及亚洲多国的烹饪传统中重要的一部分。食用马肉最多的八个国家，每年大约消耗470万匹马。由于马的数目不多且价格较贵，所以市场普及率没有牛羊肉高，马肉含有丰富的蛋白质、维生素及钙、磷、铁、镁、锌、硒等矿物质，是哈萨克族著名的传统美食之一。

应用一：史前基因组揭示马驯化的遗传基础和成本

驯化马，以及骑马、战车和骑兵的出现极大地改变了人类文明。然而，考虑到野马几近灭绝，驯化马的遗传学很难重建。因此，有研究对来自俄罗斯泰米尔的两个古马基因组进行了测序（覆盖率分别为7.4倍和24.3倍），两者都早于最早的考古学驯化证据。将这些基因组与家养马和野生普氏野马的基因组进行了比较，发现了晚更新世欧亚大陆的遗传结构，远古种群对驯化品种的遗传变异有重要贡献。此外，通过四个互补扫描，确定了一组保守的125个潜在的驯化靶点。其中一组基因与肌肉和肢体发育、关节连接和心脏系统有关，可能代表人类利用的生理适应性。第二类基因由具有认知功能的基因组成，包括社会行为、学习能力、恐惧反应和宜人性，这些可能是驯马的关键。有研究还发现驯化与近亲繁殖和过量有害突变有关。这种遗传负荷与"驯化成本"假说相一致，这一假说在水稻、西红柿和狗身上也有报道，这通常归因于伴随驯化而来的人口瓶颈导致的净化选择的放松。该项工作展示了古代基因组重建复杂遗传变化的能力，这些变化将野生动物转变为驯养形式，以及这一过程发生的种群背景[1]。

应用二：全基因组和转录组分析揭示小型韩国本土济州马的遗传关系、选择特征和转录组图谱

韩国济州岛土生土长的济州马可能起源于蒙古马。为了适应当地恶劣的环境，济州岛的马具有了体型小、头部结实、四肢较短的特点。这些特征以前在基因组水平上没有被研究过。因此，有研究对6个品种的41匹马的基因组进行了排序和比较，鉴定了许多种特异性的非同义snp和功能缺失突变体。群体结构和混合分析表明，虽然济州马在遗传学上是最接近蒙古品种的，但其遗传祖先是独立于蒙古品种的。基因组广泛选择特征分析显示，*LCORL*、*MSTN*、*HMGA2*、*ZFAT*、*LASP1*、*PDK4*、*ACTN2*等基因在济州岛马中被积极选择。RnAseq分析显示，这些基因在济州马和纯种马中的表达也存在差异。肌肉纤维比较分析表明，济州马的Ⅰ型肌肉纤维含量明显高于良种马。研究结果为小型济州马复杂表型性状的选择提供了思路，发现的新Snp将有助于设计高密度Snp芯片，用于研究其他本土马品种[2]。

# 二、基因组学在马的毛发中的应用

马体上的毛按照功能和形态可分为被毛、保护毛（长毛）和触毛，中文名，马毛；外文名，Horse Hair。马体上的毛按照功用和形态可分为被毛、保护毛（长毛）和触毛。被毛是指覆盖于马身体表面的短毛，每平方厘米约700根。通常情况下，被毛每年脱换2次，晚秋毛发密长用以御寒，来年春末脱换成稀短毛发，具有调节马匹体温的作用。保护毛是指马体长毛，即：鬃毛、鬣毛和据毛，长而粗，对马起保护作用。触毛则是分布在唇、眼及鼻孔周围的毛发，粗硬稀疏，具有触觉作用，全身被毛中每平方厘米约有3~4根触毛。

应用一：蒙古马毛色基因的调控途径分析

关于马皮肤色素沉着的分子遗传学研究通常集中在很少的基因和蛋白质上。有研究使用Illumina测序来确定带有白色大衣的马和带有黑色大衣的马的全局基因表达谱，目的是鉴定可以调节马毛颜色的新基因。编码核糖体相关蛋白的基因在马皮肤中高表达。有研究

发现总共231个单基因在白色外套和黑色外套的马之间有差异表达。下调了119个，上调了112个。黑马中许多上调的基因，例如与酪氨酸代谢相关的基因，可能直接调节黑毛的颜色。角蛋白基因，MIA家族基因，脂肪酸相关基因和黑素瘤相关基因也受到差异调节，这表明它们可能在外套颜色形成中起重要作用。这些发现表明，白马和黑马皮肤的转录谱为了解控制马皮肤黑色素合成的潜在遗传学提供了有用的信息，这可能会增强我们对人类皮肤病（例如黑色素瘤和白化病）的认识[3]。

# 三、基因组学在马的疾病上的应用

马流行性感冒（Equine innuenza）简称马流感简称马流感，是由正黏病毒科（Orthomyxoviddae）流感病毒属（Influenzavirus）马A型流感病毒引起马属动物的一种急性暴发式流行的传染病，其他类传染病、寄生虫病。首先呈现结膜炎和鼻卡他，体温短期轻度升高，约1天以后下降至正常，表现精神沉郁，体温轻度升高，初流浆液性鼻液，有部分马匹流脓性鼻液，呼吸稍快，频发干、沉、粗的痛性咳嗽；鼻黏膜、眼结膜潮红，个别马伴发脓性结膜炎；口腔黏膜变淡，肺部听诊呼吸音加重，重症病马有啰音，运动量加大时，鼻液量增多，咳嗽加重；有的并发胃肠炎，个别马还有腹泻、腹痛现象。经2~3周可完全恢复。如果发病期间继续使役，则容易并发支气管肺炎，甚至死亡。有的病例并发肠胃炎。

病马表现为呼吸道卡痰、流鼻液、结膜充血、水肿。无继发感染1~2周可痊愈。有的继发肺炎、咽炎、肠炎、屈腱炎及腱鞘炎。临床分为2型，鼻腔肺炎型多发于幼龄马，潜伏2~3天，发热、结膜充血、水肿、下颌淋巴结肿大，流鼻液。无继发感染1周可痊愈。如并发肺炎、咽炎、肠炎、可引起死亡。流产型见于妊娠马，潜伏期长，多在感染1~4个月后发生流产。少数足月生下的幼驹，多因异常衰弱，重度呼吸困难及黄疸，于2~3天死亡。

应用：马传染性泰勒虫簇在不同的包含多个类群的18S rRNA基因包系中具有异常广泛的哺乳动物宿主范围

马体回虫病，一种由血原虫寄生虫Theileria equi和Theileria haneyi引起的tick传播疾病，影响世界各地热带和亚热带地区的马匹。在非流行国家中，这是一个重要的监管问题，在这些国家中，在进口马匹之前需要进行马麻疯虫病检测以防止寄生虫进入。在流行地区，感染会导致大量发病和死亡，并造成经济损失。没有用于马麻疯虫病的疫苗，并且当前的药物治疗方案前后不一致，并伴有严重的副作用。最近的工作揭示了马麻疯虫病生物之间的巨大遗传变异，对来自世界各地受影响动物的核糖体DNA的分析表明，该生物可以分为五个不同的进化枝。由于这些寄生虫能够感染多种虫和哺乳动物宿主，因此不同马的运动流行国家之间以及最终进入非流行国家的泰勒虫种类是一个重大问题。此外，这些生物的显著遗传变异性可能使当前利用的进口诊断测试无法检测到所有马Theileria spp。为此，对这些多种寄生虫进行更完整的表征对于继续全面控制马麻疯病至关重要。这篇评论讨论了马Theileria spp的当前知识，在此背景下，并突出了该领域工人的新机遇和挑战[4]。

## 四、基因组学在赛马中的应用

赛马是历史最悠久的运动之一。自古形式变化甚多，但基本原则都是竞赛速度。速度赛马是比马匹奔跑速度、骑手驾驭马匹能力的一种竞技活动。速度赛马历史悠久，在我国春秋时期赛马已十分盛行。

现代赛马运动起源于英国，其竞赛方法和组织管理远比古代赛马先进和科学，比赛形式也发展为平地赛马、障碍赛马、越野赛马、轻驾车比赛和接力赛马等不同种类。

平地赛马多数在场内进行，跑道长度多在1000~2000m。比赛类似田径的中长跑，分为1000m、1400m、1600m、2000m、3000m等不同赛段。障碍赛马是一种检验马匹跑和跳结合能力的比赛，参赛马应依次跳过设在赛道上的障碍物，障碍物一般为1~1.1m高的树枝，其间隔距离不等。这种形式的比赛危险性很高，常出现人仰马翻、骑手伤亡的事故。最著名的障碍赛马是英国的利物浦杯，赛段距离为7300m左右。越野赛马多数在树林和丘陵地带进行。轻驾车是人驾马车进行的一种绕标或过水障的比赛，有单人驾、四人驾之分。不同种类的赛马比赛都是竞速赛，根据时间的快慢决出比赛的名次。比赛的规则非常多，最根本的就是不妨碍别人。

速度赛马比赛是由选拔优秀马匹引伸出来的，因此比的主要是马，而不是骑手。虽然骑手本身的驾驶能力、与马配合的默契程度也很重要，但成绩的好坏主要取决于马的速度、耐力、足力及品种和父母辈的血统。可以说，在赛马比赛中，马的成份占六七成，人的成份只占三四成。速度赛马对骑手没有特殊的要求，体重越轻越好。

世界上开展赛马运动较好的国家和地区有英国、法国、美国、德国、爱尔兰、意大利、澳大利亚、日本、中国香港特别行政区和澳门等。以美国的赛马为例，每年要举行10万多场，观众达到9000万人次，马票售出金额高达120亿美元。

拥有三百多年历史的英国赛马业已发展成为英国国家最重要的产业之一，它对农业及畜牧业的发展起着非常积极的作用，生物工程学科、兽医学及围绕着赛马业的各项学科和技术都获得令世人瞩目的突破和进展。

英国是英纯种马的发源地。十七世纪，国王查理二世是第一个支持赛马运动的国王，而且可能也是他命名这项运动为"国王的运动"的原因。为了比赛的需要，英国的育种者通过引进大量精选的东方种公马以提高赛马的速度和耐力。其中三匹种公马被公认为是英纯血马的祖先。所有的现代英纯血马都可以追溯到三匹外来种马的血统拜耳利·特克（又称"拜耶尔土耳其"）（Byerley Turk）达利·阿拉伯（Darley Arabian）和高德芬·阿拉伯（Godolphin Arabian）。

## 应用一：从完整线粒体基因组序列推断纯种赛马的起源和传播

纯种马主要是为赛马而开发的，对许多其他马品种的质量改进有着重要的贡献。尽管纯种赛马在历史、文化和经济方面具有重要意义，但利用有丝分裂基因组序列并没有对其进行时空动态分析。为了探讨这一课题，有研究测定了14匹纯种马和两匹普氏马的线粒体基因组序列。这些序列与之前发表的151个来自全球不同品种的马线粒体基因组一起进行了分析，使用了贝叶斯结合方法、贝叶斯推断和最大似然法。这些赛马被发现有多种母系血统，并且与来自一个亚洲、两个中东和五个欧洲品种的马密切相关。纯种马与普氏马没有直接关系，普氏马被认为是最接近所有家养马的分类群，也是世界上仅存的真正的野马品种。系统基因组学分析也支持地理起源或品种与全球马的进化之间没有明显的相关性。纯种马最新的共同祖先大约生活在8100～111500年前，比现代马的最新共同祖先（0.7286 My）要年轻得多。贝叶斯图显示，包括纯种马在内的现代马的种群扩张大约发生在5500～11000年前，这与驯化的开始相吻合。这是首次对纯种赛马及其时空动态进行系统基因组学研究，从获得的纯种有丝分裂基因组数据库和遗传历史信息为今后的马改良项目提供了有用的信息[5]。

## 应用二：阿拉伯马比赛表现的遗传学

阿拉伯马通常被认为是世界上最古老和最有影响力的马品种之一。从种族中获得的高经济效益倾向于寻找与所取得的结果密切相关的遗传标记。迄今为止，转录组、miRNAome和代谢组分析等现代方法已被用于研究阿拉伯人比赛表现和耐力的遗传背景。基因组水平的多态性分析也被应用于检测与阿拉伯品种运动表型相关的遗传变异。本节综述了这些发现，重点介绍了不同阿拉伯马种群中平地比赛和耐力表现特征的遗传学基础[6]。

## 应用三：在赛道比赛3年期间在阿拉伯马全血中检测到的破骨细胞生成相关基因的表达谱

赛道性能上造成经济损失的最重要原因之一是赛马成绩不佳，主要是由于幼马在调理过程中无法进行适当的骨骼维护；训练负荷过大会导致骨骼吸收和骨骼形成之间的动态平衡中的骨骼更新障碍，从而促进骨骼损失。在我们的研究中，我们调查了训练诱导的阿拉伯马全血中破骨细胞生成相关基因（NFATc1、CTSK、DAP12、CLEC5A、IL6ST、VAV3）的转录本丰度变化。所有分析基因的表达模式因运动强度高而变化，无论什么季节，所有训练阶段都会对训练产生相似的响应。最初的训练对表情模式的影响大于增加、延长、建立条件。尽管如此，在赛车比赛开始期间，观察到所有基因的转录本丰度都显著增加。根据关节软骨或骨骼疾病的程度，没有一个生物标记具有很高的准确度。因此，在提出的标记物，有可能被进一步研究作为骨转换的有用工具[7]。

# 五、基因组学在马的祖先研究中的应用

### 应用一：本地或外部输入:东亚现代马的起源

尽管经过了几十年的研究，人们对东亚马的驯化情况仍然知之甚少。利用317匹马的线粒体基因组，研究鉴定了16个单倍群，并进行了精细的系统发育分析。16个单倍群最近的共同祖先的时间范围从[0.8~3.1] 千年前（KYA）到[7.9~27.1] KYA。结合分析线粒体控制区的现存普尔热瓦尔斯基的马匹，世界各地的现代和古代的马，研究人员提供依据，东亚流行haplogroups Q和R自主驯化或他们参与许多不同的基因成分从东亚南部的野马。这些单倍型Q和R分别发生在4.7~16.3 KYA和2.1~11.5 KYA。优势的欧洲单倍群L从西向东亚扩散与外源基因输入一致。此外，通过主成分分析、分子方差分析、基因序列分析和系统地理分析等方法检测了东亚北部和南亚地区的遗传差异。所有的结果都显示了马驯化的复杂图景，以及东亚地区的地理格局。东亚马种群既有本地来源，也有外来输入。此外，东亚至少有两个不同的驯化或杂交中心[8]。

### 应用二：线粒体DNA和家马的起源

家养马代表了一个遗传悖论：尽管它们的母系（mtDNA）数量在所有家养物种中最多，但它们的父系在Y染色体上极其同质。为了研究家马线粒体DNA的巨大变异以及母系的起源和历史，我们分析了207具古代遗骸和1754匹现代马的1961部分d环序列。样本集范围从阿拉斯加和西伯利亚东北部到伊比利亚半岛，从晚更新世到现代，发现了从阿拉斯加到比利牛斯山脉的泛泥质晚更新世马群。后来，在全新世早期和铜时代，欧亚草原地区和伊比利亚或多或少地出现了分离的亚种群。有研究的数据表明，尤其是在铁器时代，雌性的多次驯化和渗透。尽管所有欧亚地区都为现代品种的遗传谱系作出了贡献，但大多数单倍型都起源于东欧和西伯利亚。发现87个古单倍型（更新世至中古）；在家马中也观察到56种单倍型，尽管迄今为止只有39种单倍型在现代品种中存活。因此，在过去5500年中，至少有17种早期家马的单倍型已经灭绝。可以得出结论，线粒体DNA谱系的巨大多样性不是动物繁殖的产物，但实际上代表了祖先的变异性[9]。

### 应用三：现代马的线粒体基因组揭示经过驯化的主要单倍群

关于野马驯化的时间和方式的考古学和遗传学证据仍然存在争议。在分析控制区域时，已经检测到马mtDNA的高度遗传多样性；然而，反复的突变往往会模糊系统发生树的结构。在这里，通过分析亚洲、欧洲、中东和美洲的83个现代马的线粒体基因组，将马mtDNA系统发育学提升到分子分辨率的最高水平。有研究的数据揭示了18个具有辐射时间的主要单倍型群（A~R），它们大多与新石器时代和晚期有关，并将与母马祖先有丝分裂基因组相对应的系统发育根源定位在13~16万年前。所有的单倍型在亚洲现代马身上都被检测到，但F是唯一的普雷泽瓦尔斯基基金会唯一剩下的野马。因此，广泛的母系血统从已灭绝的野生蕨类植物中经过驯化在欧亚大草原，并被传给现代的卡巴勒斯品种。现在主要的马单倍型已经被确定，每个单倍型都有诊断突变的基序（在编码区和控制区），这些单倍型可以很容易地用于对保存完好的古代遗骸进行分类：（1）（重新）评估现代品种（包括纯种马）的单倍型变异；（2）评估mtDNA背景在赛马表现中的可能作用[10]。

# 六、基因组学在马的繁殖研究上的应用

马、驴和斑马本是3个独立的物种，已出现生殖隔离。但有趣的是，马、驴和斑马杂交都能产生后代。骡子是马和驴的杂交体，分为马骡（驴♂×马♀）和驴骡（马♂×驴♀）。通常认为雄骡没有生殖能力，但有对雌骡产驹的相关报道，并有报道称马骡的受孕率显著高于驴骡（约7倍）。通过比较马和驴的核型，推测一匹具有生殖能力的骡子在减数分裂时可能会形成六价体。普氏野马和家马经历过一次罗伯逊易位导致其核型的差异，其杂种子一代在减数分裂时会形成三价体，能够形成成熟的生殖细胞，并能繁殖后代，但其机理还未得到解析。

应用：欧洲古代驯养马种的遗传多样性的下降

如今的家马，母系遗传的线粒体DNA极为多样化，而父系遗传的Y染色体却几乎没有变化。尽管最近有研究表明，至少在铁器时代之前，家马的Y染色体多样性更高，但这种多样性在何时以及为何消失仍是一个有争议的问题。有研究对96只古欧亚种马的16只最近发现的Y染色体单核苷酸多态性进行了基因分型，这些马的驯化阶段从早期（铜和青铜时代）到中世纪。利用Y染色体时间序列，几乎涵盖了马驯化的整个历史，揭示了Y染色体多样性是如何随时间变化的。研究结果还表明，缺乏现存国内人口中的多个种马血统奠基者效应和随机造成的人口影响，而是在铁器时代是人工选择的结果，从欧亚草原游牧民族，后来在罗马时期。现代家养单体型很可能是在驯化开始后，从另一个已经具有优势的单体型派生而来。最近的研究表明，普氏野马和家养马的血统在大约4.5万年前分道扬镳之后，仍然通过基因流动保持着联系。与此一致的是，有证据表明，至少直到中世纪，普氏马的Y染色体才渗入欧洲家养马的基因库[11]。

# 七、基因组学在马的遗传物质研究上的应用

中国家马的地位居于六畜之首，且中国是最早开始驯化马匹的国家之一，历史记载有丰富而独特的家马遗传资源。虽然目前中国马匹数量仍居世界第一，但中国家马遗传资源流失严重，半数以上的本土品种已经消失。通过选取多种遗传标记、运用大量样本、采取

多学科结合的方法、从多角度多方面对中国家马的遗传多样性、系统地理结构、起源进化及家马迁徙与人类活动间的关系等问题开展系统研究。以期较为全面地阐明中国家马的遗传多样性和系统地理历史，揭示中国家马的起源和演化过程，明确中国在家马驯化过程中的作用和地位；探索中国古商道上人类活动对家马基因流的影响程度，研究结果可为保护中国家马的珍贵本土资源和现代马业良种选育提供理论依据和指导；同时从生物的角度为中国与邻近各国以及中国各民族间友好关系提供历史见证，从而促进中国与周边国家及中国国内各民族友好关系的延续。

### 应用一：中国地方马种Y染色体遗传变异的鉴定

Y染色体作为一个单一的非重组单位，是雄性特异性的，实际上是单倍体，因此确保了突变事件的保存作为一个单倍型通过雄性系。有研究用6个Y染色体特异性微卫星（SSR）检测了中国30个品种573个雄性家养马、普氏马和驴的父系遗传变异。普氏马和家驴的6个基因座均呈单体型块。在Y染色体标记上，马和驴有显著差异。有2个单倍型。家马品种中，A单体型（等位基因A：156bp）和B单体型（等位基因B：152bp）。等位基因A在30个马种中最常见，等位基因B在11个马种中最常见。这是对马Y染色体变异的首次描述。在中国家马品种中发现的2个Y染色体单倍型有助于揭示其复杂的遗传谱系[12]。

### 应用二：端粒重复在人类和马的基因组中的插入：进化观点

间质端粒序列（ITS）是端粒样重复序列（TTAGGG）在非末端染色体位点的短片段。之前证明，在灵长类和啮齿动物的基因组中，ITS是在修复DNA双链断裂时插入的。这些结论来自不同物种中ITS包含位点和ITS较少同源位点的序列比较。ITS的插入多态性，即在同一物种中存在包含ITS的等位基因和ITS较少的等位基因，尚未描述。在这项工作中，对从1000个基因组项目中检索到的2504个人类基因组序列进行了全基因组分析，并对209个人类DNA样本进行了基于PCR的分析。尽管分析了大量个体基因组，但没有发现任何证据表明人类群体中存在插入多态性。相反，对单个马个体（参考基因组）基因组中ITS位点的分析能够识别五个杂合ITS位点，这表明ITS的插入多态性是该物种遗传变异的重要来源。最后，通过对马ITS及其在其他趾周虫中的同源空位点的比较序列分析，提出了该序列进化过程中插入机制的模型[13]。

### 应用三：马着丝粒特有的DNA序列

着丝粒是高度特异的遗传位点，其功能主要由表观遗传机制决定。由于着丝粒在动物染色体中的高度重复性，理解DNA序列在着丝粒功能中的作用一直是一项艰巨的任务。在家养马身上发现了一个没有卫星DNA的着丝粒，巩固了着丝粒特性的表观遗传特性，表明完全自然的染色体可以在没有卫星DNA线索的情况下发挥作用。马在着丝粒位置和DNA序列组成方面表现出高度的进化可塑性。对马的研究表明，无卫星着丝粒的位置在个体之间是可变的。对包括家养驴和斑马在内的其他马种的着丝粒位置和组成的分析表明，在经历了特别迅速的核型进化的这一群体中，着丝粒的无卫星配置很常见。这些特点使马科动物成为研究着丝粒分子组织、动力学和进化行为的一个新的哺乳动物系统[14]。

应用四：下一代基于半导体的驴基因组测序提供了与马基因组和数百万个单核苷酸多态性的比较序列数据

到目前为止，很少有研究在全基因组水平上对驴进行研究。在这里，我们使用下一代基于半导体的测序平台（离子质子测序仪）对两只公驴的基因组进行测序，并将获得的序列信息与可用的驴草图基因组（及其来源的Illumina读数）和马基因组的EqCAB2.0组装进行比较。此外，使用Ion Torrent个人基因组分析仪对从包括不同品种（Grigio Siciliano、Ragusano和Martina Franca）的驴的DNA库中获得的简化表示文库（RRL）进行测序。与Equab2.0马基因组比对的下一代测序读取数大于与驴基因组草稿比对的测序读取数。这是由于马基因组的重叠群和支架的N50较大。卡巴勒斯大肠杆菌和亚洲大肠杆菌之间的核苷酸差异估计约为0.52%~0.57%。在几个常染色体和整个X染色体中发现了核苷酸差异低的区域。这些区域可能在马的进化中很重要。通过比较Y染色体区域，我们发现了可能有助于追踪驴父系的变体。此外，通过Ion-Proton（全基因组测序）和Ion-Torrent（RRL）的测序数据与Illumina reads的结合，鉴定并注释了驴基因组中约480万个单核苷酸多态性（SNP）。在与马12号染色体同源的区域中存在更高密度的SNP，其中一些研究报告了高频率的拷贝数变异。我们确定的SNP是第一个有用的资源，可用于描述阿西努斯驴种群基因组水平的变异性，并建立驴遗传资源保护的监测系统[15]。

# 八、基因组学在马的血液研究上的应用

在各种马的品种的杂交培育过程中，有几种古老的品种对现代马的品种影响深远，它们的遗传基因所表现出来的特征，成为许多现代品种的基础。按照马品种的个性与气质，分为热血马、冷血马与温血马三大类。（此分类方式和马血液的温度或体温毫无关系）。热血马是最有精神的马，也是跑得最快的马，通常用来作为赛马。冷血马具有庞大的身躯与骨架，安静、沉稳，通常用来作为工作马。温血马不管在体型、个性与脾气上，介于热血马与冷血马之间，是由热血马与冷血马杂交育种出来的品种，通常用来作为骑乘用，马术运动所用的马大多是温血马。

应用：用MeDIP-Seq对纯种马运动前后DNA甲基化的全基因组分析

运动成绩是挑选优质马匹的重要标准，然而，人们对马的运动相关的表观遗传过程知之甚少。DNA甲基化是环境变化对基因表达调控的关键机制，通过甲基化DNA免疫沉淀测序（MeDIP-Seq），对两种不同的纯种马运动前后的血液样本进行了全基因组DNA甲基化图谱的比较基因组分析。不同的甲基化区域（DMRs）在运动前和运动后的上马和下马的血液样本中被识别。运动改变了甲基化模式，运动30min后，优势马596个基因低甲基化，715个基因高甲基化，劣势马868个基因低甲基化，794个基因高甲基化。GO注释对这些基因进行分析，并对两匹马运动相关通路模式进行比较。运动后，优势马与细胞分裂和黏附相关的基因区域高甲基化，而劣势马与细胞信号转导相关的基因区域高甲基化。甲基化CpG岛的分布分析证实了运动后基因-机体甲基化区域的低甲基化。运动后转座因子的甲基化模式也发生了变化。核元素长散点（线）显示DMRs丰富。总的来说，我们的研究结果为研究基于练习的表观遗传特征重编程提供了基础[16]。

## 九、基因组学在马的保护研究上的应用

2011年末，全世界马的存栏数约为5847万匹，分布在除南极洲以外的各大洲共150个国家。各国马种资源共570个、区域性跨境马种资源63个。世界马种培育（选育）的趋势是非役用化。如过去曾经为军队服务的一些品种，如纯血马、奥尔洛夫马等，经过几十年甚至几百年的培育，已培育成世界著名的赛马品种，过去一些挽用马品种已培育转型为仪仗马、马术马。有些如设特兰矮马、美国花马已成为观赏马。为了满足世界马术运动用马的需要，经过近百年的选育，用纯血马等热血马与传统的挽用马杂交培育了很多优秀的温血马。马用途的改变，满足了随经济和文化的发展；人们对健身和精神文化生活的需要。2011年末，我国马的存栏数约为677万匹，位居世界第2位。有地方品种29个，培育品种13个，已经形成育种群的引入品种有10个以上，形成了丰富多彩、分布广阔的马种资源，但其中2/3以上已经处于数量下降、濒危或濒临灭绝状态。我国马种资源正处于保种和向非役用转型的关键时期。

应用一：远古基因组揭示出人意料的马驯化和管理动态

马在过去的人类社会中是必不可少的，但在20世纪，随着世界日益机械化，马成为了一种娱乐动物。最近对古代基因组的研究重新审视了对马驯化的理解，从非常早期的阶段到最现代的发展，发现了一些大约4000年前在欧亚大陆遥远的尽头灭绝的血统。他们已经表明，家马在过去的一千年里已经发生了重大的改变，并且在过去的两个世纪里经历了基因多样性的急剧下降。在真正的野马不复存在的时代，这就需要加强对所有濒危物种的保护。其中包括原居蒙古的普氏马，以及许多被现代议程所取代的当地品种，但却代表了超过5000年的马育种的活遗产[17]。

应用二：进化基因组学和濒危普氏马的保护

马科只有一个现存的属，即马，包括七个现存物种，一方面分为马，另一方面分为斑马和驴。相比之下，马化石记录表明，过去存在着极其丰富的多样性，并提供了多个高度动态进化的例子，其间不时出现几波爆炸性辐射和灭绝、跨大陆迁徙和局部适应。近年来，基因组技术提供了新的分析解决方案，增强了我们对马进化的理解，包括马体内的物种辐射；几个谱系的灭绝动态；以及马和驴这两个物种的驯化历史。在此，我们概述了这些最新发展，并提出了进一步研究的领域[18]。

应用三：中国三个地方马品种线粒体DNA D环的遗传多样性与母系起源

为了保护本地马品种的遗传资源，对中国西部三个本地马品种的线粒体DNA D环的遗传多样性进行了调查。采用PCR和测序技术分析了43个600bp线粒体DNA D-loop序列，在这些马中检测到33个独特的单倍型，70个多态位点，占分析的600bp序列的11.67%，表明中国西部三个地方马品种具有丰富的遗传多样性。基于43个D-loop序列247bp的邻居连接（NJ）系统发育树表明存在七个主要谱系（A到G），表明中国西部的三个本地马品种来自多个母体起源。与前面一致，基于43匹中国西部本地马的线粒体DNA D-loop序列600bp和GenBank中6个马品种的81个序列的NJ系统发育树表明，这3个马品种已分布到7个主要谱系（A到G）。系统发育树的结构往往是模糊的，因为线粒体基因组的一小段变异往往伴随着高水平的重复突变。因此，更长的D环序列有助于在马体内实现更高水平的分子分辨率[19]。

# 十、基因组学在马的基因研究上的应用

中国家马起源一直是考古学界关注的热点问题，近年来，国内一些研究团队陆续开展了一系列古代家马的线粒体 DNA 研究，对河南、山东、内蒙古等地多处遗址出土的古代马进行了线粒体 DNA 分析，发现中国家马的起源既有本地驯化的因素，也受到外来家马线粒体 DNA 基因流的影响，欧亚草原地带很可能是家马及驯化技术向东传播进入中国的一个主要路线。但由于缺乏西北地区的数据，家马传播的路线尚不清晰。对陕西、甘肃、宁夏、新疆等北甘青宁地区的 11 个早期青铜时代至春秋战国时期遗址的 98 匹古代马进行了 DNA 分析，结合世界各地发表的古代马 DNA 数据，重构了中国家马遗传结构演变的时空框架，揭示了中国家马的起源。

应用一：六种不同马的全基因组序列和结构多态性检测

驯养的马在人类历史上发挥了独特的作用，它不仅是动物蛋白质的来源，也是长途迁徙和军事征服的催化剂。因此，马发展出独特的生理适应能力，以满足其气候环境和人类关系的需要。2009年完成的第一个驯化马参考基因组组装（eqcab2.0）产生了该物种大多数可公开获得的遗传变异注释。然而，大约有400种地理和生理上不同的马品种。为了丰富目前马遗传变异的收集，有研究对6个不同品种的6匹马的全基因组进行了测序：一种是美国的小型马，一种是鲈鱼，一种是阿拉伯马，一种是曼格拉加马查多，一种是蒙古本地的柴胡伊马，另一种是田纳西步行马，并将它们映射到Equacab3.0基因组上。除了体型上的巨大反差，这些品种来自不同的全球各地，每一个都有独特的适应生理。这匹马总共产生了13亿次的reads，覆盖率每匹马在15到24倍之间。经过严格的筛选，我们鉴定出17514723个单核苷酸多态性（SNPs）和1923693个插入/缺失（INDELs），平均每匹马1540个拷贝数变异（CNV）和3321个结构变异（SVs）。有研究结果揭示了可能的功能变异，包括与体型变异相关的基因，如*LCORL*基因（在所有马身上发现）、ZFAT在阿拉伯马、美国小型马和四角马中以及ANKRD1在蒙古本土查口依马中。在Latherin基因中发现了一个拷贝数变异，这可能是进化选择影响出汗体温调节的结果，出汗是运动能力和耐热性的重要组成部分。新发现的变异被记录下来，并将为未来研究马内不同表型的遗传基础提供基础数据库[20]。

### 应用二：朝鲜半岛马群和普氏马全基因组测序分析

济州马是韩国本土马种，然而，韩国马品种的基因组研究严重缺乏。目的是报告居住在韩国的家马种群（济州、济州杂交和纯种）和野马品种（普氏野马）的基因组特征。

使用马参考基因组组装（EquCab 2.0），成功绘制了约65亿个序列reads，在整个基因组中的覆盖率平均为40.87X。利用这些数据，总共检测到1288万个SNP，其中73.7%是新的。所有检测到的单核苷酸多态性都被深度注释，以使用RefSeq和集成基因集检索基因区域中的单核苷酸多态性。大约27%的SNP位于基因内，而其余73%位于基因间区域。使用129776个编码单核苷酸多态性，在12351个基因中共检索到49171个非同义单核苷酸多态性。此外，共鉴定了10770个有害的非同义SNP，这些SNP预计会影响蛋白质结构或功能。有研究发现了来自家马和野马品种的许多基因组变异。这些结果为进一步研究含SNP基因的功能提供了宝贵的资源，并有助于确定马重要经济性状变异的分子基础[21]。

### 应用三：马的DNA甲基化模式的全基因组分析

DNA甲基化是一种表观遗传调控机制，在介导生物过程和确定生物体的表型可塑性中起着至关重要的作用。尽管马参考基因组和整个转录组数据是可公开获得的，但全球DNA甲基化数据尚不清楚。有研究通过甲基-DNA免疫沉淀测序技术分别报告了来自韩国本土品种的纯种（TH）和济州（JH）马的骨骼肌、心脏、肺和大脑组织的第一个全基因组DNA甲基化特征数据。DNA甲基化模式的分析表明，平均甲基化密度在启动子区域最低，而编码DNA序列区域的密度最高。在重复元件中，与短散布的核元件或长末端重复元件相比，长散布的核元件中观察到相对较高的甲基化密度。通过对TH和JH相应组织的比较分析成功鉴定出差异甲基化区域，这表明基因体区域显示出高甲基化密度。有研究提供了纯种马和济州马的第一个DNA甲基化态势和差异甲基化的基因组区域（DMR）的报告和DNA甲基化组的全面DMR图，这些数据是宝贵的资源，有助于更好地了解马的表观遗传学，为进一步的生物学功能分析提供信息[22]。

# 第三节　马的转录组学研究

## 一、转录组学在马的肌肉研究上的应该

应用一：运动引起的阿拉伯马骨骼肌转录组的修饰

已经发现阿拉伯和纯种马的肌肉纤维结构不同，因此在运动期间肌肉中发生的生理变化也不同。目的是确定在准备进行平地比赛的训练方案后骨骼肌中发生的整体基因表达修饰。在组织收集的三个时间点之间比较了整个肌肉（臀小肌）的转录组：T0（未训练的马），T1（强烈驰gall阶段的马）和T2（赛车季节末期的马匹），总共23个样本。运动调节差异表达基因（DEG）的许多组与肌肉细胞结构和信号传导有关，包括胰岛素样生长因子1受体（IGF1R）、胰岛素受体（INSR）、转化生长因子β受体1和2（TGFBR1、TGFBR2）、血管内皮生长因子B（VEGFB）、表皮生长因子（EGF）、肝细胞生长因子（HGF）和血管内皮生长因子D（FIGF）。在阿拉伯马匹中，运动会改变属于PPAR信号通路的基因（例如PPARA、PPARD和PLIN2），钙信号传导途径以及与代谢过程相关的途径（例如氧化磷酸化、脂肪酸代谢、糖酵解/糖异生和柠檬酸盐循环）。根据检测到的基因表达修饰，结果表明，在阿拉伯马匹中，锻炼将能量的产生转换为脂肪酸利用，并增强了糖原转运和钙信号传导。在分析骨骼肌转录组中使用RNA-Seq方法可以提出一组可能与阿拉伯马体内稳态维持和赛车性能有关的新候选基因[23]。

应用二：在赛马训练期间，阿拉伯马血液中的RNA-Seq分析揭示骨骼重塑的转录组学特征

阿拉伯马被认为是世界上最古老和最有影响力的马品种之一。血液是维持体内平衡的主要组织，被认为是其他组织发生过程的标志。因此我们研究的目的是确定接受训练方案的阿拉伯马血液中发生变化的遗传基础，并比较不同训练阶段[T1：慢慢跑阶段（被认为是条件反射阶段）后，T2：剧烈疾驰阶段后，T3：在比赛季末]之间以及训练和

训练之间的整体基因表达谱未经训练的马（T0）。在HiScanSQ平台（Illumina）上以75bp单端运行对37个样本进行RNA测序，并基于DESeq2（v1.11.25）软件鉴定差异表达基因（DEG）。

在随后的训练期间观察到DEG数量增加，未训练的马（T0）和赛马赛季结束时（T3）的DEG数量最高（440）。T2与T3转录组以及T0与T3转录组的比较表明，在长期运动期间，上调基因显著增加（与T2和T0相比，T3期分别上调266DEGs和389DEGs）。在T1和T2期检测到40个差异表达基因，在T2和T3期检测到296个差异表达基因。功能注释表明，运动中上调的最丰富的基因涉及调节细胞周期的途径（PI3K-Akt信号通路）、细胞通讯（cAMP依赖通路）、增殖、分化和凋亡以及免疫过程（Jak-STAT信号通路）。

研究了训练是否会引起马血液中永久性转录组的变化，以反映对条件反射的适应和在平地比赛中保持体能。有研究确定了在阿拉伯马长期运动期间维持体内平衡所必需的过度表达的分子途径和基因。应进一步研究选定的DEG作为可能与阿拉伯马的比赛表现相关的标记[24]。

应用三：使用RNA序列鉴定新型马（*Equus caballus*）肌腱标记

尽管存在几种腱选择基因，但它们也在其他肌肉骨骼组织中表达。由于细胞和组织工程依赖于特定的分子标记来区分细胞类型，因此需要鉴定肌腱特异性基因。为此，我们使用RNA测序（RNA-seq）来比较马的肌腱、骨骼、软骨和韧带之间的基因表达。有研究确定了几个腱选择性基因标记，并建立了不存在同源物2（*EYA2*）和神经突增生3（*GPRIN3*）的G蛋白调节诱导剂的眼睛，作为使用RT-qPCR的特定腱标记。培养成三维球体的马腱细胞表达的*EYA2*水平明显高于*GPRIN3*，并使用免疫组织化学对*EYA2*染色呈阳性。在肌腱组织基质内的成纤维细胞样细胞以及位于血管内皮的细胞中也发现了*EYA2*。总之，与骨骼、软骨和韧带相比，有研究已将*EYA2*和*GPRIN3*确定为马肌腱的特定分子标记，并为使用*EYA2*作为体外肌腱细胞的其他标记提供了证据[25]。

# 二、转录组学在马的毛发研究上的应用

应用：蒙古马毛色基因的调控途径分析

关于马皮肤色素沉着的分子遗传学研究通常集中在很少的基因和蛋白质上。有研究使用Illumina测序来确定带有白色大衣的马和带有黑色大衣的马的全局基因表达谱，目的是鉴定可以调节马毛颜色的新基因。编码核糖体相关蛋白的基因在马皮肤中高表达。有研究发现总共231个单基因在白色外套和黑色外套的马之间有差异表达；下调了119个，上调了112个。黑马中许多上调的基因，例如与酪氨酸代谢相关的基因，可能直接调节黑毛的颜色。角蛋白基因，MIA家族基因，脂肪酸相关基因和黑素瘤相关基因也受到差异调节，这表明它们可能在外套颜色形成中起重要作用。这些发现表明，白马和黑马皮肤的转录谱为了解控制马皮肤黑色素合成的潜在遗传学提供了有用的信息，这可能会增强我们对人类皮肤病（例如黑色素瘤和白化病）的认识[3]。

# 三、转录组学在马的疾病研究上的应用

应用一：RNA测序是寻找影响马匹健康和性能特征的基因的有力工具

下一代技术的RNA测序（RNA-seq）是一种功能强大的工具，为全转录组分析创造了新的可能性。近年来，利用RNA-seq方法，一些研究扩展了转录基因谱，以了解基因型和表型之间的相互作用，这极大地促进了马生物学领域的发展。迄今为止，在马匹中，cDNA的大规模并行测序已成功用于鉴定和定量几种正常组织中的mRNA水平以及注释基因。此外，RNA-seq方法已用于鉴定几种疾病的遗传基础或研究生物适应训练条件的过程。RNA-seq方法的使用也证实了马可以作为人类疾病的大型动物模型，特别是在免疫反应领域，提出的综述总结了在马（Equus caballus）中分析基因表达的成就[26]。

应用二：幼小马驹和成年马外周血单个核细胞免疫基因的转录组分析

在新生儿期，人们常常对疫苗或病原体产生免疫效应和记忆反应的能力提出质疑，进行这项研究是为了获得关于生命早期免疫基因表达的自然差异的整体看法。我们的假设是，小马驹（出生后第1天和第42天）和成年马的外周血单个核细胞（PBMC）的转录组分析将显示出表征自然免疫过程的差异基因表达谱。基因本体富集分析提供了受年龄影响的生物学过程的评估，并且与第1天的小马驹样品相比，在第42天的897个基因表达高出2倍以上（$P < 0.01$）。上调的基因包括B细胞和T细胞受体多样性基因，DNA复制酶、自然杀伤细胞受体、颗粒酶B和穿孔素、补体受体、免疫调节受体、细胞黏附分子、细胞因子/趋化因子及其受体。与第42天的小马驹样品相比，第1天有1383个基因的表达更高（$P < 0.01$）的列表中包含有先天免疫作用的基因，例如抗菌蛋白、病原体识别受体、细胞因子/趋化因子及其受体、细胞黏附分子、共刺激分子和T细胞受体δ链。在第42天的小马驹和成年样本之间表达增加的742个基因中，B细胞免疫是主要的生物学过程。关于*IL27*、*IL13RA1*、*IREM-1*、*SIRL-1*、*IL27*、*IL13RA1*、*IRL-1*和*TLR3*基因表达显著低（$P < 0.0001$）和高表达（$P \leq 0.01$）的新数据。与第42天的小马驹样本相比，第1天的SIRPα和SIRPα指出了生命早期对病原体易感性增加的潜在机制。该结果描绘了从生命早期的先天免疫基因表达优势向随着年龄增长而增加的适应性免疫基因表达的进展，并在新生儿期推定了免疫抑制基因。这些结果为马新生儿和年轻免疫系统的独特属性提供了见识，并为将来的研究提供了许多途径[27]。

应用三：马肉瘤的转录组分析

马类肌瘤是马科中最常见的皮肤肿瘤。在有的研究中，进行了比较转录组学分析，其目的是寻找肿瘤生物学内部并鉴定表达谱作为可能用作生物标志物的癌症特异性基因的潜在来源。有研究已经使用了来自匹配的马肉瘤和肿瘤远处皮肤样本的Horse基因表达微阵列数据。总计，已在病变和健康皮肤样本之间鉴定出901个显著差异表达的基因（DEG）（倍数变化≥2；$P <0.05$）。表达下降的DEGs大子集与抑制恶性转化有关，而一些过表达的基因参与了与肿瘤的生长和进展或免疫系统活性有关的过程。结果首次显示了马皮肤肿瘤的全面转录组分析，并指出了与肿瘤发生过程相关的重要途径和基因[28]。

# 四、转录组学在赛马研究上的应用

应用：训练过程中阿拉伯马血的转录组分析

阿拉伯马被认为是世界上最古老，最有影响力的马种之一。血液是维持体内动态平衡的主要组织，被认为是其他组织中发生的过程的标志。因此，目的是确定接受训练方案的阿拉伯马血液中发生的变化的遗传基础，并比较不同训练时期之间的总体基因表达谱（T1：慢慢速运动后被认为是适应阶段，T2：在激烈的驰phase阶段之后，T3：在赛季结束时，在训练有素和未经训练的马之间（T0）。在HiScanSQ平台（Illumina）上以75bp单端运行的方式对37个样品进行RNA测序，并基于DESeq2（v1.11.25）软件鉴定了差异表达基因（DEG）。观察到在随后的训练期间DEG的数量增加，并且在未经训练的马匹（T0）和赛季末（T3）的马匹之间检测到最大的DEGs（440）。T2与T3转录组和T0与T3转录组的比较显示，长期运动期间，上调基因显著增加（与T3期间266DEG和389DEG相比，上调分别为T2和T0）。在T1和T之间检测到40个差异表达基因2个周期，T2和T3之间为296。功能注释显示，运动中上调的最丰富基因参与调节细胞周期的途径（PI3K-Akt信号传导途径）、细胞通讯（依赖cAMP的途径）、增殖、分化和凋亡以及免疫过程（Jak -STAT信号通路）。有研究调查了训练是否会导致马血中永久性转录组变化，以反映对条件的适应和维持参加平地竞赛的适应性。确定了阿拉伯马长期运动过程中维持体内稳态必不可少的分子通路和基因。选定的DEG应作进一步调查，以作为可能与阿拉伯马匹比赛成绩相关的标志[24]。

# 五、转录组学在马的繁殖研究上的应用

应用一：转录组分析显示冷冻保存的精子受精会下调与马早期胚胎发育相关的基因

用冷冻保存的精子进行人工授精是许多物种的主要辅助生殖技术，在马匹中，与在人类一样，用冷冻保存的精子进行授精的妊娠率要比新鲜精子低，但是在很大程度上没有研究精子冷冻保存对所得胚胎发育的直接影响。这项研究的目的是调查新鲜或冷冻精子受精导致的胚胎之间基因表达的差异。排卵后第8天、第10天或第12天从连续授精的母猪受精后排卵中获得同一个公马的新鲜精子或冻融精子的连续周期的胚胎，每天提供匹配的胚胎对。每天从两个匹配对（4个胚胎）中分离RNA，建立cDNA文库并测序。使用以下方法确定每千碱基百万转录本（TPM）的显著差异：（1）处理之间的表达差异高于随机情况下表达差异的99%（$P < 0.01$）；（2）折叠倍数的基因变化≥2，以避免选择候选基因时表达偏倚。使用DAVID网络服务器探索分子途径，然后使用STRING进行网络分析，阳性相互作用的阈值为0.700。冷冻融化的精子获得的胚胎的转录谱与全天从新鲜精子获得的胚的转录谱显著不同，显示出与氧化磷酸化、DNA结合、DNA复制和免疫反应有关的生物途径中涉及的基因的显著下调。许多表达降低的基因是已知在小鼠中具有胚胎致死性的基因的直系同源基因。这项研究首次提供了任何物种中冷冻保存的精子受精后胚胎中转录改变的证据。由于精子冷冻保存常用于包括人类在内的许多物种，因此这种干预对最终胚胎中发育重要基因表达的影响值得关注[29]。

应用二：组织结构改变马诱导的滋养外胚层细胞的基因表达

在哺乳动物胚泡的早期形成过程中，发生了快速的形态和基因表达变化。成功保留胚泡和妊娠的关键是一个功能性滋养层（TE），它为发育中的胚胎提供旁分泌因子和激素。在马诱导的滋养层细胞（iTr）中研究了TE构象变化对基因表达的贡献。将马iTr细胞培养为单层或悬浮液以形成球体。这些球体是中空的，在结构上让人联想到天然的马胚泡。从iTr单分子膜和球体中提取总RNA，并通过RNA测序进行分析。对于球体和单层，分别分析了平均3220万个和3100万个对齐读取。44个基因是单分子膜特有的，45个基因仅在球体中表达。构象不影响天然TE核心基因网络*CDX2*、*POU5F1*、*TEAD4*、*ETS2*、*ELF3*、*GATA2*或*TFAP2A*的表达。生物信息学分析用于确定因组织形状变化而差异表达的基因类别。在iTr球体和单层中，大多数差异表达基因与细胞、发育和代谢过程中的结合活性有关。蛋白质固有的相互作用：在iTr细胞中发现了几个受体-配体家族，富含编码PI3激酶和MAPK信号中间产物的基因。有研究的结果为配体启动的激酶信号通路提供了证据，该通路是早期滋养外胚层结构变化的基础[30]。

应用三：牛、猪和马子宫内膜植入前的转录组分析

在各种哺乳动物群体中发展出不同的生殖策略，以实现对怀孕的认可、确立和维持。这些过程的复杂性反映在许多哺乳动物物种在此关键时期内胚胎丢失的发生率很高。除了在小鼠和人类中进行的研究以外，在牛、猪和马的植入前阶段还进行了许多子宫内膜组织样品以及早期胚胎的转录组研究，以鉴定与胚胎-母体相互作用相关的基因。审查并比较了这些研究的结果。来自不同物种的数据集的比较表明，干扰素在确定妊娠中具有一般作用。除了基因表达中许多物种特有的变化外，这可能反映了不同的妊娠识别信号和胚胎植入的机制，发现许多物种间转录组的变化是相似的。这些基因在哺乳动物怀孕期间可能具有保守作用，并反映了哺乳动物繁殖的基本原理。讨论了相关性和策略，还讨论了基因表达数据的跨物种比较的挑战[31]。

# 六、转录组学在马的血液研究上的应用

应用一：RNA测序揭示了马和牛外周血中网状细胞衍生的球蛋白基因转录本的极低水平

RNA-seq已成为一种重要技术，用于测量从人类和其他脊椎动物物种收集的外周血样品中的基因表达。特别地，全血的转录组学分析可用于研究免疫生物学和开发传染病的新生物标记。但是，在许多哺乳动物中，这些方法的障碍是大量存在网状细胞衍生的球蛋白mRNA，这会使RNA-seq文库测序复杂化，并阻碍其他mRNA转录物的检测。因此，已经开发出了一系列针对珠蛋白转录本的有针对性的补充程序以减轻该问题。在这里，使用人、猪、马、牛外周血，以系统地评估球蛋白的mRNA对牛和马全血常规转录组谱分析的影响。这些分析的结果表明，从马和牛外周血中分离出的总RNA含有极低水平的球蛋白mRNA转录物，从而消除了对球蛋白消耗的需要，并大大简化了这两种家畜中基于血液的转录组学研究[32]。

应用二：运动前后马外周血白细胞microRNA和mRNA表达的综合分析

运动能力是马的一项宝贵特征，它已被用作马匹的选择标准。尽管运动会影响马的分子稳态和适应能力，但尚未充分描述这些作用的潜在机制。进行这项研究以鉴定运动引起的马白细胞中microRNA（miRNA）和mRNA的血型变化。从运动前后四匹Warmblood马的外周血白细胞中分离出的总RNA分别经过下一代测序（NGS）和微阵列分析，以确定miRNA和mRNA表达谱。运动可改变6种miRNA的表达，其中包括4种已知的miRNA和2种新的miRNA。通过NGS鉴定的差异表达miRNA的预测靶基因与通过微阵列分析确定的运动诱导mRNA匹配。五个基因（来自微阵列分析的LOC100050849、LOC100054517、KHDRBS3、LOC100053996和LOC100062720）与6个miRNA的预测靶基因相匹配。受运动

影响的外周血白细胞中的mRNA和miRNA的子集可能有助于阐明马运动相关生理的分子机制[33]。

# 七、转录组学在马的基因研究上的应用

应用：鉴定马转录组中长非编码*RNA*

解析马基因组中转录序列的努力集中在蛋白质编码RNA上。虽然通过总RNA测序（RNA-seq）检测到基因间区域的转录，但尚未在马中鉴定。基于多个组织RNA序列的最新马转录组是获得并行长非编码RNA（lncRNA）数据库的主要机会。该lncRNA数据库的宽度为8个组织，对选定组织的读取深度超过2000万次，提供了最深度和最广泛的马lncRNA数据库。利用先前发表的马转录组管道中的基因间阅读和三类新基因，通过注释lncRNA候选基因来更好地描述这些组。使用改编自人类lncRNA注释的方法筛选这些lncRNA候选基因，该方法根据注释的蛋白质编码转录本的大小、表达、蛋白质编码能力和到开始或停止的距离来删除转录本。马lncRNA数据库有20800个转录本，表现出lncRNA特有的特征，包括低表达、低外显子多样性和低序列保守性。这些候选lncRNA将作为基线lncRNA注释，并开始描述分配给马基因间空间的RNA序列读取[34]。

# 八、转录组学在马的生理研究上的应用

马生理学是马学的一个主要分支，是研究马机体的各种生命现象，特别是机体各组成部分的功能及实现其功能的内在机制的一门学科。马体格匀称，四肢长，第三趾发达，具蹄，第二、四趾退化，仅余退化的掌骨和跖骨。四肢高度特化，肱骨和股骨很短，桡骨和胫骨很长，尺骨和腓骨均退缩。第三趾发育，掌骨非常长，而趾（指）骨则比较短，单蹄。颊齿高冠；上臼齿釉质层褶曲精细。重型品种体重达1200kg，体高200cm；小型品种体重不到200kg，高仅95cm，所谓袖珍矮马仅高60cm。头面平直而偏长，耳短。四肢长，骨骼坚实，肌腱和韧带发育良好，附有掌枕遗迹的附蝉（俗称夜眼），蹄质坚硬，能在坚硬地面上迅速奔驰。毛色复杂，以骝、栗、青和黑色居多；被毛春、秋季各脱换一次。汗腺发达，有利于调节体温，不畏严寒酷暑，容易适应新环境。胸廓深广，心肺发达，适于奔跑和强烈劳动。食道狭窄，单胃，大肠特别是盲肠异常发达，有助于消化吸收粗饲料。无胆囊，胆管发达。牙齿咀嚼力强，切齿与臼齿之间的空隙称为受衔部，装勒时放衔体，以便驾御。根据牙齿的数量、形状及其磨损程度可判定年龄，听觉和嗅觉敏锐。两眼距离大，视野重叠部分仅有30%，因而对距离判断力差；同时眼的焦距调节力弱，对500m以外的物体只能形成模糊图像，而对近距离物体则能很好地辨别其形状和颜色，并且只有这一种动物可辨别颜色。头颈灵活，两眼可视面达330°～360°。眼底视网膜外层有一层照膜，感光力强，在夜间也能看到周围的物体。马易于调教，通过听、嗅和视等感觉器官，能形成牢固的记忆。平均寿命30～35岁，最长可达60余岁。使役年龄为3～15岁，有的可达20岁。

### 应用一：马（马属）丰富环境的行为和转录指纹

数十年来，环境丰富（EE）的使用日益普及，众所周知，EE可以促进认知功能和幸福感。然而，关于EE如何影响个性和基因表达的了解很少。为了解决家畜中的这个问题，将10个月大的马在受控环境或EE中保持12周。对照马（$n=9$）生活在单独的摊位上，用刨花铺垫。他们每周被单独放牧3次，每天被饲喂3次颗粒或干草。接受EE处理的马匹（$n=10$）每天被放进大棚里的稻草床上，每天7小时，其余时间一起在牧场上度过。每天给它们喂三顿调味的颗粒，干草或水果，每天将它们暴露于各种物体下，气味和音乐。EE修改了人格的三个方面：恐惧，对人的反应性和感觉敏感性。这些变化中的一些在治疗后>3个月持续存在。这些变化表明在接受EE治疗的马匹中对环境的看法更加积极，并且好奇心更高，这部分解释了为什么这些马匹在"通过/不通过"任务中表现出更好的学习表现。压力指标的表达减少表明EE也改善了幸福感。最后，全血转录组学分析表明，除了对皮质醇水平有影响外，EE还诱导了与细胞生长和增殖有关的基因表达，而对照处理则激活了与凋亡相关的基因。行为和基因表达的变化都可能构成致富效应的心理生物学特征，并导致幸福感提高。这项研究说明了环境如何与遗传信息相互作用，从而在行为和分子水平上塑造个体[35]。

### 应用二：驯化物种的转录组分析：挑战和对策

驯化物种由于其经济和文化价值而在人类世界中占有特殊的地位。在基因组研究时代，驯化物种为疾病和复杂表型的研究提供了独特的优势。RNA测序或RNA-seq最近作为一种研究整个基因组转录活性的新方法出现，从而将重点从单个基因转移到了基因网络。驯化物种中的RNA-seq分析可以补充具有经济重要性或与生物医学研究直接相关的复杂性状的全基因组关联研究。但是，与模型生物相比，驯化物种中的RNA-seq研究更具挑战性。这些挑战至少部分与某些驯化物种缺乏优质的基因组组装以及其他物种缺乏基因组组装有关。在本综述讨论了分析RNA序列数据的策略，特别是针对与驯化物种有关的问题和实例[36]。

# 第四节　马的甲基化学研究

## 一、甲基化在马品种研究上的应用

随着下一代测序技术的出现，DNA甲基化的全基因组图谱现已提供。纯种马是为了比赛而繁殖，而济州马是传统的韩国马，是为了比赛或食物而繁殖。马器官的甲基化谱可提供其运动特征的基因组线索，并且已经开发了一个数据库，以阐明纯血马和济州马的大脑、肺、心脏和骨骼肌的全基因组DNA甲基化模式。使用MeDIP-Seq，该数据库可提供有关两个马品种的组织中超过阈值的显著富集的甲基化区域，特定区域的甲基化密度以及差异甲基化区域（DMR）的信息。它提供了马基因组中784个基因区域的甲基化模式。该数据库可以潜在地帮助研究人员识别这些马种的组织中的DMR，并研究纯种马和济州马种之间的差异[37]。

## 二、甲基化在马起源的应用

濒临灭绝的普氏野马是家养马的近亲，也是现存的唯一真正的野马品种。普泽瓦尔斯基的马是否是家马的直接祖先，这一问题一直备受争议。普泽瓦尔斯基的马体内的DNA多样性研究很少，但迫切需要确保它们能成功地回归野外。为了解决普氏马的系统发育位置和遗传多样性的争议，使用大规模并行测序技术来破译普氏马所有四个幸存母系的完整线粒体和部分核基因组。不像单核苷酸多态性（SNP）分型通常受到确定偏差的影响，目前的方法被期望在很大程度上是无偏倚的。三种线粒体单倍型被发现两种是相似的，单倍型I/II，和另两种截然不同的，单倍型III。单倍型I/II与III在系统发育树上没有聚在一起，排斥了普氏马母系的单系，估计分裂了0.117~0.186Ma，显著早于马的驯化。在基于常染色体序列的系统发育中，普氏马形成了一个单系的分支，与纯种家马谱系分离。研究结果表明，普氏马的起源很古老，并不是家马的直接祖先。对大量序列数据的分析表明，普氏马和家马谱系的差异至少为0.117Ma，但此后保留了祖先的遗传多态性和/或经历了基因流动。通过使用大规模并行测序技术，证明了普泽瓦尔斯基的马不是家马的直接祖先[38]。

## 三、甲基化在马年龄的应用

在盎格鲁–阿拉伯（Anglo-Arabian）和Hucul马的血液白细胞样本中确定了RNASEL基因的三个CpG岛的甲基化分布。亚硫酸氢盐测序揭示了*RNASEL*启动子的低甲基化状态，与该基因内部的甲基化CpG岛重合。鉴定出几个CpG位点，其甲基化状态受DNA多态性影响。其中两个显示单等位基因甲基化，CpG站点之一显示功能多态性。在*RNASEL*的启动子区域观察到许多部分甲基化的CpG位点，这些位点用于比较与品种和年龄相关的效应。从AA和HC品种的特定个体收集的不同年龄的白血球样品的亚硫酸氢盐的克隆测序，以及对50个少年和老AA和HC马样品的BSPCR测序显示，衰老过程中特定CpG位点的甲基化增加。假设白细胞的年龄相关异质性是观察到的RNASEL启动子中甲基化分布变异性的潜在原因之一[39]。

# 第五节　马的代谢组学研究

## 一、代谢组在马的心率变异性的应用

气候和食物供应季节性变化的生态系统给居住的哺乳动物带来了生理上的挑战，并可能引起"压力"。对应激源的两个主要生理反应是下丘脑–垂体–肾上腺轴的激活和自主神经系统的调节。迄今为止，野生动物和动物园动物研究中"压力"的主要指标是糖皮质激素水平。通过测量心脏活动的自主调节，特别是迷走神经张力，心率变异性（HRV）目前正在成为农场和家畜研究中"压力"的合适指标。目的是利用一种新的野生动物研究方法HRV来评估一组自由放养的普氏野马（equs ferus przewalskii）的"应激"季节模式。对匈牙利霍托巴基国家公园内一个后宫的6匹怀孕的普氏马进行研究。有研究使用了一个专门的遥测系统，包括皮下植入的发射器和项圈中的接收器和存储单元，来记录HRV、心率（HR）、皮下体温和一年研究期间的活动情况收集。把"压力"定义为副交感神经系统的减少音调和计算的RMSSD（连续差异的均方根）作为HRV的测量。统计分析采用随机截距的线性混合效应模型。HRV和HR全年变化较大。与温带反刍动物和冬眠哺乳动物相似，普热瓦尔斯基的马在冬季经历了较低的心率和心率变异性，此时资源有限，表明新陈代谢率下降，并伴有"压力"，我们观察到HRV下降，同时HR出现峰值[40]。

# 参考文献

1. Schubert M, Jonsson H, Chang D, et al. Prehistoric genomes reveal the genetic foundation and cost of horse domestication[J]. Proc Natl Acad Sci U S A, 2014,111(52): E5661-9.

2. Srikanth K, Kim N Y, Park W, et al. Comprehensive genome and transcriptome analyses reveal genetic relationship, selection signature, and transcriptome landscape of small-sized Korean native Jeju horse[J]. Sci Rep, 2019, 9(1): 16672.

3. Li B, He X, Zhao Y, et al. Regulatory pathway analysis of coat color genes in Mongolian horses. Hereditas, 2018,155: 13.

4. Bishop R P, Kappmeyer L S, Onzere C K, et al. Equid infective Theileria cluster in distinct 18S rRNA gene clades comprising multiple taxa with unusually broad mammalian host ranges[J]. Parasit Vectors, 2020, 13(1): 261.

5. Yoon S H, Lee W, Ahn H, et al. Origin and spread of Thoroughbred racehorses inferred from complete mitochondrial genome sequences: Phylogenomic and Bayesian coalescent perspectives[J]. PLoS One, 2018,13(9): e0203917.

6. Ropka-Molik K, Stefaniuk-Szmukier M, Musial A D, et al. The Genetics of Racing Performance in Arabian Horses[J]. Int J Genomics, 2019, 2019: 9013239.

7. Stefaniuk-Szmukier M, Ropka-Molik K, Piorkowska K, et al. The expression profile of genes involved in osteoclastogenesis detected in whole blood of Arabian horses during 3years of competing at race track[J]. Res Vet Sci, 2019, 123: 59-64.

8. Ning T, Ling Y, Hu S, et al. Local origin or external input: modern horse origin in East Asia[J]. BMC Evol Biol, 2019,19(1): 217.

9. Cieslak M, Pruvost M, Benecke N, et al. Origin and history of mitochondrial DNA lineages in domestic horses[J]. PLoS One, 2010,5(12): e15311.

10. Achilli A, Olivieri A, Soares P, et al. Mitochondrial genomes from modern horses reveal the major haplogroups that underwent domestication[J]. Proc Natl Acad Sci U S A, 2012,109(7): 2449-2454.

11. Wutke S, Sandoval-Castellanos E, Benecke N, et al. Decline of genetic diversity in ancient domestic stallions in Europe[J]. Sci Adv, 2018,4(4): eaap9691.

12. Liu S, Fu C, Yang Y, et al. Current genetic conservation of Chinese indigenous horses revealed with Y-chromosomal and mitochondrial DNA polymorphisms[J]. G3 (Bethesda), 2021,11(2):jkab008.

13. Santagostino M, Piras F M, Cappelletti E, et al. Insertion of Telomeric Repeats in the Human and Horse Genomes: An Evolutionary Perspective[J]. Int J Mol Sci, 2020,21(8):2838.

14. Cerutti F, Gamba R, Mazzagatti A, et al. The major horse satellite DNA family is associated with centromere competence[J]. Mol Cytogenet, 2016,9: 35.

15. Bertolini F, Scimone C, Geraci C, et al. Next Generation Semiconductor Based Sequencing

of the Donkey (Equus asinus) Genome Provided Comparative Sequence Data against the Horse Genome and a Few Millions of Single Nucleotide Polymorphisms[J]. PLoS One, 2015,10(7): e0131925.

16. Gim J A, Hong C P, Kim D S, et al. Genome-wide analysis of DNA methylation before-and after exercise in the thoroughbred horse with MeDIP-Seq[J]. Mol Cells, 2015,38(3): 210-20.

17. Orlando L.Ancient Genomes Reveal Unexpected Horse Domestication and Management Dynamics[J]. Bioessays, 2020,42(1): e1900164.

18. Librado P, Orlando L. Genomics and the Evolutionary History of Equids[J]. Annu Rev Anim Biosci, 2021,9: 81-101.

19. Zhang T, Lu H, Chen C, et al. Genetic Diversity of mtDNA D-loop and Maternal Origin of Three Chinese Native Horse Breeds[J]. Asian-Australas J Anim Sci, 2012,25(7): 921-6.

20. Al Abri M A, Holl H M, Kalla S E, et al. Whole genome detection of sequence and structural polymorphism in six diverse horses[J]. PLoS One, 2020,15(4): e0230899.

21. Seong H S, Kim N Y, Kim D C, et al. Whole genome sequencing analysis of horse populations inhabiting the Korean Peninsula and Przewalski's horse[J]. Genes Genomics, 2019,41(6): 621-628.

22. Lee J R, Hong C P , Moon J W, et al. Genome-wide analysis of DNA methylation patterns in horse[J]. BMC Genomics, 2014,15: 598.

23. Ropka-Molik, Stefaniuk-S zmukier K M, Z U K, et al. Exercise-induced modification of the skeletal muscle transcriptome in Arabian horses[J]. Physiol Genomics, 2017, 49(6): 318-326.

24. Ropka-Molik K, Stefaniuk-Szmukier M, Zukowski K, et al. Transcriptome profiling of Arabian horse blood during training regimens[J]. BMC Genet, 2017, 18(1): 31.

25. Kuemmerle J M, Theiss F, Okoniewski M J, et al. Identification of Novel Equine (Equus caballus) Tendon Markers Using RNA Sequencing[J]. Genes (Basel), 2016,7(11):97.

26. Stefaniuk M, Ropka-Molik K. RNA sequencing as a powerful tool in searching for genes influencing health and performance traits of horses[J]. J Appl Genet, 2016, 57(2): 199-206.

27. Tallmadge R L, Wang M, Sun Q, et al. Transcriptome analysis of immune genes in peripheral blood mononuclear cells of young foals and adult horses[J]. PLoS One, 2018, 13(9): e0202646.

28. Semik E, Gurgul A, Zabek T, et al. Transcriptome analysis of equine sarcoids[J]. Vet Comp Oncol, 2017,15(4): 1370-1381.

29. Ortiz-Rodriguez J M, Ortega-Ferrusola C, Gil M C, et al. Transcriptome analysis reveals that fertilization with cryopreserved sperm downregulates genes relevant for early embryo development in the horse[J]. PLoS One, 2019,14(6): e0213420.

30. Reinholt B M, Bradley J S, Jacobs R D, et al. Tissue organization alters gene expression in equine induced trophectoderm cells[J]. Gen Comp Endocrinol, 2017,247: 174-182.

31. Bauersachs S, Wolf E, Transcriptome analyses of bovine, porcine and equine endometrium during the pre-implantation phase. Anim Reprod Sci, 2012,134(1-2): 84-94.

32. Correia C N, McLoughlin K E, Nalpas N C, et al. RNA Sequencing (RNA-Seq) Reveals

Extremely Low Levels of Reticulocyte-Derived Globin Gene Transcripts in Peripheral Blood From Horses (Equus caballus) and Cattle (Bos taurus) [J]. Front Genet, 2018,9: 278.

33. Kim H A, Kim M C, Kim N Y, et al. Integrated analysis of microRNA and mRNA expressions in peripheral blood leukocytes of Warmblood horses before and after exercise[J]. J Vet Sci, 2018,19(1): 99-106.

34. Scott E Y, Mansour T, Bellone R R, et al. Identification of long non-coding RNA in the horse transcriptome[J]. BMC Genomics, 2017, 18(1): 511.

35. Lansade L, Valenchon M, Foury A, et al. Behavioral and Transcriptomic Fingerprints of an Enriched Environment in Horses (Equus caballus) [J]. PLoS One, 2014,9(12): e114384.

36. Hekman J P, Johnson J L, Kukekova A V. Transcriptome Analysis in Domesticated Species: Challenges and Strategies[J]. Bioinform Biol Insights, 2015,9(Suppl 4): 21-31.

37. Gim J A, Lee S, Kim D S, et al. HEpD: a database describing epigenetic differences between Thoroughbred and Jeju horses[J]. Gene, 2015,560(1): 83-88.

38. Goto H,Ryder O A, Fisher A R, et al. A massively parallel sequencing approach uncovers ancient origins and high genetic variability of endangered Przewalski's horses[J]. Genome Biol Evol, 2011, 3: 1096-1106.

39. Zabek T, Semik E, Szmatola T, et al. Age-related methylation profiles of equine blood leukocytes in the RNASEL locus[J]. J Appl Genet, 2016,57(3): 383-388.

40. Pohlin F, Brabender K, Fluch G, et al. Seasonal Variations in Heart Rate Variability as an Indicator of Stress in Free-Ranging Pregnant Przewalski's Horses (E. ferus przewalskii) within the Hortobagy National Park in Hungary[J]. Front Physiol, 2017, 8: 664.

# 第六章

## 兔子生物信息学研究

# 第一节　重要经济价值和地位

　　兔（Rabbit）是哺乳类兔形目兔科下属所有属的总称。在生物学分类中属于动物界脊索动物门脊椎动物亚门哺乳纲兔形目。兔具有管状长耳（耳长大于耳宽数倍）、簇状短尾和比前肢长的后腿。兔共有9属43种。以亚洲东部、南部、非洲和北美洲种类最多，少数种类分布于欧洲和南美洲。兔子可见于陆栖，多见于荒漠、荒漠化草原、热带疏林、干草原和森林或树林。

　　从体型上分类，可分为大型兔、中型兔和小型兔，大型兔的体重大约在5~8kg左右（也有少数超过8kg），中型兔的体重大约在2~4kg左右，小型兔的体重大约在2kg以下。一般来说，兔的躯体可分为头颈部、躯干部、四肢和尾等四部分。体表被毛，有保温作用，毛色大多是白色、黑色、灰色、灰白色、灰褐色、黄灰色、浅土黄、还有夹花的。兔的牙齿门齿适于切断食物，白齿适于磨碎食物。兔子的尾巴短而毛茸茸，会团起来，像一个球。兔子的运动方式多为跳跃，由于兔子的前肢比后肢要短，有利于跳跃。兔的头部较长，可分为颜面区（眼以前）和脑，头颈部颅区（眼以后），颜面区约占头部全长的2/3。兔子的口较短，有上、下唇，其中上唇有纵裂（又称豁嘴），门齿外露，口边有触须，上唇中间分裂，是典型的三瓣嘴。兔子除了有两颗向外突出的大门牙，共有28颗牙齿。兔的鼻孔较大，呈椭圆形，内缘与上唇纵裂相连。

　　兔的眼球呈圆形，单眼视角180°，所以兔用单眼看东西。兔的品种不同、毛色不同，其眼的颜色也不同。兔子的眼睛有红色、蓝色、黑色、灰色等各种颜色，也有的兔子左右两只眼睛的颜色不一样。因为兔子是夜行动物，所以它的眼睛能大量聚光，即使在微暗处也能看到东西。另外，由于兔子的眼睛长在脸的两侧，因此它的视野宽阔，对自己周围的东西看得很清楚。不过，它不能辨别立体的东西，对近在眼前的东西也看不清楚。兔子眼睛的颜色与它们的皮毛颜色有关系，黑兔子的眼睛在灯光下是黑色的，灰兔子的眼睛是灰色的，白兔子的眼睛红色的。白兔眼睛里的血丝（毛细血管）反射了外界光线，透明的眼睛就显出红色。兔子眼睛的颜色与它们的皮毛颜色有关系。兔的耳朵长而大，甚至可超过头的长度；也有部分品种兔的耳朵较小、呈下垂状。兔耳朵的形状、长度和厚薄也能反映品种的特点。

　　兔是一种胆小的动物，突然的喧闹声、生人和陌生动物，如猫狗等都会使它惊慌失措。在饲养管理中，应尽量避免引起兔子惊慌的声响，同时要禁止陌生人和猫狗等进入兔舍。家兔的听觉锐敏，嗅觉敏感，但它胆小怕惊而善跑，当有突然响动就会马上戒备或迅速逃跑，对突然的喧闹或嗅、视到陌生人、狗、猫、蛇、鼠、虫等出现，都会惊慌不已，会发出响亮的嘭嘭（啪啪）跺脚（顿足）、奔跑和撞笼，以求潜逃躲避敌害。

　　兔子的家一般有很多洞（狡兔三窟），以此躲避敌害，在冬季它们沿着自己的脚印返回。兔子喜食草，一般家庭饲养的兔子要注意食物的提供，因为幼兔没有饱感。不建议给幼兔饲喂蔬菜，因为易得肠炎，成年后可适当提供。兔子分幼兔和成兔，都是早晚喂食，每天2次。如需更换饲喂食物，需要慢慢过渡，不可直接更换，防止引起兔子出现不适。幼兔是1~6个月的兔子，成兔是6个月以上的兔子。兔子的雄雌很难区分，初生仔兔的性别，一般可通过观察阴部生殖孔形状及与肛门间的距离进行识别，一般孔洞呈扁形且略大，与肛门间距较近者为母兔；孔洞呈圆形且略小，与肛门间距较远者为公兔。

# 第二节　兔子基因组学研究

基因组注释（Genome annotation）是利用生物信息学方法和工具，对基因组所有基因的生物学功能进行高通量注释，是当前功能基因组学研究的一个热点。基因组注释的研究内容包括基因识别和基因功能注释两个方面。基因识别的核心是确定全基因组序列中所有基因的确切位置。从基因组序列预测新基因，现阶段主要是3种方法的结合：（1）分析mRNA 和EST数据以直接得到结果；（2）通过相似性比对从已知基因和蛋白质序列得到间接证据；（3）基于各种统计模型和算法从头预测。对预测出的基因进行高通量功能注释，可以借助于以下方法利用已知功能基因的注释信息为新基因注释：序列数据库相似性搜索、序列模体（Motif）搜索、直系同源序列聚类分析（Cluster of orthologousgroup，COG）。随着微生物全基因组序列测定速率的加快，开发有Web 接口的高效、综合基因组注释系统十分必要。

SNP主要是指在基因组水平上由单个核苷酸的变异所引起的DNA序列多态性。它是人类可遗传的变异中最常见的一种，占所有已知多态性的90%以上。SNP在人类基因组中广泛存在，平均每500~1000个碱基对中就有1个，估计其总数可达300万个甚至更多。全称Single Nucleotide Polymorphisms，是指在基因组上单个核苷酸的变异，包括转换、颠换、缺失和插入，形成的遗传标记，其数量很多，多态性丰富。从理论上来看，每一个SNP 位点都可以有4 种不同的变异形式，但实际上发生的只有两种，即转换和颠换，二者之比为1：2。SNP在CG序列上出现最为频繁，而且多是C转换为T，原因是CG中的胞嘧啶常被甲基化，而后自发地脱氨成为胸腺嘧啶。一般而言，SNP是指变异频率大于1%的单核苷酸变异。

# 一、兔子的进化与选择概述及应用

目前普遍认为所有的家兔品种均是从欧洲野生穴兔驯化而来的，然而有关野生穴兔史前自然分布状态知道得很少，最古老记载可追溯到公元前1100年，当时的腓尼基人向北非和南欧推进，到达西班牙半岛，意外发现在当地栖息着一种野生穴兔。以后，穴兔逐渐从西班牙散布到南欧和北非。直到公元前2世纪，希腊史学家波力比阿称这种善于挖洞穴的野生穴兔为"挖坑道的能手"，这就是"穴兔"名称的由来。

但真正的野兔驯化则是从16世纪开始，由法国修道院修士们完成的。因为天主教规定，在复活节前40天"封斋节"期间，修士们必须守斋，在斋节期间，不得吃肉，但允许吃兔胎和初生仔兔，这就鼓励了为获得兔胎或初生仔兔的各种努力与尝试。修士们原先依靠捕捉孕兔产仔来获得这种美味佳肴。后来，为了斋节期间获得兔胎和初生仔兔，就在小的围栏中饲养较多数量的兔，通过逐渐改进，使兔在兔笼中饲养和繁殖，从而大大促进了野生穴兔的驯化，大约持续了几个世纪，兔的家养和驯化才得以完成。

随着野生穴兔的驯养成功，加上兔本身具有的高繁殖力，使得家兔在一定时期内数量快速增长，无论是作为家养动物还是宠物，数量的增加也促进了育种工作的开展。在16世纪初出现和记载了几个家兔品种。当时的家兔育种工作遍及法国、意大利、弗朗德地区和英国。当时英国已从肉用、皮用等经济性状出发，对兔进行选育。到1700年以前，法国、比利时、德国、英国、荷兰等国欧洲养兔中心的养兔行家们，利用毛色突变，已育成了白色、淡蓝、灰色、褐色、荷兰班兔、非刺鼠毛型和黄色等6个突变种，为毛皮市场增加了新的品种。这批早期的养兔行家，在其育种实践中，积累了不少毛色遗传的知识，在1700—1850年间，又育成了英国兔、喜马拉雅兔和安哥拉长毛兔。

自19世纪开始，在西欧城郊的农村中普遍采用了笼养方法，使欧洲的养兔业有了很大的发展。随着兔肉、兔皮、兔毛等兔产品市场的拓展，规模较大的专业性兔场相继出现。据记载，1800年左右在伦敦附近，即有饲养皮肉兼用型种兔的大型兔场。在1850—1900年，利用基因突变又育成杂色、钢灰色和棕黄色等3种不同毛色的兔品种。至于兔毛生产，直到19世纪末，安哥拉兔才在手工纺织兴旺的法国诺曼地区发展起来。随着欧洲的移民，家兔被带到了一些新的国家和地区，1532—1554年荷兰人把兔带到日本在明治四年到六年（1872—1874年）是从欧洲输入种兔的狂热时代。1859年，欧洲移民把兔带到澳大利亚，以后又引入到新西兰和美洲等地。

随着养兔爱好者的增多，世界各地纷纷成立不同规模的兔种协会和育种协会，有力地促进了家兔的育种工作，并随之建立了详细的品种标准和严格的品种鉴定程序。例如，美国家兔育种者协会是世界上最大的养兔爱好者协会，它有自己的章程、固定的办公地点和办事人员，现在的注册人数有24000多人，每年举办一次全国性的养兔大会进行各个品种的现场比赛。美国养兔者协会还下属47个各品种分会，不同的品种、不同的地区、不同的季节也都有各自的不同规模的品种比赛和交流。

应用一：揭示兔子驯化过程中表型变化的多基因基础

野生物种从进化到驯服会导致动物的行为、形态、生理和繁殖发生一系列的变化，但对动物驯化最初阶段的遗传变化仍知之甚少。因此，揭示兔子表型变化的多基因基础，对兔子的驯化过程会有更加深刻的了解。

为了更好地研究兔子的驯化，研究人员利用高质量的兔子参考基因组，并将其与来自野生和家养兔子群体的重新测序数据进行了比较，鉴定了100多个针对家养兔子的选择性扫描，但衍生等位基因的固定（或几乎固定）单核苷酸多态性（SNPs）数量相对较少。野生和家养兔子之间具有显著等位基因频率差异的SNP因保守的非编码位点而丰富。富集分析表明，在驯化过程中，影响大脑和神经元发育的基因常常成为靶标。研究认为，由于一个真正复杂的遗传背景，兔子和其他家畜的驯化是由许多基因座上的等位基因频率变化而演变而来的，而不是仅由少数驯化基因座上的关键变化。研究结果发现，在兔子驯化过程中，许多影响大脑和神经元发育的基因都已被锁定，这与动物驯化初期最关键的表型变化可能涉及行为特征的观点是完全一致的，这些行为特征使动物能够容忍人类和人类提供的环境。

根据这些观察，由于缺乏特定的固定驯化动物基因，没有单一的遗传变化是必要的或充分的驯化，导致复杂的遗传背景的抑制行为。国内动物进化的许多突变的影响小，而不是仅仅在少数驯化位点发生关键变化[1]。

## 应用二：多巴胺信号传导和睫状体功能的变化将有助于兔子的驯化

对于家畜来说，从野生动物到家养动物经历了上万年的时间，而驯化是其中必不可少的一环，而且驯化是生物体适应与人类紧密生活的进化过程，伴随着明显的形态、生理和行为变化。驯化是通过减少动物的攻击性和增加其对人类的耐受性来实现的，但对于促进适应圈养的最初基因变化知之甚少。

研究表明，野生和家养兔子之间具有显著等位基因频率差异，而这些序列多富集在神经系统发育相关基因附近的保守非编码区。这表明，在驯化过程中，大部分遗传变化可能会影响基因调控。在这里，研究人员生成了出生时取样的四个大脑区域（杏仁核、下丘脑、海马和顶叶/颞叶皮质）的RNA测序数据，并揭示了野生和家养兔子之间数百个差异表达基因（DEG）。杏仁核中的DEG显著富集了与多巴胺能功能相关的基因，该类别中的所有12个DEG在家养兔子中都有较高的表达。海马中的DEG富含与睫状体功能相关的基因，这类基因中的21个在家养兔子中的表达均较低。家养和野生兔子之间的基因差异在大脑发育过程中表达的基因附近尤为常见。

有的研究比较了野生和家养兔子大脑四个区域的基因表达，发现了数百个基因在这两种兔子之间的表达水平存在统计上的显著差异。这些结果表明，在兔驯化过程中，多巴胺信号和睫状体功能在驯化进化中起着重要作用[2]。

## 应用三：基因组中的反转录转座子进化谱

虽然兔子的基因组已经被注释，但它的可动体在很大程度上仍然未知。在这里，使用多条管道重新挖掘和注释兔子体内的移动体。根据序列同源性、结构组织和系统发育树，在兔子体内定义了LINE1s的4个家族和19个亚科，SINEs的2个家族和9个亚科，以及12个ERV家族。插入年龄和聚合酶链反应分析表明，许多家庭非常年轻，可能仍然活跃，如L1B、L1D、OcuSINEA和OcuERV1。RepeatMasker注释揭示了基因组内一个独特的转座因子景观，约有200万个SINE拷贝，占基因组的最大比例（19.61%），其次是品系（15.44%）和LTR（4.11%），与大多数其他哺乳动物的移动体有很大不同，除了刺猬和树鼩，其中品系所占比例最高。此外，最年轻的亚家族（OcuSINEA1）的插入多态性发生率非常高（>85%）。大多数逆转录转座子插入与蛋白质编码区（>80%）和lncRNA（90%）基因重叠。反转录转座子的基因组分布存在偏差，直接上游（−1kb）和下游（1kb）的基因显著缺失。50kb寡妇的局部GC含量与品系（rs=−0.996）和LTR（rs=−0.829）插入显著负相关。目前的研究揭示了兔子体内独特的活动体景观，这将有助于阐明蜥蜴类，甚至其他哺乳动物基因组的进化[3]。

# 二、遗传多样性与种群结构概述及应用

遗传多样性一般是指种内的遗传多样性，即种内个体之间或一个群体内不同个体的遗传变异总和。种内的多样性是物种以上各水平多样性的最重要来源。由于选择、遗传漂变、基因流动或非随机交配等生物进化相关因子的作用而导致物种内不同隔离群体，或半隔离群体之间等位基因频率变化的积累所造成的群体间遗传结构多样性的现象。可以表现在多个层次上，如分子、细胞、个体等。

物种或居群的遗传多样性大小是长期进化的产物，是其生存适应和发展进化的前提。对遗传多样性的研究可以揭示物种或居群的进化历史（起源的时间、地点、方式），也能为进一步分析其进化潜力和未来的命运提供重要的资料，尤其有助于稀有或濒危物种原因及过程的探讨。对遗传多样性的研究无疑有助于人们更清楚地认识生物多样性的起源和进化，尤其能加深人们对微观进化的认识，对动植物的分类进化研究提供有益的资料，进而为动植物育种和遗传改良奠定基础。

在自然界中，对于绝大多数有性生殖的物种而言，种群内的个体之间往往没有完全一致的基因型，而种群就是由这些具有不同遗传结构的多个个体组成的。遗传多样性与种群结构的相关应用可总结归纳为以下几个方面。

## 应用一：沿农村到城市梯度的欧洲兔群体遗传学

欧洲兔（Oryctolagus cuniculus）在欧洲大部分地区正在下降，但德国一些城市的种群至今未受到这种下降的影响。问题是，城市化如何影响德国兔子种群的遗传变异和分化模式，因为城市栖息地碎片化可能导致元种群动态的改变。为了解决这个问题，有研究使用微卫星标记对发生在德国法兰克福市及其周围的城乡梯度上的兔子种群进行基因分型，发现城市化对等位基因丰富度没有影响。然而，在城市人口中观察到的杂合度显著高于农村人口，近亲繁殖系数也较低，这很可能反映了人口规模较小，并且在结构贫困的农村地区可能正在丧失遗传多样性。全球FST和GST值表明人口之间存在中度但显著的差异。随机化多元矩阵回归将这种差异归因于环境隔离，而不是距离隔离。对移民率的分析表明，非对称的基因流从农村人口流向城市人口的比例高于农村人口流向城市人口的比例，这可能再次反映出农村地区农业用地做法的强化。讨论居住在城市地区的种群可能在欧洲兔子未来的分布中发挥重要作用[4]。

## 应用二：中国本土兔基因组资源的分析

中国本土兔具有明显的抗粗、抗应激、环境适应性等特点，对我国养兔业的可持续发展具有重要意义。因此，有必要研究该物种的遗传多样性和种群结构和开发基因组资源。

有的研究使用限制性位点相关DNA测序（RAD-seq）从6个中国本地兔品种和2个进口兔品种中获得1006496个SNP标记。九夷山和福建黄兔表现出最高的核苷酸多样性（$\pi$）和连锁不平衡衰退（LD），以及较高的观察杂合度（Ho）和期望杂合度（He），这表明其遗传多样性高于其他兔。新西兰兔和比利时兔的近交系数（FIS）高于其他兔。邻接（NJ）树、主成分分析（PCA）以及常染色体和Y染色体的群体结构分析表明，比利时、新西兰、万载、四川白兔和闽西南黑兔分别聚集在一起，福建黄兔、云南艳兔和九义山兔聚在一起。万载兔与其他种群明显分离（$K=3$）与群体分化指数（FST）分析结果一致。以四川白兔和新西兰兔为参考群体，民心南黑兔和万载兔为目标群体，通过选择特征分析分别获得了408个、454个、418个和518个具有选择特征的基因。GO和KEGG富集分析结果表明，在所有四组选择标记分析中，具有选择标记的基因在黑素生成途径中富集。

研究首次揭示了中国本土兔品种的遗传学和基因组学，并为进一步有效利用该物种提供了宝贵的资源[5]。

## 应用三：兔子驯化与品种形成过程中失去的遗传多样性

几千年来，人类改变了很多生物的遗传和表型组成，并在此过程中将野生物种加以驯化。从这种密切的联系中，家畜除了具有内在的经济和文化价值外，还成为生物医学和基础研究的重要典范。家兔也不例外，但很少研究调查驯化对其遗传变异性的影响，本试验研究了家兔的遗传结构模式及量化驯化过程中失去的遗传多样性。

研究人员通过利用野生兔子种群的可用性，调查了兔子的驯化历史，并量化了在最初驯化过程以及最近的品种形成过程中丢失的遗传多样性数量。此外，还评估了兔子品种之间的遗传相关性。研究人员对来自16个品种和13个野生地区的471个个体的45个微卫星进行了基因分型，结果表明最初的驯化和随后的品种形成过程（在品种间取平均值）分别导致祖先野生种群和家养兔子的遗传多样性损失约20%。尽管品种多样化后经过的时间很短，但在家养兔子中发现了一个明确的结构，品种间的FST为22%，这些品种在各种性状上表现出巨大的表型多样性。

然而，却未能检测到更深层次的结构，这可能是由于最近驯化的单一地理起源以及品种形成的非分叉过程造成的，这些过程通常来自两个或多个品种之间的杂交。最后研究也发现了与群体结构和选择性原因相关的品种内分层证据，如品系的形成、同一品种内的颜色变体或原产国/育种家[6]。

## 应用四：中国家兔品种的遗传多样性及种群结构

在中国，大约有20个本地和最近进口的兔子品种，它们因其肉、毛皮而被广泛饲养。与本地兔子品种相比，它们在重要经济性状上的生产性能更好，因此进口品种在中国兔子产业中更为普遍。然而，地方品种具有的抗病性和环境适应性较高，这些特点使其对中国兔子产业的可持续发展具有重要意义。但中国本土兔的遗传多样性和种群结构的研究较少，尤其是在全基因组水平上。

四川和福建省有一些著名的中国兔地方品种，但其遗传多样性和种群结构的研究却很少。有的研究中研究人员成功地利用限制性位点相关DNA测序（RAD-seq）方法，全面发现了来自四个中国本土品种的104只兔子的全基因组SNP：30只四川白兔、34只天府黑兔、32只福建黄兔和8只福建黑兔。最初共获得7055440个SNPs，其中113973个高置信SNPs用于研究遗传多样性和群体结构。每个品种的平均多态性信息含量（PIC）和核苷酸多样性（π）略有不同，分别在0.2000～0.2281和0.2678～0.2902。总体而言，福建黄兔的遗传多样性最高，其次是天府黑兔和四川白兔。主成分分析（PCA）表明，这四个品种是明确区分的。

研究结果首先揭示了四川省和福建省这四个兔子品种之间的遗传差异，并为中国本土兔提供了一组高可信度的全基因组SNP，可用于未来的基因连锁和关联分析，也揭示了品种间遗传差异，有助于研究人员更好地建立兔子产业遗传多样性和杂交系统的保护策略[7]。

# 第三节　兔子宏基因组学研究

## 一、兔子亚基因组研究概述及应用

基因组学兴起于20世纪90年代，并取得了飞跃发展，奠定了21世纪生命科学的重要地位。随着人类基因组计划这一伟大科学工程的开启，以及DNA测序技术的高速发展，微生物基因组学的研究也逐渐成为新的研究热点，为揭示病原微生物的致病机制及其规律提供了有效的方法。利用生物技术能够更快更便捷的获得更完整、质量更高的基因组参考序列。基因组研究技术可为动物序列多态性、基因定位、基因编辑、精细育种等提供精准信息。

除基因组RNA外，在病毒颗粒和感染的组织中还存在一个长约2.2kb的亚基因组mRNA（sgRNA），同时编码衣壳蛋白VP60，并且该片段与完整基因组3′端1/3的序列一致，5′端也与VPg蛋白共价结合。亚基因组mRNA（sgRNA）的表达产物也是RHDV的衣壳蛋白VP60，通常称这种RNA分子为亚基因组RNA，这种现象在其它病毒中也存在"。

应用一：不同生长阶段肉兔肠道菌群的动态分布及其与平均日增重的关系

哺乳动物的肠道内拥有丰富多样的微生物群落，肠道微生物群对于宿主的健康、新陈代谢、免疫力和发育均起着至关重要的作用。此外，肠道微生物群会随着许多因素的变化而发生动态变化，包括饮食、年龄、宿主系统发育和肠道形态。平均日增重（ADG）是商业肉兔品种生产性能的重要指标，是肉兔产业的经济效益之一。先前有研究表明，遗传学、营养和疾病可能会影响动物的生产性能。近几年，肠道微生物群在生产性能中的作用越来越受到了关注。据报道，肠道微生物群与产肉动物的ADG密切相关，然而肉兔肠道微生物群与ADG之间的关系尚不清楚。

该研究通过16S rRNA基因测序研究了商业Ira兔肠道微生物群从断奶到育肥期间的动态分布，并确定了与ADG相关的微生物类群和潜在的功能，这不仅突出了肉兔不同生长阶段肠道微生物群落的变化和差异，并揭示了微生物群与平均日增重（ADG）之间的关系。结果表明，肠道菌群的丰富性和多样性随着年龄的增长而显著增加。与断奶兔相比，育肥兔的肠道微生物结构变化较小。优势门厚壁菌门、拟杆菌、疣状菌和蓝细菌门以及15个优势属的相对丰度随年龄变化显著。宏基因组预测分析显示，与单糖和维生素代谢相关的KOs和KEGG通路在断奶兔中富集，而与氨基酸和多糖代谢相关的KOs和KEGG途径在育肥兔中更为丰富，其中发现有34个OTUs、125个KOs和25个KEGG通路与ADG显著相关。OTUs注释表明，丁酸产生菌属于瘤胃球菌科，类杆菌S24-7_组与ADG呈正相关。相反，真杆菌组、Christenesellaceae\u R-7\u组和机会病原菌与ADG呈负相关。与维生素、碱性氨基酸和短链脂肪酸代谢相关的KOs和KEGG途径与ADG呈正相关，而与芳香族氨基酸代谢和免疫反应相关的KOs和KEGG途径与ADG呈负相关。此外，我们的结果表明，10.42%的断奶体重变化可以由肠道微生物群来解释[8]。

应用二：肠道微生物和短链脂肪酸对肉兔体重的影响

了解肠道微生物群和短链脂肪酸（SCFA）如何影响肥育重量，有助于提高肉兔行业的肉类生产。有研究分别使用16S rRNA基因和宏基因组测序分析鉴定了15种OTU和23种与体重相关的微生物。在这些细菌中，瘤胃球菌科的丁酸产生菌与肥育体重呈正相关，而与肠道损伤和炎症相关的微生物类群则表现出相反的作用。此外，首次发现这些微生物类群的相互作用与加工重量有关。肠道微生物功能能力分析表明，半乳糖苷酶、木聚糖酶和葡萄糖苷酶等CAZymes在调节营养物质消化率方面发挥作用，可显著影响肥育重。与几种碳水化合物和氨基酸代谢有关的低聚半乳糖对肥育重也有重要影响。此外，与膜运输系统相关并参与氨基酰基tRNA生物合成和丁酸代谢的KOs和KEGG途径可能是调节肥育重量的关键因素。重要的是，肠道微生物组解释了近11%的加工重量变化，我们的研究结果表明，宏基因组物种的一个子集可以作为加工重量的预测因子。超临界脂肪酸水平，尤其是丁酸水平，对整精量有着至关重要的影响，一些与整精量相关的物种可能是导致丁酸水平变化的原因。因此，我们的结果应该深入了解肠道微生物组和SCFA如何影响肉兔的肥育体重，并为通过控制肠道微生物组来提高肥育体重提供必要的知识[9]。

应用三：宿主品种对肉兔肠道微生物和血清代谢组的影响

肠道微生物组成和功能的变化会影响农场动物的健康和生产性能。分析生物样本中的代谢物可以提供有关影响农场动物健康和生产特性的基本机制的信息。然而，宿主品种对肉兔肠道微生物组和血清代谢组的影响程度仍不清楚。有研究通过16S rRNA基因和宏基因组测序，确定了两种商品兔品种Elco和Ira肠道微生物群的系统发育组成和功能能力的差异。采用超高效液相色谱–四极飞行时间质谱联用技术（UPLC–QTOFMS）检测了两个兔品种血清代谢组的变化。

测序结果显示，研究的两个品种的肠道微生物群存在显著差异，表明宿主品种影响肠道微生物群的结构和多样性。在不同的分类学水平上鉴定了许多与品种相关的微生物，大多数微生物类群属于漆菌科和瘤胃球菌科。特别是，几种产生短链脂肪酸（SCFA）的物种，包括粪球菌、粪便瘤胃球菌、callidus瘤胃球菌和拉克螺科细菌NK4A136，可被视为改善肉兔健康和生产性能的生物标记物。此外，与细菌趋化性、ABC转运体以及不同碳水化合物、氨基酸和脂质代谢相关的肠道微生物功能能力在不同品种的兔子之间差异很大。血清中的几种脂肪酸、氨基酸和有机酸被确定为与品种相关，其中某些代谢物可被视为与肉兔的健康和生产特性相关的生物标记物。品种相关微生物种类和血清代谢产物之间的相关性分析显示出显著的共变异，表明宿主肠道微生物组和血清代谢组之间存在串扰。

有研究深入了解了宿主品种对肉兔肠道微生物组和血清代谢组的影响，并揭示了对肉兔品种改良重要的潜在生物标记物[10]。


# 二、营养概述及应用


动物营养是指动物摄取、消化、吸收、利用饲料中营养物质的全过程，是一系列物理、化学、生理变化过程的总称。营养是动物一切生命活动的基础，整个生命过程都离不开营养。

动物生存和生产需要一定的营养供给来维持，对于不同的动物，在不同的生理状态，不同的生产水平以及不同环境条件下对养分的需求也均不同。动物需要的营养物质可以概括为七大类，即蛋白质、脂肪、碳水化合物、矿物质、维生素、纤维素和水，虽然这些物质在各种饲料中的含量有所不同，但其各具有独特的营养功能，在机体代谢过程中密切联系。通常动物需要摄入足量的营养物质来维持机体的正常，但一旦过量摄入某类营养，便会对机体造成危害，故在饲养动物时要根据营养需求来饲喂动物。

近年来，随着国民经济的持续增长，我国人民生活水平不断提高，对畜、禽、水产品等动物产品的需求量也日益增加，畜禽养殖业规模化程度不断提高。为了满足市场需求，饲料行业进入了一个高速发展的时期。我国作为养兔大国，家兔产业是我国畜牧产业中重要的组成部分。随着集约化生产模式越来越成熟，对家兔全价日粮的需求也越来越高。如何降低饲料成本，提高家兔的生产性能，减少养殖成本，提高全价日粮的营养水平及营养性能，以及抗生素的禁用等问题，导致畜禽健康水平下降的现状，从而对全价日粮的营养方案有着越来越苛刻的要求。因此，开发新的饲料原料种类就显得尤为重要。我国有着非常丰富的非常规饲料来源，选择合适的原料种类及加工方法，能起到减少生产成本，增加经济效益的作用，进而促进家兔产业的蓬勃发展。

## 应用一：生态营养不良对新西兰白兔盲肠微生物介导的脂肪代谢的影响

自然选择在中小型食草哺乳动物的进化中起着重要作用。自然界中许多中小型食草哺乳动物往往因受到环境因素的影响而无法获得足够的营养来满足自身的代谢需求，因此，在长期的适应进化过程中会形成多种有效的生理机制。生态营养不良指动物吃盲肠粪便的行为，兔子是最典型的进行生态营养不良行为的中小型食草动物之一。兔子在长期的生物进化过程中形成了一个与瘤胃功能相似的盲肠，以便更好地利用营养物质。生态营养不良的行为是将易消化的食物颗粒滞留在前结肠中，回流进入盲肠后进行二次发酵和消化来增加饲料的消化率，同时提高了蛋白质的利用效率。此前就有研究表明，干预动物食用粪便会降低动物对于蛋白质的吸收以及蛋白质的消化率，与食用粪便的相比生长也较为缓慢。此外，软粪便中存在大量的微生物，可产生具有高生物价值的蛋白质。同时，肠道菌群在宿主的营养代谢等生理功能中也起着重要的作用。兔子可以产生较软的粪便和较硬的粪便，硬的粪便通常表面粗糙，相对干燥，由于饲喂不同的饲料成分，可能呈不同程度的棕色；而软粪便通常较为柔软，表面光滑，覆盖有一层白色粘液，主要在夜间排出。与硬粪便相比，软粪便含有更多的水份、粗蛋白质、总氨基酸、必需氨基酸和Na、Cl、K等元素。此外，软粪便的营养物质与盲肠的内容物非常相似。这两种兔子粪便中均含有许多微生物，但软粪便中的微生物含量是硬粪便的4～5倍。先前的研究表明，吃软粪便可以提高喂养效率，维持兔子的肠道菌群，但之前的研究中仅发现软粪便禁食可显著降低新西兰大白兔（NZW兔）的生长速度和总胆固醇（TC），从而导致软粪便空腹组的体重和脂肪沉积值低于对照组。然而，尚未证明新西兰兔的生态营养不良是否可以通过改变盲肠微生物的多样性来调节脂质代谢。

为证明生态营养不良通过改变新西兰家兔盲肠微生物对脂质代谢的影响。该研究将36只28日断奶新西兰雌兔随机分为两组（软粪便禁食组和对照组），饲喂90天。从软粪便禁食组中提取3只兔的盲肠内容物，同时收集对照组的3只家兔进行宏基因组测序。结果发现，与对照组相比，从软粪便禁食后，拟杆菌的丰度增加，而瘤胃球菌的丰度减少；抗坏血酸和醛酸盐代谢、核黄素代谢和胆汁分泌等代谢途径相关基因的相对丰度降低。此外，微生物多样性的变化与脂肪沉积之间存在普遍的相关性。拟杆菌通过参与核黄素代谢途径影响体重和总胆固醇。通过研究生态营养不良对兔盲肠微生物的影响，鉴定了调节新西兰大白兔快速生长性能的关键微生物，可为未来新西兰大白兔微生态制剂的研究开发提供有益参考，同时为寻找影响家兔快速生长发育的关键微生物奠定了基础，为今后的研究开发NZW家兔的玫瑰生态制剂提供了有益的参考[11]。

## 应用二：纳米兔骨粉对兔肉面糊理化性质的影响

兔肉具有高蛋白、高多不饱和脂肪酸含量、高必需氨基酸水平、低脂肪、低胆固醇、中高能量值等营养特性，是健康的食品。因此，兔肉越来越受到肉类消费者的欢迎。近年来，世界兔肉产量稳步增长，随着兔肉产量以及兔肉加工量的增加，其副产品，如兔骨也随之增加。兔骨具有很高的营养价值，但一直没有得到合理利用。大部分牲畜骨骼用于饲料生产，只有少数用于深加工。总的来说，由于畜禽骨骼骨骼强度较硬，加工成本较大，采集难度较大，故家畜骨骼深加工的利用率较低，造成资源的极大浪费。为探索一种新的兔骨深加工方法、提高兔骨营养价值。该研究将40只70日龄雌性海拉兔屠宰，平均屠宰体重为（2.34±0.11）kg，将兔肉的背、腹、后腿、前腿立即分割去骨，以兔脊柱、肋骨、腿骨为实验材料，采用干球磨法制备了纳米级兔骨粉，并比较了不同粒径的兔骨粉（细（236.01±5.99）μm、超细（65.92±1.71）μm、纳米（502.52±11.72）nm对其营养特性、pH值、颜色、持水性的影响，兔肉面糊的质地和流变特性。

兔骨粉显著影响肉糊的营养特性，无论粒径如何，钙的含量均会增加。此外，含有20g/kg纳米兔骨的兔肉糊的离心和蒸煮损失最低。根据兔肉粉的质构和流变学特性，添加20g/kg纳米兔骨是最佳的处理方法。这对兔肉工业中关于兔骨深加工具有重要意义[12]。

应用三：兔饲料中的越桔渣对生长性能、表观消化率、盲肠性状、细菌群落和抗氧化状态的影响

在肉兔的生产领域，高成本的饲料以及饲料资源的匮乏是当前面临的关键问题。目前，一些高营养、低成本的农业副产品可作为兔子营养的替代原料。据报道越桔作为一种营养来源，具有很高的生物活性成分，包括膳食纤维和多酚。越桔渣（BP）含有不同的有益植物化学物质，包括酚类物质、花青素和类黄酮，同时越桔渣具有较高的抗氧化活性。

有研究为评估生物渣的营养价值和潜在用途。将144只35日龄灰兔随机分为4组，分别饲喂BP、BP0（基础日粮）、BP5、BP10和BP15（含0g/kg、50g/kg、100g/kg和150g/kg）饲料。生长试验持续48天，从46天开始，连续4天评估表观消化率。使用试验日粮的平均消化率测定BP的营养价值。于83日龄进行屠宰，取血、肝、肾标本，测定各组织的血液参数和抗氧化酶活性。此外，采用基于扩增的高通量16SrRNA测序和PCR变性梯度凝胶电泳技术，对盲肠内容物进行取样和肠道微生物区系鉴定。消化蛋白为104g/kg DM，消化能为944MJ/kg DM，掺入率高达150g/kg。在肥育期，平均日采食量和饲料转化率与BP的增加呈线性关系（分别为$P=0.008$和$P<0001$）。在整个过程中，随着BP包涵体水平（$P<0001$）的增加，这两个参数均呈线性和二次下降，达100g/kg。抗氧化状态对肾脏和肝脏有显著影响（$P<0.05$）。谷胱甘肽过氧化物酶活性随血压升高而升高。就肠道微生物区系而言，BP增加了梭状芽孢杆菌、示波螺旋体、红球菌和红豆杉科植物的相对丰度，与BP包涵体水平密切相关。BP可作为生长兔替代蛋白质和纤维来源，且对生长性能、盲肠环境条件和盲肠含量无不良影响。BP的加入导致肠道菌群的改变，这反过来又有利于几个类群的发展，故BP作为生长兔的替代蛋白和纤维来源具有潜在的应用前景[13]。

应用四：兔全肠外营养中肝胆功能障碍亚急性模型的建立

全肠外营养（TPN）与胆汁淤积和胆石症并发症有关，其病因尚不完全清楚，可能胃

肠动力不足和肠内禁食与这两个综合征的发病机制有关。本次研究在10天的时间内对单纯使用TPN、双饲和自由喂养对照进行了比较。用固体标记技术进行评估肠胃转运时间，结果显示TPN处理下的时间显著增加。需氧或厌氧培养物显示肠道或胆道细菌菌群无差异。胆囊胆汁在TPN处理的动物中含有较高百分比的石胆酸，未结合胆红素和总钙。TPN处理过的动物血清中肝功能障碍的标志物升高。轻度脂肪变性和水肿是TPN治疗动物肝脏中唯一的组织学差异。表明胃肠动力减退与肠内禁食导致TPN相关性的肝胆功能障碍的病理生理变化中起着重要作用。这种功能障碍可能是通过增加TPN处理动物胆汁中石胆酸的绝对浓度和相对浓度来介导的[14]。

# 三、病毒概述及应用

病毒是世界上最丰富多样的微生物群体，其广泛存在于各种生物体及环境中。病毒宏基因组学技术的出现打破了传统分离鉴定方法的瓶颈，加快了人类对病毒研究的步伐。随着测序技术的快速进步及相关费用的逐步降低，宏病毒组学技术已经成为新病毒发现的最为重要的手段之一。

宏基因组学最早源于1991年Schmidt等利用不依赖常规培养的方法研究海洋微小浮游生物群落时，首次提出了环境基因组学的概念。1998年，Handelsman等在研究土壤中微生物群落组成及功能时，系统地定义了宏基因组学的概念，即直接从环境样品中提取全部微生物核酸，并构建宏基因组文库，利用基因组学的研究策略探究样品内所有微生物的遗传组成及其群落功能。宏基因组学是在微生物基因组学的研究基础上发展起来的一种研究微生物遗传多样性及发现新型微生物种类的新理念与新手段。宏基因组学被应用于病毒研究领域称为病毒宏基因组学。病毒宏基因组学的出现打破了传统病毒鉴定方法的局限性。现有的常规病毒检测方法只能针对已知的病毒，主要包括组织培养、血清学反应、PCR检测、电镜观察等，均有许多局限性。而病毒宏基因组学研究很好地填补了传统病毒鉴定方法的缺陷，直接从样品中获取病毒的遗传信息，不经过分离培养，操作简单且成本低，能够对相似性高的病毒或者环境样品中丰度过低、过于分散的病毒进行系统分析及鉴定。病毒宏基因组学为病毒遗传潜力、群落组成及结构功能方面的研究提供了广阔的前景和有效的技术手段。

应用一：实验兔粪便、口腔、血液和皮肤病毒

"实验动物"一词一般是指在科学实验中使用、经过长期驯养、为满足一定的科学要求而饲养的动物。它们往往是人工饲养的野生动物的后代，并对不同的病原体产生了易感性，因此它们可以导致对疾病的爆发和流行。兔子是最早用于实验的动物之一，在医学研究中发挥着独特的作用。病毒是引起实验动物疾病的重要原因，有些病毒会引起致命的疾病。例如高致病性流感病毒、流行性出血热病毒和轮状病毒。为了鉴定实验兔携带的病毒，本次研究在江苏大学动物研究中心采集实验兔标本，采用病毒宏基因组法检测实验兔

粪便、口腔、血液和皮肤中的病毒核酸。对其中的一些病毒进行了全基因组序列测定，包括多膜病毒科、皮氏杆菌科、细小病毒科和微病毒科的成员。调查了10只实验兔的粪便、口腔、血液和皮肤病毒。在口腔标本中，检测到一种新的多瘤病毒（RabPyV），并根据大T抗原、VP1和VP2区进行系统发育分析，表明新菌株可能经历了重组。基于相关基因组的重组分析证实，RabPyV是啮齿类和类禽多瘤病毒之间的多重重组体。在粪便标本中，对毕赤病毒科、细小病毒科、微病毒科和冠状病毒科3种病毒的部分或全基因组序列进行了鉴定，并根据预测的病毒蛋白质氨基酸序列构建了系统发育树。

8个文库中的40个实验兔样本总共产生了1305544个独特的序列。序列读取在每个条形码组内重新组装，并与使用BLASTx的GenBank非冗余蛋白数据库进行比较。对每个库中检测到的哺乳动物病毒读码分布的分析表明，2452条读码与巨细胞病毒（细小病毒科）有着相似的序列，占所有推测的哺乳动物病毒读谱的主要部分。其他哺乳动物病毒序列按序列读取丰度顺序包括冠状病毒（1276 reads）、多瘤病毒（259reads）和微微病毒（239reads）。除哺乳动物病毒外，还发现了与微病毒科成员序列相似的细菌病毒（3890条reads）。多瘤病毒和微微病毒序列与GenBank数据库中的基因组序列具有较低的相似性。从兔粪便文库中分离出的野牛病毒与从狼体内分离出的一株野牛病毒具有高度的序列同源性（>95%），因此对其进行了详细的描述。在兔粪库中检测到的冠状病毒与已知的兔冠状病毒株HKU14具有99%的同源性，因此也根据这些病毒读取结果对兔冠状病毒进行了分析。有研究增加了实验兔体内病毒遗传信息的数量[15]。

### 应用二：从病麝分离的家兔出血症病毒

兔出血症病毒（RHDV）是家兔出血症（RHD）的病原，其感染可导致70%～90%的饲养家兔和野生家兔发生死亡，故被认为只在兔子中严格复制。然而，也有报告表明，RHDV 基因组的基因片段和抗RHDV抗体已在其他动物中检测到。在本次研究中从患病的高山麝（Mosc hussifanicus）中检测分离出一株RHDV。对于鹿来说，其临床表现主要为突然死亡、内脏出血等。为了确定该疾病潜在的病原体，通过使用序列独立的单引物扩增（SISPA）用于检测病毒的基因片段，从死鹿的身上采集组织样本。从获得的序列中，确定了一些基因片段显示出与RHDV 基因组非常高的核苷酸序列相似性。此外，使用电子显微镜在样本中鉴定了杯状病毒颗粒。新病毒被命名为 RH DVGS/YZ.然后。我们根据RHDV的基因组序列设计引物对该病毒的全基因组进行扩增和测序。

结果显示病毒基因组是全长为7437个的核苷酸，与中国兔品系HB的基因组序列同源性最高可达98.7%。根据RHDVs的G2基因型，并基于全基因组和VP60基因序列的系统发育分析后将该病毒归入RHDV的G2基因型。动物试验表明GS/YZ在家兔中感染 RHDVs 后，会引起与其它RHDVs相似的病变。这是首次从高山麝中分离到RHDV，其研究结果扩展了RHDV的流行病学和宿主范围[16]。

### 应用三：加拿大养兔种群中拉平轮状病毒、星状病毒和戊型肝炎病毒的流行

兔轮状病毒和星状病毒与兔的疾病有关，有强有力的证据表明兔戊型肝炎病毒

（HEV）是人畜共患传播。肠炎是商业肉类农场常见的疾病，疾病的发生会导致增加兔子的死亡率同时造成显著经济损失。目前，这些实验室并没有对这些病毒进行常规检测。本次研究通过评估来自健康加拿大商业兔养殖场的205个体粪便样本中轮状病毒，星状病毒和HEV RNA的患病率。使用病毒特异性引物通过RT-PCR提取病毒RNA并扩增，对来自第一组测试样本的阳性样本进行测序，并与先前发现的病毒对齐以确认产品。

在接受调查的商业兔养殖场中，近45%（13/29）是星状病毒阳性。三份商业肉兔样本轮状病毒阳性，还检测到星状病毒或HEV RNA。三份伴侣兔样本经检测呈丙肝肝病毒阳性。来自特定无病原体实验动物的样本对所有病毒均呈阴性。测序结果显示轮状病毒A株30-96、青红星状病毒株2208和拉宾HEV毒株CMC-1具有最高的同一性。这些结果可以更好地了解轮状病毒，星状病毒和戊型肝炎病毒在加拿大国内兔种群中的患病率，继续筛查病毒可能有助于降低人畜共患病原体传播的风险，并更好地了解兔肠炎的潜在病原体。

## 应用四：沙特阿拉伯新的兔出血症病毒强毒株的出现

兔出血症是一种急性致死的高度传染性病毒性疾病，在兔群中会引起巨大的经济损失与死亡率。该疾病最早于1984年在中国报道，后来在1996年在沙特阿拉伯报道，该病的典型的病变是肝坏死、脾脏肿大和血胸。

为调查新的兔出血症病毒（RHDV）株在沙特阿拉伯的出现和致病性。2012—2013年，通过接种易感兔证实其致病性并通过使用靶向VP60衣壳蛋白基因的引物，经逆转录聚合酶链反应（RT-PCR）在受感染的兔子中检测到三种RHDV菌株。这些菌株聚集成两个与分离年份相关的遗传上不同的基因群（G2和G3）。所有新的沙特阿拉伯病毒都与欧洲毒株聚集在一起，而旧毒株则与来自中国和美国的毒株聚集在一起。基于氨基酸和核苷酸序列，沙特阿拉伯菌株（RHD/1/SA/2012、RHD/2/SA/2012和RHD/3/SA/2013）与墨西哥89、Ca11-ITA和00-13，FRA病毒具有高度一致性。另一方面，巴林菌株的身份相对较高。沙特RHDV菌株的进化关系揭示了超变异区域E中显著的核苷酸和氨基酸取代，这表明在沙特阿拉伯兔子中流行的新RHDV的出现。这些由抗原指数代表的抗原变化可能是疫苗接种失败的潜在原因，并增加了审查针对RHD的疫苗接种策略的需求[17]。

## 应用五：新型家兔波卡细小病毒

波卡细小病毒是细小病毒科中一个新建立的属，已被确定为人类和几种动物物种肠道、呼吸、生殖/新生儿和神经系统疾病死亡的可能原因。为了评估新型病毒的流行情况，有研究采用宏基因组分析方法鉴定和表征肠道疾病病兔粪便中一种新的波卡细小病毒。采用特异性PCR方法对有腹泻和无腹泻的家兔的直肠拭子和粪便样本进行筛选。重建了新型细小病毒的全基因组序列。结果显示该病毒与其他波卡细小病毒有远亲关系；3种ORF分别与猪博卡巴病毒的同源基因共享53%、53%和50%的核苷酸同源性，同时还分别在8/29（28%）和16/95（17%）有无腹泻的家兔样本中检测到该病毒。通过诊断性PCR靶向衣壳蛋白片段的测序确定了两种不同的博卡帕病毒群体/亚型，彼此具有91.7%～94.5%的核苷酸同一性。将这些新型细小病毒纳入兔病的诊断算法可能有助于了解其潜在的致病作用，并对兔生产的影响以及实验室兔的病毒学特征[18]。

应用六：微生物元体方法揭示撒哈拉以南非洲第一个兔出血性疾病病毒基因组

兔出血病（RHD）是一种具有高度传染性和致命性的兔病毒性出血病。这种疾病是由兔出血性疾病病毒（RHDV）引起的，RHDV是Caliciviridae家族的一种拉格夫病毒。在LAG病毒中，RHDV被归类为GI基因群。该基因组的成员包括GI.1、GI.2、GI.3和GI.4基因型。GI.1是前G1至G6群，GI.2是较早分类的RHDV 2/b，GI.1分为变异体GIL.1a至Gl.1d。RHDV基因组是一个阳性的单链RNA，长度约为7437个核苷酸。ORF1编码7个非结构蛋白（RdRp、RNA依赖性RNA聚合酶、p16、p23、p29、螺旋酶、VPG和蛋白酶）和主要衣壳结构蛋白VP1/VP 60和ORF 2编码次要结构蛋白VP2/VP1。该病毒在感染后2～3天内造成90%以上的成年动物死亡，给兔肉和皮毛业造成经济损失，对野生兔子种群产生严重的生态影响。RHD是世界动物卫生组织（OIE）应报告的疾病之一。病毒的传播是通过鼻、口、结膜途径，通过昆虫或昆虫的机械传播。病毒也是通过受感染动物的排泄物排出的。RHD的病变通常是由循环和退行性疾病引起的，原发病变包括肝脏坏死和多器官点状出血，然而，这些病变最严重的形式出现在肝脏、气管和肺处。这种病毒还能促进成年狂犬病患者的致命肝炎。兔出血性疾病于1984首次在中国被报道，在一次大爆炸过程中，超过1.4亿只兔子被杀死。随后报告了病毒在欧洲和其他大陆的传播。在突尼斯、贝宁共和国、摩洛哥、佛得角和埃及等一些非洲国家报告了这种疾病。现在全球报告一种新的GI.2基因型的RHDV于2010年在法国发现。GI.2是造成以前接种过疫苗的成年兔子和已知对经典RHD所致疾病具有抵抗力的幼兔死亡的主要原因。在撒哈拉以南非洲地区，用酶免疫分析法（EIA）证实了GI.2在贝宁共和国的家兔中爆发，科特迪瓦共和国的PCR证实了GI.2的暴发。然而，到目前为止，还没有任何撒哈拉以南非洲国家的病毒基因组数据，因此很难追踪它们的起源、进化和遗传多样性。2020年前几个月，尼日利亚西南部地区发生了影响几个狂犬病的疑似RHD病例，在此之后，一些农场没有幸存的兔子，一些人遭受了相当大的经济损失。2020年8月，两个小农场（A农场和B农场）报告了高死亡率。对这两个农场进行了调查、尸检和样本收集以进行分子诊断。在疫情爆发期间，农民观察到的症状与RHD相似。外来品种的各种不同年龄和性别的兔子受到致命影响。外来品种的各种不同年龄和性别的兔子受到致命影响。农民报告的症状是厌食症（死亡前一天），泪液分泌清澈，嗜睡，口鼻出血，猝死。对来自两个农场的五具身体进行了全面检查，并采集了样本进行诊断。在这里，报告使用微生物元组测序，以揭示第一个基因组特征和GI.2在撒哈拉以南非洲爆发的RHD在尼日利亚。

有研究采用无偏的微生物亚基因组下一代测序（MNGS）法来诊断在尼日利亚伊巴丹引起疑似RHD爆发的病原体。对2个农场暴发的5只家兔的肝、脾、肺标本进行了分析。MNGS显示了两个农场的一个完整的和两个部分的RHDV2基因组。系统发育分析表明，与欧洲的RHDV2系有密切的聚类关系（与荷兰的RHDV2同源性为98.6%，与德国的RHDV 2的同源性为99.1%～100%），提示可能的来源。用RHDV病毒特异性RT-PCR方法对5只兔的VP 60基因进行了鉴定，其预期条带大小为398bp。该发现说明需要加强对RHDV 2的基因组监测，以跟踪其起源，了解其多样性，并为尼日利亚和撒哈拉以南非洲的公共卫生政策提供信息[19]。

## 应用七：兔脑膜宏基因组衍生-葡萄糖苷酶的性质

葡萄糖苷酶（EC3.2.1.21）水解葡萄糖苷的糖苷键，如纤维二糖、纤维低聚糖、植物衍生的糖苷和其他化学相关的糖苷。它是由-1，4-内切葡聚糖酶（EC3.2.1.4）、外切葡聚糖酶（EC3.2.1.91）和葡萄糖苷酶组成的完整纤维素酶系统中的三种酶之一。内切葡聚糖酶和外切葡聚糖酶通过将结晶纤维素消化成可溶性糖，共同溶解结晶纤维素，而葡萄糖苷酶可将纤维二糖和纤维低聚糖水解成葡萄糖。此外，葡萄糖苷酶还可通过消除纤维二糖对内葡萄糖酶和外葡萄糖酶活性的抑制来刺激纤维素水解的速率和程度。因此，葡萄糖苷酶在质的利用中起着一个重要的作用。在生物技术应用可增强了果汁和茶叶的香气，去除了柑橘汁中的苦味成分，也引起了食品工业的广泛。葡萄糖苷酶通常存在于真核生物和原核生物中。食草动物的消化道中含有共生微生物，以帮助宿主消化纤维素通过生产一套完整的纤维素酶来提供饲料。从培养的瘤胃葡萄糖苷酶和真菌中分离出许多-葡萄糖苷酶。从牛瘤胃和小鼠大肠的未培养样本中鉴定出了两个葡萄糖苷酶基因。然而，这些宏基因组衍生的-葡萄糖苷的生化特征酶尚未被报道。最近在大肠杆菌中构建了一个用DNA直接从兔盲肠中分离的宏基因组文库。从宏基因组文库中鉴定出7个葡萄糖苷酶基因和4个-1，4-内切葡聚糖酶基因，包含约32500个克隆，容量约为1：14109bp。在其中葡萄糖苷酶基因，umbgl3B（登录号：DQ182493）编码一个糖基水解酶家族3（GHF3）-葡萄糖苷酶，在底物嵌埋的琼脂平板上显示出最高的活性并通过细胞质提取物的直接酶活性测定。为了更好地了解Umbgl3B酶的生化特性，有研究选择了该基因在细菌系统中进行异源表达，并进一步表征其产物。

有研究对先前克隆的-葡萄糖苷酶基因umbgl3B在大肠杆菌中异源表达，并对纯化酶的生化特性进行了表征。重组酶在广泛的pH范围内（5.0～9.0）和30℃以下保持稳定。在与兔盲肠相似的条件下，它在40℃的pH 6.5条件下表现出最佳的酶活性。研究了该天然酶在体内的活性作用。重组葡萄糖苷酶Umbgl3B对芳基-d-葡萄糖苷活性高，对纤维低聚糖活性低，聚合度小于5。该酶对长纤维低聚糖或多糖没有活性。野生型Umbgl3B的天冬氨酸残基D772被预测为亲核试剂。突变体D77 2A已建成。该野生型酶的活性低于1/1万，但具有相同的性质，表明D772残基在该酶的活性中起着关键作用[20]。

# 第四节　兔子转录组学研究

## 一、皮肤、毛囊概述及应用

兔毛质量受到品种、管理、气候、生理等诸多因素的影响。目前，大多数关于毛发生长的研究集中在人类、老鼠和绵羊。然而，关于家兔羊毛发育机制的研究相对较少。毛发是由角质细胞形成，它们是由毛囊底部的祖细胞群产生的。毛乳头（DP）细胞是位于次级毛囊底部的间充质细胞群，提供有助于确定毛发形状、大小和色素的信号。毛发生长受多种细胞因子调节，包括胰岛素样生长因子-1（IGF1）、表皮生长因子（EGF）、成纤维细胞生长因子（FGF）、角蛋白、角蛋白相关蛋白（KAP）和转化生长因子（TGF）等。

真皮乳头（DP）细胞是间充质细胞的群体，在hf的基础上提供信号，帮助指定羊毛的形状、大小和色素沉着。羊毛的生长受到多种细胞因子的调节，包括胰岛素样生长因子-1、表皮生长因子1）、表皮生长因子（EGF）、成纤维细胞生长因子（FGF）、角蛋白、角蛋白相关蛋白（KAP）和转化生长因子（TGF）。对于绒山羊，已从初级毛囊和次级毛囊中分离出毛乳头细胞。FGF5及其受体FGFR1在两种类型的毛乳头细胞中均有表达。此外，腺病毒介导的FGF5过度表达可能上调IGF1的mRNA表达，但生长激素骨形态发生蛋白4（BMP4）在毛乳头细胞中的表达表现为下调。在生长抑素转换的调节中，FGF5s在绒山羊毛乳头细胞中充当FGF5的抑制剂。这些基因大多与Wnt信号通路有关，Wnt信号通路是毛囊发育所必需的，并可以刺激毛发生长。GF5s的激活作为生长-降解转化的抑制剂，Wnt将进一步刺激促生长因子信号传导和毛发生长。大多数用于诱导组成性Wnt激活以促进毛发生长的策略，导致上皮毛发基质的肿瘤性转化。

### 应用一：转录组分析揭示兔毛长度相关的差异表达基因

兔毛的特征主要是由遗传决定，有研究使用Illumina高通量测序技术来评估家兔皮肤组织中的基因表达，选择万西安哥拉长毛兔与雷克斯短毛兔为研究对象，分析与兔毛长度相关的分子遗传机制。为了确定与兔毛长度有关的关键调控基因，根据P<0.05和log2|fold change|>1对长毛兔和短毛兔之间差异表达基因进行了筛选，与短毛组的表达水平相比，长毛组共有798个基因上调，523个基因下调，进一步利用GO和KEGG进行功能注释，揭示了羊毛发育相关的生物学功能，Wnt、Hedgehog和TGF-β信号通路分别与细胞增殖、成纤维细胞增殖和毛囊调节有关。许多基因，如WNT5A、WNT11、BMP4、BMP7、MSX2、FGF5、PDGFA和IGFBP5，被确定为可能影响羊毛长度的候选基因。通过RT-qPCR验证了8个基因的表达水平，并构建了一个交互网络显示差异表达基因之间的调控关系。有研究发现了FGF5、WNT5A、BMP4和BMP7在两组之间的表达存在显著差异。这些结果为进一步了解兔毛生长发育的分子机制提供了全面的信息。

## 应用二：利用Solexa测序对家兔皮毛颜色形成的转录组表达谱分析

雷克斯兔毛皮因其固有的美观吸引力、轻盈、柔软和保温性好而受到消费者的青睐。颜色、风格和材料是服装设计的三个基本元素，以颜色首先吸引消费者的注意，在哺乳动物中具有实用价值和研究价值。哺乳动物的颜色形成过程是复杂的，受到多个基因的调控，也可以受到环境的影响。哺乳动物的皮毛颜色多样，从白色到黑色，主要由黑素细胞产生的真黑素和嗜黑素的相对数量以及这些色素在体内的分布决定。来自兔子的遗传分析结果表明，影响皮毛颜色的基因至少涉及10个位点，并且特定的颜色通过等位基因之间的相互作用来表达。有证据表明，许多基因参与了黑色素的产生，如黑素皮质素受体1（Mc1r）、小眼症相关转录因子（Mitf）、刺豚鼠信号蛋白（ASIP）、亲黑色素（MLPH）和黑素前小体蛋白17（Pmel-17）。然而，许多未知的基因仍然有待进一步鉴定。

有研究采用Solexa转录组测序，利用来自不同皮毛颜色的Rex兔背部皮肤的组织样本，筛选与毛皮颜色相关的基因。进一步通过GO和KEGG通路分析，鉴定出与黑色素代谢和颜色形成相关的基因，并用qRT-PCR进行验证，挖掘显著影响家兔皮毛颜色的主要基因。有研究使用solexa测序技术检测不同颜色的全同胞Rex兔背部皮肤组织的基因表达，发现每个样本中能够表达的基因约为14700个。在每千碱基读数最高的前30个基因和转录因子中，延伸因子α1基因在所有样本中都有高表达，核糖体蛋白和角蛋白基因家族的基因也是如此。与灰鼠獭兔对照样品相比，黑（B）和白（W）兔样品中的基因数分别为1809和460，常见差异表达基因数为257。对这257个基因的聚类分析表明，黑色兔样本中有32个基因上调，白色兔样本中有32个基因下调。在这32个基因中，确定了一些与毛发形成有关的基因，包括酪氨酸酶相关蛋白1（TYRP1）和酪氨酸酶（TYR），以及功能未知的基因。这些结果可以为进一步研究家兔皮毛颜色的形成提供参考[21]。

## 应用三：基于RNA测序技术对安哥拉兔毛囊周期非编码RNA的系统分析

毛囊周期是哺乳动物中一个复杂而动态的过程，与各种信号通路和基因表达模式有关。非编码RNA（ncRNA）是一种RNA分子，不是翻译成蛋白质，而是参与各种细胞和生物过程的调节。有研究通过开发安哥拉兔的同步模型，通过转录组分析探讨非编码RNA和毛囊发育的相互关系，最终发现111个长的非编码RNAs（lncRNAs）、247个环状RNAs（环状RNAs）、97个microRNAs（miRNAs）和1168个mRNAs在三个毛囊生长发育阶段均有差异表达。采用实时荧光定量PCR验证lncRNA转录组分析结果。GO和KEGG通路分析提供了lncRNA和mRNA可能作用的路径。此外，还构建了lncRNA-miRNA-mRNA和circRNA-miRNA-mRNA调控网络，以研究lncRNAs和mRNAs之间的潜在关系。LNC_002919和novel_circ_0026326被发现作为ceRNAs，参与毛囊发育周期的调节。有研究全面深入地通过转录组分析，验证了毛囊发育周期中的候选调控lncRNA，突出了lncRNA与毛发生长调控之间的关联，为进一步系统研究毛囊生长发育调控提供了新的见解[22]。

应用四：基于Solexa测序的獭兔扁平皮肤表型的转录组研究

雷克斯兔皮因其固有的美丽、轻盈、柔软和良好的保暖性能而受到消费者的高度赞赏。前期发现兔毛的质量受到许多因素的影响，其重量是评估的重要标准之一。近年来，一些獭兔在生产过程中出现腹部和四肢皱纹，这种表型被称为褶丛。有皱纹的兔子的皮肤尺寸比没有皱纹的动物大15%，皮毛质量相同。这两种表型兔都在相同的条件下饲养：相同的饲料、相同的温度等，所以皱纹表型很可能是由相同的基因决定的。然而关于兔皮肤发育尚未得到广泛研究，评估皱纹兔的报道相对很少。转录组分析是基因功能和结构研究的起点，事实上，转录谱是一种全球性和功能性的识别基因的强大方法，RNA-Seq数据的从头组装允许进行转录组分析，而不需要基因组序列。此外，转录组分析加速了新基因的发现，为进一步研究分子育种提供了基础。哺乳动物的皮肤由表皮、真皮层和皮下组织组成。表皮基底层是通过角质细胞的增殖、分化和角质层的形成而形成的，从皮肤表面实现自我愈合和更新。皮肤的形成和再生是一个复杂的三维过程，由来自中胚层组织的信号因子的调节而产生。

转录组分析包括从头组装、基因功能鉴定、基因功能分类和富集，有研究获得了74032912和71126891个100个nt的短读序列，它们通过三位一体策略组装成377618个独特序列（N50=680个nt）。基于已知蛋白质的BLAST结果，在截止E值处鉴定了50228个序列≥$10^{-5}$。利用Blast、GO和KEGG分析，获得了几个具有重要蛋白质功能的基因。通过对褶丛和非褶丛表型动物的转录组分析，共获得308个差异表达基因，还有209个额外的差异表达基因在任何数据库中均未发现。这些基因中有49个仅在扁平皮肤的兔子中表达，这些新基因可能在皮肤生长发育过程中发挥重要作用。此外，99个已知的差异表达基因被分配到PI3K-Akt信号传导、黏着斑和ECM受体相互作用蛋白等。生长因子通过调节这些信号通路在皮肤生长和发育中发挥作用。进一步通过qRT-PCR证实了7个靶基因在两种皮肤中存在显著的差异表达。选择一个核心基因去发现并扁平和非扁平皮肤兔子的表型差异，这为理解兔皮肤生长和发育的分子机制提供了新的见解[23]。揭示了脂质代谢和细胞凋亡可能是影响毛长度的主要因素。

应用五：短毛兔和长毛兔皮肤的组织学和转录组差异分析

毛纤维长度是兔毛生产中的重要经济特征，然而，调节兔毛发生长发育的分子机制尚不明确。有研究通过皮肤组织学和转录组分析，旨在揭示短毛兔和长毛兔的皮肤性状和基因表达谱特征。苏木精-伊红染色用以观察短毛兔和长毛兔皮肤的组织学结构。与短毛兔相比，长发兔的生长期明显较长。此外，通过RNA测序，共鉴定了951个差异显著表达的基因。通过实时荧光定量聚合酶链反应验证了9个有差异表达显著的基因。GO分析发现他们在表皮发育、毛囊发育和脂质代谢过程中显著富集。此外，还确定了调节卵泡发育的潜在功能基因，以及细胞外基质受体相互作用和基底细胞癌途径等重要途径。有研究进行了短毛兔和长毛兔在皮肤组织学和转录组谱上的差异的分析，发现两个群体的转录组谱的差异与观察到的形态性状的差异一致。有研究为短毛兔和长毛兔毛发生长的差异遗传机制提供了证据，揭示了脂质代谢和细胞凋亡可能是影响毛长度的主要因素[24]。

应用六：基于RNA序列分析兔毛囊密度相关的组织学和长非编码RNA

　　毛囊密度影响兔毛的纤维产量，是万氏品系安哥拉兔最重要的性状之一。然而，调节毛囊密度的分子机制仍不清楚。安哥拉兔是几个国家重要的家畜品种，特别是中国和法国。产毛是安哥拉兔最重要的经济性状之一，兔的毛皮质量很大程度上取决于毛发密度，然而毛囊密度决定了毛发密度。在相同的环境条件下，安哥拉兔的性别、体位和月龄与毛纤维的生产密切相关。影响兔毛纤维产量的因素有纤维直径、长度和纤维密度，毛囊的平均密度取决于皮肤面积，个体出生后没有新的毛囊形成，这意味着成年兔的毛囊密度取决于毛囊形成后体部生长的多少。然而兔子的毛囊密度在皮肤和毛囊发育过程中的分子机制尚不清楚。有研究采用组织形态学方法对产毛量高和低的万氏品系安哥拉兔的毛囊密度进行了系统研究。苏木精–伊红染色显示产毛量高的兔皮肤毛囊密度较高。通过转录组测序对长非编码RNA（LncRNA）谱进行了研究，在高产毛组和低产毛组之间分别筛选了50条和38条差异表达的LncRNA和基因。GO分析表明这些基因在磷脂、脂质代谢、凋亡、脂质生物合成、脂质和脂肪酸转运过程明显富集，对调节脂质代谢、氨基酸合成以及JAK信号转导和转录激活子（STAT）和hedgehog信号通路的潜在功能发挥一定的作用。最终结果表明，*LNC_002171*、*LNC_000797*、*LNC_005567*、*LNC_013595*和*LNC_020367*可作为毛囊密度和发育的潜在调节因子。用qRT–PCR对3个DELncRNAs进行了验证，LncRNA图谱提供的关于LncRNA表达的信息，可用以提高对毛囊密度调节相关分子机制的理解[25]。

# 二、大脑概述及应用

　　在神经科学研究中，兔子被广泛用于动物模型进行系列研究，例如缺血性中风、创伤性脑损伤和放射性脑损伤、痴呆以及宫内和产后神经发育。神经系统疾病在兔子中很常见。巴氏杆菌病或其他细菌感染和引起脑炎的人畜共患脑炎，以及导致脑软化症的脑幼虫移行症被认为是最常见的疾病。在研究认知和神经网络时，神经科学家更喜欢老鼠的大脑而不是兔子的大脑，因为老鼠是更容易复制和训练的。对小鼠切片的研究显示，动物神经网络的皮层柱可以通过脑切片分析绘制和模拟，基于此可以模拟整个大脑网络。然而，老鼠的使用具有它的局限性。虽然对老鼠的大脑进行切片并不困难，但它的体积小，需要复杂的研究方法来研究它的大脑三维结构，必须正确认识和探索大脑的整个三维结构局部区域神经网络。因此，利用兔大脑进行网络研究更为方便。在神经科学中，由于其大小合适，缺乏脑沟或脑回，以及相对简单的大脑半球结构。目前在大体脑切片黑白映射的辅助下进行切片是兔脑最常用的研究方法。随着三维结构的研究方法的不断改进，显微解剖技术已经很好地发展起来，随着人类神经医学的进步，领导研究人员正在开发该方法，希望使用更先进的技术去实现神经解剖。对人类和其他物种的神经解剖学研究表明侧脑室是大脑的重要标志，因为大脑由神经管发育而来。了解有多紧张神经管外的结构围绕神经管放大和扭曲侧脑室有助于理解家兔小脑的三维结构。因此，大量的研究使用显微解剖技术以制备详细的兔大脑图谱，促进该领域未来的解剖学研究。

　　除此之外，磁共振成像（MRI）被认为是人类和动物大脑成像的黄金标准。多年来，其在兽医领域的临床应用价值显著增加。然而，成本和全身麻醉引起的并发症风险增加。目前，兔脑和头部MRI解剖结构可从低场强（0.2T）降低分辨率，主要用于临床。最近，在切除和固定的兔脑中使用7 T磁铁发布了一份MRI图谱。然而，没有进行T2w和对比后T1w序列，该研究缺乏关于垂体、颅神经或血管结构的信息，也是科研人员需要突破的一个科学难题。

应用一：野生和家养兔脑转录组学揭示多巴胺信号和睫状体功能的改变导致进化的发生

尽管动物进化历史相对较短，但是驯化导致了动物表型发生巨大变化。欧洲兔是最近驯化的动物之一，但与野生动物的形态、生理和行为有着明显的差异。先前的研究表明，野生和家养兔子之间具有显著等位基因频率差异的序列变体在与神经系统发育有关的基因附近的保守非编码区富集。这表明，在驯化过程中，以选择为目标的很大一部分遗传变化可能会影响基因调控。比较野生动物和驯化动物大脑的基因表达研究很少，主要集中在额叶皮层，而涉及情绪回路、应激反应或神经发生的多个大脑区域（可能与驯化有关）的特征尚不明确。有研究采用了四个大脑区域（杏仁核、下丘脑、海马和顶叶/颞叶皮层）的RNA测序数据，并揭示了野生和家养兔子之间数百个差异表达基因（DEG）。杏仁核中的DEG显著富集了与多巴胺能功能相关的基因，这一类中的所有12个DEG在家兔中都有较高的表达。海马中的DEG是与睫状体功能相关的基因，其中21个基因在家兔中的表达均较低。这些结果表明，多巴胺信号传导和睫状体功能在家兔驯化过程中发挥着重要作用。研究结果表明，在驯化过程中，特定途径中的基因表达发生了一定的变化，但是有研究显示大多数差异表达基因并不是选择的直接目标[2]。

应用二：兔作为磁共振成像的行为模型系统

功能性磁共振成像要求试者在获取像的过程中不能移动，这已经通过指导人们不要移动，或通过麻醉实验动物来诱导静止。已经证明，通过手术植入兔子头骨上的头螺栓，可以在兔子清醒时舒适地对其大脑进行成像，有研究提供了详细的制备方法。利用兔子对约束的耐受性，在标准立体定向角度下固定头部的同时对大脑进行成像。视觉刺激是通过闪烁的绿色LED产生的，而触须刺激是通过给连接在纤维带上的一小圈电线供电来实现的。通过光纤电缆将红外发射器/探测器对准眼睛记录闪烁。结果表明，每天一次习惯性地训练足以在随后几天内产生足够的不动性，以避免运动伪影，结果包括兔子立体定向平面上的高分辨率图像。与现有方法的比较，没有看到核磁共振信号的退化或失真，这为头部螺栓提供了一种新的方法，可以每天在受试者之间快速重新调整磁头。用兔子代替啮齿动物可以缩短习惯期，兔子可以在白天观察到动物在正常觉醒周期的行为，兔子对约束的天然耐受性使其成为大脑MRI研究的一个重要课题[26]。

应用三：兔脑3T磁共振成像解剖

在神经科学研究中，兔子被认为是广泛接受的动物模型。它们是非常受欢迎的宠物，在某些具有神经症状的临床病例中，磁共振成像（MRI）可能适用于兔脑成像。关于兔脑和相关结构的正常MRI解剖以及相关的有参考价值的文献很少。有研究的目的是使用3T磁铁生成正常兔脑的MRI图谱，包括垂体、颅神经和主要血管。

基于横向、背侧和矢状位T2加权（T2w）和对比前后3D T1加权（T1w）序列，识别并标记了60个颅内结构，描述了无头型脑的典型特征。在所研究的5只兔子中，在T1w图像上，垂体尾侧的新月形高信号区很可能对应于神经垂体的一部分。识别了视神经、三叉神经和部分面神经、前庭蜗神经和滑车神经，所有兔子的三叉神经都有轻微的对比增强。还测定了脑下垂体的绝对和相对大小、颅窝和尾窝的中线面积、前脑和间脑、第三脑室和第四脑室的高度，这些数据建立了兔脑的正常MRI外观和测量标准。研究结果为为兽医临床病例提供了参考[27]。

应用四：兔模型中由于宫内生长受限引起的新生儿神经行为和扩散*MRI*脑重组变化

宫内生长受限（IUGR）影响5%～10%的新生儿，并与神经发育异常的高风险相关。IUGR潜在的大脑重组时间和模式缺乏文献记载。有研究开发了一种IUGR兔模型，允许新生儿神经行为评估和高分辨率脑扩散磁共振成像（MRI）。有研究的目的是描述宫内发育迟缓（IUGR）诱导胎儿大脑重组的模式和功能相关性。在10只新西兰胎兔中，通过在妊娠25天时将40%～50%的子宫胎盘血管结扎在一个角中诱导IUGR。10例侧角胎儿作为对照，剖宫产于术后30天（第31天）进行。在出生后1天，通过经验证的神经行为测试对新生儿进行评估，包括评估音调、自发运动、反射性运动活动、对嗅觉刺激的运动反应以及吸吮和吞咽的协调。随后，收集并固定大脑，使用高分辨率采集方案进行MRI检查。分析了全局和区域（手动描绘和基于体素的分析）扩散张量成像参数。IUGR与大多数领域的神经行为表现显著较差有关。基于体素的分析显示，灰质和白质的多个大脑区域存在分数各向异性（FA）差异，包括额叶、岛叶、枕叶和颞叶皮质、海马、壳核、丘脑、幽闭、内侧隔核、前连合、内囊、海马伞、内侧丘系和嗅束。局部FA变化与神经行为测试结果较差相关[28]。

# 三、营养概述及应用

许多小型食草动物都有执行洞穴的自然本能。由于体型小，消化道体积有限，食物在消化道中的平均停留时间相对较短。为了满足它们的营养需求，小食草动物主要从低质量、高纤维的植物茎和叶子中获得足够的高质量的食物。反之，后肠中的共生微生物帮助动物消化纤维成分。因为微生物发酵需要的时间比食物的平均停留时间要长，在消化道中，通过摄取不完全消化的营养物质来提高消化率是小食草动物重要的营养策略。兔子排泄的粪便有两种：硬粪便（营养不良）和软粪便（包括蛋白质、维生素和无机盐）。后者含有大量的微生物，这对微生物发酵很重要。因此，推测家兔可能通过洞穴营养的不良行为构建其肠道微生物菌群。虽然是现代的饲料和管理技术的设计旨在充分满足生长的营养需求，兔子仍然保持着吃软粪便的习惯。

一项比较高体重和低体重Rex兔的研究显示，高体重组的细菌群更丰富，软粪便诱导的数量多于硬粪便。睾丸菌群与其宿主具有互惠互利的共生关系，其中与宿主的代谢、免疫系统发育、抗病等生理功能密切相关。先前的研究还发现兔禁食洞穴萎缩导致与脂质相关的肠道菌群发生变化，表明洞穴营养不良在这一过程中起着重要的作用。肝脏除了具有支持脂质的消化、吸收、分解、合成和运输的作用外，在脂质的整体代谢中也起着重要作用。肝脏对乳化膳食油脂和促进消化吸收很重要。肝脏是一个主要的代谢部位，脂肪酸的氧化代谢和酮体的产生在这里发生。在单胃病中，肝脏是脂肪酸氧化和酮体生成的主要场所。肝脏合成胆固醇占身体产生的总胆固醇的80%以上，是胆固醇的主要来源，尤其是血浆胆固醇的来源。

转录组测序是研究大规模基因表达谱的重要工具，特别是在时间研究或涉及不同治疗条件的研究中。因为其具有高精度、高通量、高灵敏度和低成本等特点，在工业生产中得到了广泛的应用。转录组测序可以帮助我们更好地了解其功能，肝脏等关键代谢器官基因表达变化的结果。先前的研究表明，盲肠吸食可以降低獭兔的体重。然而，在新西兰，营养不良是否会影响白兔的生长性能和脂质代谢是未知的。为了研究空腹脑营养不良对脂质代谢的影响，研究者进行了喂食实验，并将肝组织进行转录组测序，主要目的是阐明禁食对生长性能的影响。

## 应用一：新西兰兔空腹脑营养不良对肝脏脂质代谢影响的转录组分析

为了研究空腹脑营养不良对大鼠肝脏脂质代谢的影响，将12只断奶的雌性新西兰大白兔随机分为对照组和禁食补体组，每组6只兔子。实验组家兔给予一个伊丽莎白圈，防止他们在60天内吃自己的软粪便。对兔子肝脏的血液生化指标、转录组测序和组织学进行了分析。与对照组相比，最终体重、增重、肝脏重量、生长速度、饲料转化率在实验组均显著下降（$P<0.05$）。转录组测序分析显示，共有3.012亿次原始reads（约45.06Gb的高质量干净的数据）注释到兔子基因组。经过五步筛选过程，最终从14964个基因中共鉴定出444个差异表达基因（$P<0.05$，foldchange ≥ 1）。进一步分析了与脂质代谢相关的差异表达基因，包括*CYP7A1*、*SREBP*、*ABCA1*、*GPAM*、*CYP3A1*、*RBP4*和*RDH5*。KEGG注释的差异表达基因表明，影响的主要通路有戊糖和葡萄糖醛酸的相互作用、淀粉和蔗糖代谢、视黄醇代谢和PPAR信号。总的来说，有研究表明，防止钙营养不良会降低生长速度和改变脂质代谢，这两个方面都将有助于指导兔子的饲养和生产的新方法。这为研究软粪便对其他小型食草动物的影响提供了参考依据[29]。

## 应用二：纳米兔骨粉对兔肉面糊理化性质的影响

为了探索一种新的深加工方法，提高兔骨的价值，有研究采用干式球磨法制备了纳米兔骨粉，比较了不同粒径的兔骨粉[细（236.01±5.99）μm、超细（65.92±1.71）μm、纳米（502.52±11.72）nm] 对兔肉面糊营养特性、pH、颜色、持水性、质地和流变特性的影响。最终发现兔骨粉显著影响肉面糊的营养特性；会导致钙含量增加，然而与颗粒大小无关。此外，含有20g/kg纳米级兔骨的兔肉面糊在各处理中的离心损失和烹饪损失最低。根据兔肉面糊的质地和流变学特性，添加20g/kg纳米级兔骨是最佳的处理方法，这代表了兔肉工业中兔骨深加工的一个重要发现[12]。

## 应用三：全肠外营养过程中肝胆功能障碍的亚急性兔模型

儿童全胃肠外营养（TPN）与胆汁淤积和胆石症的复杂综合征有关，然而这些综合征的原因尚不完全清楚。与肠内禁食相关的胃肠动力低下可能参与了这两种综合征的发病机制。有研究采取在10天的时间内比较了单独使用TPN喂养的断奶兔子与自由喂食的对照组。经固体标记物技术评估，TPN治疗动物的胃肠转运时间显著延长。需氧或厌氧培养结果表明，肠道或胆道细菌菌群没有差异。TPN治疗动物的胆囊胆汁中含有较高百分比的石胆酸、未结合胆红素和总钙。TPN治疗动物的血清中肝功能障碍标记物升高。TPN治疗动物肝脏的唯一组织学差异是轻度脂肪变性和水肿。因此，得出如下结论：与肠内禁食相关的胃肠动力低下在导致TPN相关肝胆功能障碍的病理生理变化中起作用。这种功能障碍可能是由TPN治疗动物胆汁中石胆酸的绝对和相对浓度增加引起的[14]。

## 应用四：兔饲料中的越桔渣对生长性能、表观消化率、盲肠性状、细菌群落和抗氧化状态的影响

农业副产品作为高实用、低成本的饲料来源，可作为兔耗的替代原料。有研究旨在评估越桔渣（BP）对生长兔的营养价值和潜在用途。将144只35日龄的灰毛兔分为四组，分别饲喂含升高血压水平的饲料：BP0（基础饲料）、BP5、BP10和BP15（分别含0g/kg、50g/kg、100g/kg和150g/kg）。生长试验持续48天，从46日龄开始，连续4天评估表观消化率。使用实验日粮的平均消化率测量BP的营养价值。在83日龄时屠宰兔子，采集血液、肝脏和肾脏样本，以确定血液参数和组织的抗氧化酶活性。此外，通过基于扩增子的高通量16S rRNA测序和PCR变性梯度凝胶电泳对盲肠内容物进行采样并评估肠道微生物群。可消化蛋白质估计为104g/kg干物质，而可消化能量为9.44MJ/kg干物质，掺入率高达150g/kg。在肥育期，平均日采食量和饲料转化率对血压的增加呈线性反应（分别为$P=0.008$和$<0.001$）。在整个过程中，两个参数均随着BP内含物水平（$P<0.001$）的增加呈线性和二次曲线下降，高达100g/kg BP。抗氧化状态对肾脏和肝脏有显著影响（$P<0.05$），其中谷胱甘肽过氧化物酶活性随血压升高而升高。就肠道微生物群而言，BP增加了梭菌、示波螺旋体、瘤胃球菌和瘤胃球菌科物种的相对丰度，这些物种与BP内含物水平明显相关。总之，BP显示出作为生长兔的替代蛋白质和纤维来源的潜在用途[13]。

## 四、喉部概述及应用

语音障碍是影响全世界人类健康的一种普遍的沟通障碍，在美国普通人群中，嗓音障碍的患病率估计为6.2%，最近升到7.6%。来自全国青少年至成人健康纵向研究的数据显示，青少年人口中的患病率估计为6%。声音障碍的发展被认为是一种职业危害，尤其是在以健康为声音为生的演讲者中。学校教师、演艺人员、法律专业人员都有更大的患声音障碍的风险。嗓音障碍的经济影响很大，据估计，美国的由于嗓音障碍支出的平均医疗成本约为2亿美元，一项关于巴西教师因发音困难而不得不休假的研究表明，对劳动力和生产力存在的潜在影响。综上所述，语音障碍对社会的影响支持了对语音障碍发展和治疗的更全面理解。

语音障碍的干预措施存在于语音手术的一系列非侵入性行为改变中。目前大多数研究集中在对喉部表面脱水的分子生物学反应，以证实言语病理学家之间常用的预防和治疗措施。脱水，因为它与声音有关，发生在两种情况下：全身脱水和气道表面脱水。全身脱水，即全身水分减少，已被证明会对人类的发声努力以及人类和离体动物模型的声学测量产生负面影响。与声音相关的表面脱水是指喉和声带管腔表面失水。在日常生活中，这可能是由于暴露在低湿度的空气中或运动导致呼吸频率增加所致。为了探索对表面脱水的潜在生理反应，大量的研究使用活体兔子做模型。从解剖学上讲，兔喉与人喉极为相似。在杓状软骨水平上，其大小已接近$8.6 \times 5.5mm^2$，与人类新生儿喉的尺寸一致。此外，文献表明，兔喉与人类具有足够的生物学相似性，并已用于声带的分子和组织学研究。兔喉也被用于表征发声或喉和声带手术继发损伤的生理反应。

### 应用一：RNA测序鉴定兔喉对低湿度刺激的转录变化

语音障碍是影响人类健康的世界性问题，尤其是对职业语音使用者而言。避免表面脱水通常被认为是防止发音困难的一种保护因素，然而现有的文献没有十分地支持这一做法，关于喉组织表面脱水如何影响声音的生物学机制还没有被报道。有研究使用了一个活体雄性新西兰大白兔模型来阐明基于表面脱水引起的声带内基因表达的生物变化。暴露于低湿度空气（18.6%+4.3%）中8小时可诱导表面脱水。暴露于中等湿度（43.0%+4.3%）作为对照条件。进行基于Ilumina的RNA测序，并进行转录组分析和RT-qPCR验证。

经Cuffdiff鉴定的差异表达基因有103个，其中61个基因在假发现率和折叠变化两方面均有显著性差异。功能注释富集和预测蛋白相互作用图谱显示细胞应激和炎症反应、睫状体功能和角质形成细胞发育等多种位点的富集。筛选出8个基因进行RT-qPCR验证。表面脱水后，基质金属蛋白酶12（MMP 12）和巨噬细胞阳离子肽1（MCP 1）明显上调，上皮氯通道蛋白（ECCP）明显下调。RT-qPCR显示，上盆型（SPBN）和锌激活型阳离子通道（ZACN）略有下降，但无明显下降和上调。这些数据共同支持了表面脱水引起声带生理变化的观点，以进一步探讨代偿液/离子通量和炎症介质对气道表面脱水反应的生物学反应。有研究成功地开发了一种高效、经济的环境室温来诱导表面脱水的方法，为靶向性研究喉表面脱水的分子反应奠定了基础[30]。

### 应用二：兔喉在喉切除术中的应用

为了改进喉切除实验装置，使之适应兔喉的实验要求。解剖5只兔喉，并将其安装在定制发声装置上。杓状软骨通过棒内收，湿润的空气通过喉引起声带振动。收集每个喉的声学、空气动力学、电声门图（EGG）和视频Kymographic数据。为了进行比较，收集了五个犬喉的相同数据，并计算了两个模型中每个参数的变异系数。

每个喉部都实现了可靠的发声。声学基频（F0）、抖动百分比、微光百分比、信噪比、发声开始和偏移时的压力和流量，和F0、闭合商、速度商、抖动、微光和接触商、由EGG记录，报道了兔喉黏膜波幅和相位差。两个模型之间每个参数的变异系数在幅值上相似。

在每个喉中实现了可靠的发声，声基频（F0）%iter%shimmer，信号噪声比压力和流量在发声开始和偏移、和F0，闭合商、速度商、抖动、微光、和接触商、记录EGG和粘膜波振幅和相位差报告为兔喉。两个模型中每个参数的变异系数在大小上是相似的。研究人员开发了一种方法来记录可靠的声学、空气动力学、videokymograph和EGG的数据免喉。当从莱泊林喉获得的数据进行比较，从犬喉的数据，兔喉内的变异被发现类似的犬喉[31]。

### 应用三：酸对成熟期家兔喉的影响及其在婴儿猝死综合征中的意义

婴儿猝死综合征（SIDS）由多种原因引起，一组SIDS高危新生儿包括因胃食管反流（GER）继发呼吸暂停的新生儿。研究表明，反流可导致婴儿呼吸暂停，积极治疗可显著改善症状。因为喉部是气道阻力的一个部位，所以喉在呼吸暂停中起着重要作用。通过感觉神经支配，喉还充当调节呼吸反射的传入肢体。为了研究阻塞性呼吸暂停与喉滴酸引起的中枢性呼吸暂停之间的关系，模拟GER，建立了家兔模型。使用生理盐水和酸溶液对60日龄的成熟兔子每隔15天进行一次处理，酸性溶液在所有年龄组都会引起阻塞性呼吸暂停。在酸性溶液中，所有年龄组均发生中枢性呼吸暂停，但在45天时发病率最高。所有组均出现喘息，但在30天龄时最常见。虽然阻塞性呼吸暂停和中枢性呼吸暂停合并为混合性呼吸暂停，但这两种类型的呼吸暂停相互独立。将酸滴注在成熟家兔的喉部会导致严重的阻塞性、中枢性和混合性呼吸暂停。喘息和频繁吞咽是常见的相关症状。酸诱导的兔阻塞性呼吸暂停反应了患有GER的婴儿的症状。GER患儿中枢性呼吸暂停较少见；然而，喉刺激引起的中枢性呼吸暂停已在几种动物模型中反复证实。中枢性呼吸暂停，最终导致致命窒息，已经在几种动物模型中描述过。喉似乎在GER易感婴儿的呼吸暂停发展中起着关键作用[32]。

### 应用四：离体兔喉发声特性的研究

对家兔发声特征的定量分析经常被忽视。然而，初步研究表明兔喉是人类发声的潜在模型。有研究报告了使用离体兔喉模型的发声定量数据，以更深入地了解发声过程三个主要组成部分的相关性，包括气流、声带动力学和声学输出。在11只离体兔喉中诱导持续发声。对于414种发声条件，分析了声带振动、声学和空气动力学参数作为纵向声带预应力、施加气流和声门闭合不足的函数。测量声带的尺寸并分析组织学数据。声门闭合特性得到改善，以增加纵向预应力和施加的气流。对于声门下压力信号，只有倒谱峰突出显示出对声门闭合的依赖性。相反，振动、声学和空气动力学参数高度依赖于声门闭合程度：发声期间声门闭合越完整，空气动力学和声学特性越好。因此，完全或至少部分关闭声门似乎可以提高声信号质量。最后，结果验证了离体兔喉作为分析发声过程的有效模型[33]。

# 五、脂肪组织及应用

miRNA是内源性非编码RNA，长度通常为18～26个核苷酸，调节真核细胞中的基因表达。成熟的miRNA是由长的初级转录物通过一系列核酸酶产生的，这些核酸酶进一步组装成RNA诱导的沉默复合物。这些复合物通过互补碱基配对识别靶mRNA，导致mRNA降解和翻译抑制。miRNA调节广泛的生理过程，包括生长发育、病毒防御、细胞增殖、凋亡和脂肪代谢。脂肪组织通过分泌激素、细胞因子、蛋白质和miRNA来控制代谢，这些激素、细胞因子、蛋白质和miRNA影响整个身体的细胞和组织的功能。同时，已有大量文献证明，miRNA调节脂肪组织发育，这与皮下和肌肉内脂肪沉积和脂肪细胞分化密切相关。miRNA，包括miR-27b、miR-103和miR-148a调节脂肪生成过程，促进或抑制动物脂肪生成。miRNA可以成为研究动物脂肪发育、生长和沉积的分子机制的新靶点。

迄今为止，已有报道称miRNA在人类、小鼠、家畜和家禽的脂肪发育过程中发挥作用。有研究报道筛选了牛脂肪和乳腺组织中的miRNA，并鉴定了59个差异表达的miRNA，其中5个与已知的哺乳动物miRNA不同。有人构建了冠羽鸭体外脂肪生成模型，通过深度miRNA序列鉴定了105个差异表达miRNA，其中12个是新预测的，并与脂肪生成有关，包括miR-223、miR-184-3p和miR-10b-5。有人发现miR-148a-3p可以通过抑制张力蛋白同源物（PTEN）的表达来参与调节兔前脂肪细胞的分化。

应用一：兔肾周脂肪组织沉积过程中差异表达和脂肪生长相关蛋白编码基因的筛选与鉴定

兔是一种很好的动物遗传和医学研究模型。兔的脂肪组织沉积率较低，表明兔生长过程中脂肪沉积具有一定的特异性。然而，对调节兔脂肪组织生长的基因知之甚少。在出生后第35天、第85天和第120天，使用深度RNA序列和综合生物信息学分析来筛选兔内脏脂肪组织（VAT）的基因。差异表达基因（DEG）在三个生长阶段通过DESeq鉴定。为了探索候选基因的功能，进行了GO和KEGG通路分析。随机选择6个差异表达基因，并通过q-PCR验证其表达谱。

从8个RNA测序文库中鉴定出20303份已知转录本和99199份新的转录本，筛选出34个差异表达基因（DEGS）。GO富集和KEGG分析表明，差异表达基因主要参与脂代谢调控，包括甘油三酯代谢过程和动员，脂类分解生成脂肪细胞ATP和脂肪酸代谢，包括LOC100342322和LOC100342572。此外，筛选出133个参与脂肪生长发育的蛋白质编码基因，包括酰基辅酶A合成酶长链家族成员5（ACSL 5）和脂肪酸结合蛋白2（FABP 2）。q-PCR对6个差异表达基因的验证结果与RNA-seq的结果一致。总的来说，有研究首次报道了兔脂肪组织在不同生长阶段的编码基因图谱，该结果为后续兔子遗传学和脂肪细胞调控研究提供了候选基因，并为研究人类肥胖提供了动物模型[34]。

## 应用二：兔生长过程中肾周脂肪组织MicroRNAs的筛选与鉴定

MicroRNAs（MiRNAs）调节脂肪组织的发育，与皮下和肌内脂肪沉积及脂肪细胞分化密切相关。兔作为一种重要的经济和农业动物，具有较低的脂肪沉积率，是研究脂肪调节的理想模型。然而，在家兔生长发育过程中，与脂肪沉积有关的miRNAs尚不清楚。有研究采用miRNA测序和生物信息学分析方法，对兔肾周脂肪组织在出生后第35天、第85天和第120天的miRNA进行了分析。使用R语言的DEseq 软件包鉴定不同阶段差异表达的miRNAs，通过TargetScan和Miranda预测了DEmiRNAs的靶基因。为了探讨已鉴定的miRNAs的功能，使用GO和KEGG进行了注释分析。

MiRNA-seq获得了大约1.6GB的数据，共鉴定出987个miRNAs（780个已知和207个新预测），其中174个为差异显著 miRNAs，MiRNAs在18～26nt。GO富集和KEGG通路分析表明，差异miRNAs的靶基因主要参与锌离子结合、细胞生长调节、MAPK信号通路和其他与脂肪肥大相关的通路。随机选取6个差异miRNAs，用q-PCR方法验证其表达谱。这是首次报道兔不同生长阶段脂肪组织的miRNA谱，该结果为以后研究兔的遗传、育种和脂肪发育的调控机制提供了理论参考[35]。

## 应用三：自体脂肪来源干细胞片在兔半月板再生中的作用

有研究在兔半月板缺损模型中观察脂肪源性干细胞（ADSC）片促进半月板再生的作用。从42只成年雌性日本白兔肩胛间脂肪垫脂肪组织中提取脂肪干细胞。当细胞在第三代达到融合时，用抗坏血酸补充培养基。在一周内，培养的细胞形成可移动的薄片，用作ADSC薄片。通过冷冻杀死ADSC来创建细胞死亡（CD）片，以研究ADSC片中是否需要活的ADSC。从前根到内侧副韧带后缘的内侧半月板的前半部分从两肢上取下。将自体ADSC或CD片移植到单膝（ADSC片或CD片组）。半月板切除后，对侧肢体闭合，无需移植（对照组）。移植后4周和12周对兔子实施安乐死，以获取整个内侧半月板。比较3组间半月板组织面积、内侧副韧带内侧横径和组织学评分。在4周和12周时，ADSC板组再生组织的面积和横径大于对照组。此外，在4周时，ADSC片组（8）的组织学评分显著高于对照组（4.5）（$P=0.02$），在12周时显著高于CD片组（9）（ADSC=12.5，$P=0.009$）和对照组（6）（ADSC=12.5，$P=0.0003$）。ADSC片移植于半月板缺损区，可增再生半月板组织的体积、提高组织学评分，ADSC板可能有促进半月板再生的作用[36]。

应用四：微囊化兔脂肪干细胞诱导兔耳缺损模型中的组织再生

基于细胞的组织工程可以促进软骨组织再生，但在交付后植入部位的细胞保留存在问题。含有经软骨形成介质预处理的脂肪干细胞（ASCs）的海藻酸钠微球已成功用于在大鼠剑突的临界大小缺损中再生透明软骨，表明它们可能用于治疗弹性软骨（如耳朵）的缺损。为了验证这一点，有研究使用了由低黏度、高甘露糖醛酸盐医用级海藻酸钠制成的微球，该海藻酸钠使用高静电电位，以及含有葡萄糖的钙交联溶液。将含有兔ASCs（rbASCs）的微球双侧植入6只骨骼成熟雄性新西兰白兔的3mm临界尺寸中耳软骨缺损中（空白缺损、无细胞微球、有细胞微球、有细胞可降解微球、自体移植），植入后12周，通过显微CT和组织学评估再生。在软骨形成介质中培养的微囊化rbASCs表达聚集蛋白聚糖、II型胶原和X型胶原的mRNA。组织学上，空洞缺损含有纤维组织；无细胞的微珠仍存在于缺损中，并被纤维组织包围；含有rbASCs的不可降解珠粒启动软骨再生；microCT也显示，带有细胞的可降解微球可产生未成熟的骨样组织；自体移植的耳软骨与正常耳软骨相似，但与缺损周围的组织未完全融合。弹性蛋白是耳软骨的标志，在新软骨中不明显。这种输送系统具有耳软骨再生的潜力，但必须考虑治疗部位的血管性和使用诱导弹性蛋白的因素[37]。

# 六、全景图分析及应用

兔（Oryctolagus cuniculus）是一种重要的家养哺乳动物，属于兔形目麻风科。由于与人类的亲缘关系密切、生命周期短、攻击性行为少等优点，兔子已被广泛用作生物医学研究中的动物模型。尤其是，兔在脂蛋白代谢方面与人类非常相似，因此被认为是研究人类高胆固醇血症的首选动物模型。除了对人类疾病的机理研究外，兔子还参与了手术的实验研究。作为一种单胃食草动物，兔子可以有效利用人类无法消化的植物蛋白质，在世界许多地方，特别是在中国，兔子被经济地饲养，用于提供肉、毛皮和羊毛制品。

兔基因组测序深度约为7X，当前组装为2.66Gb大小（OryCun2.0），其中在Ensembl genebuild总共预测了22668个基因位点，包括24964个转录本。然而，现有的大多数基因模型只是从电子预测中衍生出来的，缺乏对替代亚型和未翻译区域的可靠注释，这将对转录组复杂性的准确评估是不利的。因此，改进基因组注释对于促进兔的生物学研究是必要的。高通量RNA测序方法大大减轻了对基因转录、替代亚型和表达水平的全基因组研究。然而，从短读序列中可靠地组装全长转录物仍然具有挑战性，这对于表征转录后过程，例如选择性剪接（AS）和选择性多聚腺苷酸化（APA）事件至关重要。最近，PacBio的单分子长读测序技术为全长cDNA分子测序提供了一种更好的选择，该技术已成功用于人类和其他物种的全转录组分析。PacBio长读序列也专门用于预测和验证真核生物中的基因模型。与短读测序相比，PacBio RNA测序的方法学优势主要包括更好地完成cDNA分子5′和3′端的测序，更高的识别替代亚型的准确性，以及更高的识别RNA单倍型的能力。然而，目前不能直接使用PacBio长读测序方法来量化基因表达。可以利用这项技术对兔子的多聚腺苷化RNA进行测序，并提供与基因模型和替代亚型相关的转录组范围。

应用一：兔多能干细胞在体内外转录组图谱的比较

多能性是指单个细胞分化为三个胚胎胚层的能力。在小鼠体内，体外获得了两种具有不同特征的多能干细胞。原始多能干细胞来源于早期胚泡（ESC）的内细胞团（ICM）或从体细胞（IPSC）重新编程，而启动的多能干细胞来源于晚期外胚层（EPIC）。处于启动多能性状态的细胞更容易分化，只有原始多能性干细胞在注入胚泡后才能形成种系嵌合体。尽管进行了多次尝试，但在家养哺乳动物物种中捕获多能性干细胞在很大程度上是不成功的，即使是从早期胚泡或重编程体细胞开始，也只能获得启动多能性干细胞。这提出了两个问题：内细胞团和外胚层是否处于原始或启动的多能性状态，以及这些物种中ESC和IPSC的转录组特征是什么？为了解决这些问题，有研究比较了兔子的ICM、epiblast、ESCs和iPSCs转录组。结果表明：（1）在小鼠和兔胚胎之间，原始和启动多能性的分子特征可能不同；（2）参与细胞周期G1/S转换、肌动蛋白细胞骨架信号、发育和分化途径的基因在胚胎干细胞和iPSC中上调；（3）ICM和外胚层上调多能性相关基因并显示特定的代谢特征。这些结果表明，兔胚胎干细胞和iPSC的多能性处于高级启动状态，ICM和外胚层的证据特异性功能不为胚胎干细胞和iPSC所共享[38]。

应用二：PacBio单分子长读测序显示的兔转录组图谱

人们普遍认为转录多样性在很大程度上有助于真核生物的生物调控。自从第二代测序技术出现以来，大量的RNA测序技术大大提高了我们对转录组复杂性的理解。然而，由于短阅读组装的困难，获取全长转录本仍然是一个巨大的挑战。在有的研究中，采用PacBio单分子长读测序技术对兔子（Oryctolagus cuniculus）的全转录组进行分析。从14474个基因位点中共获得36186个高置信度转录本，其中超过23%的基因位点和66%的亚型尚未在当前参考基因组中注释。此外，计算表明约17%的转录本是非编码RNA。在这个从头构建的转录组中，分别检测到多达24797个选择性剪接（AS）和11184个选择性多聚腺苷酸化（APA）事件。该结果提供了一套全面的参考转录本，因此有助于改进兔基因组的注释[39]。

# 七、嗅觉概述及应用

兔子属于兔形目，在系统发育上与啮齿动物接近。然而，由于信息素是物种特有的信号，因此应根据其生殖模式和行为优先级独立考虑每个物种。事实上，兔子是唯一一种含有乳腺信息素的哺乳动物–已检测到2–甲基–but–2–烯醇（2 MB2），成为哺乳动物信息素通信的最佳研究模型之一。此外，兔子是一种农场动物，最近它们也成为了一种常见的宠物，是继狗和猫之后全球第三大首选宠物；因此，了解嗅觉子系统对信息素的感知可能有助于实施基于信息素的治疗，以改善动物生产和福利。事实上，安抚兔子的信息素–2 MB2类似物已经商业化，作为一种减轻压力、提高繁殖效率和改善动物福利的方法，并且已经收集了一些关于兔子乳腺信息素的行为数据。这些研究，以及在解剖学水平上对犁鼻系统的进行了全面研究，突出了化学通讯在该物种中的相关性。

许多动物依靠化学通讯来调节同种动物之间的社会和生殖互动，这通常由信息素介导，化学线索主要由两个多基因家族检测，即犁鼻1型和2型受体（V1R和V2R），它们在犁鼻器官（VNO）的神经上皮中表达，这是一种位于鼻腔的特殊结构，包含犁鼻感觉神经元（VSN）。检测其中一些化学物质的阈值非常低，接近10~11mol/L，使VSN成为哺乳动物中最敏感的化学检测器。

VNO根据物种显示出独特的解剖、生理、生化和遗传特征。从VNO到大脑中央回路的信息化学感知和信号放大及转导大多在啮齿动物中进行了研究。然而，犁鼻功能背后的分子和细胞原理尚未完全理解，可能是由于VNO检测到的分子范围广泛，从蛋白质或肽到类固醇、主要组织相容性复合体（MHC）分子和一些小代谢物，以及VSN中发现的多种家族受体（V1R、V2R、甲酰肽和MHC受体）。此外，V1Rs和V2Rs基因的数量在哺乳动物基因组中差异很大，从猕猴的非功能基因到啮齿动物的几百个。通过比较基因组学、比较不同物种的基因组组合以及通过逆转录聚合酶链反应（RT-PCR）、原位杂交和微阵列的特定犁鼻受体（VR）基因或基因亚群的基因表达，研究了VNO的基因组特征。然而，只有少数研究涉及少数物种（小鼠、斑马鱼和蝙蝠）中整个VNO转录组的分析。特别是，在不同的实验条件下对小鼠犁鼻器官进行了研究，结果表明，在品系、妊娠和性别分离的情况下，犁鼻受体的表达存在差异，这表明VNO的特征不仅可能在物种之间存在差异，而且在同一物种内的不同条件下也可能存在差异。

### 应用一：犁鼻器转录组分析显示兔的基因表达因年龄和功能而异

分子遗传学方法极大地促进了我们对脊椎动物信息素通信的理解，据文献报道所知，尚未对兔子犁鼻器官（VNO）进行研究。有研究进行了RNA测序（RNA-Seq）方法：（1）表征兔子VNO转录组；（2）定义兔子VNO中表达的犁鼻受体；（3）通过比较犁鼻转录本库与其他兔组织来识别犁鼻特定基因；（4）评估雌性与雄性、幼年与成年之间的基因表达差异。有研究对兔犁鼻肌基因库进行了广泛的展望，确定了VNO特异性基因，并观察了其整体表达谱的显著波动，特别是取决于年龄而不是性别，尽管有多种性激素相关途径支持VNO在生殖行为中的关键作用。总之，这些结果表明家兔犁鼻肌的表达具有很大的灵活性，可能有助于了解犁鼻肌器官功能的各种生理机制。

有研究提供了第一个全面的跨性别和性成熟阶段的兔VNO的RNA测序研究，鉴定了VNO的转录特征，更新了两个主要的犁鼻受体家族的数量和表达量，包括128V1Rs和67V2Rs。此外，还定义了甲酰基肽受体和瞬时受体电位通道家族的表达，这两个家族在VNO中都有特定的作用。几种与性激素相关的途径在VNO中持续富集，突出了该器官在生殖中的相关性。此外，幼年和成年的VNOs显示出显著的转录组差异，而雌性和雄性没有。总的来说，这些结果有助于理解在非啮齿动物模型中由VNO介导的行为反应的基因组基础，为未来了解兔行为反应的遗传基础提供了基线[40]。

### 应用二：家兔嗅球中肾小球和二尖瓣细胞数量的再估计

虽然哺乳动物嗅球（OB）的形态特征在啮齿动物（大鼠、小鼠）中有很好的记录，但只有一项研究在兔子身上进行，这也是嗅觉研究中常用的方法。Allison和Warwick在1949年进行的研究中得出了令人惊讶的结果，最近的文献中仍有引用。有研究在幼兔OB中重新检查了这个问题，同时也以大鼠作为对照。在每个物种的五只动物中，在沿OB喙颈轴均匀分布的10个冠状截面上测量肾小球和二尖瓣轮廓的面积和坐标，并使用无分布体视学方法计算沿该轴的值。对于肾小球，大鼠的估计数量为4200，兔子为6300。虽然这一估计与兔子文献中发现的值相匹配，但它与Allison和Warwick的值（1900）显著不同。对于二尖瓣细胞数，有研究发现59600个，而之前的研究仅发现45000个。与肾小球数量相比，大鼠和家兔的二尖瓣细胞数量非常接近。事实上，结果显示大鼠体内有56200个。结果表明，以前低估了家兔嗅球和二尖瓣细胞的数量，并且嗅球的数量随着物种的变化而变化。此外，有研究结果和先前的文献报道均表明小鼠、大鼠和家兔的二尖瓣细胞数量相当相似。因此，肾小球/二尖瓣细胞比率可能在不同物种之间存在很大差异[41]。

### 应用三：抗癌药物多西紫杉醇对家兔嗅觉粘膜结构和功能的影响

多西紫杉醇（DCT）是一种通过破坏高度有丝分裂癌细胞中的微管动力学来发挥作用的抗癌药物。因此，这种药物有可能影响细胞更新率高的组织的功能和组织。有研究通过光镜和电镜、形态计量学、Ki-67免疫染色、TUNEL测定和掩埋食物嗅觉敏感性试验，在兔子体内研究了单次人体等效剂量（6.26mg/kg，静脉注射）DCT对嗅觉黏膜（OM）的影响。暴露后第5天和第10天，嗅觉上皮（OE）中的正常细胞分层紊乱，OE、鲍曼腺和轴突束的细胞凋亡，以及束核中存在血管（包括PED 3）。束直径、嗅细胞密度和纤毛数量的减少也很明显，在PED 10上最为显著（分别为49.3%、63.4%和50%）。令人惊讶的是，到PED 15时，OM恢复了正常形态。此外，嗅觉敏感性逐渐下降，直到PED 10时，嗅觉明显受损，并通过PED 15从受损中恢复。这些观察结果表明，DCT瞬时改变OM的结构和功能，表明该组织具有较高的再生潜力[42]。

### 应用四：家兔端脑与间脑的嗅觉关系

用辣根过氧化物酶（HRP）从轴突终末到其母细胞体的轴浆逆行运输和组织化学荧光显微镜研究了兔同侧离心纤维到嗅球和前嗅核的情况。局部注射过氧化物酶单侧注入主嗅球或副嗅球或前嗅核。在注射HRP限制在主球内的动物中，在同侧前脑的前乳头前皮质、对角带核的水平肢体以及远外侧视前区和吻侧外侧下丘脑区观察到用蛋白质逆行标记的胞体。含有HRP阳性躯体的脑干细胞群包括蓝斑和中脑中缝背核。除酪前皮质外，带标记胞体的基底前脑结构与含有乙酰胆碱酯酶和胆碱乙酰转移酶的细胞体位置密切相关。这些躯体可能代表了主嗅球的胆碱能传入系统。蓝斑和中脑中缝中的过氧化物酶标记细胞体分别指示嗅球的去甲肾上腺素能和5-羟色胺能神经支配。在将过氧化物酶注射或扩散到副嗅球和前嗅核的家兔中，HRP阳性的躯体位于双侧的乳头前皮质、对角带核的水平肢体、下丘脑外侧区、外侧嗅束核、杏仁核的皮质内侧复合体，同侧主嗅球、蓝斑和中脑中缝的二尖瓣和簇状细胞层。本节讨论了从杏仁核皮质内侧复合体、蓝斑以及可能的外侧嗅束核和中脑中缝到副嗅球的离心纤维的证据。在大鼠的前脑和脑干中观察到类似的标记胞体分布，其中注射到主嗅球的过氧化物酶已扩散到副嗅球和前嗅核。

兔和大鼠主嗅球和副嗅球的组织化学荧光显微镜显示，细口径、绿色荧光纤维和静脉曲张主要位于颗粒细胞层，肾小球层细胞间较少。在穿过主嗅球根部的切片中，在前嗅核外侧部丛状层的深半部分可见类似的荧光。这些荧光纤维可能代表了嗅球和球后结构的去甲肾上腺素能神经支配。在主球的肾小球层中观察到荧光黄色，可能表明该层有5-羟色胺能神经支配。有研究结果为主要和辅助嗅觉系统的存在提供了持续的支持，并为嗅觉脑的组织以及下丘脑和嗅觉的相互关系提供了更深入的见解[43]。

# 八、比较转录组概述及应用

应用一：比较转录组学揭示兔和小鼠模型中与动脉粥样硬化相关的特定反应基因

小鼠和家兔是动脉粥样硬化研究中经常使用的物种。关于人类动脉粥样硬化的建模，已经观察到，在常用的致动脉粥样硬化条件下，两个物种之间的表型变化是部分一致或不一致的。然而，仍然缺乏全基因组的分子变异。为了了解兔和小鼠在发展动脉粥样硬化方面的差异，我们从直系同源基因的角度，比较了两个物种在相同动脉粥样硬化驱动因素（高脂饮食或低密度脂蛋白受体缺乏）下的全基因组表达谱。我们的结果表明：（1）低密度脂蛋白受体缺乏引起兔和小鼠不同的基因表达变化。WHHL兔具有更显著的差异表达基因，大多数基因表达下调。（2）在高脂喂养的家兔和小鼠模型中，一些基因和功能通常发生失调，例如脂质代谢和炎症过程。然而，兔子摄入高脂肪会产生更多差异表达的基因和更严重的功能影响。（3）发现了与高脂肪摄入相关的兔和小鼠的特异性差异表达基因。在脂蛋白代谢方面，APOA4和APOB分别是兔和小鼠的主要反应基因。APOA4和APOB在人动脉粥样硬化中的表达变化更类似于兔，因此兔可能是研究人类脂蛋白代谢相关疾病的较好动物模型。总之，我们的比较转录组分析揭示了物种特异性表达调控，可以部分解释兔和小鼠之间的不同表型，这有助于研究动脉粥样硬化的模型选择[44]。

鼠和家兔是动脉粥样硬化研究的常用物种。关于人类动脉粥样硬化的建模，已经观察到表型的变异在遗传条件在两个物种之间部分或没有一致。然而，全基因组的分子变异仍然缺乏。了解兔和小鼠在发育过程中的差异动脉粥样硬化，从同源的方面，比较了两个物种在相同动脉粥样硬化驱动因素下的全基因组表达谱：高脂肪饮食或LDLR缺乏。

（1）LDLR缺失诱导兔和小鼠不同的基因表达变化。WHHL兔的表达基因差异更显著，大部分基因下降。（2）在高脂喂养的兔和小鼠模型中，一些基因和功能通常发生失调，如脂质代谢和炎症过程。然而，兔摄入高脂肪会产生更多的差异表达基因和更严重的功能效应。（3）兔和小鼠特异性差异表达基因摄入高脂肪。在脂蛋白代谢方面，APOA4和APOB分别是兔和小鼠的主要应答基因。人动脉粥样硬化和APOB在表达中的表达变化硬化症与兔更相似，因此兔可能是研究人类脂蛋白代谢相关疾病的更好的动物模型。比较转录组分析显示，物种特异性的表达调控可以部分解释兔和小鼠之间的不同表型，这有助于研究动脉粥样硬化的模型选择。

应用二："在体外和体内比较兔多能干细胞的转录图谱"

多能性是指单个细胞分化为三个胚胎胚层的能力。在小鼠体内，获得了两种具有不同特性的多能干细胞。幼稚多能干细胞来源于早期囊胚（ESCs）的内细胞团（ICM），或由体细胞（IPSCs）重新编程，而启动的多能干细胞则来源于晚期表皮细胞（EpiSCs）。处于启动多能状态的细胞更容易分化，只有幼稚的多能干细胞在注入囊胚后形成生殖细胞嵌合体。尽管进行了多次尝试，但在国内哺乳动物物种中捕捉多能性的努力基本上没有成功，即使是从早期囊胚或重新编程体细胞开始，也只能获得启动的多能干细胞。这就提出了两个问题：内细胞质量和表皮细胞是否处于幼稚或启动的多能状态，以及这些物种的ESCs和iPSCs的转录组特征是什么。为了解决这些问题，我们比较了兔的ICM，EPEBLAST，ESCs和IPSCs的转录序列。

（1）小鼠胚胎和兔胚胎的天真和启动多能性的分子特征可能不同；（2）参与细胞周期G1/S转换的基因、肌动蛋白细胞骨架信号、发育和分化途径在ESCs和IPSCs中均有上调；（3）ICM和表观上调多能相关基因，并显示出特定的代谢特征。

这些结果表明，兔ESCs和IPSCs具有一种先进的多能启动状态，并且证明了ESCs和IPSCs不共享的ICM和EPEBLAST的特定功能[38]。

## 九、血液-免疫概述及应用

兔子是一种野生驯化物种，有多种用途，包括肉和毛皮生产、生物技术应用（例如抗体生产、克隆），以及作为营养、生殖、毒理学、药物研究和病理学研究的工具。事实上，兔子已被广泛用作研究传染病的模型，如结核病、梅毒、炭疽、兔热病、痘病毒病和戊型肝炎。兔子还被用于研究自身免疫性疾病，如系统性红斑狼疮。通过对比，兔子免疫系统比小鼠和其他啮齿动物能够产生抗体和有亲和力。由于其高度的特异性和亲和力，兔抗体在市场上可用于大量靶抗原。

兔子已被纳入哺乳动物基因组计划，2005年和2009年分别发布了兔子基因组序列的2X和7X版本。兔子基因组不断更新，这是对越来越经济高效的高通量测序方法的补充，为大规模全基因组表达研究做了铺垫。然而，迄今为止，在关于兔子的报道中全基因组表达研究很少，其中大多数集中在早期胚胎发生、多能干细胞、妊娠期植入、眼部研究和不同器官对艾美耳球虫感染的反应。虽然兔子在免疫学和传染病研究中被证明非常有用，但针对各种挑战的免疫反应的全基因组表达研究仍然有限。

应用一：兔全基因组免疫研究：体外*LPS*或*PMA*-离子霉素刺激后外周血单个核细胞的转录组变化

有研究的目的是获得兔在脂多糖（LPS）或佛波醇肉豆蔻酸酯（PMA）和离子霉素体外刺激后外周血单个核细胞（PBMC）反应的全基因组表达数据。该转录组分析是使用富含免疫相关基因的微阵列进行的，并用兔子基因组的最新可用数据进行注释。与模拟刺激的外周血单个核细胞相比，在体外刺激4小时（T4）和24小时（T24）后，LPS对基因的影响比PMA离子霉素少15到20倍。LPS诱导炎症反应，如T4时IL12A和CXCL11的显著上调，然后在T24时IL6、IL1B、IL1A、IL36、IL37、TNF和CCL4的转录增加。值得注意的是，在T4或T24均未发现IL8上调，而在T24检测到DEFB1和BPI下调。在LPS刺激下，发现SAA1、S100A12和F3协同上调。

PMA离子霉素在T4诱导PBMCs的Th1、Th2、Treg和Th17反应的早期表达。Th1反应在T24时增加，表现为IFNG转录增加，与其他细胞因子的模拟刺激相比，其他细胞因子从T4显著降低到T24（IL2、IL4、IL10、IL13、IL17A、CD69）。与模拟刺激细胞相比，粒细胞–巨噬细胞集落刺激因子（CSF2）是迄今为止T4和T24处过度表达最多的基因，证实了PMA离子霉素对细胞生长和增殖的主要影响。在T4和T24观察到IL16显著下调，这与IL16在PBMC凋亡中的作用一致。

有研究报告了兔种外周血单个核细胞对LPS和PMA离子霉素反应的新数据，扩大了此类报告存在的哺乳动物物种的范围。兔基因组组装以及高通量基因组工具的可用性为该物种更深入的基因组研究奠定了基础，该物种被认为是与免疫学和生理学密切相关的生物医学模型[45]。

应用二：大肠杆菌病对兔病毒性出血症疫苗免疫应答的影响

病毒性出血病（VHD）和大肠杆菌病是家兔常见的疾病，在全球范围内造成了一定的经济损失。有研究开展了大肠杆菌病对接种兔出血病病毒（RHDV）的家兔免疫反应的影响，选择包括四组动物（G1～G4），G1为阴性对照组；G2为RHDV疫苗组；G3为大肠杆菌感染组；G4为大肠杆菌感染+RHDV疫苗组。在接种前3天，同时进行了大肠杆菌感染和RHDV疫苗接种，之前还有一次感染。在接种后28天，用0.5毫升RHDV肌肉内攻击兔子（G2～G4），剂量为103 50%半致死剂量（LD50）/兔子。观察兔子的临床症状、体重增加和死亡率。在PV第3、5、7、14、21和28天收集组织、血液、血清和粪便样本以及直肠拭子。在感染+RHDV疫苗组中观察到显著的临床症状和死亡率以及体重下降。在感染后第3天，与所有其他组相比，接种组（G2）的肝肿瘤坏死因子–α（TNF–α）和白细胞介素–6（IL–6）水平显著上调；然而，感染+RHDV疫苗组的肠道TNF–α和IL–6水平显著高于其他组。此外，在接种过RHDV的兔子中，大肠杆菌感染导致免疫抑制，表现为嗜异性吞噬活性、CD4+/CD8+比率和对RHDV的HI抗体反应显著降低（P<0.05），嗜异性淋巴细胞（H/L）比率显著增加。综上所述，大肠杆菌病导致免疫抑制，包括细胞因子平衡的改变，并减少接种兔的体重增加和死亡率，可能是兔养殖中RHDV接种失败的一个促成因素[46]。

应用三：家兔标准免疫

　　家兔可以通过每两周注射一次纯化抗原、培养细胞或cDNA进行免疫。能够诱导应答的最小抗原量将取决于抗原的性质和宿主，但对于兔子来说，最小剂量控制在每次注射10μg的范围内，尽管每次注射100μg更为常见。如果使用的是纯净的可溶性蛋白质抗原且含量丰富，则每次免疫接种时佐剂的剂量为0.5～1 mg是明智的建议。在免疫接种之前，兔子的注射部位被剃毛并消毒。佐剂仅在前两次免疫中与免疫抗原混合，完全弗氏佐剂仅在第一次免疫中使用；随后的免疫接种在磷酸盐缓冲盐水（PBS）或生理盐水中进行，包括或不包括不完全弗氏佐剂。一旦针对感兴趣的抗原形成了良好的滴度，则进行定期升压和出血以收集最大量的血清。对于兔子，每6周应间隔一次升压，每次升压后10～12天应收集20～40毫升的血清样本；通常，从兔子身上采集的单个样本出血将产生25毫升血清[47]。

# 十、多组学整合概述及应用

　　尽管复杂疾病的表型变异非常严重，且其多基因遗传和环境影响而复杂，但是凭借高通量技术，组学数据分析，例如全基因组关联研究（GWAS），在以下方面取得了显著成功，识别复杂疾病的遗传变异极大地提高了我们对许多常见复杂疾病的遗传机制。对组学数据的主要分析兴趣通常是识别一组单核苷酸多态性或与靶标有轻微关联的基因病，强调了基因间相互作用（上位性）的重要性。复杂基因隐藏变异的疾病，这可以解释为多个SNP/基因，但不受其主要影响。识别基因的相互作用不仅有助于解释复杂疾病的部分遗传性，还为理解复杂疾病的潜在发病机制提供了线索，并改善了对个体疾病风险的预测。

　　到目前为止，大多数基因相互作用分析的研究集中在关于单组学数据，如GWAS和基因表达数据，许多统计方法已被提出用于检测基因相互作用，包括多因素降维方法、PLINK、随机Jungle、BEAM、组合分割法、限制分割法和组合搜索法。一些人在全基因组水平上对成对基因相互作用进行了详尽的研究；一些根据现有的生物学知识或统计特征，选择SNP或基因子集进行相互作用测试；有些则采用机器学习和数据挖掘算法进行数据缩减和/或特征选择，以减少基因交互分析中的计算负担。

　　最近，高通量技术的进步允许同时测量多个基因组特征（例如RNA转录数据、基因型变异数据和蛋白质组数据），在全基因组范围内，提供了大量信息，以揭示人类复杂疾病的遗传机制。重要的是，不同的组学特征不是孤立地行动，而是在多个位置进行交互干扰。基因相互作用分析个体组学研究未能提供遗传因素及其在癌症中作用的全面观点。因此，需要考虑遗传交互分析，通过整合多组学，跨越不同组学特征数据，有力和全面地确定复杂疾病潜在的分子和基因组因素/机制。

应用一：兔模型全基因组和转录组测序显示的高脂血症相关基因变异和表达模式

兔（楔形齿形兔）是研究高胆固醇血症和动脉粥样硬化等人类疾病的重要实验动物。尽管如此，实验室兔子的遗传信息和RNA表达谱仍然缺乏。有研究使用了最受欢迎的实验兔的三个品种的全基因组变异信息，新西兰白兔（NZW）、日本白兔（JW）和渡边遗传性高脂血症兔（WHHL）。虽然WHHL兔的遗传多样性相对较低，但它们积累了很大比例的高频有害突变。除低密度脂蛋白受体缺乏外，一些有害突变与WHHL兔的病理生理学有关。此外，有研究对WHHL和高胆固醇饮食（Chol）喂养的新西兰白兔的不同器官进行了转录组测序，分析发现两种兔模型的基因表达谱在主动脉中基本相似，尽管它们表现出不同类型的高胆固醇血症。相反，Chol喂养的兔子，而非WHHL兔子，在肝脏表现出明显的炎症反应和异常脂质代谢。这些结果为用兔模型确定高胆固醇血症和动脉粥样硬化的治疗靶点提供了有价值的见解[48]。

应用二：关键 *microRNA - mRNA* 的多基因组分析肥胖家兔骨骼肌代谢调控网络的研究

MicroRNAs（MiRNAs）是一种长度约为22个核苷酸的小非编码RNA，参与骨骼肌细胞的能量代谢。然而，它们在兔骨骼肌代谢中的分子机制尚不清楚。有研究选择16只家兔，对照组（CON-G）8只，实验组（HFD-G）8只，建立35～70日龄高脂饮食诱导的肥胖动物模型。随后，用三种测序技术（小RNA测序、转录序列分析和串联质量标签（TMT）蛋白技术）检测和分析了54种差异表达的miRNAs、248种差异表达的mRNAs和108种与骨骼肌代谢相关的差异表达蛋白。

两组兔骨骼肌中12个miRNAs和12个核心基因（如CRYL 1、VDAC 3和APIP）均有显著差异。网络分析表明，7对miRNA mRNA参与代谢。重要的是，两种miRNA（miR-92a-3p和miR-30a/c/d-5p）调节三种转录因子（MYBL2、STAT1和IKZF1），这三种转录因子可能对脂质代谢至关重要。这些结果增强了我们对兔骨骼肌代谢相关分子机制的理解，并为未来人类肥胖代谢性疾病的研究提供了基础[49]。

# 十一、肌肉概述及应用

兔肉是一种功能性食品，具有良好的营养价值——高蛋白质、低胆固醇和低脂。由于其特有的经济价值，越来越受到人们的欢迎。因此，提高家兔肌肉的产量和质量是饲养兔子的中心任务。骨骼肌的代谢和发育在动物生长过程中至关重要。此外，正常生活活动的能量代谢也受到影响，受多种生长、分化和营养环境因素的影响。近几十年来，由于高脂肪饮食摄入过多，许多人患有与肥胖相关的代谢性疾病。肥胖会引起肌肉内代谢疾病，如线粒体疾病、全身炎症、异常脂肪细胞因子、信号转导和脂质过度积累。以前的研究表明，骨骼肌代谢调节模型对肥胖的调节具有重要意义。尤其是家兔的肌内脂肪含量相对低于其他家畜，表明其具有独特的肌肉生长模式和新陈代谢。然而，很少有研究涉及参与兔肌肉生长和代谢的调控机制。

　　miRNA是一种进化上保守的短非编码RNA，长度约为20到23个核苷酸，它们可以结合到30个非翻译区。骨骼肌与产肉量和其他重要经济指标密切相关。多个miRNA和候选基因在肌肉组织的不同生长和发育阶段通过测序技术进行了研究。研究表明，大量的miRNA和基因参与骨骼肌发育过程中的生长和代谢调节。此外，miRNA和mRNA之间的靶向调控关系在mRNA转录和表达过程中起着至关重要的作用。miR-130b和miR-696靶向过氧化物酶体增殖物激活受体-γ辅激活因子-1α（PGC-1α）基因以调节骨骼肌代谢。miR-499靶向PRDM16基因，以调节肌肉和脂肪组织之间的脂肪分化。miR-143和miR-378分别靶向IGFBP5和POLA2基因，以调节骨骼肌卫星细胞的增殖和分化。然而，兔骨骼肌生长和代谢的miRNA-mRNA网络调控和遗传机制尚不清楚。

### 应用一：两种不同生长速率兔骨骼肌发育相关长非编码RNA的鉴定

　　骨骼肌发育对肌肉质量和产量起着重要作用，决定着家畜的经济价值。据报道，长非编码RNA（lncRNAs）与骨骼肌发育有关。然而，有关lncRNAs在家兔肌肉发育中的作用的研究很少。通过转录组测序研究了在三个发育阶段（出生后0天、35天和84天）具有不同生长速率的两个兔子品种[寨卡兔（ZKR）和齐心兔（QXR）]中的LncRNAs和mRNAs。通过DESeq软件包在同一阶段对两个兔子品种的差异表达lncRNAs和mRNAs进行了鉴定。对差异表达的lncRNA和mRNA进行共表达相关分析，以构建lncRNA-mRNA。为了探讨lncRNA的功能，对lncRNA中共表达的mRNA进行基因本体分析和mRNA配对。在三次比较中，分别有128、109和115个差异表达的lncRNAs。在两个兔子品种中差异表达的LncRNAs TCONS_00013557 和 XR_518424.2可能在骨骼肌发育中发挥重要作用，因为它们的共表达mRNA在骨骼肌发育相关的GO中显著富集。有研究为两种兔子的骨骼肌发育提供了潜在功能性lncRNAs，可能对兔子的生产是有利的[50]。

　　由于其富有的公关服务的特点，兔肉越来越受到人们的欢迎。长链非编码RNA（lncRNA）已被报道是适应了骨骼肌的发育。然而，lncRNA在家兔肌肉发育中的作用尚不清楚。两种兔种（ZKR和QXR）的lncRNA和mRNA通过转录组测序，研究了在三个发育阶段（出生后0天、35天和84天）中生长速率不同的兔（QXR）。差异表达的lncRNA和mRNA用DESeq软件包鉴定了处于同一阶段的两个兔品种的snp。对差异表达的lncRNA和mRNA进行共表达相关性分析，构建lncRNA-mRNA对。

　　在两个兔品种中差异表达的LncRNATCONS_00013557和XR_518424.2可能在骨骼肌发育中发挥重要作用，因为它们的共表达量为mRNA在骨骼肌发育相关的氧化石墨烯术语中显著富集。有研究在两种兔品种的骨骼肌发育中提供了潜在的功能lncRNA 这对兔子的生产是最有利的。利用RNA测序技术，有几种lncRNA和蛋白鳕鱼骨骼肌中的lncRNA（gga）-lnc-0181可能在肌肉测序中表达水平不同，且过表达性状相关位点的定位。通过转录组反应（RT-PCR）从鸡骨骼肌中鉴定出新的lncRNA。同时，在肉质中发现了部分基因间的lncRNA。该研究将提供潜在的相关lncRNA 对兔子的肌肉发育。这也将为研究不同品种对家兔生长差异的喂养和促进肉兔生产的分子机制提供重要的数据。

### 应用二：家兔在体冈上肌的收缩性和结构

肩袖（RC）肌肉对移动和稳定盂肱关节至关重要，在功能上具有破坏性。对肌腱修复术无反应的慢性脂肪和纤维性肌肉变化是当代研究的焦点。兔模型概括了人类RC泪液的关键生物学特征，但功能和生理特征尚不明确。有研究提出了一种改进的方法用以评估兔冈上肌（SSP）的生理学，并报告了健康的SSP结构和生理学的价值。使用2%异氟醚麻醉6只雌性新西兰大白兔，手术分离SSP和在4～6个肌肉长度处测量的最大等长肌力，进行结构分析，并计算最大等轴测应力。使用架构测量生成整个肌肉长度张力曲线，以将实验生理学与理论预测进行比较。最大等轴测力（80.87 ± 5.58 N）显著大于先前的报道（11.06和16.1 N；$P<0.05$）。纤维长度（34.25 ± 7.18 mm）、肌肉质量（9.9 ± 0.93 g）、羽化角（23.67 ± 8.32°）和PCSA（2.57 ± 0.20 cm$^2$）的结构测量与先前文献一致。等长应力（30.5 ± 3.07 N/cm$^2$）大于先前报道的家兔SSP（3.10和4.51 N/cm$^2$），但与哺乳动物骨骼肌相似（15.7～30.13 N/cm$^2$）。以前的研究低估了峰值力，这对于将生理变化解释为疾病状态的函数具有深远的意义。该实验结果有助于理解兔子RC疾病和修复的生理意义。值得注意的是，这种新改进的方法用以评估兔冈上肌生理，发现兔冈上肌测得的最大等长力显著大于先前的报道。因此，报道的等长收缩应力几乎是先前报道的兔冈上肌的10倍，但与其他哺乳动物骨骼肌的可用文献相似，表明以前关于冈上肌等长力峰值的报告是通过生理学检查得出的[51]。

### 应用三：兔胫部肌肉的堆积影响比目鱼肌的三维结构

孤立和密集的肌肉（如小腿）表现出不同的三维肌肉形状。在密集肌肉中，与孤立肌肉中更椭圆的横截面相比，横截面的角度更大。据报道与孤立状态相比，尚未检查肌肉在拥挤状态下的形状是否影响其肌束的内部排列以及相应的收缩行为。为了评估肌肉填塞的影响，有研究使用手动数字化的模式检查了分离和填塞的兔比目鱼肌在不同踝角（65°、75°、85°、90°和95°）下的三维肌肉结构。总的来说，与孤立比目鱼肌相比，packed中的羽化角和束曲率值显著增加（90°踝角下的束曲率除外）。平均而言，孤立肌肉的肌束长度超过压缩肌肉的肌束长度2.6%。尽管横向力分量（垂直于作用线）预计会增加约26%，但在填充条件下，角度的减小对纵向（沿作用线）力的产生（约为最大等距力的1%）只有轻微影响。有研究结果提供了初步证据，表明肌肉填塞限制了在离体比目鱼肌中观察到的最大肌肉表现。除了进一步了解肌肉填充对建筑参数的影响外，有研究的结果对于真实的三维肌肉建模和模型验证至关重要[52]。

### 应用四：兔后肢骨骼肌的结构：功能性的肌肉设计

有研究测量了6只家兔29块肌肉的肌纤维结构，以描述这种具有几种特定骨骼适应的草食动物的肌肉特性。将几块肌肉分为四个功能组：腘绳肌、股四头肌、背屈肌或跖屈肌，用于组间性能的统计比较。拮抗组（即腘绳肌与股四头肌或背屈肌与跖屈肌）在纤维长度、纤维长度/肌肉长度比、肌肉质量、羽化角和串联肌节数方面存在显著差异

（ $P<0.02$ ）。判别分析允许表征属于四组之一的"典型"肌肉。股四头肌的特点是其较大的固定角度和较低的纤维长度/质量比，这表明其设计是为了产生力量。相反，具有小钉扎角度的腘绳肌似乎被设计成允许有较大偏移。足底屈肌和背屈肌之间也观察到了类似的差异，这两种屈肌的结构特征分别适合于力量的产生和远足。虽然这些差异不是绝对的，但它们代表了具有功能后果的明显形态差异[53]。

# 十二、肝脏概述及应用

全球变暖已成为人类和牲畜所面临的一个严重的环境因素。全球变暖引起的热应激会导致各种动物生产参数、新陈代谢受损，在极端情况下的死亡。环境热应激对动物产生负面影响，导致畜牧业的重大繁殖问题和经济损失。长期的高温和极端温暖的天气会对动物产生严重的热应激，可引起炎症反应，改善免疫状态，改变奶牛肝脏基因表达。研究显示，循环高环境温度处理可导致代谢、生理和细胞水平的变化。热应激对家兔的影响已被广泛研究，包括低效热调节机制，损害免疫系统，抗氧化防御系统的下降。

转录组测序在最近的研究中被广泛用于研究差异表达基因与热应激的相关性。例如，Jastrebski等人发现了与细胞周期调节相关的基因，当鸡处于应激状态时，DNA复制、DNA修复以及免疫功能都发生了变化慢性热应激状态。Kim等人发现PIK3R6、PIK3R5和PIK3C2B具有重要的作用鸭对热应激适应机制的关系。在肝组织中使用转录组分析，发现了碳代谢途径、PPAR信号通路、维生素的消化和吸收与热应激有关，APOA4和APOA5可能发挥作用协同调节湖羊的抗热应激能力。类似地，也有报道发现差异表达基因在热应激条件下与生物过程显著相关，例如对热应激的反应应激、免疫反应和脂肪代谢。

尽管大量的关于差异表达基因和相关通路的热应激的研究已有报道，然而在家兔中较为少见。兔子有几个独特的代谢特征与人类相似，可以被广泛用于肝功能的研究。肝脏在维持身体健康方面起着至关重要的作用，对协调碳水化合物、脂质、蛋白质和维生素的平衡，以及对有毒化学物质的生化防御起着至关重要的作用。此外，与热应激下的其他器官相比，肝脏更容易受到氧化应激的影响，因此是一种理想的候选组织，用于研究这种压力对机体能量转换的影响。

应用一：家兔慢性热应激后肝脏转录组的变化

兔是我国重要的经济家畜，也是生物学研究中广泛应用的动物模型。家兔对环境条件非常敏感。有研究探讨了慢性热应激下肝脏转录组的变化。将6只Hyla兔随机分为两组：慢性热应激组（HS）和无热应激对照组（CN）。经过质量筛选，6个RNA-Seq文库共获得3.8亿个reads，大约85.07%的读取被映射到参考基因组。在组装转录本并量化基因表达水平后，检测到HS和CN组之间的51个差异表达基因（DEG），调整后的p值阈值<0.05且| log2（FoldChange）|>1。其中，33个和18个基因分别上调和下调。GO分析进一步表明，这些差异表达基因主要与脂质代谢、甲状腺激素代谢过程和细胞修饰的氨基酸分解代谢过程有

关。发现上调的*ACACB*、*ACLY*、*LSS*和*CYP7A1*基因通过硫酯生物合成过程、酰基辅酶A生物合成过程、乙酰辅酶A代谢过程等生物过程相互关联。通过实时定量PCR分析进一步验证了六个差异表达基因，结果揭示了这些候选基因可能是参与家兔热应激反应的重要调节因子[54]。

### 应用二：两个不同肌内脂肪选择品系家兔肝脏代谢特性研究

肌内脂肪（IMF）对肉的感官特性有很大影响，因为它影响嫩度、多汁性和风味。在家兔背最长肌（LD）中进行了IMF的发散选择实验。由于肝脏是兔子脂肪生成的主要部位，有研究的目的是按照发散选择实验的路线研究肝脏代谢。在第八代选择中测量肌肉内脂肪含量、肾周脂肪重量、肝脏重量、肝脏脂肪生成活性和与肝脏代谢相关的血浆代谢物。对IMF的直接反应为0.34g/100g LD，代表该性状的2.7SD，选择显示肾周脂肪重量的正相关反应。高IMF线显示出更大的肝脏大小以及葡萄糖–6–磷酸脱氢酶和苹果酸酶更高的肝脏产脂活性。有研究没有发现品系之间脂肪酸合成酶产脂活性的差异。关于血浆代谢物，低IMF显示甘油三酯、胆固醇、胆红素和碱性磷酸酶的血浆浓度高于高的IMF，而高IMF显示白蛋白和丙氨酸转氨酶浓度高于低IMF。有研究没有观察到两条线之间葡萄糖、总蛋白和血浆浓度的差异。脂肪（IMF和肾周脂肪重量）和肝脏性状之间的表型相关性表明，肝脏脂肪生成影响肌肉和胴体中的脂肪沉积。然而，肝脏脂肪生成影响IMF含量的机制仍有待进一步研究[55]。

### 应用三：兔模型为门静脉结扎横断后的肝再生提供新的见解

将肝脏分割和门静脉结扎联合用于分期肝切除术（ALPPS）的兔模型以前未见报道。有研究将新西兰大白兔分为两组：第一组为肝实质横断（LPT, n=5）或门静脉结扎（PVL, n=5）。第二组为结合肝脏分割的不同门静脉分支的结扎，包括LPT+20%PVL组（n=5；尾状门静脉结扎）、LPT+50%PVL组（n=5；左门静脉结扎）和LPT+70%PVL组（n=10；两条静脉均结扎）。术后立即进行CT肝容量测定。术前和术后第1、3、7或14天采集血样，以评估肝功能。大多数兔子在第7天被人道地安乐死。取肝脏，分成叶，称重；对每个肺叶进行活检和免疫组化染色。有研究提出了一种新的兔模型来模拟ALPPS手术，描述了局部解剖特征、手术路线和关键技术。随着PVL和LPT的比例增加，残余右叶体积的增长率增加。具体来说，LPT+50%PVL组的右肺体积增长率超过了单独70%PVL组。有研究发现ALPPS术后残余肝再生的触发机制可能与门脉血流重新分布无关，该兔模型对这一特殊临床现象的进一步机制研究是可行的[56]。

### 应用四：超声定量检测家兔体内脂肪肝的特性

非酒精性脂肪性肝病（NAFLD）是慢性肝病的最常见原因，通常可导致肝硬化、癌症和完全性肝功能衰竭。肝活检是目前量化肝脂肪变性的标准治疗，但它会增加患者风险，并且只对肝脏的一小部分进行采样。评估NAFLD的成像方法包括通过磁共振成像（MRI）和横波弹性成像估计的质子密度脂肪分数。然而，MRI价格昂贵，横波弹性成像没有相关证据证明对肝脏的脂肪含量敏感。另一方面，超声衰减和反向散射系数（BSC）已被观察到对肝脏中的脂肪水平敏感。有研究评估了使用衰减和BSC来量化脂肪肝兔模型中的体内肝脂肪变性。将兔子保持在高脂肪饮食中0、1、2、3或6周，每个饮食组3只兔子（总N = 15）。使用中心频率为4.5MHz的阵列传感器（L9-4）连接到SonixOne扫描仪，以收集来自兔子体内的射频（RF）反向散射数据。RF信号用于估计每只兔子的平均衰减和BSC。使用两种方法对平衡计分卡进行参数化，即使用球面高斯模型和使用主成分分析的无模型方法有效散射体直径和有效声浓度。

来自BSC的主成分分析的两个主要组成部分捕获了转换数据的96%方差，用于生成支持向量机的输入特征以进行分类。将兔子分为两个肝脏脂肪水平等级，因此大约一半的兔子属于低脂肪等级（≤9%的脂肪肝水平）和一半的高脂肪级兔子（>9%的脂肪肝水平）。衰减系数的斜率和中间带拟合提供了低脂肪和高脂肪类别之间的统计显著差异（使用两个样本t检验，p=0.00014和p=0.007）。提出的BSC和衰减系数参数的无模型参数化和基于模型的参数化在区分低脂和高脂类别方面的分类准确率分别为84.11%、82.93%和78.91%。结果表明，衰减和BSC分析可以在脂肪性肝病兔模型中区分低脂肪肝和高脂肪肝[57]。

# 十三、疾病概述及应用

随着养兔业的发展，兔场的规模越来越大。各种疾病发生在同一个兔场的现象十分普遍，由于兔场中养殖兔子的种类不同，混合感染的情况十分严重。多种病症之间有很多相似之处，兔场自身诊断的水平不够，无法断定疾病，为兔子疾病的控制带来了困难。兔的常见顽固性疾病发生较多，主要有兔脚皮炎、兔疥癣和兔真菌性皮炎等，给养兔场带来了较大的经济损失。同时兔子作为哺乳动物的一个研究模型，对于研究人类疾病具有一定的帮助。

早产会导致许多尚未适应产后生活的器官发育失调。在肺部系统，这通常会导致支气管肺发育不良（BPD），这是一种多因素相互作用的复杂疾病。早产儿肺（最常见于肺发育的囊状阶段）在通气和补充氧气期间暴露于高氧和高压条件下，通常因产前或产后感染、体液失衡、营养不良、遗传易感性等而加剧。持续性炎症破坏了自然组织修复，导致肺泡发育和血管生成停滞。由此产生的肺实质由未发育的肺泡、间质增厚和不规则的毛细血管结构组成，这些形态学变化可归类为发育停滞。

通常需要建立动物模型来研究BPD的发病机制，并评估新的预防或治疗策略，大多数关于BPD的研究都是在高氧暴露的啮齿动物模型中进行的。在啮齿动物中，肺泡形成只在出生后几天开始，而人类在子宫中就开始了肺泡的形成过程。这意味着并非所有的相关发现都可以外推到人类环境中。因此，在更接近人类发育的动物模型中研究高氧诱导的肺损伤具有优势。兔子被认为是一种大型动物模型，对这一研究问题具有良好的特点。与啮齿动物不同的是，兔子确实在出生前就开始形成肺泡，猪、绵羊、灵长类动物和人类也是如此。

兔子的生产力可以受到皮肤真菌病的负面影响，导致产量大幅下降。皮肤癣菌病是兔子的一种常见疾病，据报道最常见的是由薄荷毛癣菌（T.mentagrophytes）引起的。一般来说，皮肤癣菌病的治疗通常涉及使用抗真菌剂、抗皮肤癣菌蛋白、疫苗和中药。然而，这种疾病的缓解和复发是经常发生的。报道称，一般是由于药物无法渗透或皮肤癣菌的固有抗性。宿主对皮肤癣菌的反应是多方面的，从保护机制到复杂的适应机制。当皮肤癣菌在感染过程中侵入皮肤时，角质形成细胞是皮肤免疫系统的第一道防线。暴露于颏苔藓后，人角质形成细胞可以释放IL8和ILTNFα。同样，须癣菌释放的毛癣菌素触发了人类角质形成细胞产生IL8和CXCL1。人角质形成细胞也分泌cathelicidin LL37和β-防御素2体外抗红色葡萄球菌。除角质形成细胞外，中性粒细胞和巨噬细胞是重要的效应细胞，可通过Th1依赖性炎症反应清除皮肤癣菌。CD4+和CD8+T细胞均介导对T细胞的直接细胞毒作用。

先天性膈疝（CDH）的患病率在1～4/10000，这意味着欧盟27个成员国每年有542～2168名儿童。它可以作为一种孤立的情况发生，与其他异常相关，也可以作为遗传综合征的一部分。在CDH中，从胚胎期开始，肺发育就受到干扰，但由于内脏通过缺损疝入胸腔，从而与发育中的肺争夺空间，会影响肺发育进展。因此，CDH婴儿的肺具有越来越不成熟的气道分支、较小的肺血管横截面积、重塑的血管构筑和改变的血管反应性。出生时，这会导致呼吸功能不全和持续性肺动脉高压（PPHT）。

在较大的动物中，发育不全是由手术造成的膈肌缺损引起的。与人类一样，兔子在子宫内形成肺泡。患有膈疝（DH）的幼崽表现出组织学和功能性变化，例如，气道和血管发育减少，以及病理顺应性、气道阻力、组织阻尼和弹性—模仿临床表型。与肺泡化、血管生成和血管张力调节相关但与表面活性剂生成无关的许多关键信号分子的基因表达已被证明与人类一样受到干扰。然而，到目前为止，尚未对该模型中的基因表达水平进行更广泛的研究。随着大规模并行测序技术的出现，RNA测序（RNA-seq）在转录组分析中的应用越来越广泛，部分原因是成本的降低，以及对非模式生物参考基因组的认识的提高。因此，可以使用兔作为研究模型进行转录组分析，挖掘其各种疾病的发生机理是一个不错的选择。


应用一：早产兔高氧暴露7天后肺的转录组分析

早产儿的新生儿管理通常会导致发育中的肺损伤和随后的一系列的发病，称为支气管肺发育不良（BPD）。BPD是早产的常见并发症，大约15%～25%的婴儿会发生BPD，而发病率在体重较小的婴儿中更为常见。此外，BPD仍然是晚年肺部疾病的一个重要危险因素。在分子水平上，BPD与其他病理学相比的研究仍然较差。在支气管肺泡液中评估的几个单独的分子已被认为在BPD中发挥关键作用。然而，大多数研究在假设驱动或检查了肺部疾病和修复的某些途径后，需要动物模型来研究疾病机制和评估BPD新的预防或治疗策略。

有研究的目的是使用早期描述的早产兔高氧诱导肺损伤模型来确定分子途径。通过对在妊娠第28天（足月31天）出生并在高氧（95%O$_2$）中保持7天的早产兔幼崽的肺部进行转录组测序和分析。对照组为常氧早产儿，使用Array Studio和Ingenuity Pathway Analysis（IPA）分析转录组数据，以确定观察到的转录变化的中心分子。有研究检测到2217个高氧后显著失调的转录物，其中90%可以被鉴定。在炎症、肺发育、血管发育和活性氧代谢中发现了主要的病理生理失调。总之，在许多失调的转录物中，炎症、氧化应激和肺发育途径发生了重大变化，该信息可用于生成高氧诱导的肺损伤和BPD的新治疗方案[58]。

## 应用二：毛滴虫诱导兔（角兔）皮肤真菌病的转录组分析

宿主对皮肤真菌的反应是多种多样的，从保护机制到复杂的适应性机制。角质形成细胞是皮肤免疫系统的第一道防线，人角质形成细胞也分泌抗菌肽LL37和β-防御素在体外抗红锥杆菌。除了角质形成细胞外，中性粒细胞和巨噬细胞是重要的效应细胞，CD4+和CD8+T细胞均介导了对红赤霉和发酵赤霉的直接细胞毒性作用。然而，目前对兔对转基因植物防御反应的分子机制知之甚少。RNA-seq技术已经成为一种强大，且低成本的用于分析真核转录组的工具。由于背景信号低、准确性高、基因组范围广、高灵敏度和较少的RNA样本需求的优点，RNA-seq已越来越多地用于的整体基因表达谱分析。此外，RNA序列并不局限于检测转录，其对应于现有的基因组序列。在真核生物中，该技术已被用于表征人类、通道鲶鱼、棉花的病原体应答转录组。

为了鉴定兔肠道感染的差异表达基因，构建了兔背侧皮肤的12个cDNA文库，并使用IlluminiaHiSeq2500pla进行了测序。测序共产生1109，781，894个原始reads，存入国家生物技术信息中心（NCBI），登录号为SRP105020。利用KOBAS2.0将兔差异表达基因映射到KEGG通路数据库中，以确定在转基因乳杆菌感染下显著调控（$P<0.05$）的通路。采用qRT-PCR进一步验证了随机选择的8个差异表达基因的表达谱。qRT-PCR结果进一步验证差异表达基因在精神生殖杆菌感染中的重要作用。该研究将不仅有助于了解发病机制，也为该物种的抗真菌育种提供了可靠的遗传信息[59]。

## 应用三：兔lncRNA的系统鉴定揭示了其在动脉粥样硬化中的功能作用

长非编码RNA（lncRNAs）已逐渐成为研究各种生物过程和疾病中的重要调节因子，而lncRNAs在动脉粥样硬化中的作用尚不清楚。先前的工作通过对兔模型的转录组测序发现了动脉粥样硬化相关蛋白编码基因。在此研究了lncRNAs在动脉粥样硬化中的作用。在兔子中定义了一组严格的3736个多外显子lncRNA转录本，所有lncRNAs均为首次报道，其中609个（16.3%）保存在13个物种中。兔lncRNAs与其他哺乳动物中的lncRNAs具有相似的特征，例如相对较短的长度、低表达和高度的组织特异性。lncRNAs和共表达基因的整合分析表征了lncRNAs的不同功能。比较两种动脉粥样硬化模型（低密度脂蛋白受体缺陷的WHHL兔和胆固醇喂养的NZW兔）及其相应的对照组，发现两种模型在主动脉中的表达变化相似，但在肝脏中的表达变化不同。主动脉中的共同变化揭示了参与免疫反应的lncRNA子集，而与WHHL兔相比，胆固醇喂养的NZW兔骨骼肌系统中的lncRNA表达发生了更广泛的变化。这些动脉粥样硬化相关的lncRNA和基因为lncRNA功能的实验验证提供了线索。总之，研究首次系统地鉴定了兔lncRNAs，为了解lncRNAs在动脉粥样硬化中的作用提供了新的见解[60]。

应用四：兔膈疝治疗模型的肺转录组分析

天性膈疝（CDH）是一种导致肺发育不全的畸形，可通过胎儿气管阻塞在子宫内进行治疗。然而，这种基因表达的变化在很大程度上尚不清楚，但可以用于进一步改善这种破坏性畸形的临床产前治疗。因此，有研究旨在探讨手术诱导膈疝（DH）引起的胎兔模型中的肺转录组变化。与对照组相比，当假发现率（FDR）为0.1，倍数变化（FC）为2时，DH的诱导与378个上调基因相关。这些基因再次被连续的TO下调。但与DH和对照组相比，DH+TO与157个基因的上调有关。与对照组相比，DH组中有106个基因下调，并且没有被TO改变。因此，DH+TO的基因表达总体模式与对照组比DH组更相似。进一步提供了手术创建DH和连续TO在兔模型中诱导的基因表达变化的数据库。可以使用该数据集制定未来的治疗策略[61]。

# 十四、胚胎发育概述及应用

胚胎冷冻保存被认为是人类辅助生殖和胚胎保存的重要工具，已成为生物库中遗传物质长期保存的关键。与胚胎移植（ET）一起，这项技术有助于遗传物质在全球的分布。正如过去20年所表明的那样，超低温保存可能对某些胚胎有害，但不被认为会影响幸存者，因为它被认为是中性的。然而，有人假设除了对受孕的短期影响外，胚胎冷冻保存可能会对成年人产生长期影响。似乎同样的胚胎可塑性允许胚胎在次优条件下生存和发育，可能涉及编程事件的变化，这些事件可能决定进入成年期的生理和代谢紊乱的设定点。在过去的几十年里，胚胎冷冻取代了动物交配。血清衍生产品可促进胚胎的存活和发育，并在冷冻保存介质中具有许多有利特性，如金属螯合活性、胀亡压力调节、pH调节和毒素清除。此外，动物血清具有表面活性剂性质，可降低培养基中的表面张力，防止胚胎漂浮或粘附在玻璃和塑料表面，并避免一些培养基化合物（如激素、生长因子和载体蛋白）吸附到材料表面。此外，向冷冻介质中添加血清衍生产品或许可以保护胚胎在冷冻过程中免受冷冻保护剂的可能毒性影响。尽管血清在冷冻期间和冷冻后对胚胎有许多有益的影响，但也有人怀疑其负面影响。在胚泡形成之前用血清培养的反刍动物胚胎可能出现异常发育的发病率增加，并伴有"大后代综合征"，如出生体重高、妊娠期延长、频繁难产、流产率升高和器官缺陷。

即使朊病毒污染的风险似乎很低，血清也可能被病原体（如细菌、病毒、酵母、真菌和软体动物（如支原体或朊病毒）污染。虽然商业血清通常被宣布为无病原体，但热灭活和γ射线照射等治疗似乎并不总是有效。在低温保存介质中使用合成介质的优点被广泛认为是除了避免动物福利和伦理问题外，还提供更明确、更一致和更可重复的条件。许多研究旨在用不含动物源性产品的介质代替冷冻保存介质中的动物产品，如丝蛋白丝胶、植物蛋白胨、HA和非有机大分子（如聚乙烯醇、聚乙烯吡咯烷酮和菲科尔）。透明质酸（HA）是一种可以纯形式合成的糖胺聚糖，在卵泡、输卵管和子宫液中均有发现，其在子宫中的浓度在植入时会增加。在胚胎培养中成功取代白蛋白后，HA成为替代动物产品的有趣候选物。

应用一：玻璃化作用可在转录组学和蛋白质组学水平上改变兔胎儿胎盘

　　胚胎的低温保存被认为是人类辅助生殖和胚胎储存的重要工具。据报道，玻璃化技术于1985年引入，作为一种简单而廉价的冷冻保存哺乳动物胚胎。从那时起，玻璃化作用作为最流行的卵母细胞和胚胎冷冻保存方法。尽管许多研究表明冷冻可以改变基因表达，但对于那些成功植入并在妊娠期持续的胚胎，我们知之甚少。为了提出这项技术的中立性问题，有研究植入前后兔妊娠期玻璃化冷冻的效果，监测了569个玻璃化冷冻桑椹胚的损失分布，观察到达到最后一个植入前阶段的胚胎能够植入。然而，我们发现并非所有植入的胚胎都有继续妊娠的能力。结果表明，玻璃化冷冻可降低妊娠中期胎儿和母体胎盘的重量，但会导致后代出生体重增加。一项新发现是，虽然在第6天植入前胚胎中未检测到基因表达差异，但玻璃化冷冻在第14天会影响胎盘中的基因和蛋白质表达。我们的结果是首次揭示玻璃化冷冻后植入胚胎发生改变的有力证据，表明玻璃化冷冻胚胎必须克服的关键步骤是胎盘的形成。基于这些发现，该项工作留下了一个悬而未决的问题，即我们观察到的在胎儿发育期间引起玻璃化的影响是否会在成年期引起某种类型的生理或代谢改变[62]。

应用二：活体条件下兔孤雌性囊胚的转录组分析

　　胚胎干细胞（ESCs）在生物医学、细胞替代、药物筛选、预测毒理学和发育研究方面具有巨大的潜力，并被设想为一个强大的来源。多能细胞分化为再生医学和细胞治疗的理想组织。尽管esc具有巨大的潜力，但它们的障碍是隔离方法，从囊胚的内部细胞质量中获得，使胚胎无法存活。孤雌性胚胎正在作为ESCs的替代来源进行研究，这将避免与胚胎破坏相关的伦理问题。有研究采用微阵列分析方法研究体内条件下培养的兔单雌性胚胎的基因表达谱。转录组学谱显示，孤雌生殖和正常体内受精囊胚之间有2541个差异表达基因，其中76个基因上调，16个基因下调。体内培养的孤雌性生殖囊胚，以3倍的变化作为截止点。差异上调的表达基因与运输和蛋白质代谢过程有关，而表达的下调基因与DNA和RNA结合有关。利用微阵列数据，鉴定了家兔、人类和小鼠中保守的6个印迹基因：GRB10、ATP10A、ZNF215、NDN、sopant和SFMBT2。

　　用于生物过程中，最具代表性的改变基因类别是那些与细胞大分子过程、运输、细胞过程调控、蛋白质代谢过程、细胞核相关的基因酸代谢过程和大分子修饰。就分子功能而言，最具代表性的氧化石墨烯术语是DNA和RNA结合、受体结合和转移酶活性。最后，细胞成分的主要注释是与线粒体、核腔、细胞核和细胞骨架相关的注释。在孤雌生殖胚胎中，父系表达印迹基因，因为两个等位基因都是母系起源。从微阵列数据中提取了信息探针，包括已知或假定的印迹基因（印迹基因目录；http://igc.otago.ac.nz/home.html）。其中6个基因在微粒细胞中被最特异性地上调或下调 ay以前已经被注释为印迹基因。GRB10和ATB10A在单雌生殖中上调，如预期，因为母体等位基因是表达，而ZNF215、NDN、stpant和SFMB T2根据父系等位基因的表达而下调。此外，有26个其他基因在孤雌生殖胚胎中显著不同，也显示在其他物种中至少有一个印迹该基因家族成员。通过芯片鉴定的候选基因列表研究了体内孤雌生殖和受精囊胚中选定转录本的表达水平，并使用dat检查了该列表，消除先前列为印迹的基因，同时也报道了在兔囊胚中假定的印迹基因的鉴定[63]。


### 应用三：兔全胚培养

尽管兔子广泛用于发育毒性试验，但对该物种的基本发育生物学知之甚少，发育毒性的潜在机制了解更为稀少。关于兔子的信息的缺乏部分是由于历史上缺乏兔子的全胚胎培养（WEC）方法，这是最近才提供的。在兔WEC中，将封闭在完整羊膜内并附着于内脏卵黄囊的早期体节期胚胎（妊娠第9天）从母体组织中分离出来，并在大约37℃的温度下放置培养48小时，并在旋转培养系统中连续暴露于增湿的气体–空气混合物中。在这48小时的培养期间，可以研究器官发生的主要阶段，包括心循环和分割、神经管闭合、耳系统原生质体的发育、眼睛和颅面结构、体节和肢体发育的早期阶段（直至芽期），以及胚胎周围内脏卵黄囊的扩张和闭合。培养期结束后，根据几个生长和发育参数评估胚胎，并评估其形态异常。独立于母体系统维持胚胎发育的能力允许在精确的发育阶段暴露，为研究致畸剂或其代谢产物对发育中胚胎的直接作用提供了机会。当与啮齿动物WEC方法结合使用以研究发育毒性的物种特异性机制时，兔子WEC可能相对有用[64]。


### 应用四：家兔胚胎在合成培养基中的快速降温

胚胎冷冻保存介质通常包含动物衍生产品，如牛血清白蛋白（BSA）。这些产品存在两个主要缺点：不确定的可变成分和病原体传播的风险。有研究的目的是评估在兔胚胎快速冷却"冷冻"和加热介质中，用化学定义的不含动物衍生产品的介质替换BSA的效果：Cryo3（"Cryo3"）。将1540只家兔桑椹胚分为三个冷冻组（第一组为BSA，第二组为20%Cryo3和第三组为100%Cryo3）和一个新鲜对照组。快速冷却后，培养胚胎（体外方法）或将其转移到同步DOE（体内方法）。在体外方法中，100%Cryo3（94.9%）获得的存活率优于BSA（90.8%）和20%Cryo3（85.6%）。BSA、20%Cryo3和100%Cryo3组的囊胚形成率基本相似（分别为85.1%、77.9%和83.3%），扩张/孵化率（分别为63.1%、63.4%和58.0%）和胚胎线粒体活性也相似。在体内方法中，三组之间的妊娠率（分别为80.0%、68.0%和95.2%）、着床率（分别为40.5%、45.9%和44.8%）和活胎率（分别为35.6%、35.5%和38.1%）也分别相似。综上所述，Cryo3可以替代兔胚胎快速冷却"冷冻"和升温培养基中的BSA[65]。


## 十五、卵巢概述及应用

大家普遍认为哺乳动物的性别是由性腺分化决定的，哺乳类的性别决定就是睾丸或卵巢的形成过程。而卵巢在雌性动物的繁殖活动中有着重要的作用。

卵巢是产生卵和分泌雌性激素的器官。左右各一，多呈卵圆形。卵巢终生留在腹腔内，以卵巢系膜包裹悬于腹腔背侧壁。剖开卵巢，由切面可见外周是皮质，中央是髓质，皮质中有大量不同发育阶段的卵泡。髓质中含有许多血管、神经和少量平滑肌。卵巢的血管和神经都从卵巢系膜进入髓质，再分支到皮质。根据卵巢中卵泡的形态和发育阶段的不同，可以把卵泡分为卵原细胞、初级卵母细胞、次级卵母细胞及成熟卵细胞等几类。随卵泡发育及卵细胞成熟，卵泡移到卵巢表面；卵泡破裂时，卵进入腹腔，随即进入输卵管的喇叭口。卵子排出后，卵泡塌陷，残留的卵泡细胞，在脑下垂体前叶分泌的促黄体生成素的作用下，迅速增殖形成黄体。如卵未受精，则黄体不久即开始萎缩；如卵受精，则黄体存在时间长，成为妊娠黄体。卵巢既是产生卵子也是产生雌性激素的地方。卵泡细胞能分泌动情激素，其主要作用是刺激子宫、阴道和乳腺的生长发育以及副性征的出现，黄体细胞能分泌雌激素和孕激素，孕激素进一步促进子宫内膜的增生并呈分泌状态，为受精卵的植入做好准备。

通常认为，家兔卵巢也由皮质和髓质两部分构成的。但2月龄时，皮质区和髓质区之间较大范围被卵泡所占据。卵巢组织学结构是随着年龄增长而发生变化的，即1月龄以前的仔兔卵巢由髓质和皮质两部分构成，以后的卵巢的构成是否可以分为三部分，即皮质区、卵泡区和髓质区。

2月龄家兔卵巢内的卵泡已开始发育，随着家兔年龄的增长，发育程度较高卵泡的比例逐渐增高。黄体数量逐渐增多，不同发育阶段的卵泡从外向内由低级到高级排列，卵巢内的部分卵泡退化为闭锁卵泡一部分闭锁卵泡逐渐变为间质腺。随着年龄的增长，卵巢的部分髓质逐渐被间质腺所占据。4～5月龄的家兔卵巢一般结构最为典型皮质、髓质分界清楚。7～8月龄家兔卵巢具有生育年龄的特点。

### 应用一：数字基因表达谱对兔卵巢差异表达基因的转录组分析

生殖是一个复杂的生理过程，受到多种基因和途径的调控。与普通家畜的研究相比，对兔生育能力相关基因的研究较少。据报道，其高生产力的分子机制尚不清楚。利用数字基因表达技术分析了成熟加利福尼亚兔（LC）、成熟（HH）和未成熟哈尔滨白兔（IH）卵巢的基因表达差异。分别检测到HH/IH和HH/LC基因885个和HH/LC表达显著差异。差异表达基因（DEGs）的功能进一步通过GO和KEGG通路分析重新确定。

结果表明，成熟和未成熟发育阶段之间的大多数差异表达基因主要与DNA复制、细胞周期和孕酮介导的卵母细胞成熟期有关，与HH组相比，IH组表达上调。HH和LC之间不同繁殖力的DEG与生殖、果糖和甘露糖代谢、类固醇激素生物合成和丙酮酸代谢有关。该结果将有助于更好地了解不同发育阶段和不同生育力的兔子卵巢调节网络的变化[66]。

### 应用二：日粮中添加海藻、葵花籽油和大豆油对性成熟兔卵巢卵泡发育的影响

有研究旨在探讨海藻（富含omega-3脂肪酸）、向日葵油（富含omega-6脂肪酸）和大豆油（富含omega-6脂肪酸）对幼兔和性成熟兔卵泡发育的影响。断奶后，将家兔随机分为4组，每组14只。对照组动物接受不添加颗粒，而其他组则含有1%的海藻、3%的向日

葵油或3%的大豆油。每组动物在12周龄（每组7只）或18周龄（每组7只）屠宰。取卵巢进行苏木精-伊红染色、PCNA免疫组化定位及TUNEL检测。

富藻饲料显著降低了12周龄家兔的原始卵泡数和初级卵泡数，而向日葵油的添加则显著降低了12周龄兔的初级卵泡数。添加藻类后，胃窦卵泡数较高，而添加豆油后则较低。添加海藻和豆油后，幼兔的增殖指数下降，而添加藻类后增殖指数增加，在成熟兔添加植物油后，增殖指数下降。饲粮PUFA对两年龄组兔卵巢细胞凋亡均无影响。结果表明，富含PUFA的饲料对兔早期卵泡发育或腔内卵泡发育均有调节作用，可能影响其生殖性能。综上所述，观察到的影响归因于性成熟[67]。

### 应用三：经-196℃冷冻保存的完整兔卵巢自体异位移植

通过冷冻解冻卵巢组织移植后的血管再灌注缺血，探讨冷冻保存和移植兔模型后完整卵巢的保存效果。应用现代冷冻生物学和显微外科技术对完整的冷冻卵巢进行微血管吻合移植是可行的。双侧卵巢切除后，以福尔马林固定、苏木精和伊红染色石蜡切片作为对照，对侧完整卵巢进行冷冻和解冻后自体异位移植。移植后6个月测量原始卵泡密度，用激素水平和阴道细胞学跟踪整个卵巢切除和移植期。

12只兔子中有10只在其完整的冷冻卵巢移植后1周恢复了卵巢功能。在移植后6个月的随访中，实验组的平均原始卵泡密度显著低于对照组（13.99+/-3.21 vs.18.68+/-3.86/高功率场）。其余两只兔子在解冻后卵巢附近的肠系膜脂肪破裂，从未恢复卵巢功能。通过显微外科手术，冷冻保存完整的兔卵巢，并进行自体移植，可以克服血管再灌注相关的缺血，挽救原始卵泡，达到合理的移植寿命[68]。

### 应用四：膳食中添加荨麻或胡芦巴对家兔卵巢卵泡发育和类固醇生成的影响

有研究的目的是探讨在幼兔卵巢中添加荨麻或胡芦巴对卵泡发育和类固醇生成的影响。为了深入了解这些药物的作用机制，有研究检测了卵泡形成、卵巢细胞增殖和凋亡、卵巢组织和血浆中类固醇生成酶的丰度和类固醇浓度。从5至12周龄（每组10只）开始，用对照组、1%荨麻或1%胡芦巴颗粒饲料喂养动物，然后屠宰动物进行卵巢和血液采集。与对照组相比，荨麻的添加减少了原始卵泡（P=0.015）和早期窦状卵泡（P=0.02）的数量，并增加了初级卵泡（P=0.04）的数量。与对照组相比，补充胡芦巴后，初级卵泡（P=0.008）和窦状卵泡（P=0.027）的数量更多，而早期窦状卵泡（P=0.003）的数量更少。荨麻通过激活半胱天冬酶9（P=0.047）、8（P=0.022）和3（P=0.004）显示凋亡活性，而胡芦巴通过PCNA蛋白丰度增加（P=0.042）滤泡细胞增殖。此外，只有胡芦巴靶向类固醇生成酶，降低CYP17A1（P=0.043）和增加CYP19A1（P=0.048）蛋白质丰度，导致雌二醇生物合成增强和血浆浓度升高（P=0.006）。总之，这两种草药均以阶段特异性方式影响兔卵巢中的卵泡发育。此外，胡芦巴以一种可能影响兔子性成熟的方式改变卵巢类固醇生成[69]。

# 第五节　兔子蛋白组学研究

## 一、疾病模型概述及应用

骨关节炎（OA）是一种退行性关节疾病，也是肌肉骨骼功能障碍的常见病因，其特征通常是关节软骨的进行性破坏和骨骼改变。除软骨损伤外，软骨下骨、滑膜和滑膜关节结构也显示病理变化。OA患者经常需要手术治疗，在美国有400万成年人接受了全膝关节置换术，50岁及其以上的4.2%。由于手术成本高、手术过程中植入的生物材料寿命有限、老年患者对手术的耐受性降低及其对感染的易感性、术后康复费用等因素，目前还需要寻找更经济有效的KOA治疗方法。OA的主要病理变化是进行性关节软骨变性，同时，滑膜炎是OA发展的另一个主要因素。研究发现滑膜炎与软骨缺损和骨赘有关，组织病理学检查显示，OA滑膜具有重度的炎症反应。一些研究人员认为滑膜炎是OA患者疼痛和水肿的主要原因。在OA中，滑膜体积增加是因为滑膜发炎并分泌含有炎症分子的滑液（SF），例如白细胞介素（ILs）和肿瘤坏死因子（TNF）。因此降低滑膜炎的程度是OA治疗的一个重要目标。

### 应用一：兔膝关节骨性关节炎手术模型中滑膜液蛋白质组的变化

骨关节炎（OA）是一种导致肌肉骨骼残疾的常见原因。骨性关节炎的主要病理改变是关节软骨的进行性退行性变，而滑膜炎是骨性关节炎发生的另一个主要因素。一些研究者认为滑膜炎是导致OA患者疼痛和水肿的主要原因。在OA中，滑膜体积增加是因为滑膜发炎并分泌滑液（SF）及其成分，如肿瘤坏死因子（TNF）和白细胞介素（ILs）。降低滑膜炎程度是OA治疗的重要目标。SF中的一些蛋白是由滑膜或软骨细胞分泌的，或由异常升高的血浆水平扩散过程引起。大多数研究都采用血液标志物作为SF炎症的指标。但SF的一些炎症标记物不能扩散到血液中。因此，应直接对SF进行检查，以确定OA的病理改变。最近，已经发表了关于使用相对和绝对定量等压标签（iTRAQ）或质谱（MS）对人类或动物关节滑膜液（SF）和软骨蛋白质组进行研究的报告。然而，兔膝关节骨性关节炎（KOA）模型的滑膜液蛋白变化尚未见报道，因此有研究旨在确定手术诱导的兔膝关节骨性关节炎（KOA）模型中滑膜液蛋白组的变化。将16只新西兰兔随机平均分为两组。A组采用右前交叉韧带横断术，B组采用假横断术。6周后，采用无标记定量蛋白质组分析方法对A、B组兔膝关节SF进行蛋白质组分析。

从GO BlastGO2中提取了239种差异表达蛋白的944个相关项目。最终注释结果为462个GO条目注释的23个蛋白序列。根据兔蛋白序列KEGG基因数据库，对相关64条KEGG通路的同源/相似蛋白的KO号进行注释，提取了相关64条KEGG信息/代谢通路中表达差异显著的16条蛋白的序列。这些蛋白包括adi-连接蛋白、丙酮酸激酶、二磷酸甘油酸突变酶、HtpG/热休克蛋白、血红蛋白亚基α-1, 2、VCP（CDC48）、14-3-3蛋白β/β/zeta和铁蛋白重链，这些蛋白在a组中水平降低。对氧磷酶/芳酯酶1、载脂蛋白A-I、免疫球蛋白重链和转铁蛋白在b组中表达升高。所鉴定的差异表达蛋白提示了KOA中SF蛋白组表达的变化，可能为治疗该疾病提供了蛋白靶点。有研究结果表明，在KOA模型SF中ADI、PK/pyk、BPGM、HSP90A、Hbα亚基、VCP、14-3-3β/δ和FHC蛋白水平降低，Fbα/β/γ链、cs-2、PON-1、AopA-1、IGH和TF蛋白水平升高。研究结果表明，ADI和TF在KOA模型组的比例最低，在假KOA模型组最高，因此调节ADI和TF的含量可能为治疗KOA提供新的途径[70]。

### 应用二：手术诱导兔双侧和单侧膝关节骨性关节炎滑膜差异蛋白质组学研究

骨关节炎（OA）是肌肉骨骼功能障碍最常见的原因之一。它的特点是关节软骨的进行性退行性变，滑膜炎是骨关节炎发生的一个重要的因素，这有助于OA的发展。使用磁共振成像诊断OA表明滑膜增生在软骨病变的近端，之前的一项研究提出，滑膜炎是OA患者疼痛和水肿的重要原因。尽管白介素-6（IL-6）、分化簇4（CD4）、CD8+ t细胞和脂肪细胞因子（如脂联素、瘦素）是滑膜炎过程中重要的炎症因子，OA关节滑膜逐渐退化的分子机制仍有待阐明。此前，有人使用DNA芯片和逆转录-定量聚合酶链反应分析来研究OA滑膜转录组的变化。然而，据报道，由于蛋白质的转录后调控、翻译后修饰和差异稳定性，mRNA表达水平的变化并不总是与蛋白质水平很好地相关。在此过程中，组织或细胞中的全蛋白被直接识别和定量，已被认为是阐明疾病病因的分子基础的一种宝贵的方法。最近，用二维聚丙烯酰胺凝胶电泳（2-DE）和串联质谱法对从正常软骨中分离出来的培养软骨细胞的人关节软骨细胞、滑膜液、血清或尿液的蛋白质组进行了研究。然而，关于关节滑膜的蛋白质组学研究很少，有研究提高了对滑膜蛋白质组的认识，并为进一步研究滑膜疾病的病理奠定了基础。关于骨性关节炎的分子和细胞机制的研究评估了双侧或单侧关节组织样本，但是没有考虑到自发和继发性骨性关节炎的区别。然而，大多数自发性（由于衰老过程）和继发性（创伤性）膝关节骨性关节炎（KOA）病例分别发生在双/单侧膝关节，并且自发性和继发性KOA的病理过程和治疗方法可能不同。此外，一些研究提出蛋白质组学可能在治疗OA中很重要。因此，有研究假设在自发性和继发性KOA关节滑膜逐渐破坏的蛋白质组学改变机制是不同的。通过二维凝胶电泳（2-DE）和质谱分析，比较从双/单侧KOA兔滑膜样品中选择性提取的蛋白质的情况，以明确建立针对衰老过程和创伤性OA的不同治疗方案的需求。有研究通过对膝关节骨性关节炎（KOA）兔双侧和单侧前交叉韧带横断（ACLT）滑膜的差异蛋白质组学研究，以阐明不同程度KOA的病理生物标志物。将6只新西兰兔随机分为A组和B组（每组3只）。两组分别行双侧ACLT和单侧ACLT。手术共6周，从KOA兔膝关节滑膜中提取蛋白，并用二维聚丙烯酰胺凝胶电泳分离蛋白。选择OA滑膜中差异表达的蛋白，用线性离子阱-傅立叶变换离子回旋共振质谱法进行进一步分析。

两组样本在相同的环境下进行了三次二维（500克/样本）图像扫描和三次图像识别。A组和B组的匹配分数分别为82.1 1%和83.2 2%。B组微分分析了蛋白质斑点。通过对A组和B组的KOA滑膜样品进行2-DE鉴定，共鉴定了10个不同的蛋白点；确定了同源蛋白、推测分子量和等电点以及蛋白评分。在10个蛋白中，有一些蛋白点是相同的，如NO3、NO7

和NO8（血清白蛋白）。在单侧KOA滑膜的样本中NO1为蛋白二硫异构酶，NO2为肌酸激酶（CK）m型。NO6为lumican，NO10为α-2-HS-glycoprotein（AHSG），NO4、NO5、NO9为双侧KOA滑膜样品中未定性的蛋白。在双侧和单侧兔的滑膜上发现了10个不同的蛋白点。单侧KOA兔滑膜中检测到蛋白二硫异构酶和肌酸激酶M型。在双侧KOA兔的滑膜中检测到血清白蛋白（3点）、lumican、α-2-hs-糖蛋白和3种非特征蛋白。差异蛋白组表达显示了双侧和单侧KOA相关的不同生物标志物，表明自发和继发性KOA需要不同的治疗方法。因此，KOA的潜在机制有待进一步研究[71]。

### 应用三：盲兔的前段改变和房水蛋白质组学比较

育性青光眼是一组导致小梁网和眼前段发育异常的疾病，在婴儿期或儿童期出现，其特征是由于TM和前房角的功能和解剖缺陷引起的房水流出阻塞导致眼压（IOP）增加。这种表型可能与其他前节段和全身异常有关。原发性先天性青光眼（primary congenital glaucoma，PCG）是一种不常见的常染色体隐性遗传病，其特点是前房角异常，临床表型典型。尽管研究已经证实CYP1B1突变是某些群体中PCG的主要原因，但是CYP1B1引起TM病理改变的途径仍不清楚。有研究认为，CYP1B1可能调控通路下游的蛋白，导致前节组织异常发育。以往的研究将CYP1B1定位在人类胎儿和成人眼睛中，主要局限于非色素沉着的睫状上皮而不是TM。这表明CYP1B1可能在代谢尚未确定的底物中发挥关键作用，该底物可能在TM和前节发育中发挥重要作用。该底物可能分泌到房水（AH）中，并被运输到靶组织，如TM、角膜和晶状体。因此，研究AH的组成成为研究该病下游事件的重要问题。最近的研究表明，人类PCG中的AH可能发生改变，可能涉及蛋白质的差异表达，其中一些是维生素A运输的原因。目前还缺乏模仿人类PCG的动物模型，尽管已经描述了几个物种，但这些都不是研究这种疾病的理想模型。例如，Cyp1b1−/−或Foxc1突变小鼠不会出现青光眼，除非酪氨酸酶基因被修饰。这些突变小鼠基因变化的复杂性，加上使用小动物眼睛进行研究的挑战，使得在小鼠中研究这种疾病的下游变化变得困难。这些因素促使人们寻找其他具有类似人类发育表型的发育缺陷的动物模型。这些模型可以更好地了解在发育性青光眼中观察到的一些前段异常。腹足兔是一个用于测试可能与发育性青光眼相关的某些途径的合理的模型。这种兔子具有常染色体隐性基因型，与人类PCG的临床和组织学特征相同。然而，导致兔青光眼的遗传缺陷仍然未知。在测试这一假设的某些方面之前调查了是否可以在兔子中鉴定CYP1B1的突变。由于在测试时可用的兔子基因组资源有限，因此对兔子的基因测试受到了限制。在未发表的观察中，Edward无法在患病盲兔中鉴定出CYP1B1突变。实验结果表明，可能还有其他基因导致盲兔的缺陷，但尚未发现导致前段改变和青光眼的途径。异常基因编码的蛋白质的缺失或水平改变可能导致AH蛋白改变，这些蛋白质可能在前段发育或组织损伤中发挥重要作用。AH含量的这种畸变可能通过复杂的、尚待确定的途径导致TM和其他前节结构的发育改变。因此，有研究假设腹足兔在流出通路中表现出与人类发育性青光眼相似的一些组织学特征。这些组织学特征是AH蛋白组改变（上调、下调或缺乏蛋白质）的结果。AH蛋白组的改变会导致前段组织的异常发育或损伤。Edward用光镜、电子显微镜和免疫组织化学检查了2岁和5岁腹足兔及其正常幼崽的前段组织病理学变化来检验了这一假设。此外，Edward使用液相色谱串联质谱（纳米喷雾LC-MS/MS）研究了家兔与正常年龄匹配的窝友相比AH蛋白质组学谱的变化。

在可能的情况下，使用Western blot对结果进行验证。此外，Edward利用免疫组化技术将关键的差异表达蛋白定位到前段，作为额外的验证步骤。以下段落详细描述了关于腹足先天性青光眼的背景信息，并强调了当前研究的基本原理的其他方面。对2岁、5岁的腹足兔和正常家兔（n=20只）的眼睛进行组织学观察。采用液相色谱-串联质谱法（LC-MS/MS）来确定动物组之间的差异蛋白表达。对LC-MS/MS鉴定的差异表达蛋白进行Western blot和免疫组化。

腹足兔表现为轻度临床表型，典型角度异常，组织学表现为进行性。所有腹足兔的Descemet膜（DM）和前晶状体囊明显增厚，纤维连接蛋白和iv型胶原免疫标记增加。采用严格过滤标准的LC-MS/MS显示几种AH蛋白在这些腹足兔中有显著差异表达。2岁组的蛋白是富含组氨酸的糖蛋白，5岁组的蛋白包括-2- hs -糖蛋白、聚簇蛋白、载脂蛋白E、光间受体视黄素结合蛋白、转甲状腺素、耳科蛋白、凝胶蛋白、触珠蛋白、血凝蛋白和-2微球蛋白。所选蛋白的蛋白质组学数据通过Western blot和免疫组织化学进行验证。大量的功能基团受到AH蛋白改变的影响。这些包括细胞外基质调节、凋亡调节、氧化应激和蛋白质运输。在腹足兔中的组织学上发现多个前节段改变，且随年龄的增长呈进行性变化。在这些兔子中，AH蛋白的差异表达表明，AH在调节这些动物的DM、前晶状体囊和角网状结构的病理变化中具有多功能的作用。有研究描述了眼球前房角和特定基底膜的进行性改变盲兔的前段。此外，报道了一种不同的AH蛋白谱，可能解释一些组织学观察。腹足兔AH蛋白改变属于广泛的生物功能群，如ECM的调节、细胞凋亡的调节、减轻氧化应激或蛋白质运输。这些可能受改变的蛋白质谱影响的功能过程中，有些似乎在其他形式的青光眼（如人类PCG）和角膜疾病中常见。结果表明，AH蛋白的变化可能是由于合成减少、分泌异常或蛋白降解增加所致。AH蛋白的改变可能直接或间接导致组织损伤或代表组织对损伤信号的反应。在幼龄动物中，特别是在青光眼的前驱阶段进行的其他研究，以及这些实验提出的潜在途径的体外测试，可能会进一步深入了解其发病机制中涉及的特定因素[72]。

## 二、繁殖和胚胎发育概述及应用

已知精浆（SP）在哺乳动物受精中起重要作用。然而，在不同物种、同一物种不同雄性或同一射精分数之间发现的其组成变异性使得难以完全理解其对精子功能的影响。在射精过程中，精子由精浆运输，精浆是一种由主要来自前列腺和哺乳动物精囊的分泌物产生的液体。精浆与精子的相互作用诱导精蛋白结合到精子表面和膜重塑上，从而潜在地影响女性生殖道中的精子运输，存活和受精能力。精浆还含有参与女性肠道炎症和免疫反应的肽和蛋白质。因此，精浆蛋白质组已经在广泛的分类群中进行了研究，包括哺乳动物、鸟类、鱼类和昆虫物种。精浆与精液保存或生育能力的关联确定了国内物种精浆功能的蛋白质标志物。蛋白质是调节精子功能的主要SP成分之一。在过去几年中，已经进行了大量工作来分析这些蛋白质的作用。已经证实它们有影响精子的容量、输卵管精子储库的形成的作用。蛋白质组学技术的最新进展提供了对精子功能和功能障碍的见解，可以使用几种多维分离技术来鉴定和表征精子。生物信息学的未来发展可以进一步帮助研究人员了解蛋白质组学研究中收集的大量数据。

### 应用一：兔精浆蛋白质组:遗传起源的重要性

在过去的十年里，兔子繁殖方面的控制由于商业应用人工授精（AI）等新技术的发展而经历了巨大的变化。目前，在集约化肉兔生产中使用人工智能是一种常见方法，就像在绝大多数牲畜中一样，它的使用有助于提高对兔子精子和雄鹿管理的知识。研究兔射精需要考虑一些特性，例如，它们偶尔会出现凝胶塞或凝胶状团块，并含有几个囊泡，这些囊泡调节精子的不同功能，如能动性、获能性和顶体反应。此外，兔子与猫、骆驼、考拉、田鼠和苏门答腊犀牛一样，属于少数通过交配诱导排卵的物种。在这些物种中，一种名为β-NGF的特殊蛋白质已经在精浆中进行了研究，因为它可以在骆驼类动物中诱导排卵。然而，在家兔中，肌肉注射精浆并不引起排卵，但对睾丸的形成和发育以及精子的分化、成熟和运动具有促进作用。影响兔精液的产生和质量的因素有很多，如遗传来源（父系的精液质量和生育率低于母系）、光周期和收集频率。生育剂量的产生是由几个因素决定的：（1）男性的性欲和射精的特征，这构成了射精排斥的部分标准；（2）射精量和精子浓度（决定可以获得精子的量）；（3）精子质量（确保受精所需的最小精子剂量）。在授精中心对兔子精液进行评价时，最常用的两种实验室检测方法是对精子能动性的主观估计和对精子形态的评价。然而，这些利用精子特征来预测生殖性能的能力非常低。由于家畜种类较多，高生育力或低温保存良好的射精量的预测仍未得到解决。然而，以往的研究大多集中在精子细胞上，而对兔精浆的研究却很少。到目前为止，已经有少量研究对兔精浆蛋白进行了分析，主要关于商业的家养哺乳动物物种的比较。精浆有助于哺乳动物精子成熟、提高精子活力和形成受精的安全环境。此外，精浆是睾丸、附睾和男性附属性腺分泌物的复杂混合物，因此精浆是研究潜在生殖生物标志物的一个很有前景的来源。精子成熟是在精子通过附睾的过程中获得的，在附睾中，其质膜的蛋白质组成和其成分的定位发生强烈的变化。哺乳动物精浆的蛋白质组成因物种而异，对精子功能有重要影响。尽管精浆中含有数百种蛋白质，但它们的功能尚不完全清楚。在兔子体内，精浆在体外储存过程中对保持精子活力有积极作用。在此背景下，有研究采用纳米LC-MS/MS技术对兔精浆蛋白进行分析，同时对β-NGF蛋白进行定量分析。有研究对家兔精浆蛋白（SP蛋白）的遗传来源和季节性的影响进行了分析。同时测定SP中β-NGF蛋白含量。选取2014年1—12月A型雄性6只，R型雄性6只。每个基因型在每季初、中、末各选择1个样本进行试验。共24个库（每个季节和遗传系各3个）进行了分析。回收两组SP蛋白，进行溶酶解、纳米LC-MS/MS及生物信息学分析。

文库包括402个经95%置信度验证的蛋白。这些数据可通过标识符PXD006308的ProteomeXchange获得。根据GO注释，只有6个蛋白与生殖过程有关。23个蛋白在基因型间差异表达，11个蛋白在基因型A中表达，12个蛋白在基因型R中表达。β-NGF在不同季节和基因型间的相对含量相近。综上所述，有研究获得了迄今为止兔SP蛋白文库中最大的文库，并为基因型与特定的SP蛋白丰度相关提供了证据；提供了迄今为止最大的兔精血浆蛋白质目录，并建立了兔精血浆蛋白质组的公共可访问数据库。家兔完整蛋白质组的GO分析显示精浆蛋白的功能多样性，其中只有6种蛋白参与生殖过程。此外，有研究的数据发现基因型与兔子精浆蛋白的特定丰度有关。因此，在其他物种的进一步验证中，有研究结果旨在为开发针对每种基因型防止精子过早氧化的特异性扩增剂或选择对兔精浆蛋白酶降解不敏感的氨基酸组成不同的GnRH类似物提供一个起点。此外，比较可育雄性和亚可育雄性的精浆蛋白，可以确定可育性生物标志物，可用于检测商业养兔的亚可育雄性。此外，对兔精子膜蛋白质组的研究将有助于完善兔精子的蛋白质组学信息[73]。

### 应用二：兔主要精浆蛋白质组及其与精子质量的关系

兔精液由悬浮在精浆中的精子组成，精浆是一种液体介质，由附睾和副性腺的分泌物组成。兔精液具有一种凝胶状的部分，其功能是作为生物缓冲液来填充阴道腔。此外，有报道称兔子精液中含有大小、来源和功能不同的颗粒和囊泡。这些成分可能影响精子功能和存活的几个方面，如活力、通过精子AMP-5核苷酸酶产生腺苷的能量的产生和在雌性生殖道中的免疫保护。精浆中含有多种蛋白质，这些蛋白质参与精子保护、成熟和获能、顶体反应、精子库的形成等活动。采集18只新西兰成年兔精液样本，采用二维SDS-PAGE和串联质谱分析精浆蛋白，测定精子活力、浓度、形态和膜精子活力。

兔射精364.70万个精子/mL，精子形态正常。精子活力和顶体完整性检测结果显示，$65.8 \pm 2.5\%$的活精子顶体完整，并且大部分精子具有完整的功能膜。根据PDQuest软件测定，兔子精浆的二维凝胶平均有$232 \pm 69.5$个斑点。质谱法鉴定了137种不同的蛋白质。家兔精浆中含量最高的蛋白为血红蛋白亚基zeta样蛋白、膜联蛋白、脂红素、FAM115蛋白和白蛋白。与这5种蛋白相关的斑点强度占主凝胶中检测到的所有斑点强度的71.5%。以精子性状为因变量，以精浆蛋白独立变量，估计多元回归模型。此外，精子活力与β-神经生长因子和富含半胱氨酸的分泌蛋白-1呈正相关，与半乳糖凝集素-1呈负相关。精子膜完整率与精浆蛋白FAM115复合物和原肌球蛋白有关。家兔精液中形态正常的精子群与癌胚抗原相关细胞粘附分子6样呈正相关，并受精浆异柠檬酸脱氢酶下调。根据另一回归模型，兔精液中白细胞弹性酶抑制剂和肽基-脯氨酸顺反异构酶A的含量解释了一部分精子顶体完整百分率的变化。有研究报道了家兔精浆中137个蛋白质的鉴定。精液分泌的主要蛋白质主要与预防脂质过氧化自由基和氧化应激引起的损害、膜功能、脂质向精子膜的运输和温度调节有关。此外，发现精浆蛋白作为精液参数的指标将改善辅助生殖技术。值得一提的是，血红蛋白亚基zeta样蛋白和膜联蛋白是兔精浆中的两种主要蛋白。因此，哺乳动物或许有独特的精浆蛋白质组成模式，这种模式必定与每个物种的繁殖途径有关，也与使精子能够与卵母细胞受精所需的生理条件有关[74]。

### 应用三：两种不同基因型兔精子的蛋白质组学特征

蛋白质组学的新进展对理解精子如何获得受精能力产生了重大影响。精子细胞是分化程度最高的细胞之一，由具有高度致密染色质结构的头部和大型鞭毛组成，鞭毛的中部包含运动所需的机制，因此可以将父系遗传和表观遗传内容传递给卵母细胞。由于精子的高度分化，因此它是研究细胞膜等特定区域蛋白质组学的有利细胞，而膜是其与周围环境和卵母细胞相互作用的重要领域。精子和卵母细胞的融合是一个复杂的过程，在此之前必须对精子的膜组成进行适当的改变。最近从蛋白质组学角度对精子的研究已经允许鉴定精子中负责调节正常/缺陷精子功能的不同蛋白质。虽然蛋白质组学中有多种技术可以使用，但基于LC-MS的复杂蛋白质/肽混合物分析已成为定量蛋白质组学的主流分析技术。利用这种方法，目前已获得了人类、猕猴、小鼠、大鼠、公牛、公马、果蝇、秀丽隐杆线虫、鲤鱼、虹鳟、贝类、公羊、蜜蜂、公鸡和梅花鹿精子蛋白的详细蛋白质组学数据。兔（Oryctolagus cunculus）是世界范围内重要的哺乳动物物种，同时具有商业价值和研究模型。在Casares-Crespo之前的研究中，鉴定并量化了两种不同基因型之间的兔精浆蛋白，得出基因型对某些精浆蛋白丰度的明显影响作用。然而，目前尚不清楚这些差异是否也存在于精子蛋白质组水平。因此，有研究的目的是通过纳米LC-MS/MS分析兔精子蛋白，重点研究遗传起源的影响。在两个月内，分别从5名A型（新西兰白种人）和5名R型（加利福尼亚州）的雄性个体中回收了6个样本。提取精子蛋白，进行凝胶消化、纳米LC-MS/MS和生物信息学分析。

文库包括487个经95%置信度验证的已识别蛋白。所有鉴定的蛋白均属于米氏菌分类学。这些数据可通过带有PXD007989标识符的ProteomeXchange获得。根据GO注释，只有7个蛋白与生殖过程有关。在各基因型精子蛋白丰度的比较中，有40个蛋白有差异表达。其中25个蛋白在基因型A中表达，15个蛋白在基因型R中表达。有研究首次对兔精子蛋白进行了研究，并提供了基因型与精子蛋白的特定丰度相关的证据[75]。

## 应用四：用定量蛋白质组学鉴定兔输卵管液中参与受精前过程的蛋白质

配子成熟和在输卵管液（ODF）受精是发生在体内的关键生殖过程，利用辅助生殖技术（ART）、生理原位已在体外模拟。ODF通过影响精子的活力、卵母细胞的成熟、配子的相互作用和早期胚胎的发育，在生殖过程中发挥着重要的调节作用。此外，ODF影响精子体外获能。在前面描述的成熟过程中，精子发生了结构和功能上的变化，例如细胞膜胆固醇消耗。在精浆中已鉴定出几种在控制获能中发挥作用的蛋白质。无论获能是在输卵管还是在体外自然条件下发生的，它对受精都是绝对必要的，因此是ART的关键步骤。早在1971年，一项研究就发现兔ODF中存在血清和其他蛋白质。进一步分析额定ODF的复杂形成分子来源。最近，一个基于MS分析了牛ODF蛋白质组。定量蛋白质组学进一步证实了牛和绵羊ODF蛋白的激素调控，并证实了配子诱导猪ODF蛋白组发生变化。胚胎的存在对theodf蛋白谱的影响已经在母马中得到证实。然而，只有少数ODF蛋白，尤其是糖蛋白，如输卵管特异糖蛋白（OVGP1），被当作潜在的补充物来支持或控制受精前的体外过程。在体外添加重组OVGP1培养基可调节人和仓鼠精子获能。添加乳铁蛋白（LTF）可促进精子获能。在哺乳动物体内，在精液沉积后，一个精子亚群被迅速运送到壶腹，即输卵管的上部。在第二阶段，大多数精子仍然附着在地峡的上皮细胞上，并建立一个储存库。精子活力的维持以及运动和获能的调节与这种相互作用密切相关。在排卵前后，部分精子释放并移动到输卵管壶腹段的受精部位。一些来自卵泡液和ODF的因子，以及cumulus细胞的分泌产物，已经被提出作为化学引诱剂。最近，Bian等人在促性腺激素治疗的小鼠中发现了输卵管衍生的钠尿肽前体A（NPPA）蛋白作为趋化剂。在家兔中，通过交配诱导排卵。时间过程分析表明，获能和排卵在家兔体内是协调的。Hunter和Rodriguez-Martinez还讨论了不同哺乳动物输卵管生物过程的协调。在兔子模型中，先前的研究人员首先使用激素刺激，然后进行宫内授精（IUI）。给药后10小时排卵。在IUI后的最初2小时内观察到壶腹输卵管上皮细胞（OEC）蛋白组的变化。此外，授精2小时后，腔内OVGP1丰度增加。这些紧密定时的过程表明在授精后和排卵前ODF的相应微调。特别是ODF蛋白可能影响精子的活力、运动性和成熟过程。然而，大多数现有研究只调查了授精和排卵后蛋白组学和转录组学在猪输卵管中的一个时间点。因此，在有的研究中进行了以下工作：（1）在受精后不久，接近排卵时生成ODF蛋白图谱；（2）鉴定出改变的ODF蛋白；（3）将这些数据与兔输卵管的颞和区域过程进行关联。有研究采用基于凝集素亲和富集的组合蛋白质组学策略，结合稳定同位素二甲基标记和纳米olc MS/MS。定量分析了授精后0、4和8小时ODF蛋白组的相对变化，并与时间匹配的对照组进行了比较。ODF从上壶腹和下峡部收集。有研究的结果提供了节奏调节和空间调节的蛋白质及其糖基的目录，以及关于分子功能和生物过程的富集分析，特别是蛋白酶和前蛋白酶抑制剂很重要。这些结果可能有助于筛选功能相关的蛋白进行体外检测。有研究在宫内授精后8小时内不同时间点从兔输卵管壶腹和峡部分离的ODF蛋白组中鉴定了参与受精前生物学事件的蛋白质。在nanoLC-MS/MS分析之前，使用将凝集素亲和力捕获与稳定同位素二甲基标记相结合的工作流程。共鉴定和定量了400多个ODF蛋白，其中凝集素富集糖蛋白214个。所选数据通过Western blot分析进行验证。通过全局分析检测了ODF蛋白丰度在授精反应中的时空变化。

鉴定出63种潜在生物学相关性ODF蛋白的子集，包括细胞外基质成分、伴侣、氧化还原酶和免疫蛋白。功能富集分析显示在授精后肽酶调节活性发生改变。除蛋白质鉴定和丰度变化外，n-糖肽分析进一步鉴定了199个蛋白质上的281个糖位点。这些结果首次表明，输卵管环境的进化早于授精。鉴定的蛋白质可能是那些调节体外过程的蛋白质，包括精子功能[76]。

应用五：胚胎玻璃化对妊娠期兔胎儿胎盘蛋白质组的影响

玻璃化冷冻作为一种在没有冰的情况下冷冻保存哺乳动物胚胎的简单而廉价的方法在1985年被引入。从此以后，玻璃化冷冻法逐渐取代慢速冷冻法成为最常用的胚胎贮藏方法。众所周知，玻璃化冷冻可能对胚胎有害，但不认为会影响存活的胚胎，它们被认为是中性。到目前为止，大多数旨在了解玻璃化作用的工作都是在植入前胚胎中进行的，关于植入后发育的影响信息非常少。在兔子中观察到发育第14天之后有一个重要的损失高峰。这意味着植入后玻璃化损伤不会完全消除，并非所有植入的胚胎都能够到达妊娠期。在之前的一项研究中证明玻璃化冷冻法诱导了妊娠第10天至第14天之间胎儿和胎盘发育的减少，后来的研究将这些改变与基因和蛋白质表达的修饰联系起来。在之前的研究中报道了用于胚胎冷冻保存的玻璃化程序在妊娠中期（第14天）在兔胎儿胎盘中引入了转录组学和蛋白质组学修饰。然而，没有报告可以确定胎儿胎盘玻璃化手术引起的蛋白质组学变化在怀孕期间是否仍然存在。本调查报告在妊娠中期（第14天）和结束时（第24天）从玻璃化胚胎中分离的兔胎盘的蛋白质组动力学。这项研究首次表明，蛋白质组的改变在妊娠期间仍然存在。该研究首次描述了玻璃化手术诱导的妊娠期蛋白质组改变。有研究采用2D-DIGE和质谱（MALDI- TOF-TOF和LC-MS/MS）分析兔胎盘在妊娠中后期（分别为第14天和第24天）的蛋白变化。

在第14天鉴定了11个差异表达蛋白，在第24天鉴定了13个差异表达蛋白。数据可通过ProteomeXchange的标识符PXD001840和PXD001836获得。此外，证实了三种蛋白的存在，血清白蛋白、异柠檬酸脱氢酶1 [NADP+] 和磷酸甘油酸突变酶1，它们在妊娠期发生改变。有研究证明了玻璃化过程在妊娠期间引起的胎儿胎盘蛋白的变化，这就提出了一个问题，即在胎儿发育期间观察到的玻璃化效应是否会导致成年期的生理和代谢紊乱。这种效应结合文献中报道的其他效应，表明胚胎低温保存不是中性的[77]。

## 三、应激概述及应用

热适应（AC）是对高环境温度的表型适应。热适应（AC）是一种"生命周期内"可逆表型适应，当达到适应稳态时，通过向"高效"细胞性能过渡来增强耐热性和耐热性。AC的一个不可分割的结果是对新型压力源的交叉耐受性（C–T）的发展。到目前为止，AC的生理效应已经得到了很好的研究，但其背后的分子机制，特别是蛋白质组学研究很少被报道。进行脑脊液（CSF）的蛋白质谱分析可以促进对AC中涉及的分子途径的理解，并将应激特异性蛋白质鉴定为实验室生物标志物。

### 应用一：兔脑脊液热适应的蛋白质组学分析

热适应（AC）是一种表型适应，通过长时间暴露于热环境中，来提高应对和适应环境温度的能力。适应表型的生理标准为代谢、心率（HR）和基础体温降低。人们普遍认为AC是一种生命内的、进化上有益的T现象，其记忆是通过表观遗传机制留下的。然而，考虑到AC在与人类健康和疾病相关的其他研究领域的应用，其分子生物学研究仍处于滞后状态。此外，尽管转录组研究得到了广泛的开展，但转录组水平与其编码的蛋白质水平之间的关系尚未得到全面的研究。作为大脑的温度调节中心，下丘脑含有对流经大脑的血液温度敏感的受体。下丘脑不仅包含控制机制，而且还包含被认为在热适应中发挥重要作用的关键温度传感器。通过分析热适应个体的关键蛋白，揭示了热适应发展的核心机制。由于室管膜、脑软膜及软膜下的胶质膜允许大分子通过，脑脊液（CSF）的化学成分与脑组织间质液的化学成分几乎相同。因此，脑脊液成分分析是中枢神经系统实验研究中确定病因、病理机制和有效药物的重要方法。脑脊液分析至关重要，因为只有通过分析脑脊液才能发现一些与现象相关的特异性物质，如抗体、特异性蛋白或病原体。基于质谱（MS）的定量蛋白质组学被广泛应用于生物学和临床研究，用于识别功能模块和通路，或监测疾病生物标志物。作为一种分离和鉴定数量空前的蛋白质的强大工具，基于质谱的蛋白质组学还可以用于自动鉴定少量样品中的显性蛋白质异构体。相对定量研究两个或两个以上样品的差异蛋白表达是特别重要的。定量结果可以使用相对和绝对定量等压标签（iTRAQ）或无标签方法获得，这两种方法都广泛应用于定量蛋白质组学。在有的研究中通过使用优化的iTRAQ和无凝胶蛋白组质谱分析热适应兔子的CSF，然后通过电泳技术和候选方法分析蛋白质，有研究首次检测了AC兔的CSF，以了解在长期暴露于新的环境或内部热负荷下AC综合反应的分子途径。为此，将兔子放在不同温度下进行研究，每天100分钟，21天，以未处理的家兔作为对照。采用无胶蛋白组学方法（iTRAQ）鉴定AC兔脑脊液中的蛋白质组成。

共鉴定出1310个蛋白。其中有127个显著上调，77个显著下调。根据功能将ac诱导蛋白分为8类，包括血浆蛋白因子、代谢相关蛋白、能量代谢相关蛋白、细胞表面/细胞间基质蛋白、应激相关蛋白、肿瘤相关蛋白、管家蛋白和推定蛋白。同时，共发现21条通路参与了AC的形成。进一步分析表明，与AC最接近的蛋白分为两个信号通路，免疫相关信号通路和碳水化合物/脂蛋白代谢相关信号通路。有研究通过使用同位素标记样品（iTRAQ）优化CSF的无凝胶蛋白质组质谱方法，首次使用蛋白质组学阐明了AC的应激反应机制。蛋白质组学分析结果表明，参与免疫和代谢的途径在调节热适应中起重要作用，这是长期以来的假设。这两条通路之间的网络可能涉及相互调节。假设暴露于热激活HSP，通过调节免疫系统和代谢系统之间的相互作用，从而改善机体的水盐代谢和心血管系统，逐步实现AC[78]。

### 应用二：高脂血症新西兰白兔慢性应激模型

有研究的目的是建立高脂血症新西兰白兔慢性应激模型并对其进行评价。方法是将45只雄性新西兰大白兔采用随机数字表法分为4组：对照组（CON）、正常饮食结合慢性应激8周（COn + CS）、高脂饮食（HFD）、高脂饮食4周结合慢性应激8周（HFD+CS）。采用社会应激和身体应激两种方法进行研究。组间比较采用单因素方差分析。

（1）长期应激模式评估：①应激组体重增加明显减少；②行为学评估，CON + CS和HFD+CS组[54% ± 7%，55% ± 5%]比CON组和HFD组表现出更多的不活动行为[27% ± 5.28%，34% ± 6%，$P<0.01$，$P<0.05$]；③血清学指标：应激4周后，HFD+CS皮质醇高于HFD组[（60 ± 5）ng / mL与（38 ± 4）ng/mL，P =0.001）。8周后，血清 hs – CRP 和 IL – 6 水平也有所升高。（2）高脂血症对慢性应激的影响：与CON+ CS 相比，HFD+CS 组表现出更多的不活动的行为，皮质醇，hs – CRP和IL – 6 水平升高。（3）血脂：慢性应激导致血清总胆固醇升高。高脂饲料喂养4周，社会应激加物理应激8周，可建立高脂血症兔慢性应激模型；高脂血症与慢性应激相互影响[79]。

### 应用三：烟酰胺单核苷酸腺苷酸转移酶 3 通过调节烟酰胺腺嘌呤二核苷酸水平对兔骨髓间充质干细胞线粒体功能和抗氧化应激的影响

有研究的目的是探讨烟酰胺单核苷酸腺苷酸转移酶3（NMNAT3）在体外氧化应激下对兔骨髓间充质干细胞（BMSCs）线粒体功能和抗氧化应激的影响。提取新西兰大白兔股骨和胫骨骨髓。分离BMSC并通过密度梯度离心结合贴壁培养进行体外培养。第三代细胞通过流式细胞术和多向诱导鉴定。将NMNAT3基因的过表达转染到兔BMSCs中，通过增强绿色荧光蛋白（EGFP）标记慢病毒（BMSCs/Lv–NMNAT3–EGFP）转染，然后通过实时荧光定量PCR（qRT–PCR）和蛋白质印迹和细胞增殖检测NMNAT3的表达，并用细胞计数试剂盒8（CCK–8）检测细胞增殖。使用阴性慢病毒（BMSCs / Lv–EGFP）转染的BMSC和未转染的BMSC作为对照。利用H建立氧化应激损伤细胞模型2O2治疗兔BMSC。根据实验治疗条件，分为4组：A组为正常BMSC，无$H_2O_2$治疗；B、C和D组中未转染的BMSC、BMSC/

Lv–EGFP和BMSC/Lv–NMNAT3–EGFP用H处理2O2分别模拟氧化应激。NMNAT3对BMSC在氧化胁迫下线粒体功能的影响[线粒体膜电位、NAD和三磷酸腺苷（ATP）水平的变化]，BMSCs抗氧化应激能力的变化[活性氧（ROS）和丙二醛（MDA）水平，锰超氧化物歧化酶（Mn–SOD）和过氧化氢酶（CAT）活性的变化，以及BMSCs对衰老和凋亡的影响[衰老相关–β–半乳糖苷酶（SA–β–gal）染色和TUNEL染色] 治疗24小时后发现。

　　体外成功分离培养兔骨髓间充质干细胞。慢病毒转染成功获得高表达 NM NAT 3 基因的兔骨髓间充质干细胞稳定株，NM NAT 3 基因和蛋白表达显著增加（$P$ <0.05）。细胞增殖的趋势与正常骨髓间充质干细胞相比没有明显差异。经 $H_2O_2$ 处理后，各组线粒体功能均受到破坏，细胞凋亡增加。但与 B 、C 组相比，D 组骨髓间充质干细胞线粒体功能改善，膜电位升高，线粒体 NAD +和 ATP 合成水平升高，抗氧化应激能力增强，ROS、MDA 水平下降，抗氧化酶（Mn – SOD、CAT）活性升高, SA – β – gal 阳性细胞比例和凋亡率下降。提高其在氧化应激条件下的存活率[80]。

# 四、肌肉概述及应用

　　肌肉的结构强烈影响骨骼肌的机械性能。它通常以分束长度、生理横截面积（PCSA）、标记角度和apneroses尺寸等参数为特征。一般来说，由于许多结节串联，具有相对较长的分束的肌肉显示出更高的收缩速度。相反，相对较短的分束导致肌肉收缩速度较低。然而，当与较大的PCSA结合时，由于更多的平行肌原纤维，它们显示出增加的力产生。在MTC水平上，肌肉腹部长度和自由肌腱长度之间的比率在系统的顺应性和能量中起着至关重要的作用。

　　骨骼肌是一种高能量消耗器官，其中足够的能量供应对于肌肉性能至关重要。肌肉骨骼组织具有相当大的反应和适应负荷环境变化的能力。

　　应用一：兔骨骼肌线粒体与肌浆网的相互作用及线粒体相关膜的蛋白质组学特征

　　骨骼肌兴奋收缩（EC）耦合介导动作电位转化为细胞间钙释放，最终导致肌肉收缩。EC耦合需要一个高度特化的膜结构，称为三联体，它由一个横小管（$t$小管）和两个末端池从肌浆网（SR）。EC偶联过程消耗大量能量，需要线粒体氧化磷酸化补充能量。通过三联体和线粒体动态控制$Ca^{2+}$浓度和ATP利用率对精确的肌肉收缩至关重要。采用优化的霰弹枪蛋白质组学方法对新西兰大白兔骨骼肌线粒体相关膜（MAM）中的蛋白质进行了分析，以全面了解线粒体–肌浆网（SR）连接的相关蛋白。通过差速离心制备膜组分，通过一维电泳进行分离，后在混合线性离子阱（LTQ）–轨道rap质谱仪上进行高重复性、自动化的LC–MS/MS /MS。

　　通过整合低至1%的错误发现率作为质量控制方法的特征之一，从两种MAM制剂中分别鉴定出459个蛋白。利用生物信息学软件计算蛋白pI值、分子量范围和跨膜区域。有

101个蛋白被鉴定为膜蛋白。该蛋白数据库提示MAM制剂由线粒体蛋白、SR蛋白和横小管蛋白组成。这一结果表明，兔骨骼肌中与SR物理连接的线粒体，电压依赖性阴离子通道VDAC1、VDAC2和VDAC3可能参与了SR与线粒体间栓系的形成。该数据库为深入研究线粒体与三联体之间的连接蛋白提供了线索[81]。

### 应用二：兔骨骼肌肌浆网制剂的鸟枪蛋白质组学分析

由于肌浆网在骨骼肌收缩中的作用不同，通常将其分为纵向肌浆网（LSR）和交界肌浆网（JSR）两类。LSR与肌原纤维平行，含有$Ca^{2+}$-ATP酶，该酶以ATP水解为代价将$Ca^{2+}$从细胞质运输到SR的管腔。JSR通过t-小管膜上的二氢吡啶受体（DHPR）与SR末端池上的ryanodine受体1（RyR1）的直接相互作用将t-小管与SR连接起来。这种t-小管/SR（T-SR）结形成钙释放单元，在兴奋收缩偶联（E-C偶联）过程中起关键作用。在E-C偶联过程中，动作电位扩散到t小管并激活DHPR。然后电脉冲转化为$Ca^{2+}$瞬态，导致肌肉收缩，并打开RyR1。SR膜含有许多膜蛋白和高分子质量蛋白。包括DHPR、calmodulin、triadin、junction和calsequestrin在内的许多蛋白都可以调节RyR1并调节E-C偶联。RyR1与DHPR之间的相互作用为SR与t小管的连接提供了结构基础。在过去的衰变中，Liu参与了探索RyR1与其调制器之间的相互作用，如DHPR、calsequestrin和homer。为了获得RyR1和DHPR的高分辨率三维结构，从新西兰大白兔（Oryctolagus cuuniculus）骨骼肌中分离出SR膜组分，并纯化RyR1、DHPR和RyR1。利用蔗糖密度梯度离心和色谱方法从SR馏分中提取钙螯合素和DHPR。兔骨骼肌中含有丰富的RyR1、DHPR和钙sequestrin，因此Liu选择了模型动物新西兰大白兔进行E-C偶联研究。采用优化的鸟枪蛋白质组学方法对新西兰大白兔骨骼肌肌浆网（SR）膜组分中的蛋白质进行了分析，以全面了解参与兴奋-收缩耦合的蛋白质。通过非线性蔗糖梯度离心获得轻质和重SR膜组分，并用一维电泳分离，然后在混合线性离子阱（LTQ）Orbitrap质谱仪上使用高度可重复的自动化LC-MS/MS。

通过整合低至1%的错误发现率作为质量控制方法的特征之一，从两个独立的SR制剂中鉴定了483个蛋白。参与钙释放单元复合物的蛋白质，包括ryanodine receptor 1、dihydropyridine receptor、calmodulin、triadin、junctin和calsequestrin，为该蛋白鉴定方法提供了验证。进行了严格的生物信息学分析。利用生物信息学软件计算蛋白质pI值、分子量范围、疏水性指数和跨膜区域。83个蛋白被鉴定为疏水蛋白，175个蛋白被鉴定为膜蛋白。根据蛋白质组学分析结果，首次发现不仅横小管而且线粒体物理连接到SR。这些蛋白质组的完整映射可能有助于阐明激发-收缩耦合和激发-代谢耦合的过程。本书报道了参与E-C偶联的483个蛋白参考数据库。有研究采用兔骨骼肌SR蛋白提取方法，并通过蛋白质组学分析鉴定其成分，结果表明SR、t-小管和线粒体不仅在物理上相互连接，而且在功能上相互关联。为了进一步证实这一结论，将采用线粒体提取方法从兔骨骼肌中提取线粒体，并通过蛋白质组学分析鉴定其成分。蛋白质组的完整定位有助于阐明E-C偶联和兴奋-代谢偶联[82]。

### 应用三：兔子肌肉蛋白质组学：一个巨大的飞跃

与猪相似，兔子（Oryctolagus cunulus）是最广泛和有趣的家养物种之一。事实上，兔子有多种使用目的：从地中海和欧洲的肉类生产，到全世界制药工业被当作动物研究模型广泛使用。此外，兔子基因组被认为是一个排序的基因组，尽管似乎需要进一步的研究。矛盾的是，鉴于其重要性，兔子很少是基于蛋白质组学的研究对象，除了一些与骨骼和心肌生理学相关的特定领域。因此，散弹蛋白质组学对兔骨骼肌肌浆网制剂的分析结果十分吸引人了解，从分析的深入程度和在这些分离中发现的蛋白质的数量，到几个没有归属作用的蛋白质，这在测序的生物体中不太常见。尽管如此，兔子是一个模范物种。事实上，与动物科学之间的相关性可能是其最吸引人和最相关的方面之一，就这一特定领域而言，鸟枪蛋白质组学的研究人员很少能够接触到，这使得这本手稿具有特殊的相关性。首先使用2DE mapping，再使用高通量霰弹枪蛋白质组学，对霰弹蛋白质组学进行分析。

有研究发现高度相关的三个主要领域：农场动物、兔子、肌肉/肉类蛋白质组学。有研究报道来自欧洲和北美地区之外，并确认中国和亚洲是蛋白质组学研究的一个持续增长的主要极，在这个例子中，肌肉蛋白质组学及其在肌肉生理学中的作用。综上所述，本书对兔骨骼肌的sar-质体网制剂进行了鸟枪蛋白质组学分析，可以很容易地将其分类为动物、兔和肌肉生理蛋白质组学，是一个巨大的飞跃[83]。

### 应用四：兔后肢骨骼肌的结构：功能性的肌肉设计

有研究测定了 6 只家兔 29 块肌肉的肌纤维结构，以描述这种具有几种特异性骨骼适应性的弯曲动物的肌肉特性。几块肌肉被放置到四个功能组：腘绳肌、股四头肌、背屈肌、或跖屈肌之一，用于组间属性的统计比较。拮抗组（即腘绳肌与股四头肌或背屈肌与跖屈肌）在纤维长度、纤维长度/肌肉长度比、肌肉质量、钳形角和串联肌节数方面存在显著差异（$P<0.02$）。判别分析允许表征的"典型的"肌肉属于四个群体之一。

股四头肌的特点是其大的钳形角和低纤维长度/质量比，这表明了一种力生产的设计。相反，腿筋具有小的钳形角，被设计成允许大面积的偏移。跖屈肌和背屈肌之间观察到类似的差异，它们具有分别适合其力产生和偏移的结构特征。虽然这些差异并不是绝对的，但它们代表了具有功能性后果的明显形态差异[53]。

# 第六节 兔子甲基化研究

## 一、毛色概述及应用

毛色是动物的重要特征之一，动物的毛色往往反映了其品种特征、生产价值、种用价值和经济价值。因此，动物毛色遗传机制的研究备受国内外育种者和生产者的重视。动物毛色的形成是一个极其复杂的过程，在机体内受多个基因的调控，机体外受生长环境和饲养状况的影响。

基因是物种具有丰富多样性的必要前提，动物毛色的多样性受很多基因的共同调控，不同颜色的主效基因不同。这些基因不仅在发生突变后影响毛色的改变，而且通过相互间的作用控制毛色的形成。动物体内含有多种色素，其中酪氨酸源性色素是控制毛色表达的主要色素。环境因素包括温度、湿度、经纬度、紫外线强度、海拔等。微量元素在动物毛色形成过程中也扮演着重要的角色，在各种色素的合成、代谢的调控中有着非常重要的作用。

兔的毛色是一种重要的遗传标记，其在确定品种纯度和杂交组合及研发彩色毛兔新品种方面具有很高的研究价值，如今研究人员通过各种杂交实验和分子实验已经揭示了部分决定兔毛颜色的基因座位及其遗传规律。目前，随着现代分子生物学的飞速发展，研究人员可以通过生物技术在基因水平、RNA水平、蛋白质水平进行人工修饰，来定向的改变生物的遗传性状，包括不同颜色的兔毛，培育出新的毛色品种，缩短了育种时间的同时提高经济效益。

应用一：REX兔基因组DNA甲基化分析

在兔子长期的驯化过程中，研究人员通过不断地选择和繁殖培育了不同毛色的兔子，特定的品系和品种通常是根据其颜色来进行选择。本次研究我们选用两只基因稳定的兔子，一只是标准的Chinchilla，另一只是稀释的Chinchilla。标准Chinchilla颜色为深蓝色，中间为灰色，顶部有一条非常窄的黑色带。相比之下，被稀释Chinchilla的底色和顶部颜色较浅。在先前报道中显示与兔子毛色稀释相关的突变在Chinchilla种群中还没有被发现。此外，在黑色素亲和素（DCH）组检测到了MLPH基因外显子的突变，因此研究人员推测除报道的变异外，还可能与毛色稀释有关。动物的毛色稀释受黑色素和褐黑素的调节。目前颜色的稀释与几种不同的遗传机制有关，这些机制存在于许多物种和品种中，但在大多数情况下并不一致。目前已经证明是有关甲基化修饰是导致哺乳动物毛色变异的原因之一。本次研究旨在鉴定标准Chinchilla毛色和稀释Chinchilla色中全基因组中DNA甲基化的模式，从而确定毛色稀释的候选基因。

有研究为推测REX兔毛颜色稀释的表观遗传机制提供了依据，通过全基因组亚硫酸氢盐测序（WGBS），比较了标准组（CH）和稀释组（DCH）REX兔毛基因组DNA甲基化谱。两组均约有3.5%的胞嘧啶位点发生甲基化，其中CG甲基化类型最丰富。我们共鉴定出126405个差异甲基化区（DMRs），对应于11459个DMR相关基因（DMGS）。研究结果表明，这些DMGS主要参与发育色素的沉着和信号通路。另外，采用亚硫酸氢盐测序PCR技术，随机选取了两个DMRs，验证了WGBS数据的可靠性，并对7个DMGS进行了分析，建立了DNA甲基化水平与mRNA表达的关系。这些发现为证明遗传性颜色稀释与毛囊DNA甲基化改变之间存在关联提供了有力的理论依据，同时有助于研究人员对兔子色素沉着的表观遗传调节的理解[84]。

应用二：DNA甲基化和组蛋白乙酰化参与安哥拉兔次级毛囊周期中*Wnt10b*的表达

安哥拉兔的次级毛囊（SHF）表现出典型的周期性毛发发育，但涉及毛发周期的多个分子信号尚待详细研究。有研究在安哥拉兔SHF周期中作为参与毛发循环的分子信号的Wnt10b的表达模式、甲基化和组蛋白H3乙酰化状态。Wnt10b在生长期的表达显著高于休止期和退行期，这表明Wnt10b可能是SHF循环转换过程中的关键激活剂。生长期CpG岛第五CpG位点（CpG5–175bp）的甲基化频率低于退化期和休止期。CpG5位点的甲基化状态与Wnt10b表达呈负相关。这表明CpG5的甲基化可能参与SHF中Wnt10b的转录抑制。此外，在退行期和休止期，256–11bp和98–361bp区域的组蛋白H3乙酰化状态显著低于生长期。组蛋白H3乙酰化水平与Wnt10b表达显著正相关。这证实了组蛋白乙酰化可能参与了SHF中Wnt10b转录的上调。此外，在CpG5位点内预测了与转录因子ZF57和HDBP的潜在结合。总之，我们的发现揭示了Wnt10b转录的表观遗传机制，并为安哥拉兔SHF周期中的表观遗传调控提供了新的见解[85]。

应用三：*KRT17*启动子甲基化变化：安哥拉兔产毛的新表观遗传学标记

产毛是安哥拉兔的重要经济性状，探索与羊毛生产相关的分子标记是安哥拉兔育种的关键之一。KRT17（角蛋白17）是毛囊发育的重要基因，必须探索其遗传/表观遗传变异，以评估其对羊毛生产的影响。根据217只安哥拉兔的有效产毛量数据，用群体平均值的1.5标准差筛选高产和低产组。通过cDNA末端快速扩增技术获得KRT17的全长序列，并通过直接测序分析启动子、外显子和内含子区域的多态性，构建KRT17、SP1过表达质粒和siRNA，并将其转染毛乳头细胞。RT-qPCR分析相关基因的mRNA表达。通过亚硫酸氢盐测序PCR测定KRT17启动子的甲基化水平。使用双荧光素酶系统、定点突变和电泳迁移率漂移分析来分析SP1和KRT17启动子之间的结合关系。绘制KRT17的结构图，在启动子、外显子和内含子中未发现SNP，表明KRT17的结构相对保守。KRT17在皮肤组织中的表达显著高于其他组织，与低产量组相比，高产量组的表达显著上调（$P<0.05$）。此外，KRT17 CpG I和CpG III的整体高甲基化水平与羊毛产量低显著相关；5个CpG位点（CpG I位点4和CpG III位点2-5）的甲基化水平在高产和低产组之间存在显著差异（$P<0.05$）。3个CpG位点（CpG I位点4和CpG III位点4，14）的甲基化水平与KRT17表达显著相关

（$P<0.05$）。总的来说，CpG III位点4显著影响羊毛产量和KRT17表达（$P<0.05$）。该位点促进SP1与KRT17启动子区（CGCTACGCC）结合，以积极调节KRT17的表达。KRT17 CpG III位点4可作为选育高产毛安哥拉兔的候选表观遗传标记[86]。

## 二、营养概述及应用

动物营养是指动物摄取、消化、吸收、利用饲料中营养物质的全过程，是一系列物理、化学、生理变化过程的总称。营养是动物一切生命活动的基础，整个生命过程都离不开营养。

动物生存和生产需要一定的营养供给来维持，对于不同的动物，在不同的生理状态、不同的生产水平，以及不同环境条件下对养分的需求也均不同。动物需要的营养物质可以概括为七大类，即蛋白质、脂肪、碳水化合物、矿物质、维生素、纤维素和水，虽然这些物质在各种饲料中的含量有所不同，但其各具有独特的营养功能，在机体代谢过程中密切联系。通常动物需要摄入足量的营养物质来维持机体的正常，一旦过量摄入某类营养，便会对机体造成危害，因此在饲养动物时要根据营养需求来饲喂动物。

近年来，随着国民经济的持续增长，我国人民生活水平不断提高，对畜、禽、水产品等动物产品的需求量也日益增加，畜禽养殖业规模化程度不断提高。为了满足市场需求，饲料行业进入了一个高速发展的时期。我国作为养兔大国，家兔产业是我国畜牧产业中重要的组成部分。随着集约化生产模式越来越成熟，对家兔全价日粮的需求也越来越高。如何降低饲料成本，提高家兔的生产性能，减少养殖成本，提高全价日粮的营养水平及营养性能，以及抗生素的禁用等问题，导致畜禽健康水平下降的现状，从而对全价日粮的营养方案有着越来越苛刻的要求。因此，开发新的饲料原料种类就显得尤为重要。我国有着非常丰富的非常规饲料来源，选择合适的原料种类及加工方法，能起到减少生产成本，增加经济效益的作用，进而促进家兔产业的蓬勃发展。

应用一：高脂饮食对家兔肾周脂肪组织基因组DNA甲基化的影响

肥胖症在大多数国家和地区正在迅速蔓延，成为一个相当大的公共卫生问题。目前肥胖症的发病率急剧上升，因为它与II型糖尿病、脂肪肝疾病、高血压甚至某些癌症有关，成为对人类健康最严重的威胁之一。肥胖是一个多因素的病理过程，遗传、环境和行为因素均会影响肥胖的发展。如今，能量摄入和支出之间的不平衡是导致易患肥胖者脂肪沉积的主要原因之一。目前高脂饮食（HFD）已被证明可诱发动物和人类的肥胖，并进一步诱发各种与肥胖相关的临床疾病。肾周脂肪作为腹部内脏脂肪的一部分，与肾脏损伤、甘油三酯代谢及其他代谢调节密切相关，常被用于阐明与肥胖或脂肪发育相关的代谢紊乱的分子和病理生理学机制。有研究表明，肥胖患者的肾周脂肪厚度可能是确定高血压和肾功能风险的一个重要指标。兔子不同生长阶段肾周脂肪microRNA的表达谱发生变化，并且在MAPK信号通路、Wnt信号通路、醛固酮合成和分泌途径中富集了差异microRNA的表达。

表观遗传学是由环境因素与细胞内遗传物质相互作用而引起的，指的是基因表达的可遗传变化，而不会改变DNA序列。DNA甲基化是一种表观遗传机制，在基因调控中起重要作用，也不会改变DNA序列。然而很少有研究报道HFD对兔子肾周脂肪组织基因组DNA甲基化的影响。

为了进一步了解肥胖兔脂肪代谢的表观遗传机制，我们通过对正常饮食（SND）和高脂饮食（HFD）家兔DNA甲基化文库的测序和分析，探讨DNA甲基化在肾周脂肪组织中的作用。本次试验以家兔为模型，通过构建标准正常饲料（SND）和高脂饲料（HFD）兔的DNA池文库。采用滑动窗口法进行差异甲基化区域（DMRs）的识别，并利用在线软件David BioInformation Resources 6.7对DMRs相关基因进行基因GO和KEGG途径富集分析。

本试验共获得12,230条DMRs，其中2305条（1207条上调，1098条下调）和601条（368条上调，233条下调）分别存在于基因体和启动子区域。Go分析显示DMRs相关基因参与发育过程（GO：0032502）、细胞分化（GO：0030154）和脂结合（GO：0008289），KEGG途径富集分析表明DMRs相关基因在亚油酸代谢（KO00591）、DNA复制（KO03030）和MAPK信号通路（KO04010）中富集。研究结果进一步阐明了DMRs相关基因在兔脂肪可能发生的作用，有助于对HFD介导的肥胖的理解。

总的来说，高脂肪饮食可能会通过改变DNA甲基化模式来影响与脂肪相关的基因，与此同时鉴定的2906个甲基化基因，其中ACE 2、AGR 1、IGF1R和ACSL 4可能在脂肪发生中起关键作用。这些基因可能通过PI3K-AKT信号通路（KO04151）、亚油酸代谢（KO00591）、DNA复制（KO03030）和MAPK信号通路（KO04010）参与调节脂肪的发生[87]。

### 应用二：兔全肠外营养中肝胆功能障碍亚急性模型的建立

全肠外营养（TPN）与胆汁淤积和胆石症并发症有关，但其病因尚不完全清楚，推测与胃肠动力不足和肠内禁食与这两个综合征的发病机制有关。

本次研究在10天的时间内对单纯使用TPN、双饲和自由喂养对照进行了比较。用固体标记技术进行评估肠胃转运时间，结果显示TPN处理下的时间显著增加。需氧或厌氧培养物显示肠道或胆道细菌菌群无差异。胆囊胆汁在TPN处理的动物中含有较高百分比的石胆酸，未结合胆红素和总钙。TPN处理过的动物血清中肝功能障碍的标志物升高。轻度脂肪变性和水肿是TPN治疗动物肝脏中唯一的组织学差异。

本试验结论为胃肠动力减退与肠内禁食在TPN相关性的肝胆功能障碍的病理生理变化中起着重要作用。这种功能障碍可能是通过增加TPN处理动物胆汁中石胆酸的绝对浓度和相对浓度来介导的[14]。

### 应用三：兔饲料中的越桔渣对生长性能、表观消化率、盲肠性状、细菌群落和抗氧化状态的影响

在肉兔的生产领域，高成本的饲料以及饲料资源的匮乏是当前面临的关键问题。目前一些高营养、低成本的农业副产品可作为兔子营养的替代原料。据相关报道，越桔作为一

种营养来源，具有很高的生物活性成分，包括膳食纤维和多酚。越桔渣（BP）含有不同的有益植物化学物质，包括酚类物质、花青素和类黄酮，同时越桔渣具有较高的抗氧化活性。

有研究为评估生物渣的营养价值和潜在用途。将144只35日龄灰兔随机分为4组，分别饲喂BP、BP0（基础日粮）、BP5、BP10和BP15（含0、50、100和150g/kg）饲料。生长试验持续48天，从46天开始，连续4天评估表观消化率。使用试验日粮的平均消化率测定BP的营养价值。于83日龄进行屠宰，取血、肝、肾标本，测定各组织的血液参数和抗氧化酶活性。此外，采用基于扩增的高通量16SrRNA测序和PCR变性梯度凝胶电泳技术，对盲肠内容物进行取样和肠道微生物区系鉴定。

试验结果为消化蛋白为104g/kg DM，消化能为944MJ/kg DM，掺入率高达150g/kg。在肥育期，平均日采食量和饲料转化率与BP的增加呈线性关系（分别为P=0.008和<0001）。在整个过程中，随着BP包涵体水平（P<0001）的增，这两个参数均呈线性和二次下降，达100g/kg。抗氧化状态对肾脏和肝脏有显著影响（P<005）。谷胱甘肽过氧化物酶活性随血压升高而升高。就肠道微生物区系而言，BP增加了梭状芽孢杆菌、示波螺旋体、红球菌和红豆杉科植物的相对丰度，与BP包涵体水平密切相关。

BP可作为生长兔替代蛋白质和纤维来源，且对生长性能、盲肠环境条件和盲肠含量无不良影响。BP的加入导致肠道菌群的改变，有利于几个类群的发展，故BP作为生长兔的替代蛋白和纤维来源具有潜在的应用前景[13]。


# 三、胚胎发育概述及应用


DNA甲基化是最早发现的基因表观修饰方式之一，在调控基因表达、染色体结构维持、X染色体失活和基因组印记中起着重要的作用。近年来关于DNA甲基化的研究倍受瞩目，我国已经绘制完成了中国人高精度的全基因组甲基化图谱，并在此基础上对各个基因元件及基因组元件的甲基化模式进行了全面的分析。DNA甲基化发生机制和功能的阐明将对人类个体发育与疾病研究产生深远的影响。DNA甲基化是决定染色体结构的标志性表观遗传调控方式之一。在原生殖细胞和胚胎发育的整个过程中，会发生全基因组范围内的DNA甲基化模式重排，而这一改变引起的染色体状态等一系列变化会决定细胞的分化方向。

首先，受精卵基因组中的DNA甲基化在胚胎发育的卵裂期几乎完全丢失。在胚泡进入子宫内膜和形成原肠胚的这段时期，再通过全新甲基化作用重建胚胎中的甲基化模式，通常情况下这个模式将保持终生。这个过程不仅局限于胚胎细胞中，在胚外细胞谱系里也会以特异的形式发生，但胚外细胞谱系中甲基化的整体水平显著低于体细胞谱系。发育过程中甲基化模式的适时消除和重建对于个体的生存和健康是至关重要的。

哺乳动物的正常发育取决于表观遗传学调控机制准确无误地运行。其中尤为重要的是发生在原生殖细胞和胚胎中的基因组范围内的DNA甲基化模式重排等表观遗传学修饰。胚胎发育过程中的DNA甲基化作用与基因印记的建立、基因表达的调控以及细胞和胚胎的形态建成都密切相关。DNA甲基化发生机制和功能的阐明将对哺乳动物个体发育与人类疾病研究有重要意义。

### 应用一：正常和克隆兔胚胎中的DNA甲基化事件

DNA甲基化是基因组的一个表观遗传修饰。在小鼠早期胚胎发育过程中，发生DNA甲基化，这对正常小鼠发育至关重要。父系基因组中是主动的去甲基化过程，而被动的去甲基化发生在母系基因组中，导致桑葚胚阶段的DNA甲基化水平最低。在牛和猪中也观察到类似的DNA甲基化现象，但在兔子和绵羊的中并没有发生活跃的去甲基化。

物种特异性的DNA甲基化重编程可能对后期发育产生影响。核转移（NT）已在不同物种中成功进行，但克隆效率低和克隆动物异常表明该技术仍处于起步阶段。克隆成功率低的一个可能原因是供体细胞核的表观遗传重编程不准确。最近的研究结果显示，在克隆的牛和绵羊胚胎中发生了异常的DNA甲基化。在克隆的猪胚胎中，典型的去甲基化发生在两个被检测的重复序列中，但不能排除其他序列中异常甲基化的可能性。

兔子是被广泛使用的实验动物。兔子的卵母细胞相对容易操作，兔胚胎在体外培养系统中具有发育到囊胚阶段的能力。然而兔子的克隆是困难的，到目前为止只有一个成功的报告。通过分析着丝粒卫星DNA RsatIIE和表面活性剂蛋白的启动子区域A（SP-A），一个单拷贝基因，对正常和NT兔胚胎的DNA甲基化进行研究，以检验兔子的低克隆效率是否与DNA甲基化重编程错误有关。

试验通过使用亚硫酸氢盐研究了卫星序列的甲基化状态与单拷贝基因的启动子区域。在正常的兔胚胎发育过程中，这两个序列都保持着高甲基化状态，直到8~16个细胞阶段才会发生去甲基化。在克隆胚胎中，单拷贝基因启动子序列被快速去甲基化并提前重新甲基化，而卫星序列在所有阶段均保持了供体型甲基化状态。结果显示，在克隆胚胎中，独特的序列以及卫星序列可能具有异常的甲基化模式[88]。

### 应用二：玻璃化作用改变兔晚期囊胚中OCT4启动子的甲基化模式

自从玻璃化技术作为一种简单而廉价的低温保存方法引入以来，玻璃化技术正在取代慢速冷冻技术成为最常用的卵母细胞和胚胎低温保存方法。先前的研究观察到玻璃体分化并没有改变植入前的晚期囊胚的转录组。然而进入妊娠中期，在玻璃化兔胚胎胎盘中观察到转录组和蛋白质组的改变。

DNA甲基化是重要的表观遗传学，与染色质结构、基因表达调控、X染色体失活和胚胎发生有关。有研究在14天龄玻璃化小鼠胎儿中发现H19/IGF2的差异甲基化结构域（DMD）的甲基化缺失。同样，玻璃化过程降低了OCT4、NANOG和CDX2启动子的甲基化水平。近期，在小鼠囊胚中观察到转录因子OCT4由POU5F1基因编码，被认为是多能性维持系统的关键调控因子，这种多能性标记物的主要功能是激活或抑制胚胎和胚胎发育过程中涉及的多个靶基因。由于其重要性，OCT4的表达模式在许多物种的发育过程中进行了研究。与小鼠相反，在兔囊胚检测到的OCT4基因在内细胞团（ICM）和滋养层中均有表达。有研究旨在分析玻璃化过程对兔晚期囊胚中OCT4启动子甲基化模式的影响。

本次试验选用供体雌性0.5 mL的精液进行受精。授精后立即进行诱导排卵。然后，在授精后72小时，供体被屠宰，通过灌注每个输卵管和子宫角，补充10 mL含0.2%的牛血清白蛋白（BSA）预热的杜尔贝克磷酸缓冲盐水（DPBS）来恢复胚胎。形态上正常的胚胎分布在15个胚胎池中进行玻璃化或直接转移。为了进行玻璃化作用，将胚胎置于玻璃化溶液中2分钟。胚胎在DPBS溶液中悬浮30秒。将悬浮在玻璃化介质中的样品装入0.25mL塑料吸管中，在每根吸管的两端加入两段DPBS，由气泡隔开。最后，密封吸管，直接注入液氮中。变温是通过将离液氮10厘米的秸秆水平放置20～30秒，当结晶过程开始时，将吸管在20℃的水浴中浸泡10岁15s。移除玻璃化培养基，将胚胎加入含有DPBS和0.33Ms的溶液中蔗糖溶液5分钟，然后在DPBS溶液中再浴5分钟。通过腹腔镜手术将109个玻璃化的胚胎和83个新鲜形态正常的胚胎转移到输卵管中。受体在72小时后被屠宰移植后，通过灌注DPBS恢复6日龄胚胎的每个子宫角。囊胚被分为DNA分离组或总RNA分离组。用DNAeasy血液和组织试剂盒从每个池中进行分离。然后进行亚硫酸氢盐处理，提取的DNA，之后进行OCT4启动子序列的PCR扩增。在1个仿生缓冲液中，通过sybrgreen染色的2%琼脂糖凝胶电泳确认了特异性条带的扩增，并克隆到pGEMT-Easy载体中，转化为大肠杆菌。使用QIAGEN分离20～25个阳性质粒克隆后进行测序。将转换后的序列进行分析、计算。使用Dynabeads试剂盒提取6～8个胚胎的PolyARNA，经处理后，然后进行逆转录，并进行实时荧光定量PCR反应和相对丰度分析。正向和反向OCT4引物分别为50%。

移植后3天，63.30%的玻璃化胚胎达到囊胚晚期，而对照组移植胚胎为83.13%。当分析OCT4转录调控区域时，玻璃化组甲基化率较低，但差异不显著。这与qPCR的结果一致。表明对照组和玻璃化组的相对转录水平相似。在体内培养三天后达到囊胚晚期的玻璃化胚胎在OCT4启动子中甲基化比例没有显著差异。然而如果玻璃化技术将成为人类辅助生殖和胚胎储存的常用方法，更多的研究应该关注玻璃化对甲基化模式的影响错误和长期的后果[89]。

应用三：兔孤雌生殖胎儿中NNAT、NAP1L5和MKRN3 DNA甲基化和转录的破坏

孤雌生殖（PA）动物模型已被广泛用于研究表观遗传学谱和揭示人类疾病中的印迹基因的表达。然而，由于缺乏父系基因表达，PA胚胎不能在哺乳动物中发育到足月。先前的研究表明，父系表达的基因，如IGF2、H19和XIST，在PA胚胎中异常表达。这些报告表明，父系基因的不适当表达，其原因是哺乳动物孤雌生殖胎儿的发育失败和/或流产。既往研究表明，在孤雌生殖过程中，印迹基因的异常表达受到差异甲基化区域（DMRs）的控制。异常正常的DMRs的甲基化模式受到DNA甲基化修饰的表观遗传学调控。为了保证表观遗传的胚胎发育受父系基因组的调控，复制独立的去甲基化，而母体基因组经历了被动的、细胞分裂依赖的甲基化扩散。虽然印迹基因在胚胎发育和疾病综合征中的作用已被报道，但在兔PA胎儿中父系表达的印迹基因的表达模式尚未被报道。有研究测定了父系表达的三个基因（NNAT、NAP1L5和MKRN3）在兔PA和正常对照胎儿中的DNA甲基化和表达模式，采用实时荧光定量PCR（qRT-PCR）和亚硫酸氢盐测序PCR（BSP）。

该研究通过比较兔孤雌生殖（PA）和正常受精胎儿（Con）父源表达基因Neuronatin（NNAT）、核小体、组装蛋白NAP1L5和MKRN3的基因组印迹状况。结果发现，与Con胎

儿相比，兔PA胎儿中NNAT、NAP1L5和MKRN3的表达显著降低。此外，BSP的结果表明，兔PA胎儿中NNAT、NAP1L5和MKRN3的差异甲基化区域（DMRs）均表现为高甲基化。总之，兔PA胎儿中NNAT、NAP1L5和MKRN3的表达降低，这与它们各自的DMRs的高甲基化有关。因此，无序的基因组印迹是由孤雌遗传兔胎儿不适当的表观遗传修饰调控的[90]。

### 应用三：兔胞浆内单精注射胚胎中个体基因的活性去甲基化

CpG二核苷酸的DNA甲基化对于正常的哺乳动物发育来说是至关重要的，目前已经发现了多达五种甲基转移酶，其甲基化机制众所周知，但对于去甲基化，其机理尚不清楚。先前有研究表明，当DNA复制发生时，可以实现DNA去甲基化的发生。在各种哺乳动物物种中已经观察到父系基因组的主动去甲基化，除了绵羊和兔子。然而，据报道绵羊卵母细胞能够使部分供体核去甲基化，这表明绵羊卵母细胞可能具有残基去甲基化活性，但目前尚不清楚兔体内是否也存在活性去甲基化机制。

自1992年报道了胞浆内精子注射（ICSI）后首次成功的人类怀孕以来，许多论文随后报道了辅助生殖程序的高成功率。卵胞浆内单精子注射（ICSI）作为一种辅助生殖技术，已广泛应用于动物和人类。然而它对表观遗传学变化的可能影响尚未得到很好的研究，故本次研究为探索ICSI是否能诱导兔植入前胚胎异常DNA甲基化变化。

通过研究相同的两个序列的甲基化模式，测试了在ICSI兔胚胎中是否可以诱导任何表观遗传变化。为了检测SP-A启动子区域和卫星序列Rs的甲基化状态，在IIE上采用亚硫酸氢盐测序技术。

结果显示，SP-A启动子序列几乎完全是去甲基化细胞胚胎。这种未甲基化的状态至少维持到8/16的细胞阶段。然后发生了显著的重新甲基化，导致桑葚胚和囊胚的高甲基化状态。在第一个细胞周期的S期开始之前，它的甲基化水平略低于两个亲本基因组的复合甲基化值。此外，早期1细胞胚胎的甲基化模式具有异质性。在检测的13个克隆中，其中大多数（13个克隆中的9个）保持了高甲基化状态，这表明即使在ICSI胚胎的早期阶段也已经发生了主动的去甲基化。在2细胞阶段的未甲基化状态完全是由于活跃的去甲基化。具有活性去甲基化确实发生在1细胞的ICSI胚胎中。1细胞周期后，2细胞胚胎的卫星序列甲基化水平下降到37%，4细胞胚胎的甲基化水平进一步下降到9%。这种低甲基化状态一直保持到囊胚阶段，此时出现了轻微的重新甲基化（25%），即在第一轮DNA复制开始前，SP-A启动子区域被广泛地去甲基化，并且未甲基化的状态一直保持到动态再甲基化发生时。在卫星序列RsatIIE中也观察到一个类似但更温和的去甲基化过程。

这些结果与之前关于正常兔胚胎中没有活跃的去甲基化的报道相反，表明观察到的活跃的去甲基化可能是由ICSI诱导的[91]。

# 第七节　兔子代谢组学研究

## 一、兔子疾病和药物模型概述及应用

在过去的二十年中，欧洲兔子作为动物模型的使用越来越多地涉及许多人类疾病。小型实验动物，如小鼠、大鼠、豚鼠和欧洲兔子，长期以来一直被用作动物模型开展系列研究，以提高我们对人类疾病的理解。开发用于研究的动物模型的主要目标是创建一个实验系统，其中人类发生的条件在实验动物中尽可能准确地表象化。兔子的优势在于大小合适，允许随时采集血液，并更多地从单个动物那里获得许多细胞和组织。此外，兔子的寿命比啮齿动物长，兔子的免疫系统基因显然比啮齿动物类似于人类免疫系统。兔子也是几种可引起人畜共患疾病的病原体的携带者或宿主。一些对小鼠的研究发现缺乏类似于人类感染的疾病症状，因此，将一些小鼠研究结果转化为人类疾病的成功率很低，这表明其他动物模型可能更合适，如兔子。兔子被积极用作几种非感染性疾病的实验室模型，如动脉粥样硬化、前列腺、肿瘤等，以及在药理学及其他疾病方面对于人类疾病方面发挥重要作用。

动脉粥样硬化是一种慢性多因素炎症性疾病，与心脑血管疾病密切相关，在世界范围内发病率和死亡率都很高。动脉粥样硬化的主要临床表现为冠心病、脑卒中和外周血管疾病。动脉粥样硬化的发病机制通过一系列步骤进行，包括内皮损伤、炎症反应、代谢紊乱、细胞增殖、泡沫细胞形成和动脉粥样硬化斑块破裂。此外，据估计，大约50%的动脉粥样硬化风险是由基因决定的。因此，深入研究动脉粥样硬化具有重要的临床和理论意义。

应用一：动脉粥样硬化兔模型的原理与应用

兔子是生物医学研究中最常用的实验动物之一，尤其是作为生产抗体的生物反应器。然而，兔子的许多独特特征也使其成为研究人类疾病（如动脉粥样硬化）优秀物种。研究人员使用哪种动物取决于实验目的，然而，在选择动物时，需要考虑一些基本原则：（1）动物应易于获取和维护，成本合理，易于操作，大小合适，以便进行所有预期的实验操作；（2）动物应在实验室环境中繁殖，并具有明确的遗传背景；（3）动物模型应与人类分享脂质代谢和心血管病理生理学的最重要方面。尽管没有动物模型能够满足所有这些要求，但兔子仍然是研究动脉粥样硬化的有价值的模型。事实上，兔子是第一个用于研究人类动脉粥样硬化的动物模型。

兔子在系统发育上比啮齿动物更接近人类，除了它们相对合适的体型、驯服的性格以及易于在实验室设施中使用和维护之外。由于其寿命短、妊娠期短、后代数量多、成本低（与其他大型动物相比）以及基因组学和蛋白质组学的可用性，兔子通常用于较小啮齿动物（小鼠和大鼠）与较大动物（如狗、猪和猴）之间的枢纽，并在许多转化研究活动中发挥重要作用，如药物临床前试验和患者诊断方法。

　　兔模型被广泛应用，并揭示了人类动脉粥样硬化与脂质代谢之间的大部分病理生理学意义，如LDL受体的发现和他汀类药物的开发，他汀类药物是世界上处方最多的降脂药物。与小鼠相比，兔子具有许多与人类相似的特征，这有助于研究脂质代谢和动脉粥样硬化。最近，动脉粥样硬化的兔子基因组测序和转录组分析已经成功完成，这为研究人员在未来使用该模型铺平了新的道路[92]。

### 应用二：*circRNA*表达模式和*circRNA-miRNA-mRNA*网络在兔动脉粥样硬化发病机制中的分析

　　有研究利用病例组中的三只兔子喂食高脂饮食以诱导动脉粥样硬化，另外三只兔子被喂食正常饮食。为了探讨circRNA在动脉粥样硬化中的生物学功能，研究人员使用RNA-seq分析了circRNA、miRNA和mRNA的表达谱。许多miRNAs、mRNAs和circRNAs在动脉粥样硬化中被鉴定为显著改变。接下来，用miRanda工具预测了miRNA靶相互作用，并构建了差异表达的circRNA-miRNA-mRNA三重网络。GO分析表明，网络中的基因参与细胞粘附、细胞激活和免疫反应。此外，研究人员构建了一个失调的circRNA相关的ceRNAs网络，并发现七个circRNA（ocu-cirR-novel-18038、-18298、-15993、-17934、-17879、-18036和-14389）与动脉粥样硬化相关。发现这些CircRNA也在细胞粘附、细胞活化和免疫反应中发挥作用。

　　近年来，研究人员提出，CircRNA参与动脉粥样硬化的发展。Burd等人发现了cANRIL，一种来自INK4/ARF位点的反义circRNA，其表达与INK4/ARF转录和动脉粥样硬化性血管疾病风险相关。Chen等人报道，在oxLDL诱导的人脐静脉内皮细胞中，circRNA hsa_circ_0003575显著上调。该circRNA可促进人脐静脉内皮细胞的增殖和血管生成，这为动脉粥样硬化中内皮细胞功能的circRNA调节提供了新的见解。这些结果表明，CircRNA与其竞争的mRNA之间的串扰可能在动脉粥样硬化的发展中起着关键作用[93]。

### 应用三：载脂蛋白A-I血管基因治疗法对高脂血症兔动脉粥样硬化的持久保护作用

　　从血管壁细胞表达载脂蛋白A-I的基因疗法有望预防和逆转动脉粥样硬化。此前，曾报道了用表达载脂蛋白a-I的辅助依赖性腺病毒载体（HDAd）转导颈动脉内皮细胞可减少脂肪喂养兔早期（4周）脂肪条纹的形成。在这里，研究人员测试了相同的HDAd是否能够提供长期保护，防止更复杂病变的发展。

　　脂肪喂养的兔子（n=25）接受双侧颈动脉基因转移，其左侧和右侧颈总动脉随机接受对照载体（HDAdNull）或NAPO A-I表达载体（HDAdApoAI）。另外24周的高脂饮食产生复杂的内膜病变，包括富含脂质的巨噬细胞以及平滑肌细胞，通常位于病变帽内。基因转移24周后，高水平的载脂蛋白A-I mRNA（中位数≥在所有HDAdApoAI治疗的动脉中均存在（高于背景值250倍）。与同一只兔子的配对对照HDAdNull治疗动脉相比，

HDAdApoAI治疗动脉的中位内膜病变体积减少30%（P=0.03），同时内膜脂质、巨噬细胞和平滑肌细胞含量减少（23%～32%）（P≤0.05）。HDAdApoAI治疗的动脉内膜炎症标记物也减少。VCAM-1染色面积减少36%（P=0.03），ICAM-1、MCP-1和TNF-α的表达有降低的趋势（减少13%～39%；P=0.06～0.1）。

在患有严重高脂血症的兔子中，用表达载脂蛋白AI的HDAd转导血管内皮细胞可产生至少24周的局部载脂蛋白A-I表达，从而持续减少动脉粥样硬化病变的生长和内膜炎症[94]。

# 二、前列腺概述及应用

下尿路症状（LUT）通常被视为良性前列腺增生（BPH）的特征，由静态（前列腺增大）、动态（α受体介导的肌肉张力）和炎症（前列腺炎症）成分引起。

越来越多的证据表明，BPH/LUT与肥胖/代谢综合征之间存在着强烈而独立的联系。在流行病学研究中，LUTS与多种代谢综合征特征相关，包括肥胖、高血压和2型糖尿病、高血糖和低高密度脂蛋白胆固醇和高多不饱和脂肪能量摄入。有趣的是，最近证明了肥胖与前列腺炎症的超声或生化[精白细胞介素8（IL8）]特征之间存在正相关。

在一些动物模型中研究了MetS和LUT之间的关系，包括2型糖尿病/肥胖（糖尿病）小鼠模型，其中前列腺炎症和膀胱功能障碍明显。因此，MET似乎与LUT的发展有关。潜在的常见病因包括高血糖、胰岛素抵抗、低度慢性炎症，以及性腺机能减退。事实上，最近的数据表明，男性睾丸激素水平较低可能是MetS的另一个组成部分。尽管在代谢综合征患者中补充睾酮可显著改善代谢参数，如空腹血糖、糖耐量、腰围、甘油三酯和高密度脂蛋白胆固醇，但对潜在前列腺副作用的担忧严重限制了临床广泛应用。这些担忧基于雄激素对前列腺生长至关重要的概念，这可能会恶化LUTS。然而，一些前瞻性研究和横断面研究已证明血清睾酮与LUTS或BPH之间存在反向关联。与这些观察结果一致，据报道，睾酮替代疗法可缓解患有BPH和MetS的性腺功能减退男性患者的LUT。

应用一：睾酮可防止代谢综合征相关的前列腺炎症：兔子的实验研究

代谢综合征（MetS）和良性前列腺增生症（BPH）/下尿路症状（LUTS）通常相关，它们的共同点之一是性腺功能减退。然而，睾酮补充剂受到潜在前列腺副作用的担忧的限制。目的是确定是否通过补充睾酮来预防MetS相关的前列腺改变。

研究人员使用先前描述的MetS动物模型，该模型通过喂养雄性兔子高脂肪饮食（HFD）12周而获得。HFD兔的亚群用睾酮或法尼类X受体激动剂INT-747治疗。喂食标准饮食的兔子被用作对照。HFD动物会出现性腺功能减退症和所有MetS特征，如高血糖、葡萄糖不耐受、血脂异常、高血压和内脏肥胖。此外，HFD动物表现出前列腺炎症。免疫组化分析表明，HFD诱导前列腺纤维化、缺氧和炎症。在HFD前列腺中，几种促炎（IL8、IL6，IL1β和TNFα）、T淋巴细胞（CD4，CD8，Tbet，Gata3和RORγt）、巨噬细胞（TLR2、TLR4和STAMP2）、嗜中性粒细胞（乳铁蛋白）、炎症（COX2和RAGE）和纤维化/肌成纤维细胞活化（TGFβ，SM22α，αSMA，RhoA和ROCK1 / ROCK2）标志物的mRNA表达显著增加。睾酮以及INT-747治疗阻止了一些MetS特征，尽管只有睾丸激素使所有HFD诱导的前列腺改变正常化。有趣的是，睾酮和雌二醇血浆水平之间的比率与所有纤维化和分析的大多数炎症标志物保持显著的阴性关联。这些数据强调，睾丸激素可以保护兔子前列腺免受MetS诱导的前列腺缺氧、纤维化和炎症，进而对BPH / LUTS的发展/进展发挥作用[95]。

### 应用二：超声声致孔隙效应致兔前列腺损伤的初步研究

在本试验中探讨利用超声联合超声造影剂微泡的超声声致空隙效应开放血-前列腺屏障是对前列腺损伤的研究。

将15只健康的8月龄性成熟的新西兰兔，随机分为单纯微泡（MB）组、单纯超声（US）组、超声联合微泡辐射（US+MB）组，超声波直接照射前列腺，光镜、电镜、细胞凋亡指数（AI）观察前列腺组织损伤情况。其结果发现MB组与US组前列腺组织在光镜下均未见明显异常，胞浆、细胞核染色均匀，腺体上皮组织细胞排列整齐、完整，腺管腔内未见明显改变；US+MB组腺体上皮组织细胞排列紊乱，腺管腔内可见大量嗜伊红染的液体。同时，在透射电镜下MB组与US组前列腺组织微血管内皮细胞排列整齐，细胞间紧密连接形态正常；US+MB组可见线粒体肿胀，微血管血管内皮细胞间隙增宽，细胞内桥连接断裂，红细胞漏出等改变。US+MB组AI明显高于MB组与US组（$P<0.01$），而US组则明显高于MB组（$P<0.01$）。

综上所述，可以发现用超声联合超声造影剂微泡的超声声致孔隙效应开放血-前列腺屏障的同时，会造成前列腺组织的损伤。（选自李陶、刘政、刘观成、王翔，2011年发表）

### 应用三：基于抗体的ERG重排阳性前列腺癌检测

TMPRSS2-ERG基因融合发生在50%的前列腺癌中，并导致编码截断ERG产物的嵌合融合转录本的过表达。以前检测截断的ERG产物的尝试由于缺乏特异性抗体而受到阻碍。在这里，研究人员表征了兔抗ERG单克隆抗体（克隆EPR 3864；Epitomics，Burlingame，CA）使用对前列腺癌细胞系，合成TMPRSS2-ERG构建体，染色质免疫沉淀和免疫荧光进行免疫印迹分析。研究人员使用联合免疫组织化学（IHC）和荧光原位杂交（FISH）分析将ERG蛋白表达与前列腺癌组织中ERG基因重排的存在相关联。研究人员独立评估了两个患者队列，并观察到ERG表达仅限于前列腺癌细胞和与ERG阳性癌症相关的高级别前列腺上皮内瘤变，以及血管和淋巴细胞（其中ERG具有已知的生物学作用）。对131例病例的图像分析显示，检测ERG重排前列腺癌的敏感性接近100%，131例病例中只有2例（1.5%）表现出强烈的ERG蛋白表达，没有任何已知的ERG基因融合。对207例患者肿瘤进行ERG蛋白表达联合病理学评价，对ERG重排前列腺癌的判断敏感性为95.7%，特异性为96.5%。

总之，有研究鉴定了特异性抗ERG抗体，并证明了ERG基因重排与截断的ERG蛋白产物表达之间的微妙关联。鉴于与FISH相比，ERG蛋白表达易于进行IHC，因此基于ERG重排状态的ERG蛋白表达可能有助于前列腺癌的分子亚型化，并提示在前列腺穿刺活检评估中的临床效用[96]。

# 三、肿瘤概述及应用

血管生成是一种复杂的生物学现象，它从已有的血管系统中形成新的血管。异常血管生成与多种疾病有关，如癌症、动脉粥样硬化、关节炎、肥胖、肺动脉高压、糖尿病视网膜病变和年龄相关性黄斑变性。虽然生理性血管生成是一个紧密协调的过程，由促血管生成因子和抗血管生成因子的平衡调节，但肿瘤血管生成是不稳定和不规则的，存在形成不良的渗漏血管。肿瘤内皮细胞比非肿瘤内皮细胞分裂更快，也表达正常内皮细胞不表达的标记物。

## 应用一：碘–131标记金丝桃素的坏死靶向放射治疗提高兔*VX2*肿瘤模型效果

血管阻断治疗（VDT）被认为是癌症治疗的一个潜在重要选择。血管破坏剂（VDA）快速、选择性地靶向已建立的肿瘤血管，导致肿瘤广泛缺血和坏死。金丝桃素（Hyp），一种从圣约翰麦汁（贯叶连翘）中提取的天然小分子化合物，最近被认为是一种具有强大坏死亲和力的NACA。除了已报道的抗病毒、抗肿瘤和抗抑郁活性，Hyp还有另外两个特性：一个是光敏性，它允许Hyp在荧光透视和光动力疗法中的应用；另一个是Hyp可以迅速、有效和持久地进行放射性碘化。研究人员假设碘–131标记的金丝桃素（131I–Hyp）可能选择性地积聚在VDAs诱导的肿瘤坏死中，并释放高能β粒子来破坏周围剩余的恶性活细胞。有研究的目的是在兔VX2肿瘤模型中验证NTRT的新治疗策略。

在血管阻断治疗（VDT）后，围绕中心坏死的肿瘤细胞边缘始终存在，并导致肿瘤复发。采用碘–131标记的金丝桃素（131I–Hyp）进行新型坏死靶向放射治疗（NTRT），旨在治疗活瘤边缘，并改善多灶VX2肿瘤兔模型VDT后的肿瘤控制。在VDT后24小时给予NTRT。NTRT显著减缓了肿瘤生长，肿瘤体积较小，肿瘤倍增时间延长（14.4天比5.7天），随后进行了12天的体内磁共振成像。与单一VDT对照组相比，NTRT组的活瘤边缘受到了很好的抑制，如第12天的肿瘤横截面所示（1比3.7）。活体SPECT显示131I–Hyp对肿瘤坏死的高靶向性，肿瘤区域的高摄取持续9天以上，与活肿瘤和其他器官相比，γ计数显示肿瘤坏死的放射性高4.26至98倍，放射自显影和荧光显微镜显示肿瘤周围组织坏死的比率分别为7.7～11.7和10.5～13.7。实验结果证明NTRT提高了VDT对兔VX2肿瘤的抗癌效果[97]。

## 应用二：兔VX2肝癌血管生成依赖性肿瘤特征

有研究采用包埋法建立兔VX2肿瘤模型，评估肿瘤增殖、转移的血管生成依赖性特征，并发现是否存在肿瘤血管构筑缺陷。将36只兔随机分为2组：实验组与对照组。将对照组的18只兔肝脏手术植入VX2肿瘤；将实验组的18只实验兔进行相同的手术，不植入肿瘤，通过尸检观察肿瘤生长和血管侵犯的过程。一张载玻片用于苏木精–伊红（HE）染色，一张载玻片用于维多利亚蓝和胭脂红组织化学染色的弹性纤维染色，一张载玻片用于生物素化的ulex europaeus凝集素I（UEA I）的血管内皮细胞免疫组化染色；所有三种载玻片均在光学显微镜下观察。用电子显微镜系统地观察了另外一张载玻片。采用SPSS19.0软件对数据进行统计分析。其结果显示肿瘤血管生成后肿瘤生长加速，原发肿瘤体积与血管口径相关。肿瘤血管生成后，肿瘤生长迅速，但中心肿瘤坏死，血供不足。肿瘤浸润肝血窦、肝间质组织血管、肝包膜静脉及肺、肾、腹腔等重要器官转移，导致家兔死亡。在400倍光学显微镜下，18只实验兔的平均血管密度计数为$43.17 \pm 8.68$/血管/高倍视野；肿瘤血管直径均在200μm以内，血管弹性纤维染色显示肿瘤血管内、外弹性板完整，肿瘤血管内皮细胞、细胞器完整，病理观察未见内皮细胞构筑缺陷。由此可以得到，兔VX2肝癌的增殖和转移与肿瘤血管生成有关，病理观察未发现肿瘤血管构筑缺陷，有待其他方法进一步探讨[98]。

应用三：VX2肝癌兔经动脉化疗栓塞载三氧化二砷（砒霜）微球的抗肿瘤特性

三氧化二砷（ATO）是一种具有抗癌特性的无机化合物，自2000年起被美国食品和药物管理局批准用于治疗急性早幼粒细胞白血病。之前一项研究表明，服用ATO通过抑制肝癌细胞系Bel-7404中信号转导子和转录激活子3（STAT3）的磷酸化诱导线粒体凋亡。尽管ATO在肝癌中具有抗肿瘤特性，但其高毒性限制了其作为化疗药物直接治疗肝癌的应用。由于TACE具有局部给药的特点，ATO在TACE中的应用可能会降低毒性，增强治疗效果。在VX2肝癌兔中，通过cTACE给药的ATO没有显示出明显的肝或肾毒性，并且与通过动脉或静脉注射给药的ATO相比，其治疗效果更好。然而，对于DEB-TACE（与cTACE相比，DEB-TACE具有较低的治疗药物系统浓度和更持久、更稳定的药物输送的优点），关于通过DEB-TACE给药的ATO对肝癌患者的治疗效果知之甚少。有研究旨在通过动脉化疗栓塞（TACE）研究三氧化二砷（ATO）微球（CSM）对兔VX2肝癌的抗肿瘤作用。

将120只VX2肝癌兔随机分为四组（每组N=30），分别接受TACE（CSM-ATO组）、常规TACE（cTACE-ATO组）、CSM经导管动脉栓塞（TAE-CSM组）和生理盐水动脉注射（对照组）。分别于12小时、3天、7天和14天处死5只家兔，检测肿瘤增殖、凋亡和血管生成/上皮间质转化（EMT）标志物。在第14天评估肿瘤体积、转移状态和腹水。每组观察10只兔子直到死亡，以累积生存率计算。与cTACE ATO和TAE-CSM组相比，CSM-ATO组的肿瘤体积和腹水减少。与TAE-CSM组相比，CSM-ATO组的肺转移、腹壁转移和网膜转移减少，而累积生存率增加。然而，CSM-ATO组和cTACE-ATO组在转移灶或生存率方面没有发现差异。同时，与cTACE ATO组和TAE-CSM组相比，CSM-ATO组促进肿瘤细胞凋亡，抑制肿瘤细胞增殖。此外，与cTACE ATO和TAE-CSM组相比，CSM-ATO组的HIF-1α、VEGF和微血管密度降低。此外，与cTACE ATO和TAE-CSM组相比，CSM-ATO组的twist、N-钙粘蛋白、波形蛋白和MMP-9降低，而E-钙粘蛋白增强。

总之，通过TACE加载ATO的CSM抑制VX2肝癌兔的肿瘤生长、血管生成和转移，延长生存期[99]。

## 四、药理学概述及应用

兔子作为生产食物的兽医物种的作用很小，经常被作为伴侣动物饲养。像其他小型哺乳动物一样，兔子容易受到多种微生物感染，最常见的感染性病原体被确定为巴氏杆菌属，肠杆菌科属，链球菌属和葡萄球菌属。氟喹诺酮类药物是兽医学中最重要的抗菌药物之一，以其对广谱微生物的杀菌作用以及全身给药后对组织和细胞间液的高渗透性而闻名。左氧氟沙星是一种第三代氟喹诺酮类药物，对多种革兰氏阳性和革兰氏阴性微生物具有活性，与较老的氟喹诺酮类药物相比，对链球菌和厌氧菌的活性有所提高。

应用一：兔静脉、肌肉和皮下注射左氧氟沙星后的药代动力学特征

有研究的目的是建立和比较左氧氟沙星在健康兔中通过I／V，I／M和S／C途径单次给药后的PK谱。在3×3交叉研究中，以单剂量5mg／kg在静脉注射（I／V），肌内（I／M）或皮下注射（S／C）给药途径后，在6只健康雌性兔中评估左氧氟沙星药代动力学谱。使用经过验证的超高效液相色谱方法和荧光检测器检测血浆左氧氟沙星浓度。左氧氟沙星在给药后10小时可定量，平均 AUC0–末页通过I/V、I/M和S/C分别获得9.03 ± 2.66、9.07 ± 1.80和9.28 ± 1.56 mg/h·L的值。静脉注射后血浆清除率为0.6 mL/g·h。使用I/M和S/C途径的血浆浓度峰值为3.33 ± 0.39和2.91 ± 0.56 μg/mL。血管外给药完成后的生物利用度值为–105% ± 27%（I／M）和118% ± 40%（S／C）。I/V给药后左氧氟沙星的平均提取率为7%。此外，还评估了左氧氟沙星给药对泪液产生和渗透压的影响。药物给药后48小时内泪渗透压降低。所用3种左氧氟沙星给药途径均产生相似的药代动力学特征。研究的剂量不太可能对兔子有效。然而，据计算，对于MIC <0.5 μg/mL的病原体，每日剂量为29mg /kg似乎对I／V给药有效[100]。

应用二：麻醉兔急性房室传导阻滞为检测药物诱导的尖端扭转型室性心动过速提供了新模型

目前已经开发了几种兔原心律失常模型，使用遗传或药理学方法来抑制心室中延迟整流器K电流的缓慢成分，从而导致复极化储备的减少。在这里，研究人员表征了一种新型的兔体内原心律失常模型，该模型具有由急性房室传导阻滞（AVB）引起的严重心动过缓。

异氟醚麻醉兔通过导管消融诱导AVB诱导心动过缓，心室以60次心跳加速–1在整个实验过程中，除非出现异常。研究人员评估了两种抗心律失常药、两种喹诺酮类抗生素和一种抗精神病药物的效果，这些药物被选为阳性药物（多非利特、司帕氟沙星和氟哌啶醇）和阴性药物（胺碘酮和莫西沙星）诱导尖端扭转型室性心动过速（TdP）。

在研究人员的模型中，在6只兔子中有5只静脉注射多非利特（10～100μg/kg），6只兔子中有3只静脉注射司帕沙星（30mg/kg），6只兔子中有2只静脉注射氟哌啶醇（0.3～3mg/kg）后，TdP心律失常表现出高重复性。致死性心律失常反复出现，并伴有QT

间期延长和早期后去极化样现象。即使QT间期延长，胺碘酮（0.3～10mg/kg，n=6）和莫西沙星（3～30mg/kg，n=6）均未诱发此类心律失常。这些结果表明，研究人员的麻醉兔未重塑和心动过缓心脏模型是检测药物诱导的TdP心律失常的有用测试系统[101]。

### 应用三：基于生理学的兔子药代动力学/毒代动力学预测模型的开发和验证

基于生理的药代动力学（PBPK）建模是一种用于模拟不同动物和组织中物质的药代动力学（PK）的技术。在毒性物质风险评估的情况下，基于生理的毒代动力学（PBTK）模型优选用于强调模型对引起毒性反应的化合物的应用。在PBPK / TK模型中，生物体的组织被模拟为一组基于生理的区室，这些区室具有不同的体积、血流和其他组织组成元素。这些隔室为评估药物或有毒物质在体内的吸收、分布、代谢和排泄（ADME）提供了一个机制框架。

由于在所有可以想象的情景下测量异种生物对所有受影响物种的浓度和影响是不可行的，因此对兔子等标准实验动物进行了测试，并将观察到的不利影响转化为重点物种进行环境风险评估。在这方面，数学建模对于评估农药在未经测试的情况下的后果正变得越来越重要。特别是，基于生理学的药代动力学/毒代动力学（PBPK / TK）建模是一种成熟的方法，用于根据药物和有毒物质的吸收、分布、代谢和排泄来预测组织浓度。在目前的工作中，开发了一种兔子PBPK / TK模型。模型预测包括静脉注射（静脉注射）和口服（口服）小化合物和大化合物的场景。所提出的兔子PBPK / TK模型预测了被测试化合物的药代动力学，平均误差为1.7倍。该结果表明该模型具有良好的预测能力，使其能够用于风险评估建模和模拟[102]。

## 五、胚胎代谢概述及应用

代谢组学发展于20世纪90年代，作为系统生物学的重要组成部分，代谢组学是对生物体内所有的代谢物进行定量分析，进而研究内源性代谢物质种类、数量及其与内在或外在因素相互作用的科学。其常用的分析技术包括质谱分析技术（MS）、核磁共振波谱分析技术（NMR）和光谱分析技术。如何正确的评价胚胎发育潜能从而提高种植率并降低多胎妊娠率是辅助生殖领域的重要研内容，目前所使用的胚胎评估方法主要是基于胚胎的形态，但是其具有一定的局限性。因此，利用代谢组学的方法评估胚胎发育潜能具有极其重要的临床意义和广阔的应用前景。而胚胎的代谢组学研究主要包括胚胎培养基中丙酮酸、葡萄糖、氨基酸和氧耗量等代谢情况，通过它们来探讨代谢组学在胚胎潜能评估中的作用。

应用一：母兔糖尿病导致妊娠早期胚胎氨基酸代谢的影响

妊娠期间，充足的氨基酸供应对胚胎发育和胎儿生长至关重要。怀孕期间，氨基酸的可用性和浓度是滋养层分化和植入的重要决定因素。支链氨基酸（BCAA）亮氨酸、异亮氨酸和缬氨酸优先通过系统L运输到胚胎，并迅速传播到胎盘。BCAA是9种必需氨基酸中的3种，在食物中含量丰富，占蛋白质总摄入量的15%至20%。与其他氨基酸相比，支链氨基酸在肝脏代谢不良，其中60%在骨骼肌中代谢。骨骼肌和脂肪组织的BCAA降解能力最高。BCAA通过含有催化亚单位和糖蛋白4F2hc/CD98的系统L转运体运输。在患有枫糖浆尿病（MSUD）的孕妇中，病理性高水平的BCAA对胎儿的生长和发育有重要影响。MSUD是一种常染色体隐性疾病，Bckdha、Dld或Dbt基因突变。这种基因缺陷会导致BCAA降解紊乱。在妊娠期糖尿病孕妇中，观察到脐血中缬氨酸、蛋氨酸、苯丙氨酸、异亮氨酸、亮氨酸、丙氨酸含量增加。到目前为止，关于妊娠早期母体糖尿病对胚胎氨基酸含量的影响知之甚少。研究人员使用兔子动物模型来研究Ⅰ型糖尿病对母体和胚胎氨基酸代谢的影响。

研究人员研究了糖尿病兔和囊胚在第6天的氨基酸组成和支链氨基酸（BCAA）代谢。与对照组相比，糖尿病兔血浆中12种氨基酸的浓度发生了改变。值得注意的是，糖尿病兔体内BCAA亮氨酸、异亮氨酸和缬氨酸的浓度约为对照组的3倍。糖尿病兔囊胚腔液中BCAA浓度是对照组的两倍，表明母体糖尿病与胚胎BCAA代谢密切相关。分析了BCAA氧化酶和BCAA转运体在母体组织和囊胚中的表达。与对照组相比，糖尿病兔母体脂肪组织中支链氨基转移酶2（Bcat2）、支链酮酸脱氢酶（Bckdha）和脱氢己基脱氢酶（Dld）3种氧化酶的RNA含量显著增加，肝脏和骨骼肌中的RNA含量显著减少。与对照组相比，糖尿病兔的囊胚显示出较高的Bcat2 mRNA和蛋白质丰度。在糖尿病兔和健康兔的子宫内膜中，BCAA转运体LAT1和LAT2的表达没有改变，而在糖尿病兔的胚泡中，LAT2转录物增加。与高胚胎BCAA水平相关的是，由母体糖尿病引起的囊胚中雷帕霉素营养传感器哺乳动物靶点（mTOR）的磷酸化量增加。

这些结果表明，母亲糖尿病对哺乳动物囊胚中BCAA浓度和降解有直接影响，并对胚胎mTOR信号产生影响[103]。

应用二：糖尿病妊娠的胚胎脂肪酸代谢：胚胎母细胞和滋养层之间的差异

子宫内的营养环境可以对胚胎代谢产生巨大影响，并且可以扰乱随后的发育。除了传统的营养素，如葡萄糖、丙酮酸和氨基酸，脂质，如脂肪酸（FAs），在胚胎代谢中起着关键作用。FA在化学上分为饱和脂肪酸（SFAs）、单不饱和脂肪酸（MUFAs）和多不饱和脂肪酸（PUFA），其中PUFAs可以进一步分为ω-6（n-6）和omega-3（n-3）PUFA。在动物和人类卵母细胞和胚胎中，最常见的FA是棕榈酸（PA）、硬脂酸（SA）、油酸（OA）和亚油酸。

在发育的头几天，植入前胚胎从周围环境中获得营养。母体糖尿病影响子宫微环境，导致胚胎中的代谢适应过程。研究人员分别在胚胎细胞（EB）和滋养层（TBs）中分析了胚胎胚泡（FA）谱和加工基因的表达，以确定母体糖尿病对细胞内FA代谢的潜在后果。胰岛素依赖性糖尿病是由雌兔中的阿洛生诱导的。在第6天，通过气相色谱法分析囊胚（

EB、TB 和胚泡液）和母体血液中的 FA 谱。在EB和TB中测量参与FA伸长率（脂肪酸伸长酶，ELOVLs）和去饱和（脂肪酸脱饱和素，FADS）的分子的表达水平。母体糖尿病影响了母体血浆和囊胚中的FA谱。与母体血浆的FA谱相比，与代谢变化无关，兔囊胚含有更高水平的饱和脂肪酸（SFAs）和较低水平的多不饱和脂肪酸（PUFAs）。此外，EB和TB中的FA配置文件进行了不同的更改。虽然SFA（棕榈酸和硬脂酸）在糖尿病兔的EB中升高，但PUFAs（如二十二碳六烯酸）降低。相反，在结核病中，观察到较低水平的SFAs和较高水平的油酸。发现EB和结核病基因表达的特异性改变ELOVLs和FADS是FA伸长和去饱和度的关键酶。

其结果显示母体糖尿病对EB和结核病胚胎FA代谢的改变不同，表明谱系特异性代谢适应性反应[104]。

应用三：母体炎症导致兔胎盘和胎脑色氨酸代谢改变

母体感染和炎症与白质损伤和脑室周围白质病有关，可导致脑瘫等疾病，并与自闭症谱系障碍有关。研究表明，母亲在妊娠第28天（G28）宫内给予非感染性内毒素脂多糖（LPS）导致新生兔（G31）的运动缺陷。产前LPS治疗还与新生儿脑中激活的小胶质细胞和星形胶质细胞，促炎细胞因子水平升高以及丘脑和皮质神经元的变性和异常乔木化有关。其他研究表明，在宫内感染女性和培养物中激活的人小胶质细胞中，犬尿氨酸（KYN）途径在胎盘中的色氨酸（TRP）代谢增加，并且可能与产前感染相关的自闭症谱系障碍的风险有关。在这项研究中，研究人员假设母体炎症导致胎盘和胎儿大脑中色氨酸途径酶和代谢物的改变。

结果发现，在妊娠第28天（G28）宫内毒素给药导致G29（治疗后24小时）胎盘和胎儿大脑中吲哚胺2,3-双加氧酶（IDO）的显著上调。这种内毒素介导的IDO诱导也与强烈的小胶质细胞活化，干扰素γ表达的增加，犬尿氨酸和犬尿氨酸途径代谢物犬尿氨酸和喹啉酸的增加以及胎儿脑室周围区域5-羟基吲哚乙酸（血清素的前体）水平的显著降低有关。这些结果表明，母体炎症将色氨酸代谢从5-羟色胺分流到犬尿氨酸途径，这可能导致兴奋性毒性损伤以及新生儿大脑中5-羟色胺介导的丘脑皮质纤维的发育受损。

这些发现为预防和治疗母亲炎症引起的胎儿和新生儿脑损伤提供了新的靶点，这些损伤导致神经发育障碍，如脑瘫和自闭症[105]。

# 六、日粮诱导代谢变化概述及应用

对于动物来说，一个平衡日粮所提供的营养，按其比例和数量，可以适当地提供动物24小时的营养总量。且需要的营养必须包括在干物质总量中，使动物在24小时内可吃完。日粮使动物生存、生活最重要的物质，对动物的生长与繁殖具有重要意义。当日粮中成分增加或减少是，动物体内物质也会相应的发生变化，对动物体产生有益或有害的影响。

应用一：高脂肪饮食的兔子对肾周脂肪组织中的脂质代谢的影响

高脂饮食（HFD）被广泛认为是胰岛素抵抗、炎症、2型糖尿病、动脉粥样硬化和其他代谢性疾病的显著可调节风险。兔子是经济上重要的家畜，主要作为动物蛋白质的来源饲养，最近被用作肥胖症相关研究的实用模型。此前的一项研究报告称，喂食HFD的新西兰大白兔在5周或10周后的皮下脂肪组织在肥胖相关的全身低度炎症中起着重要作用。此外，还有一项使用HFD兔模型评估血管功能变化的研究。然而，喂食HFD的兔子体内PAT的整体代谢变化尚未阐明。因此，为了进一步了解肥胖的分子后果，研究人员使用非靶向代谢组学研究了HFD诱导的肥胖兔PAT的代谢变化。

组织学观察显示，HFD兔的脂肪细胞和PAT密度显著增加。研究人员的研究揭示了206种差异代谢物（21种上调，185种下调）；47种差异代谢产物（13种上调，34种下调），主要包括磷脂、脂肪酸、类固醇激素和氨基酸，被选为潜在的生物标志物，以帮助解释HFD引起的代谢紊乱。这些代谢产物主要与不饱和脂肪酸的生物合成、花生四烯酸代谢途径、卵巢类固醇生成途径和血小板活化途径有关。研究显示，HFD会导致严重的脂代谢紊乱。这些代谢物可能通过增加脂肪细胞和密度来抑制氧呼吸，导致线粒体和内质网功能障碍，产生炎症，最终导致胰岛素抵抗，从而增加2型糖尿病、动脉粥样硬化和其他代谢综合征的风险[106]。

应用二：膳食补充白苜蓿籽粉对高脂肪饮食诱导的代谢综合征兔模型的血管功能的影响

代谢综合征（MS）代表几种代谢紊乱的结合，例如腹部肥胖、胰岛素抵抗、高甘油三酯血症、高密度脂蛋白胆固醇（HDL-C）水平下降和高血压。饮食中消耗的脂肪的质量和数量与预防或改善MS特征的代谢异常密切相关。植物化学分析表明，白苜蓿籽粉的主要化合物是芹菜素C-糖苷。这项工作的目的是研究膳食补充白苜蓿籽粉对高脂肪饮食（FD）诱导的代谢综合征兔模型的影响。

将兔子分成四组：喂食常规饮食（CD）、CD补充了Pr-Feed、喂养18%FD、FD补充了Pr-Feed。所有饮食均给予6周，喂养期后体重、测定平均血压、心率和内脏腹部脂肪（VAF），进行葡萄糖耐量试验（GTT），在血清中测定总胆固醇（TC）、HDL-胆固醇、LDL-胆固醇、甘油三酯（TG）、空腹葡萄糖（FG）、天冬氨酸氨基转移酶、丙氨酸氨基转移酶、胆红素和肌酐。切除腹主动脉，并通过乙酰胆碱松弛和对KCl、去甲肾上腺素和血管紧张素II的收缩反应来评估血管功能。结果显示FD增加了VAF、FG、TG，降低了HDL-胆固醇并诱导了异常的GTT Pr-Feed，添加到FD并没有改变这些变化。来自FD喂养的兔子的主动脉环表现出对乙酰胆碱的放松反应受损和激动剂血管收缩反应增加。Pr饲料补充FD改善了对乙酰胆碱的反应，并阻止了对KCl，去甲肾上腺素和血管紧张素II的收缩反应的增加。

结果表明，富含芹菜素C-糖苷的Pr-Feed膳食补充剂具有血管保护剂特性，可用于预防表征代谢综合征的血管改变[107]。

应用三：高胆固醇饮食的家兔动脉粥样硬化的血浆代谢特征及秋水仙碱治疗

动脉粥样硬化是一种慢性炎症性疾病，可逐渐导致心肌梗死和中风。单核细胞在血管壁内的募集是动脉粥样硬化斑块形成的早期现象。秋水仙碱是从秋水仙碱中提取的生物碱，作为微管蛋白的配体，从而在细胞水平上改变微管的聚合过程。高胆固醇饮食喂养的新西兰大白兔球囊导管内皮剥脱术是一种经验证的动脉粥样硬化模型。在动脉粥样硬化的诱导和进展方面，与动脉粥样硬化进展相关的代谢变化仍不确定。

新西兰本地白兔（NZW）以高胆固醇饮食（1%）喂养至少8周，是建立动脉硬化的最快方法。它主要会诱发富含巨噬细胞的脂肪条纹，更复杂的动脉粥样硬化斑块（与人类斑块更相似）的形成可能需要更长的时间（从6个月到几年），胆固醇比例较低（0.2%～0.75%），因为高胆固醇血症（高于1在如此高胆固醇水平下达到的g/dL）可导致肝毒性导致死亡率增加。高脂/高胆固醇饮食与血管成形术诱导的主动脉剥脱相结合克服了这些缺点，并提供了一个关于人类动脉粥样硬化和动脉粥样硬化血栓形成的可靠研究模型。16只家兔通过饮食和主动脉剥脱进行18周的动脉粥样硬化诱导。此后，动物被随机分配到秋水仙碱治疗组或安慰剂组，为期18周。在随机化前和36周时采集血浆样本。采用多平台（GC/MS、CE/MS、RP–HPLC/MS）代谢组学，对血浆指纹进行预处理，并对所得矩阵进行分析，以揭示差异表达的特征。对这些重要特征采用了不同的化学注释策略。研究人员发现代谢物与动脉粥样硬化进展或秋水仙碱治疗或两者都相关。动脉粥样硬化与循环胆汁酸的增加密切相关。大多数与甾醇代谢相关的变化不能通过秋水仙碱治疗逆转。然而，赖氨酸、色氨酸和半胱氨酸代谢等方面的变化显示了该药物的新的潜在作用机制，也与动脉粥样硬化进展有关[108]。

# 七、肉品质概述及应用

兔肉是一种高度易消化、美味、低热量的食物。在一些地中海国家，如意大利、西班牙和法国，兔肉是一种传统的肉类产品，尽管它目前正遭受消费倒退。兔肉被推广为牛肉和猪肉的健康营养替代品。其脂肪成分的特点是饱和脂肪酸（SFA）水平低，多不饱和脂肪酸（PUFA；占总脂肪酸的35%～40%）比例良好。但是兔肉的品质经常会随环境、饲料与疾病等因素而变化，因此在这里探讨各种因素对兔子肉品质的影响，以及应如何利用其正面效应及解决这些因素所带来的负面影响。

应用一：长期补充褐色海藻和多酚对兔肉品质的影响

需要安全和天然的饲料补充剂来增强动物的健康和福利，满足农业食品系统和消费者的需求。植物作为动物营养中的安全饲料补充剂得到了相当大的考虑。需要研究可持续饲料添加剂，以提高兔子的健康和肉类品质。最近的研究表明，海藻可以被认为是一种可持续的膳食补充剂，可以改善动物的健康和肉类质量。此外，植物多酚已被研究作为肉类中的抗氧化剂和降胆固醇剂。有研究的目的是评估在母兔和子代日粮中添加天然饲料添加剂对生长兔的生长性能和肉质参数的影响。

生长中的兔子是从哺乳期的动物中挑选出来的，这些动物接受对照日粮（C）或添加0.3%（SP1）和0.6%（SP2）的饲料添加剂的日粮，饲料添加剂中含有棕色海藻（海带属）和植物提取物。在断奶后阶段，生长中的兔子仍在其DOE定义的治疗组中，试验持续了42天。饲喂0.6%天然饲料添加剂的兔子的平均日采食量和饲料转化率都有所提高。腰最长肌（LL）胆固醇含量较低，半膜肌（SM）胆固醇含量较低（SP2），为41.36%（比对照组高）。喂食天然混合物（SP1和SP2组）的兔子的两块肌肉中的α生育酚和视黄醇含量均增加。在喂食天然混合物的兔子的两块肌肉中观察到质地的感觉属性的改善。

综上所述，长期补充高剂量棕色海藻和植物多酚的哺乳期母兔和后代可以改善生长性能，提高肉的营养和感官参数[109]。

### 应用二：共轭亚油酸对生长兔生长和肉质指标的营养基因学效应

由于兔子盲肠中存在微生物脂质活性，在兔子盲肠中检测到共轭亚油酸。有研究的目的是评估同等比例的两种常用CLA异构体（c9、t11 CLA和t10、c12 CLA）对断奶生长兔的肉质、产量，以及肝脏、肌肉和脂肪组织中脂质相关基因表达的剂量效应。

将75只30天大的断奶V线雄性兔子被随机分配到三个饮食治疗组，分别接受基础对照饮食、添加0.5%（CLAL）或1%CLA（CLAH）的饮食。总实验期（63d）分为7天适应期和56天实验期。膳食补充CLA不会改变生长性能，但是，腰最长肌的脂肪百分比降低，蛋白质和多不饱和脂肪酸（PUFA）百分比增加。在CLA处理组中，饱和脂肪酸（SFA）和单不饱和脂肪酸（MUFA）没有增加。由于PPARA的皮下脂肪组织基因表达下调，CLA存在组织特异性感应，然而，CPT1A仅在CLAL组的肝脏中呈上调趋势（P=0.09）。在骨骼肌中，仅CLAH组FASN和PPARG表达上调（$P \leqslant 0.01$）。CLAH组肝细胞胞浆空泡化明显，肝细胞结构未见改变。CLA喂养组的脂肪细胞大小呈剂量依赖性下降（$P < 0.01$）。在CLA组的脂肪组织中，PCNA测定的细胞增殖率较低（$P < 0.01$）。

数据表明，在生长兔日粮中以0.5%的剂量添加CLA（c9、t11-CLA和t10、c12-CLA），可以在不改变生长性能和肝细胞结构的情况下生产富含多不饱和脂肪酸且脂肪含量较低的兔肉，对于肉品质有正面的影响[110]。

### 应用三：枸杞膳食补充剂对兔肉微生物质量、理化和感官特性的影响

枸杞（GBs）在东亚自然生长，特别是在喜马拉雅山脉的山谷。GBs历来被认为是蒙古和西藏传统医学中的基本元素，通常用作膳食补充剂。枸杞具有宝贵营养特性，它们含有各种维生素（特别是核黄素、硫胺素和抗坏血酸）、矿物质、氨基酸和完整的抗氧化类胡萝卜素谱，其促进健康的特性被归类为营养保健食品。有研究的目的是分析膳食补充3%枸杞对兔肉微生物质量、理化和感官特性的影响。

四十二只新西兰白兔（n=21/组）喂食两种不同的饮食：商业饮食（对照组）和补充枸杞（3%）的饮食。屠宰后，在冷藏储存4天和10天后，在死后6小时（第0天）评估膳

食补充剂对兔子腰部的微生物、物理化学和感觉特征的影响，包装在透氧包装中。pH值和总挥发性碱性氮（TVBN）值未获得相关结果，但就颜色而言，各组之间观察到一些显著差异。枸杞（GBs）膳食补充剂通过降低硫代巴比妥酸反应物质（TBARS）值在所有观察结果中具有积极作用（$p<0.001$）。此外，微生物学结果表明，补充对乳酸杆菌属（$p<0.001$）患病率有显著影响，事实上，枸杞组在第0天（$p<0.05$）和第4天（$p<0.001$）的平均值高于对照组。

关于消费者的测试，品尝者对GB兔肉丸的评分更高，当兔子饮食已知时，购买兴趣增加。这些结果表明，枸杞包含在兔子饮食中可能代表了改善肉类质量和感官特征的宝贵策略[111]。

# 八、皮肤代谢组概述及应用

皮肤结构完整性对于维持屏障功能至关重要。同样，在细胞水平上，质膜代表与细胞外环境的界面，因此，其结构和稳定性对于细胞稳态至关重要。目前人们对于非常规生物基质的代谢组学越来越关注，而这些存在于皮肤上或皮肤内的低分子量化合物来源于皮肤外层的汗液、皮脂和蛋白质降解组织液，这些占人体皮肤的45%。

皮肤代谢组学作为一种高效的转化研究工具，此类工作流程必须涉及采样、样品制备、检测、代谢组学数据分析、生物学解释和验证分析方法。为代谢研究开发的分析方法在用于代谢物鉴定和定量之前需要验证，在方法验证中，解决了代谢组学工作流程每个步骤中的挑战和局限性。

皮肤代谢组学中需要解决的问题包括人际关系的变异性、低分析物浓度、随着时间推移确定绝对浓度的困难，以及收集的少量生物样本。代谢物水平的生物可变性是皮肤采样中的一个主要问题，皮肤是一种"动态"机制，所以代谢物水平随时间而变化，观察到的变异性甚至可以由皮肤表面化学物质的不均匀分布引起。此外，人类皮肤暴露在不同的应激源下，无论个人是否健康或患有疾病皮肤微生物群和皮肤对应激源的反应因人而异。

应用一：评估皮肤挥发性代谢物变化的兔模型：压疮病例研究

兔子（Leporidae）模型可能是研究皮肤代谢组的一个非常有用的模型。这些动物足够大，耳垂易于接近，这使得皮肤代谢组收集的物流比较小的动物容易得多。Leporidae模型的另一个优点是有可能分离皮肤代谢物产生的血管成分。与人体皮肤相比，缺乏皮脂腺可显著降低所得代谢组的复杂性。最后，具有最小基因组变异的动物以及具有特定遗传差异的动物是市售的，从而进一步帮助更严格地控制实验研究。但是目前对Leporidae挥发性皮肤代谢组的了解非常有限。因此本次研究的首要目的是为可访问的动物模型奠定基础，以研究皮肤生物标志物，最终可能成为研究人类皮肤疾病的平台。

研究人员首次使用聚二甲基硅氧烷吸附剂贴片采样结合气相色谱/质谱法（GC / MS）对兔皮代谢物的挥发性部分进行全面评估。记录了从兔皮分泌的一组化合物，并且主要检测到无环长链烷基和醇。然后，研究人员利用这个动物模型来研究完整皮肤和早期压疮皮肤之间的差异，因为后者是重症监护病房的主要问题。四只新西兰雌性白兔在一只耳朵上形成溃疡，另一只耳朵作为对照。早期溃疡是用钕磁铁产生的。组织学分析显示溃疡耳朵出现急性嗜异性皮炎、水肿和微出血，对照耳表现正常。代谢组学分析揭示了微妙但明显的差异，发现几种与氧化应激相关的脂质降解相关的化合物在溃疡的耳朵中以更大的丰度存在。代谢组学发现与早期溃疡的组织学证据相关。

研究人员假设Leporidae模型概括了与溃疡形成相关的血管变化。有研究说明了Leporidae模型对皮肤代谢组研究的潜在有用性，如本早期溃疡的形成[112]。

### 应用二：高胆固醇型兔黄瘤皮肤的脂质代谢

本次实验研究了胆固醇喂养的兔子的黄瘤皮肤，以了解脂质含量的变化以及调节细胞内脂质含量的酶活性。经过80天的高胆固醇饮食后，黄瘤广泛传播，脂质代谢的变化明显。在组织匀浆和细胞膜沉淀中，未置换的胆固醇和磷脂增加了2~6倍，胆固醇酯增加了约30倍。然而，组织甘油三酯的水平下降到对照皮肤的一半。胆固醇酯化率，通过酰基辅酶A的活性来衡量；胆固醇酰基转移酶，适度增加至显著；在酸性和中性pH值下，对4-甲基伞形油酸酯的水解酶活性也增加，但水解酶对胆固醇油酸酯的水解酶活性仅在酸性pH下增加。因此，高胆固醇血症导致细胞内胆固醇酯化速率显著增加，中性和酸性pH下脂肪酶活性增加，酸性pH下胆固醇酯水解酶活性增加。胆固醇酯化活性的增加均匀超过胆固醇酯水解活性的增加，与胆固醇酯的净积累一致。然而，皮肤黄瘤等级与胆固醇酯化率没有一致的关系。相反，酶数据表明，脂质代谢的显著异常通过真皮组织扩散分布，作为黄瘤局灶性出现的先决条件[113]。

### 应用三：ATP细胞内递送增强糖尿病兔全层皮肤伤口愈合过程

在细胞内直接递送高度梭原性脂质囊包化的ATP（ATP-囊泡）可以加速非糖尿病啮齿动物和兔子的全层皮肤伤口愈合。据报告，通过微创手术创建的兔耳伤口模型对糖尿病动物是可以忍受的。先前的研究表明，伤口组织严重依赖糖酵解途径产生能量，并且ATP和PCr（磷酸肌酸）在糖尿病足中均严重降低。若假设糖尿病中的伤口缺氧导致能量可用性低，这是伤口不愈合的主要原因。如果研究人员能够将ATP递送到糖尿病受试者伤口组织的细胞质基质中，愈合过程将大大增强。本书报告了在糖尿病兔缺血和非缺血性伤口中使用ATP囊泡的初步结果。

糖尿病是由阿洛生诱发的，平均峰值血糖浓度为505 mg/dL。一只耳朵被创造为缺血，并在10只动物中创造了80个全层伤口。使用ATP囊泡或盐水并比较其愈合情况。

在非缺血性耳朵上，ATP囊泡治疗伤口的平均闭合时间为13.7天，而盐水治疗伤口的平均闭合时间为16.4天（$p<0.05$）。在缺血性耳上，ATP囊泡治疗伤口的平均闭合时间为15.3天，而盐水治疗伤口的平均闭合时间为19.3天（$p<0.01$）。组织学研究表明，ATP囊泡治疗的伤口愈合和上皮再化更好。

ATP的细胞内递送加速了缺血性和非缺血性兔耳朵上糖尿病皮肤伤口的愈合过程。这些机制值得进一步研究，但可能与改善细胞能量供应有关[114]。

## 九、脑代谢组概述及应用

脑代谢组主要是脑神经递质的变化，而且此变化过程受到很多因素的影响，包括劳累、熬夜、作息时间不规律，以及精神心理压力等因素，都会构成脑的代谢改变，是一个综合的神经生理代谢过程。而大脑代谢的方式主要通过扩展脑血管，增加脑皮质细胞对氧气、葡萄糖、氨基酸及磷脂的利用进行，以此来促进脑细胞的恢复，改善脑细胞的功能，从而来促进脑代谢。大脑是所以动物的神经中枢，其承担的任务重大，消耗的能量也是较大的，因此需注重能量的适当补充以及大脑疾病的发生，以此来预防脑代谢出现紊乱。

应用一：有无顺行选择性脑灌注的低温停循环的脑代谢特征：来自兔模型非靶向组织代谢组学的证据

顺行选择性脑灌注（ASCP）被认为是在胸主动脉手术期间执行脑保护，作为深度低温循环骤停（DHCA）的辅助技术。然而，ASCP后的脑代谢曲线尚未通过代谢组学技术进行系统研究。有研究应用代谢组学分析鉴定了ASCP对兔脑代谢的检测。

为了阐明ASCP的代谢组学分析，根据随机数表，将12只新西兰白兔随机分配到60分钟DHCA，其中（DHCA + ASCP [DA] 组，n=6）和没有（DHCA [D] 组，n=6）ASCP。ASCP通过在右锁骨下动脉上插管和交叉钳夹化命名动脉进行。在断绝体外循环后60分钟处死兔子。采用基于气相色谱-质谱的非靶向代谢分析策略对大脑皮层的代谢特征进行了分析。选择超过1.0的可变重要性投影值作为潜在变化的代谢物，然后应用t检验来测试两组之间的统计学意义。

两组脑代谢分析显著（Q2Y = 0.88 对于偏最小二乘 DA 模型）。与D组相比，ASCP后62种可定义代谢物差异显著，主要与氨基酸代谢、碳水化合物代谢、脂质代谢有关。分析显示，DHCA与ASCP后的代谢途径主要参与激活的糖酵解途径，抑制厌氧代谢和氧化应激。此外，色氨酸代谢途径中的L-犬尿氨酸（P = 0.0019），5-甲氧基吲哚-3-乙酸（P = 0.0499）和5-羟基吲哚-3-乙酸（P = 0.0495）在色氨酸代谢途径中与D组相比增加，DA组中瓜氨酸（P = 0.0158）尿素循环增加。其结果可能揭示了与单独使用DHCA相比，ASCP能更好地保存脑代谢[115]。

应用二：高胆固醇饮食对阿尔茨海默病兔模型脑脊液代谢组学的影响

阿尔茨海默病（AD）是最常见的神经退行性疾病，表现为认知障碍和痴呆的临床症状。绝大多数病例为晚发性 AD（LOAD），其遗传异质性且零星发生。LOAD的神经病理学变化可以通过在兔子的饮食中补充2%胆固醇12周来重现。有研究使用基于代谢组学方法和多变量统计的方法来调查胆固醇在12周内对脑脊液代谢物的影响。

在兔脑脊液中检测到的6515个准确肿块中，375个在不同时间点收集的样品之间显示出显著的强度差异（$p < 0.05$）。对前95名（$p < 0.01$）的进一步分析显示，在整个胆固醇治疗过程中，有四簇代谢物具有不同的表达模式。在12周的胆固醇处理样本中观察到大多数影响，而某些肿块在8周时显示出短暂的变化，但在12周时恢复到接近对照组的水平。治疗8周后开始变化的肿块可能代表与AD发展相关的大脑中某些缺陷相关的早期代谢变化。推定的代谢物鉴定显示，在胆固醇治疗8周后，某些磷酸化甘油脂和肽片段减少。

这项研究表明，由于高胆固醇负荷，脑脊液中存在特定的代谢紊乱。特别是考虑到短肽片段的变化，其影响可能是高胆固醇水平引起的脑变性的结果[116]。

应用三：宫内生长受限（IUGR）兔模型围产期脑代谢物变化的体内检测

宫内生长受限（IUGR）发生在5%～10%的妊娠中，根据目前的证据，主要由胎盘功能不全引起。血液供应受损最终可导致持续低氧血症和正在发育的胎儿营养不良。因此，IUGR与围产期不良结和次优神经发育的风险增加有关。宫内生长受限是神经发育异常的危险因素。研究人员通过磁共振成像（MRI）和光谱学（MRS）研究了IUGR的兔模型，以评估体内大脑结构和代谢后果，并确定用于临床转化的潜在代谢生物标志物。

在妊娠第25天，通过在一个角中结扎40%～50%的子宫胎盘血管诱导3只妊娠兔IUGR；对侧喇叭被用作对照。胎儿在第30天分娩并加权。共有6只对照组和5只IUGR幼崽在出生后的前8小时内（7T）接受了T2-w MRI和局部质子MRS。脑组织体积的变化和对每个MRS体素的相应贡献是通过用兔脑的数字图谱对MRI图像进行半自动配准来估计的。MRS数据可用于使用线性拟合的绝对代谢物定量；基于水化学变化的当地温度估计；使用光谱模式进行分类分析。

较低的出生体重与较小的大脑尺寸，略低的大脑温度和脑实质特定区域的差异代谢物谱变化有关。具体而言，发现大脑皮层和海马体中天冬氨酸和N-乙酰基半乳糖（NAA）的估计水平较低（提示神经元损伤），纹状体中的甘氨酸水平较高（可能是脑损伤的标志物）。研究结果还表明，皮质区域的代谢变化比在海马体和纹状体中检测到的变化更为普遍。

IUGR与体内的大脑代谢变化有关，这与IUGR中描述的神经结构变化和神经发育问题密切相关。代谢参数可构成围产期起源诊断和异常神经发育的非侵入性生物标志物[117]。

# 十、盲肠代谢组概述及应用

哺乳动物不合成消化纤维素或半纤维素所需的酶。它们依赖于具有纤维溶解能力的前肠（即反刍动物和假反刍动物的瘤胃）或后肠（即非反刍动物的盲肠和结肠）的微生物群落（主要是细菌）的共生关系，以进行纤维消化。在其盲肠中，在进行代谢物测定时，可以通过盲肠内容物非靶标检测发现非抗生素处理情况下可以检测到480种代谢物，处于敏感状态的代谢产物为碳水化合物、脂类、肽段与外源化合物。

应用一：枯草芽孢杆菌对肉兔盲肠挥发性脂肪酸含量的影响

枯草芽孢杆菌是饲料常用益生菌种之一，它是以芽孢的形式添加到饲料里。对于畜禽肠道有多方面影响，主要包括调节肠道营养代谢，改善肠道形状，强化免疫能力，这对于肠道健康具有着重要意义。本试验研究的目的在于为枯草芽孢杆菌对肉兔盲肠挥发性脂肪酸含量和微生物多样性影响提供理论依据。

选取30日龄、体重（1.15±0.05kg）相近的健康肉兔80只，随机分为4组，每组20个重复，每个重复1只。对照组饲喂基础饲粮，试验Ⅰ、Ⅱ、Ⅲ组在基础饲粮中分别添加100、200、300 g/t枯草芽孢杆菌。预试期7天，正试期30 d。结果表明：（1）与对照组相比，试验Ⅰ组平均日增重和平均日采食量显著升高（$P<0.05$）。（2）试验Ⅰ组空肠绒毛高度极显著高于对照组（$P<0.01$），试验Ⅲ组空肠绒毛高度/隐窝深度极显著低于试验Ⅰ组（$P<0.01$）。试验Ⅲ组回肠绒毛高度显著低于对照组和试验Ⅰ组（$P<0.05$）。（3）与对照组相比，试验Ⅲ组盲肠pH显著升高（$P<0.05$）。（4）与对照组相比，试验Ⅰ组盲肠微生物操作分类单元（OTU）数目和Chao1指数极显著提高（$P<0.01$），试验Ⅲ组OTU数目和Chao1指数极显著降低（$P<0.01$）。（5）在门水平上，与对照组相比，试验Ⅲ组厚壁菌门的相对丰度极显著降低（$P<0.01$），试验Ⅲ组拟杆菌门的相对丰度极显著升高（$P<0.01$），试验Ⅰ和Ⅱ组变形菌门的相对丰度极显著降低（$P<0.01$）。在属水平上，与对照组相比，各试验组瘤胃球菌科NK4A214群的相对丰度均显著降低（$P<0.05$），各试验组克里斯滕森氏菌R-7群的相对丰度均极显著降低（$P<0.01$），试验Ⅰ组瘤胃球菌科UCG-014的相对丰度极显著升高（$P<0.01$），试验Ⅰ组艾克曼菌属的相对丰度极显著降低（$P<0.01$），试验Ⅰ组Subdoligranulum的相对丰度极显著降低（$P<0.01$）。

综上所述，饲粮中添加适宜剂量（100g/t）枯草芽孢杆菌有利于提高肉兔盲肠微生物多样性，改善肠道健康，提高生长性能，而过量添加会对肉兔的肠道健康产生负面影响。（选自魏宇超、王凤霞、张灿、孙东岳、赵玉萍、李宁、闫俊彤、陈宝江，2021年）

应用二：不同来源纤维饲粮对福建黄兔的盲肠纤维消化酶活性的影响

兔属于单胃草食动物，其消化特点是盲肠容积庞大且发达，存在许多发酵微生物，可将粗纤维分解为低分子有机酸等多种营养物质，便于动物机体对养分进行综合吸收。饲粮纤维对兔的生长与健康有着重要意义。研究发现，不同纤维源及粗纤维水平对肉兔盲肠发酵参数及菌群数量有显著影响。苜蓿营养价值全面，含有皂苷、多糖、蛋白质和维生素等，是一种优质的粗饲料来源。研究表明，以苜蓿草粉饲喂家畜，能够明显提高生长及机体免疫力，且能提高消化率，提升饲用价值。甜菜渣作为制糖过程的副产品，可消化纤维含量高，且果胶含量较高，因而消化效率也较高。甜菜渣可作为能量饲料或作为功能性饲料添加剂成分，其含有果胶能有效维持瘤胃pH，含有甜菜碱能提高机体抗病力。青贮燕麦及燕麦干草在反刍动物中有着广泛的应用。燕麦草营养丰富，含有大量可消化纤维，且有较高比例的过瘤胃蛋白，能使蛋白质更易被消化吸收。大麦糠是常用的粗饲料，其主要成分是纤维素，含有大量粗纤维，能够促进肠道的蠕动与正常发育。本试验研究苜蓿草粉、甜菜渣、大麦糠和燕麦草4种纤维饲粮对福建黄兔消化生理以及肠道生长发育的影响，以期为肉兔生产中粗饲料的利用以及提高生产效率提供相关理论依据。

试验选用200只健康、体重接近的断奶福建黄兔，随机分为4组，每组5个重复，每个重复10只。4组分别饲喂由添加比例为25%的苜蓿草粉、甜菜渣、燕麦草、大麦糠为纤维饲料原料配制而成的饲粮。试验期为60天，于试验第54天以全收粪法进行消化试验，屠宰后测定十二指肠绒毛高度、隐窝深度及二者比值，盲肠纤维素酶、半纤维素酶和果胶酶活性。结果表明：（1）苜蓿草粉与甜菜渣组的中性洗涤纤维（NDF）、酸性洗涤纤维（ADF）、不溶性纤维（IDF）、可溶性纤维（SDF）的消化率均极显著高于大麦糠与燕麦草组（$P<0.01$）。其中，甜菜渣组不溶性纤维、可溶性纤维的消化率最高，与苜蓿草粉组差异显著（$P<0.05$）。（2）苜蓿草粉与甜菜渣组的绒毛高度极显著高于大麦糠组（$P<0.01$），但显著低于燕麦草组（$P<0.05$），隐窝深度显著低于大麦糠和燕麦草组（$P<0.05$），其中甜菜渣组隐窝深度最低。甜菜渣组的绒毛高度/隐窝深度（V/C）最高，极显著高于其他组（$P<0.01$）。（3）苜蓿草粉与甜菜渣组盲肠3种纤维消化酶活性均极显著高于大麦糠和燕麦草组（$P<0.01$），其中甜菜渣组的3种酶活均极显著高于苜蓿草粉组（$P<0.01$）。

综上所述，对比4种纤维饲粮，在饲粮配方中添加25%的甜菜渣能提高肉兔的表观消化率与盲肠纤维消化酶活性，并能改善十二指肠组织形态。（选自张丽萍、王建烽、李真真、雷琼、党浩千、刘庆华）

应用三：膳食补充枸杞调节兔子消化道的微生物群和盲肠代谢物

肠道微生物群在不同的生理过程中起着关键作用，并受到包括营养在内的许多因素的影响。枸杞是一种流行的营养保健产品，已被提议作为包括兔子在内的一些牲畜物种的膳食补充剂。由于其营养和治疗特性，经常用于传统中医，并且在西方饮食中也广泛作为补充剂。它们的健康益处与生物活性化合物有关，包括多糖、类胡萝卜素、多酚、氨基酸、抗坏血酸和不饱和脂肪酸。它们的作用机制仍未完全了解。但它们对微生物群组成的影响从未得到研究。有研究使用现代分析方法评估了枸杞子补充剂对兔子不同消化道（胃、十二指肠、空肠、回肠、盲肠和结肠）微生物群和盲肠代谢物的影响。

用商业饲料喂养了28只新西兰白兔（对照组，C：n = 14）或补充3%枸杞浆果（枸杞组，G：n = 14），从断奶（35天）到屠宰（90天）。在屠宰时，收集来自胃肠道含量的样品，并通过下一代16S rRNA基因测序进行分析，以评估微生物组成。氨和乳酸也在盲肠中定量。结果显示，两个门（蓝藻和Euryarchaeota）、两个门（甲基细菌和杆菌）、五个目、十四个科和四十五属的组间微生物群组成存在差异。红球菌科（$p <0.05$）和拉氏菌科（$p <0.01$）在G组中比在C组中更丰富。乳酸杆菌科也显示出两组之间的差异，以乳酸杆菌为主要属（$p = 0.002$）。最后，枸杞补充刺激乳酸发酵（$p<0.05$）。因此，枸杞补充可以调节胃肠道微生物群的组成和骨质发酵[118]。

# 十一、血清概述及应用

血清主要是指血液凝固后，在血浆中除去纤维蛋白原及某些凝血因子后分离出来的淡黄色透明液体或指纤维蛋白原已被除去的血浆。每100mL人血清中含有蛋白质6~8g，其中主要是白蛋白与球蛋白。血清不会凝固，其主要作用是提供基本营养物质、激素和各种生长因子、结合蛋白、促接触和生长因子使细胞贴壁免受机械损伤，对培养中的细胞起到某些保护作用。

血清蛋白质可储存供给机体蛋白质不足时的应用。人和动物的血清常用以进行各种血清学试验，帮助诊断疾病。含有抗体的血清可以作为预防或治疗疾病之用。

## 应用一：宠物兔血清C反应蛋白的试点研究

C-反应蛋白（CRP）是一种主要的急性期反应蛋白，主要由循环白细胞介素-6调节，并在炎症刺激后由肝细胞产生。据报道，血清CRP水平与疾病的严重程度和预后成正比，但对疾病无特异性。在一项涉及兔下颌骨感染模型的实验研究中，血清CRP水平立即升高，接种后3天内达到峰值水平。因此，血清CRP被认为可用于临床环境中兔子的病理学检查。然而，没有报告描述血清CRP在宠物兔中的应用。有研究的目的是评估CRP在宠物兔临床实践中的有用性。

在临床实践环境中测量了使用兔CRP ELISA和宠物兔（30名健康对照组和62名患有各种疾病）的白细胞（WBC）计数的CRP水平。测量健康兔和患有子宫腺癌的兔子卵巢子宫下腺切除术前后的CRP水平和WBC计数，评估了患有各种疾病的兔子的CRP水平与死亡率之间的关系。健康对照组的CRP水平为$0.52 \pm 0.82$ mg/dL（平均值±SD）。在健康对照兔中，CRP水平和WBC计数均未观察到年龄和性别相关的差异。患有胃肠道疾病（$n=22$，$11.74 \pm 22.89$ mg/dL）、生殖和泌尿系统疾病（$n=20$，$21.19 \pm 49.68$ mg/dL）、牙齿疾病（$n=6$，$4.87 \pm 5.47$ mg/dL）和肌肉骨骼疾病（$n=4$，$85.66 \pm 107.28$ mg/dL）的兔的CRP水平均显著高于健康对照组。患有神经系统疾病（$n=7$，$2.55 \pm 1.79$ mg/dL）和皮肤病（$n=3$，$8.84 \pm 7.71$ mg/dL）的兔的CRP水平均高于健康对照组，但无显著差异。有疾病的兔子和健康对照组的WBC计数没有显著差异。从卵巢子宫切除术前后从两只兔子中收集血清样本。在两只兔子中，CRP在术后第1天达到峰值，但没有观察到明显的WBC峰值。死亡率随着CRP水平的升高而增加；CRP水平为$\geq 100$ mg/dL的兔子的死亡率显著高于<10 mg/dL。

有研究表明，血清CRP水平有助于确定临床实践中宠物兔的疾病状态，监测治疗过程和评估预后[119]。

## 应用二：使用衣卡林条件血清联合壳聚糖修复兔膝关节软骨缺损

骨软骨缺损是关节软骨和下层（软骨下）骨的破坏病变。由急性创伤性损伤或关节变性引起的骨软骨缺损仍然难以操纵。修复关节缺陷对于组织工程师和整形外科医生来说仍然是一个巨大的挑战。因此，生物材料与软骨促进药物的组合非常值得开发，以支持软骨和软骨下骨的再生。

对接受骨软骨缺损手术的兔分别进行曲线注射衣花素条件血清（ICS）、壳聚糖（CSSH）和ICS与CSSH联合使用。步态分析是使用VICON动作捕捉系统进行的。ICRS评分和免疫组织化学（IHC）分析，包括H&E、Safranin O、甲苯胺蓝和胶原II染色，用于评估宏观软骨再生并确定软骨的形态修复。

单独治疗ICS或CSSH的兔子在跳跃时间和关节角度范围方面表现出轻度改善，而ICS-CSSH组表现出更长的跳跃时间和更大的关节角度范围。此外，在宏观观察和IHC分析中，ICS-CSSH兔的股骨髁可以观察到更多的天然软骨和软骨下再生。

ICS联合CSSH可促进兔膝关节骨软骨缺损的修复。生物材料与软骨促进药物的组合可能最终对软骨缺陷的管理产生深远的影响[120]。


应用三：溶剂/洗涤剂病毒灭活血清滴眼液在干眼综合征兔模型中恢复健康的眼上皮

应用自体血清滴眼液（SEDs）是治疗严重干眼综合征（DES）的公认手段。由于一些患者准备SED的不便和困难，从同种异体献血中生产SED越来越受欢迎。与异体血液相关的一个主要安全问题是病毒传播。因此，研究人员在此评估了应用溶剂/洗涤剂（S／D）处理来灭活病毒的可能性，并研究了这种SED处理对兔子模型中DES的影响。

用五只兔子血制备的血清被汇集起来，分成两个子池。一种未经处理（SED），而另一种则在31℃下用1%磷酸三正丁酯/ 1%Triton X-45病毒灭活1小时（S／D-SED）。使用0.1%苯扎氯铵（BAC）在兔中诱导DES。将兔子分为五组，每组两只兔子。一组未经治疗（对照），第二组每天使用PBS，SED或S／D-SED治疗两次，持续3周，最后一组接受额外的0.1%BAC（作为阴性对照）。通过测量泪液分泌（Schirmer 试验）、角膜荧光素染色、角膜组织学检查、TUNEL 染色凋亡和角膜炎症标志物（肿瘤坏死因子-α、白细胞介素（IL）-1β、IL-8 和 IL-6）表达来确定 DES 病症。首先证实SED和S/D-SED具有相似的蛋白质谱和转化生长因子（TGF）-β含量。动物实验表明，SED组和S/D-SED组之间的泪液分泌没有显著差异，但明显高于PBS组。眼部荧光素染色显示，在接受SED或S/D-SED治疗的组中，上皮缺陷有显著改善，而苏木精/曙红染色显示微观上皮层与未治疗的对照组相似。炎症标志物和TUNEL研究表明，在接受SED或S／D-SEDS治疗的组中，健康的上皮已经恢复。

总之，这项临床前研究支持使用S／D病毒灭活的SED治疗DES和恢复正常上皮的可能性[121]。


# 十二、脂肪组织概述及应用

脂肪组织是由大量群集的脂肪细胞构成，聚集成团的脂肪细胞由薄层疏松结缔组织分隔成小叶。脂肪组织中的网状纤维很发达。脂肪组织的细胞间质很少，脂肪组织关节处的脂肪有缓冲肌肉运动的功能，在臀部及足底脂肪有支撑作用。

在机体内，脂肪组织可分为两类：黄色脂肪组织及棕色脂肪组织。它们影响着胰岛素的敏感性、血压水平、内皮功能、纤溶活动及炎症反应，同时参与多种重要的病理生理过程；脂肪组织已由过去单纯作为能量储存的器官而成为一个极其重要的内分泌系统。生理学这一重要的概念更新对生命科学及临床科学均将产生深远影响。

### 应用一：用于兔骨关节炎治疗的脂肪组织再生特征：酶消化与机械破坏

骨关节炎（OA）是一种主要的慢性疾病，目前影响着一大群患者。评估基于细胞的治疗后的细胞迁移对于包括骨关节炎（OA）在内的几种疾病很重要，因为它可能会影响临床结果。这项研究探索了在酶促和机械过程之后迁移膨胀脂肪基质细胞（ASC）和脂肪龛位。

在成年雄性新西兰兔中，双侧前交叉韧带横断在8周时诱导轻度OA分级。将ASCs、酶基质血管部分（SVF）和微碎片脂肪组织（MFAT）注射到膝关节内。评估细胞活力和特异性标志物的表达，包括CD-163伤口愈合巨噬细胞。通过在7天和30天用PKH26染料标记以及CD-146的共定位分析来探索细胞迁移。所有细胞均表现出良好的活力和高百分比的CD-90和CD-146。与SVF相比，CD-163在MFAT中显著更高。在基于细胞的处理中观察到不同的迁移潜力和时间依赖效应。在第7天，ASCs和SVF都向滑膜迁移，而对于MFAT与软骨，在第30天注意到不同的迁移模式。ASCs、SVF和MFAT的长期不同细胞迁移为它们对OA治疗的潜在用途提供了有趣的临床见解。此外，CD-163在MFAT中的最高表达，而不是SVF，可能在直接介导软骨组织修复反应中起重要作用[122]。

### 应用二：醋酸盐对兔肝脏、骨骼肌和脂肪组织中脂质代谢过程的影响

在哺乳动物中，脂肪是脂肪沉积的主要组织。脂肪酸可以在脂肪组织中合成，释放到循环中，并输送到其他组织。在肌肉组织中，脂肪酸是氧化提供能量的重要基质。肝脏是通过脂蛋白合成进行脂肪酸代谢和脂质循环的中心。肝细胞脂滴的积累是脂肪酸合成和氧化改变以及极低密度脂蛋白（VLDL）分泌的结果。短链脂肪酸（SCFAs，一种在兔肠道中产生的微生物发酵）在许多生理过程中起着重要作用，这可能与兔体内脂肪的减少有关。在本实验中，研究了醋酸盐（兔子肠道中的主要SCFA）对脂肪代谢的功能。

将90只兔子（40天龄）随机分为三组：对照组（注射生理盐水四天）；一组经历皮下注射醋酸盐四天（每天2g / kg BM，每天一次注射，醋酸盐）和一个配对喂养的假治疗组。结果表明，醋酸盐通过促进脂解和脂肪酸氧化和抑制脂肪酸合成来抑制脂质积累。活化的G蛋白偶联受体41/43，单磷酸腺苷活化蛋白激酶（AMPK）和细胞外信号调节激酶（ERK）1/2信号通路可能参与醋酸盐脂质积累的调节。醋酸盐通过抑制脂肪酸合成，增强脂肪酸氧化和脂质输出来降低肝脏甘油三酯含量。抑制过氧化物酶体增殖物激活的受体α（PPARα）以及活化的AMPK和ERK1/2信号通路与肝脏的这一过程有关。醋酸盐通过增加脂肪酸摄取和脂肪酸氧化降低肌内甘油三酯水平。PPARα与乙酸盐降低的细胞内脂肪含量有关[123]。

应用三：碎裂脂肪组织移植骨愈合：兔颅骨研究

脂肪组织是干细胞的重要储库。脂肪来源的干细胞已被确定为在体外和体内具有成骨分化潜力的多能细胞的来源。随着多能脂肪来源干细胞的发现，组织工程可能提供一种可行的交替。2001年，Zuk等人证明了脂肪来源的干细胞在体外分化成几种中胚层谱系的能力，包括脂肪、骨骼和软骨。这项研究从组织学上分析了碎片化的自体脂肪组织移植物对兔子颅骨中手术产生的临界大小缺陷（CSD）骨愈合的影响。

有研究使用了42只新西兰兔子。直径为15毫米的CSD是在每种动物的髑髅地中产生的。缺陷被随机分为两组：在C组（对照组）中，缺陷仅由血凝块填充，而在FAT组（即碎片脂肪组织）中，缺陷由碎片的自体脂肪组织移植物填充。这些组被分为亚组（n = 7），用于在手术后7天、15天和40天进行安乐死。进行组织学和组织学分析。使用方差分析和Tukey检验对数据进行统计分析（$p < 0.05$）。手术后7天骨形成量无统计学意义差异，表明修复前期各组矿产沉降量相近。相反，在手术后15天和40天，在缺陷的边界和体内，FAT组都发现了大量的骨基质沉积。在对照组中未发现这样的结果。

有研究认为自体脂肪组织移植物可能具有促进骨再生的生物材料，因为它对手术后40天兔颅骨中手术产生的CSD的骨形成量有积极影响。需要进行更长时间评估的进一步检查，以确定自体脂肪组织移植物在骨愈合中的有效性[124]。

# 参考文献

1. Carneiro M, Rubin C J, Di Palma F, et al. Rabbit genome analysis reveals a polygenic basis for phenotypic change during domestication[J]. Science, 2014，345(6200): 1074-1079.
2. Sato D X, Rafati N, Ring H, et al. Brain Transcriptomics of Wild and Domestic Rabbits Suggests That Changes in Dopamine Signaling and Ciliary Function Contributed to Evolution of Tameness[J]. Genome Biol Evol, 2020，12(10): 1918-1928.
3. Yang N, Zhao B, Chen Y, et al. Distinct Retrotransposon Evolution Profile in the Genome of Rabbit (Oryctolagus cuniculus). Genome Biol Evol, 2021，13(8):evab168.
4. Ziege M, Theodorou P, Jungling H, et al. Population genetics of the European rabbit along a rural-to-urban gradient[J]. Sci Rep, 2020，10(1): 2448.
5. Liu C, Wang S, Dong X, et al. Exploring the genomic resources and analysing the genetic diversity and population structure of Chinese indigenous rabbit breeds by RAD-seq[J]. BMC Genomics, 2021，22(1): 573.
6. Alves J M, Carneiro M, Afonso S, et al. Levels and Patterns of Genetic Diversity and Popu-

lation Structure in Domestic Rabbits[J]. PLoS One, 2015，10(12): e0144687.

7. Ren A, Du K, Jia X, et al. Genetic diversity and population structure of four Chinese rabbit breeds[J]. PLoS One, 2019，14(9): e0222503.

8. Fang S, Chen X, Pan J, et al. Dynamic distribution of gut microbiota in meat rabbits at different growth stages and relationship with average daily gain (ADG) [J]. BMC Microbiol, 2020，20(1): 116.

9. Fang S, Chen X, Ye X, et al. Effects of Gut Microbiome and Short-Chain Fatty Acids (SC-FAs) on Finishing Weight of Meat Rabbits[J]. Front Microbiol, 2020，11: 1835.

10. Ye X, Zhou L, Zhang Y, et al. Effect of host breeds on gut microbiome and serum metabolome in meat rabbits. BMC Vet Res, 2021，17(1): 24.

11. Li R, Li X, Huang T, et al. Influence of cecotrophy on fat metabolism mediated by caecal microorganisms in New Zealand white rabbits[J]. J Anim Physiol Anim Nutr (Berl), 2020.，104(2): 749-757.

12. Li S, He Z, Li H. Effect of nano-scaled rabbit bone powder on physicochemical properties of rabbit meat batter[J]. J Sci Food Agric, 2018, 98(12): 4533-4541.

13. Dabbou S, Ferrocino I, Kovitvadhi A, et al. Bilberry pomace in rabbit nutrition: effects on growth performance, apparent digestibility, caecal traits, bacterial community and antioxidant status[J]. Animal. 2019, 13(1): 53-63.

14. Gleghorn E E, Merritt R J, Henton D H, et al. A subacute rabbit model for hepatobiliary dysfunction during total parenteral nutrition[J]. J Pediatr Gastroenterol Nutr, 1989. 9(2): 246-55.

15. Xiao Y, Wang H, Feng L, et al. Fecal. oral. blood and skin virome of laboratory rabbits[J]. Arch Virol, 2020, 165(12): 2847-2856.

16. Bao S, An K, Liu C, et al. Rabbit Hemorrhagic Disease Virus Isolated from Diseased Alpine Musk Deer (Moschus sifanicus) [J]. Viruses, 2020,12(8):897.

17. Ismail M M, Mohamed M H, El-Sabagh I M, et al. Emergence of new virulent rabbit hemorrhagic disease virus strains in Saudi Arabia[J]. Trop Anim Health Prod, 2017,49(2): 295-301.

18. Lanave G, Martella V, Farkas S L, et al. Novel bocaparvoviruses in rabbits. Vet J, 2015, 206(2): 131-5.

19. Happi A N, Ogunsanya O A, Oguzie J U, et al. Microbial metagenomic approach uncovers the first rabbit haemorrhagic disease virus genome in Sub-Saharan Africa[J]. Sci Rep, 2021,11(1): 13689.

20. Feng Y, Duan C.J, Liu L, et al. Properties of a metagenome-derived beta-glucosidase from the contents of rabbit cecum[J]. Biosci Biotechnol Biochem, 2009, 73(7): 1470-3.

21. Qin L Z, Wang W Z, Shi L J, et al. Transcriptome expression profiling of fur color formation in domestic rabbits using Solexa sequencing[J]. Genet Mol Res, 2016, 15(2):200-205.

22. Zhao B, Chen Y, Hu S, et al. Systematic Analysis of Non-coding RNAs Involved in the Angora Rabbit (Oryctolagus cuniculus) Hair Follicle Cycle by RNA Sequencing[J]. Front Genet, 2019, 10: 407.

23. Pan L, Liu Y, Wei Q, et al. Solexa-Sequencing Based Transcriptome Study of Plaice Skin

Phenotype in Rex Rabbits (Oryctolagus cuniculus) [J]. PLoS One, 2015, 10(5): e0124583.

24. Ding H, Zhao H, Cheng G, et al. Analyses of histological and transcriptome differences in the skin of short-hair and long-hair rabbits[J]. BMC Genomics, 2019, 20(1): 140.

25. Ding H, Zhao H, Zhao X, et al. Analysis of histology and long noncoding RNAs involved in the rabbit hair follicle density using RNA sequencing[J]. BMC Genomics, 2021, 22(1): 89.

26. Weiss C, Procissi D, Power J M, et al. The rabbit as a behavioral model system for magnetic resonance imaging[J]. J Neurosci Methods, 2018,300: 196-205.

27. Mullhaupt D, Augsburger H, Schwarz A, et al. Magnetic resonance imaging anatomy of the rabbit brain at 3 T[J]. Acta Vet Scand, 2015, 57: 47.

28. Eixarch E, Batalle D, Illa M, et al. Neonatal neurobehavior and diffusion MRI changes in brain reorganization due to intrauterine growth restriction in a rabbit model[J]. PLoS One, 2012,7(2): e31497.

29. Wang Y, Xu H, Sun G, et al. Transcriptome Analysis of the Effects of Fasting Caecotrophy on Hepatic Lipid Metabolism in New Zealand Rabbits[J]. Animals (Basel), 2019,9(9):648.

30. Bailey T W, Dos Santos A P, do Nascimento N C, et al. RNA sequencing identifies transcriptional changes in the rabbit larynx in response to low humidity challenge[J]. BMC Genomics, 2020,21(1): 888.

31. Maytag A L, Robitaille M J, Rieves A L, et al. Use of the rabbit larynx in an excised larynx setup[J]. J Voice, 2013,27(1): 24-8.

32. Wetmore R F.Effects of acid on the larynx of the maturing rabbit and their possible significance to the sudden infant death syndrome[J]. Laryngoscope, 1993,103(11 Pt 1): 1242-54.

33. Dollinger M, Kniesburges S, Berry D A, et al. Investigation of phonatory characteristics using ex vivo rabbit larynges[J]. J Acoust Soc Am, 2018,144(1): 142.

34. Wang G, Du K, Xie Z, et al. Screening and Identification of Differentially Expressed and Adipose Growth-Related Protein-Coding Genes During the Deposition of Perirenal Adipose Tissue in Rabbits[J]. Diabetes Metab Syndr Obes, 2020,13: 4669-4680.

35. Wang G, Guo G, Tian X, et al. Screening and identification of MicroRNAs expressed in perirenal adipose tissue during rabbit growth[J]. Lipids Health Dis, 2020,19(1): 35.

36. Takata Y, Nakase J, Shimozaki K, et al. Autologous Adipose-Derived Stem Cell Sheet Has Meniscus Regeneration-Promoting Effects in a Rabbit Model[J]. Arthroscopy, 2020,36(10): 2698-2707.

37. Leslie S K, Cohen D J, Hyzy S L, et al. Microencapsulated rabbit adipose stem cells initiate tissue regeneration in a rabbit ear defect model[J]. J Tissue Eng Regen Med, 2018,12(7): 1742-1753.

38. Schmaltz-Panneau B, Jouneau L, Osteil P, et al. Contrasting transcriptome landscapes of rabbit pluripotent stem cells in vitro and in vivo[J]. Anim Reprod Sci, 2014, 149(1-2): 67-79.

39. Chen S Y, Deng F, Jia X, et al. A transcriptome atlas of rabbit revealed by PacBio single-molecule long-read sequencing[J]. Sci Rep, 2017,7(1): 7648.

40. Villamayor P R, Robledo D, Fernandez C, et al. Analysis of the vomeronasal organ tran-

scriptome reveals variable gene expression depending on age and function in rabbits[J]. Genomics, 2021, 113(4): 2240-2252.

41. Royet, J.P,H. Distel, R. Hudson, et al. A re-estimation of the number of glomeruli and mitral cells in the olfactory bulb of rabbit[J]. Brain Res, 1998, 788(1-2): 35-42.

42. Kavoi B M, Plendl J, Makanya A N, et al. Effects of anticancer drug docetaxel on the structure and function of the rabbit olfactory mucosa[J]. Tissue Cell, 2014, 46(3): 213-24.

43. Broadwell R D, Jacobowitz D M. Olfactory relationships of the telencephalon and diencephalon in the rabbit. III. The ipsilateral centrifugal fibers to the olfactory bulbar and retrobulbar formations[J]. J Comp Neurol, 1976, 170(3): 321-45.

44. Wu L, Yao Q, Lin P, et al. Comparative transcriptomics reveals specific responding genes associated with atherosclerosis in rabbit and mouse models[J]. PLoS One, 2018,13(8): e0201618.

45. Jacquier V, Estelle J, Schmaltz-Panneau B, et al. Genome-wide immunity studies in the rabbit: transcriptome variations in peripheral blood mononuclear cells after in vitro stimulation by LPS or PMA-Ionomycin[J]. BMC Genomics, 2015,16: 26.

46. Eladl A H, Farag V M, El-Shafei R A, et al. Effect of colibacillosis on the immune response to a rabbit viral haemorrhagic disease vaccine. Vet Microbiol, 2019, 238: 108429.

47. Greenfield, E.A,Standard Immunization of Rabbits[J]. Cold Spring Harb Protoc, 2020, 2020(9): 100305.

48. Wang Z, Zhang J, Li H, et al. Hyperlipidemia-associated gene variations and expression patterns revealed by whole-genome and transcriptome sequencing of rabbit models. Sci Rep, 2016,6: 26942.

49. Li Y, Wang J, Elzo M A, et al. Multi-Omics Analysis of Key microRNA-mRNA Metabolic Regulatory Networks in Skeletal Muscle of Obese Rabbits[J]. Int J Mol Sci, 2021,22(8):4204.

50. Kuang L, Lei M, Li C, et al. Identification of Long Non-Coding RNAs Related to Skeletal Muscle Development in Two Rabbit Breeds with Different Growth Rate[J]. Int J Mol Sci, 2018,19(7):2046.

51. Hyman S A, Norman M B, Dorn S N, et al. In vivo supraspinatus muscle contractility and architecture in rabbit[J]. J Appl Physiol (1985), 2020,129(6): 1405-1412.

52. Wick C, Bol M, Muller F, et al. Packing of muscles in the rabbit shank influences three-dimensional architecture of M. soleus[J]. J Mech Behav Biomed Mater, 2018,83: 20-27.

53. Lieber R L, Blevins F T. Skeletal muscle architecture of the rabbit hindlimb: functional implications of muscle design[J]. J Morphol, 1989, 199(1): 93-101.

54. Wu Z L, Yang X, Chen S Y, et al. Liver Transcriptome Changes of Hyla Rabbit in Response to Chronic Heat Stress[J]. Animals (Basel), 2019, 9(12):1141.

55. Martinez-Alvaro M, Paucar Y, Satue K, et al. Liver metabolism traits in two rabbit lines divergently selected for intramuscular fat[J]. Animal. 2018,12(6): 1217-1223.

56. Liao M, Zhang T, Wang H, et al. Rabbit model provides new insights in liver regeneration after transection with portal vein ligation[J]. J Surg Res, 2017,209: 242-251.

57. Nguyen T N, Podkowa A S, Tam A Y, et al. Characterizing Fatty Liver in vivo in Rabbits,

Using Quantitative Ultrasound[J]. Ultrasound Med Biol, 2019,45(8): 2049-2062.

58. Salaets T, Richter J, Brady P, et al. Transcriptome Analysis of the Preterm Rabbit Lung after Seven Days of Hyperoxic Exposure[J]. PLoS One, 2015,10(8): e0136569.

59. Xiao W, He H, Tong Y, et al. Transcriptome analysis of Trichophyton mentagrophytes-induced rabbit (Oryctolagus cuniculus) dermatophytosis[J]. Microb Pathog, 2018, 114: 350-356.

60. Li J, Yao Q, Feng F, et al. Systematic identification of rabbit LncRNAs reveals functional roles in atherosclerosis. Biochim Biophys Acta Mol Basis Dis, 2018, 1864(6 Pt B): 2266-2273.

61. Engels A C, Brady P D, Kammoun M, et al. Pulmonary transcriptome analysis in the surgically induced rabbit model of diaphragmatic hernia treated with fetal tracheal occlusion[J]. Dis Model Mech, 2016, 9(2): 221-8.

62. Saenz-de-Juano M D, Marco-Jimenez F, Schmaltz-Panneau B, et al. Vitrification alters rabbit foetal placenta at transcriptomic and proteomic level[J]. Reproduction, 2014,147(6): 789-801.

63. Naturil-Alfonso C, Saenz-de-Juano M D, Penaranda D S, et al. Transcriptome profiling of rabbit parthenogenetic blastocysts developed under in vivo conditions[J]. PLoS One, 2012, 7(12): e51271.

64. Marshall V A, Carney E W. Rabbit whole embryo culture[J]. Methods Mol Biol, 2012, 889: 239-52.

65. Teixeira M, Commin L, Gavin-Plagne L, et al. Rapid cooling of rabbit embryos in a synthetic medium[J]. Cryobiology, 2018. 85: 113-119.

66. Huang T, Wang Y D, Xue M M, et al. Transcriptome analysis of differentially expressed genes in rabbits' ovaries by digital gene-expression profiling[J]. Genes Genomics, 2018, 40(7): 687-700.

67. Grzesiak M, Maj D, Hrabia A. Effects of dietary supplementation with algae, sunflower oil or soybean oil on folliculogenesis in the rabbit ovary during sexual maturation[J]. Acta Histochem, 2020, 122(6): 151581.

68. Chen C H, Chen S G, Wu G J, et al. Autologous heterotopic transplantation of intact rabbit ovary after frozen banking at -196 degrees C[J]. Fertil Steril, 2006,86(4 Suppl): 1059-66.

69. Grzesiak M, Kapusta K, Kaminska K, et al. Effect of dietary supplementation with nettle or fenugreek on folliculogenesis and steroidogenesis in the rabbit ovary - An in vivo study[J]. Theriogenology, 2021, 173: 1-11.

70. Luo Q, Qin X, Qiu Y, et al. The change of synovial fluid proteome in rabbit surgery-induced model of knee osteoarthritis[J]. Am J Transl Res, 2018, 10(7): 2087-2101.

71. Liu W, He J, Lin R, et al. Differential proteomics of the synovial membrane between bilateral and unilateral knee osteoarthritis in surgeryinduced rabbit models[J]. Mol Med Rep, 2016,14(3): 2243-9.

72. Edward D P, Bouhenni R. Anterior segment alterations and comparative aqueous humor proteomics in the buphthalmic rabbit (an American Ophthalmological Society thesis) [J]. Trans Am Ophthalmol Soc, 2011, 109: 66-114.

73. Casares-Crespo L, Fernandez-Serrano P, Vicente J S, et al. Rabbit seminal plasma proteome: The importance of the genetic origin[J]. Anim Reprod Sci, 2018,189: 30-42.

74. Bezerra M J B, Arruda-Alencar J M, Martins J AM, et al. Major seminal plasma proteome of rabbits and associations with sperm quality[J]. Theriogenology, 2019,128: 156-166.

75. Casares-Crespo L, Fernandez-Serrano P, Viudes-de-Castro M P. Proteomic characterization of rabbit (Oryctolagus cuniculus) sperm from two different genotypes[J]. Theriogenology, 2019,128: 140-148.

76. Yu H, Hackenbroch L, Meyer F R L, et al. Identification of Rabbit Oviductal Fluid Proteins Involved in Pre-Fertilization Processes by Quantitative Proteomics[J]. Proteomics, 2019,19(5): e1800319.

77. Saenz-de-Juano M D, Vicente J S, Hollung K, et al. Effect of Embryo Vitrification on Rabbit Foetal Placenta Proteome during Pregnancy[J]. PLoS One, 2015,10(4): e0125157.

78. Wang J, Wang S, Zhang W, et al. Proteomic profiling of heat acclimation in cerebrospinal fluid of rabbit[J]. J Proteomics, 2016, 144: 113-22.

79. Yu Z M, Wang M, Chen K, et al. [Chronic stress model in New Zealand white rabbit with hyperlipidemia[J]. Zhonghua Yi Xue Za Zhi, 2017, 97(7): 529-534.

80. Wang T, Peng W, Zhang F, et al. Effects of nicotinamide mononucleotide adenylyl transferase 3 on mitochondrial function and anti-oxidative stress of rabbit bone marrow mesenchymal stem cells via regulating nicotinamide adenine dinucleotide levels[J]. Zhongguo Xiu Fu Chong Jian Wai Ke Za Zhi, 2020,34(5): 621-629.

81. Liu Z, Du X, Deng J, et al. The interactions between mitochondria and sarcoplasmic reticulum and the proteome characterization of mitochondrion-associated membrane from rabbit skeletal muscle[J]. Proteomics, 2015,15(15): 2701-4.

82. Liu Z, Du X, Yin C, et al. Shotgun proteomic analysis of sarcoplasmic reticulum preparations from rabbit skeletal muscle[J]. Proteomics, 2013, 13(15): 2335-8.

83. de Almeida, A.M,Rabbit muscle proteomics: a great leap forward[J]. Proteomics, 2013,13(15): 2225-6.

84. Chen Y, Hu S, Liu M, et al. Analysis of Genome DNA Methylation at Inherited Coat Color Dilutions of Rex Rabbits[J]. Front Genet, 2020,11: 603528.

85. Bai L, Sun H, Jiang W, et al. DNA methylation and histone acetylation are involved in Wnt10b expression during the secondary hair follicle cycle in Angora rabbits[J]. J Anim Physiol Anim Nutr (Berl), 2021, 105(3): 599-609.

86. Chen Y, Bao Z, Liu M, et al. Promoter Methylation Changes in KRT17: A Novel Epigenetic Marker for Wool Production in Angora Rabbit[J]. Int J Mol Sci, 2022,23(11):6077.

87. Shao J, Bai X, Pan T, et al. Genome-Wide DNA Methylation Changes of Perirenal Adipose Tissue in Rabbits Fed a High-Fat Diet[J]. Animals (Basel), 2020, 10(12):2213.

88. Chen T, Zhang Y L, Jiang Y, et al. The DNA methylation events in normal and cloned rabbit embryos[J]. FEBS Lett, 2004, 578(1-2): 69-72.

89. Saenz-de-Juano M D, Penaranda D S, Marco-Jimenez F, et al. Does vitrification alter the methylation pattern of OCT4 promoter in rabbit late blastocyst? [J] Cryobiology, 2014, 69(1): 178-80.

90. Wang D, Liu Z, Yao H, et al. Disruption of NNAT, NAP1L5 and MKRN3 DNA methylation and transcription in rabbit parthenogenetic fetuses[J]. Gene, 2017, 626: 158-162.

91. Zhang Y L, Chen T, Jiang Y, et al. Active demethylation of individual genes in intracytoplasmic sperm injection rabbit embryos[J]. Mol Reprod Dev, 2005, 72(4): 530-3.

92. Fan J, Chen Y, Yan H, et al. Principles and Applications of Rabbit Models for Atherosclerosis Research[J]. J Atheroscler Thromb, 2018, 25(3): 213-220.

93. Zhang F, Zhang R, Zhang X, et al. Comprehensive analysis of circRNA expression pattern and circRNA-miRNA-mRNA network in the pathogenesis of atherosclerosis in rabbits[J]. Aging (Albany NY), 2018, 10(9): 2266-2283.

94. Wacker B K, Dronadula N, Bi L, et al. Apo A-I (Apolipoprotein A-I) Vascular Gene Therapy Provides Durable Protection Against Atherosclerosis in Hyperlipidemic Rabbits[J]. Arterioscler Thromb Vasc Biol, 2018. 38(1): 206-217.

95. Vignozzi L, Morelli A, Sarchielli E, et al. Testosterone protects from metabolic syndrome-associated prostate inflammation: an experimental study in rabbit. J Endocrinol, 2012, 212(1): 71-84.

96. Park K, Tomlins S A, Mudaliar K M, et al. Antibody-based detection of ERG rearrangement-positive prostate cancer[J]. Neoplasia, 2010,12(7): 590-598.

97. Shao H, Zhang J, Sun Z, et al. Necrosis targeted radiotherapy with iodine-131-labeled hypericin to improve anticancer efficacy of vascular disrupting treatment in rabbit VX2 tumor models[J]. Oncotarget, 2015, 6(16): 14247-14259.

98. Guan L.Angiogenesis dependent characteristics of tumor observed on rabbit VX2 hepatic carcinoma[J]. Int J Clin Exp Pathol, 2015, 8(10): 12014-12027.

99. Duan X, Li H, Han X, et al. Antitumor properties of arsenic trioxide-loaded CalliSpheres((R)) microspheres by transarterial chemoembolization in VX2 liver tumor rabbits: suppression of tumor growth, angiogenesis, and metastasis and elongation of survival[J]. Am J Transl Res, 2020,12(9): 5511-5524.

100. Sitovs A, Voiko L, Kustovs D, et al. Pharmacokinetic profiles of levofloxacin after intravenous, intramuscular and subcutaneous administration to rabbits (Oryctolagus cuniculus) [J]. J Vet Sci, 2020,21(2): e32.

101. Hagiwara M, Shibuta S, Takada K, et al. The anaesthetized rabbit with acute atrioventricular block provides a new model for detecting drug-induced Torsade de Pointes[J]. Br J Pharmacol, 2017,174(15): 2591-2605.

102. Mavroudis P D, Hermes H.E, Teutonico D, et al. Development and validation of a physiology-based model for the prediction of pharmacokinetics/toxicokinetics in rabbits[J]. PLoS One, 2018,13(3): e0194294.

103. Gurke J, Hirche F, Thieme R, et al. Maternal Diabetes Leads to Adaptation in Embryonic Amino Acid Metabolism during Early Pregnancy[J]. PLoS One, 2015,10(5): e0127465.

104. Schindler M, Dannenberger D, Nuernberg G, et al. Embryonic fatty acid metabolism in diabetic pregnancy: the difference between embryoblasts and trophoblasts[J]. Mol Hum Reprod, 2020, 26(11): 837-849.

105. Williams M, Zhang Z, Nance E, et al. Maternal Inflammation Results in Altered Tryptophan

Metabolism in Rabbit Placenta and Fetal Brain[J]. Dev Neurosci, 2017,39(5): 399-412.

106. Xia S, Shao J, Elzo M A, et al. Untargeted Metabolomics Analysis Revealed Lipometabolic Disorders in Perirenal Adipose Tissue of Rabbits Subject to a High-Fat Diet[J]. Animals (Basel), 2021,11(8).

107. Cattaneo F, Roco J, Alarcon G, et al. Prosopis alba seed flour improves vascular function in a rabbit model of high fat diet-induced metabolic syndrome[J]. Heliyon, 2019,5(8): e01967.

108. Izidoro M A, Cecconi A, Panadero M I, et al. Plasma Metabolic Signature of Atherosclerosis Progression and Colchicine Treatment in Rabbits[J]. Sci Rep, 2020, 10(1): 7072.

109. Rossi R, Vizzarri F, Ratti S, et al. Effects of Long-Term Supplementation with Brown Seaweeds and Polyphenols in Rabbit on Meat Quality Parameters[J]. Animals (Basel), 2020,10(12):2443.

110. Abdelatty A M, Mohamed S A, Moustafa M MA, et al. Nutrigenomic effect of conjugated linoleic acid on growth and meat quality indices of growing rabbit[J]. PLoS One, 2019,14(10): e0222404.

111. Castrica M, Menchetti L, Balzaretti C M, et al. Impact of Dietary Supplementation with Goji Berries (Lycium barbarum) on Microbiological Quality, Physico-Chemical. and Sensory Characteristics of Rabbit Meat[J]. Foods, 2020, 9(10):1480.

112. Schivo M, Aksenov A A, Pasamontes A, et al. A rabbit model for assessment of volatile metabolite changes observed from skin: a pressure ulcer case study[J]. J Breath Res, 2017,11(1): 016007.

113. Armstrong M L, Mathur S N, Sando G N, et al. Lipid metabolism in xanthomatous skin of hypercholesterolemic rabbits. Am J Pathol, 1986,125(2): 339-48.

114. Wang J, Wan R, Mo Y, et al. Intracellular delivery of adenosine triphosphate enhanced healing process in full-thickness skin wounds in diabetic rabbits[J]. Am J Surg, 2010,199(6): 823-32.

115. Zou L H, Liu J P, Zhang H, et al. Cerebral Metabolic Profiling of Hypothermic Circulatory Arrest with and Without Antegrade Selective Cerebral Perfusion: Evidence from Nontargeted Tissue Metabolomics in a Rabbit Model[J]. Chin Med J (Engl), 2016, 129(6): 702-8.

116. Liu Q Y, Bingham E J, Twine SM, et al. Metabolomic Identification in Cerebrospinal Fluid of the Effects of High Dietary Cholesterol in a Rabbit Model of Alzheimer's Disease[J]. Metabolomics (Los Angel), 2012, 2(3): 109.

117. Simoes R V, Munoz-Moreno E, Carbajo R J, et al. In Vivo Detection of Perinatal Brain Metabolite Changes in a Rabbit Model of Intrauterine Growth Restriction (IUGR) [J]. PLoS One, 2015, 10(7): e0131310.

118. Cremonesi P, Curone G, Biscarini F, et al. Dietary Supplementation with Goji Berries (Lycium barbarum) Modulates the Microbiota of Digestive Tract and Caecal Metabolites in Rabbits[J]. Animals (Basel), 2022,12(1):121.

119. Oohashi E, Kimura Y, Matsumoto K, Pilot study on serum C-reactive protein in pet rabbits: clinical usefulness[J]. Vet Rec Open, 2019,6(1): e000272.

120. Zhang J, Ming D, Ji Q, et al. Repair of osteochondral defect using icariin-conditioned serum combined with chitosan in rabbit knees[J]. BMC Complement Med Ther, 2020, 20(1):

193.

121. Tseng C L, Chen Z Y, Renn T Y, et al. Solvent/Detergent Virally Inactivated Serum Eye Drops Restore Healthy Ocular Epithelium in a Rabbit Model of Dry-Eye Syndrome[J]. PLoS One, 2016,11(4): e0153573.

122. Desa ndo G, Bartolotti I, Martini L, et al. Regenerative Features of Adipose Tissue for Osteoarthritis Treatment in a Rabbit Model: Enzymatic Digestion Versus Mechanical Disruption[J]. Int J Mol Sci, 2019,20(11):2636.

123. Liu L, Fu C, Li F, Acetate Affects the Process of Lipid Metabolism in Rabbit Liver, Skeletal Muscle and Adipose Tissue[J]. Animals (Basel), 2019,9(10):799.

124. Saitoh A, Nagata S, Saitoh A, et al. Perinatal immunization education improves immunization rates and knowledge: a randomized controlled trial[J]. Prev Med, 2013,56(6): 398-405.